セラミド研究の新展開
～基礎から応用へ～

編集：セラミド研究会

推薦の言葉

ノーベル生理学・医学賞受賞、東京工業大学栄誉教授
大隅 良典

これまで脂質は、分子生物学の及びにくい世界でした。なぜなら、脂質に関する情報はDNA上に直接書かれてはいないので、遺伝情報から遠い存在でした。しかし、生物の誕生に当たって、自己と環境を隔てることによって初めて生命が誕生したことを考えると、脂質の重要性が理解できます。脂質は生体膜成分として閉じた空間を形成するとともに、多数のタンパク質の機能の場を与えます。さらにエネルギー源として、また様々な情報のシグナル分子としても機能していることが認識されています。脂質は、その驚くほどの多様性と、個々の分子の機能の研究だけからは、解き明かすことのできない性質などの困難が存在しました。しかし近年、脂質の解析技術の進歩は目覚ましく、脂質に対する関心は大きな広がりを見せています。

セラミドはスフィンゴ脂質やスフィンゴ糖脂質の構成成分として、脂質２重層のマイクロドメイン形成を介してシグナル伝達の場として重要な機能を果たしていることが明らかになってきています。

本書は、国際的にも高い評価を得ている日本のセラミド研究者の総力を結集して、その基礎から幅広い応用研究を網羅した世界にも類のない内容になっています。それは、これまでのこの分野を牽引してきたセラミド研究会の地道な活動の歴史によって初めて可能であったに違いありません。本書が脂質研究者のみならず、これから脂質、セラミドに興味をもつ人にも有用である本として強く推薦する次第です。

出版にあたって

2011年10月にセラミド研究会の編集で「セラミド ―基礎と応用― ここまできたセラミド研究最前線」が発行されて早７年がたった。

この最初の出版は、2007年に結成されたセラミド研究会のメンバーが中心になって、セラミド研究の現状をまとめ、将来の発展方向を探る目的でその時点で進められてきていたセラミド研究について基礎から応用までをまとめたものであった。この本は、セラミドを中心にしたスフィンゴ脂質の基礎研究者や企業での開発研究者にとっては、いわばそのバイブルのような役割を果たしてきたと言えよう。2017年のセラミド研究会第10回記念学術集会が開催され、そこで、この間のセラミド研究の進展や応用開発の広がりを考えて新たに「セラミド研究の新展開」として再びセラミド研究会の会員を中心にして、新しく全面的に書き足し、あるいは書き替える事業が提案され、この１年編集委員会のもとでその出版準備が進められてきた。その結果として、今回「セラミド研究の新展開」の出版にこぎつけられたことは、今後の我が国におけるセラミド研究やそれに基づく応用開発を飛躍的に進めていく上で大きなステップとなるであろう。

セラミド研究会のこれまでの活動

この改訂版を出版する主体となっているセラミド研究会の歴史や活動について少し触れておきたい。セラミド研究会（Japanese Society for Ceramide略してJSC）は、内外でのセラミドを含むスフィンゴ脂質研究の進歩と、機能性食品などその応用開発を目指す機運のなかで、大学の研究者と企業研究者の交流、情報交換の場として2008年に発足した。当初から研究会には多くの大学研究者や企業関係者が積極的に参加しており、年１回でこれまで11回開催されてきた学術集会には毎年100名以上の関係者が集結し、基礎と応用の両面にわたり活発な議論が行われてきた。これまでに延べ40人の国内招待講演（うち企業講演は12人）を実施したほか、海外から招待講演者として迎えた著名な研究者も15名を数えるなど、国際的な動向も見据えた学術集会として位置づけられてきた。学術集会では、セラミドに関連する研究に長年にわたり大きな貢献をしたことを表彰するJSC Award 、若手研究者の育成激励のためのYoung investigator Awardも毎年選定しており、これまで11冊の講演要旨集も発行されている。

セラミド研究の発展と新刊出版で目指したもの

この新刊出版の目指したものと合わせて、セラミド研究と応用開発研究における新しい動向と今後の展望に関して触れておきたい。本小冊子「総論編」や「基礎編」では、セラミド研究史の概説を筆頭に、最近著しく進歩したセラミドの構造分析や質量分析を応用したリピドミクスの進展と代謝酵素の研究がとりあげられている。すなわち、セラミドやスフィンゴミエリンの合成・分解を担う酵素の研究はもとより、セラミド輸送タンパク質、生理活性脂質としてのスフィンゴシン1-リン酸やその受容体、セラミドに特徴的な極長鎖脂肪酸やアシルセラミドの合成酵素の最近の研究などが概説されている。さらにセラミドやその関連脂質のはたしている皮膚機能改善や、脳神経や免疫・炎症、メタボリックシンドロームにおける役割や、がん細胞のアポトーシス等の細胞内機能など、この本の分担執筆を依頼したセラミド研究会会員を中心とした日本人研究者によってもたらされた最新の成果を踏まえて分かりやすく紹介されている。また、機能性食品や化粧品の開発の基礎となる、植物や酵母におけるセラミドの構造と機能、皮膚組織のセラミドの特徴やその役割など、それに深くかかわってきた研究者によって見事に概説されている。こうした基礎研究での日本人研究者の活躍は、この小冊子に示されているように世界をリードしているといっても過言ではない。

「応用編」では、こうしたセラミド基礎研究のもたらした成果に基づいて、現在、セラミドの食品、化粧品、さらには医療分野への応用が試みられており、そうした応用開発が、それに携わる研究者によって細部にわたって紹介されている。すなわち、セラミド基礎研究が進展するなかで、特に皮膚におけるセラミドの役割の解明や、皮膚におけるセラミドマス解析、多様なセラミドの合成メカニズム等にメスが入り、さらには食餌性のセラミドの消化吸収機構の研究が進むなど、機能性食品としてのセラミドの皮膚機能改善をめざして、多種多様な食材からの検討が産業レベルで開始され、いくつかの特定保健用食品やたくさんの機能性表示食品として製品化されるなど大きな成果を納めつつある。世界を見渡してもこうした実用化研究は、日本において最も活発に取り組まれているというのが偽らざる現状である。またこうした応用開発は、皮膚分野に留まらず、まだ研究段階ではあるが、食セラミドの抗がん性、がんの再発防止や予防の観点からの開発、更にはメタボリックシンドロームや認知症などの神経疾患に対する機能性も注目され、将来の課題となってきている。それから食素材としてだけでなくもっと広くセラミドやセラミド代謝産物の生理機能に基づく医薬品の開発も、現在世界中で進められつつあり、すでに長鎖塩基のアナログであるFTY720(フィンゴモリド)は免疫抑制剤としてFDAで認可を受け、多発性硬化症の治療などに使用されている。また最近世界的に、セラミドと特異的に結合しその作用を示す重要なタンパク質の存在が一流学術雑誌ジャーナルに報告され始めており、セラミドを標的とする創薬もやがて進められていく可能性がでてきている。「応用編」ではこうした、機能性食品や創薬にもおよぶ開発研究を踏まえた概説が、それぞれ携わってきた研究者によってまとめられている。

このようにセラミド研究の基礎から応用までにわたった小冊子出版は、世界に例のない試みであり、基礎と応用の両面での研究活動が一体となってなされている日本だからこそそれができたといえよう。今回、この「セラミド研究の新展開」が企画され発行されることは、日本におけるセラミド研究が、基礎も応用も含めて、それぞれが結びつきをさらに強め、それぞれにおいて一層の飛躍に結びつくことになると確信している。

五十嵐靖之
セラミド研究会会長、北海道大学名誉教授

目　次

総論編

各論　基礎

目　次

総論編

総論編 1

セラミド研究史概略

花田　賢太郎*1、平林　義雄*2

1 はじめに

長鎖アミノアルコール(long-chain amino alcohol)の一種である長鎖塩基（long-chain base；スフィンゴイド塩基（sphingoid base）ともいう）を骨格としてもつ一群の脂質がスフィンゴ脂質である。長鎖塩基の詳細な化学構造は進化系統樹的に遠く離れた生物種間で異なるものの、スフィンゴ脂質は全ての真核生物および一部の原核生物に存在すると考えられている。

長鎖塩基のアミノ基にアシル基がアミド結合したものが広義のセラミド（ceramide）であり、セラミドにさまざまな親水性の頭部が結合したものは複合スフィンゴ脂質と呼ばれる（**図1**）。狭義のセラミドはスフィンゴシン（sphingosine）の*N*-アシル化体に特化され、ジヒドロスフィンゴシン（dihydrosphingosine）やフィトスフィンゴシン（phytosphingosine）の*N*-アシル化体はそれぞれジヒドロセラミド（dihydroceramide）、フィトセラミド（phytoceramide）と区別して呼ばれる。

スフィンゴ脂質の名称は、スフィンゴ脂質の最初の発見者であるJ.L.W. Thudichumが130年以上も前に名付けた。ギリシア神話に登場する謎かけの怪獣スフィンクス（Sphinx）に通じるこの名称は、謎の脂質に相応しい魅力的な名前である[1)]。

その後、特に20世紀の後半になり、スフィンゴ脂質は親水基を構成している多様な糖鎖とともに多様なセラミド分子の組み合わせで、1,000を優に超える数の分子種が自然界に存在していることが精密な化学分析で明らかにされてきた。その結果、それぞれの生物種や臓器・器官、さらには細胞内小器官で特徴的なスフィンゴ脂質組成を示すこと、さらに最近の研究によりセラミドを中心として、分子多様性と多彩な機能との関連が次第に明らかにされつつある。

セラミド研究会の編集により以前刊行した『セラミド ― 基礎と応用 ―』における第1章のタイトルは「スフィンゴ脂質とセラミド概論」であったが、ここに新しく刊行した『セラミド研究の新展開』での第1章は、タイトルを「セラミド研究史概略」と新しくし、その内容も一新した。そして、スフィンゴ脂質全般の構造・代謝・機能の記載は最小限にとどめてこれらの詳細は他章に譲り、主に哺乳動物由来のセラミドに焦点を絞ってその構造決定や命名から最新潮流に至る研究の流れの概略を述べることを本章の役割とした。なお、本文中で記載した研究者の国名や所属機関名は当該研究発表当時のものである。

2 セラミド研究の源流を訊ねて

ドイツのHensingが脳試料の化学組成を解析してリン含有物質の存在を1719年に報告したことが近代の生体脂質研究の幕開けと見なされているが、その後、フランスのGobleyが卵黄からリン含有物質を単離してレシチン(lecithin:今でいうところのホスファチジルコリンphosphatidylcholine; PC）と命名するに至るのは1846年とかなり時代が下がる[2)]。そして、ドイツのThudichumが脳の脂質成分をその当時としては網羅的に解析し、それまでに知られていたグリセロリン脂質とは異なりアルカロイドに

＊1 国立感染症研究所 細胞化学部、＊2 理化学研究所 研究開拓本部

脂肪酸が結合している成分を見出して、その謎めいたアルカロイドにスフィンゴシン（初期はsphingosineではなくドイツ語相当のsphingosinと表記されていた）と命名した1884年、もしくは当該成分を予備的に発表した1874年がスフィンゴ脂質研究幕開けの年とされている[3]。

多くの学術用語はギリシャ語もしくはラテン語を起源としている。とくに歴史の長い生物学・医学関係の用語でその傾向がみられる。脳（brain）のギリシャ語はεγκεφαλος（エンケファロス：encephalos）、ラテン語はcerebrumであり、それらは脳炎（encephalitis）や大脳皮質（cerebral cortex）のように汎用学術英語として今に残っている。Thudichumが1884年に上梓した論文において、グルコースと似て非なる脳に豊富にある糖を「脳の糖」という意味でセレブロース（cerebrose）と名付け、その糖を結合した脂質様物質をセレブロシド（cerebroside）と命名した（これらは現在の物質名で言えばそれぞれガラクトースとガラクトシルセラミドに相当する）。スフィンゴミエリン（sphingomyelin; SM）は、スフィンゴシンと脂肪酸の結合物にさらにリン酸を持つ成分sphingomyelinとして1884年の時点で現在と同じ命名がされている。一方、スフィンゴシンと脂肪酸の結合した構造の呼び方はその当時はまだなく、スフィンゴシンのアミノ基に脂肪酸がアミド結合している化学構造はN-palmitoylsphingosineやacylsphingosinesなどと記載されていた。この構造を包括的にceramideと初めて呼んだのはFränkelらの1933年のドイツ語論文と思われる[4]。セレブロシドのアミド結合脂質骨格を短い言葉で示す用語としてセラミドという造語は秀逸である。

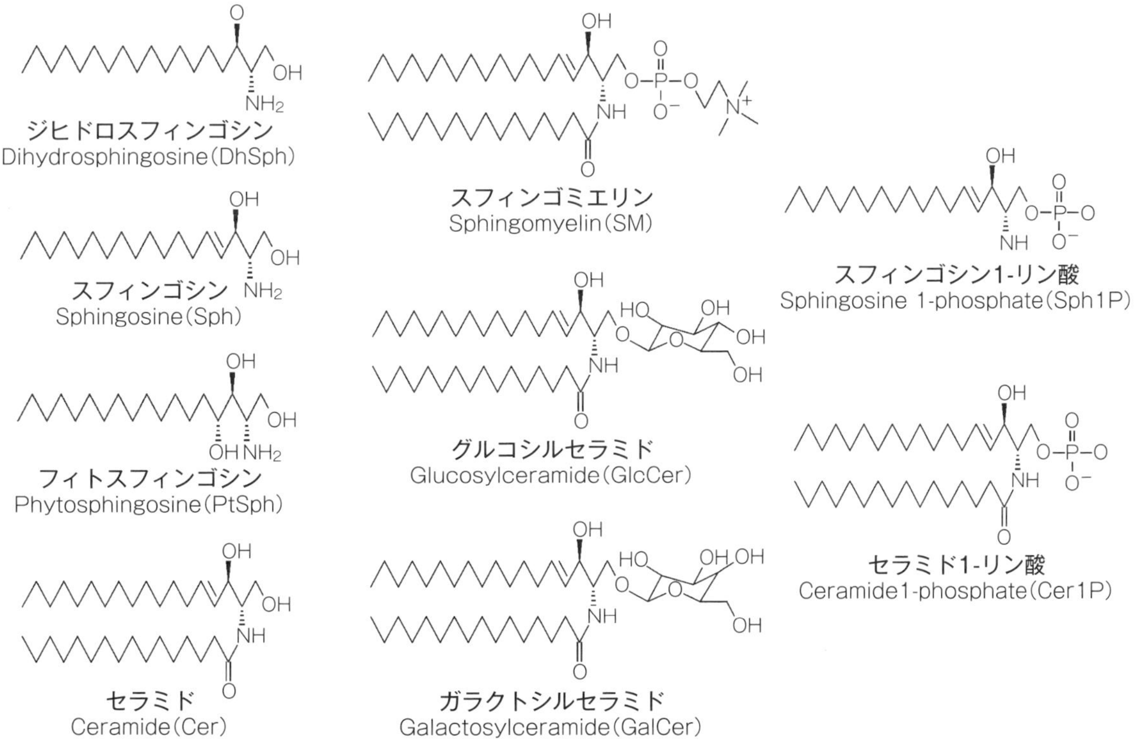

ジヒドロスフィンゴシン Dihydrosphingosine(DhSph)
スフィンゴシン Sphingosine(Sph)
フィトスフィンゴシン Phytosphingosine(PtSph)
セラミド Ceramide(Cer)
スフィンゴミエリン Sphingomyelin(SM)
グルコシルセラミド Glucosylceramide(GlcCer)
ガラクトシルセラミド Galactosylceramide(GalCer)
スフィンゴシン1-リン酸 Sphingosine 1-phosphate(Sph1P)
セラミド1-リン酸 Ceramide1-phosphate(Cer1P)

図1　哺乳動物における主たるセラミド関連分子の化学構造

天然型スフィンゴシンの立体化学構造は、図示したようにD-*erythro*-スフィンゴシンである。図示したスフィンゴシン、ジヒドロスフィンゴシン、フィトスフィンゴシンをIUPAC（International Union of Pure and Applied Chemistry）命名法で書き記せば、それぞれ、(2*S*,3*R*,4*E*)-2-amino-4-octadecene-1,3-diol、(2*S*,3*R*)-2-amino-octadecane-1,3-diol、(2*S*,3*R*,4*R*)-2-amino-octadecane-1,3,4-triolとなる。図中のセラミドおよび複合スフィンゴ脂質のアシル基は炭素鎖長16のパルミトイル基に統一しているが、実際にはさまざまな鎖長のアシル基が存在する。また、GalCerのアミドアシル基のC2位（α位）は水酸化されている場合が多い。

③ セラミドの構造と生合成経路および関連遺伝子の同定

セラミドの化学構造はそれ単独というよりもセレブロシドの全体構造を決定するなかで米国のCarterらが1950年代前半までに確立した[5]。その途上、スフィンゴシン部分は、二つある不斉炭素により合計4つの立体異性体を区別する必要があるうえ、天然スフィンゴシンを単離するために複合スフィンゴ脂質を比較的強い液性で加水分解する際に立体異性が変化する問題もあり、その構造決定は難航したようである[6]。哺乳動物の典型的なセラミドおよびその関連脂質の構造を**図1**に記載した。他の生物種を含めたより詳細なセラミド関連脂質の構造はこの本の第2～11章を参照していただきたい。

現在明らかになっている哺乳動物および酵母における主たるスフィンゴ脂質の生合成経路を**図2**に記載した。各ステップの詳細は第2章を参照してもらい、本稿ではこのような生合成経路を描けるに至った特に重要な出来事に絞って概説する。

炭素原子18個を持つスフィンゴシンのC1-C2部位はアミノ酸のセリンに、C3-C18部位はパルミチン酸にそれぞれ由来することは放射性前駆体を用いた代謝標識解析から1950年代前半には明らかにされていたが、その当時はスフィンゴ脂質の生合成の最初の段階でスフィンゴシンができると信じられていた[6,7]。1968年、米国のBraunとSnellおよびドイツのStoffelらが酵母*Hansenula ciferri*（別名*Pichia ciferri*）の膜画分に、セリンとパルミトイルCoAとを縮合してケトジヒドロスフィンゴシン（3-ketodihydrosphingosine; KDS）を生成させる活性すなわちセリンパルミトイル転移酵素（serine palmitoyltransferase; SPT）活性を発見し、SPTがスフィンゴ脂質生合成の初発段階を担うことが明らかとなった[8,9]。

長鎖塩基とアシルCoAからセラミドを生成させる酵素反応が複数の動物臓器ホモジネート中にあることを米国のSribneyが1966年に報告した[10]。なお、セラミダーゼの逆反応により長鎖塩基と脂肪酸から直接セラミドが生成するという説も提出されていたが[11]、この説はその後否定されている（ただし、ミトコンドリアではセラミダーゼの逆反応でセラミドの生産が起こるとの主張もある[12]）。*In vitro*での酵素反応ではジヒドロスフィンゴシンもスフィンゴシン同様にアシル化されるため、ジヒドロスフィンゴシンがジヒドロセラミドとなった後にセラミドになるのか、ジヒドロスフィンゴシンがスフィンゴシンとなった後にセラミドになるのか、もしくはその両方ともに起きているのかは長い間決着がつかなかった。しかし、後述するようにこの酵素反応の阻害剤が1993年に発見され、生きた細胞中では専らジヒドロスフィンゴシンがジヒドロセラミドとなった後にセラミドになるということが明確となった[13]。

セラミド生合成に関わるさまざまな酵素の遺伝子の同定は、出芽酵母*Saccharomyces cerevisiae*を材料とした遺伝学的アプローチにより端緒が開かれた。米国のLesterとDicksonらは、スフィンゴ脂質合成の欠損したS. cerevisiae変異細胞を相補する遺伝子としてSPTのサブユニットをコードする*LCB1*遺伝子をクローニングした[14,15]。また、長鎖塩基のアシル転移酵素に関しても*S. cerevisiae*の遺伝学的探索から構造の似た二つの膜タンパク質をコードする*LAG1, LAC1*の両方がアシルCoA依存性セラミド合成に必須であることをスイスのConzelmannらおよびRiezmannらが2001年に発見した[16,17]。その後、これらのホモログとして哺乳動物のSPTやセラミド合成酵素を担う遺伝子群が続々とクローニングされていった[7,18,19]。なお、酵母のセラミド合成酵素は三種の異なるタンパク質（Lag1p, Lac1p, Lip1p）のヘテロオリゴマーであるが[20]、哺乳動物の場合は6つのセラミド合成酵素遺伝子*CERS1～6*のそれぞれの産物のホモダイマーや異なる*CERS*産物同士のヘテロダイマーである[21]。

ガラクトシルセラミド（GalCer）合成酵素は精製タンパク質の部分アミノ酸配列からcDNAクローニングされた[22]。しかし、脂質合成酵素は精製の困難な膜タンパク質が多く、酵母の遺伝子ホモログとしては得られないセラミド代謝関連遺伝子の多くは体細胞遺伝学や生命情報科学（bioinformatics）の手法を駆使して同定されてきた。グルコシルセラミド（GlcCer）合成酵素欠損マウスメラノーマ細胞を相補するものとして理化学研究所の平林らが1996年に当該酵素

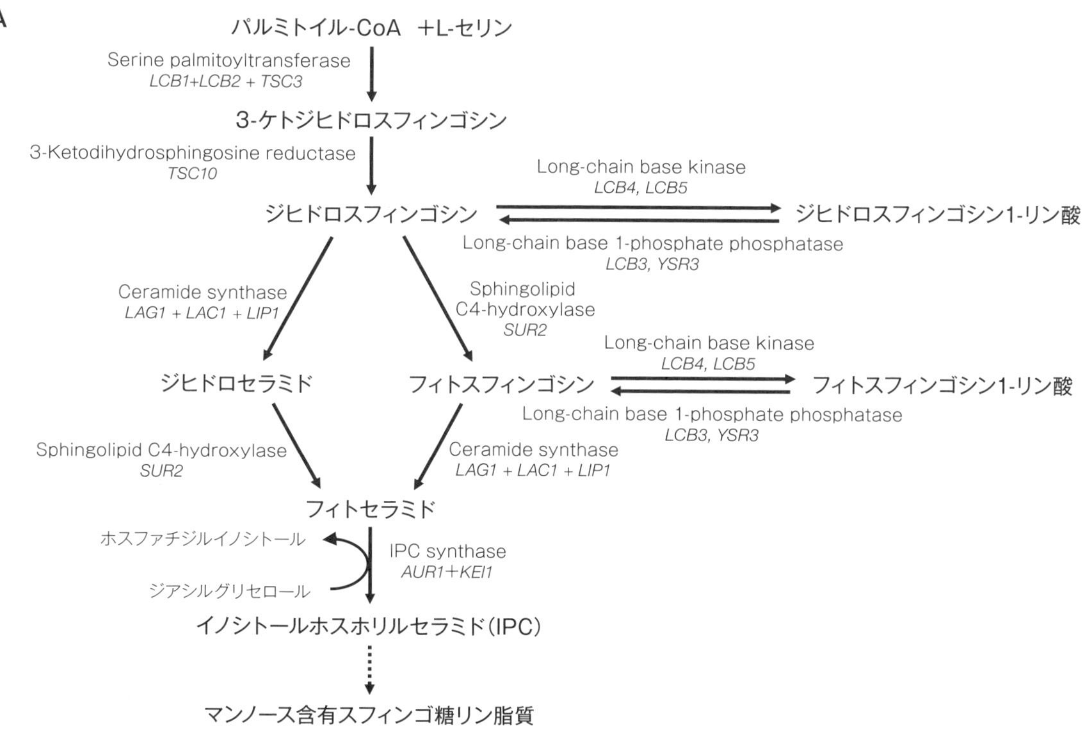

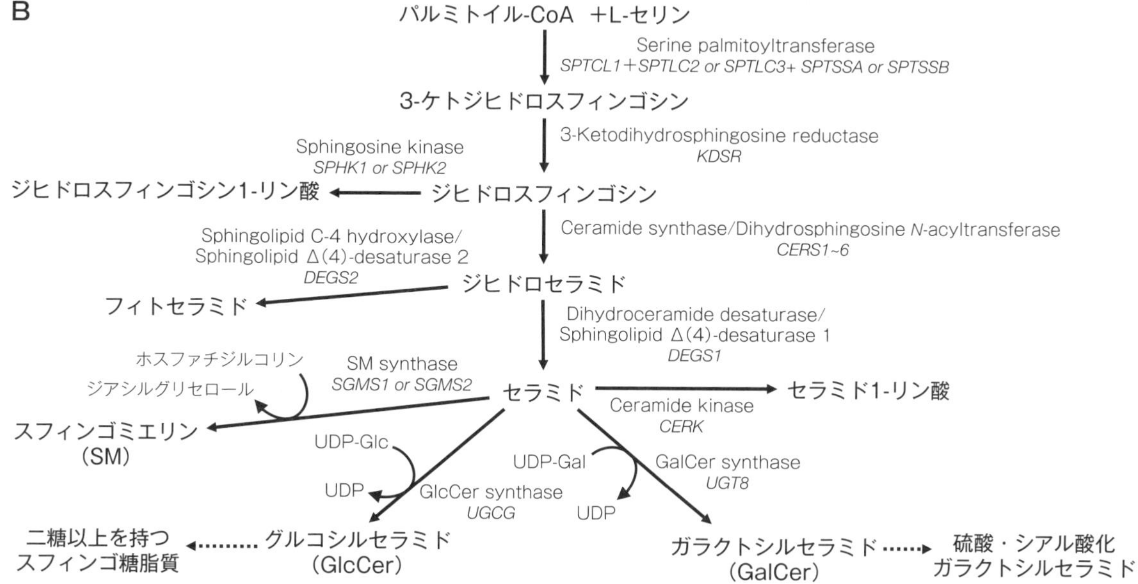

図２　セラミド関連分子の生合成経路

酵素名の下に斜体で遺伝子名を記載した。同様の反応を担う複数の酵素がある場合はそれらの遺伝子名は“or または～”で結び、一方、一つの酵素が異なるサブユニットから成る場合はそれら遺伝子名を“＋”で結んだ。同一酵素に異なる呼称がある場合は“/”で示した。A. 出芽酵母細胞における生合成経路. 出芽酵母においては、セラミドのアシル鎖はα位に水酸基のあるC26脂肪酸が主体であり、このα水酸化反応は*SCS7*遺伝子産物が担う。また、イノシトールホスホリルセラミド（inositol phosphorylceramide; IPC）のセラミド構造は通常フィトセラミドである。B. ヒト細胞における生合成経路. なお、基質の移動に関与する因子は図中に記載されていないが、SM合成の際にはセラミドを小胞体からゴルジ体へと運ぶ脂質輸送タンパク質CERTが、GalCer合成の際にはUDP-ガラクトースをサイトソルから小胞体内腔側へ運ぶ輸送体がそれぞれ必要である。

遺伝子cDNAを[23]、セラミドを小胞体からSM合成の場であるゴルジ体へと運ぶ脂質輸送タンパク質CERTは細胞内セラミド輸送欠損CHO細胞を相補するcDNAとして感染症研究所の花田らが2003年に[24]、それぞれクローニングした。SM合成酵素（SMS）に関しては、当該酵素の触媒反応がホスホリパーゼCのそれに類似していることを利用した生命情報科学的探索によりオランダのHolthuisらはSMS1およびSMS2のcDNAを2004年にクローニングし[25]、ほぼ時を同じくして、SM合成の欠損したヒト白血球細胞を相補するものとして京都大学の岡崎らがSMS1 cDNAをクローニングした[26]。

セラミドのC1位をCa^{2+}およびATP依存的にリン酸化してセラミド1-リン酸を生産するセラミドキナーゼ活性が脳シナプス小胞にあることを米国のBajjaliehらが1989年に報告し[27]、セラミドキナーゼ（の少なくとも一つのアイソフォーム）の遺伝子cDNAはスフィンゴシンキナーゼとの配列類似性を手掛かりに三共株式会社の古浜らが2002年に初めてクローニングした[28]。

セラミド合成酵素CERSsとアシルCoA合成酵素のACSL5およびジアシルグリセロール（diacylglycerol; DAG）アシル転移酵素のDGAT2は小胞体上で複合体を形成し、DGAT2がアシルCoAを使ってセラミドのC1位の水酸基にアシル基を転移して*O*-acylceramideを生産させることが最近見出された[29]。合成されたアシルセラミドはトリアシルグリセロールと同様に油滴（lipid droplets）に蓄積する[29]。

スフィンゴ脂質代謝に関わる生合成酵素および分解酵素はその遺伝子を欠失しても細胞培養レベルでは致死的ではない。全ての種類のスフィンゴ脂質の新合成ができなくなるSPT欠失変異細胞でも培地にスフィンゴ脂質があれば生育できる。一方、遺伝子ノックアウトマウス（機能重複のある酵素では重複ノックアウトマウス）の解析から、哺乳動物個体レベルの生育には、SPTからGlcCer合成酵素もしくはSMSに至るほぼ全ての酵素反応は必須と考えられる。唯一の例外がジヒドロセラミドをセラミドに変換するステップであり、ジヒドロセラミド不飽和化酵素（遺伝子名は*Degs1*または*Des1*）の欠失マウスは、不完全浸透性の胎生致死ではあるが、生まれた個体はいくつかの異常を示しつつも体全体がジヒドロセラミド型メインの状態で生育できる[30]。この結果は、スフィンゴ脂質の機能の観点からセラミド型とジヒドロセラミド型との差異はかなり微妙なものであることを示唆しているのかもしれない。なお、ジヒドロセラミドにはストレス関連事象においてセラミドと同様の作用を発揮する場合やむしろ逆の作用をする場合などがあり、セラミドと並んでジヒドロセラミドも生理活性脂質（bioactive lipids）の一つとしてみなされつつある[31]（本章の以下の項目および第５章も参照）。

4 セラミドの分解経路と生理的意義、および関連遺伝子の同定

哺乳動物のセラミドおよびセラミドに直結する複合スフィンゴ脂質の分解経路を**図３**に記載した。生体物質の代謝は合成と分解がバランスよく調整されて成り立っている。リソソームでの物質分解はどの細胞でも恒常的に起こっているhouse-keeping的活動の側面が大きいが、外部刺激に応答して一過的に起こる脂質分解は情報伝達メディエータとしての脂質分子の生産のための反応であることが多い。情報伝達メディエータとして働く脂質のように微量で大きな生物作用を発揮するような脂質を総じて生理活性脂質と呼ぶ（なお、「生理活性脂質」とみなされていない脂質であっても全ての生体脂質がなんらかの生物学的機能を持っているであろうことはいわずもがなである）。生理活性脂質の研究は、細胞膜においてホスファチジルイノシトール（phosphatidylinositol; PI）の分解で生じたDAGによりプロテインキナーゼC（protein kinase C; PKC）が活性化されるスキームが英国のBerridgeや神戸大学の西塚・高井らによって明らかになった1980年代から急速に発展してきた。本稿では、哺乳動物細胞におけるセラミドおよびそれに近いスフィンゴ脂質の分解機序とその役割が明らかになってきた研究史を手短かに振り返る。哺乳動物細胞以外でのセラミド分解や複雑な糖脂質の分解系、また、スフィンゴシン1-リン酸（sphingosine-1-phosphate; Sph1P）生産と関わるセラミド分解の話題は他章（例えば３、５、13、14、33章）を参照されたい。

1963年、イスラエルのGattはpH 5付近でセラ

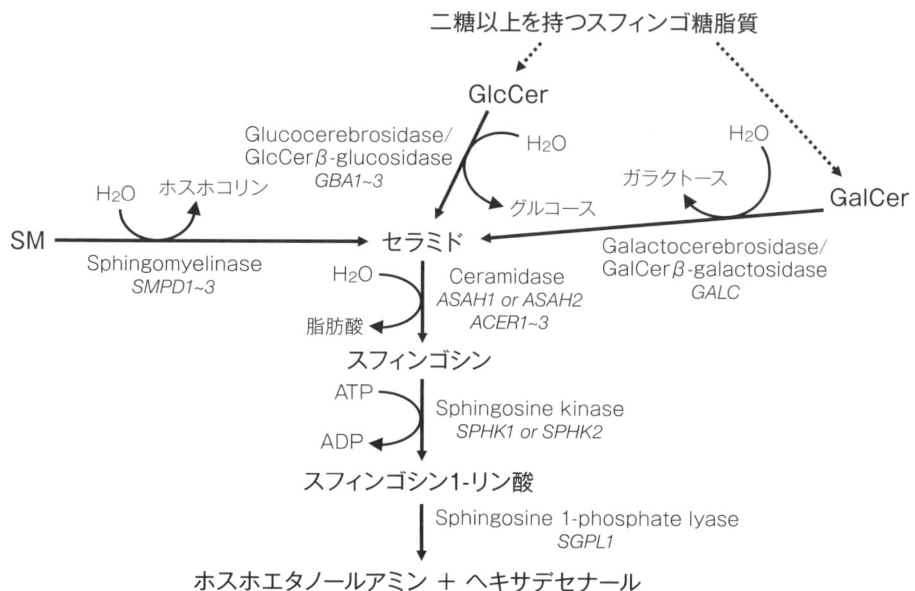

図３　ヒト細胞におけるセラミド関連分子の分解経路

記載法は図２に準じている。図では酵素のみを取り挙げているがリソソームにおけるスフィンゴ糖脂質の分解には補助因子としてSAPsが必要である（本文参照）。

ミドをスフィンゴシンと脂肪酸に加水分解する活性すなわち酸性セラミダーゼ（acid ceramidase; aCERase）をラット脳から部分精製して報告した[11)]。リソソームにおける脂質分解の重要性は、リピドーシスと総称される遺伝性の脂質代謝異常症の存在により、20世紀中盤ころには認識されていた。ファーバー（Farber）病はaCERase欠損症であること[32)]、ゴーシェ（Gaucher）病はGlcCer分解酵素β-glucoceramidaseの欠損症[33, 34)]、クラッベ（Krabbe）病はGalCer分解酵素β-galactoceramidaseの欠損症[35)]、ニーマン・ピック（Niemann-Pick）病A型およびB型（別名Ⅰ型およびⅡ型）は至適pHが酸性領域にあるSM分解酵素（acid SMase; aSMase）の欠損症[36)]、であることは1970年代前半までに明らかになっている。可溶性のリソソーム脂質分解酵素のいくつかは精製されて遺伝子クローニングもなされ、さらに、自然発生的なマウス変異体の発見やゲノム遺伝子破壊技術によってヒト・リピドーシス病態のモデルマウスが得られるようになった[37-41)]。リソソームの脂質分解酵素の欠損に起因して脂質が異常に蓄積し、肝脾が肥大し、しばしば精神運動遅滞（psychomotor retardation）を伴い、重篤な場合は致死的であるといった類似点がリピドーシス全般にあるが、どの分解酵素が欠損しているかで異なる症状もあり、培養細胞レベルでの研究においては進展がみられつつも[42)]、特定の分解酵素欠損がどのような機序でヒト個体レベルの病状に至るのかは現在でも不明である。GalCerが蓄積するクラッベ病ではリソ体GalCerであるサイコシン（psychosine）が神経細胞に対する毒性の本体であるとも提唱されているが[43)]、哺乳動物細胞の複合スフィンゴ脂質のアミドアシル鎖を特異的に脱アシル化する酵素は未だに同定されておらず、サイコシンがどのようにして産生されているのかはまだ謎である。

スフィンゴ脂質活性化因子（sphingolipid activator proteins; SAPs）と総称されるタンパク質群は、複合スフィンゴ脂質がリソソーム内で加水分解される際、分解対象となる脂質を膜から引き抜いて分解酵素に渡す役割を担う[44)]。SAPsの存在を初めて記載したのは、ドイツのMehlとJatzkewitz.が1964年に報告した硫酸化GalCerすなわちスルファチド（sulfatide）がスルファターゼ（sulfatase）によって脱硫酸化される際に補助因子が必要との記載であろう[45)]。その後、米国のO'Brienらは、β-glucoceramidase がGlcCerを分解する反応を促進するタンパク質性因子の存在をゴーシェ病患者試料から部分精製して示し[46]、後年、一つの前駆体タンパク質・プロサポシンがタンパク質分解を受けて４種類のSAPs（SAP-A, -B, -C, -D）が生じ、それぞれスフィンゴ脂質分解酵素活性化に特異性を持つことも明らかにした[47,48]。

一方、細胞内メディエーターとしてのスフィンゴ脂質分子の役割は、1980年代の後半から萌芽し、その後、爆発的な広がりを見せて今日に至っている。その最初の起爆剤となったのは、リソ型スフィンゴ脂質や長鎖塩基にPKCの強い阻害活性のあることを米国のBellとHannunらが1987年に報告したことであろう[49,50]。80年代終わりには、ヒト白血病細胞HL-60をビタミンDで処理するとSM分解が亢進されてできたセラミドが細胞分化を促すといういわゆるSMサイクルが岡崎とHannunらにより提唱され[51]、ほぼ時を同じくして他の研究グループからも、HL-60細胞をホルボールエステル処理するとSM合成が亢進することや[52]、下垂体GH3細胞におけるホルボールエステル誘導分化は細胞を細菌由来SMaseで処理すると抑制されることが報告された[53]。90年代に入ると、セラミドとDAGとのバランスが細胞老化に関わるらしいこと[54]、aSMaseと至適pHが中性領域であるneutral SMase（nSMase）とは腫瘍壊死因子TNFシグナル伝達において別々の役割を担っていること[55]、なども報告された。1993年には、培地に加えた短鎖セラミドが細胞死を誘導することの発見により細胞死シグナル因子としてのセラミドというコンセプトが生まれた[56]。その後、セラミドがstress-activated kinase（SAPK/JNK）の活性化を通じてアポトーシスを誘導するとした報告などがあり[57,58]、細胞死を誘導するセラミドを抗がん目的に利用することも試みられるようになってきた[59,60]。また、植物個体レベルにおいてもセラミドは細胞死シグナル因子として働く[61]。

このような経緯により、セラミドは生合成の中間体というよりも細胞内メディエータ分子として注目されるようになってきた。それまではスフィンゴ脂質の研究といえば、スフィンゴ糖脂質蓄積症やがん化との関係で糖鎖といった複雑で多様な構造を有した極性頭部の役割に注目する研究が主体であったのだが[6,62]、相対的に単純な構造であり、通常は膜の中に埋まっていて細胞外や細胞質タンパク質と相互作用することもないであろうと半ば無視されていた感のあるセラミドそのものが90年代になるとスフィンゴ脂質研究の中心舞台へと躍り出てきたのである。

刺激に応じてセラミドを生産させる酵素として当初注目されたのはMg^{2+}-依存性のnSMaseである。この活性は主に細胞膜に局在することから、細胞外刺激に応じて細胞膜のSMを分解して情報伝達分子セラミドを作る責任酵素と期待されていた。哺乳動物nSMaseのcDNAは、細菌SMaseとのアミノ酸配列類似性からStoffelらのグループがクローニングし[63]、次いでそのアイソフォームも同定した[64,65]。さらに、これら二種類のnSMaseの二重遺伝子破壊マウスでも細胞死経路や他の情報伝達系に顕著な影響は出ないことが明らかとなった[63,65]。Mg^{2+}-依存性のnSMaseであるnSMase2（遺伝子名は***SMPD3***）はホスファチジルセリン（phosphatidylserine; PS）の共存で活性化される[64]。nSMase2の触媒部位の結晶化解析が最近報告され、触媒部位のN端側にある膜近傍領域にPSが結合すると内在性の阻害部位が触媒部位から外れて活性型構造に変換するというモデルが提唱された[66]。

細胞死の抑制効果はむしろaSMaseの遺伝子の破壊をした時に見られた[67,68]。aSMaseをコードするゲノム遺伝子は、細胞外に分泌されてZn^{2+}で活性化するSMaseもスプライシング異性体としてコードしている[69,70]。よって、この二種類のSMaseのどちらか、もしくは両方が細胞死経路で働くセラミド生産に関与すると思われる。また、分解経路だけでなく小胞体で合成されるセラミドの蓄積が細胞死シグナルとなることもわかってきた[71,72]。

哺乳動物由来で至適pHが中性領域のセラミダーゼ（neutral ceramidase; nCERase）に関しては、九州大学の伊東らが酵素精製を通じて二種類のnCERaseのcDNAクローニングに成功した[73,74]。ほぼ同時期にHannunらによりヒトのミトコンドリア型nCERaseのcDNAが報告されたものの[75]、この報告の結論には伊東グループから異論も提出されている[76]。中性セラミダーゼの一次配列は、細菌から植物、無脊椎動物、ヒトに至るまでその遺伝情報が高度に保存されている[77]。一方、アルカリ性セラミダーゼ遺伝子は酵母の遺伝学的解析から同定されてきた[78]。これらセラミダーゼも情報伝達制御への明確な関与は証明されていない。しかし、*Asah2*遺伝子にコードされるnCERaseは、食餌由来スフィンゴ脂質を小腸でスフィンゴシンと脂肪酸に分解して栄養素として利用するために必須であることが米国のProiaらによる*Asah2*欠失マウスの解析から判明した[79]。

人工黄体ホルモン・プロゲスチン（progestin）の膜受容体（黄体ホルモンの核内受容体とは別物）や脂肪細胞から分泌されて脂質や糖の代謝に関わるアディポネクチン（adiponectin）の膜受容体は7回膜貫通型の膜タンパク質であり、PAQR（progestin and adiponectin Q receptors）スーパーファミリーに属している。アミノ酸配列上の有意な相似性はないものの、PAQRの膜内トポロジーは7回膜貫通型のアルカリ性セラミダーゼに似ている。米国のLyonsらは酵母のPAQRであるIzh2pは（*in vitro*でのセラミダーゼ活性を示すことはできなかったものの）セラミドを分解してフィトスフィンゴシンを生産させることに関与していることを示した[80]。最近、フランスのLeyratとGranierらは精製アディポネクチン受容体2にセラミダーゼ活性があり（一般的には生体内量の少ないC18:1-ceramideが良い基質となっている）、その活性はアディポネクチンの結合で著しく増進すると報告した[81]。これらの報告により、膜受容体に内在する脂質分解活性が特異的なリガンド結合により活性化し、特定の種類の膜脂質を分解して生ずる脂質メディエーターが下流に情報を伝達するという機序の存在が浮かび上がってきた。

5 結合したセラミドにより直接制御されるタンパク質

セラミドの代謝に直接関与するタンパク質群（セラミダーゼ、SMS、GlcCer合成酵素、CERTなど）でさえ、基質結合様式が原子レベルで明らかにされているものはセラミドとの共結晶解析に成功したヒトCERT由来セラミド結合ドメインと細菌セラミダーゼにすぎない[82, 83]。セラミドが情報伝達の制御分子であることを支持する報告は数多くあるが、セラミドが直接結合する実体が明確になっている例は限られており、結合機序が原子レベルで解明されている例はまだ皆無である。本稿では、セラミドが直接活性を制御していることがほぼ明らかにされているタンパク質を羅列的に紹介する。網羅的な紹介ではなく、セラミドといっても短鎖セラミドでの影響しか調べられていない場合や、実際にセラミドが結合することは未証明のタンパク質もあることは予めお断りしておく。

セラミドで直接活性制御される実体が明らかにされた最初はタンパク質脱リン酸化酵素（protein phosphatase）の一つであるPP2Aであろう。PP2Aは三つの異なるサブユニットから成っており、出芽酵母のPP2Aは、*TPD3, CDC55, SIT4*遺伝子産物から構成されている。NickelsとBroachは、出芽酵母PP2Aがセラミドで活性化されるだけでなく、セラミドによる生育のG1停止がPP2Aサブユニット遺伝子上の変異で解除されることを発見した[84]。その後、Hannunらは短鎖セラミドの添加で活性化される脱リン酸化酵素を精製してPP2Aであると同定し[85]、さらに、制御サブユニットの存在がPP2Aのセラミド応答に必須であることや、短鎖ジヒドロセラミドは逆に抑制的に働くことを報告した[86]。よって、セラミドによるPP2A活性化は幅広い生物種で保存されていると考えられる。なお、タンパク質脱リン酸化酵素PP-1もセラミドで活性化されるがホスファチジン酸（PA）では阻害され、一方、PP2AはPAでも活性化する[87, 88]。米国のOgretmenらは、ヒト肺胞基底上皮腺癌A549細胞破砕液にビオチン化C_6-セラミドを混ぜてアビジン結合樹脂で回収する方法により、PP2A活性化機構の内在性阻害因子SET（別名inhibitor 2 of PP2A; I2PP2A, またはTAF-1β）にセラミドが結合することを見出し、セラミドによるPP2A活性化機構にはセラミドがSETの働きを抑止し、その結果としてPP2Aが活性化する分子機序もあることを示した[89]。

受容体型チロシンキナーゼを介した細胞増殖シグナル経路において活性型Ras-GTPaseとリン酸化型Raf-1キナーゼとの会合は重要なイベントで

ある。Raf-1キナーゼをリン酸化して活性化するキナーゼとして米国のKolesnickらにより報告されたceramide-activated kinaseの実体は、kinase suppressor of Ras（KSR）であることが判明している[90]。また、Ca^{2+}およびDAG結合活性を持たない非定型PKCの一つであるPKCζがセラミドで活性化することをスペインのMoscatらおよびドイツのMüllerらが見出している[91, 92]。さらに、mitogen-activated protein kinase kinase kinase（MAPKKK）ファミリーの一つであるmixed lineage kinase 3（MLK3）もセラミドで直接活性化されると米国のRanaらが報告している[93]。よって、セラミドによって直接活性化されるceramide-activated kinasesには少なくとも三種類の異なるキナーゼが含まれる。

低分子量GTP結合タンパク質および典型的PKCに依存して活性化されるホスホリパーゼD（細胞内では主にPCを分解していると考えられている）に対してセラミドが阻害的に働くことを米国のObeidらやカナダのBrindleyらが1990年代中盤に報告した[94, 95]。

STARD7は小胞体とミトコンドリアとの間のPC輸送を司ると考えられている脂質転移タンパク質であるが[96]、光励起性photoactivatableセラミド類似体がSTARD7を標識することなどからSTARD7のPC輸送活性をセラミドが負に制御するモデルが提唱された[97]。しかし、セラミド類似体によるSTARD7標識は天然型セラミドでは競合阻害されず、STARD7に天然型セラミド結合能があるかどうかには疑義が残る[97]。ごく最近、微小管へのセラミド結合により、細胞内のミトコンドリアの動態が変化することが示唆された[98]。

形質膜上に局在するような膜タンパク質の膜トポロジーは、その最初の膜貫通ドメインが新合成の際に小胞体膜中に挿入される向きに大きく影響され、この向きはトランスロコン装置にどのように認識されるかで決まる。米国のYeらは、トランスロコンの会合分子の一つであるtranslocating chain-associated membrane protein 2（TRAM2）がセラミドおよびジヒドロセラミドにより活性阻害をうけ、その結果、GTP結合タンパク質共役型受容体（G-protein coupled receptor；GPCR）の一種であるケモカイン受容体を含むいくつかの膜タンパク質のトポロジーが新合成時に反転すること、そして、この現象が起こるには膜タンパク質の最初の膜貫通ドメインにGXXXNというアミノ酸モチーフが必要であることを見出した[99, 167]。三つのTRAMアイソフォーム（TRAM1`, TRAM1L, TRAM2）の全てには、TRAM/LAG1/CLN8 homology（TLC）ドメインが存在しており、このTLCドメインはセラミド合成酵素にも見出されていることからセラミド/ジヒドロセラミド認識ドメインではないかとも提唱されている[101]。TRAMのTLCドメインにセラミドが結合することはまだ証明されていないが、一つの可能性として小胞体中のセラミドもしくはジヒドロセラミドの量の変化を感知して各TRAMの活性が変化し、その結果、さまざまな膜タンパク質のトポロジー反転が起こって、それら膜タンパク質機能のオン・オフの切り替えも起きているのかもしれない[99, 167]。

Sph1Pに関しては、生理的な機能を発揮するのに相応しい濃度でヒト血中に存在することや、特異的なGPCRを介して働くといった発見が我が国の矢冨、五十嵐、多久和らの研究などを始めとして90年代後半から積みあがり[102-104]、その生理的脂質メディエーターとしての重要性はもはや疑うべくもない（その詳細は第5、14、33章を参照）。一方、セラミドをリガンドとするGPCRが見出されていないためか、細胞内で生み出される天然型セラミドが本当に脂質メディエーターとして機能しているのかに関してはまだ疑いの目もあろうかと思われる。セラミドを結合して活性が変化するタンパク質群を同定したうえで、当該タンパク質の機能がセラミドで制御される機序を原子レベルで解明し、さらにその制御の生理的な意義も明らかにするような努力が今後も必要である。

6 セラミドのリン脂質膜への直接作用

セラミドは、複合スフィンゴ脂質と違い極性頭部がなく、DAGに比較してアシル部分の飽和度が高いという化学構造上の特徴を持つため、リン脂質二重層のセラミド量の変化が膜の状態に大きな影響を与えうる[105, 106]。よって、タンパク質との相互作用を介せずに発揮できるセラミドの生物学的機能というものも存在する可能性がある。例えば、膜中のセラミド量が増えると膜融合や膜小胞出芽を誘導することが知られており[107, 108]、このセラミドの性質は、筋細胞などで形質膜に損傷があった場合に損傷部位をカベオラ（caveolae）とともにエンドサイトーシスして除去修復する事象とも関係しているかもしれない[109]。また、ミトコンドリアにターゲットするような細菌SMase組換え体を乳がん由来MCF7細胞に発現すると細胞死を引き起こすとObeidらが報告し[110]、さらに、単離したミトコンドリアにセラミドを加えるとその外膜においてシトクロームcが透過できるような小孔を形成する（一方、ジヒドロセラミドでは小孔は形成されない）ことをColombiniらが報告している[111]。ただし、実際に細胞内のミトコンドリア外膜において内在性のセラミドに由来する小孔が形成できるかどうかはまだ不明である。

7 皮膚の主要構成成分としてのセラミド

哺乳動物では皮膚特異的な構造をしたいろいろなセラミド分子種が豊富に存在し、それらは皮膚のバリアー機能、特に保湿のためのバリアー機能に重要な役割を担っている[112, 113]。皮膚セラミドの代謝を担う遺伝子群は長らく不明であったが、皮膚セラミドに含まれる極長鎖脂肪酸の代謝酵素群も含めて、北海道大学の木原らが網羅的ともいえる解明を成し遂げつつある[114]。その詳細は第６章を参照いただきたい。

質量分析により脂質分子を解析することは20世紀中から行われていたが、質量分析機器の機能向上に伴い21世紀になると生体から得られた脂質分子種を網羅的に解析するリピドミクスが本格的に始動し（第10章も参照）、質量分析データをバンク化して公的に提供する活動も行われるようになった（日本のLipid Bank, http://lipidbank.jp/Lipid Bank, http://lipidbank.jp/ や米国のLIPID MAPS, http://www.lipidmaps.org/）。リピドミクスは、今や脂質全般の研究になくてはならない手法となっており、皮膚セラミドの研究展開においても花王株式会社の研究グループの開発した超高感度セラミド分子種解析法が役立っている[115]。

昨今、化粧品や石鹸などといった日用品にセラミドという言葉が伴うようになってきたため、ごく一般の人でもセラミドという言葉だけは知っている（聞いたことがある）という状況になっている。そして、外用品にとどまらず、セラミドもしくはその関連物質（特に植物由来のグルコシルセラミド）を飲食物に添加し、機能性食品として市販することも現実化している。このような美容や健康のための外用品や食品としてセラミドを利用する話題は、この本の各論・応用編で取り挙げている。

8 脂質ラフト説の登場

コレステロールとスフィンゴ脂質とが相互作用して形成する膜脂質微小ドメイン、すなわち脂質ラフト（lipid rafts）という概念の登場は、スフィンゴ脂質だけでなく脂質全般の研究に多大な影響を与えた。20世紀の終盤は、発生や分化といった複雑な生命現象を分子レベルで解き明かすことが最先端の生命科学研究と見なされていた時代であり、その中で脂質学はなかなか注目されにくい研究分野であった。しかし、脂質の物理化学的性質に駆動されて形成される機能的な膜微小ドメインという概念は、幅広い分野の研究者の興味の対象となり、1990年初頭から現在に至るまでラフトに関するさまざまな研究が繰り広げられている[116, 117]。それに伴い、脂質ラフトの主要構成因子であるスフィンゴ脂質もコレステロール並みに多くの研究者に知られるようになってきたわけである。

本稿では脂質ラフト説の登場に大きく貢献した代表論文のみ紹介する。1988年にドイツのSimonsとvan Meerは、極性細胞のゴルジ体においてスフィンゴ糖脂質が集積する微小ドメインができ、それとの相互作用の違いによりタンパク質の選別が起こると想定したモデルを提唱した[118]。これが脂質ラフトの原点と考えられている。しかし、このモデルではスフィンゴ糖脂質の役割は強調されているもののSMやコレステロールが寄与する必然性は特にない。現在の一般的な脂質ラフトの説明は、（1）グリセロ脂質に比べてアシル構造が飽和型であるスフィンゴ脂質がコレステロールと分子レベルで密接に接触し、さらに、（2）水酸基一つだけしか親水性基のないコレステロールが脂質二重層中に安定して存在するために周辺の複合脂質の極性頭部が傘のように覆いかぶさる（アンブレラ効果と呼ばれる）という二タイプの駆動力でスフィンゴ脂質・コレステロールが濃縮した膜微小ドメインが形成される、というものである。この現行モデルを導いた端緒は、米国のBrownとRoseが1992年に出した論文にあると思われる[119]。当該論文において、極性細胞をマイルドな界面活性剤Triton X-100で低温処理した後に得られるTriton X-100耐性膜小胞には、頂端膜（apical membrane）に輸送されるGPI-アンカータンパク質だけでなく、飽和脂肪酸を付加した膜タンパク質群、そしてスフィンゴ糖脂質やSMさらにコレステロールが濃縮して回収されることを見出し、これがSimonsらのいうラフトの生化学的実体であろうと提唱したのである。さらに、人工膜の系においてTriton X-100耐性膜の形成には飽和型アシル基の存在が重要であることや[120]、スフィンゴ糖脂質を欠いた細胞からでもTriton X-100耐性膜は分離できること[121]、などもBrownらは示した。無傷細胞膜上に存在する脂質ラフトと生化学的に分離したTriton X-100耐性膜とを同一視できないこともやがて判明してきたが、脂質ラフトの性質が部分的にはTriton X-100耐性膜にも反映されていると考えられている。細胞膜上の脂質膜微小ドメインに関する最新の話題は第22、23章を参照されたい。

人工脂質膜の実験系において、セラミドはコレステロールを脂質ラフトから追い出すことが示されている[122]。上述したようにコレステロール分子に密着しやすい化学構造上の特性はセラミド部分にあるのだが、セラミド部位だけでは極性頭部を欠くためアンブレラ効果を発揮できない。そして、セラミドが脂質二重層中に安定に存在するにはコレステロールと同様に周辺脂質のアンブレラ効果が必要であり、コレステロールとセラミドは傘となる複合スフィンゴ脂質を脂質ラフトにおいて競合して取り合うと解釈されている。

9 セラミド代謝の阻害剤

低分子阻害剤は、さまざまな生命科学分野において有用なツールであり、時として疾病治療薬へと発展する。スフィンゴ脂質代謝に関わるさまざまなステップに対する阻害剤が現在では知られているが、その網羅的記載は別の総説を参照していただき[100, 123]、本稿では、セラミドの合成および分解、もしくはセラミドからSMやGlcCerに変換するステップの阻害剤に絞り、パイオニア的な事例を振り返る。

スフィンゴ脂質合成の初発酵素SPTの特異的な阻害剤は、セラミドに限らずスフィンゴ脂質全般の研究に重要な薬剤ツールである。SPT阻害剤としての発見はスフィンゴファンギン類（sphingofungins）のほうが早いが[124]、ここでは医薬に結びついた経緯を含めてミリオシン（myriocin）/ISP-1について簡単に述べる。ミリオシンは子嚢菌*Myriococcum albomyces*から抗真菌活性のある物質としてカナダのグループが単離し[125]、一方、ISP-1はインターロイキン２依存性マウス細胞障害性T細胞の増殖を抑制する物質としてセミに寄生するカビ*Isaria sinclairii*（冬虫夏草として知られている）から京都大学の藤多らが単離した[126]。そして、化学構造的に同一であるミリオシン/ISP-1はSPTを強く阻害することを京都大学の川嵜・小堤らが見出した（小堤からの私信によれば、ISP-1の化学構造がスフィンゴ脂質と類似しているので直感的に思いついたとのことである）[127]。スフィンゴファンギン類やミリオシン/ISP-1は、疑似反応中間体の形でSPT酵素に結合することで強力かつ特異性の高い阻害活性を発揮している[7, 128, 129]。なお、ISP-1がマウス個体で示した免疫抑制活性はSPT阻害能のない類縁体にもあることが見出され[130]、リン酸化されたのちにSph1P受容体リガンドとして働く免疫抑制剤FTY720（別名フィンゴリモドFingolimod）が誕生した[131-134]。

カビ毒フモニシン(fumonisin)B1がジヒドロスフィンゴシン*N*-アシル転移酵素（dihydrosphingosine-*N*-acyltransferase；現在ではセラミド合成酵素ceramide synthaseとの呼び名が一般的である）を阻害することを米国のMerrillらは見出した[13]。フモニシンB1の発見は、ジヒドロスフィンゴシンが*N*-アシル化されてジヒドロセラミドになった後に不飽和化されてセラミドとなるという合成経路の確立にも大きく貢献した。セラミド分解酵素に関して、セラミド類似構造を有する化合物*N*-oleoylethanolamineおよび（1*S*,2*R*）-D-*erythro*-2-（*N*-myristoylamino）-1-phenyl-1-propanol（D-e-MAPP）は、それぞれ酸性セラミダーゼおよびアルカリ性セラミダーゼを阻害すると報告されている[135, 136]。これら初期のセラミダーゼ阻害剤は全てセラミド類似の構造をしているが、セラミド類似構造を持たない阻害剤Ceranib-2がその後開発され、そのマウス投与時に乳腺癌増殖の遅延効果があることも報告されている[137]。

セラミドからGlcCerへの変換を担うGlcCer合成酵素の選択的阻害剤は、Radinらの開発によるD-*threo*-1-phenyl-2-denanoylamino-3-morpholino-1-propanol（PDMP）が嚆矢である[138]。Plattらの開発したGlcCer合成酵素阻害剤N-butyldeoxynojirimycin（別名ミグルスタットMiglustat）も汎用されており[139]、2019年1月時点において欧州や日本ではニーマン・ピック病C型の治療薬として、欧米ではゴーシェ病の治療薬としても承認されている。

一方、セラミドからSMへの代謝を担うSM合成酵素（SMS）の阻害剤としてtricyclodecan-9-yl-xanthogenate（D609）が利用されているが、PC特異的ホスホリパーゼC阻害剤としてもみなされているD609の標的特異性はいまだに不明瞭である。最近、SMS2に選択性の高い阻害剤が報告された[140, 141]。また、酵素ではないが、セラミドを小胞体からゴルジ体のSM合成の場に運ぶ脂質輸送タンパク質CERTの阻害剤としてセラミド類似構造を有する（1*R*,3*S*）-*N*-(3-hydroxy-1-hydroxymethyl-3-phenylpropyl) dodecanamide（HPA-12）が2001年に開発され[142]、ごく最近、セラミド類似構造を持たないながらもCERTを強く阻害する薬剤も開発された[143]。これらCERT阻害剤で処理した細胞ではSM含有量が特異的に減少する[142, 143]。

セラミドの代謝に関わる複数の代謝阻害剤が揃うことでセラミド研究は促進されてきた。例えば、フモニシンB1でセラミド合成を阻害したときに起こる細胞の性状変化の原因がセラミド量減少のためなのか前駆体ジヒドロスフィンゴシン蓄積のためなのかを区別したい場合、ジヒドロスフィンゴシン蓄積を起こさずにセラミド量を減少させるSPT阻害剤処理でも同じ性状変化が起こるかどうかを調べればよい。ただし、阻害剤を実験で使う際には常にオフターゲットの問題があることを忘れてはならない。例えば、PDMPはGlcCer合成阻害以外にもセリン・トレオニンキナーゼの一種であるmTORC1（mammalian target of rapamycin complex 1）の細胞内分布を変化させて当該キナーゼ機能を阻害する[144]。

10 セラミド研究史を飾るその他の重要ツール

セラミドの研究を展開する上で重要な研究ツールが阻害剤以外にもいろいろと存在する。その中のカテゴリーの一つが、脂質認識プローブである。抗セラミド抗体にはIgM型とIgG型の二タイプが報告されていて、どちらもフローサイトメトリー解析や免疫染色細胞化学解析に使えるとされているが[145, 146]、米国のBieberichらの開発した抗セラミド・ポリクローナルIgG抗体は細胞中のオルガネラ染色にも適用できると報告されている[146]。志賀毒素（別名ベロ毒素）とコレラ毒素は、それぞれグロボシルセラミドGb3とガングリオシドGM1を特異的な膜受容体としており[147, 148]、これら毒素の受容体結合サブユニットは生細胞表面のGb3やGM1の特異的認識プローブとして利用されている。名古屋大学の古川らはGb3合成酵素を欠損したマウスは志賀毒素に完全に耐性になることを示し、当該毒素受容体の特異性を動物個体レベルで明確にした[149]。シマミミズの体腔液から見出した細胞溶解性毒素・ライセニンはSMを特異的な膜受容体として認識することを都臨床総合医学研究所の梅田らは明らかにし[150]、その後、生きた細胞上でのSM認識プローブとして利用できるようにSM結合性は維持しつつ細胞溶解性を低減したライセニン改変体を理化学研究所の小林らは開発した（22章も参照されたい）[151]。

第二のカテゴリーは蛍光性脂質である。米国のPaganoらは、短鎖NBDで*N*-アシル化したセラミドすなわちC_6-NBDセラミドを作製し、これを低温条件下にて培地に加えると細胞に取り込まれて小胞体に分布し、そこから37℃に温めると核周辺のゴルジ体領域に蛍光は移行するとともにGlcCerやSMへと代謝されることや[152]、ホスファチジルエタノールアミンのC_6-NBD標識体はセラミドとは全く異なる細胞内挙動をすることを見出した[153]。Paganoらの研究を端緒としてさまざまな蛍光性脂質類似体が開発され、細胞内の脂質の動態や選別輸送の解析における重要ツールとして汎用されている（蛍光脂質類似体の多くは、Avanti Polar Lipids社や旧Molecular Probes社を買収したThermo Fisher Scientific社から購入可能）。

第三のカテゴリーとしては特異的な突然変異を有する細胞や動物が挙げられる。遺伝性リピドーシス患者に由来する細胞を不死化した培養細胞は今でも重要な研究ツールである。また、出芽酵母のさまざまなスフィンゴ脂質代謝欠損変異株はもとより、マウスメラノーマ由来B16細胞のGlcCer合成活性欠損変異株GM-95[154]、チャイニーズハムスター卵巣由来CHO細胞のSPT活性欠損変異株LY-B[155]、細胞内セラミド輸送活性の欠損した変異株LY-Aなどは[156]、それぞれに欠損した遺伝子の同定に利用されただけでなく、スフィンゴ脂質欠損モデル細胞として広く利用されてきた（ちなみにLY-A, LY-B株ともにライセニン耐性CHO細胞変異株として分離された[155]）。以前は多大な労力を払って分離した哺乳動物細胞変異株であったが、2010年代に入って登場したゲノム編集技術を活用することで簡便に得られるようになった。変異マウスも重要なツールであり、先述したリピドーシスのモデルマウスをはじめとしてセラミド代謝関連遺伝子ノックアウト動物が数多く作製されて研究に供されてきた[157, 158]。

上記のどのカテゴリーにも属しないが、glycosphingolipid ceramide *N*-deacylase（SCDase）も重要なツールである。スフィンゴ糖脂質のセラミド部分の脱アシル化を触媒する酵素・SCDaseは放線菌の一種である*Nocardia*菌から最初に見いだされたのだが[159]、グラム陰性好気性桿菌である*Pseudomonas*菌から精製されたSCDaseを用いた解析から、本酵素は同位体標識や蛍光標識したさまざまなセラミド分子種を自家調整する目的にも活用できることが示された[160]。長鎖塩基およびさまざまなタイプの脂肪酸とSCDaseとを界面活性剤Triton X-100存在下で混ぜると脱アシル化の逆反応によりセラミドが生成し、できたセラミドは水不溶性物質として自動的にTriton X-100ミセル相へ移行するため、全体としてセラミド合成の方向に反応が進むのである。

11 デオキシスフィンゴ脂質について

近年進展著しいリピドミクス解析の高度化に伴い、従来は検出不可能であったような極微量脂質の存在がセラミド関連分子に関しても分かり出しており、そのなかでも特に注目を集めているのが1-デオキシスフィンゴ脂質（1-deoxysphingolipids; deoxySLs）である（**図4**）。

細胞膜成分のスフィンゴ脂質群は、共通に1,3-diolを持つ長鎖塩基を有しているが、カビ毒フモニシンB1のように長鎖塩基のC1位の水酸基が欠けている1-デオキシ体（1-deoxy, 3-ol）も天然には存在する。質量分析の結果、ヒト組織においてもdeoxySLsが存在するとの報告が2009年にされた。Merrillらは、フモニシンB1によりセラミド合成を阻害すると、新たなスフィンゴ脂質代謝産物として1-deoxy dihydrosphingosine（deoxyDhSph）、1-deoxy dihydroceramideが生産されることを見出した。一方、スイスのHornemannらは、遺伝性感覚性自律神経性ニューロパチー（hereditary sensory and autonomic neuropathy, HSAN1）患者の組織からdeoxySLsを見出した。HSAN1症状は、スフィンゴ脂質合成の初発酵素SPTのサブユニットSPTLC1もしくはSPTLC2のアミノ酸置換型変異によりdominant（従来は優性と和訳されていたが、現在、顕性にすべき等の議論がある）に現れる[161-163]。SPTサブユニットの欠失型変異ではなく特定のアミノ酸置換変異においてdominantに現れるというHSAN1の遺伝的特性は、変異型SPTにより合成されたdeoxySLsが神経毒性を発揮すると考えれば説明できる。また、正常なSPTからでも細胞中のセリンが欠乏するとdeoxySLsが合成される。もともとはセリンへの親和性が高いSPTではあるが、そのセリン選択性が下がる変異が起こった場合や細胞内セリンが枯渇するような条件下ではセリンの代わりにアラニンあるいはグリシンとパルミトイルCoAを縮合して1-デオキシ型の長鎖塩基を合成してしまうのである（図４）。

血清中deoxySLsレベルが糖代謝の異常な肥満・糖尿病患者では高い[164]。deoxySLsは、特に神経細胞に強い毒性を示すが、その作用機構としてミ

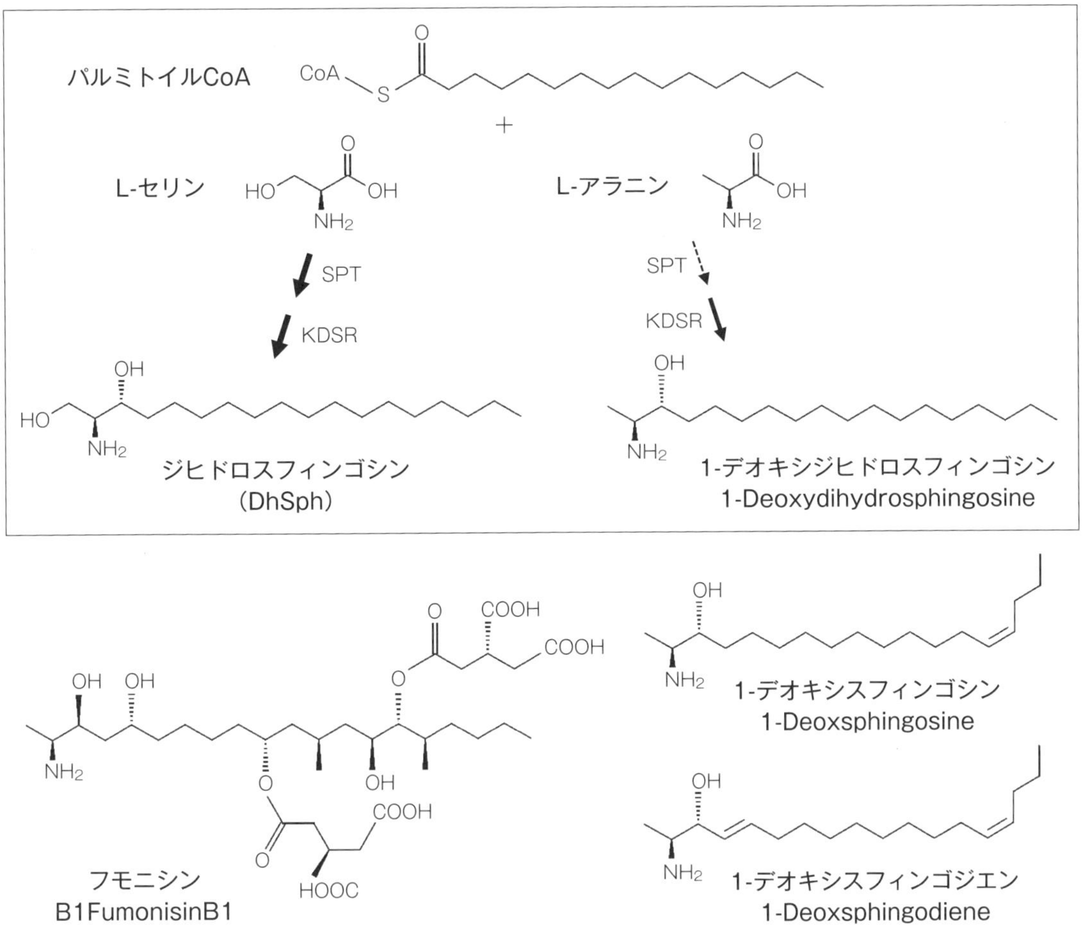

パルミトイルCoA
CoA S O
＋
L-セリン HO OH O NH2
L-アラニン OH O NH2
SPT
KDSR
SPT
KDSR
OH HO NH2
ジヒドロスフィンゴシン
(DhSph)
OH NH2
1-デオキシジヒドロスフィンゴシン
1-Deoxydihydrosphingosine
OH OH O COOH COOH O NH2 O OH COOH O HOOC
フモニシン
B1FumonisinB1
OH NH2
1-デオキシスフィンゴシン
1-Deoxsphingosine
OH NH2
1-デオキシスフィンゴジエン
1-Deoxsphingodiene

図4　天然に見出されるデオキシスフィンゴ脂質

SPTがセリンの代わりにアラニンやグリシンを利用すると末端の水酸基がない1-デオキシ長鎖塩基が生成される。1-デオキシ長鎖塩基は天然のスフィンゴシンとは異なる位置にシス配置の二重結合をもつように代謝される。なお、カビの生産するマイコトキシンFB1の生合成経路は不明だが1-デオキシ長鎖塩基に類似する構造を内部に持っている。

トコンドリア機能への影響が考えられている[165]。正常な細胞、脳組織からもデオキシ体は微量ながら検出されるので、細胞毒性とは異なる何らかの生理作用がある可能性は否定できない。また、分子量的に1-デオキシスフィンゴシンと思われていた代謝産物が、その２重結合の位置が通常と異なっており、14(*Z*) であることも判明した[166]。deoxyDhSphは、ジヒドロスフィンゴシンとは異なる経路で不飽和化されるらしい。質量分析だけで構造を議論するオミックス研究に警鐘を鳴らす事例である。

12 おわりに

その発見から100年以上を経て、セラミドの構造や代謝経路、そしてその機能に関して多くの知見が蓄積し、その知見を医療だけでなく健康・美容の維持に応用しようとする機運も高まっている。ごく最近になり見出されたdeoxySLsのようにその病理的、生理的な意味が不明なセラミド関連分子も存在し、また、現時点で未知なセラミド関連分子がこれからもさらに発見されるであろう。ヒト個体において見出される微量で新規な脂質はヒト細胞が自前で合成するだけの分子にとどまらず、食事または腸内細菌から由来するセラミド関連分子が人間に対して重要な生理的意味を持つ可能性も視野に入れておきたい。成人一人の人間には、腸内を筆頭に口腔内や皮膚表面などで総計600～1,000兆個の微生物（マイクロバイオータ（microbiota））と共存しており、これら微生物が生み出す代謝産物の一部は脳血液関門を貫通して脳の機能に影響をおよぼすことが次第に明らかにされつつある。そして、セラミドを医薬品、医薬部外品や食品などに利用する際には、その有効性および安全性に関しての厳密な検証はもとより、その作用機序の詳細な説明が今後ますます求められるであろう。

その発見から100年以上過ぎてもセラミドからの謎の投げかけは終わることがない。

【参考文献】

1) 山川民夫 糖脂質物語.(講談社, 東京; 昭和56年).
2) Sourkes, T.L. The discovery of lecithin, the first phospholipid. *Bull Hist Chem* **29**, 9-15(2004).
3) Thudichum, J.L.W. A treatise on the chemical constitution of the brain.(Bailliere, Tindall, and Cox, London; 1884).
4) Frankel, E., Bielschowsky, F. & Thannhauser, S.L. Untersuchungen uber die lipoide der saugetierleber. Iii. Mitteilung. Uber ein polydiaminophosphatid der schweineleber. *Z. Physiol. Chem.*(*in Germany*) **281**, 1-11(1933).
5) Carter, H.E. & Greenwood, F.L. Biochemistry of the sphingolipides. Vii. Structure of the cerebrosides. *J Biol Chem* **199**, 283-288(1952).
6) Hakomori, S. & Kanfer, J.N. Spihngolipid biochemistry.(Plenum Publishing, New York; 1983).
7) Hanada, K. Serine palmitoyltransferase, a key enzyme of sphingolipid metabolism. *Biochim Biophys Acta* **1632**, 16-30(2003).
8) Braun, P.E. & Snell, E.E. Biosynthesis of sphingolipid bases. Ii. Keto intermediates in synthesis of sphingosine and dihydrosphingosine by cell-free extracts of hansenula ciferri. *J Biol Chem* **243**, 3775-3783(1968).
9) Stoffel, W., LeKim, D. & Sticht, G. Biosynthesis of dihydrosphingosine *in vitro*. *Hoppe Seylers Z Physiol Chem* **349**, 664-670(1968).
10) Sribney, M. Enzymatic synthesis of ceramide. *Biochim Biophys Acta* **125**, 542-547(1966).
11) Gatt, S. Enzymic hydrolysis and synthesis of ceramides. *J Biol Chem* **238**, 3131-3133(1963).
12) Novgorodov, S.A., Wu, B.X., Gudz, T.I. *et al.* Novel pathway of ceramide production in mitochondria: Thioesterase and neutral ceramidase produce ceramide from sphingosine and acyl-coa. *J Biol Chem* **286**, 25352-25362(2011).
13) Merrill, A.H., Jr., van Echten, G., Wang, E. *et al.* Fumonisin b1 inhibits sphingosine(sphinganine) n-acyltransferase and de novo sphingolipid biosynthesis in cultured neurons in situ. *J. Biol. Chem.* **268**, 27299-27306(1993).
14) Buede, R., Rinker-Schaffer, C., Pinto, W.J. *et al.* Cloning and characterization of lcb1, a saccharomyces gene required for biosynthesis of the long-chain base component of sphingolipids. *J Bacteriol* **173**, 4325-4332(1991).
15) Pinto, W.J., Srinivasan, B., Shepherd, S. *et al.* Sphingolipid long-chain-base auxotrophs of saccharomyces cerevisiae: Genetics, physiology, and a method for their selection. *J Bacteriol* **174**, 2565-2574(1992).
16) Guillas, I., Kirchman, P.A., Chuard, R. *et al.* C26-coa-dependent ceramide synthesis of saccharomyces cerevisiae is operated by lag1p and lac1p. *EMBO J* **20**, 2655-2665(2001).
17) Schorling, S., Vallee, B., Barz, W.P. *et al.* Lag1p and lac1p are essential for the acyl-coa-dependent ceramide synthase reaction in saccharomyces cerevisae. *Mol Biol Cell* **12**, 3417-3427(2001).
18) Pewzner-Jung, Y., Ben-Dor, S. & Futerman, A.H. When do lasses(longevity assurance genes) become cers(ceramide synthases)?: Insights into the regulation of ceramide synthesis. *J Biol Chem* **281**, 25001-25005(2006).
19) Mizutani, Y., Mitsutake, S., Tsuji, K. *et al.* Ceramide biosynthesis in keratinocyte and its role in skin function. *Biochimie* **91**, 784-790(2009).
20) Vallee, B. & Riezman, H. Lip1p: A novel subunit of acyl-coa ceramide synthase. *EMBO J* **24**, 730-741(2005).
21) Wegner, M.S., Schiffmann, S., Parnham, M.J. *et al.* The enigma of ceramide synthase regulation in mammalian cells. *Prog Lipid Res* **63**, 93-119(2016).
22) Schulte, S. & Stoffel, W. Ceramide udpgalactosyltransferase from myelinating rat brain: Purification, cloning, and expression. *Proc Natl Acad Sci USA* **90**, 10265-10269(1993).
23) Ichikawa, S., Sakiyama, H., Suzuki, G. *et al.* Expression cloning of a cdna for human ceramide glucosyltransferase that catalyzes the first glycosylation step of glycosphingolipid synthesis. *Proc Natl Acad Sci USA* **93**, 12654(1996).
24) Hanada, K., Kumagai, K., Yasuda, S. *et al.* Molecular machinery for non-vesicular trafficking of ceramide. *Nature* **426**, 803-809(2003).
25) Huitema, K., van den Dikkenberg, J., Brouwers, J.F. *et al.* Identification of a family of animal sphingomyelin synthases. *EMBO J* **23**, 33-44(2004).
26) Yamaoka, S., Miyaji, M., Kitano, T. *et al.* Expression cloning of a human cdna restoring sphingomyelin synthesis and cell growth in sphingomyelin synthase-defective lymphoid cells. *J Biol Chem* **279**, 18688-18693(2004).
27) Bajjalieh, S.M., Martin, T.F. & Floor, E. Synaptic

vesicle ceramide kinase. A calcium-stimulated lipid kinase that co-purifies with brain synaptic vesicles. *J Biol Chem* **264**, 14354-14360(1989).
28) Sugiura, M., Kono, K., Liu, H. *et al.* Ceramide kinase, a novel lipid kinase. Molecular cloning and functional characterization. *J Biol Chem* **277**, 23294-23300(2002).
29) Senkal, C.E., Salama, M.F., Snider, A.J. *et al.* Ceramide is metabolized to acylceramide and stored in lipid droplets. *Cell Metab* **25**, 686-697(2017).
30) Holland, W.L., Brozinick, J.T., Wang, L.P. *et al.* Inhibition of ceramide synthesis ameliorates glucocorticoid-, saturated-fat-, and obesity-induced insulin resistance. *Cell Metab* **5**, 167-179(2007).
31) Siddique, M.M., Li, Y., Chaurasia, B. *et al.* Dihydroceramides: From bit players to lead actors. *J Biol Chem* **290**, 15371-15379(2015).
32) Sugita, M., Dulaney, J.T. & Moser, H.W. Ceramidase deficiency in farber's disease(lipogranulomatosis). *Science* **178**, 1100-1102(1972).
33) Patrick, A.D. A deficiency of glucocerebrosidase in gaucher's disease. *Biochemical J.* **97**, 17C-24C(1965).
34) Brady, R.O., Kanfer, J.N. & Shapiro, D. Metabolism of glucocerebrosides. Ii. Evidence of an enzymatic deficiency in gaucher's disease. *Biochem Biophys Res Commun* **18**, 221-225(1965).
35) Suzuki, K. & Suzuki, Y. Globoid cell leucodystrophy (krabbe's disease): Deficiency of galactocerebroside beta-galactosidase. *Proc Natl Acad Sci USA* **66**, 302-309(1970).
36) Brady, R.O., Kanfer, J.N., Mock, M.B. *et al.* The metabolism of sphingomyelin. Ii. Evidence of an enzymatic deficiency in niemann-pick diseae. *Proc Natl Acad Sci USA* **55**, 366-369(1966).
37) Li, C.M., Park, J.H., Simonaro, C.M. *et al.* Insertional mutagenesis of the mouse acid ceramidase gene leads to early embryonic lethality in homozygotes and progressive lipid storage disease in heterozygotes. *Genomics* **79**, 218-224(2002).
38) Tybulewicz, V.L., Tremblay, M.L., LaMarca, M.E. *et al.* Animal model of gaucher's disease from targeted disruption of the mouse glucocerebrosidase gene. *Nature* **357**, 407-410(1992).
39) Kobayashi, T., Yamanaka, T., Jacobs, J.M. *et al.* The twitcher mouse: An enzymatically authentic model of human globoid cell leukodystrophy(krabbe disease). *Brain Res* **202**, 479-483(1980).
40) Horinouchi, K., Erlich, S., Perl, D.P. *et al.* Acid sphingomyelinase deficient mice: A model of types a and b niemann-pick disease. *Nat Genet* **10**, 288-293 (1995).
41) Otterbach, B. & Stoffel, W. Acid sphingomyelinase-deficient mice mimic the neurovisceral form of human lysosomal storage disease(niemann-pick disease). *Cell* **81**, 1053-1061(1995).
42) Platt, F.M., Boland, B. & van der Spoel, A.C. The cell biology of disease: Lysosomal storage disorders: The cellular impact of lysosomal dysfunction. *J Cell Biol* **199**, 723-734(2012).
43) Suzuki, K. My encounters with krabbe disease: A personal recollection of a 40-year journey with young colleagues. *J Neurosci Res* **94**, 965-972(2016).
44) Sandhoff, R. & Sandhoff, K. Emerging concepts of ganglioside metabolism. *FEBS Lett*(2018).
45) Mehl, E. & Jatzkewitz, H. [a cerebrosidesulfatase from swine kidney]. *Hoppe Seylers Z Physiol Chem* **339**, 260-276(1964).
46) Ho, M.W. & O'Brien, J.S. Gaucher's disease: Deficiency of 'acid' -glucosidase and reconstitution of enzyme activity *in vitro*. *Proc Natl Acad Sci USA* **68**, 2810-2813(1971).
47) O'Brien, J.S., Kretz, K.A., Dewji, N. *et al.* Coding of two sphingolipid activator proteins(sap-1 and sap-2) by same genetic locus. *Science* **241**, 1098-1101(1988).
48) Kishimoto, Y., Hiraiwa, M. & O'Brien, J.S. Saposins: Structure, function, distribution, and molecular genetics. *J Lipid Res* **33**, 1255-1267(1992).
49) Hannun, Y.A. & Bell, R.M. Lysosphingolipids inhibit protein kinase c: Implications for the sphingolipidoses. *Science* **235**, 670-674(1987).
50) Hannun, Y.A., Greenberg, C.S. & Bell, R.M. Sphingosine inhibition of agonist-dependent secretion and activation of human platelets implies that protein kinase c is a necessary and common event of the signal transduction pathways. *J Biol Chem* **262**, 13620-13626(1987).
51) Okazaki, T., Bell, R.M. & Hannun, Y.A. Sphingomyelin turnover induced by vitamin d3 in hl-60 cells. Role in cell differentiation. *J Biol Chem* **264**, 19076-19080(1989).
52) Kiss, Z., Deli, E. & Kuo, J.F. Phorbol ester stimulation of sphingomyelin synthesis in human leukemic hl60 cells. *Arch Biochem Biophys* **265**, 38-42 (1988).
53) Kolesnick, R.N. Thyrotropin-releasing hormone and phorbol esters stimulate sphingomyelin synthesis in gh3 pituitary cells. Evidence for involvement of protein kinase c. *J Biol Chem* **264**, 11688-11692(1989).
54) Venable, M.E., Blobe, G.C. & Obeid, L.M. Identification of a defect in the phospholipase d/diacylglycerol pathway in cellular senescence. *J Biol Chem* **269**, 26040-26044(1994).
55) Wiegmann, K., Schutze, S., Machleidt, T. *et al.* Functional dichotomy of neutral and acidic sphingomyelinases in tumor necrosis factor signaling. *Cell* **78**, 1005-1015(1994).
56) Obeid, L.M., Linardic, C.M., Karolak, L.A. *et al.* Programmed cell death induced by ceramide. *Science* **259**, 1769-1771(1993).
57) Westwick, J.K., Bielawska, A.E., Dbaibo, G. *et al.* Ceramide activates the stress-activated protein kinases. *J Biol Chem* **270**, 22689-22692(1995).
58) Verheij, M., Bose, R., Lin, X.H. *et al.* Requirement for ceramide-initiated sapk/jnk signalling in stress-

induced apoptosis. *Nature* **380**, 75-79 (1996).
59) Stover, T.C., Sharma, A., Robertson, G.P. *et al.* Systemic delivery of liposomal short-chain ceramide limits solid tumor growth in murine models of breast adenocarcinoma. *Clin Cancer Res* **11**, 3465-3474 (2005).
60) Morad, S.A. & Cabot, M.C. Ceramide-orchestrated signalling in cancer cells. *Nat Rev Cancer* **13**, 51-65 (2013).
61) Liang, H., Yao, N., Song, J.T. *et al.* Ceramides modulate programmed cell death in plants. *Genes Dev* **17**, 2636-2641 (2003).
62) Hakomori, S. & Igarashi, Y. Gangliosides and glycosphingolipids as modulators of cell growth, adhesion, and transmembrane signaling. *Adv Lipid Res* **25**, 147-162 (1993).
63) Tomiuk, S., Hofmann, K., Nix, M. *et al.* Cloned mammalian neutral sphingomyelinase: Functions in sphingolipid signaling? *Proc Natl Acad Sci USA* **95**, 3638-3643 (1998).
64) Hofmann, K., Tomiuk, S., Wolff, G. *et al.* Cloning and characterization of the mammalian brain-specific, mg2+-dependent neutral sphingomyelinase. *Proc Natl Acad Sci USA* **97**, 5895-5900 (2000).
65) Stoffel, W., Jenke, B., Block, B. *et al.* Neutral sphingomyelinase 2 (smpd3) in the control of postnatal growth and development. *Proc Natl Acad Sci USA* **102**, 4554-4559 (2005).
66) Airola, M.V., Shanbhogue, P., Shamseddine, A.A. *et al.* Structure of human nsmase2 reveals an interdomain allosteric activation mechanism for ceramide generation. *Proc Natl Acad Sci USA* **114**, E5549-E5558 (2017).
67) Santana, P., Pena, L.A., Haimovitz-Friedman, A. *et al.* Acid sphingomyelinase-deficient human lymphoblasts and mice are defective in radiation-induced apoptosis. *Cell* **86**, 189-199 (1996).
68) De Maria, R., Rippo, M.R., Schuchman, E.H. *et al.* Acidic sphingomyelinase (asm) is necessary for fas-induced gd3 ganglioside accumulation and efficient apoptosis of lymphoid cells. *J Exp Med* **187**, 897-902 (1998).
69) Quintern, L.E., Schuchman, E.H., Levran, O. *et al.* Isolation of cdna clones encoding human acid sphingomyelinase: Occurrence of alternatively processed transcripts. *EMBO J* **8**, 2469-2473 (1989).
70) Schissel, S.L., Keesler, G.A., Schuchman, E.H. *et al.* The cellular trafficking and zinc dependence of secretory and lysosomal sphingomyelinase, two products of the acid sphingomyelinase gene. *J Biol Chem* **273**, 18250-18259 (1998).
71) Bose, R., Verheij, M., Haimovitz-Friedman, A. *et al.* Ceramide synthase mediates daunorubicin-induced apoptosis: An alternative mechanism for generating death signals. *Cell* **82**, 405-414 (1995).
72) Mullen, T.D., Jenkins, R.W., Clarke, C.J. *et al.* Ceramide synthase-dependent ceramide generation and programmed cell death: Involvement of salvage pathway in regulating postmitochondrial events. *J Biol Chem* **286**, 15929-15942 (2011).
73) Tani, M., Okino, N., Mori, K. *et al.* Molecular cloning of the full-length cdna encoding mouse neutral ceramidase. A novel but highly conserved gene family of neutral/alkaline ceramidases. *J Biol Chem* **275**, 11229-11234 (2000).
74) Mitsutake, S., Tani, M., Okino, N. *et al.* Purification, characterization, molecular cloning, and subcellular distribution of neutral ceramidase of rat kidney. *J Biol Chem* **276**, 26249-26259 (2001).
75) El Bawab, S., Roddy, P., Qian, T. *et al.* Molecular cloning and characterization of a human mitochondrial ceramidase. *J Biol Chem* **275**, 21508-21513 (2000).
76) Hwang, Y.H., Tani, M., Nakagawa, T. *et al.* Subcellular localization of human neutral ceramidase expressed in hek293 cells. *Biochem Biophys Res Commun* **331**, 37-42 (2005).
77) Ito, M., Okino, N. & Tani, M. New insight into the structure, reaction mechanism, and biological functions of neutral ceramidase. *Biochim Biophys Acta* **1841**, 682-691 (2014).
78) Mao, C., Xu, R., Bielawska, A. *et al.* Cloning of an alkaline ceramidase from saccharomyces cerevisiae. An enzyme with reverse (coa-independent) ceramide synthase activity. *J Biol Chem* **275**, 6876-6884 (2000).
79) Kono, M., Dreier, J.L., Ellis, J.M. *et al.* Neutral ceramidase encoded by the asah2 gene is essential for the intestinal degradation of sphingolipids. *J Biol Chem* **281**, 7324-7331 (2006).
80) Villa, N.Y., Kupchak, B.R., Garitaonandia, I. *et al.* Sphingolipids function as downstream effectors of a fungal paqr. *Mol Pharmacol* **75**, 866-875 (2009).
81) Vasiliauskaite-Brooks, I., Sounier, R., Rochaix, P. *et al.* Structural insights into adiponectin receptors suggest ceramidase activity. *Nature* **544**, 120-123 (2017).
82) Kudo, N., Kumagai, K., Tomishige, N. *et al.* Structural basis for specific lipid recognition by cert responsible for nonvesicular trafficking of ceramide. *Proc Natl Acad Sci USA* **105**, 488-493 (2008).
83) Inoue, T., Okino, N., Kakuta, Y. *et al.* Mechanistic insights into the hydrolysis and synthesis of ceramide by neutral ceramidase. *J Biol Chem* **284**, 9566-9577 (2009).
84) Nickels, J.T. & Broach, J.R. A ceramide-activated protein phosphatase mediates ceramide-induced g1 arrest of saccharomyces cerevisiae. *Genes Dev* **10**, 382-394 (1996).
85) Galadari, S., Kishikawa, K., Kamibayashi, C. *et al.* Purification and characterization of ceramide-activated protein phosphatases. *Biochemistry* **37**, 11232-11238 (1998).
86) Dobrowsky, R.T., Kamibayashi, C., Mumby, M.C. *et al.* Ceramide activates heterotrimeric protein

phosphatase 2a. *J Biol Chem* **268**, 15523-15530 (1993).

87) Kishikawa, K., Chalfant, C.E., Perry, D.K. *et al.* Phosphatidic acid is a potent and selective inhibitor of protein phosphatase 1 and an inhibitor of ceramide-mediated responses. *J Biol Chem* **274**, 21335-21341 (1999).

88) Chalfant, C.E., Kishikawa, K., Mumby, M.C. *et al.* Long chain ceramides activate protein phosphatase-1 and protein phosphatase-2a. Activation is stereospecific and regulated by phosphatidic acid. *J Biol Chem* **274**, 20313-20317 (1999).

89) Mukhopadhyay, A., Saddoughi, S.A., Song, P. *et al.* Direct interaction between the inhibitor 2 and ceramide via sphingolipid-protein binding is involved in the regulation of protein phosphatase 2a activity and signaling. *FASEB J* **23**, 751-763 (2009).

90) Zhang, Y., Yao, B., Delikat, S. *et al.* Kinase suppressor of ras is ceramide-activated protein kinase. *Cell* **89**, 63-72 (1997).

91) Lozano, J., Berra, E., Municio, M.M. *et al.* Protein kinase c zeta isoform is critical for kappa b-dependent promoter activation by sphingomyelinase. *J Biol Chem* **269**, 19200-19202 (1994).

92) Muller, G., Ayoub, M., Storz, P. *et al.* Pkc zeta is a molecular switch in signal transduction of tnf-alpha, bifunctionally regulated by ceramide and arachidonic acid. *EMBO J* **14**, 1961-1969 (1995).

93) Sathyanarayana, P., Barthwal, M.K., Kundu, C.N. *et al.* Activation of the drosophila mlk by ceramide reveals tnf-alpha and ceramide as agonists of mammalian mlk3. *Mol Cell* **10**, 1527-1533 (2002).

94) Venable, M.E., Bielawska, A. & Obeid, L.M. Ceramide inhibits phospholipase d in a cell-free system. *J Biol Chem* **271**, 24800-24805 (1996).

95) Abousalham, A., Liossis, C., O'Brien, L. *et al.* Cell-permeable ceramides prevent the activation of phospholipase d by adp-ribosylation factor and rhoa. *J Biol Chem* **272**, 1069-1075 (1997).

96) Horibata, Y. & Sugimoto, H. Stard7 mediates the intracellular trafficking of phosphatidylcholine to mitochondria. *J Biol Chem* **285**, 7358-7365 (2010).

97) Bockelmann, S., Mina, J.G.M., Korneev, S. *et al.* A search for ceramide binding proteins using bifunctional lipid analogs yields cert-related protein stard7. *J Lipid Res* **59**, 515-530 (2018).

98) Kong, J.N., Zhu, Z., Itokazu, Y. *et al.* Novel function of ceramide for regulation of mitochondrial atp release in astrocytes. *J Lipid Res* **59**, 488-506 (2018).

99) Chen, Q., Denard, B., Lee, C.E. *et al.* Inverting the topology of a transmembrane protein by regulating the translocation of the first transmembrane helix. *Mol Cell* **63**, 567-578 (2016).

100) Delgado, A., Casas, J., Llebaria, A. *et al.* Inhibitors of sphingolipid metabolism enzymes. *Biochim Biophys Acta* **1758**, 1957-1977 (2006).

101) Winter, E. & Ponting, C.P. Tram, lag1 and cln8: Members of a novel family of lipid-sensing domains? *Trends Biochem Sci* **27**, 381-383 (2002).

102) Yatomi, Y., Igarashi, Y., Yang, L. *et al.* Sphingosine 1-phosphate, a bioactive sphingolipid abundantly stored in platelets, is a normal constituent of human plasma and serum. *J Biochem* **121**, 969-973 (1997).

103) Yatomi, Y., Yamamura, S., Ruan, F. *et al.* Sphingosine 1-phosphate induces platelet activation through an extracellular action and shares a platelet surface receptor with lysophosphatidic acid. *J Biol Chem* **272**, 5291-5297 (1997).

104) Okamoto, H., Takuwa, N., Gonda, K. *et al.* Edg1 is a functional sphingosine-1-phosphate receptor that is linked via a gi/o to multiple signaling pathways, including phospholipase c activation, ca2+ mobilization, ras-mitogen-activated protein kinase activation, and adenylate cyclase inhibition. *J Biol Chem* **273**, 27104-27110 (1998).

105) Pinto, S.N., Silva, L.C., Futerman, A.H. *et al.* Effect of ceramide structure on membrane biophysical properties: The role of acyl chain length and unsaturation. *Biochim Biophys Acta* **1808**, 2753-2760 (2011).

106) Holopainen, J.M., Lemmich, J., Richter, F. *et al.* Dimyristoylphosphatidylcholine/c16:0-ceramide binary liposomes studied by differential scanning calorimetry and wide- and small-angle x-ray scattering. *Biophys J* **78**, 2459-2469 (2000).

107) Ruiz-Arguello, M.B., Basanez, G., Goni, F.M. *et al.* Different effects of enzyme-generated ceramides and diacylglycerols in phospholipid membrane fusion and leakage. *J Biol Chem* **271**, 26616-26621 (1996).

108) Holopainen, J.M., Angelova, M.I. & Kinnunen, P.K. Vectorial budding of vesicles by asymmetrical enzymatic formation of ceramide in giant liposomes. *Biophys J* **78**, 830-838 (2000).

109) Andrews, N.W., Almeida, P.E. & Corrotte, M. Damage control: Cellular mechanisms of plasma membrane repair. *Trends Cell Biol* **24**, 734-742 (2014).

110) Birbes, H., El Bawab, S., Hannun, Y.A. *et al.* Selective hydrolysis of a mitochondrial pool of sphingomyelin induces apoptosis. *FASEB J* **15**, 2669-2679 (2001).

111) Siskind, L.J., Kolesnick, R.N. & Colombini, M. Ceramide channels increase the permeability of the mitochondrial outer membrane to small proteins. *J Biol Chem* **277**, 26796-26803 (2002).

112) Holleran, W.M., Feingold, K.R., Man, M.Q. *et al.* Regulation of epidermal sphingolipid synthesis by permeability barrier function. *J Lipid Res* **32**, 1151-1158 (1991).

113) Motta, S., Monti, M., Sesana, S. *et al.* Abnormality of water barrier function in psoriasis. Role of ceramide fractions. *Arch Dermatol* **130**, 452-456 (1994).

114) Kihara, A. Synthesis and degradation pathways, functions, and pathology of ceramides and epidermal

acylceramides. *Prog Lipid Res* **63**, 50-69 (2016).
115) Masukawa, Y. & Tsujimura, H. Highly sensitive determination of diverse ceramides in human hair using reversed-phase high-performance liquid chromatography-electrospray ionization mass spectrometry. *Lipids* **42**, 275-290 (2007).
116) Simons, K. & Toomre, D. Lipid rafts and signal transduction. *Nat Rev Mol Cell Biol* **1**, 31-39 (2000).
117) Kusumi, A., Fujiwara, T.K., Morone, N. *et al.* Membrane mechanisms for signal transduction: The coupling of the meso-scale raft domains to membrane-skeleton-induced compartments and dynamic protein complexes. *Semin Cell Dev Biol* **23**, 126-144 (2012).
118) Simons, K. & van Meer, G. Lipid sorting in epithelial cells. *Biochemistry* **27**, 6197-6202 (1988).
119) Brown, D.A. & Rose, J.K. Sorting of gpi-anchored proteins to glycolipid-enriched membrane subdomains during transport to the apical cell surface. *Cell* **68**, 533-544 (1992).
120) Schroeder, R., London, E. & Brown, D. Interactions between saturated acyl chains confer detergent resistance on lipids and glycosylphosphatidylinositol (gpi)-anchored proteins: Gpi-anchored proteins in liposomes and cells show similar behavior. *Proc Natl Acad Sci USA* **91**, 12130-12134 (1994).
121) Ostermeyer, A.G., Beckrich, B.T., Ivarson, K.A. *et al.* Glycosphingolipids are not essential for formation of detergent-resistant membrane rafts in melanoma cells. Methyl-beta-cyclodextrin does not affect cell surface transport of a gpi-anchored protein. *J Biol Chem* **274**, 34459-34466 (1999).
122) Megha & London, E. Ceramide selectively displaces cholesterol from ordered lipid domains (rafts): Implications for lipid raft structure and function. *J Biol Chem* **279**, 9997-10004 (2004).
123) Adada, M., Luberto, C. & Canals, D. Inhibitors of the sphingomyelin cycle: Sphingomyelin synthases and sphingomyelinases. *Chem Phys Lipids* **197**, 45-59 (2016).
124) Zweerink, M.M., Edison, A.M., Wells, G.B. *et al.* Characterization of a novel, potent, and specific inhibitor of serine palmitoyltransferase. *J. Biol. Chem.* **267**, 25032-25038 (1992).
125) Kluepfel, D., Bagli, J., Baker, H. *et al.* Myriocin, a new antifungal antibiotic from myriococcum albomyces. *J Antibiot (Tokyo)* **25**, 109-115 (1972).
126) Fujita, T., Inoue, K., Yamamoto, S. *et al.* Fungal metabolites. Part 11. A potent immunosuppressive activity found in isaria sinclairii metabolite. *J. Antibiot.* **47**, 208-215 (1994).
127) Miyake, Y., Kozutsumi, Y., Nakamura, S. *et al.* Serine palmitoyltransferase is the primary target of a sphingosine-like immunosuppressant, isp-1/myriocin. *Biochem. Biophys. Res. Commun.* **211**, 396-403 (1995).
128) Ikushiro, H., Hayashi, H. & Kagamiyama, H. Reactions of serine palmitoyltransferase with serine and molecular mechanisms of the actions of serine derivatives as inhibitors. *Biochemistry* **43**, 1082-1092 (2004).
129) Wadsworth, J.M., Clarke, D.J., McMahon, S.A. *et al.* The chemical basis of serine palmitoyltransferase inhibition by myriocin. *J Am Chem Soc* **135**, 14276-14285 (2013).
130) Fujita, T., Hirose, R., Yoneta, M. *et al.* Potent immunosuppressants, 2-alkyl-2-aminopropane-1,3-diols. *J. Med. Chem.* **39**, 4451-4459 (1996).
131) Brinkmann, V., Davis, M.D., Heise, C.E. *et al.* The immune modulator fty720 targets sphingosine 1-phosphate receptors. *J Biol Chem* **277**, 21453-21457 (2002).
132) Mandala, S., Hajdu, R., Bergstrom, J. *et al.* Alteration of lymphocyte trafficking by sphingosine-1-phosphate receptor agonists. *Science* **296**, 346-349 (2002).
133) Cohen, J.A., Barkhof, F., Comi, G. *et al.* Oral fingolimod or intramuscular interferon for relapsing multiple sclerosis. *N Engl J Med* **362**, 402-415 (2010).
134) Kappos, L., Radue, E.W., O'Connor, P. *et al.* A placebo-controlled trial of oral fingolimod in relapsing multiple sclerosis. *N Engl J Med* **362**, 387-401 (2010).
135) Sugita, M., Willians, M., Dulaney, J.T. *et al.* Ceramidase and ceramide synthesis in human kidney and cerebellum. Description of a new alkaline ceramidase. *Biochim Biophys Acta* **398**, 125-131 (1975).
136) Bielawska, A., Greenberg, M.S., Perry, D. *et al.* (1s,2r)-d-erythro-2-(n-myristoylamino)-1-phenyl-1-propanol as an inhibitor of ceramidase. *J Biol Chem* **271**, 12646-12654 (1996).
137) Draper, J.M., Xia, Z., Smith, R.A. *et al.* Discovery and evaluation of inhibitors of human ceramidase. *Mol Cancer Ther* **10**, 2052-2061 (2011).
138) Inokuchi, J. & Radin, N.S. Preparation of the active isomer of 1-phenyl-2-decanoylamino-3-morpholino-1-propanol, inhibitor of murine glucocerebroside synthetase. *J Lipid Res* **28**, 565-571 (1987).
139) Platt, F.M., Neises, G.R., Dwek, R.A. *et al.* N-butyldeoxynojirimycin is a novel inhibitor of glycolipid biosynthesis. *J Biol Chem* **269**, 8362-8365 (1994).
140) Adachi, R., Ogawa, K., Matsumoto, S.I. *et al.* Discovery and characterization of selective human sphingomyelin synthase 2 inhibitors. *Eur J Med Chem* **136**, 283-293 (2017).
141) Qi, X.Y., Cao, Y., Li, Y.L. *et al.* Discovery of the selective sphingomyelin synthase 2 inhibitors with the novel structure of oxazolopyridine. *Bioorg Med Chem Lett* **27**, 3511-3515 (2017).
142) Yasuda, S., Kitagawa, H., Ueno, M. *et al.* A novel inhibitor of ceramide trafficking from the endoplasmic reticulum to the site of sphingomyelin

synthesis. *J Biol Chem* **276**, 43994-44002(2001).

143) Nakao, N., Ueno, M., Sakai, S. *et al.* Natural ligand-nonmimetic inhibitors to the lipid transfer protein cert. *Comms Chem* **2**, 20(2019).

144) Ode, T., Podyma-Inoue, K.A., Terasawa, K. *et al.* Pdmp, a ceramide analogue, acts as an inhibitor of mtorc1 by inducing its translocation from lysosome to endoplasmic reticulum. *Exp Cell Res* **350**, 103-114 (2017).

145) Cowart, L.A., Szulc, Z., Bielawska, A. *et al.* Structural determinants of sphingolipid recognition by commercially available anti-ceramide antibodies. *J Lipid Res* **43**, 2042-2048(2002).

146) Krishnamurthy, K., Dasgupta, S. & Bieberich, E. Development and characterization of a novel anti-ceramide antibody. *J Lipid Res* **48**, 968-975(2007).

147) Waddell, T., Head, S., Petric, M. *et al.* Globotriosyl ceramide is specifically recognized by the escherichia coli verocytotoxin 2. *Biochem Biophys Res Commun* **152**, 674-679(1988).

148) Heyningen, S.V. Cholera toxin: Interaction of subunits with ganglioside gm1. *Science* **183**, 656-657 (1974).

149) Okuda, T., Tokuda, N., Numata, S. *et al.* Targeted disruption of gb3/cd77 synthase gene resulted in the complete deletion of globo-series glycosphingolipids and loss of sensitivity to verotoxins. *J Biol Chem* **281**, 10230-10235(2006).

150) Yamaji, A., Sekizawa, Y., Emoto, K. *et al.* Lysenin, a novel sphingomyelin-specific binding protein. *J Biol Chem* **273**, 5300-5306(1998).

151) Kiyokawa, E., Baba, T., Otsuka, N. *et al.* Spatial and functional heterogeneity of sphingolipid-rich membrane domains. *J Biol Chem* **280**, 24072-24084 (2005).

152) Lipsky, N.G. & Pagano, R.E. A vital stain for the golgi apparatus. *Science* **228**, 745-747(1985).

153) Sleight, R.G. & Pagano, R.E. Transbilayer movement of a fluorescent phosphatidylethanolamine analogue across the plasma membranes of cultured mammalian cells. *J Biol Chem* **260**, 1146-1154(1985).

154) Ichikawa, S., Nakajo, N., Sakiyama, H. *et al.* A mouse b16 melanoma mutant deficient in glycolipids. *Proc Natl Acad Sci USA* **91**, 2703-2707(1994).

155) Hanada, K., Hara, T., Fukasawa, M. *et al.* Mammalian cell mutants resistant to a sphingomyelin-directed cytolysin. Genetic and biochemical evidence for complex formation of the lcb1 protein with the lcb2 protein for serine palmitoyltransferase. *J. Biol. Chem.* **273**, 33787-33794(1998).

156) Fukasawa, M., Nishijima, M. & Hanada, K. Genetic evidence for atp-dependent endoplasmic reticulum-to-golgi apparatus trafficking of ceramide for sphingomyelin synthesis in chinese hamster ovary cells. *J Cell Biol* **144**, 673-685(1999).

157) Sabourdy, F., Kedjouar, B., Sorli, S.C. *et al.* Functions of sphingolipid metabolism in mammals--lessons from genetic defects. *Biochim Biophys Acta* **1781**, 145-183(2008).

158) Allende, M.L. & Proia, R.L. Simplifying complexity: Genetically resculpting glycosphingolipid synthesis pathways in mice to reveal function. *Glycoconj J* **31**, 613-622(2014).

159) Hirabayashi, Y., Kimura, M., Matsumoto, M. *et al.* A novel glycosphingolipid hydrolyzing enzyme, glycosphingolipid ceramide deacylase, which cleaves the linkage between the fatty acid and sphingosine base in glycosphingolipids. *J Biochem* **103**, 1-4(1988).

160) Mitsutake, S., Kita, K., Okino, N. *et al.* [14c] ceramide synthesis by sphingolipid ceramide n-deacylase: New assay for ceramidase activity detection. *Anal Biochem* **247**, 52-57(1997).

161) Dawkins, J.L., Hulme, D.J., Brahmbhatt, S.B. *et al.* Mutations in sptlc1, encoding serine palmitoyltransferase, long chain base subunit-1, cause hereditary sensory neuropathy type i. *Nat. Genet.* **27**, 309-312(2001).

162) Bejaoui, K., Wu, C., Scheffler, M.D. *et al.* Sptlc1 is mutated in hereditary sensory neuropathy, type 1. *Nat. Genet.* **27**, 261-262(2001).

163) Rotthier, A., Auer-Grumbach, M., Janssens, K. *et al.* Mutations in the sptlc2 subunit of serine palmitoyltransferase cause hereditary sensory and autonomic neuropathy type i. *Am J Hum Genet* **87**, 513-522(2010).

164) Mwinyi, J., Bostrom, A., Fehrer, I. *et al.* Plasma 1-deoxysphingolipids are early predictors of incident type 2 diabetes mellitus. *PLoS One* **12**, e0175776 (2017).

165) Alecu, I., Othman, A., Penno, A. *et al.* Cytotoxic 1-deoxysphingolipids are metabolized by a cytochrome p450-dependent pathway. *J Lipid Res* **58**, 60-71(2017).

166) Steiner, R., Saied, E.M., Othman, A. *et al.* Elucidating the chemical structure of native 1-deoxysphingosine. *J Lipid Res* **57**, 1194-1203(2016).

167) Denard, B., Han, S., Kim, J. *et al.* Regulating g protein-coupled receptors by topological inversion. *Elife* **8**, e40234(2019).

総論編 2

哺乳動物のセラミド関連脂質生合成

山地　俊之*

1 はじめに

スフィンゴ脂質は、スフィンゴシンをはじめとする長鎖塩基（スフィンゴイド塩基とも呼ばれる）を含んだ脂質群の総称であり、細胞の生存に必須の脂質である[1-3]。スフィンゴシンのアミノ基に脂肪酸がアミド結合で付加した構造がセラミド（**図1**）であり、またスフィンゴシンのC1位の水酸基にリン酸の付加した構造がスフィンゴシン1-リン酸である。これらスフィンゴシン、セラミド、スフィンゴシン1-リン酸は代謝中間体としてのみならず、さまざまな細胞内シグナル分子として機能する。さらにセラミドのC1位の水酸基にホスホコリン、糖鎖、リン酸が付加することで、それぞれスフィンゴミエリンやスフィンゴ糖脂質、セラミド1-リン酸が生成される。スフィンゴミエリンとスフィンゴ糖脂質は形質膜におけるスフィンゴ脂質の主要な成分であり、コレステロールとともにシグナル伝達のハブとなる脂質マイクロドメイン（脂質ラフト）を形成する。スフィンゴ脂質の機能は多岐にわたっており、本冊子の各章、あるいは他の総説を参考にしていただきたい。本稿では、スフィンゴ脂質の特にセラミドを中心とした比較的単純な構造のスフィンゴ

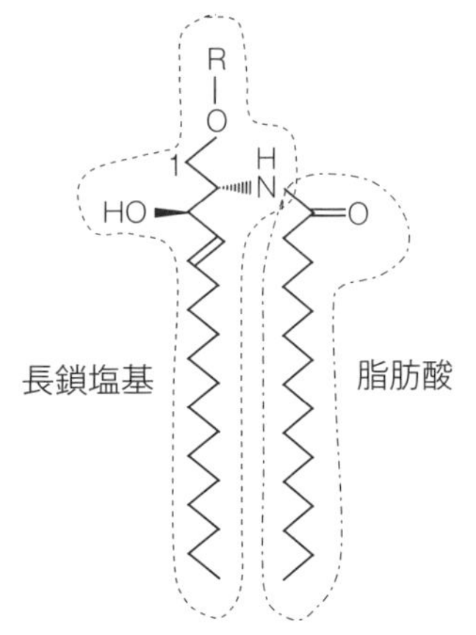

R=H：セラミド
R=ホスホコリン：スフィンゴミエリン
R=リン酸：セラミド1-リン酸
R=糖鎖：スフィンゴ糖脂質

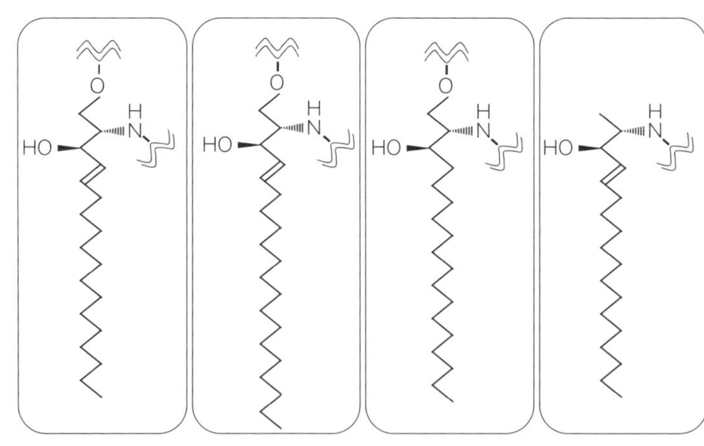

スフィンゴシン（18:1）　スフィンゴシン（20:1）　ジヒドロスフィンゴシン（18:0）　1-デオキシスフィンゴシン（18:1）

さまざまな長鎖塩基部位

図1　セラミドおよびさまざまな長鎖塩基の構造

*国立感染症研究所 細胞化学部

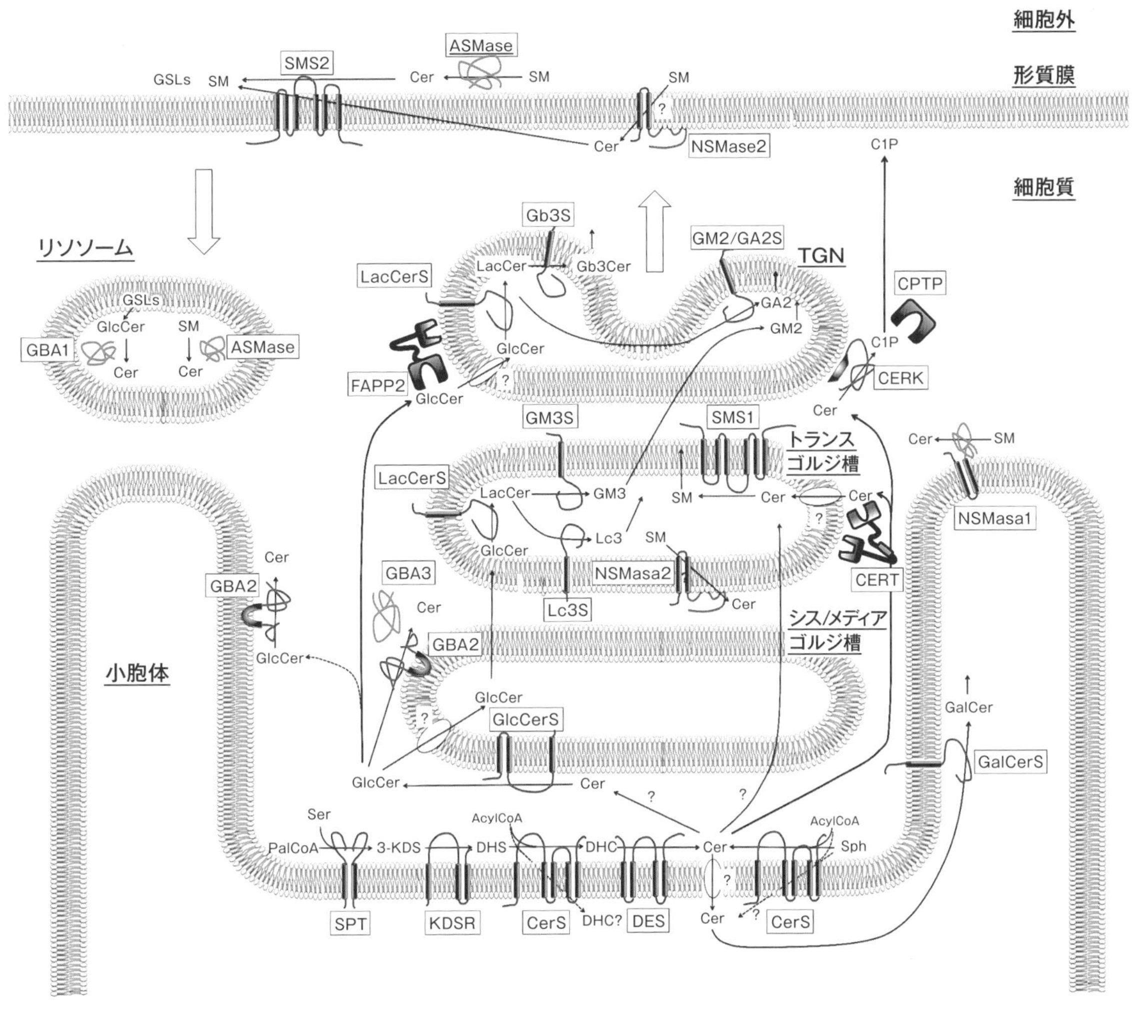

図２　スフィンゴ脂質生合成経路
Trafficの総説の図を一部改変した[92]。

脂質生合成について、酵素の細胞内局在や基質である脂質の輸送に焦点を絞り概説する（**図２**を参照）。なおセラミドの分解によって生成されるスフィンゴシンやスフィンゴシン１-リン酸の生合成については第３章、糖脂質生合成の詳細は第４章を参照していただきたい。

2 小胞体におけるスフィンゴ脂質生合成 —セラミド生合成まで—

(1) セリンパルミトイル転移酵素（SPT）

スフィンゴ脂質の*de novo*の生合成は、アミノ酸のL-セリンと脂肪酸のパルミトイルCoAの縮合反応により、３-ケトジヒドロスフィンゴシン（３-ケトスフィンガニン）を生成するところから始まる[4]。この反応を司るのはセリンパルミトイル転移酵素（SPT）である。SPTはSPTLC1（LCB1）とSPTLC2（LCB2）の２種類のサブユニットによるヘテロ二量体だと考えられていたが[5-8]、近年新たな構成成分として、SPTLC2に似た構造を有するSPTLC3がSPTLC2と同様にSPTLC1とヘテロ二量体を形成すること[9]、また分子量の小さなタンパクであるSPTSSAおよびSPTSSBが上記のヘテロ二量体とそれぞれ結合し、新たなサブユニットとして機能することが明らかとなった[10]。すなわち４種類のSPT複合体（SPTLC1/SPTLC2/SPTSSA、SPTLC1/SPTLC3/SPTSSA、SPTLC1/SPTLC2/SPTSSB、SPTLC1/SPTLC3/SPTSSB）が発現していると考えられる。興味深いことに、SPT複合体が作用する脂肪酸の基質特異性はそれぞれ異なり、その結果さまざまな長さのスフィンゴ塩基が生合成される。SPTSSAはパルミトイルCoA（C16）をよい基質とするため典型的なC18-スフィンゴシンを生成するが、SPTSSBはパルミトイルCoAの他、ステアロイルCoA（C18）を基質とするため、C18-スフィンゴシンに加えC20-スフィンゴシンを生成する[10]。またSPTLC3が複合体に入ると脂肪酸の長さに対する基質認識が甘くなるため、SPTLC1/SPTLC3/SPTSSAの場合パルミトイルCoA より短いミリストイルCoA（C14）も使用可能となり、その結果C16-スフィンゴシンが生成される[11]。またSPTLC1/SPTLC3/SPTSSBの場合も、C16-スフィンゴシンからC-22スフィンゴシンに至る幅広い長鎖塩基が生成される。実際にはSPTSSBは組織特異性があり、またパルミチン酸はミリスチン酸より細胞内で多く含有しているため、ユビキタスに発現している主な長鎖塩基はC18-スフィンゴシンである[10]。一方SPTLC1の点突然変異により、アミノ酸に対する基質特異性が変化し、セリンのみならずアラニンを基質とする特殊な長鎖塩基、1-デオキシスフィンゴシンが生成される（図１）[12]。この1-デオキシスフィンゴシンはセリンの生合成を抑制した場合にも見られ、親水部を形成する水酸基を持たないことから、スフィンゴミエリンやスフィンゴ糖脂質に代謝されず、その結果蓄積することで細胞に対する毒性を示す[13]。なおSPTは小胞体に局在し、活性部位は基質が存在している細胞質側に面している[14, 15]。

(2) 3-ケトジヒドロスフィンゴシン還元酵素 (KDSR)

SPTにより生成された３-ケトジヒドロスフィンゴシンは３-ケトジヒドロスフィンゴシン還元酵素（KDSR/FVT1）により、C3位のカルボニル基がNADPH依存的に還元され、その結果ジヒドロスフィンゴシン（スフィンガニン）が生成される[16, 17]。この酵素もSPTと同様小胞体に局在し、活性部位は基質が存在している細胞質側に面している。

(3) セラミド合成酵素 (CERSs)

ジヒドロスフィンゴシンのアミド基にさまざまな長さの脂肪酸（アシルCoA）がアミド結合で付加することにより、ジヒドロセラミドが生成される。この反応を司るのは、哺乳動物では６種類存在するセラミド合成酵素（CerS1-6）である[18, 19]。上記の*de novo*によるジヒドロセラミド生合成の他、salvage経路、すなわちスフィンゴミエリンやスフィンゴ糖脂質の分解によって生じるスフィンゴシンのアシル化によるセラミド生合成もこれらの酵素が担う。それぞれのCerSは異なる鎖長のアシルCoAを基質として（ジヒドロ）セラミドを合成する。例えば、CerS2は主にC20-C26極長鎖脂肪酸を基質とするのに対し、CerS5はC16長鎖脂肪酸を主な基質とする[20-24]。CERSsは主に小胞体に局在しており、CerSの細胞質側が活性に必要であることはプロテアーゼプロテクション法により示されているが[25]、機能的に必須なアミノ酸残基は小胞体の細胞質、内腔の両側に存在している[23]。最近CerSの基質特異性に重要な領域が同定され、小胞体の内腔側に存在する膜貫通領域間ループがアシルCoAの特異性に大きく影響することが明らかになった[26]。よってCerSsがどのように基質であるスフィンゴ塩基やアシルCoAを認識するのか、あるいは小胞体膜のどちら側でセラミド（ジヒドロセラミド）が生合成されるかは議論の余地があり、今後の構造解析の結果が待たれる。

(4) ジヒドロセラミドΔ4-不飽和化酵素 (DES1, DES2)

ジヒドロセラミドは、スフィンゴ脂質Δ4-不飽和化酵素DES1によりスフィンゴ骨格のC4、5位（Δ4）がtransに不飽和化されることでセラミドに変換されるか、もしくはDES1と相同性の高いスフィンゴ脂質C4水酸化酵素DES2によりスフィンゴ骨格のC4位が水酸化されることでフィトセラミドに変換される[27, 28]。ちなみにDESの名前はもともと*Drosophila melanogaster degenerative spermatocyte*遺伝子の略として命名された[29]。DES1は小胞体に局在し、N末端のグリシンがミリストイル化されている[30]。またDES1の活性部位は細胞質側に存在すると考えられており、またこの酸化還元反応に必要なシトクロムb5も膜の細胞質側に活性部位を持っている[31-33]。DES2も同様、膜の細胞質側に活性部位を有する[34]。

3 さまざまな極性基を有するスフィンゴ脂質の生合成

小胞体で生合成されたセラミドは脱アシル化によりスフィンゴシン、続いてスフィンゴシン1-リン酸が生合成される一方、セラミドの頭部の水酸基にさまざまな分子が付加することで、スフィンゴミエリン、グルコシルセラミド（GlcCer)、ガラクトシルセラミド（GalCer)、セラミド1-リン酸（C1P）が生成される。これらセラミド骨格を有したスフィンゴ脂質の多くはゴルジ体で生成される。

(1) スフィンゴミエリン合成酵素

スフィンゴミエリンはホスファチジルコリンのホスホコリンがセラミドに転移されることで産生され[35]、2種類のスフィンゴミエリン合成酵素、SMS1およびSMS2が、この反応を司る[36, 37]。電子顕微鏡解析によりSMS1は主にトランスゴルジ槽に局在しており、*de novo*のスフィンゴミエリン生合成の主たる活性を担っている[38, 39]。一方SMS2はゴルジ体の他、形質膜に局在しており、TNF-α等の刺激で生成されたセラミドを再びスフィンゴミエリンに戻す、いわゆるスフィンゴミエリンサイクルに関与すると考えられている[39]。SMS1のゴルジ体局在はCOG（Conserved Oligomeric Golgi）複合体に依存しており、Cog2欠損細胞ではSMS1の細胞内局在が変化し、スフィンゴミエリンの合成量が減少する[40]。SMSは6つの膜貫通ドメインを有しており、また触媒活性はゴルジ体内腔もしくは細胞外側に面していることから、セラミドはゴルジ体の内腔側でスフィンゴミエリンに変換されると考えられる[38, 41]。哺乳動物細胞ではこれら2つの酵素に加え、SMS-related（SMSr）タンパク分子が存在する。SMSrは小胞体に局在しており、スフィンゴミエリン生合成活性は見られないが、哺乳動物細胞では珍しいセラミドホスホエタノールアミン（CPE）を生成する[42]。ちなみにこのCPE生合成活性はSMS1やSMS2でも見られる[43, 44]。SMSr遺伝子のノックアウトマウスは見かけ正常であり、このタンパクの生理的な機能は不明である[44]。

(2) ガラクトシルセラミド（GalCer）合成酵素

GalCer（別名セレブロシド）はUDP-ガラクトース：セラミドガラクトース転移酵素（GalCerS、遺伝子名*UGT8*）により、UDP-ガラクトースのガラクトースをセラミドの水酸基に転移させることにより産生される（Gal β1-Cer)。基質として脂肪酸のC2位が水酸化されたセラミド（αヒドロキシセラミド）を優先的に使用するが、非ヒドロキシセラミドやジアシルグリセロール（モノガラクトシルジアシルグリセロールを生成）も基質となる[45-47]。なおαヒドロキシセラミドのαヒドロキシ脂肪酸は小胞体に存在する脂肪酸2-水酸化酵素（F2AH）により生成される[48]。GalCerSは主に神経系においてミエリン形成に重要なオリゴデンドロサイトやシュワン細胞、あるいは腎臓や睾丸に発現している。この酵素は糖転移酵素としては珍しくI型の膜貫通タンパク質で、細胞質領域に小胞体保留シグナル（KKVK）を有しているため、主に小胞体に局在しており、活性部位は小胞体内腔側に位置している[49]。ガラクトシルセラミドはさらに硫酸基転移酵素により硫酸化されスルファチド（Gal（3-SO4）β1-Cer）に[50]、GM3合成酵素によりシアロ化されGM4（Sia α2,3 Gal β1-Cer）に[51]、そしてGb3合成酵素によりガラクトシル化されガラビオシルセラミド（Gb2：Gal α1,4 Gal β1-Cer）に[52]、それぞれ変換される。なおこれらGalCer由来糖脂質をガラ系列糖脂質と呼ぶ。

(3) グルコシルセラミド（GlcCer）合成酵素

GlcCer（別名グルコセレブロシド）はGalCer由来糖脂質を除く糖脂質の前駆体であり、UDP-グルコース：セラミドグルコース転移酵素（GlcCerS、遺伝子名*UGCG*）によりUDP-グルコースからグルコースをセラミドに転移させることで産生される（Glc β1-Cer)[53]。GlcCerSはN末端側に1つ、C末端側に複数の膜貫通領域を有しており、その間を親水性のループで繋いだ構造をしている。主にシス/メディアゴルジ槽（および小胞体）に存在していると考えられ、N末端の膜貫通領域はゴルジ体への局在能を有する[38, 54]。ただし内在性タンパクの正確な局在は不明である。親水性ループの中には活性に必要なモチーフ（D1、D2、D3および（Q/R）XXRW）が含まれており、またこのループは細胞質に面していることから、糖脂質生合成の中ではGlcCerが唯一細胞質側で生成されると考えられる[55]。GlcCerからは下記の糖脂質が生成される他、グルコセレブロシダーゼGBA1およびGBA2によりGlcCerのグルコースがコレステロールに転移され、コレステリルグルコシドが生成される[56, 57]。

(4) ラクトシルセラミド（LacCer）合成酵素

LacCerはUDP-ガラクトースのガラクトースをGlcCerにβ1,4結合で付加させることにより生成される。このLacCerの生合成反応は２種類の酵素、B4GalT5およびB4GalT6が司る[58, 59]。ノックアウトマウスやノックアウト細胞を用いた研究より、B4GalT5のほうが主要なLacCer合成酵素として機能する[59-63]。LacCerおよびそれ以降の糖脂質生合成酵素は共通してⅡ型の膜貫通タンパク構造を有しており、活性部位をゴルジ体（トランスゴルジネットワーク（TGN）を含む）の内腔側に有している[64]。LacCerが生成されるためには、細胞質側で生成されたGlcCerが脂質二重膜を横断（フロップ）し内腔側に輸送されなければいけない。このGlcCerのフロッパーゼ（もしくはスクランブラーゼ）の活性は検出されているものの[65]、分子同定には至っていない。

(5) LacCer以降の糖脂質の生合成酵素

LacCerにさまざまな糖が付加することで、多様な糖脂質が生成される。詳細は第４章を参照していただくとして、ここでは３糖付加の糖脂質に絞りその概要を述べる。

１）GM3生合成（ガングリオ系糖脂質の基点）

GM3はGM3合成酵素（GM3S/ST3Gal5）がCMP-シアル酸のシアル酸をLacCerにα2,3結合で付加することにより生成される[66]。GM3Sは主にゴルジ体に局在しており、Brefeldin A処理によりゴルジ槽とともに小胞体に局在が変化することより、TGNでなくゴルジ槽側に局在すると考えられる[38, 62]。この細胞内局在はSMS1と同様COG複合体に依存している[40]。このGM3を基点にさまざまなガングリオシドが生成される。

２）Gb3Cer（グロボトリアオシルセラミド，CTH：グロボ系糖脂質の基点）

Gb3CerはGb3合成酵素（Gb3S/A4GalT）がUDP-ガラクトースのガラクトースをLacCerにα1,4結合で付加することにより生成される[52]。BrefeldinA処理によりDot状の局在（エンドソームとの融合）が見られること、またBrefeldinA処理をはじめGb3Sの局在を変化させる条件下で、TGNマーカーもGb3Sと同様の局在変化を見せることから、Gb3SはGM3Sとは異なり主にTGNに局在していると考えられる[62, 67, 68]。

３）iGb3Cer（イソグロボトリアオシルセラミド：イソグロボ系糖脂質の基点）

iGb3はiGb3合成酵素（A3GalT2）がUDP-ガラクトースのガラクトースをLacCerにα1,3結合で付加することにより生成される[69]。なおヒトでは発現していないためiGb3は生成されない[70]。iGb3は一時期NKT細胞の内在性リガンドと言われていたが[71]、ヒトに発現していないため疑問視されている。

４）Lc3Cer（アミノCTH：ラクト系およびネオラクト系糖脂質の基点）

Lc3CerはLc3合成酵素（B3GNT5）がUDP-N-アセチルグルコサミン（GlcNAc）のGlcNAcをLacCerにβ1,3結合で付加することにより生成される[72, 73]。GM3Sと同様、トランスゴルジ槽の局在と考えられている[67]。ABO血液型糖脂質はこのシリーズにより生成される。

５）GA2（アシアロGM2; アシアロガングリオ系糖脂質の基点）

GA2はGM2/GA2/GD2合成酵素（B4GALNT1）がUDP-N-アセチルガラクトサミン（UDP-GalNAc）のGalNAcをLacCerにβ1,4結合で付加することにより生成される[74-76]。この酵素は基質がGM3であればGM2を、GD3であればGD2を生成する。同酵素はLacCerを基質とした場合、Vmax/Km比がGM3やGM2の時より低いため[76]、GA2およびアシアロガングリオ系糖脂質はGM3の生合成が抑制されているときに生成されると考えられる。この酵素はGb3Sと同様、主にTGNに存在する[77]。

(6) セラミドキナーゼ（セラミド1-リン酸生合成）

セラミドの水酸基がリン酸化されるとセラミド1-リン酸（C1P）となる[78]。C1P産生経路の１つは、セラミドキナーゼ（CERK）によるセラミドのリン酸化により生成されると考えられている[79]。CERKはジアシルグリセロールキナーゼファミリーの一員で、スフィンゴシンキナーゼと類似の構造をしている。この酵素は細胞質に存在しているが、ミリストイル化される配列を持ち、またN

末端にpleckstrin homology（PH）ドメインを有することから、膜の細胞質側に結合しC1Pを生合成すると考えられる[79]。実際このPHドメインを介してTGN、エンドソーム、形質膜、ミトコンドリアに結合する[80, 81]。驚いたことにCERKノックアウトマウスにおいて脳のC1P量は減少しなかったことより、別のC1P生合成経路が存在すると考えられる[82]。

4 スフィンゴ脂質の膜間輸送

(1) セラミド輸送タンパクCERT

セラミドは主に小胞体で産生され、スフィンゴミエリンやGlcCerはゴルジ体で生合成されることから、セラミドは小胞体からゴルジ体へ何かしらの機構で輸送されなければならない。*De novo*で生合成されたセラミドは少なくとも２経路よりゴルジ体に輸送される。１つはATPおよび細胞質画分依存性の輸送でスフィンゴミエリン生合成のためのセラミド供給の主な経路であり、もう１つはATPおよび細胞質画分非依存性の輸送である[83]。セラミド輸送タンパク（CERT）による輸送は前者の輸送を司る。CERTの詳細は第18章を参考にしていただくとして、ここでは簡単な機能を記す。CERTは細胞質に存在する可溶性タンパクで、C末端側のsteroidgenic acute regulatory protein-related lipid transfer（START）ドメインによりATP非依存的にセラミドの膜間輸送を行う[84, 85]。少ない発現量でセラミドを小胞体からゴルジ体へと効率的に輸送するため、CERTは膜と結合する２つの領域を有する。１つ目はN末端側のPHドメインで、主にゴルジ体（特にトランスゴルジ側）に存在しているPI4Pと結合する[5]。２つ目は中間部位のtwo phenylalanines in an acidic tract（FFAT）モチーフで、小胞体に存在している膜タンパクVAP-AおよびVAP-Bと結合する[86]。CERT経路がATP依存性であるのは恐らくPI4Pの生成にエネルギーが使用されるためと推測される。CERTを欠損した細胞においてスフィンゴミエリンの生合成は30%前後に減少するが、GlcCerの生合成には影響しないことより、CERTはSMSの局在するトランスゴルジ槽に選択的に輸送していると考えられる[5, 63]。

一方スフィンゴミエリン生合成におけるセラミドのCERT非依存経路（マイナー経路）およびGlcCerに使用されるセラミドのCERT非依存経路は解明されていない。GlcCerを含め糖脂質のセラミドはスフィンゴミエリンと比較しC24:0やC24:1の極長鎖脂肪酸セラミドが優先的に利用されていることから、GlcCerへのセラミド輸送にセラミドの脂肪酸の鎖長が関与している可能性がある[87, 88]。

(2) GlcCer輸送タンパクFAPP2

GlcCerは主にシス/ミディアゴルジの細胞質側で生合成され、その後内腔側へとフロップされるが、その前に膜間輸送が行われる場合がある。糖脂質の膜間輸送を行うタンパクとしてGlycolipid transfer protein（GLTP）ファミリーが知られているが[89]、そのファミリーの一員であるFour-phosphate adaptor protein 2（FAPP2）はC末側のGLTPドメインを介してGlcCerの非小胞性膜間輸送を司り、GlcCer以降の糖脂質生合成の代謝に影響を及ぼす[62, 90]。FAPP2は細胞質に存在する可溶性タンパクで、N末側にPI4PおよびArf1（主にTGNに局在）と結合するPHドメインを有しているため、シスゴルジ槽で生成されたGlcCerをTGNに直接輸送すると考えられている。それはFAPP2を遺伝子ノックダウンあるいはノックアウトすると、TGN局在酵素によって生合成されるGb3CerやGA2は減少するが、酵素がゴルジ槽側に存在するGM3は減少しないことからも支持される[62]。一方FAPP2がGlcCerをゴルジ体から小胞体に逆輸送するとの報告もあり[38]、機能に関して更なる解析が必要である。

(3) C1P輸送タンパクCPTP

細胞質側で生成されたC1PはC1P transfer protein（CPTP）により膜間輸送され得る[91]。CPTPはGLTP様のドメインを有しており、FAPP2と同様GLTPファミリーに属するが、基質として糖脂質は輸送せずC1Pを輸送する。CPTPは細胞質のタンパクであるが、PHドメイン等明らかな膜結合ドメインを持っていないため、C1Pがどこからどこに膜間輸送されるかは更なる解析が必要である。CPTPを発現抑制した細胞ではTGNやエンドソーム等におけるC1P量が増加し、形質膜のC1P量が減少することにより、TGNから形質膜に輸送されていると推測される[91]。

5 おわりに

スフィンゴ脂質生合成の概要について述べてきたが、スフィンゴ脂質は頭部の多様性はもちろんのこと、脂質部位に関してもスフィンゴ塩基および脂肪酸において多様性を有しており、その生合成機構もかなり解明されてきた。これら生合成酵素の発現制御はスフィンゴ脂質のさまざまな病態への関与を考える上で今後ますます重要になるであろう。一方スフィンゴ脂質の生合成が理路整然と行われるためには、生合成酵素の細胞内局在(輸送)、および基質輸送の両者が正しく制御されていなければならない。生合成酵素の多くは発現量が少なくとも機能しており、細胞は少ない酵素を効率よく使用出来るようさまざまな制御機構を備えていると考えられる。COG複合体等、一般的なゴルジ体の形成・輸送に関する因子の他、特異的に制御するタンパクも存在していると考えられ、今後の研究が期待される。

【参考文献】

1) Hanada K, *et al.*: Sphingolipids are essential for the growth of Chinese hamster ovary cells. Restoration of the growth of a mutant defective in sphingoid base biosynthesis by exogenous sphingolipids. *J Biol Chem*, **267**, 23527-23533(1992)

2) Pinto WJ, *et al.*: Characterization of enzymatic synthesis of sphingolipid long-chain bases in Saccharomyces cerevisiae: mutant strains exhibiting long-chain-base auxotrophy are deficient in serine palmitoyltransferase activity. *J Bacteriol*, **174**, 2575-2581(1992)

3) Adachi-Yamada T, *et al.*: *De novo* synthesis of sphingolipids is required for cell survival by down-regulating c-Jun N-terminal kinase in Drosophila imaginal discs. *Mol Cell Biol*, **19**, 7276-7286(1999)

4) Merrill AH Jr.: Characterization of serine palmitoyltransferase activity in Chinese hamster ovary cells. *Biochim Biophys Acta*, **754**, 284-291(1983)

5) Nagiec MM, *et al.*: The LCB2 gene of Saccharomyces and the related LCB1 gene encode subunits of serine palmitoyltransferase, the initial enzyme in sphingolipid synthesis. *Proc Natl Acad Sci USA*, **91**, 7899-7902(1994)

6) Weiss B, Stoffel W.: Human and murine serine-palmitoyl-CoA transferase-cloning, expression and characterization of the key enzyme in sphingolipid synthesis. *Eur J Biochem*, **249**, 239-247(1997)

7) Hanada K, *et al.*: A mammalian homolog of the yeast LCB1 encodes a component of serine palmitoyltransferase, the enzyme catalyzing the first step in sphingolipid synthesis. *J Biol Chem*, **272**, 32108-32114(1997)

8) Hanada K, *et al.*: Purification of the serine palmitoyltransferase complex responsible for sphingoid base synthesis by using affinity peptide chromatography techniques. *J Biol Chem*, **275**, 8409-8415(2000)

9) Hornemann T, *et al.*: Cloning and initial characterization of a new subunit for mammalian serine-palmitoyltransferase. *J Biol Chem*, **281**, 37275-37281(2006)

10) Han G, *et al.*: Identification of small subunits of mammalian serine palmitoyltransferase that confer distinct acyl-CoA substrate specificities. *Proc Natl Acad Sci USA*, **106**, 8186-8191(2009)

11) Hornemann T, *et al.*: The SPTLC3 subunit of serine palmitoyltransferase generates short chain sphingoid bases. *J Biol Chem*, **284**, 26322-26330(2009)

12) Gable K, *et al.*: A disease-causing mutation in the active site of serine palmitoyltransferase causes catalytic promiscuity. *J Biol Chem*, **285**, 22846-22852(2010)

13) Esaki K, *et al.*: L-Serine Deficiency Elicits Intracellular Accumulation of Cytotoxic Deoxysphingolipids and Lipid Body Formation. *J Biol Chem*, **290**, 14595-14609(2015)

14) Mandon EC, *et al.*: Subcellular localization and membrane topology of serine palmitoyltransferase, 3-dehydrosphinganine reductase, and sphinganine N-acyltransferase in mouse liver. *J Biol Chem*, **267**: 11144-11148(1992)

15) Yasuda S, *et al.*: Localization, topology, and function of the LCB1 subunit of serine palmitoyltransferase in mammalian cells. *J Biol Chem*, **278**, 4176-4183(2003)

16) Beeler T, *et al.*: The Saccharomyces cerevisiae TSC10/YBR265w gene encoding 3-ketosphinganine reductase is identified in a screen for temperature-sensitive suppressors of the Ca2+-sensitive csg2Delta mutant. *J Biol Chem*, **273**, 30688-30694(1998)

17) Kihara A, Igarashi Y.: FVT-1 is a mammalian 3-ketodihydrosphingosine reductase with an active site that faces the cytosolic side of the endoplasmic reticulum membrane. *J Biol Chem*, **279**, 49243-49250(2004)

18) Pewzner-Jung Y, *et al.*: When do Lasses(longevity assurance genes) become CerS(ceramide synthases)?: Insights into the regulation of ceramide synthesis. *J Biol Chem*, **281**, 25001-25005(2006)

19) Levy M, Futerman AH.: Mammalian ceramide synthases. *IUBMB Life*, **62**, 347-356(2010)

20) Venkataraman K, *et al.*: Upstream of growth and differentiation factor 1(uog1), a mammalian homolog of the yeast longevity assurance gene 1(LAG1), regulates N-stearoyl-sphinganine(C18-(dihydro)ceramide) synthesis in a fumonisin B1-independent manner in mammalian cells. *J Biol Chem*, **277**, 35642-

35649 (2002)

21) Riebeling C, *et al.*: Two mammalian longevity assurance gene (LAG1) family members, trh1 and trh4, regulate dihydroceramide synthesis using different fatty acyl-CoA donors. *J Biol Chem*, **278**, 43452-43459 (2003)

22) Laviad EL, *et al.*: Characterization of ceramide synthase 2: tissue distribution, substrate specificity, and inhibition by sphingosine 1-phosphate. *J Biol Chem*, **283**, 5677-5684 (2008)

23) Mizutani Y, *et al.*: Mammalian Lass6 and its related family members regulate synthesis of specific ceramides. *Biochem J*, **390**, 263-271 (2005)

24) Mizutani Y, *et al.*: LASS3 (longevity assurance homologue 3) is a mainly testis-specific (dihydro) ceramide synthase with relatively broad substrate specificity. *Biochem J*, **398**, 531-538 (2006)

25) Hirschberg K, *et al.*: The long-chain sphingoid base of sphingolipids is acylated at the cytosolic surface of the endoplasmic reticulum in rat liver. *Biochem J*, **290**, 751-757 (1993)

26) Tidhar R, *et al.*: Eleven residues determine the acyl chain specificity of ceramide synthases. *J Biol Chem*, **293**, 9912-9921 (2018)

27) Ternes P, *et al.*: Identification and characterization of a sphingolipid delta 4-desaturase family. *J Biol Chem*, **277**, 25512-25518 (2002)

28) Omae F, *et al.*: DES2 protein is responsible for phytoceramide biosynthesis in the mouse small intestine. *Biochem J*, **379**, 687-695 (2004)

29) Endo K, *et al.*: Degenerative spermatocyte, a novel gene encoding a transmembrane protein required for the initiation of meiosis in Drosophila spermatogenesis. *Mol Gen Genet*, **253**, 157-65 (1996)

30) Beauchamp E, *et al.*: Myristic acid increases the activity of dihydroceramide Delta4-desaturase 1 through its N-terminal myristoylation. *Biochimie*, **89**, 1553-1561 (2007)

31) Cadena DL, *et al.*: The product of the MLD gene is a member of the membrane fatty acid desaturase family: overexpression of MLD inhibits EGF receptor biosynthesis. *Biochemistry*, **36**, 6960-6967 (1997)

32) Michel C, *et al.*: Characterization of ceramide synthesis. A dihydroceramide desaturase introduces the 4,5-trans-double bond of sphingosine at the level of dihydroceramide. *J Biol Chem*, **272**, 22432-22437 (1997)

33) Michel C, *et al.*: Conversion of dihydroceramide to ceramide occurs at the cytosolic face of the endoplasmic reticulum. *FEBS Lett*, **416**, 153-155 (1997)

34) Enomoto A, *et al.*: Dihydroceramide:sphinganine C-4-hydroxylation requires Des2 hydroxylase and the membrane form of cytochrome b5. *Biochem J*, **397**, 289-295 (2006)

35) Marggraf WD, *et al.*: The formation of sphingomyelin from phosphatidylcholine in plasma membrane preparations from mouse fibroblasts. *Biochim Biophys Acta*, **664**, 61-73 (1981)

36) Huitema K, *et al.*: Identification of a family of animal sphingomyelin synthases. *EMBO J*, **23**, 33-44 (2004)

37) Yamaoka S, *et al.*: Expression cloning of a human cDNA restoring sphingomyelin synthesis and cell growth in sphingomyelin synthase-defective lymphoid cells. *J Biol Chem*, **279**, 18688-18693 (2004)

38) Halter D, *et al.*: Pre- and post-Golgi translocation of glucosylceramide in glycosphingolipid synthesis. *J Cell Biol*, **179**, 101-115 (2007)

39) Tafesse FG, *et al.*: Both sphingomyelin synthases SMS1 and SMS2 are required for sphingomyelin homeostasis and growth in human HeLa cells. *J Biol Chem*, **282**, 17537-17547 (2007)

40) Spessott W, *et al.*: Cog2 null mutant CHO cells show defective sphingomyelin synthesis. *J Biol Chem*, **285**, 41472-41482 (2010)

41) Futerman AH, *et al.*: Sphingomyelin synthesis in rat liver occurs predominantly at the cis and medial cisternae of the Golgi apparatus. *J Biol Chem*, **265**, 8650-8657 (1990)

42) Vacaru AM, *et al.*: Sphingomyelin synthase-related protein SMSr controls ceramide homeostasis in the ER. *J Cell Biol*, **185**, 1013-1027 (2009)

43) Ternes P, *et al.*: Sphingomyelin synthase SMS2 displays dual activity as ceramide phosphoethanolamine synthase. *J Lipid Res*, **50**, 2270-2277 (2009)

44) Ding T, *et al.*: All members in the sphingomyelin synthase gene family have ceramide phosphoethanolamine synthase activity. *J Lipid Res*, **56**, 537-545 (2015)

45) Schulte S, Stoffel W.: Ceramide UDP galactosyltransferase from myelinating rat brain: purification, cloning, and expression. *Proc Natl Acad Sci USA*, **90**, 10265-10269 (1993)

46) Schaeren-Wiemers N, *et al.*: The UDP-galactose:ceramide galactosyltransferase: expression pattern in oligodendrocytes and Schwann cells during myelination and substrate preference for hydroxyceramide. *J Neurochem*, **65**, 2267-2278 (1995)

47) van der Bijl P, *et al.*: Synthesis of non-hydroxy-galactosylceramides and galactosyldiglycerides by hydroxy-ceramide galactosyltransferase. *Biochem J*, **317**, 589-597 (1996)

48) Alderson NL, *et al.*: The human FA2H gene encodes a fatty acid 2-hydroxylase. *J Biol Chem*, **279**, 48562-48568 (2004)

49) Sprong H, *et al.*: UDP-galactose:ceramide galactosyltransferase is a class I integral membrane protein of the endoplasmic reticulum. *J Biol Chem*, **273**, 25880-25888 (1998)

50) Honke K, *et al.*: Molecular cloning and expression of cDNA encoding human 3'-phosphoadenylylsulfate

:galactosylceramide 3'-sulfotransferase. *J Biol Chem*, **272**, 4864-8(1997)

51) Chisada S, *et al.*: Zebrafish and mouse alpha2,3-sialyltransferases responsible for synthesizing GM4 ganglioside. *J Biol Chem*, **284**, 30534-46(2009)

52) Okajima T, *et al.*: Molecular cloning of globotriaosylceramide/CD77 synthase, a glycosyltransferase that initiates the synthesis of globo series glycosphingolipids. *J Biol Chem*, **275**, 40498-503(2000)

53) Ichikawa S, *et al.*: Expression cloning of a cDNA for human ceramide glucosyltransferase that catalyzes the first glycosylation step of glycosphingolipid synthesis. *Proc Natl Acad Sci USA*, **93**, 4638-4643(1996)

54) Kohyama-Koganeya A, *et al.*: Drosophila glucosylceramide synthase: a negative regulator of cell death mediated by proapoptotic factors. *J Biol Chem*, **279**, 35995-36002(2004)

55) Marks DL, *et al.*: Identification of active site residues in glucosylceramide synthase. A nucleotide-binding catalytic motif conserved with processive beta-glycosyltransferases. *J Biol Chem*, **276**, 26492-26498(2001)

56) Akiyama H, *et al.*: Cholesterol glucosylation is catalyzed by transglucosylation reaction of β-glucosidase 1. *Biochem Biophys Res Commun*, **441**, 838-43(2013)

57) Marques AR, *et al.*: Glucosylated cholesterol in mammalian cells and tissues: formation and degradation by multiple cellular β-glucosidases. *J Lipid Res*, **57**, 451-63(2016)

58) Nomura T, *et al.*: Purification, cDNA cloning, and expression of UDP-Gal: glucosylceramide beta-1,4-galactosyltransferase from rat brain. *J Biol Chem*, **273**, 13570-13577(1998)

59) Kumagai T, *et al.*: Involvement of murine β-1,4-galactosyltransferase V in lactosylceramide biosynthesis. *Glycoconj J*, **27**, 685-695(2010)

60) Nishie T, *et al.*: Beta4-galactosyltransferase-5 is a lactosylceramide synthase essential for mouse extra-embryonic development. *Glycobiology*, **20**, 1311-1322(2010)

61) Tokuda N, *et al.*: β4GalT6 is involved in the synthesis of lactosylceramide with less intensity than β4GalT5. *Glycobiology*, **23**, 1175-1183(2013)

62) D'Angelo G, *et al.*: Vesicular and non-vesicular transport feed distinct glycosylation pathways in the Golgi. *Nature*, **501**, 116-120(2013)

63) Yamaji T, Hanada K.: Establishment of HeLa cell mutants deficient in sphingolipid-related genes using TALENs. *PLoS One*, **9**, e88124(2014)

64) Lannert H, *et al.*: Lactosylceramide is synthesized in the lumen of the Golgi apparatus. *FEBS Lett* **342**, 91-96(1994)

65) Chalat M, *et al.*: Reconstitution of glucosylceramide flip-flop across endoplasmic reticulum: implications for mechanism of glycosphingolipid biosynthesis. *J Biol Chem*, **287**, 15523-15532(2012)

66) Ishii A, *et al.*: Expression cloning and functional characterization of human cDNA for ganglioside GM3 synthase. *J Biol Chem*, **273**, 31652-31655(1998)

67) Sherwood AL, Holmes EH.: Brefeldin A induced inhibition of *de novo* globo- and neolacto-series glycolipid core chain biosynthesis in human cells. Evidence for an effect on beta 1-->4galactosyltransferase activity. *J Biol Chem*, **267**, 25328-25336(1992)

68) Yamaji T, *et al.*: Transmembrane BAX inhibitor motif containing(TMBIM) family proteins perturbs a trans-Golgi network enzyme, Gb3 synthase, and reduces Gb3 biosynthesis. *J Biol Chem*, **285**, 35505-35518(2010)

69) Keusch JJ, *et al.*: Expression cloning of a new member of the ABO blood group glycosyltransferases, iGb3 synthase, that directs the synthesis of isoglobo-glycosphingolipids. *J Biol Chem*, **275**, 25308-25314(2000)

70) Christiansen D, *et al.*: Humans lack iGb3 due to the absence of functional iGb3-synthase: implications for NKT cell development and transplantation. *PLoS Biol*, **15**, e172(2008)

71) Zhou D, *et al.*: Lysosomal glycosphingolipid recognition by NKT cells. *Science*, **306**, 1786-1789(2004).

72) Henion TR, *et al.*: Cloning of a mouse beta 1,3 N-acetylglucosaminyltransferase GlcNAc(beta 1,3)Gal(beta 1,4)Glc-ceramide synthase gene encoding the key regulator of lacto-series glycolipid biosynthesis. *J Biol Chem*, **276**, 30261-30269(2001)

73) Togayachi A, *et al.*: Molecular cloning and characterization of UDP-GlcNAc:lactosylceramide beta 1,3-N-acetylglucosaminyltransferase(beta 3Gn-T5), an essential enzyme for the expression of HNK-1 and Lewis X epitopes on glycolipids. *J Biol Chem*, **276**, 22032-22040(2001)

74) Nagata Y, *et al.*: Expression cloning of beta 1,4 N-acetylgalactosaminyltransferase cDNAs that determine the expression of GM2 and GD2 gangliosides. *J Biol Chem*, **267**, 12082-12089(1992)

75) Hidari JK, *et al.*: beta 1-4N-acetylgalactosaminyltransferase can synthesize both asialoglycosphingolipid GM2 and glycosphingolipid GM2 in vitro and in vivo: isolation and characterization of a beta 1-4N-acetylgalactosaminyltransferase cDNA clone from rat ascites hepatoma cell line AH7974F. *Biochem J*, **303**, 957-965(1994)

76) Yamashiro S, *et al.*: Substrate specificity of beta 1,4-N-acetylgalactosaminyltransferase in vitro and in cDNA-transfected cells. GM2/GD2 synthase efficiently generates asialo-GM2 in certain cells. *J Biol Chem*, **27**, 6149-6155(1995)

77) Giraudo CG, *et al.*: GA2/GM2/GD2 synthase localizes to the trans-golgi network of CHO-K1 cells. *Biochem J*, **342**, 633-640(1999)

78) Bajjalieh SM, *et al.*: Synaptic vesicle ceramide kinase. A calcium-stimulated lipid kinase that co-purifies with brain synaptic vesicles. *J Biol Chem*, **264**, 14354-14360(1989)
79) Sugiura M, *et al.*: Ceramide kinase, a novel lipid kinase. Molecular cloning and functional characterization. *J Biol Chem*, **277**, 23294-23300(2002)
80) Carré A, *et al.*: Ceramide kinase targeting and activity determined by its N-terminal pleckstrin homology domain. *Biochem Biophys Res Commun*, **324**, 1215-1219(2004)
81) Kim TJ, *et al.*: The interaction between the pleckstrin homology domain of ceramide kinase and phosphatidylinositol 4,5-bisphosphate regulates the plasma membrane targeting and ceramide 1-phosphate levels. *Biochem Biophys Res Commun*, **342**, 611-617(2006)
82) Mitsutake S, *et al.*: The generation and behavioral analysis of ceramide kinase-null mice, indicating a function in cerebellar Purkinje cells. *Biochem Biophys Res Commun*, **363**, 519-524(2007)
83) Fukasawa M, *et al.*: Genetic evidence for ATP-dependent endoplasmic reticulum-to-Golgi apparatus trafficking of ceramide for sphingomyelin synthesis in Chinese hamster ovary cells. *J Cell Biol*, **144**, 673-685(1999)
84) Hanada K, *et al.*: Molecular machinery for non-vesicular trafficking of ceramide. *Nature*, 2003; **426**: 803-809.
85) Hanada K.: Co-evolution of sphingomyelin and the ceramide transport protein CERT. *Biochim Biophys Acta*, **1841**, 704-719(2014)
86) Kawano M, *et al.*: Efficient trafficking of ceramide from the endoplasmic reticulum to the Golgi apparatus requires a VAMP-associated protein-interacting FFAT motif of CERT. *J Biol Chem*, **281**, 30279-30288(2006)
87) Loizides-Mangold U, *et al.*: Glycosylphosphatidylinositol anchors regulate glycosphingolipid levels. *J Lipid Res*, **53**, 1522-1534 (2012)
88) Yamaji T, *et al.*: Role of Intracellular Lipid Logistics in the Preferential Usage of Very Long Chain-Ceramides in Glucosylceramide. *Int J Mol Sci*, **17**, E1761(2016)
89) Mattjus P. Specificity of the mammalian glycolipid transfer proteins. *Chem Phys Lipids*, **194**, 72-78(2016)
90) D'Angelo G, *et al.*: Glycosphingolipid synthesis requires FAPP2 transfer of glucosylceramide. *Nature*, **449**, 62-67(2007)
91) Simanshu DK, *et al.*: Non-vesicular trafficking by a ceramide-1-phosphate transfer protein regulates eicosanoids. *Nature*, **500**, 463-467(2013)
92) Yamaji T, Hanada K.: Sphingolipid metabolism and interorganellar transport: localization of sphingolipid enzymes and lipid transfer proteins. *Traffic*, **16**, 101-122(2015)

総論編 3

スフィンゴ脂質恒常性維持のためのセラミド分解経路

木原　章雄*

1 はじめに

生体分子は合成と分解のバランスによって恒常性が保たれている。そのため、合成だけでなく、分解に異常が生じた場合も疾患に結びつくことが多い。スフィンゴ脂質に関しても分解経路の先天性疾患としてスフィンゴリピドーシスがよく知られている。それぞれの生体分子には驚くほど巧妙かつ無駄のない分解系が備わっており、単に分解するというだけでなく、他の生体分子の前駆体あるいはエネルギー源として利用できる分子へと変換する。このことはセラミドについても当てはまり、セラミドの長鎖塩基部分は長鎖アルデヒドとホスホエタノールアミンへと分解された後、さまざまな脂質の生合成あるいはエネルギー産生（β酸化）に利用される。長鎖塩基の代謝は細胞内のスフィンゴ脂質の恒常性維持だけでなく、栄養学的観点（食事由来の長鎖塩基の利用）からも重要である。長鎖塩基から脂肪族アルデヒドを経てアシルCoAへと至る分解経路の詳細は長年不明であったが、近年著者らのグループが解明に成功した。著者らが同定した長鎖塩基代謝遺伝子には先天性疾患の原因遺伝子が含まれていた。本稿では、これらの知見を含めたセラミド／長鎖塩基分解経路の詳細、セラミド代謝異常と疾患との関連について紹介する。

2 セラミドの構造

スフィンゴ脂質骨格セラミドは長鎖塩基と脂肪酸がアミド結合した構造を持つ（**図1A**）。長鎖塩基の化学構造には生物間で違いがあるが、哺乳類にはスフィンゴシン、ジヒドロスフィンゴシン（スフィンガニン）、フィトスフィンゴシン、6-ヒドロキシスフィンゴシン、4, 14-スフィンガジエンの少なくとも５種類が存在する[1, 2]（**図1B**）。長鎖塩基は共通してC1位とC3位に水酸基、C2位にアミノ基を持つ。ジヒドロスフィンゴシンはこの３つの官能基しか持たない最も単純な長鎖塩基である。哺乳類の長鎖塩基の炭素鎖長はC18が最も多く、ジヒドロスフィンゴシンはd18:0と表記される。dは２つの水酸基、18は炭素鎖長、0は二重結合の数を表す。哺乳類に最も多い長鎖塩基はスフィンゴシン（4*E*-d18:1）であり、C4位とC5位の間にトランス二重結合を持つ。4, 14-スフィンガジエン（4*E*, 14*Z*-d18:2）はスフィンゴシン骨格に対してC14位とC15位間にシス二重結合を持つ[3]。これら３種の長鎖塩基は全身に存在する。一方、C4位に水酸基を持つフィトスフィンゴシン（t18:0）は表皮、小腸、腎臓などの限られた組織に存在する[2]。6-ヒドロキシスフィンゴシン（t18:1）はスフィンゴシン骨格に対してC6位に水酸基を持ち、表皮特異的に存在する[2, 4]。

脂肪酸は様々な脂質の構成成分として利用されるが、スフィンゴ脂質中の脂肪酸には他の脂質中の脂肪酸にはない特徴がある。脂肪酸は炭素鎖長の違いから、短鎖（C2-C4）、中鎖（C5-C10）、長鎖（C11-C20）、極長鎖（≧C21）に分類される。また、二重結合の数から飽和、一価不飽和、多価不飽和に分類される。グリセロリン脂質中の脂肪酸のほとんどは長鎖の飽和、一価不飽和、多価不飽和脂肪酸（C16:0、C16:1、C18:0、C18:1、C18:2、C20:4）である[5]。一方、スフィンゴ脂質中の脂肪酸はほとんどの組織ではC16:0、C18:0、

＊北海道大学大学院 薬学研究院

C20:0、C22:0、C24:0、C24:1、C24:2が主要である[6,7]。ただし、これらの割合は組織ごとに異なり、脳ではC18:0脂肪酸（C18:0-COOH）を含むスフィンゴ脂質が多く、肝臓ではC24:0-、C24:1-COOHを含むものが多い。C16:0-、C18:0-COOHがグリセロリン脂質とスフィンゴ脂質中に共通に見られるのに対して、C20:0-、C22:0-、C24:0-、C24:1-、C24:2-COOHはほぼスフィンゴ脂質に特異的に存在する。例外的に精巣、精子にはC28-C34の4-6価の多価不飽和極長鎖脂肪酸含有スフィンゴ脂質[6,8,9]、表皮にはC26-C36の飽和／一価不飽和極長鎖脂肪酸含有スフィンゴ脂質が存在する[4,10]。

スフィンゴ脂質中に含まれる脂肪酸の多くは非水酸化型であるが、2位（α位）またはω位に水酸基を持つものも存在する（**図1C**）。これらの水酸化脂肪酸はグリセロリン脂質中には存在しない。2-水酸化（2-OH）脂肪酸を含むスフィンゴ脂質は脳ミエリン、表皮、小腸などの限られた組織に存在する[11]。特に脳ミエリンに存在するガラクトシルセラミドの約2/3は2-OH脂肪酸を含有しており、ミエリンの形成と維持に重要である[12]。脂肪酸2-水酸化酵素FA2Hはこの2-OH化を触媒する酵素であり、*FA2H*遺伝子に変異が生じると遺伝性痙性対麻痺（SPG35）を引き起こす[13,14]。表皮にはC30-C36のω-水酸化（ω-OH）脂肪酸を含むセラミドが存在している[4]。ただし、ω位水酸基が遊離の状態で存在するセラミドは少なく、ほとんどがリノール酸とエステル結合をしている。このような構造をもつセラミドはω-*O*-アシルセラミド（アシルセラミド）と呼ばれる[2,15]。ω-OH位の水酸化はシトクロームP450ファミリーに属するCYP4F22によって触媒される[16]。アシルセラミドは皮膚バリア機能に重要であり、*CYP4F22*を含めてアシルセラミド産生に関わる遺伝子の変異は魚鱗癬と呼ばれる皮膚角化症を引き起こす[2,17-19]。

3 長鎖塩基分解経路の概要

複合スフィンゴ脂質（スフィンゴミエリンおよびスフィンゴ糖脂質）は主にリソソーム中で脂肪酸と長鎖塩基にまで分解される。これらの分解に関

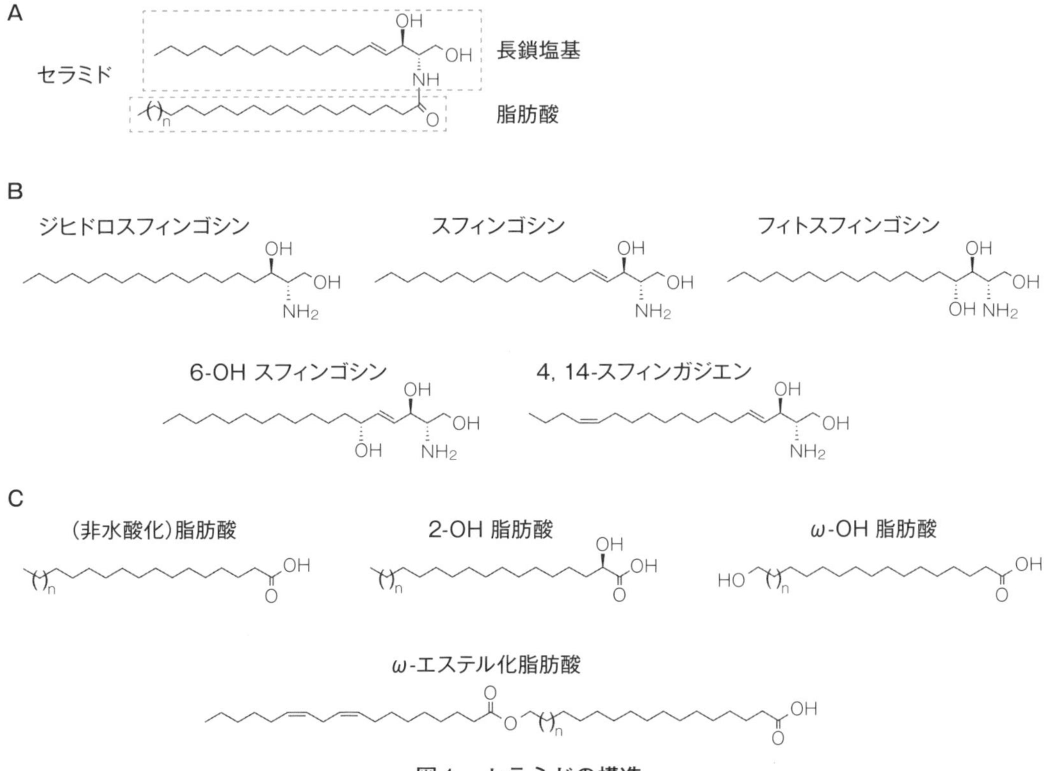

図1 セラミドの構造

A. セラミドの構造。B. 哺乳類における長鎖塩基の構造。C. セラミド中に存在する脂肪酸の構造。

わる遺伝子の変異はスフィンゴリピドーシスと呼ばれる一群の代謝異常症を引き起こす[20]。例えば、セラミドを分解するセラミダーゼ遺伝子*ASAH1*の変異はFarber病を引き起こす[21]。Farber病は関節腫脹変形、皮下結節、喉頭障害の症状を伴う。セラミダーゼには至適pHの異なる3つのタイプ（酸性、中性、アルカリ性セラミダーゼ）が存在するが、ASAH1は酸性セラミダーゼに分類される[22]。中性セラミダーゼにはASAH2、アルカリ性セラミダーゼにはACER1、ACER2、ACER3が存在する。

セラミドという用語は広義ではどのタイプの長鎖塩基を含むものも指す。一方、狭義では長鎖塩基がスフィンゴシンであるものだけを指す。後者の場合、ジヒドロスフィンゴシンを持つものをジヒドロセラミド、フィトスフィンゴシンを持つも

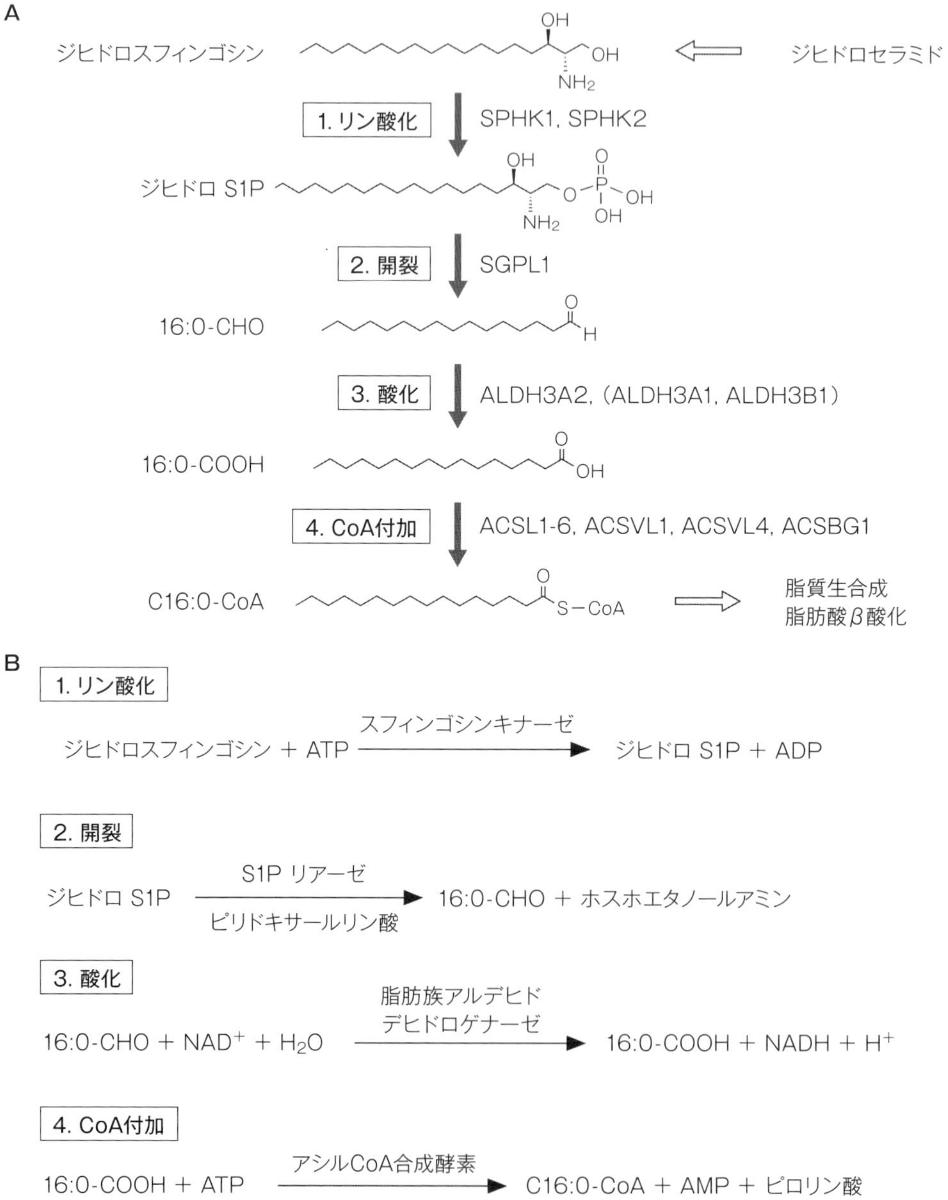

図2　ジヒドロスフィンゴシン分解経路

A. ジヒドロスフィンゴシン分解経路における酵素反応と関与する酵素名。
B. ジヒドロスフィンゴシン分解経路における各酵素反応の詳細。

のをフィトセラミドと呼ぶ。セラミダーゼによって生じた長鎖塩基はスフィンゴ脂質合成に再利用されるか、分解経路（異化経路）によってアシルCoAへ変換される。再利用経路（サルベージ経路）では、セラミド合成酵素がセラミド（広義）を産生する。哺乳類には6種のセラミド合成酵素CERS1-6が存在し、それぞれが異なった鎖長のアシルCoAを基質とする[2]。長鎖塩基分解経路によって生じたアシルCoAは脂質の前駆体（主にグリセロリン脂質）として使用されるか、β酸化によってエネルギー産生に利用される。長鎖塩基のどのくらいの割合がサルベージ経路あるいは分解経路に供されるかは、細胞の種類や生育環境によって異なる。筆者らが以前に放射標識ジヒドロスフィンゴシンを用いて細胞をラベルした実験では、ジヒドロスフィンゴシンの6-8割がサルベージ経路によってスフィンゴ脂質へ、2-4割が分解経路によってグリセロ脂質へ代謝された[23]。この実験では分解経路で生じたアシルCoAのどのくらいの割合がβ酸化によってCO_2へ代謝されたか検討できていないが、ラットに静脈注射した放射標識ジヒドロスフィンゴシンの放射活性の約25%が10時間後にCO_2へ取り込まれたという報告がある[24]。長鎖塩基の代謝によって生じたアシルCoAと*de novo*合成経路によって生じたアシルCoAは区別なく代謝されるようである。

長鎖塩基の分解経路において、長鎖塩基はリン酸化、開裂、酸化、CoA付加という4つの基本反応によってアシルCoAへ変換される[2, 25]（**図2**）。最も単純な長鎖塩基であるジヒドロスフィンゴシン（d18:0）は、これらの4反応によってパルミトイルCoA（C16:0-CoA）へ変換される。スフィンゴシン（d18:1）はジヒドロスフィンゴシンと同様にC16:0-CoAへ代謝されるが、そのためには基本4反応に飽和化のステップが加わる[26]（**図3**）。フィトスフィンゴシン（t18:0）は水酸基をC4に持つため、基本4反応によって2-OH C16:0-CoAへ変換される（**図4**）。2-OH脂肪酸はスフィ

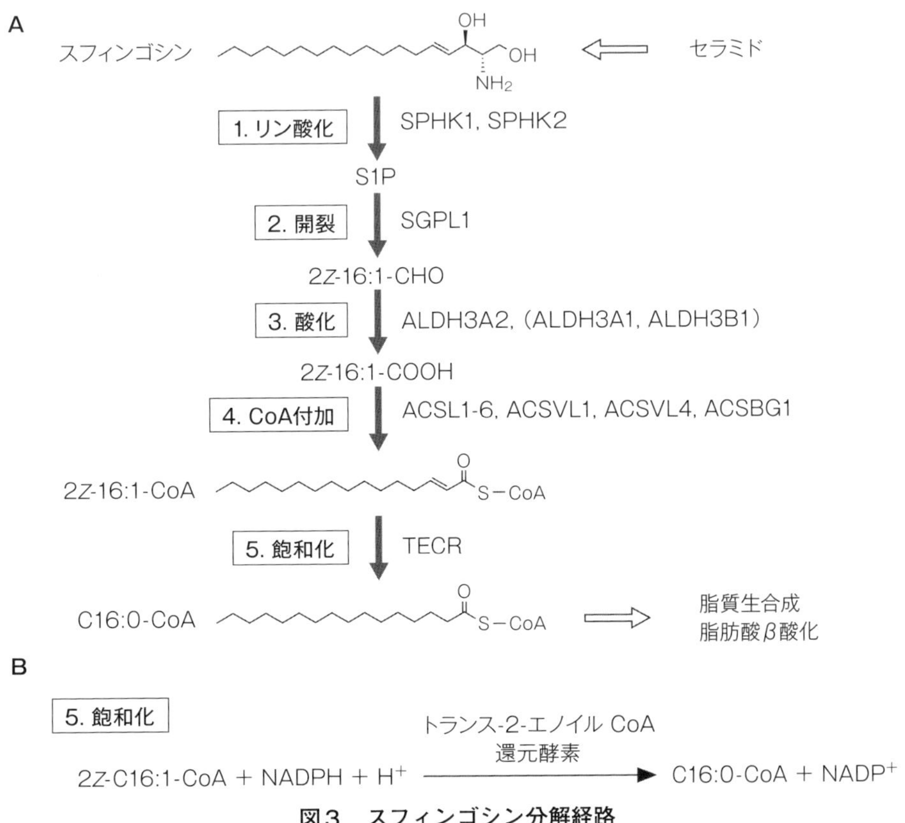

図3　スフィンゴシン分解経路
A. スフィンゴシン分解経路における酵素反応と関与する酵素名。
B. スフィンゴシン分解経路に固有の飽和化反応の詳細。

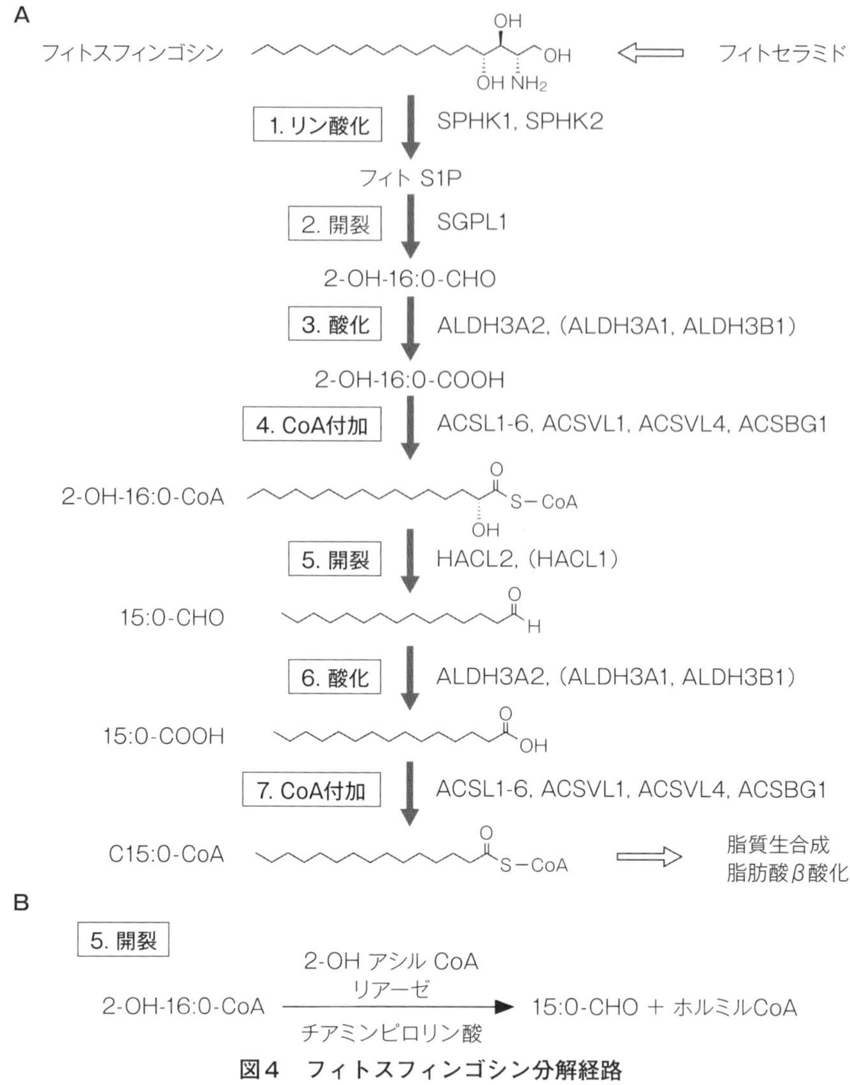

図4　フィトスフィンゴシン分解経路

A. フィトスフィンゴシン分解経路における酵素反応と関与する酵素名。
B. フィトスフィンゴシン分解経路に固有の開裂反応の詳細。

ンゴ脂質中にのみ見られ、グリセロリン脂質合成には使用されないため、2-OH C16:0-CoAの状態では利用が限られる。このことを回避するため、生体はα酸化という1炭素の減少を伴った水酸基の除去法を備えている。これにより、フィトスフィンゴシンはペンタデカノイルCoA（C15:0-CoA）となり、C16:0-CoAと同様、脂質合成（主にグリセロリン脂質）あるいはβ酸化に利用される。6-ヒドロキシスフィンゴシンの代謝経路の詳細は不明である。6-ヒドロキシスフィンゴシンは表皮の最外層である角質層に多く存在し、皮膚バリア機能において重要な役割を果たしていると考えられている。角質層の細胞（角質細胞）は死細胞であり、垢となって除去されることから、6-ヒドロキシスフィンゴシンは代謝を受けない可能性がある。4, 14-スフィンガジエンの代謝経路もよく分かっていない。

4 長鎖塩基分解経路における反応

長鎖塩基代謝の第一段階は長鎖塩基のリン酸化であり、スフィンゴシンキナーゼによって触媒される。哺乳類にはSPHK1とSPHK2の2種類のアイソザイムが存在する[27, 28]。ジヒドロスフィンゴシン、スフィンゴシン、フィトスフィンゴシンはスフィンゴシンキナーゼによってそれぞれジヒドロスフィンゴシン1-リン酸（ジヒドロS1P)、スフィンゴシン1-リン酸（S1P)、フィトスフィンゴシン1-リン酸（フィトS1P）へ変換される（図2～4)。これらの長鎖塩基1-リン酸は細胞内で産生された後、ほとんどは引き続く開裂反応によって速やかに分解される。一方で、これらの長鎖塩基1-リン酸、特にS1Pは脂質メディエーターとしても機能する[29]。S1Pは内皮細胞（血管内皮細胞、リンパ管内皮細胞）あるいは血球（赤血球、血小板）で産生された後、一部が細胞外へ放出され、細胞表面に発現している受容体（S1P受容体$S1P_1$から$S1P_5$）に結合してさまざまな細胞応答を引き起こす[29, 30]。

長鎖塩基1-リン酸は脱リン酸化によって再度長鎖塩基に戻されるか、不可逆的にC2位とC3位間の開裂反応を受けて長鎖アルデヒドとホスホエタノールアミンになる（**図2B**)。前者はS1Pホスファターゼ（SGPP1、SGPP2)、後者はS1Pリアーゼ（SGPL1）によって触媒される[31-33]。これらの酵素はいずれも小胞体に局在する[33, 34]。SGPL1はピリドキサールリン酸依存性酵素である。SGPL1による開裂反応によってジヒドロS1P、S1P、フィトS1Pからそれぞれヘキサデカナール（パルミトアルデヒド；C16:0-CHO)、トランス-2-ヘキサデセナール（2*Z*-C16:1-CHO)、2-ヒドロキシヘキサデカナール（2-OH C16:0-CHO）が産生される（図2～4)。SGPL1のもう1つの生成物であるホスホエタノールアミンはCDP-エタノールアミンへ変換後、Kennedy経路によってグリセロリン脂質の1つであるホスファチジルエタノールアミンへ代謝される[35, 36]。

S1Pリアーゼによる開裂反応は長鎖塩基代謝の最初の不可逆反応であり、SGPL1が唯一のS1Pリアーゼ遺伝子であることから、この遺伝子の欠損によって長鎖塩基代謝が完全に停止する。従って、*Sgpl1*ノックアウト（KO）マウスの表現型からスフィンゴ脂質恒常性の破綻の影響が読み取れる。*Sgpl1* KOマウスは体が小さく、短命であり、生後20日から50日の間で死亡する[37]。組織学的な解析では、肺、心臓、尿路、骨において異常が見つかっている[38]。肝臓における脂質解析では、SGPL1の基質であるS1Pだけでなく、セラミドやスフィンゴミエリン量も上昇していた[37]。これは蓄積したS1PがS1Pホスファターゼによる脱リン酸化を受けて長鎖塩基へ変換後、セラミド、さらにスフィンゴミエリンへと代謝されたためである。このような広範にわたる組織への影響はスフィンゴ脂質恒常性維持の重要性を物語っている。また、近年*SGPL1*遺伝子変異による遺伝性疾患が報告された。1つは遺伝性運動性感覚性ニューロパチーであるCharcot-Marie-Tooth病であり、遠位筋の筋力低下と萎縮、運動障害、感覚消失、骨格の変形を伴う[39]。もう1つはステロイド抵抗性ネフローゼ症候群であり、ネフローゼ以外に魚鱗癬、副腎不全、免疫不全、神経障害、筋萎縮、甲状腺機能低下、停留睾丸症を伴う[40-42]。なぜ、同じ遺伝子の変異でこのように異なった症状が現れるのかは不明であるが、変異したS1Pリアーゼの活性の残存度の違いによるのかもしれない。

S1Pリアーゼによって生じた長鎖アルデヒドは、アルデヒドデヒドロゲナーゼ（ALDH）による酸化を受け、長鎖脂肪酸となる。その結果、ジヒドロスフィンゴシン、スフィンゴシン、フィトスフィンゴシンからそれぞれパルミチン酸（C16:0-COOH)、トランス-2-ヘキサデセン酸（2*Z*-C16:1-COOH)、2-OHパルミチン酸（2-OH C16:0-COOH）が産生される（図2～4)。この反応における酸化剤はNAD^+である（図2B)。ヒトおよびマウスにはALDHがそれぞれ19種と21種存在する[43, 44]。これらのうち、長鎖アルデヒドに高い活性を示すALDHはALDH3サブファミリーである[45, 46]。ヒトにはALDH3サブファミリーが3種（*ALDH3A1*、*ALDH3A2*、*ALDH3B1*)、マウスには5種（*Aldh3a1*、*Aldh3a2*、*Aldh3b1*、*Aldh3b2*、*Aldh3b3*）存在する。ヒトの*ALDH3B2*は偽遺伝子であり、機能を失っている。また、ヒトには*ALDH3B3*が存在しない。ALDH3サブファミリーメンバーの細胞内局在は異なっており、ALDH3A1／Aldh3a1がサイトゾル、ALDH3A2／Aldh3a2が小胞体、ALDH3B1／Aldh3b1とAldh3b3が細胞膜、Aldh3b2が脂肪滴に局在する[46, 47]。S1Pリアーゼによって長鎖アルデヒドは小胞体で産生される[34]。そのため、ALDH3ファミリーメンバーの中で長鎖塩基代謝経路で主要に働くのは小胞体に局在する

ALDH3A2／Aldh3a2である。***Aldh3a2***が欠損したCHO-K1細胞中ではスフィンゴシンからグリセロリン脂質への代謝が野生型細胞中に比べて2割程度まで低下する[48]。

ALDH3A2はSjögren-Larsson症候群の原因遺伝子である。この疾患は皮膚神経疾患であり、魚鱗癬、痙性対麻痺、精神遅滞を特徴とする[49]。上述の通り、***ALDH3A2***遺伝子が完全に機能を失っても他のALDH3サブファミリーメンバーにより、部分的に長鎖塩基代謝は進行する。そのため、***SGPL1***遺伝子変異により引き起こされるCharcot-Marie-Tooth病／ステロイド抵抗性ネフローゼ症候群とは異なり、Sjögren-Larsson症候群の発症原因はスフィンゴ脂質恒常性の異常が主な原因ではないと思われる。実際、***Aldh3a2*** KOマウス由来ケラチノサイトでは、長鎖塩基の代謝は低下しているが、セラミド量は殆ど変化していない[48]。むしろSjögren-Larsson症候群の病態は***ALDH3A2***遺伝子変異によって蓄積するアルデヒドが引き起こすと考えられている[50]。アルデヒドのカルボニル炭素と酸素の電気陰性度の違いは電荷の偏りを生じさせる。そのため、カルボニル炭素は求核攻撃を受けやすく、アルデヒドはリシンなどの持つ第一級アミンとシッフ塩基を形成しやすい。この反応性の高さから、アルデヒドが皮膚や神経系において重要な役割を果たす何らかのタンパク質を攻撃し、活性を低下させてSjögren-Larsson症候群の病態を引き起こしていると考えられている。最近筆者らは、***Aldh3a2*** KOマウス由来の脳において、ミエリンの形成／維持に重要な2-OHガラクトシルセラミド量が減少していることを見出した[51]。***Aldh3a2*** KOマウス中で蓄積したアルデヒドが、脂肪酸2-水酸化酵素FA2Hを攻撃したためである。

アルデヒドの中でもスフィンゴシン由来の2*Z*-C16:1-CHOはα, β不飽和アルデヒドに分類され、特に反応性が高い[51]。α, β不飽和アルデヒドは第一級アミンだけでなく、ヒスチジンやシステイン側鎖が持つ一般的な求核基ともMichael付加反応を行う。2*Z*-C16:1-CHOは特にヒスチジンと安定な共有結合体を形成することが***in vitro***の実験から示されている[52]。ALDH3A2は長鎖アルデヒドを中心として幅広い基質に対して活性を示すため、長鎖塩基代謝経路によって産生される長鎖アルデヒド以外のアルデヒド、例えばロイコトリエンB_4やプラズマローゲンの代謝や脂質の過酸化によって生じるアルデヒドの除去も行う[50]。そのため、Sjögren-Larsson症候群の病態には必ずしも長鎖塩基分解経路の異常だけが関与しているわけではないと思われるが、筆者らは長鎖塩基代謝、特にスフィンゴシン代謝がSjögren-Larsson症候群の病態に深く関与していると考えている。その１つ目の根拠は、上述の通り、スフィンゴシン由来の2*Z*-C16:1-CHOの反応性の高さにある。２つ目は、長鎖塩基分解経路によって産生されるアルデヒドとALDH3A2が同じ小胞体に存在することにある[34,47]。３つ目は長鎖塩基代謝からのアルデヒドの産生量の多さにある。スフィンゴ脂質は生体膜の主要な構成成分の１つであるため、比較的量が多く、その恒常性維持のため長鎖塩基代謝経路は活発に働いており、常に長鎖アルデヒドが産生されている。そのため、***ALDH3A2***遺伝子変異によって蓄積する長鎖アルデヒドは他のアルデヒドよりも多いと推測される。

脂肪酸はそのままでは代謝されず、アシルCoAへ変換されて活性化される必要がある。ALDH3A2によって産生された長鎖脂肪酸も同様であり、ジヒドロスフィンゴシン、スフィンゴシン、フィトスフィンゴシンの代謝経路からそれぞれC16:0-CoA、トランス-2-ヘキサデセノイルCoA（2*Z*-C16:1-CoA）、2-OH C16:0-CoAが産生される（図２～４）。脂肪酸にCoAを付加する反応はアシルCoA合成酵素（ACS）によって触媒され、合成のエネルギーはATPのAMPとピロリン酸への加水分解である（図２B）。ヒトには26種類のACSが存在し、基質特異性と配列の相同性から６つのサブファミリーACSS（ACS short-chain）、ACSM（ACS medium-chain）、ACSL（ACS long-chain）、ACSVL（ACS very long-chain）、ACSBG（ACS bubblegum）、ACSF（ACS family）に分類される[53]。このうち、長鎖塩基代謝において働くのは、長鎖脂肪酸に高い活性を示すACSLファミリーメンバー（ACSL1、ACSL3、ACSL4、ACSL5、ACSL6）とACSVL1、ACSVL4、ACSBG1である[26,54]。

これらは重複した活性を示すので、特定の1つの*ACS*遺伝子に変異が入っても長鎖塩基分解経路はほとんど影響を受けない。

5 スフィンゴシン分解経路における飽和化反応

スフィンゴシンは上記の4つの基本反応によって2*Z*-C16:1-CoAへ変換される（**図3A**）。グリセロリン脂質には2*Z*-C16:1-COOHを持つものは殆ど存在せず、2*Z*-C16:1-CoAは飽和化してC16:0-CoAとなってからグリセロリン脂質に取り込まれる。ただし、2*Z*-C16:1-CoAはβ酸化の中間体となり得るため、β酸化のためには飽和化される必要はないのかもしれない。2*Z*-C16:1-CoAを飽和化する酵素はトランス-2-エノイルCoA還元酵素であり、哺乳類では*TECR*がコードしている[23]。TECRによる飽和化（還元）反応ではNADPHが還元剤として使用される（**図3B**）。*TECR*はもともと脂肪酸伸長サイクルにおいて機能する遺伝子として同定されたものである[55]。脂肪酸の伸長はアシルCoAを基質として4つの反応（マロニルCoAから供給されたC2単位との縮合、還元、脱水、還元）を1サイクルとした脂肪酸伸長サイクルによって行われ、1サイクル毎にアシルCoAは炭素数を2つ増加する[6, 9]。TECRは脂肪酸伸長サイクルの4段階目の還元反応を触媒する。従って、TECRは脂肪酸伸長サイクルと長鎖塩基分解経路の両方において機能する。脂肪酸伸長サイクルが産生する極長鎖脂肪酸は生存に必須であるため[56]、*TECR*の機能を大きく損なうような変異は胎生致死を引き起こすと予測される。ただし、*TECR*の弱い変異（p.Pro182Leu）による疾患は見つかっており、非症候性の精神遅滞を引き起こす[57]。

6 フィトスフィンゴシン分解経路とα酸化

フィトスフィンゴシンは長鎖塩基代謝の基本4反応によって2-OH C16:0-CoAへ変換される（**図4A**）。産生された2-OH C16:0-CoAの一部はセラミド合成酵素の基質として用いられ、セラミドの脂肪酸部分へ取り込まれる[58]。しかし、大部分の2-OH C16:0-CoAはα酸化を受けて非水酸化長鎖アルデヒド（ペンタデカナール；C15:0-CHO）となる。この反応は2-ヒドロキシアシルCoAリアーゼが触媒する（**図4B**）。これまで哺乳類の2-ヒドロキシアシルCoAリアーゼとしてHACL1が知られていた[59]。しかし、HACL1はペルオキシソーム酵素であり、小胞体で行われる長鎖塩基代謝への関与は低い。筆者らは小胞体に局在する新規の2-ヒドロキシアシルCoAリアーゼHACL2を同定し、フィトスフィンゴシン代謝において主要な働きをしていることを明らかにした[58]。HACL2はHACL1と配列の相同性を示し、ともに補酵素としてチアミンピロリン酸を用いる。これまで脂肪酸α酸化はペルオキシソームで行われるというのが通説であったが、我々の結果は小胞体における脂肪酸α酸化の存在を初めて示したものである。

2-ヒドロキシアシルCoAリアーゼによって産生されたC15:0-CHOは、長鎖塩基の基本反応2によって産生されたC16アルデヒドと炭素数が1違うだけなので、同様の代謝を受ける。即ち、ALDH3A2によってC15:0-COOHへ酸化された後[58]、アシルCoA合成酵素によってペンタデカノイルCoA（C15:0-CoA）へ変換され、グリセロリン脂質などの脂質合成あるいはβ酸化に利用される。C15:0-CoAはβ酸化によって、6分子のアセチルCoA（C2:0-CoA）と1分子のプロピオニルCoA（C3:0-CoA）へ分解される。C3:0-CoAはプロピオニルCoAカルボキシラーゼによってD-メチルマロニルCoAと変換後、メチルマロニルCoAエピメラーゼによるL-メチルマロニルCoAへの変換を経て、補酵素B_{12}依存的なメチルマロニルCoAムターゼによってスクシニルCoAとなり、クエン酸回路で代謝される[60, 61]。

生体内の脂肪酸のほとんどは偶数鎖であるが、奇数鎖脂肪酸も存在する。奇数鎖脂肪酸は脂肪酸合成酵素（FAS）による生合成過程でアセチルアシルキャリアータンパク質（ACP）の代わりにプロピオニルACPが使用されることによって産生されると以前は考えられていたが[62, 63]、その後の研究から主に2-OH脂肪酸のα酸化によって産生されるということが明らかになった[64]。フィトスフィンゴシン分解経路から産生される2-OH C16:0-COOHは2-OH脂肪酸の供給源としては全体のごく一部であり、ほとんどは脂肪酸から脂肪酸2-水酸化酵素によって直接作られる。ミエリンには2-OH C24:0ガラクトシルセラミドが多く存在するが、その分解によって多くのC23:0-COOH（および伸長したC25:0-COOHと不飽和化したC25:1-COOH）が産生される[65]。それらから派生したC23／C25ガラクトシルセラミドは加齢とともに増加し、15歳児においてC23:0ガラクトシルセラミドはC24:0ガラクトシルセラミドの約1/3量に達する。表皮にも2-ヒドロキシ脂肪酸含有セラミドが多く存在するため、奇数鎖脂肪酸が多く、奇数鎖セラミドは偶数鎖セラミドの約半分程度存在する[66]。

7 食事由来スフィンゴ脂質の取り込みと代謝

食事由来の脂質は小腸上皮細胞によって取り込まれるが、その取り込まれやすさ（細胞膜の透過しやすさ）は脂質によって大きく異なる。例えば、油の主成分であるトリグリセリドはそのままではほとんど小腸上皮細胞に取り込まれず、脂肪酸とモノグリセリドへ分解された後に取り込まれる。脂肪酸とモノグリセリドは小腸上皮細胞内で再度トリグリセリドへと変換され、キロミクロンとしてリンパ液中に放出された後、鎖骨下静脈から血液に入る。

米国での調査によると、ヒトは食事由来スフィンゴミエリンを１日に300-400mg摂取する[67]。トリグリセリドと同様、スフィンゴミエリンの細胞への透過性は極めて低く、ほとんどはアルカリ性スフィンゴミエリナーゼと中性セラミダーゼによって長鎖塩基と脂肪酸へ分解されてから小腸上皮細胞に取り込まれる[68, 69]。取り込まれた長鎖塩基の一部はスフィンゴ脂質合成に利用されるが、一部は分解経路によってアシルCoAを経てトリグリセリドへ変換後、キロミクロンに取り込まれると予測される。

脂質の細胞への取り込まれやすさと構造には関連がある。細胞に取り込まれやすい脂質の構造的特徴の１つ目として、疎水鎖の数が１つであることが挙げられる。例えば、疎水鎖が３つのトリグリセリドや２つのセラミドやジアシルグリセロールは細胞に取り込まれづらいが、１つのスフィンゴシンや脂肪酸は取り込まれやすい。セラミドを細胞に取り込まれやすくするためには脂肪酸部分を少なくともC6程度まで短くする必要がある。２つ目の特徴としては疎水鎖の長さが挙げられる。脂肪酸が飽和の場合、C18までは細胞に容易に取り込まれるが、C20以上は極端に取り込まれづらくなる[70]。ただし、二重結合の数が増えるとC20以上でも取り込まれるようになる。３つ目として極性基の大きさが挙げられる。大きな極性基（リン酸基）を持つS1Pは細胞に取り込まれないが、小さな極性基しか持たないスフィンゴシンは容易に取り込まれる。これらの点を総合すると、小さな極性基と１つの長鎖疎水鎖を持つ脂質が細胞に取り込まれやすい。このような構造の共通性はタンパク質性因子の基質特異性、つまり、ある共通のトランスポーターの存在を予想させる。

脂肪酸の取り込みに関与するタンパク質として脂肪酸トランスポーター（FATP）が同定された[71]。FATPは後の研究により、アシルCoA合成酵素（ACSファミリー）と同一であることが示された[53]。そのため、1. FATP／ACSがトランスポーターとACS活性の両方を持つのか、2. 脂肪酸トランスポーター活性は持たないが細胞に取り込まれた脂肪酸をアシルCoAに変換することで細胞内にトラップし、見かけ上トランスポーター活性があるように見えるのか、という議論を引き起こした[72, 73]。筆者らは長鎖塩基と脂肪酸の構造の共通性から、両者が共通のトランスポーターを介して細胞内へ取り込まれるという仮説を立て、長鎖塩基取り込みにおけるACSの関与を検討した。酵母*ACS*遺伝子変異あるいは哺乳類細胞へのACS阻害剤添加は長鎖塩基の細胞内への取り込みを阻害した[74]。また、長鎖塩基と脂肪酸の細胞内への取り込みは互いに競合した。以上の結果から、筆者らは長鎖塩基の取り込みにはACSがトランスポーターとして機能すると考えている。長鎖塩基は脂肪酸のようにACSによってCoA付加を受けないため、筆者らの結果は上記2の可能性を否定するものであった。

8 おわりに

長鎖塩基がグリセロ脂質へと代謝されることは1960年代の後半に明らかにされた。また、長鎖塩基代謝の前半部に関わるスフィンゴシンキナーゼとS1Pリアーゼは1990年代の終わりに同定された。一方、長鎖塩基代謝の後半部の詳細と関与する遺伝子群は筆者らによって2010年代になってやっと明らかとなった。つまり、長鎖塩基分解経路の発見からその全容解明まで半世紀かかったわけである。今後は、これらの解明によって明らかになりつつある長鎖塩基代謝不全と疾患（Sjögren-Larsson症候群）の関係を明らかにし、治療法の開発に結びつけたい。また、6-ヒドロキシスフィンゴシン、4, 14-スフィンガジエンの合成・分解経路、長鎖塩基の分解と生合成の相互調節機構の解明などの課題が未だ残されている。

【参考文献】

1）Pruett ST, *et al.*: Biodiversity of sphingoid bases ("sphingosines") and related amino alcohols. *J. Lipid Res.*, **49**(8), 1621-1639(2008)
2）Kihara A: Synthesis and degradation pathways, functions, and pathology of ceramides and epidermal acylceramides. *Prog. Lipid Res.*, **63**, 50-69(2016)
3）Renkonen O, *et al.*: Structure of plasma sphingadienine. *J. Lipid Res.*, **10**(6), 687-693(1969)
4）t'Kindt R, *et al.*: Profiling and characterizing skin ceramides using reversed-phase liquid chromatography-quadrupole time-of-flight mass spectrometry. *Anal. Chem.*, **84**(1), 403-411(2012)
5）Yamashita A, *et al.*: Acyltransferases and transacylases involved in fatty acid remodeling of phospholipids and metabolism of bioactive lipids in mammalian cells. *J. Biochem.*, **122**(1), 1-16(1997)
6）Sassa T, *et al.*: Metabolism of very long-chain fatty acids: genes and pathophysiology. *Biomol. Ther.*, **22**(2), 83-92(2014)
7）Edagawa M, *et al.*: Widespread tissue distribution and synthetic pathway of polyunsaturated C24:2 sphingolipids in mammals. *Biochim. Biophys. Acta*, **1863**(12), 1441-1448(2018)
8）Sandhoff R: Very long chain sphingolipids: tissue expression, function and synthesis. *FEBS Lett.*, **584**(9), 1907-1913(2010)
9）Kihara A: Very long-chain fatty acids: elongation, physiology and related disorders. *J. Biochem.*, **152**(5), 387-395(2012)
10）Sassa T, *et al.*: Impaired epidermal permeability barrier in mice lacking *Elovl1*, the gene responsible for very-long-chain fatty acid production. *Mol. Cell. Biol.*, **33**(14), 2787-2796(2013)
11）Hama H: Fatty acid 2-hydroxylation in mammalian sphingolipid biology. *Biochim. Biophys. Acta*, **1801**(4), 405-414(2010)
12）Zöller I, *et al.*: Absence of 2-hydroxylated sphingolipids is compatible with normal neural development but causes late-onset axon and myelin sheath degeneration. *J. Neurosci.*, **28**(39), 9741-9754(2008)
13）Alderson NL, *et al.*: The human *FA2H* gene encodes a fatty acid 2-hydroxylase. *J. Biol. Chem.*, **279**(47), 48562-48568(2004)
14）Dick KJ, *et al.*: Mutation of FA2H underlies a complicated form of hereditary spastic paraplegia (SPG35). *Hum. Mutat.*, **31**(4), E1251-1260(2010)
15）Uchida Y, *et al.*: Omega-*O*-acylceramide, a lipid essential for mammalian survival. *J. Dermatol. Sci.*, **51**(2), 77-87(2008)
16）Ohno Y, *et al.*: Essential role of the cytochrome P450 CYP4F22 in the production of acylceramide, the key lipid for skin permeability barrier formation. *Proc. Natl. Acad. Sci. U. S. A.*, **112**(25), 7707-7712(2015)
17）Lefèvre C, *et al.*: Mutations in a new cytochrome P450 gene in lamellar ichthyosis type 3. *Hum. Mol. Genet.*, **15**(5), 767-776(2006)
18）Oji V, *et al.*: Revised nomenclature and classification of inherited ichthyoses: results of the First Ichthyosis Consensus Conference in Soreze 2009. *J. Am. Acad. Dermatol.*, **63**(4), 607-641(2010)
19）Traupe H, *et al.*: Nonsyndromic types of ichthyoses - an update. *J. Dtsch. Dermatol. Ges.*, **12**(2), 109-121(2014)
20）Schulze H, *et al.*: Sphingolipids and lysosomal pathologies. *Biochim. Biophys. Acta*, **1841**(5), 799-810(2014)
21）Ehlert K, *et al.*: Farber disease: clinical presentation, pathogenesis and a new approach to treatment. *Pediatr. Rheumatol. Online J.*, **5**, 15(2007)
22）Coant N, *et al.*: Ceramidases, roles in sphingolipid metabolism and in health and disease. *Adv. Biol. Regul.*, **63**, 122-131(2017)
23）Wakashima T, *et al.*: Dual functions of the *trans*-2-enoyl-CoA reductase TER in the sphingosine 1-phosphate metabolic pathway and in fatty acid elongation. *J. Biol. Chem.*, **289**(36), 24736-24748(2014)
24）Stoffel W, *et al.*: Metabolism of sphingosine bases, II. Studies on the degradation and transformation of [3-^{14}C]*erythro*-DL-dihydrosphingosine, [7-^{3}H]*erythro*-DL-sphingosine, [5-^{3}H]*threo*-L-dihydrosphingosine and [3-^{14}C;1-^{3}H]*erythro*-DL-dihydrosphingosine in rat liver. *Hoppe Seylers Z. Physiol. Chem.*, **348**(11), 1345-1351(1967)
25）Kihara A: Sphingosine 1-phosphate is a key metabolite linking sphingolipids to glycerophospholipids. *Biochim. Biophys. Acta*, **1841**(5), 766-772(2014)
26）Nakahara K, *et al.*: The Sjögren-Larsson syndrome gene encodes a hexadecenal dehydrogenase of the sphingosine 1-phosphate degradation pathway. *Mol. Cell*, **46**(4), 461-471(2012)

27) Kohama T, *et al.*: Molecular cloning and functional characterization of murine sphingosine kinase. *J. Biol. Chem.*, **273**(37), 23722-23728(1998)

28) Liu H, *et al.*: Molecular cloning and functional characterization of a novel mammalian sphingosine kinase type 2 isoform. *J. Biol. Chem.*, **275**(26), 19513-19520(2000)

29) Kihara A, *et al.*: Metabolism and biological functions of two phosphorylated sphingolipids, sphingosine 1-phosphate and ceramide 1-phosphate. *Prog. Lipid Res.*, **46**(2), 126-144(2007)

30) Kihara A, *et al.*: Production and release of sphingosine 1-phosphate and the phosphorylated form of the immunomodulator FTY720. *Biochim. Biophys. Acta*, **1781**(9), 496-502(2008)

31) Zhou J, *et al.*: Identification of the first mammalian sphingosine phosphate lyase gene and its functional expression in yeast. *Biochem. Biophys. Res. Commun.*, **242**(3), 502-507(1998)

32) Mandala SM, *et al.*: Molecular cloning and characterization of a lipid phosphohydrolase that degrades sphingosine-1-phosphate and induces cell death. *Proc. Natl. Acad. Sci. U. S. A.*, **97**(14), 7859-7864(2000)

33) Ogawa C, *et al.*: Identification and characterization of a novel human sphingosine-1-phosphate phosphohydrolase, hSPP2. *J. Biol. Chem.*, **278**(2), 1268-1272(2003)

34) Ikeda M, *et al.*: Sphingosine-1-phosphate lyase SPL is an endoplasmic reticulum-resident, integral membrane protein with the pyridoxal 5'-phosphate binding domain exposed to the cytosol. *Biochem. Biophys. Res. Commun.*, **325**(1), 338-343(2004)

35) Stoffel W, *et al.*: Metabolism of sphingosine bases. IX. Degradation *in vitro* of dihydrospingosine and dihydrospingosine phosphate to palmitaldehyde and ethanolamine phosphate. *Hoppe Seylers Z. Physiol. Chem.*, **349**(12), 1745-1748(1968)

36) Stoffel W, *et al.*: Metabolism of sphingosine bases. X. Degradation of [1-^{14}C] dihydrosphingosine (sphinganine), [1-^{14}C] 2-amino-1,3-dihydroxyheptane and [1-^{14}C]dihydrosphingosine phosphate in rat liver. *Hoppe Seylers Z. Physiol. Chem.*, **350**(1), 63-68(1969)

37) Bektas M, *et al.*: Sphingosine 1-phosphate lyase deficiency disrupts lipid homeostasis in liver. *J. Biol. Chem.*, **285**(14), 10880-10889(2010)

38) Vogel P, *et al.*: Incomplete inhibition of sphingosine 1-phosphate lyase modulates immune system function yet prevents early lethality and non-lymphoid lesions. *PLoS One*, **4**(1), e4112(2009)

39) Atkinson D, *et al.*: Sphingosine 1-phosphate lyase deficiency causes Charcot-Marie-Tooth neuropathy. *Neurology*, **88**(6), 533-542(2017)

40) Janecke AR, *et al.*: Deficiency of the sphingosine-1-phosphate lyase SGPL1 is associated with congenital nephrotic syndrome and congenital adrenal calcifications. *Hum. Mutat.*, **38**(4), 365-372(2017)

41) Lovric S, *et al.*: Mutations in sphingosine-1-phosphate lyase cause nephrosis with ichthyosis and adrenal insufficiency. *J. Clin. Invest.*, **127**(3), 912-928(2017)

42) Prasad R, *et al.*: Sphingosine-1-phosphate lyase mutations cause primary adrenal insufficiency and steroid-resistant nephrotic syndrome. *J. Clin. Invest.*, **127**(3), 942-953(2017)

43) Marchitti SA, *et al.*: Non-P450 aldehyde oxidizing enzymes: the aldehyde dehydrogenase superfamily. *Expert Opin. Drug Metab. Toxicol.*, **4**(6), 697-720(2008)

44) Jackson B, *et al.*: Update on the aldehyde dehydrogenase gene(ALDH) superfamily. *Hum. Genomics*, **5**(4), 283-303(2011)

45) Kitamura T, *et al.*: Substrate specificity, plasma membrane localization, and lipid modification of the aldehyde dehydrogenase ALDH3B1. *Biochim. Biophys. Acta*, **1831**(8), 1395-1401(2013)

46) Kitamura T, *et al.*: Mouse aldehyde dehydrogenase ALDH3B2 is localized to lipid droplets via two C-terminal tryptophan residues and lipid modification. *Biochem. J.*, **465**(1), 79-87(2015)

47) Ashibe B, *et al.*: Dual subcellular localization in the endoplasmic reticulum and peroxisomes and a vital role in protecting against oxidative stress of fatty aldehyde dehydrogenase are achieved by alternative splicing. *J. Biol. Chem.*, **282**(28), 20763-20773(2007)

48) Naganuma T, *et al.*: Disruption of the Sjögren-Larsson syndrome gene *Aldh3a2* in mice increases keratinocyte growth and retards skin barrier recovery. *J. Biol. Chem.*, **291**(22), 11676-11688(2016)

49) Rizzo WB: Sjögren-Larsson syndrome: molecular genetics and biochemical pathogenesis of fatty aldehyde dehydrogenase deficiency. *Mol. Genet. Metab.*, **90**(1), 1-9(2007)

50) Rizzo WB: Fatty aldehyde and fatty alcohol metabolism: review and importance for epidermal structure and function. *Biochim. Biophys. Acta*, **1841**(3), 377-389(2014)

51) Kanetake T, *et al.*: Neural symptoms in a gene knockout mouse model of Sjögren-Larsson syndrome are associated with a decrease in 2-hydroxygalactosylceramide. *FASEB J.*, **33**(1), 928-941(2019)

52) Schumacher F, *et al.*: The sphingosine 1-phosphate breakdown product, (2*E*)-hexadecenal, forms protein adducts and glutathione conjugates in vitro. *J. Lipid Res.*, **58**(8), 1648-1660(2017)

53) Watkins PA, *et al.*: Evidence for 26 distinct acyl-coenzyme A synthetase genes in the human genome. *J. Lipid Res.*, **48**(12), 2736-2750(2007)

54) Ohkuni A, *et al.*: Identification of acyl-CoA synthetases involved in the mammalian sphingosine 1-phosphate metabolic pathway. *Biochem. Biophys. Res. Commun.*, **442**(3-4), 195-201(2013)

55) Moon YA, *et al.*: Identification of a mammalian long chain fatty acyl elongase regulated by sterol

regulatory element-binding proteins. *J. Biol. Chem.*, **276**(48), 45358-45366(2001)
56) Rantakari P, *et al.*: Hydroxysteroid(17β) dehydrogenase 12 is essential for mouse organogenesis and embryonic survival. *Endocrinology*, **151**(4), 1893-1901(2010)
57) Çalişkan M, *et al.*: Exome sequencing reveals a novel mutation for autosomal recessive non-syndromic mental retardation in the *TECR* gene on chromosome 19p13. *Hum. Mol. Genet.*, **20**(7), 1285-1289(2011)
58) Kitamura T, *et al.*: Phytosphingosine degradation pathway includes fatty acid α-oxidation reactions in the endoplasmic reticulum. *Proc. Natl. Acad. Sci. U. S. A.*, **114**(13), E2616-E2623(2017)
59) Foulon V, *et al.*: Breakdown of 2-hydroxylated straight chain fatty acids via peroxisomal 2-hydroxyphytanoyl-CoA lyase: a revised pathway for the α-oxidation of straight chain fatty acids. *J. Biol. Chem.*, **280**(11), 9802-9812(2005)
60) Cracan V, *et al.*: Novel B_{12}-dependent acyl-CoA mutases and their biotechnological potential. *Biochemistry*, **51**(31), 6039-6046(2012)
61) Wongkittichote P, *et al.*: Propionyl-CoA carboxylase - a review. *Mol. Genet. Metab.*, **122**(4), 145-152(2017)
62) Tove SB: Production of odd-numbered carbon fatty acids from propionate by mice. *Nature*, **184 (Suppl 21)**, 1647-1648(1959)
63) Hajra AK, *et al.*: Biosynthesis of the cerebroside odd-numbered fatty acids. *J. Lipid Res.*, **3**(3), 327-332(1962)
64) Hajra AK, *et al.*: Isotopic studies of the biosynthesis of the cerebroside fatty acids in rats. *J. Lipid Res.*, **4**, 270-278(1963)
65) Svennerholm L, *et al.*: Changes in the fatty acid composition of cerebrosides and sulfatides of human nervous tissue with age. *J. Lipid Res.*, **9**(2), 215-225(1968)
66) Farwanah H, *et al.*: Profiling of human stratum corneum ceramides by means of normal phase LC/APCI-MS. *Anal. Bioanal. Chem.*, **383**(4), 632-637(2005)
67) Vesper H, *et al.*: Sphingolipids in food and the emerging importance of sphingolipids to nutrition. *J. Nutr.*, **129**(7), 1239-1250(1999)
68) Kono M, *et al.*: Neutral ceramidase encoded by the *Asah2* gene is essential for the intestinal degradation of sphingolipids. *J. Biol. Chem.*, **281**(11), 7324-7331(2006)
69) Zhang Y, *et al.*: Crucial role of alkaline sphingomyelinase in sphingomyelin digestion: a study on enzyme knockout mice. *J. Lipid Res.*, **52**(4), 771-781(2011)
70) Sassa T, *et al.*: Lorenzo's oil inhibits ELOVL1 and lowers the level of sphingomyelin with a saturated very long-chain fatty acid. *J. Lipid Res.*, **55**(3), 524-530(2014)
71) Schaffer JE, *et al.*: Expression cloning and characterization of a novel adipocyte long-chain fatty-acid transport protein. *Cell*, **79**(3), 427-436(1994)
72) Abumrad N, *et al.*: Membrane proteins implicated in long-chain fatty acid uptake by mammalian cells: CD36, FATP and FABPm. *Biochim. Biophys. Acta*, **1441**(1), 4-13(1999)
73) Black PN, *et al.*: Yeast acyl-CoA synthetases at the crossroads of fatty acid metabolism and regulation. *Biochim. Biophys. Acta*, **1771**(3), 286-298(2007)
74) Narita T, *et al.*: Long-chain bases of sphingolipids are transported into cells via the acyl-CoA synthetases. *Sci. Rep.*, **6**, 25469(2016)

総論編 4

スフィンゴ糖脂質の生合成とその制御

井ノ口　仁一*1、岩渕　和久*2

1 はじめに

ドイツ生まれの神経化学者であるJ.L.W Thudichum（1829-1901）は、ヒトの脳の両親媒性の不思議な脳物質に対して、謎を問いかけるスフィンクスに因んで、「スフィンゴシン」と名づけた[1)]。長鎖アミノアルコールであるスフィンゴシン（スフィンゴイド塩基）に脂肪酸が酸アミド結合した化合物をセラミド、セラミドに更にリン酸基を有するものをスフィンゴリン脂質と呼び、その代表的な脂質はスフィンゴミエリンであり、動物細胞膜のスフィンゴ脂質グループの主要成分である。一方、糖が結合したものをスフィンゴ糖脂質（GSL）と呼ぶ。本稿では、GSL生合成とその制御機構、ヒトのGSL合成異常およびGM3合成酵素ノックアウトマウスの表現型について述べる。

2 スフィンゴ糖脂質（GSL）の生合成

GSLは、セラミドにグルコース、ガラクトース、N-アセチルガラクトサミン、N-アセチルグルコサミン、シアル酸などの糖や硫酸の段階的な酵素反応によって、多様な分子が生合成され、細胞膜脂質二重層の外側半葉に局在して非対称構造

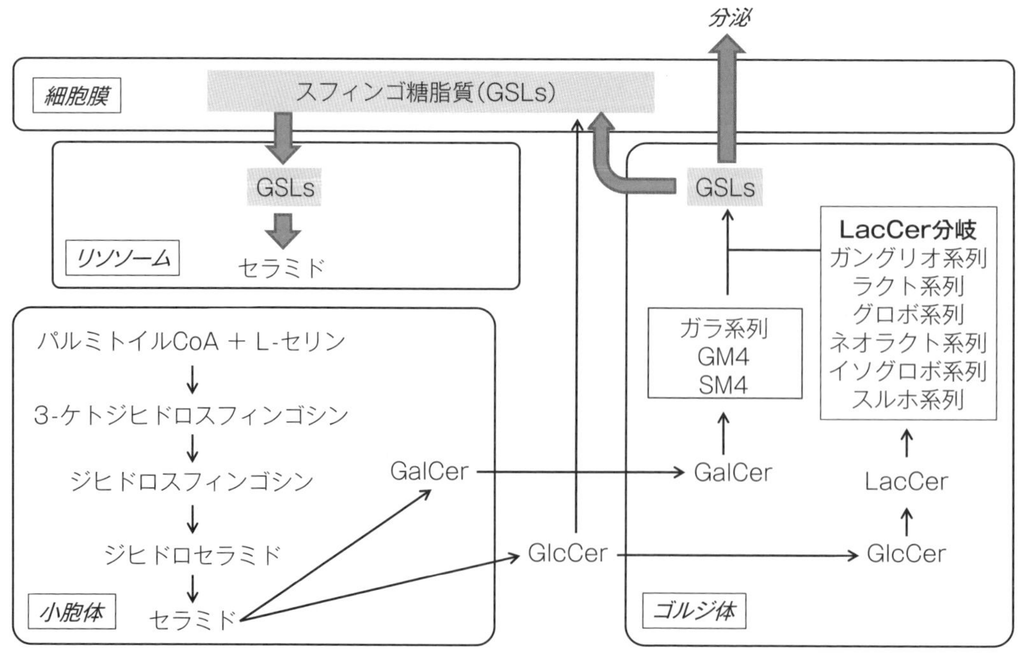

図1A　スフィンゴ糖脂質の生合成と代謝（A：細胞内小器官におけるGSLs代謝）

*1 東北医科薬科大学 分子生体膜研究所、*2 順天堂大学大学院 医療看護学研究科

を形成している。GSLの生合成は、ラクトシルセラミド（LacCer）を分岐点としてガングリオ系列、ラクト系列、グロボ系列、ネオラクト系列、イソグロボ系列、スルホ系列の多様なGSLが生合成され、また、ガラ系列はガラクトシルセラミド（GalCer）にシアル酸および硫酸基が付加され、それぞれGM4とSM4が生成する（**図1A, B**）。シアル酸を含むスフィンゴ糖脂質をガングリオシドと呼び、細胞膜マイクロドメインの構成分子として、様々な細胞膜上におけるシグナル伝達を制御している。ガングリオシドファミリー生合成の最初の分子は、ラクトシルセラミドにシアル酸が転移して生成するGM3である。GM3は末梢組織の主要なガングリオシドである。GM3は、糖脂質研究の草分けである山川民夫博士がウマ赤血球からヘマトシドとして同定されたものである[1]。ヒトGM3合成酵素（GM3S、ST3GAL5；以降GM3Sと略）は、斎藤らにより1998年に遺伝子クローニングされた[2]。図1Bに示すように、GM3からは多様なガングリオシドが生合成されるが、それらは、細胞や組織において特徴的な発現特異性を示す。GM2/GD2合成酵素（β-1,4 *N*-acetylgalactosaminyltransferase：B4GalNAcT1；以下GM2Sと略）は、主に脊椎動物の脳神経系に発現し複合型ガングリオシド生合成の鍵となる酵素で、GM3、GD3、LacCerに*N*-アセチルガラクトサミン（*N*-acetylgalactosamine：GalNAc）を転移して、それぞれからGM2、GD2、GA2（asialo-GM2）が生合成される（図1B）。一方、GalCerにシアル酸が付加しGM4が生合成される（図1B）。その生合成に関わるシアル酸転移酵素は近年まで不明であったが、GM3Sノックアウトマウスでは、赤血球やミエリンのGM4が消失することから、GM3合成酵素がGM4の生合成も担っていることが明らかになった[3, 4]。

3 スフィンゴ糖脂質生合成制御機構

細胞内におけるスフィンゴ（糖）脂質の生合成制御機構について、現時点での作業仮説も含めて**図2**に示した。国立感染研の花田は、CERTとよ

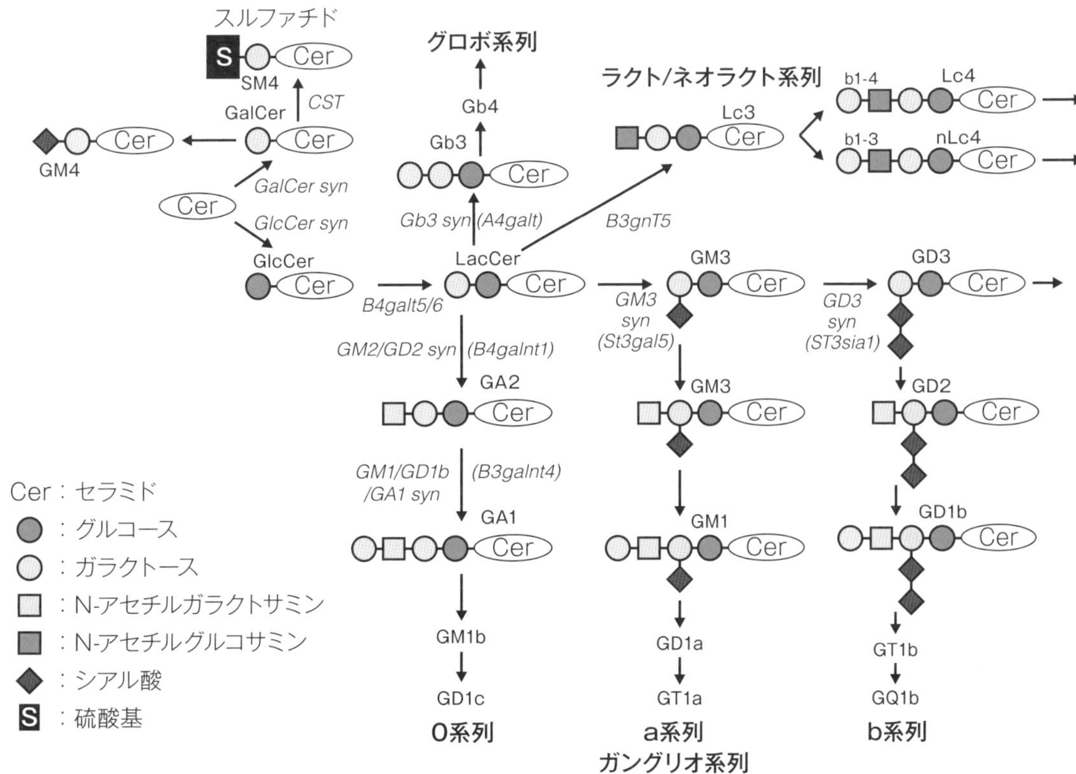

図1B　ガングリオシド系列、グロボ系列、ラクト・ネオラクト系列及びスルファチドの生合成経路

ばれる小胞体からゴルジ体へ特異的にセラミドを運ぶ分子を発見した[5]。CERTに結合したセラミドは、CERTのPHドメインとゴルジ膜局所に濃縮されたホスファチジルイノシトール-4-一リン酸（PI4P）と複合体を形成し、主としてスフィンゴミエリン（SM）の生合成に利用される。また、小胞体膜の細胞質側で合成されたセラミドの一部は、小胞体、シス/メディアゴルジ膜の細胞質側でグルコシルセラミド（GlcCer）になる[6]。また、最近の林らの研究に依れば、GlcCer合成酵素とSM合成酵素1はゴルジのトランス側で複合体を形成することが分かっている[7]。この事実は、GlcCer合成酵素は、ゴルジ膜のトランス側に局在していることを示唆している。ただし、その合成活性に関しては、まだ証拠が不十分であると考えられる. 生成したGlcCerは非ゴルジ経路を通って細胞膜に輸送されるか[8]、糖脂質転移（glycolipid-transter）ドメインを持つFAPP2でトランスゴルジに輸送され、ゴルジ体膜の内側にフリップした後、ラクトシルセラミド（LacCer）に変換されることが示された[9, 10]。おそらく、LacCer合成酵素はゴルジ体で局在が異なる２種類が存在し、FAPP2と結合したGlcCer はグロボ系などの中性糖脂質（Gb3など）の生合成に利用されるのであろう。一方、LacCer合成酵素とGM3合成酵素（GM3S）は、複合体を形成してガングリオシドファミリーの合成を制御している可能性が報告されている[11]。従って、細胞特異的なスフィンゴ糖脂質分子種の発現機構の包括的な理解には種々の生合成酵素の細胞内局在および動態を徹底的に解明していくことが不可欠である。第２章には、現時点までに報告されているスフィンゴ糖脂質合成酵素の細胞内局在について詳細にまとめられているので、参照されたい。

GM3SはII型の膜タンパク質であり複数のアスパラギン結合型糖鎖が付加される。これらの糖鎖はGM3Sの酵素活性に必須である[12]。GM3Sには、N末端側の細胞質領域の長さが異なる３種類のアイソフォーム（M1-、M2-、M3-GM3S）が存在し、それぞれの細胞内動態が大きく異なって

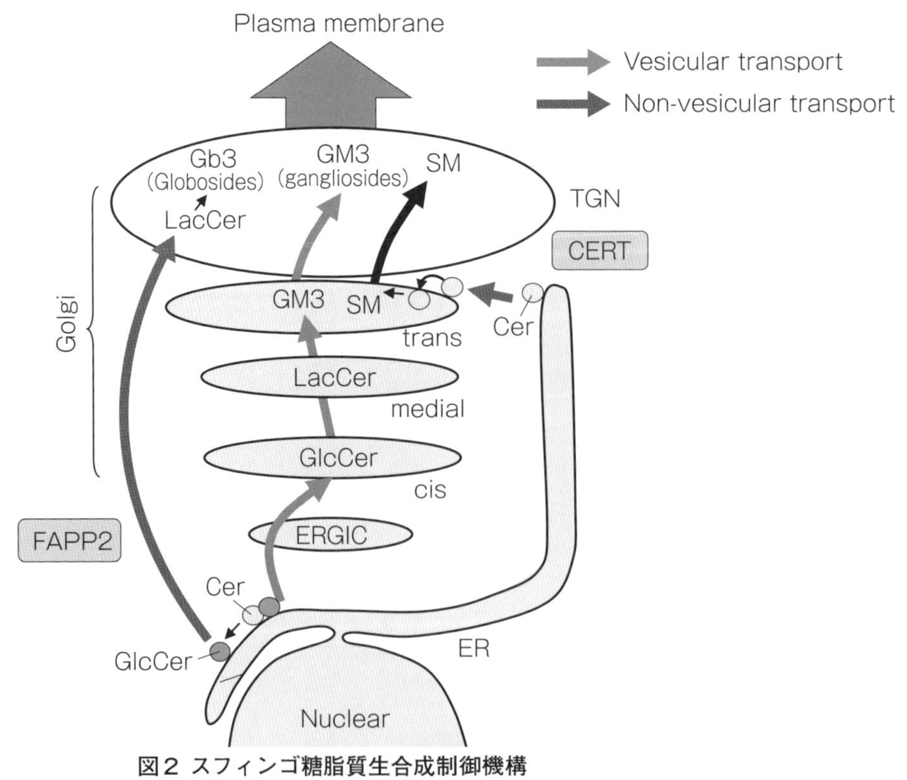

図２ スフィンゴ糖脂質生合成制御機構
スフィンゴミエリン、グロボシド、ガングリオシドの
糖脂質生合成の最近の局面（作業仮説を含む）

いる[13]。シアル酸転移酵素ファミリーのなかでも最も長い68アミノ酸の細胞外領域を有するM1-GM3Sは、N末側に逆行輸送シグナルR-basedモチーフを持ち、小胞体に局在している（**図3**）。M1-GM3Sの逆行輸送は不完全であり、一部のM1-GM3Sは逆行輸送を逃れ、ゴルジ体まで運ばれた後、GM3を合成する。つまり、M1-GM3Sは安定して小胞体に局在しながら、ゆっくりとゴルジ体へGM3Sを供給していることが示唆される。また、M2-GM3SとM3-GM3Sはどちらもゴルジ体に局在しているが、M2-GM3Sは速やかにリソソームへ運ばれて分解されるのに対し、M3-GM3Sは安定してゴルジ体に繋留する。3種類のアイソフォームの量的バランスと局在のバランスがGM3合成の制御に重要であると推測される（図3）[13, 14]。今後、ラクトシルセラミドに作用する6種の酵素（図1A）の細胞内動態が解明され、スフィンゴ糖脂質生合成制御機構の全貌が解明されることが期待される。

4 *GM3S*ノックアウトマウスの表現型

種々のスフィンゴ糖脂質合成酵素のノックアウトマウスの解析から、細胞種特異的に発現するスフィンゴ糖脂質分子種の機能が見いだされつつある（**図4**）。詳しくは総説を参照されたい[15]。ここでは、*GM3S*ノックアウトマウスの解析により見えて来たガングリオシドの機能について述べる。

GM3の分子レベルでの作用機序が明らかとなった代表例としては、インスリン受容体の機能制御である。肥満モデル動物のZucker fa/faラットとob/obマウスの脂肪組織において*GM3S*遺伝子の発現増加に伴いGM3発現量が著しく増加するという発見を契機に[16]、*GM3S* KOマウスでインスリン感受性の亢進することが証明された[17]。また、グルコシルセラミド合成酵素阻害剤を処理することで、肥満モデル動物のインスリン抵抗性[18]や多発性嚢胞腎（polycystic kidney disease, PKD）などを改善する[19]などの報告が相次ぎ、GM3と2型糖尿病との関わりが注目されている。現在で

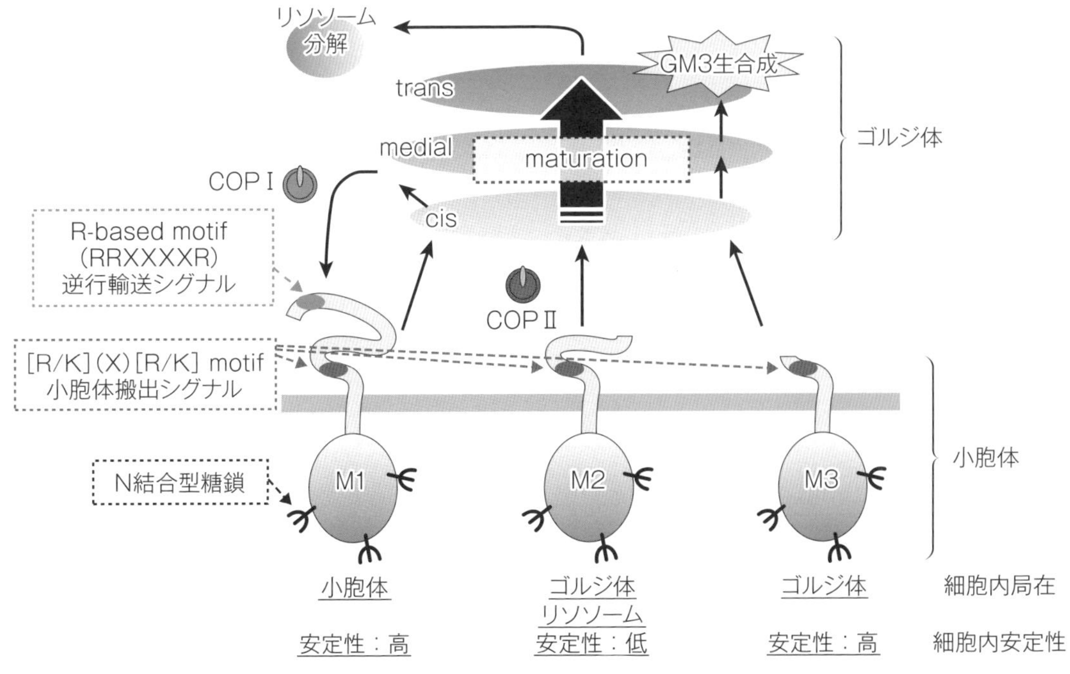

図3　GM3合成酵素アイソフォームの細胞内動態[7-9]

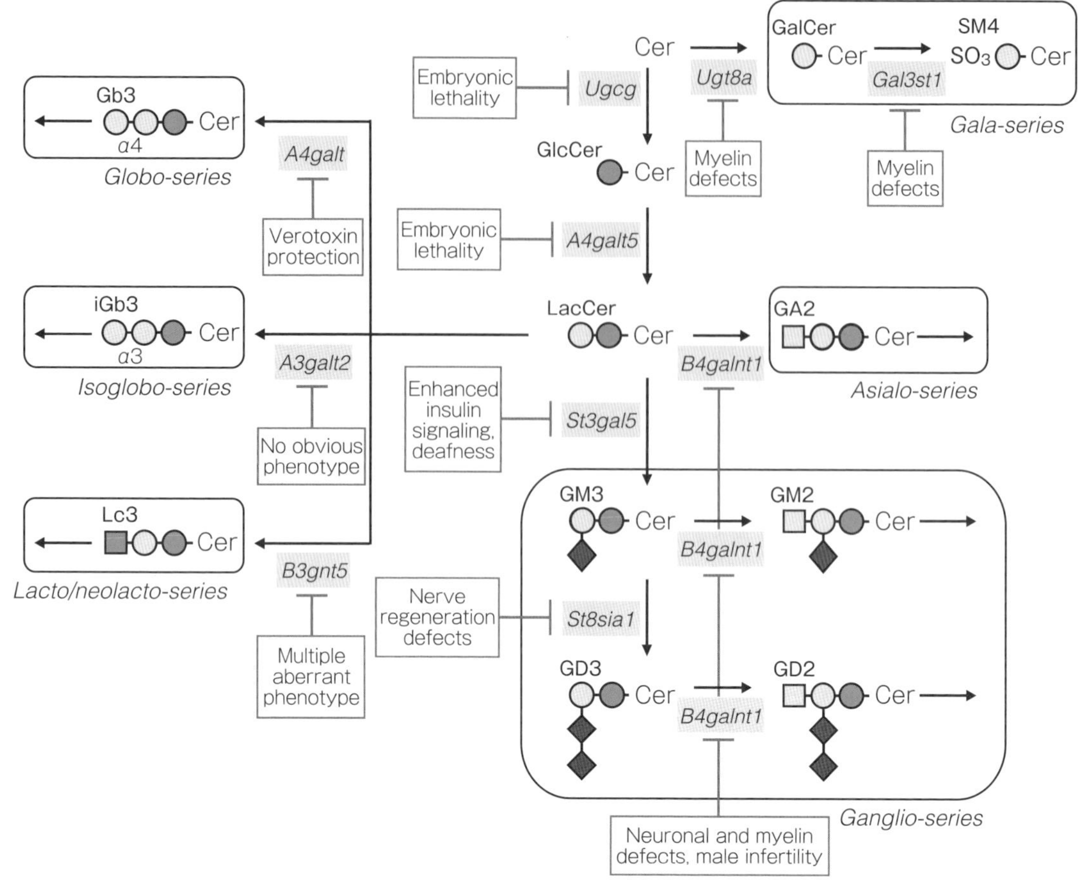

図4　種々のスフィンゴ糖脂質合成酵素ノックアウトマウスの表現型（引用文献14より改変）

は、このようなGM3発現量の増加によるインスリンシグナル抑制の効果は、インスリン受容体はカベオラと呼ばれる細胞膜上のくぼみ構造に存在することでインスリンによるシグナル伝達を行うが、肥満に伴いカベオラとは別のマイクロドメインを形成しているGM3が膜上に増加することでインスリン受容体の膜直上のリシン残基とGM3の静電気的相互作用が生じ、インスリン受容体がカベオラから解離すると考えられている[20]。

GM3S KOマウスはメンデルの法則に従う比率で産まれ、聴覚異常[21]を呈するもののほぼ正常に成長し、寿命も野生型と比較して大きな差は見られない。*GM3S* KOマウスのほぼすべての臓器では、a, b系列のガングリオシドが消失し、通常ほとんど発現が見られない0系列 のガングリオシドが発現する（図1B）。ガングリオシドを完全に欠損したマウスである*GM3S*と*GM2S*遺伝子の二重欠損（*GM2S/GM3S* DKO）マウスは、生後すぐに重篤な中枢神経障害を示し、大多数が早期に死亡する[22]。従って、*GM3S* KOマウスでは、GA1の末端ガラクトースにシアル酸が付加されて生成するGM1b、さらにシアル酸が付加されたGD1cなどの「0系列」ガングリオシドが生命維持に重要な「a, b系列」ガングリオシドの機能を代償していると考えられる（図1B）。

5　ヒトにおけるガングリオシド合成異常

ヒトでスフィンゴ糖脂質合成酵素の遺伝子変異は、*GM3S*と*GM2S*で見出されている。現在までの報告を**図5**にまとめた。最初に見出された*GM3S*遺伝子変異は、アーミッシュ家系（7世紀に米国ペンシルバニア州に移住した保守派アーミッシュ家系）で見出されたナンセンス変異（288STOP）である[23]。この*GM3S*欠損は幼児期

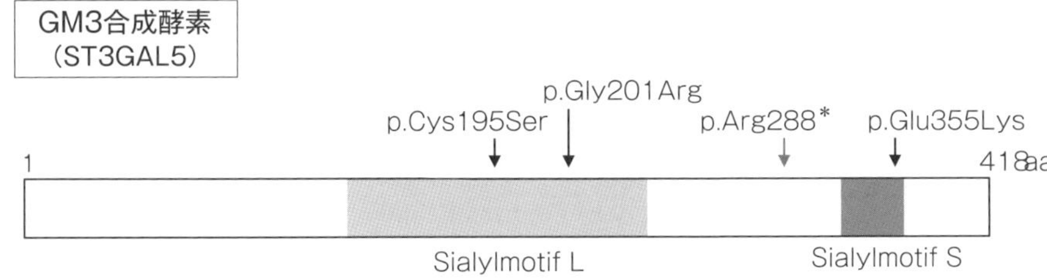

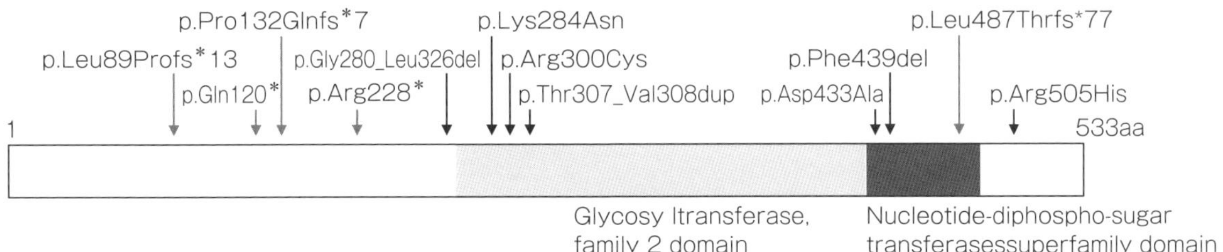

図5　GM3及びGM2合成酵素で見出された遺伝子変異

ST3GAL5 and B4GNT1 遺伝子配列は、それぞれ NM_003896.3 および NM_001478.4にもとづいている。
遺伝子変異の箇所の記載は、Sequence Variant Nomenclature (http://varnomen.hgvs.org/) に従って記載した。

に発症する重篤なてんかん症状、重度の知的障害、舞踏病アテトーゼ（choreoathetosis）、脊柱側弯症、脊椎麻痺、顔面形成異常、視覚異常等の症状を呈し、20歳前後で死亡する。その後同じ*GM3S*変異では、上記の症状に加えフランスでは難聴[24]、米国では皮膚の色素沈着異常[25]などの多彩な異常が報告されている。また、E355Kのミスセンス変異では皮膚の色素沈着異常を呈するSalt-and-pepper症候群[26]、C195S、G201Rでは神経系の発達障害を呈するレット症候群（Rett syndrome）様の症状などが報告されている[27]。

*GM2S*のミスセンス変異はクウェート、イタリア、オールド・オーダー・アーミッシュの家系において、複合型遺伝性痙攣性対麻痺（ニューロパチー、小脳失調、脳梁の菲薄化、精神発達遅延、痙攣、難聴、網膜色素変性症、魚鱗癬などをともなう疾患）様の症状がある患者で同定されている[28-30]。

*GM3S*ノックアウトマウスとヒトの*GM3S*遺伝子異常を比較すると、ヒトの表現型がより重篤であることがわかる。ヒトとマウスの表現型の違いを解明するには、ガングリオシド生合成制御機構や関連遺伝子発現の相違等を比較検討していく必要があり、今後の課題である。

【参考文献】

1) 山川民夫 (1981)　糖脂質物語　講談社学術文庫.
2) Ishii, A. *et al.* Expression Cloning and Functional Characterization of Human cDNA for Ganglioside GM3 Synthase. *J. Biol. Chem.* **273**, 31652-31655 (1998)
3) Chisada, S. *et al*, Zebrafish and mouse alpha2,3-sialyltransferases responsible for synthesizing GM4 ganglioside. *J.Biol. Chem.*, **284**, 30534-30546 (2009)
4) Uemura S. *et al.* Expression machinery of GM4: The excess amounts of GM3/GM4S synthase (ST3GAL5) are necessary for GM4 synthesis in mammalian cells. *Glycoconj. J.* **31**, 101-108 (2014)
5) Hanada, K. *et al.* Molecular machinery for non-vesicular trafficking of ceramide. *Nature*, **426**, 803-809, (2003)
6) Halter D, *et al.*: Pre- and post-Golgi translocation of glucosylceramide in glycosphingolipid synthesis. *J Cell Biol*, **179**, 101-115 (2007)
7) Hayashi, Y. *et al.* Complex formation of sphingomyelin synthase 1 with glucosylceramide synthase increases sphingomyelin and decreases glucosylceramide levels. *J. Biol. Chem.*, **293**, 17505-17522 (2018)
8) Marcus D. My career as an immunoglycobiologist. Proc. Jpn. Acad., Ser. B 89, (2013) doi: 10. 2183/pjab. 89. 257
9) D'Angelo G. *et al.* Glycosphingolipid synthesis requires FAPP2 transfer of glucosylceramide. *Nature*, **449**, 62-67 (2007)

10) D'Angelo G, *et al.* Vesicular and non-vesicular transport feed distinct glycosylation pathways in the Golgi. *Nature*, **501**, 116-120 (2013)
11) Giraudo, C.G., & Maccioni, H.J. Ganglioside Glycosyltransferases Organize in Distinct Multienzyme Complexes in CHO-K1 Cells. *J. Biol. Chem.*, **278**, 40262-40271 (2003)
12) Uemura, S. *et al.* Substitution of the N-glycan function in glycosyltransferases by specific amino acids: ST3Gal-V as a model enzyme. *Glycobiology*, **16**, 258-270 (2006)
13) Uemura, S. *et al.* The Cytoplasmic Tail of GM3 Synthase Defines Its Subcellular Localization, Stability, and In Vivo Activity. *Mol. Biol. Cell*, **20**, 3088-3100 (2009)
14) Uemura, S. *et al.* The regulation of ER export and Golgi retention of ST3Gal5 (GM3/GM4 synthase) and B4GalNAcT1 (GM2/GD2/GA2 synthase) by arginine/lysine-based motif adjacent to the transmembrane domain. *Glycobiology*, **25**, 1410-422 (2015)
15) Allende, M.L. and Rroia, R.L. Simplifying complexity: genetically resculpting glycosphingolipid synthesis pathways in mice to reveal function. *Glycoconj J.* **31**, 613-622 (2014).
16) Tagami, S., Inokuchi, J. *et al.*, Ganglioside GM3 participates in the pathological conditions of insulin resistance. *J. Biol. Chem.*, **277**, 3085-3092 (2002)
17) Yamashita, T. *et al.* Enhanced insulin sensitivity in mice lacking ganglioside GM3. *Proc Natl Acad Sci USA*, **100**, 3445-3449 (2003)
18) Zhao, H. *et al.* Inhibiting glycosphingolipid synthesis improves glycemic control and insulin sensitivity in animal models of type 2 diabetes. *Diabetes*, **56**, 1210-1218 (2007)
19) Natoli, T.A., *et al.*, Inhibition of glucosylceramide accumulation results in effective blockade of polycystic kidney disease in mouse models. *Nature Med.* **16**, 788-793 (2010)
20) Kabayama, K. *et al.* Dissociation of the insulin receptor and caveolin-1 complex by ganglioside GM3 in the state of insulin resistance. *Proc Natl Acad Sci. USA*, **104**, 13678-13683 (2007)
21) Yoshikawa, M. *et al.* Mice lacking ganglioside GM3 synthase exhibit complete hearing loss due to selective degeneration of the organ of Corti. *Proc. Natl. Acad. Sci. USA*, **106**, 9483-9488 (2009)
22) Yamashita, T. *et al.* Interruption of ganglioside synthesis produces central nervous system degeneration and altered axon-glial interactions. *Proc Natl Acad Sci USA*, **102**, 2725-2730 (2005)
23) Simpson, M.A. *et al.* Infantile-onset symptomatic epilepsy syndrome caused by a homozygous loss-of-function mutation of GM3 synthase. *Nat. Genet.*, **36**, 1225-1229 (2004)
24) Fragaki, K. *et al.* Refractory epilepsy and mitochondrial dysfunction due to GM3 synthase deficiency. *European journal of human genetics.* **21**, 528-534 (2013)
25) Wang, H. *et al.* Cutaneous dyspigmentation in patients with ganglioside GM3 synthase deficiency. *Am J Med Genet.* **A161a**, 875-879 (2013)
26) Boccuto, L. *et al.* A mutation in a ganglioside biosynthetic enzyme, ST3GAL5, results in salt & pepper syndrome, a neurocutaneous disorder with altered glycolipid and glycoprotein glycosylation. *Hum Mol Genet.* **23**, 418-433 (2014)
27) Lee, J.S. *et al.* GM3 synthase deficiency due to ST3GAL5 variants in two Korean female siblings: Masquerading as Rett syndrome-like phenotype. *Am J Med Genet.* **A161a**, 875-879 (2013)
28) Boukhris, A. *et al.* Alteration of ganglioside biosynthesis responsible for complex hereditary spastic paraplegia. *Am J Human Genet.* **93**, 118-123 (2013)
29) Harlalka, G.V. *et al.* Mutations in B4GALNT1 (GM2 synthase) underlie a new disorder of ganglioside biosynthesis. *Brain.* **136**, 3618-3624 (2013)
30) Wakil, S.M. *et al.* Novel B4GALNT1 mutations in a complicated form of hereditary spastic paraplegia. *Clinical Genetics.* **86**, 500-501 (2014)

総論編 5

セラミド関連脂質シグナリング
～セラミドの多様な生理活性～

橋爪　智恵子*1、谷口　真*2、岡崎　俊朗*3

1 はじめに

19世紀後半にその存在が報告されてから長い間、セラミドを始めとするスフィンゴ脂質は主に生体膜の構造維持に関わる脂質であると考えられてきた。ところが、1980年代後半にスフィンゴシンがプロテインキナーゼC（PKC）の活性化を抑制する分子として報告された[1]ことを始めとして、セラミド、スフィンゴシン1-リン酸（S1P）等のスフィンゴ脂質が、細胞増殖、細胞死、遊走等の細胞機能や炎症、血管新生等の生体維持機能を制御することが次々と明らかにされてきている[2]。興味深いことに、セラミドはアポトーシス、老化、細胞周期停止といった細胞増殖抑制へ作用する一方、S1Pは細胞増殖、移動および炎症といった細胞の生存維持へ作用するという相反した生理的役割を持つことが

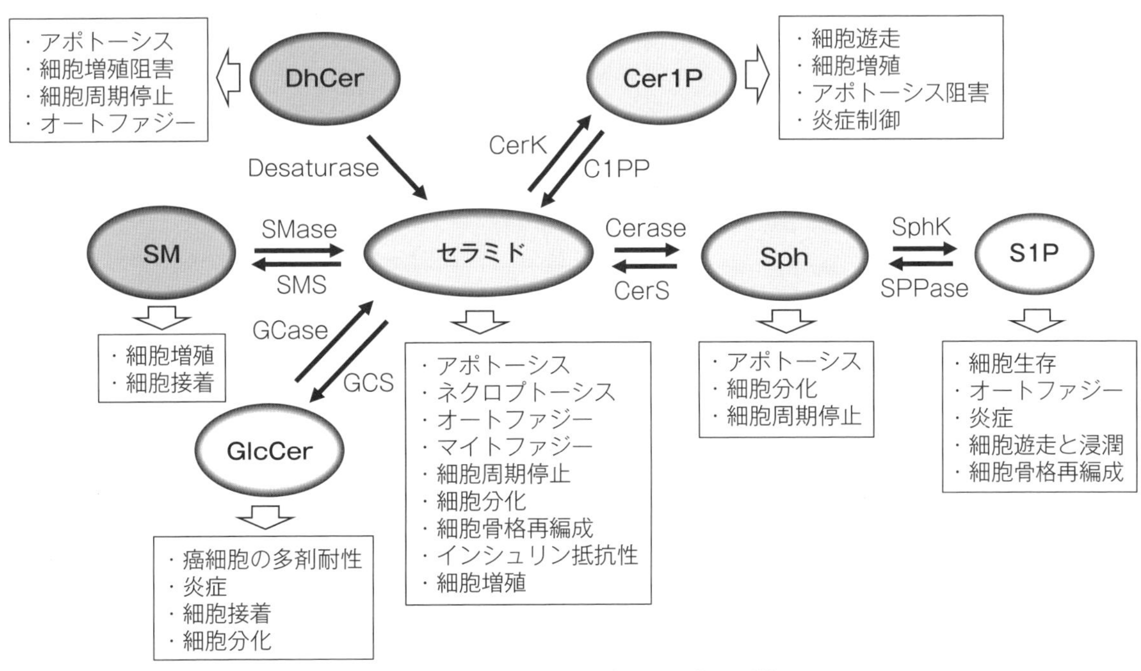

図1　セラミド関連脂質とその生理活性

セラミドを中心としたスフィンゴ脂質にはさまざまな生理活性が報告されている。DhCer; ジヒドロセラミド。Cer1P; セラミド1-リン酸。SM; スフィンゴミエリン。Sph; スフィンゴシン。S1P; スフィンゴシン1-リン酸。GlcGer; グルコシルセラミド。CerK; セラミドリン酸化酵素。C1PP; Cer1P脱リン酸化酵素。SMase; SM分解酵素。SMS;SM合成酵素。Cerase; セラミド分解酵素。CerS; セラミド合成酵素。SphK; Sphリン酸化酵素。SPPase; S1P脱リン酸化酵素。Gcase; GlcCer分解酵素。GCS; GlcCer合成酵素。

＊1 金沢医科大学 医学部、＊2 金沢医科大学 総合医学研究所、＊3 金沢医科大学 医学部/総合医学研究所

わかってきた。加えて最近では、セラミド1-リン酸（Cer1P）にS1Pと同様の細胞増殖[3-5]、遊走[6-8]および炎症[9-12]、グルコシルセラミド（GlcCer）には薬剤耐性[13, 14]、細胞接着[15-17]、および分化[18, 19]、スフィンゴミエリン（SM）には細胞増殖[20-22]、接着[23, 24]および遊走の抑制[25]、ジヒドロセラミドにはセラミドと同様に細胞周期停止[26]やアポトーシス[26-29]等の生理活性があることが相次いで報告されている（**図1**）。

本章では特にセラミドに焦点を当て、ストレス応答時のセラミド生成経路、細胞内のセラミド増加によって発揮される多彩な生理活性およびセラミドが仲介するシグナル伝達経路について概説し、セラミドの持つ多様な生理活性とその調節機構を紹介したい。最後に、セラミドを基質としてSM合成酵素（SMS）により合成されるSMが関与するシグナル伝達制御についても概説する。なお、他の生理活性を持つセラミド関連脂質Cer1Pについては13章、S1Pについては14章、スフィンゴ糖脂質については4、16章に詳しく述べられるので、各章を参照されたい。

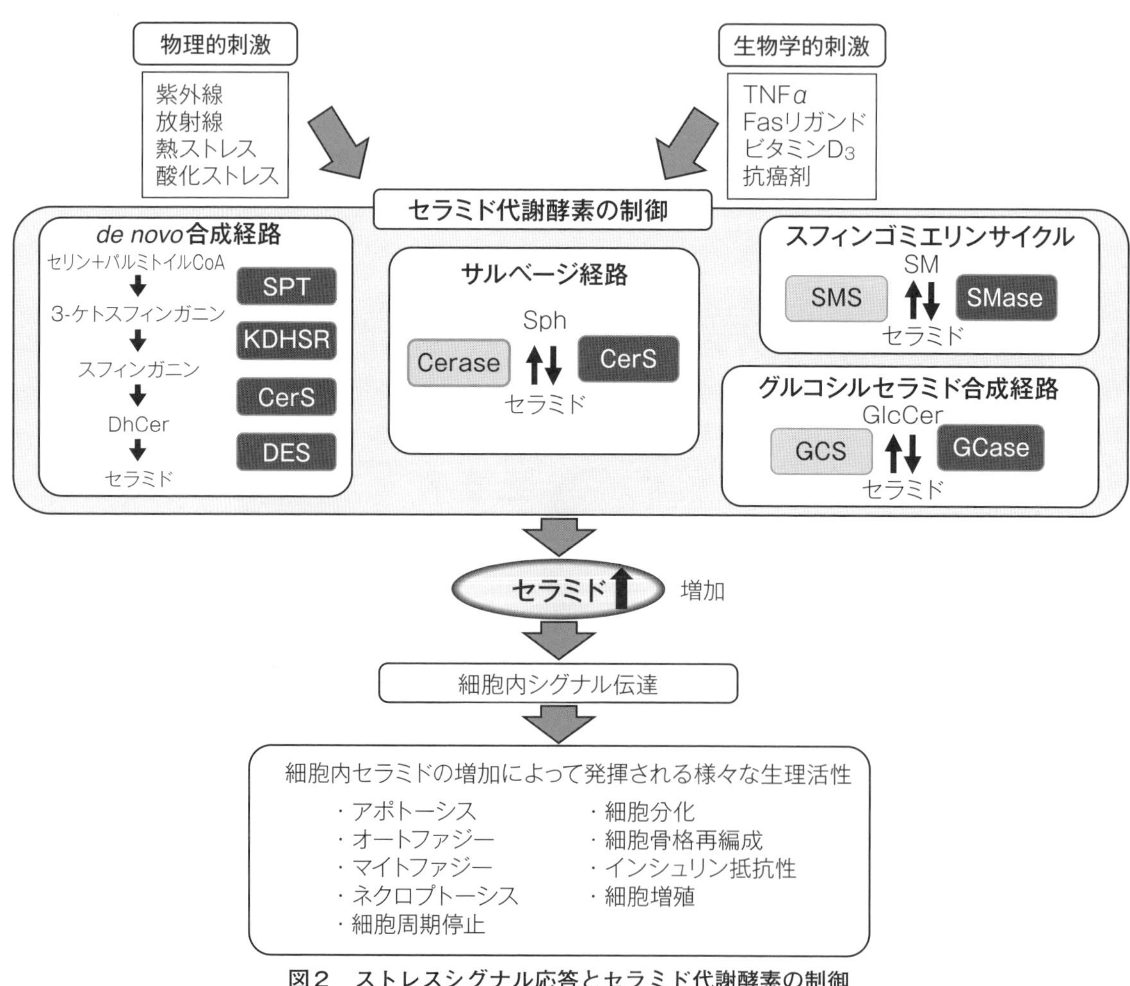

図2　ストレスシグナル応答とセラミド代謝酵素の制御

紫外線、放射線、熱、酸化ストレス等の物理的ストレス、またはTNFα、Fasリガンド、ビタミンD_3、抗がん剤等の生物学的ストレス刺激は、*de novo*合成、スフィンゴミエリンサイクル、サルベージ経路、グルコシルセラミド合成経路に存在するセラミド代謝酵素活性を制御することにより細胞内セラミドの蓄積を増加させる。このようなセラミド代謝酵素は、細胞形質膜、リソソーム、ミトコンドリア、小胞体、ゴルジ体等の細胞内小器官や細胞外に存在しており、セラミド量の増減が局所的に調節されることが多様な機能発揮に必要であると考えられている。SPT;セリンパルミトイル転移酵素。KDHSR; 3-ケトスフィンガニン還元酵素。DES; ジヒドロセラミド不飽和化酵素。

2 外部ストレスに応答したセラミドの生成経路

1989年に筆者らが、ビタミンD_3刺激下のヒト白血病細胞株HL60において、SMが分解され、セラミドが増加することによってHL60の分化誘導を引き起こすこと、それが中性SM分解酵素（nSMase）活性の増加に伴うことを最初に報告[30]して以来、さまざまな外部刺激やストレス応答の際にセラミド代謝酵素活性が変化することで細胞内セラミドが増加し、多彩な機能を発揮することが明らかにされてきた。通常セラミドの生産は、大きく分けて３つの経路によって行われている。すなわち、セリンパルミトイル転移酵素（SPT）やセラミド合成酵素（CerS）を介した*de novo*合成経路、SMaseによるSMの分解経路（SMサイクル）、さらに、セラミド分解酵素（Cerase）によって生成されたスフィンゴシンがCerSによって、もしくは、GlcCer合成酵素（GCS）によって産生されたGlcCerがGlcCer分解酵素（GCase）によってセラミドに再合成されるサルベージ（再利用）経路が主な生合成経路である**（図２）**（詳しくは２章「哺乳動物のセラミド関連脂質生合成」を参照されたい）。一方、細胞に対する外部ストレス、例えば紫外線、放射線、熱、酸化ストレス等の物理的ストレス、またはTNFα、Fasリガンド、抗がん剤等の生物学的ストレス刺激は、セラミド生成経路に存在するSMaseやCerS活性を上昇させセラミド産生を促進させると同時に、SMSやGCS活性を低下させることでセラミドがSMやGlcCerに代謝されることを防ぎ、結果的に細胞内セラミドの蓄積を増加させることがわかってきた[2, 31]**（図２）**。このようなセラミド代謝酵素は、細胞形質膜、リソソーム、ミトコンドリア、小胞体、ゴルジ体等の細胞内小器官や細胞外に存在しており、セラミド量の増減が局所的に調節されることが多様な機能発現に必要であると考えられている[2, 32, 33]。しかし、細胞内で定常状態時のセラミド代謝経路と、ストレス暴露時のセラミドシグナリング活性化経路の制御機構の分子基盤は未だ不明である。

3 セラミドのシグナル伝達分子としての生理的役割

1993年にObeidらが、外部から添加した合成C2-セラミド（*N*-acetylsphingosine）処理により白血病細胞がアポトーシスを起こすことを報告した[34]のを契機に、さまざまなストレスによって誘導されるセラミドそれ自体にシグナル伝達分子としての役割があることが示されてきた。以下にはこれまでに報告されているセラミドの生理活性とシグナル経路伝達における役割を解説する。

(1) アポトーシス

アポトーシスは、その実行に能動的な遺伝子プログラム（シグナル伝達経路）が関与する制御された細胞死であり、核クロマチンの凝縮、核および細胞の断片化を経て細胞の内容物の流出を伴わないアポトーシス小体を形成する特徴がある。脊椎動物のアポトーシス経路は、細胞形質膜上の細胞死受容体を介した外部経路と放射線照射、抗がん剤暴露などによる遺伝毒性ストレスを介した内部経路に分かれるが、どちらの経路もミトコンドリア外膜透過性（mitochondrial outer membrane permeabilization; MOMP）を上昇させることでチトクロームc（Cyt-c）を細胞質へ放出させ、最終的にカスパーゼ（Caspase）を活性化してアポトーシスを実行する。カスパーゼはアポトーシス誘導の比較的初期に関わるイニシエーター・カスパーゼ-8、-9等と、アポトーシスの実行そのものに関わるエフェクター・カスパーゼ-3、6および7の２つのタイプに大別される。このようなアポトーシスシグナル誘導におけるセラミドの生理活性の意義は広く研究されており、セラミドは内部と外部の両方の経路における活性化に関与していることが多くの研究グループから報告されている[31, 35]**（図３）**。外部経路においては、TNFα等の細胞死誘導因子処理を行った際に、その受容体を介してアポトーシスが起こることが以前からよく知られていたが、1996年にKolesnickらが、ヒトT細胞性白血病細胞Jurkatにおいて酸性スフィンゴミエリン分解酵素aSMaseを介したセラミド生成が誘導され[36]、セラミドによって直接自己リン酸化が促進される因子としてKinase suppressor of RAS（KSR）を同定した[37]。Sathyanarayanaらは、TNFα刺激により生成したセラミドがMixed lineage kinase（MLK）3活性を介してJNKを活性化させることによってアポトーシスを誘導することを見出した[38]。その後、形質膜に蓄積したセラミド豊富な膜ドメインがシグナリングのプラットフォームとして働き、TNF受容体等を集積させることでアポトーシスシグナルを促進することが明らかにされている[39]。内部経路については、DNA損傷、小胞体ストレス等のさまざまな刺激に応答して、ミトコンドリア膜上に存在するCerS1、2および6活性[40, 41]、またはミトコンドリア関連中性SMase（mitochondria-associated nSMase; MA-nSMase）活性[42]が上昇することが報告されているが、どの刺激によってどの酵素活性が上昇するかは細胞や臓器の種類によって異なっている[35]。ミトコンドリアで生じたセラミドは多様なアポトーシス誘導分子に作用し、シグナル伝達の起点になることが報告されている。例えば、セラミドはセリン/スレオニンタンパク質脱リン酸化酵素serine/threonine protein phosphatase 1（PP1）およびPP2Aを活性化する[43, 44]。活性化されたPP1はスプライシングバリアントの生成に働くSRタンパク質の脱リン酸化を介し*Bcl-x*および*Caspase-9*遺伝子のアポトーシス促進型スプライスバリアント生成を誘導し[45]、PP2Aはアポ

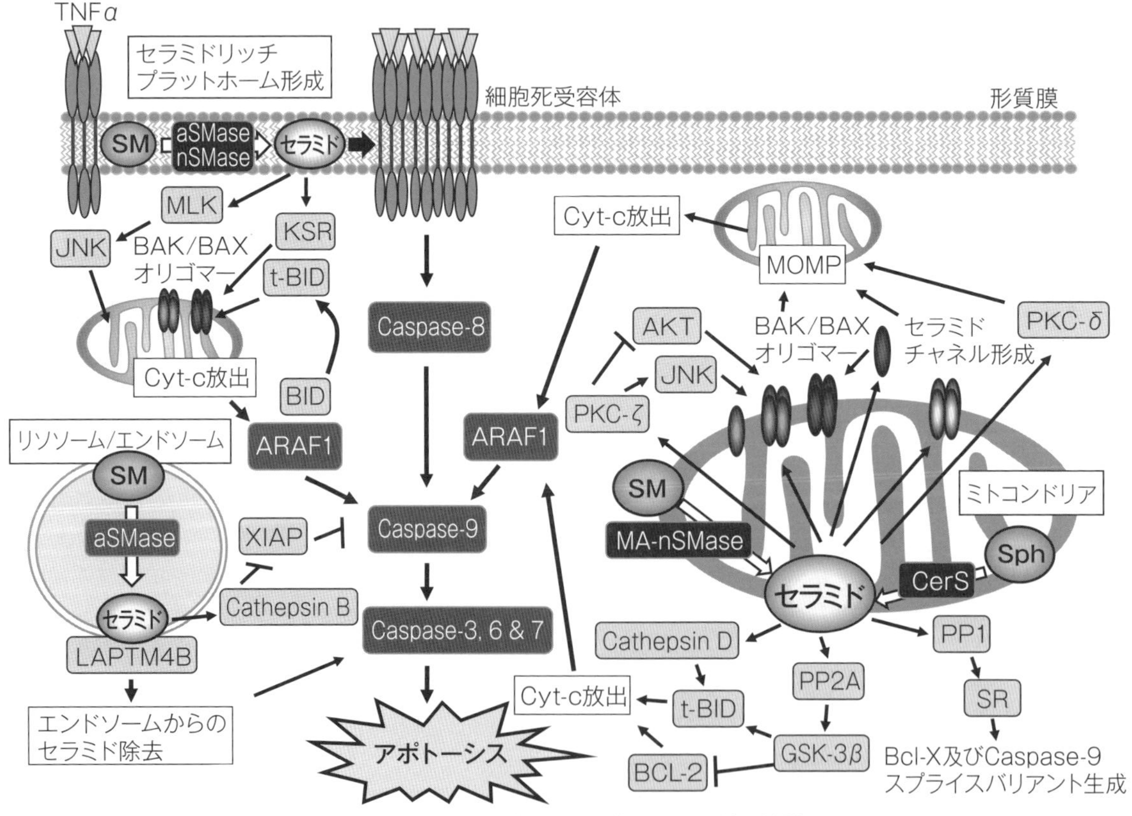

図3　セラミドを介したアポトーシス制御機構

アポトーシス経路は、細胞形質膜上の細胞死受容体を介した外部経路と放射線照射、抗がん剤暴露などによる遺伝毒性ストレスを介した内部経路に分かれるが、どちらの経路もミトコンドリア外膜透過性（mitochondrial outer membrane permeabilization; MOMP）を上昇させることでチトクローム-c（Cyt-c）を細胞質へ放出させ、最終的にカスパーゼ（Caspase）を活性化してアポトーシスを実行する。カスパーゼはアポトーシス誘導の比較的初期に関わるイニシエーター・カスパーゼ-8、-9等と、アポトーシスの実行そのものに関わるエフェクター・カスパーゼ-3、6および7の2つのタイプに大別される。最終的にエフェクターCapase-3、6および7を活性化させることでアポトーシスを引き起こすが、セラミドはどちらの経路にも関与している。
KSR; Kinase suppressor of RAS。MLK3;Mixed lineage kinase 3。APAF1;apoptotic protease-activating factor 1。XIAP；X-linked inhibitor of apoptosis protein。GSK3β; glycogen synthase kinase 3β。

トーシス抑制因子BCL-2の脱リン酸化を介しミトコンドリア膜電位を変化させアポトーシスを誘導する[46]。他にも、セラミドはリソソーム由来のプロテアーゼであるカテプシン（Cathepsin）Dを活性化し、アポトーシス促進性のBIDタンパク質を活性化し[47]、それによって活性化されPKC-ζがAKT活性阻害とJNK活性化を介してアポトーシスを誘導することが知られている。セラミドはp38 MAPKの活性化またはAKTの活性阻害によってアポトーシス促進因子BAXをミトコンドリアに誘導すること[48, 49]、さらにglycogen synthase kinase 3β（GSK3β）の活性化によってMOMPを起こし[50]、PP2Aおよびカテプシンの活性化を通して[51, 52]カスパーゼ2、8およびBIDの分割フォームであるtBIDを活性化する[53, 54]こと、PKC-δの活性化とミトコンドリアへ局在誘導によって、Cyt-cの放出およびカスパーゼ9活性化を起こす[55]ことが報告されている（図3）。

その他にSiskindらはセラミド自体がミトコンドリア膜にチャネルを形成しCyt-c透過性を増加させる可能性を提唱している[56]。ミトコンドリアを介さないアポトーシス経路としては、最近筆者らのグループがナチュラルキラーT細胞由来リンパ腫細胞KHYG-1において、リソソームのaSMaseによって生成されたセラミドがカテプシンBの活性化を介してアポトーシス阻害因子XIAPの分解に働き、カスパーゼ3依存的アポトーシス誘導に寄与することを見出している[57]（図3）。また、ヒト皮膚癌細胞A431においてリソソーム関連膜貫通タンパク質4B（LAPTM4B）がセラミドと相互作用し、後期エンドソームからのセラミド除去を促進することでリソソーム膜を不安定化させ、結果的にカスパーゼ3依存的なアポトーシスを誘導することも報告されている[58]。

(2) オートファジー

オートファジーは、栄養飢餓状態の際、細胞内

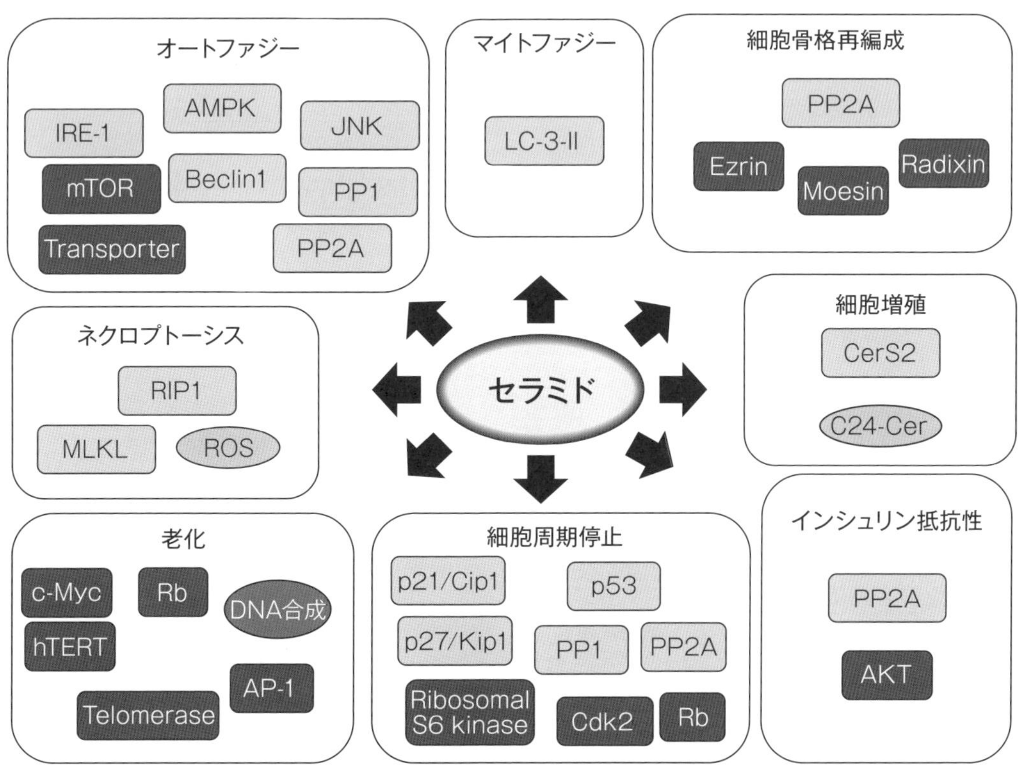

図4　セラミドの生理活性とエフェクター因子

セラミドによるさまざまな生理活性とそのエフェクター因子。正に制御される因子を淡灰色、負に制御される因子を濃灰色で示す。mTOR;mammalian target of rapamycin。IRE-1;inositol-requiring element 1。RIP3;Receptor-interacting protein 3。MLKL;Mixed lineage kinase domain-like。Cdk2;cyclin-dependent kinase 2。AP-1;activator protein-1。

小器官やタンパク質をオートファゴソームと呼ばれる膜で取り囲み、リソソームと融合したオートリソソーム中で自己消化することで再利用できるようにするシステムである。オートファジーは、細胞の生存のために必要な機能と考えられてきたが、近年、細胞死にも働くことが明らかにされている。興味深いことに、セラミドはオートファジーによる細胞生存とオートファジー関連細胞死の両方向に働くことが報告されているが[59]、飢餓時の細胞応答の時期（生存か細胞死か）による違いと考えられる。細胞外からアミノ酸や栄養素を取り込むためのトランスポーターの調節はオートファジー制御に影響を及ぼすことが知られているが、セラミドはオートファジーを負に制御するmammalian target of rapamycin（mTOR）シグナルの抑制または代謝調節因子AMP-activated protein kinase（AMPK）の活性化により、トランスポーター発現量を低下させることで細胞生存のオートファジー制御に寄与することが見出された[60, 61]。また、CerS2発現量低下に伴う長鎖セラミドの小胞体での蓄積は、小胞体ストレスを誘導することで生存促進因子inositol-requiring element 1（IRE-1）を活性化し[62]、栄養素トランスポーターを減少させることで代謝を改善させ、細胞生存のオートファジー制御を誘導する[63]。一方、ヒト大腸癌細胞HT-29にC2-セラミドを暴露するとオートファジー促進因子Beclin 1の発現が増加し、オートファジー関連細胞死が誘導された[64]。この際、C2-セラミドはJNKを活性化し、発現調節転写因子c-Junを介して Beclin 1発現を増加させた[65]。加えて筆者らのグループでは、チャイニーズハムスター卵巣細胞CHOにおいて、アミノ酸欠乏が引き起こす過剰なセラミドの蓄積がPP1およびPP2A依存的なmTORの脱リン酸化を介してオートファジーの経路を活性化し、細胞死を引き起こすことを見出している[66]。

(3) マイトファジー

マイトファジーとは、オートファジーを介したミトコンドリアの選択的分解機構である。Ogretmenらはヒト癌細胞において、CerS1発現により生成した細胞内C18-セラミド、または外部から添加した合成C18-ピリジニウムセラミドがミトコンドリア外膜に蓄積することでLC3-II の脂質結合体として働き、オートファゴソームへミトコンドリアが取り込まれるプロセスを促進し、最終的にオートファジー関連細胞死を引き起こすことを報告している[59, 67]。この実験の特徴は、通常C18のような長鎖脂肪酸セラミドは培地への添加では細胞内へ取り込まれないが、ピリジニウム環は正の電荷を帯びているためにC18-ピリジニウムセラミドがミトコンドリアに蓄積する性質を利用している点である。一方この結果は、セラミドによるLC3のホスファチジルエタノールアミン修飾の亢進が、オートファジー過程を進行させることを示唆するが、我々の予備的実験では、想定されたLC3-IIのセラミド結合部位アミノ酸を変異した時にもセラミドによるLC3-IIの生成は増加し、結果としてオートファジー関連細胞死は進行するため、マイトファジーによる細胞死とセラミドの役割については不明な点が残されている。

(4) ネクロプトーシス

プログラムされた細胞死はアポトーシスであり、細胞形質膜の破裂と細胞質内容物の放出を伴うネクローシス（壊死）はプログラムされていない細胞死であると考えられてきたが、近年、Receptor-interacting protein 3（RIP3）およびMixed lineage kinase domain-like（MLKL）の活性化を介したプログラムされたネクローシスとしてネクロプトーシスの存在が明らかとなった。Thonらはマウスおよびヒト線維芽細胞を用いて、TNFαによって誘導されるセラミドの蓄積とそれに続く細胞死が、カスパーゼ非依存的な細胞死であり、RIP1を介するネクロプトーシスであることを見出した[68]。一方Ardestaniらは、マウスマクロファージ細胞RAW 264.7および線維芽細胞L929を用いて、TNFαはRIP1非依存的なネクロプトーシスを引き起こすが、セラミド依存的にミトコンドリアの活性酸素種を活性化することを報告している[69]。最近筆者らは、ヒト単球性白血病細胞U937をTNFα処理した際のネクロプトーシスにおいて発生する活性酸素（reactive oxygen species; ROS）誘導性セラミドの増加は、形質膜の透過性に関与することを見出している[70]。また、Zhangらはセラミドナノリポソーム（ceramide nanoliposome: CNL）を卵巣癌細胞SKOV3に暴露させるとMLKLの活性化を介したネクロプトーシスによる細胞死が起こり、卵巣癌移植マウスモデルへのCNL投与においても癌の転移を抑制することを見出している[71]。CNLについての詳細は37章を参照されたい。

(5) 細胞周期停止

細胞周期停止におけるセラミドの役割もまた広く研究され、セラミドのシグナル伝達の鍵となる多くのエフェクター分子が報告されている。例えば、ヒト二倍体線維芽細胞WI-38およびヒト急性白血病細胞Molt-4にC6-セラミドを暴露すると、濃度依存的に細胞周期のG0/G1期停止が誘導される[72, 73]。また、nSMase2を介して生成するセラミドはMCF-7ヒト乳癌細胞をG0/G1期に停止させ、増殖抑制因子として機能する[74]。これらのメカニズムとしては、セラミドが活性化させたPP1によって細胞周期制御タンパク質Rbのリン酸化フォームを脱リン酸化することで細胞周期をG1期に停止させることが明らかにされている[47, 74]。MCF-7細胞を全トランス型レチノイン酸（all-trans retinoic acid: ATRA）処理した際のribosomal S6 kinase の脱リン酸化およびG0/G1期停止は、nSMase2由来のセラミドを介し[75]、さらに、WI-38細胞ではセラミドがPP1およびPP2Aを介してサイクリン依存性リン酸化酵素2（cyclin-dependent kinase 2; CDK2）の活性を阻害することが示されている[76]。興味深いことに、マウス線維芽肉腫細胞において、セラミドがcdk活性阻害因子p21/Cip1の活性化を介してp53依存的にG1期停止を起こすこと[77] が示されたが、別のグループからはヒト肝癌細胞においてセラミドはRbの脱リン酸化とp21/Cip1の活性化を介してG1期停止を引き起こすが、p53非依存的であることが報告されている[78]。ごく最近、ヒト肺腺癌細胞A549においてCerS6により生合成されたC16-セラミドがp53のDNA結合部位に直接結合することでp53-MDM2結合を阻害し、p53のプロテアソーム分解阻害を介したp53の蓄積とp21/Cip1の増加によってG1期停止を引き起こすメカニズムが見出された[79]。また、セラミドが別のcdk活性阻害因子p27/Kip1の活性化を介してG1期停止を引き起こすことも示されている[80, 81]。

(6) 老化

細胞の老化は加齢、DNA損傷、癌遺伝子の活性化、活性酸素ストレスおよび抗がん剤の暴露といった多様な因子が引き金となって起こる[82]。セラミドと老化の関係は、1995年にObeidらがWI-38細胞の老化においてnSMase活性の増加に伴い細胞内セラミド量が増加する一方、休止期においてはそのような変化が起こらないことを最初に報告し、そのメカニズムとしてセラミドがDNA合成、activator protein-1（AP-1）活性化、およびRbリン酸化の阻害を介して老化を引き起こすことを示した[71]。その後、他のグループからヒト膵臓癌細胞PANC-1に高濃度の抗がん剤ゲムシタビン処理をした際にSMを加えると、細胞死増加と共に老化のマーカーであるβガラクトシダーゼ活性も増加すること、C8-セラミド暴露では濃度依存的に細胞死と老化が増加することが報告されている[83]。真核生物の染色体末端部分に存在するテロメア反復配列は細胞分裂のたびに短くなり、この反復配列を追加する酵素・テロメラーゼは年齢に応じて活性が低下するため、老化との関連が示唆されている。ObeidらはC6-セラミドの暴露および細胞内セラミドの増加によって、テロメラーゼ活性が低下することを示しており[84]、これはセラミドがテロメラーゼ触媒サブユニットTERTの転写を担う転写因子c-Mycのユビキチン－プロテアソーム分解を増加させるためであることを見出している[85]。

(7) アクチン細胞骨格再編成

シスプラチンは固形癌に広く用いられている抗がん剤であるが、ヒト乳癌細胞MCF-7にシスプラチン処理を行うと、葉状や糸状仮足細胞が失われ膜のラフリングが起こることで細胞の形態と細胞骨格の変化が観察されるが、これはシスプラチンがアクチン結合タンパク質Ezrinを脱リン酸化し形質膜突出部から細胞質への局在を変化させるために起こる。HannunらはシスプラチンによってRの活性化されたPKC-δがaSMase活性の一過的上昇と形質膜への局在変化を誘導し、形質膜で生成されたセラミドがPP2Aを活性化することでEzrinを脱リン酸化させ、形質膜の突出部位から細胞質へと局在変化させることを報告し、セラミドがアクチン細胞骨格再編成に働くことを示した[86]。さらに、表層細胞骨格タンパク質として知られるEzrin、RadixinおよびMoesinはセラミドによって脱リン酸化されるが、S1Pによって逆に高リン酸化されることを見出している[87]。

(8) インシュリン抵抗性

高脂肪食のような栄養過剰は、肝臓でのインシュリン抵抗性やさまざまな代謝変化を引き起こし、中でもスフィンゴ脂質代謝を著しく変化させることが知られている。マウスやラットに高脂肪食を与えると、さまざまなSMaseや CerSの遺伝子発現増加、aSMase活性の上昇が起こり、血清中のセラミド量の増加が引き起こされる[88]。マウス線維芽細胞3T3-L1にC2-セラミド処理をするとPP2A を活性化し、インシュリンシグナル伝達に働くAKTを脱リン酸化させることが観察されたことから、セラミドはインシュリンシグナルを抑制し、インシュリン抵抗性を引き起こすことが示唆されている[89]。

(9) 細胞増殖

C16-, C18-セラミド等の長鎖セラミドは、上記のようにアポトーシス活性を持つが、C24-セラミド等の極長鎖セラミドは逆に細胞増殖活性を持つことが報告されている。ヒトゲノムは6つのセラミド合成酵素アイソフォームCerS1~6をコードしている。HeLa細胞に放射線照射するとアポトーシスが起こるが、C24-セラミドを生成するCerS2を過剰発現しておくとアポトーシスが抑制される[42]。また、ヒト大腸癌細胞 HCT-116 においてCerS2の過剰発現によって生成されたC24-セラミド等の極長鎖セラミドは細胞増殖活性を持つことが報告されている[90]。これらの結果から、癌細胞ではCerSアイソザイム発現量の調節を介してセラミドの脂肪酸鎖長を変化させることで、シグナル伝達をアポトーシスシグナル回避および細胞増殖促進方向へ変化させていると考えられるが、その詳細については不明な点が多い。

4 セラミド代謝を介したスフィンゴ脂質シグナル伝達制御

セラミドはスフィンゴ脂質代謝系のコア分子であり、先述したさまざまな細胞機能においてシグナル伝達を制御するだけでなく、S1PやSMなど他のスフィンゴ脂質メディエータを制御する酵素群の基質にそれらの産生を制御する役割も合わせ持つ。即ち、S1PやCer1Pは細胞増殖[2-5]、遊走[6-8]や炎症[9-12]、GlcCerやスフィンゴ糖脂質は薬剤耐性[13, 14]、細胞接着[15-17]、および分化[18, 19]、SMは細胞増殖[20-22]、接着[23, 24]および遊走の抑制[25]等の生理活性を示す(図1)。代謝調節に関しては最近、セラミドからアシルセラミドを合成する酵素複合体構成因子の一つである脂肪酸アシルCoA合成酵素5(ACSL5)をsiRNAによって減少させるとセラミドが蓄積し、アポトーシスが起こることが報告されている[91]。

ここではセラミドへのホスファチジルコリンからのホスホコリン転位によるSMとジアシルグリセロール産生を触媒するSMS制御による細胞機能調節ならびに形質膜SMによるシグナル伝達制御について述べる。Cer1PやS1P、スフィンゴ糖脂質によるシグナル伝達制御に関しては第4、13、14、16章を参照頂きたい。

哺乳動物細胞においてSMの合成を担うSMSには2種類のアイソザイムSMS1およびSMS2が存在し、小胞体から輸送されたセラミドを基質としてゴルジ体でSMを合成し、各細胞小器官へ輸送される。また、SMS2に関しては形質膜にも局在しており、細胞外刺激などに応じた形質膜SMの恒常性を制御している。*SMS*遺伝子がクローニングされた2004年[21, 92]以前から、形質膜SMが増殖や接着に関与することが示されていたが[20, 23]、筆者らのグループは、SMSを欠損したマウスリンパ球様細胞WR19Lにおいて形質膜SMが減少し、クラスリンを介したトランスフェリン(Tf)刺激による細胞増殖が抑制されたが、SMS1の過剰発現によりTf誘導性の細胞増殖が回復することを見出した[93]。Tfによる増殖誘導では、Tfが形質膜Tf受容体と結合し、クラスリン依存的にエンドサイトーシスされ、初期エンドソームからリサイクリングエンドソームへ輸送される。その後、増殖に必須な鉄分子のみを細胞内に残して、Tf/Tf受容体が形質膜へと戻っていくが、SMS1の欠損により形質膜SMが減少すると、Tf/Tf受容体はクラスリン非依存的にエンドサイトーシスされた後、後期エンドソームからリソソームへ輸送される分解経路へ優位に選別されるため、細胞増殖が抑制された。また、Wesleyらのグループは、マウス神経芽細胞腫由来細胞Neuro2aにおいてSMS1のノックダウンによるサイクリン依存性リン酸化酵素阻害分子p27の活性化とサイクリンD1およびAktリン酸化の抑制による細胞周期停止と細胞増殖抑制を示した[94]。以上のように、SMS1により制御されるSMが、増殖などの細胞外刺激に対するリガンド-受容体応答およびその細胞内輸送系を制御することが示唆されている。また、SMS1欠損マウス（*Sgms1*-KO）を用いた研究から、SMS1およびSMが炎症にも関与することが報告されている。Liらのグループは、*Sgms1*-KOマウスのマクロファージではリポポリサッカライド（LPS）刺激による炎症性サイトカインTNFαやインターロイキン6の産生および放出が抑制され、LDL受容体欠損のアテローム性動脈硬化症モデルマウスへ*Sgms1*-KOマウスの骨髄を移植すると、炎症誘導性のアテローム性動脈硬化発症が緩和されることを見出した[95]。また、*Sgms1*-KOマウスでは$CD4^+$T細胞の脂質マイクロドメインのSM減少によって、T細胞の活性化に必要なlinker for activation of T cells（LAT）やT細胞受容体の凝集が阻害され、シグナル伝達が抑制されるため、コンカナバリンA誘導性の肝炎が抑制された[96]。他方、*Sgms1*-KOマウスでは血小板膜上のマイクロドメインのSM減少から血液凝固後の血餅退縮が抑制されることが報告されている[97]。血餅退縮は血液凝固の際に血餅上に集まった血小板膜上のマイクロドメインでフィブリン繊維とアクトミオシンの連結が起こり、収縮することで止血血栓を形成していく過程であるが、SM減少により血餅退縮が抑制されると、血餅の消化が起きず血栓症の原因ともなりうる。また、著者らは、SMS1欠損による形質膜SM減少により日本脳炎ウイルス（JEV）感染が抑制されることも見出した[98]。JEVが感染する際には形質膜上のSMを介して接着し細胞内へ侵入するため、SMS1欠損によるSM減少によりJEV接着が阻害されたためと考えられ、*Sgms1*-KOマウスでは、JEV感染による脳炎が抑制されていた。さらに、*Sgms1*-KOマウスの辺縁細胞ではカリウムイオンチャネルKCNQ1の発現低下が起こり、それが聴覚機能を司る蝸牛内電位の低下となって難聴を引き起こすことが示唆されている[99]。実際にヒト胎児線維芽細胞HEK293を用いた研究において、KCNQ1のカリウムイオンチャネルとしての機能が、SMS1ノックダウンにより抑制されることも示されている[100]。*Sgms1*-KOマウスでは膵臓β細胞におけるROSの蓄積からミトコンドリア機能障害が誘導され、インスリン放出抑制が惹起される[101]。このインスリン放出抑制により全身的なグルコース取り込み障害などの糖代謝異常から、体重減少や中頻度新生仔死などが起こると予測される。しかしながら、形質膜SMによるインスリン放出やKCNQ1チャネル機能制御の分子メカニズムについては不明であり、今後のさらなる研究が期待される。

SMS2もさまざまな細胞内シグナル伝達制御に関与している。特にSMS2欠損（*Sgms2*-KO）マウスでは炎症応答が抑制されることが報告されており、先に挙げた*Sgms1*-KO同様に、*Sgms2*-KOマウス由来のマクロファージではLPS刺激による炎症応答が低下し、LPS誘導性の肺障害が緩和される[102, 103]。さらに、LDL受容体欠損やApoE欠損などのアテローム性動脈硬化症モデルマウスにおいても、*Sgms2*-KOマウスからの骨髄移植や*Sgms2*-KOとの掛け合わせによってその病態が緩和される[104, 105]。これらの炎症抑制はSMS2欠損による形質膜SM減少によりLPS刺激などの炎症応答が抑制されるためだと考えられる。高脂肪食による２型糖尿病モデルにおいて、*Sgms2*-KOでは体重や血中グルコース濃度、中性脂肪の増加が抑制され、脂肪肝発症が抑えられた[106]。SMS2欠損により形質膜SMが減少することで、脂肪酸トランスポーターであるCD36/FATやカベオリン１の機能が低下し、肝臓での脂肪酸の取り込みが抑制された結果と考えられる。一方で、Liらのグループは、*Sgms2*-KOへの高脂肪食で誘導される脂肪肝では、SMS2欠損によるセラミドの増加によって、脂肪細胞分化や脂肪代謝に関わる転写因子PPARγが抑制され、その結果CD36の発現抑制が起こることも見出しており[107]、SMS2がSMだけでなくセラミドの調節も行なうことで、脂肪肝に関与する脂肪酸の取り込みや炎症などを制御していることが示唆されている。実際、著者らのグループでも、デキストラン硫酸ナトリウム（DSS）誘導性の大腸炎症が*Sgms2*-KOマウスで抑制されることを報告し、SMS2欠損でDSS投与誘導性のSM/セラミド・バランスが崩れることで、炎症抑制に繋がっていると考えられる[108]。

他方、SMSによる形質膜SM制御は細胞遊走やアミノ酸刺激によるmTORシグナルの活性化にも関与する。著者らのグループはSMS1およびSMS2の二重欠失マウスより形質膜にSMをほとんど持たない胎仔由来不死化線維芽細胞（MEF）を樹立した。このSMS欠損MEFでは、ケモカインCXCL12と受容体であるCXCR4の複合体が形質膜SMの減少により膜マイクロドメインへの集積が促進され、細胞遊走に繋がるシグナル伝達が亢進し、CXCL12によって誘導される細胞遊走が亢進した[25]。SMS欠損MEFでは細胞増殖に関わるアミノ酸のトランスポーターであるCD98、LAT-1およびASCT-2の発現が低下することで、必須アミノ酸刺激によるmTORの活性化が抑制されることが報告された[109]。以上のことから、セラミドを基質としてSMSにより産生されるSMにも細胞増殖、遊走、そして炎症などを制御する機能があることが明らかとなりつつある。

5 おわりに

セラミドを始めとするスフィンゴ脂質は生体膜の構造を形成しているだけでなく、それぞれの分子が多様な生理活性を持つが、本稿では、特にセラミドが発揮するさまざまな生理活性とシグナル伝達における役割の解説を試みた。しかし、例えば同じ抗がん剤ストレス暴露でも、セラミドを介してアポトーシスを誘導する場合と老化を誘導する場合等の違いがあり、セラミドの各シグナル伝達経路への選択性がどのように決まるのかという疑問が残る。恐らくこれは正常細胞とがん細胞、さらに生体内では臓器によってセラミド代謝酵素遺伝子の発現量や種類、また細胞内小器官での局在量の違いによって、細胞内セラミド量と局在が異なり、これがシグナル伝達経路の選択性を変化させると考えられるが、真相は今後の研究を待たなければならない。また、セラミドの主な生理活性は細胞死、細胞周期停止、老化等の細胞増殖抑制方向に働くため、抗がん効果を期待されているが、その詳細は35、37章を参照されたい。

【参考文献】

1) Hannun, Y. A. & Bell, R. M. Lysosphingolipids inhibit protein kinase C: implications for the sphingolipidoses. *Science* **235**, 670-674(1987).

2) Hannun, Y. A. & Obeid, L. M. Principles of bioactive lipid signalling: lessons from sphingolipids. *Nat Rev Mol Cell Biol* **9**, 139-150(2008).

3) Presa, N. *et al.* Regulation of cell migration and inflammation by ceramide 1-phosphate. *Biochimica et biophysica acta* **1861**, 402-409(2016).

4) Gomez-Munoz, A. *et al.* Short-chain ceramide-1-phosphates are novel stimulators of DNA synthesis and cell division: antagonism by cell-permeable ceramides. *Molecular pharmacology* **47**, 833-839(1995).

5) Mitra, P. *et al.* Ceramide kinase regulates growth and survival of A549 human lung adenocarcinoma cells. *FEBS letters* **581**, 735-740(2007).

6) Lamour, N. F. *et al.* Ceramide kinase uses ceramide provided by ceramide transport protein: localization to organelles of eicosanoid synthesis. *Journal of lipid research* **48**, 1293-1304(2007).

7) Granado, M. H. *et al.* Ceramide 1-phosphate(C1P) promotes cell migration Involvement of a specific C1P receptor. *Cellular signalling* **21**, 405-412(2009).

8) Kim, C. *et al.* Ceramide-1-phosphate regulates migration of multipotent stromal cells and endothelial progenitor cells--implications for tissue regeneration. *Stem Cells* **31**, 500-510(2013).

9) Gangoiti, P. *et al.* Ceramide 1-phosphate stimulates macrophage proliferation through activation of the PI3-kinase/PKB, JNK and ERK1/2 pathways. *Cellular signalling* **20**, 726-736(2008).

10) Gomez-Munoz, A. *et al.* New insights on the role of ceramide 1-phosphate in inflammation. *Biochimica et biophysica acta* **1831**, 1060-1066(2013).

11) Gomez-Munoz, A. *et al.* Caged ceramide 1-phosphate (C1P) analogs: Novel tools for studying C1P biology. *Chemistry and physics of lipids* **194**, 79-84(2016).

12) Pettus, B. J. *et al.* Ceramide kinase mediates cytokine- and calcium ionophore-induced arachidonic acid release. *The Journal of biological chemistry* **278**, 38206-38213(2003).

13) Lavie, Y. *et al.* Accumulation of glucosylceramides in multidrug-resistant cancer cells. *The Journal of biological chemistry* **271**, 19530-19536(1996).

14) Liu, Y. Y. *et al.*Ceramide glycosylation catalyzed by glucosylceramide synthase and cancer drug resistance. *Advances in cancer research* **117**, 59-89 (2013).

15) Hidari, K. *et al.* Complete removal of sphingolipids from the plasma membrane disrupts cell to substratum adhesion of mouse melanoma cells. *J Biol Chem* **271**, 14636-14641(1996).

16) Kan, C. C., & Kolesnick, R. N. A synthetic ceramide analog, D-threo-1-phenyl-2-decanoylamino-3-morpholino-1-propanol, selectively inhibits adherence during macrophage differentiation of human

leukemia cells. *J Biol Chem* **267**, 9663-9667 (1992).

17) Edsfeldt, A. *et al.* Sphingolipids Contribute to Human Atherosclerotic Plaque Inflammation. *Arterioscler Thromb Vasc Biol* **36**, 1132-1140 (2016).

18) Nojiri, H. *et al.* Characteristic expression of glycosphingolipid profiles in the bipotential cell differentiation of human promyelocytic leukemia cell line HL-60. *Blood* **64**, 534-541 (1984).

19) Aida, J. *et al.* Up-regulation of ceramide glucosyltransferase during the differentiation of U937 cells. *Journal of biochemistry* **150**, 303-310 (2011).

20) Hanada, K. *et al.* Sphingolipids are essential for the growth of Chinese hamster ovary cells. Restoration of the growth of a mutant defective in sphingoid base biosynthesis by exogenous sphingolipids. *The Journal of biological chemistry* **267**, 23527-23533 (1992).

21) Yamaoka, S. *et al.* Expression cloning of a human cDNA restoring sphingomyelin synthesis and cell growth in sphingomyelin synthase-defective lymphoid cells. *The Journal of biological chemistry* **279**, 18688-18693 (2004).

22) Tafesse, F. G. *et al.* Both sphingomyelin synthases SMS1 and SMS2 are required for sphingomyelin homeostasis and growth in human HeLa cells. *The Journal of biological chemistry* **282**, 17537-17547 (2007).

23) Dressler, K. A. *et al.* Sphingomyelin synthesis is involved in adherence during macrophage differentiation of HL-60 cells. *J Biol Chem* **266**, 11522-11527 (1991).

24) Hidari, K. *et al.* Complete removal of sphingolipids from the plasma membrane disrupts cell to substratum adhesion of mouse melanoma cells. *J Biol Chem* **271**, 14636-14641 (1996).

25) Asano, S. *et al.* Regulation of cell migration by sphingomyelin synthases: sphingomyelin in lipid rafts decreases responsiveness to signaling by the CXCL12/CXCR4 pathway. *Mol Cell Biol* **32**, 3242-52 (2012).

26) Signorelli, P. *et al.* Dihydroceramide intracellular increase in response to resveratrol treatment mediates autophagy in gastric cancer cells. *Cancer Lett* **282**, 238-243 (2009).

27) Wang, H. *et al.* N-(4-Hydroxyphenyl) retinamide increases dihydroceramide and synergizes with dimethylsphingosine to enhance cancer cell killing. *Molecular cancer therapeutics* **7**, 2967-2976 (2008).

28) Valsecchi, M. *et al.* Sphingolipidomics of A2780 human ovarian carcinoma cells treated with synthetic retinoids. *Journal of lipid research* **51**, 1832-1840 (2010).

29) O'Donnell, P. H. *et al.* N-(4-hydroxyphenyl) retinamide increases ceramide and is cytotoxic to acute lymphoblastic leukemia cell lines, but not to non-malignant lymphocytes. *Leukemia* **16**, 902-910 (2002).

30) Okazaki, T. *et al.* Sphingomyelin turnover induced by vitamin D3 in HL-60 cells. Role in cell differentiation. *J Biol Chem* **264**, 19076-19080 (1989).

31) Galadari, S. *et al.* Tumor suppressive functions of ceramide: evidence and mechanisms. *Apoptosis* **20**, 689-711 (2015).

32) Hannun, Y. A. & Obeid, L. M. Sphingolipids and their metabolism in physiology and disease. *Nat Rev Mol Cell Biol* **19**, 175-191 (2018).

33) Ogretmen, B. Sphingolipid metabolism in cancer signalling and therapy. *Nat Rev Cancer* **18**, 33-50 (2018).

34) Obeid, L. M. *et al.* Programmed cell death induced by ceramide. *Science* **259**, 1769-1771 (1993).

35) Hernández-Corbacho, M. J. *et al.* Sphingolipids in mitochondria. *Biochim Biophys Acta Mol Cell Biol Lipids* **1862**, 56-68 (2017).

36) Verheij, M. *et al.* Requirement for ceramide-initiated SAPK/JNK signalling in stress-induced apoptosis. *Nature* **380**, 75-79 (1996).

37) Zhang, Y. *et al.* Kinase suppressor of Ras is ceramide-activated protein kinase. *Cell* **89**, 63-72 (1997).

38) Sathyanarayana, P. *et al.* Activation of the Drosophila MLK by ceramide reveals TNF-alpha and ceramide as agonists of mammalian MLK3. *Mol Cell* **10**, 1527-1533 (2002).

39) Dumitru, C. A. & Gulbins, E. TRAIL activates acid sphingomyelinase via a redox mechanism and releases ceramide to trigger apoptosis. *Oncogene* **25**, 5612-2565 (2006).

40) Yu, J. *et al.* JNK3 signaling pathway activates ceramide synthase leading to mitochondrial dysfunction. *J Biol Chem* **282**, 25940-25949 (2007).

41) Mesicek, J. *et al.* Ceramide synthases 2, 5, and 6 confer distinct roles in radiation-induced apoptosis in HeLa cells. *Cell Signal* **22**, 1300-1307 (2010).

42) Wu, B. X. *et al.* Identification and characterization of murine mitochondria-associated neutral sphingomyelinase (MA-nSMase), the mammalian sphingomyelin phosphodiesterase 5. *J Biol Chem* **285**, 17993-8002 (2010).

43) Galadari, S. *et al.* Purification and characterization of ceramide-activated protein phosphatases. *Biochemistry* **37**, 11232-11238 (1998).

44) Wolff, R. A. *et al.* Role of ceramide-activated protein phosphatase in ceramide-mediated signal transduction. *J Biol Chem* **269**, 19605-19609 (1994).

45) Chalfant, C. E. *et al.* De novo ceramide regulates the alternative splicing of caspase 9 and *Bcl-x* in A549 lung adenocarcinoma cells. Dependence on protein phosphatase-1. *J Biol Chem* **277**, 12587-12595 (2002).

46) Ruvolo, P. P. *et al.* Ceramide induces Bcl2 dephosphorylation via a mechanism involving mitochondrial PP2A. *J Biol Chem* **274**, 20296-20300 (1999).

47) Ogretmen, B. & Hannun, Y. A. Biologically active sphingolipids in cancer pathogenesis and treatment. *Nat Rev Cancer* **4**, 604-616 (2004).

48) Kong, J. Y. *et al.* Ceramide activates a mitochondrial p38 mitogen-activated protein kinase: a potential mechanism for loss of mitochondrial transmembrane potential and apoptosis. *Mol Cell Biochem* **278**, 39-51 (2005).

49) Kim, H. J. *et al.* Ceramide induces p38 MAPK-dependent apoptosis and Bax translocation via inhibition of Akt in HL-60 cells. *Cancer Lett* **260**, 88-95 (2008).

50) Lin, C. F. *et al.* GSK-3beta acts downstream of PP2A and the PI 3-kinase-Akt pathway, and upstream of caspase-2 in ceramide-induced mitochondrial apoptosis. *J Cell Sci* **120**, 2935-2943 (2007).

51) De Stefanis, D. *et al.* Increase in ceramide level alters the lysosomal targeting of cathepsin D prior to onset of apoptosis in HT-29 colon cancer cells. *Biol Chem* **383**, 989-999 (2002).

52) Heinrich, M. *et al.* Cathepsin D links TNF-induced acid sphingomyelinase to Bid-mediated caspase-9 and -3 activation. *Cell Death Differ* **11**, 550-563 (2004).

53) Darios, F. *et al.* Ceramide increases mitochondrial free calcium levels via caspase 8 and Bid: role in initiation of cell death. *J Neurochem* **84**, 643-654 (2003).

54) Yuan, H. *et al.* Cytochrome c dissociation and release from mitochondria by truncated Bid and ceramide. *Mitochondrion* **2**, 237-244 (2003).

55) Sumitomo, M. *et al.* Protein kinase C delta amplifies ceramide formation via mitochondrial signaling in prostate cancer cells. *J Clin Invest* **109**, 827-836 (2002).

56) Siskind, L. J. *et al.* Anti-apoptotic Bcl-2 family proteins disassemble ceramide channels. *J Biol Chem* **283**, 6622-6630 (2008).

57) Taniguchi, M. *et al.* Lysosomal ceramide generated by acid sphingomyelinase triggers cytosolic cathepsin B-mediated degradation of X-linked inhibitor of apoptosis protein in natural killer/T lymphoma cell apoptosis. *Cell Death Dis* **6**, e1717 (2015).

58) Blom, T. *et al.*LAPTM4B facilitates late endosomal ceramide export to control cell death pathways. *Nat Chem Biol* **11**, 799-806 (2015).

59) Dany, M. & Ogretmen, B. Ceramide induced mitophagy and tumor suppression. *Biochim Biophys Acta* **1853**, 2834-45 (2015).

60) Edinger, A. L. Starvation in the midst of plenty: making sense of ceramide-induced autophagy by analysing nutrient transporter expression. *Biochem. Soc. Trans.* **37**, 253-258 (2009).

61) Guenther, G. G. & Edinger, A. L. A new take on ceramide: starving cells by cutting off the nutrient supply. *Cell* Cycle **8**, 1122-1126 (2009).

62) Spassieva, S. D. *et al.* Disruption of ceramide synthesis by CerS2 down-regulation leads to autophagy and the unfolded protein response *Biochem. J* **424**, 273-283 (2009).

63) Guenther, G. G., Peralta, E. R., Rosales, K. R. *et al.* Ceramide starves cells to death by downregulating nutrient transporter proteins. *Proc. Natl. Acad. Sci. USA* **105**, 17402-17407 (2008).

64) Scarlatti, F. *et al.* Ceramide-mediated macroautophagy involves inhibition of protein kinase B and up-regulation of beclin 1. *J Biol Chem* **279**, 18384-18391 (2004)

65) Li, D. D. *et al.* The pivotal role of c-Jun NH2-terminal kinase-mediated Beclin 1 expression during anticancer agents-induced autophagy in cancer cells. *Oncogene* **28**, 886-898 (2009).

66) Taniguchi, M. *et al.* Regulation of autophagy and its associated cell death by "sphingolipid rheostat": reciprocal role of ceramide and sphingosine 1-phosphate in the mammalian target of rapamycin pathway. *J Biol Chem* **287**, 39898-39910 (2012).

67) Sentelle, R. D. *et al.* Ceramide targets autophagosomes to mitochondria and induces lethal mitophagy. *Nat Chem Biol* **8**, 831-838 (2012).

68) Thon, L. *et al.* Ceramide mediates caspase-independent programmed cell death. *FASEB J* **19**, 1945-56 (2005).

69) Ardestani, S. *et al.* TNF-alpha-activated programmed necrosis is mediated by Ceramide-induced reactive oxygen species. *J Mol Signal* **8**, 12 (2013).

70) Sawai, H. *et al.* Differential changes in sphingolipids between TNF-induced necroptosis and apoptosis in U937 cells and necroptosis-resistant sublines. *Leuk Res* **39**, 964-70 (2015)

71) Zhang, X. *et al.* Ceramide Nanoliposomes as a MLKL-Dependent, Necroptosis-Inducing, Chemotherapeutic Reagent in Ovarian Cancer. *Mol Cancer Ther* **17**, 50-59 (2018).

72) Venable, M. E. *et al.* Role of ceramide in cellular senescence. *J Biol Chem* **270**, 30701-30708 (1995).

73) Dbaibo, G. S. *et al.* Retinoblastoma gene product as a downstream target for a ceramide-dependent pathway of growth arrest. *Proc Natl Acad Sci USA* **92**, 1347-1351 (1995).

74) Marchesini, N. *et al.* Role for mammalian neutral sphingomyelinase 2 in confluence-induced growth arrest of MCF7 cells. *J Biol Chem* **279**, 25101-25111 (2004).

75) Clarke, C. J. *et al.* Neutral sphingomyelinase-2 mediates growth arrest by retinoic acid through modulation of ribosomal S6 kinase. *J Biol Chem* **286**, 21565-21576 (2011).

76) Lee, J. Y. *et al.*Regulation of cyclin-dependent kinase 2 activity by ceramide. *Exp Cell Res* **261**, 303-311 (2000).

77) Pruschy, M. *et al.* Ceramide triggers p53-dependent apoptosis in genetically defined fibrosarcoma tumour cells. *Br J Cancer* **80**, 693-698 (1999).

78) Kim, W. H. *et al.* Induction of p53-independent p21 during ceramide-induced G1 arrest in human hepatocarcinoma cells. *Biochem Cell Biol* **78**, 127-135 (2000).

79. Fekry, B. *et al.* C16-ceramide is a natural regulatory ligand of p53 in cellular stress response. *Nat*

Commun **9**, 4149 (2018).

80) Zhu, X. F. *et al.* Ceramide induces cell cycle arrest and upregulates p27kip in nasopharyngeal carcinoma cells. *Cancer Lett* **193**, 149-154 (2003).

81. Kim, S. W. *et al.* Ceramide produces apoptosis through induction of p27 (kip1) by protein phosphatase 2A-dependent Akt dephosphorylation in PC-3 prostate cancer cells. *J Toxicol Environ Health A* **73**, 1465-1476 (2010).

82) Rayess, H. *et al.* Cellular senescence and tumor suppressor gene p16. *Int J Cancer* **130**, 1715-1725 (2012)

83) Modrak, D. E. *et al.*, Ceramide regulates gemcitabine-induced senescence and apoptosis in human pancreatic cancer cell lines. *Mol Cancer Res* **7**, 890-896 (2009).

84) Ogretmen, B. *et al.* Role of ceramide in mediating the inhibition of telomerase activity in A549 human lung adenocarcinoma cells. *J Biol Chem* **276**, 24901-24910 (2001).

85) Ogretmen, B. *et al.* Molecular mechanisms of ceramide-mediated telomerase inhibition in the A549 human lung adenocarcinoma cell line. *J Biol Chem* **276**, 32506-32514 (2001).

86) Zeidan, Y. H. *et al.* Remodeling of cellular cytoskeleton by the acid sphingomyelinase/ceramide pathway. J *Cell* Biol **181**, 335-350 (2008).

87) Canals, D. *et al.* Differential effects of ceramide and sphingosine 1-phosphate on ERM phosphorylation: probing sphingolipid signaling at the outer plasma membrane. *J Biol Chem* **285**, 32476-85 (2010).

88) Longato, L. *et al.* High fat diet induced hepatic steatosis and insulin resistance: Role of dysregulated ceramide metabolism. *Hepatol Res* **42**, 412-427 (2012).

89) Stratford, S. *et al.* Regulation of insulin action by ceramide: dual mechanisms linking ceramide accumulation to the inhibition of Akt/protein kinase B. *J Biol Chem* **279**, 36608-36615 (2004).

90) Hartmann, D. *et al.* Long chain ceramides and very long chain ceramides have opposite effects on human breast and colon cancer cell growth. *Int J Biochem Cell Biol* **44**, 620-628 (2012).

91) Senkal, C.E. *et al.* Ceramide Is Metabolized to Acylceramide and Stored in Lipid Droplets. *Cell Metab* **25**, 686-697 (2017).

92) Huitema, K. *et al.* Identification of a family of animal sphingomyelin synthases. *EMBO J* **23**, 33-44 (2004).

93) Shakor, A.B. *et al.* Sphingomyelin synthase 1-generated sphingomyelin plays an important role in transferrin trafficking and cell proliferation. *J Biol Chem* **286**, 36053-36062 (2011).

94. Wesley, U.V. *et al.* Sphingomyelin Synthase 1 Regulates Neuro-2a *Cell* Proliferation and *Cell* Cycle Progression Through Modulation of p27 Expression and Akt Signaling. *Mol Neurobiol* **51**, 1530-1541 (2015).

95) Li, Z. *et al.* Impact of sphingomyelin synthase 1 deficiency on sphingolipid metabolism and atherosclerosis in mice. *Arterioscler Thromb Vasc Biol* **32**, 1577-1584 (2012).

96) Dong, L. *et al.* CD4[+] T-cell dysfunctions through the impaired lipid rafts ameliorate concanavalin A-induced hepatitis in sphingomyelin synthase 1-knockout mice. *Int Immunol* **24**, 327-37 (2012).

97) Kasahara, K. *et al.* Clot retraction is mediated by factor XIII-dependent fibrin-αIIbβ3-myosin axis in platelet sphingomyelin-rich membrane rafts. *Blood* **122**, 3340-3348 (2013).

98) Taniguchi, M. *et al.* Sphingomyelin generated by sphingomyelin synthase 1 is involved in attachment and infection with Japanese encephalitis virus. *Sci Rep* **28**, 37829 (2016).

99) Lu, M.H. *et al.* Deficiency of sphingomyelin synthase-1 but not sphingomyelin synthase-2 causes hearing impairments in mice. *J Physiol* **590**, 4029-4444 (2012).

100) Wu, M. *et al.* Regulation of membrane KCNQ1/KCNE1 channel density by sphingomyelin synthase 1. *Am J Physiol Cell Physiol* **311**, C15-23 (2016).

101) Yano, M. *et al.* Mitochondrial dysfunction and increased reactive oxygen species impair insulin secretion in sphingomyelin synthase 1-null mice. *J Biol Chem* **286**, 3992-4002 (2011).

102) Hailemariam, T.K. *et al.* Sphingomyelin synthase 2 deficiency attenuates NFkappaB activation. *Arterioscler Thromb Vasc Biol* **28**, 1519-1526 (2008).

103) Gowda, S. *et al.* Sphingomyelin synthase 2 (SMS2) deficiency attenuates LPS-induced lung injury. *Am J Physiol Lung Cell Mol Physiol* **300**, L430-440 (2011).

104) Liu, J. *et al.* Macrophage sphingomyelin synthase 2 deficiency decreases atherosclerosis in mice. *Circ Res* **105**, 295-303 (2009).

105) Fan, Y. *et al.* Selective reduction in the sphingomyelin content of atherogenic lipoproteins inhibits their retention in murine aortas and the subsequent development of atherosclerosis. *Arterioscler Thromb Vasc Biol* **30**, 2114-2120 (2010).

106) Mitsutake, S. *et al.* Dynamic modification of sphingomyelin in lipid microdomains controls development of obesity, fatty liver, and type 2 diabetes. *J Biol Chem* **286**, 28544-28555 (2011).

107) Li, Y. *et al.* Sphingomyelin synthase 2 activity and liver steatosis: an effect of ceramide-mediated peroxisome proliferator-activated receptor γ2 suppression. *Arterioscler Thromb Vasc Biol* **33**, 1513-1520 (2013).

108) Ohnishi, T. *et al.* Sphingomyelin synthase 2 deficiency inhibits the induction of murine colitis-associated colon cancer. *FASEB J* **31**, 3816-3830 (2017).

109) Zama, K. *et al.* Sphingomyelin in microdomains of the plasma membrane regulates amino acid-stimulated mTOR signal activation. *Cell Biol Int* **42**, 823-831 (2018).

総論編 6

皮膚のセラミド関連脂質

内田　良一*

1 はじめに

皮膚は、表皮、真皮と皮下組織（脂肪組織、皮脂腺、爪、汗腺と毛組織）から構成される（**図1**）。皮膚の外層は、表皮により覆われている。表皮に含まれる95%以上を占めるケラチノサイトは、基底層で分裂し、分化の過程で細胞の性状（代謝、成分および構造）が変わり、有棘細胞、顆粒細胞、次いで、核が消失（脱核）し、角質細胞となる。表皮は外界に直接接する故に複数の防御（バリア）機構を備え、体内環境を維持している。特に、ヒトを含めた陸上哺乳動物にとって、過度な水分蒸散を防ぐことは生命維持に関わる。表皮に備わる物質透過バリアが過度な水分蒸散、生体内成分の漏出および異物の侵入を防いでいる[1)]。動物と植物（外皮［Cuticle］）のいずれの物質透過バリアも脂質がバリアの主要な構成成分となっている。ワックスエステルとアルカン（炭化水素）が植物のバリア脂質を構成するのに対して、陸棲哺乳動物の場合、セラミド、コレステロールと遊離脂肪酸がバリアを形成している。脂質を含め、バリア構成成分は有核の顆粒層以下のケラチノサイトで産生され、特に顆粒層で産生が高まる。角層に含まれるセラミドは含有量および分子種多様性の点で他の組織と際立った違いを示す。また、セラミドとその代謝産物は、脂質メディエーター

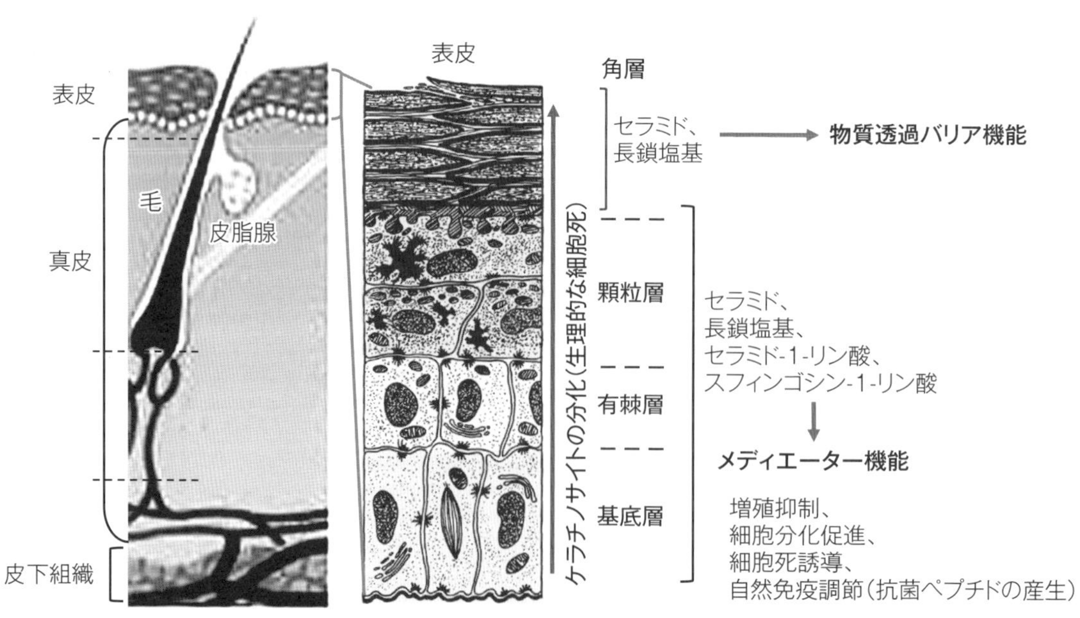

図1　表皮におけるスフィンゴ脂質の役割

* Department of Dermatology, University of California, Northern California Institute for Research and Education, San Francisco, USA

として、ケラチノサイトの正常な増殖、分化および自然免疫の調節を通じてバリアの形成に寄与している。本稿では、表皮のセラミドとその関連脂質のバリア形成に着目する（図1）。

2 分化後期の表皮におけるセラミドの特徴

表皮の基底層および有棘層に含まれるセラミドの分子種は、他の組織を構成する細胞と相違ない。一方、分化後期（顆粒層）のケラチノサイトは、多様な分子種のセラミドを産生し物質透過バリアの形成に寄与する（**図2**）。

(1) 分子種多様性

分化後期（顆粒層）のケラチノサイトは、不飽和度と水酸基の位置/数の多様性に富む脂肪酸と長鎖塩基の違いにより、計12のクラスのセラミドを合成する。かつては、順相の薄層クロマトグラフィーで移動度の高いもの（疎水性の高いもの）から、番号により分子種が表記されていた。現在では、酸アミド結合の脂肪酸と長鎖塩基の構造に基づいた命名法が採用されている。酸アミド結合の脂肪酸：N（非水酸化）、A（α水酸化）、EO（ω水酸基のエステル化）、長鎖塩基：S（スフィンゴシン）、D（ジヒドロスフィンゴシン）、P（4-ヒドロキシジヒドロスフィンゴシン［フィトスフィンゴシン］）、6-ヒドロキシスフィンゴシン（H）。12種のセラミドクラスは、EOS（旧名Cer 1）、EODS、NS（Cer 2）、NDS*、NP（Cer 3）、ADS、EOH（Cer 4）、AS（Cer5）、AP（Cer 6）、AH（Cer 7）、NH（Cer 8）とEOP（Cer 9）の様式で記載される[2]。

炭素鎖長（C）26以上の超長鎖脂肪酸は分化後期のケラチノサイトおよび精巣に含まれる。精巣に含まれる脂肪酸は多価不飽和脂肪酸であるのに対して、ケラチノサイトは主に飽和脂肪酸および一価不飽和脂肪酸を産生している。ウマおよびロバの皮表脂質には大環状ラクトン（C32-36）お

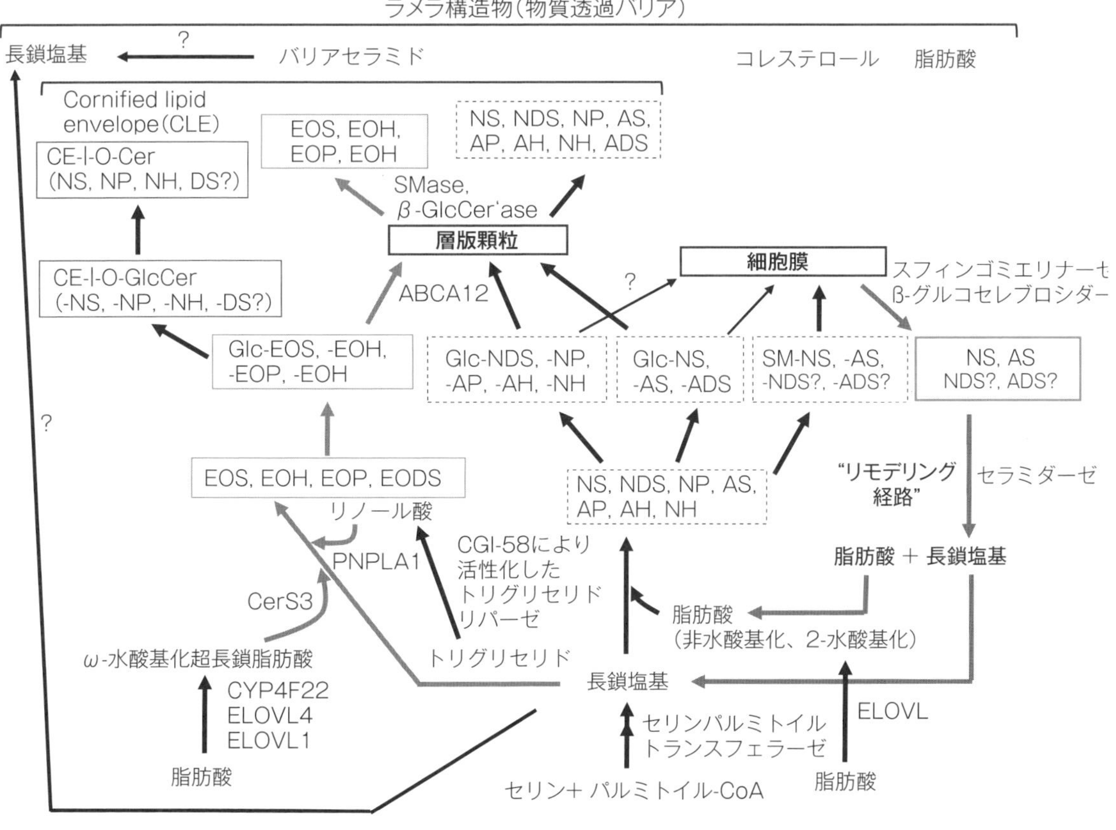

図2 バリアセラミドの生成

よび分岐鎖（メチル基）ω-ヒドロキシ脂肪酸が含まれており[3, 4]、皮脂腺においても超長鎖ω-ヒドロキシ脂肪酸が生合成されていると考えられる。おそらくウマやロバ以外の動物においても生成されていると考えられるが、その生理的意義は明らかになっていない。ケラチノサイトにおいて、ω-ヒドロキシ超長鎖脂肪酸はω-ヒドロキシセラミドの合成に利用される。ω-ヒドロキシセラミドのω水酸基は、リノール酸によりエステル化され、ω-*O*-アシルセラミドとなる。また、6-ヒドロキシスフィンゴシンは表皮以外で見出されていない。これら分子種多様性に富むセラミドは、コレステロール、遊離脂肪酸とともに角層の細胞間でラメラ（多層）膜構造物を形成し、物質透過バリアの本体となっている。セラミド、コレステロール、遊離脂肪酸のモル比率は1：1：1であるが、セラミドの分子量がコレステロールあるいは脂肪酸に比べて大きいため、セラミドの重量比は、角層の全脂質量の50％を占めている[5]。

(2) ω-O-アシルセラミドの生合成

ω-O-アシルセラミドは分化の後期のケラチノサイトで生成される。

1）超長鎖脂肪酸の合成：脂肪酸合成酵素により生合成されたC16の脂肪酸から、さらに長鎖の脂肪酸はアシルCoAの状態で脂肪酸伸長酵素系により生合成される。鎖長伸長の開始を司る7種類のアイソザイムのELOVL（Elongation of very long chain fatty acid protein；β-ケトアシルCoA合成酵素）が哺乳動物で同定されている[6-8]。この中で、ELOVL4は、C26以上の超長鎖脂肪酸を合成する[9]。ELOVL4は、表皮以外に網膜、脳、精巣などに発現している。ELOVL1は表皮では主にC24からC26への脂肪酸伸長に関わる。ELOVL1によって産生されたC26脂肪酸はELOVL4の基質となり、ω-*O*-アシルセラミドの合成に利用される。そのため*Elovl1*の欠損マウスではω-*O*-アシルセラミドが減少し、表皮透過バリアの形成異常が起きる[10]。これら2つ以外のELOVLは、重複した長鎖脂肪酸を合成することから、単独の*ELOVL*変異、欠損による皮膚の機能異常は観察されていない。

2）脂肪酸のω位水酸化：シトクロームP450（CYP）の4型のCYP4F22が、超長鎖脂肪酸を基質としてω位を水酸化する[11]。生成されたω-ヒドロキシ超長鎖脂肪酸のほとんどは、ω-*O*-アシルセラミドの合成に使われる。C16-18のω-ヒドロキシ脂肪酸は植物の外皮やスベリンに含まれる[12]。また、カルナバロウは超長鎖（C16-34）のω-ヒドロキシ脂肪酸を含む。これら植物のω水酸基化は、CYP78、86、92、94などの酵素によって起きている[12]。

3）ω-*O*-アシルセラミドの合成：ω-ヒドロキシセラミドは、ω-ヒドロキシ超長鎖アシルCoAと長鎖塩基を基質として、セラミド合成酵素3（CERS3）により合成される。次いで、ω位水酸基がトランスアシラーゼphospholipase domain containing 1（PNPLA1）によりアシル化され（正常な皮膚ではほとんどがリノール酸）、ω-*O*-アシルセラミドが合成される。PNPLA1はトリグリセリド中のリノール酸を直接ω-ヒドロキシセラミドに転移する[13, 14]。トリグリセリドリパーゼを活性化するタンパク質として同定されているCGI-58により[13-16]活性化したABHD5/CGI-58はPNPLA1によるω-*O*-アシルセラミド産生を促進させる。*ELOVL4*遺伝子の変異が原因となり、3型網膜変性症スターガルト（Stargardt type 3 retinal degeneration）と診断されている患者は、視覚異常を示す。また、神経症状と魚鱗癬症状を示すELOVL4遺伝子の変異患者が報告されている[17]。*CERS3*、*CYP4F22*、*ABHD5/CGI-58*および*PNPLA1*の変異が原因となる常染色体潜性遺伝性魚鱗癬患者において、ω-*O*-アシルセラミドの減少と表皮透過バリアの形成不全が起きている[13, 14, 18]。

4）角層セラミドの生成：分化後期のケラチノサイトは、多様な分子種のセラミドを合成する。生成したセラミドのほとんどは、グルコシルセラミドとスフィンゴミエリンに代謝され、その一部は、細胞の膜形成に利用される。他の組織の細胞と同様に膜の形成に利用されるセラミド、グルコシルセラミドとスフィンゴミエリンのほとんどはNS（少量成分としてAS、NP）を母骨格とすると考えられる。膜形成に利用されないグルコシルセラミドとスフィンゴミエリンは、分化後期のケラチノサイトに含まれる層板顆粒（ラメラ顆粒、ラメラボディ）に輸送される。グルコシルセラミドは、ABCA12（ATP binding cassette subfamily A member 12）により層板顆粒に輸送される[19]。層板顆粒には、これらスフィンゴ脂質以外にコレステロール、グリセロリン脂質やタンパク質あるいは脂質加水分解酵素も含まれる。これらの成分は、バリア形成や角層細胞の剥離に関与する。層板顆粒の内容物の分解、あるいは、内容成分の細胞内への放出は起きないと考えられる。したがって、層板顆粒は角層に必要な成分を格納し、角層に届ける細胞内小器官（バリアカーゴ）と言える。層板顆粒は、表皮以外に肺胞に分布し、肺サーファクタントを貯留している。肺サーファクタントは、ホスファチジルコリン（80-90%）とホスファチジルグリセロール（5-10%）を含有し、表皮の層板顆粒と内容物は違っている[20]。層板顆粒以外に分布するグルコシルセラミドとスフィンゴミエリンは、細胞内でβ-グルコセレブロシダーゼとスフィンゴミエリナーゼにより、セラミドに代謝されうる。さらに、セラミドは、セラミダーゼにより、脂肪酸と長鎖塩基に加水分解される。生成した脂肪酸と長鎖塩基は、*De novo*合成された脂肪酸と長鎖塩基のプールと合一し、当初、生成されなかった分子種の合成も可能となると考えられる[21]。この経路は、“セラミド分子のリモデリング経路”と呼称される（図2）。角層のバリア形成に必要なセラミド前駆体を貯留する層板顆粒とリモデリング経路が多様な分子種のセラミドの蓄積に寄与していると考えられる。

層板顆粒は、顆粒層から角層に移行する際、角層側の細胞膜に融合し、内容物を角層の細胞間に放出する。層板顆粒は、透過型電子顕微鏡観察で卵形の構造物として観察される[22]。一方、クライオ走査型電子顕微鏡および三次元電子顕微鏡観察により、層板顆粒は、細胞質から細胞膜につながる環状細網構造物として観察されている[23,24]。層板顆粒に含まれる成分（グルコシルセラミド、カテプシンD、カリクレレイコルネオデスモシン他）は別々の輸送体に存在している[25]。

層板顆粒から、細胞間に放出されたグルコシルセラミド、スフィンゴミエリン、コレステロールエステル、グリセロリン脂質は、各々の脂質を分解する加水分解酵素で、セラミド、脂肪酸、コレステロールとなり、ラメラ構造を形成し、表皮透過バリアとなる。これら主要な脂質成分以外に少量成分として含まれる長鎖塩基も安定したラメラ構造の形成に寄与している[26]。また、セラミド1-リン酸も含まれているが、その生理的な意義は明らかになっていない[27]。角層には、酸性セラミダーゼとアルカリセラミダーゼ1が含まれている[28,29]。したがって、角層内でセラミドが分解し、長鎖塩基と脂肪酸を産生する。角層内でセラミドが分解し、その分解程度が、深度で一定なら、セラミドの濃度勾配が角層で形成されると考えられる。さらに、角層内でのセラミドの分解と角層ラメラ構造の変化は、タンパク質分解酵素によるコルネオデスモソーム（角層細胞間を接着するタンパク質）の分解[30]とともに角層の剥離に寄与すると考えられる。しかしながら、実験的に角層内でセラミドが分解されているのか、あるいはセラミドの濃度勾配が形成されているのかは十分に調べられていない。したがって、角層に含まれる長鎖塩基は、角層で産生されたのか、あるいは顆粒層以下のケラチノサイトで産生されたものが角層に移送されたのか、どちらか明らかでない。角層に含まれる計12種のセラミドのすべてのクラスは、グルコシルセラミドから産生され、2種がスフィンゴミエリン（NS、AS）から産生される（図2）[31,32]。

結合型セラミドの生成：ω-*O*-アシルセラミドの分解から生じたω-ヒドロキシセラミドのω位の水酸基が角化不溶性膜（周辺帯；CE）の細胞間隙側に位置するタンパク質のグルタミン残基に共有結合し、角質細胞脂質外膜（Corneocyte lipid-bound envelope, CLE）を形成する。このタンパク質に結合したセラミドは、結合型セラミド、それ以外のセラミドは、非結合型セラミドと呼称されている。結合型セラミドは、以下の4段階の過程を経て形成される。

①ω-ヒドロキシセラミドの生成：ω-*O*-アシルグルコシルセラミド、あるいはω-*O*-アシルセラミド（β-グルコセレブロシダーゼ欠損マウスにおいてCE-*O*-グルコシルセラミドが蓄積するが、正常な皮膚においてω-*O*-アシルグルコシルセラミド、あるいはω-*O*-アシルセラミドのどちらがCEに結合するのかは明らかになっていない）のω-ヒドロキシ基にエステル結合

したリノール酸残基が12R-リポキシゲナーゼ（12R-lipoxygenase, 12R-LOX）により過酸化体となり、次いで、リポキシナーゼ3によりエポキシ水酸化され、さらにエポキシヒドロラーゼによるトリヒドロキシ化後、エステラーゼによりω-ヒドロキシセラミドが生成される[33]。②ω-*O*-アシルグルコシルセラミド、あるいはω-ヒドロキシセラミドが角化不溶性膜に結合し、CLEが形成される。化学合成したω-ヒドロキシセラミドの構造類似体を基質とした*in vitro*実験から、トランスグルタミナーゼIが、ω-ヒドロキシセラミドの角化不溶性膜への結合に関与する酵素であると報告されている[34]。しかし、トランスグルタミナーゼI（transglutaminase 1, TGM1）遺伝子が変異し、酵素活性が痕跡程度のラメラ魚鱗癬の患者角層においてもCLEは形成されている[35]。したがって、トランスグルタミナーゼI以外の酵素が関与している可能性がある。③次いで、角化不溶性膜（CE）-*O*-グルコシルセラミド（結合型セラミド）の場合、β-グルコシセレブロシダーゼにより、糖鎖が切断され、CE-*O*-セラミド（結合型セラミド）となる。④一部のCE-*O*-セラミドは、さらにセラミダーゼにより、セラミド部分が加水分解され、CE-*O*-超長鎖脂肪酸となる。

3 セラミドとその代謝産物のメディエーターとしての役割

層板顆粒や角層のラメラ構造物に取り込まれたセラミドは、メディエーターとして、細胞の機能に影響を与えるとは考えられない。ケラチノサイトの細胞膜に局在するスフィンゴミエリンから生成されたセラミド（NS、AS）が脂質メディエーターとなりうると考えられる（図1）。

ケラチノサイトにおいて、セラミドは、他の組織の細胞で明らかにされているように細胞の増殖を抑制し、分化および細胞死（アポトーシスあるいはネクローシス）を誘導する。ケラチノサイトにおける分化に伴う核の消失過程は、カスパーゼ14が関与する生理的なアポトーシスと考えられている[36]。

ケラチノサイトを対象とした研究から、紫外線照射を含めた酸化ストレスにより産生の高まったセラミドは、細胞死を誘導する。しかし、生理的（細胞死を誘導しない程度）な酸化ストレスにおいても、細胞死を誘導するストレスと同程度のセラミド量の増加が起きる。しかし、生理的なストレスの場合、生成したセラミドは、効率よく代謝（グルコシルセラミド、スフィンゴミエリン、スフィンゴシン1-リン酸およびセラミド1-リン酸）され、細胞死は惹起されない[37]。

皮膚は、紫外線、酸化ストレスや表皮透過バリアの崩壊などの外来的な侵襲を受けやすい。これら外来的な侵襲により、自然免疫を構成する抗菌ペプチドの産生が高まり、抗菌バリアを高める[38, 39]。この抗菌ペプチドの産生調節にスフィンゴ脂質が関わっている。外来的な侵襲により、小胞体ストレスが誘導され、セラミドの産生が高まる。セラミドから産生されたセラミド1-リン酸は、ホスホリパーゼA_2を活性化し、その結果産生の高まったプロスタグランジンJ_2は、PPARαおよびPPARβ/δを活性化する。次いで、これらPPARは、Srcタンパク質リン酸化酵素の活性化を介して、転写調節因子STAT1とSTAT3を活性化し、β-ディフェンシン（defensin, BD）2と3の転写を高める[40]（**図3**）。

また、小胞体ストレスにより増加したセラミドから生成されたスフィンゴシン1-リン酸は、カテリシジン抗菌ペプチド（CAMP、LL-37）の産生を高める。スフィンゴシン1-リン酸は、スフィンゴシン1-リン酸受容体と受容体非依存的な細胞内情報伝達経路により生体機能を調節する。TNFα受容体の活性化によるNF-κBの活性化にスフィンゴシン1-リン酸受容体非依存的な細胞内情報伝達経路が関与している[41]。スフィンゴシン1-リン酸がTRAF2タンパク質に結合して情報伝達複合体を形成し、NF-κBの活性化を介して抗アポトーシス作用を示す[42]。しかし、小胞体ストレスを介した場合、スフィンゴシン1-リン酸は、TRAF2に結合せず、二つの熱ショックタンパク質（HSP90αと小胞体に在住するGRP94）と結合し、IRE1α（小胞体ストレスで活性化する小胞体内タンパク質）、TRAF2、RIP1とともに小胞体膜で情報伝達複合体を形成し、RIP1のポリユビキチン化を介して、転写調節因子NF-κBを活性化する[42]。NF-κBは、c/EBPαを活性化し、カテルシディンの転写を高める[42]（図3）。TNF

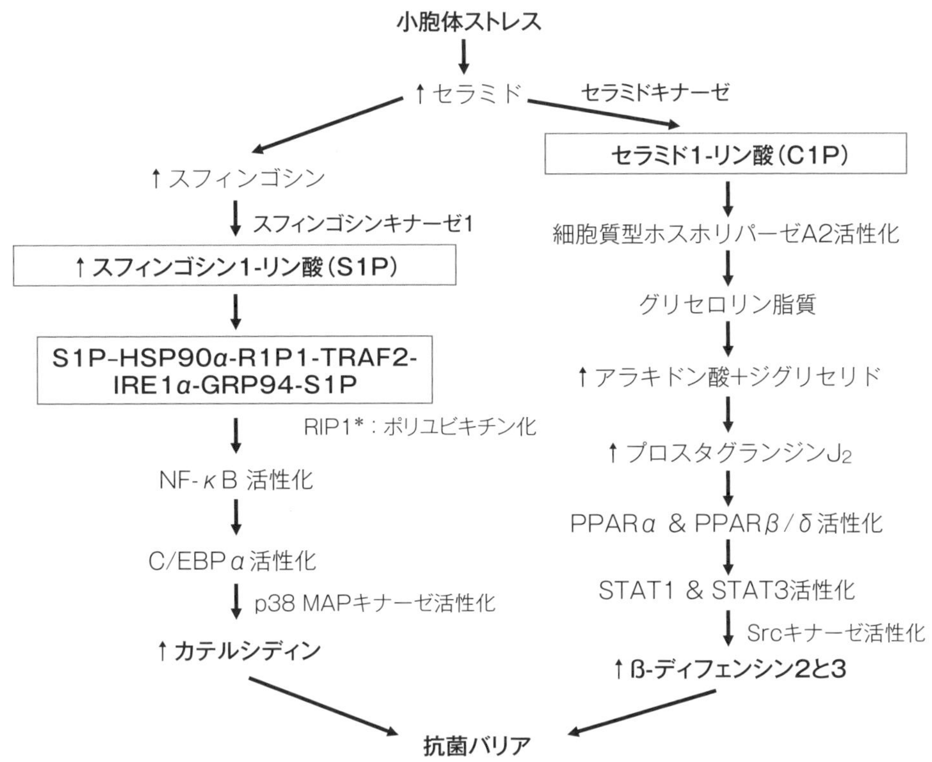

図3　小胞体ストレスにより誘導されるスフィンゴシン1-リン酸とセラミド1-リン酸依存的な抗菌ペプチドの産生促進

α受容体の活性化の場合、スフィンゴシン1-リン酸は、HSP90αとGRP94に結合せず、TRAF2に結合する[42]。スフィンゴシン1-リン酸は、違った刺激に応じて、異なったタンパク質（スフィンゴシン1-リン酸受容体、TRAF2[41]、HSP90[42]、IRF1[43]など）に結合することで増殖亢進、分化促進、アポトーシス誘導、抗アポトーシス、炎症抑制あるいは炎症惹起など、相反するとも言える多様な細胞反応を調節していると考えられる。

小胞体ストレスによるスフィンゴシン1-リン酸に依存的なカテルシディンの産生上昇は、ケラチノサイト以外の上皮系細胞、免疫系細胞においても起きる[42]。一方、ケラチノサイトの分化に伴う、スフィンゴシン1-リン酸依存的なカテルシディンの産生はケラチノサイトにおいて特徴的と考えられる（**図4**）。分化に伴い、ケラチノサイトにおいて生理的レベルの小胞体ストレスの発生が観察される[44]。また、分化に依存して産生の高まる表皮のタンパク質の生成に小胞体ストレスの発生が必要とされている[45]。スフィン

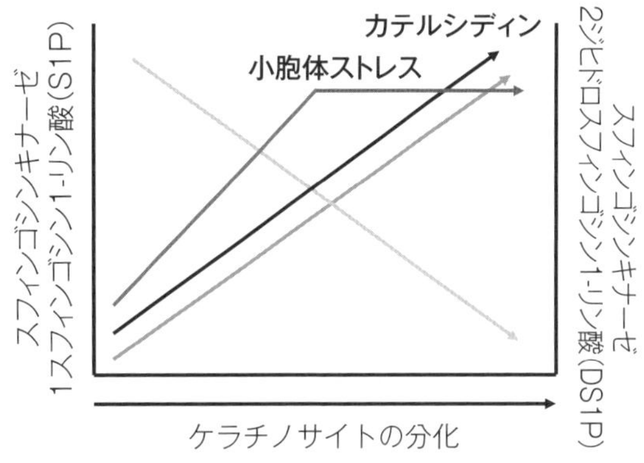

図4　ケラチノサイトの分化にともなうカテルシディン抗菌ペプチド産生亢進

ゴシンキナーゼ（SPHK）1とSPHK2は、スフィンゴシンとジヒドロスフィンゴシン（スフィンガニン）を基質とし、スフィンゴシン1-リン酸とジヒドロスフィンゴシン1-リン酸を産生するもののSPHK2は、ジヒドロスフィンゴシンに対する基質特異性が高い[46]。ジヒドロスフィンゴシン1-リン酸は、HSP90に結合しないため、カテリ

シジン抗菌ペプチドの産生を誘導しない[42]。分化に伴い、SPHK1の発現とスフィンゴシン1-リン酸量は高まるが、SPHK2の発現とジヒドロスフィンゴシン1-リン酸量は低下する[42]。さらに、SPHK1の発現や活性を抑制し、スフィンゴシン1-リン酸の産生が低下させたケラチノサイト、また、SPHK2を過剰発現させたケラチノサイトにおいて、カテリシジン抗菌ペプチドの産生は低下する。一方、SPHK2の発現および活性を抑制させた細胞においてカテリシジン抗菌ペプチドの産生は増加する[46]。したがって、分化に伴うカテリシジン抗菌ペプチド量の増加は、SPHK1の発現上昇によるスフィンゴシン1-リン酸量の増加とSPHK2の発現低下とジヒドロスフィンゴシン1-リン酸の低下の結果によるものと考えられる。これらケラチノサイトの正常な分化に生理的な小胞体ストレスが必要とされている[46]。

4 おわりに

一部のアトピー性皮膚炎やバリア機能の低下した患者の角層でセラミド量の低下、分子種の変化が明らかになっているが、その原因は明らかになっていない。また、セラミドとその代謝産物がケラチノサイトの分化調節作用についても、解明が進んでいない。角層の物質透過バリアは、堅牢性という立場から研究がなされおり、ラメラ構造の不均一性・脆弱性に関する研究は、ほとんどなされてない。生体膜において、セラミド量の増加により、膜に湾曲が起き、相転移が引き起こされる。角層には脂質やタンパク質の分解酵素が含まれており、角層細胞間で構成成分の分解が局所で起こり、ラメラ構造に変化が起きることは十分に考えられる。事実、皮膚において、堅牢で均一なラメラ構造から説明できない物質の透過（ナノ粒子や細菌）が起きている。アトピー性皮膚炎を含めて、物質透過バリア機能の低下を伴う皮膚疾患における角層のセラミド量の低下と分子種組成の変化の原因、セラミドとその代謝産物のケラチノサイトの分化調節作用、さらに、ラメラ構造の不均一性の解明は、皮膚の疾患治療とスキンケア法の確立につながるものと思われる。

＊米国パーソナルケア製品評議会（Personal Care Products Council, PCPC）は、過去の一つの資料をもとにNDSをNGと命名したためNDSの化粧品成分国際表示名称（International Nomenclature of Cosmetic Ingredient, INCI名）は、NGとなっている。科学論文・著作と整合性が合わなくなることから、筆者を含め、欧米のセラミドの研究者がPCPCに訂正を嘆願しているが、訂正されていない。

【参考文献】

1）Uchida, Y. and K. Park, *Stratum Corneum*. Immunology of the skin. 2016, Tokyo: Springer. 15-30.
2）Masukawa, Y., H. Narita, *et al*., Characterization of overall ceramide species in human stratum corneum. *J Lipid Res*, (2008).
3）Downing, D.T. and S.W.t. Colton, *Skin surface lipids of the horse. Lipids*, **15**: 323-7, (1980).
4）Frost, M.L., S.W.t. Colton, *et al*., *Structures of the dienoic lactones of horse sebum*. Comparative Biochemistry and Physiology. B: *Comparative Biochemistry*, **78**: 549-52, (1984).
5）Man, M.M., K.R. Feingold, *et al*., Optimization of physiological lipid mixtures for barier repair. *Journal of Investigative Dermatology*, **106**: 1096-101, (1996).
6）Jakobsson, A., J.A. Jorgensen, *et al*., Differential regulation of fatty acid elongation enymes in brown adipocytes implies a unique role for Elovl3 during increased fatty acid oxidation. *Am J Physiol Endocrinol Metab*, **289**: E517-26, (2005).
7）Guillou, H., D. Zadravec, *et al*., The key roles of elongases and desaturases in mammalian fatty acid metabolism: Insights from transgenic mice. *Prog Lipid Res*, **49**: 186-99, (2010).
8）Ohno, Y., S. Suto, *et al*., ELOVL1 production of C24 acyl-CoAs is linked to C24 sphingolipid synthesis. *Proc Natl Acad Sci USA*, **107**: 18439-44, (2010).
9）Uchida, Y., The role of fatty acid elongation in epidermal structure and function. *Dermatoendocrinol*, **3**: 65-9, (2011).
10）Sassa, T., Y. Ohno, *et al*., Impaired epidermal permeability barrier in mice lacking elovl1, the gene responsible for very-long-chain fatty acid production. *Mol Cell Biol*, **33**: 2787-96, (2013).
11）Ohno, Y., S. Nakamichi, *et al*., Essential role of the cytochrome P450 CYP4F22 in the production of acylceramide, the key lipid for skin permeability barrier formation. *Proc Natl Acad Sci USA*, **112**: 7707-12, (2015).
12）Pinot, F. and F. Beisson, Cytochrome P450 metabolizing fatty acids in plants: characterization and physiological roles. *FEBS J*, **278**: 195-205, (2011).
13）Hirabayashi, T., T. Anjo, *et al*., PNPLA1 has a crucial role in skin barrier function by directing acylceramide biosynthesis. *Nat Commun*, **8**: 14609, (2017).
14）Ohno, Y., N. Kamiyama, *et al*., PNPLA1 is a

transacylase essential for the generation of the skin barrier lipid omega-*O*-acylceramide. *Nat Commun*, **8**: 14610, (2017).

15) Radner, F.P., I.E. Streith, *et al*., Growth retardation, impaired triacylglycerol catabo-lism, hepatic steatosis, and lethal skin barrier defect in mice lacking comparative gene identification-58 (CGI-58). *J Biol Chem*, **285**: 7300-11, (2010).

16) Uchida, Y., Y. Cho, *et al*., Neutral lipid storage leads to acylceramide deficiency, likely contributing to the pathogenesis of Dorfman-Chanarin syndrome. *J Invest Dermatol*, **130**: 2497-9, (2010).

17) Akiyama, M., Corneocyte lipid envelope (CLE), the key structure for skin barrier func-tion and ichthyosis pathogenesis. *J Dermatol Sci*, **88**: 3-9, (2017).

18) Pichery, M., A. Huchenq, *et al*., PNPLA1 defects in patients with autosomal recessive congenital ichthyosis and KO mice sustain PNPLA1 irreplaceable function in epidermal omega-*O*-acylceramide synthesis and skin permeability barrier. *Hum Mol Genet*, **26**: 1787-1800, (2017).

19) Akiyama, M., Y. Sugiyama-Nakagiri, *et al*., Mutations in lipid transporter ABCA12 in harlequin ichthyosis and functional recovery by corrective gene transfer. *J Clin Invest*, **115**: 1777-84, (2005).

20) Schmitz, G. and G. Müller, Structure and function of lamellar bodies, lipid-protein complexes involved in storage and secretion of cellular lipids. *Journal of Lipid Re-search*, **32**: 1539-70, (1991).

21) Hamanaka, S., S. Nakazawa, *et al*., Glucosylceramide accumulates preferentially in lamellar bodies in differentiated keratinocytes. *Br J Dermatol*, **152**: 426-34, (2005).

22) Elias, P.M., Lipid abnormalities and lipid-based repair strategies in atopic dermatitis. *Biochim Biophys Acta*, **1841**: 323-30, (2014).

23) Ishida-Yamamoto, A., M. Simon, *et al*., Epidermal lamellar granules transport different cargoes as distinct aggregates. *J Invest Dermatol*, **122**: 1137-44, (2004).

24) den Hollander, L., H. Han, *et al*., Skin Lamellar Bodies are not Discrete Vesicles but Part of a Tubuloreticular Network. *Acta Derm Venereol*, (2015).

25) Ishida-Yamamoto, A., C. Deraison, *et al*., LEKTI is localized in lamellar granules, separated from KLK5 and KLK7, and is secreted in the extracellular spaces of the su-perficial stratum granulosum. *J Invest Dermatol*, **124**: 360-6, (2005).

26) Loiseau, N., Y. Obata, *et al*., Altered sphingoid base profiles predict compromised membrane structure and permeability in atopic dermatitis. *J Dermatol Sci*, **72**: 296-303, (2013).

27) Goto-Inoue, N., T. Hayasaka, *et al*., Imaging mass spectrometry visualizes ceramides and the pathogenesis of dorfman-chanarin syndrome due to ceramide metabolic abnor-mality in the skin. *PLoS One*, **7**: e49519, (2012).

28) Houben, E., W.M. Holleran, *et al*., Differentiation-associated expression of ceramidase isoforms in cultured keratinocytes and epidermis. *J Lipid Res*, **47**: 1063-70, (2006).

29) Lin, T.K., D. Crumrine, *et al*., Cellular Changes that Accompany Shedding of Human Corneocytes. *J Invest Dermatol*, **132**: 2430-2439, (2012).

30) Horikoshi, T., S. Igarashi, *et al*., Role of endogenous cathepsin D-like and chymotryp-sin-like proteolysis in human epidermal desquamation. *Br J Dermatol*, **141**: 453-9, (1999).

31) Uchida, Y., M. Hara, *et al*., Epidermal sphingomyelins are precursors for selected stra-tum corneum ceramides. *J Lipid Res*, **41**: 2071-82, (2000).

32) Hamanaka, S., M. Hara, *et al*., Human epidermal glucosylceramides are major precur-sors of stratum corneum ceramides. *J Invest Dermatol*, **119**: 416-23, (2002).

33) Zheng, Y., H. Yin, *et al*., Lipoxygenases mediate the effect of essential fatty acid in skin barrier formation: a proposed role in releasing omega-hydroxyceramide for construction of the corneocyte lipid envelope. *J Biol Chem*, **286**: 24046-56, (2011).

34) Nemes, Z., L.N. Marekov, *et al*., A novel function for transglutaminase 1: attachment of long-chain omega-hydroxyceramides to involucrin by ester bond formation. Proceed-ings of the National Academy of Sciences of the United States of America, **96**: 8402-7, (1999).

35) Elias, P.M., M. Schmuth, *et al*., Basis for the permeability barrier abnormality in lamel-lar ichthyosis. *Exp Dermatol*, **11**: 248-256., (2002).

36) Denecker, G., P. Ovaere, *et al*., Caspase-14 reveals its secrets. *J Cell Biol*, **180**: 451-8, (2008).

37) Uchida, Y., E. Houben, *et al*., Hydrolytic pathway protects against ceramide-induced apoptosis in keratinocytes exposed to UVB. *J Invest Dermatol*, **130**: 2472-80, (2010).

38) Aberg, K.M., M.Q. Man, *et al*., Co-regulation and interdependence of the mammalian epidermal permeability and antimicrobial barriers. *J Invest Dermatol*, **128**: 917-25, (2008).

39) Hong, S.P., M.J. Kim, *et al*., Biopositive effects of low-dose UVB on epidermis: coor-dinate upregulation of antimicrobial peptides and permeability barrier reinforcement. *J Invest Dermatol*, **128**: 2880-7, (2008).

40) Kim, Y.I., K. Park, *et al*., An endoplasmic reticulum stress-initiated sphingolipid me-tabolite, ceramide-1-phosphate, regulates epithelial innate immunity by stimulating beta-defensin production. *Mol Cell Biol*, **34**: 4368-78, (2014).

41) Alvarez, S.E., K.B. Harikumar, *et al*., Sphingosine-1-phosphate is a missing cofactor for the E3 ubiquitin ligase TRAF2. *Nature*, **465**: 1084-8, (2010).

42) Park, K., H. Ikushiro, *et al*., ER stress stimulates production of the key antimicrobial peptide,

cathelicidin, by forming a previously unidentified intracellular S1P signaling complex. *Proc Natl Acad Sci USA*, **113**: E1334-42, (2016).

43) Harikumar, K.B., J.W. Yester, *et al.*, K63-linked polyubiquitination of transcription fac-tor IRF1 is essential for IL-1-induced production of chemokines CXCL10 and CCL5. *Nat Immunol*, **15**: 231-8, (2014).

44) Shin, K.O., K.P. Kim, *et al.*, Both Sphingosine Kinase 1 and 2 Coordinately Regulate Cathelicidin Antimicrobial Peptide Production during Keratinocyte Differentiation. *J Invest Dermatol*, **139**: 492-494, (2019).

45) Sugiura, K., Y. Muro, *et al.*, The Unfolded Protein Response Is Activated in Differen-tiating Epidermal Keratinocytes. *J Invest Dermatol*, **129**: 2126-35, (2009).

46) Liu, H., M. Sugiura, *et al.*, Molecular cloning and functional characterization of a novel mammalian sphingosine kinase type 2 isoform. *J Biol Chem*, **275**: 19513-20, (2000).

総論編 7

植物のセラミド関連脂質

石川　寿樹*1、今井　博之*2

1 はじめに

植物のスフィンゴ脂質生合成経路において、L-セリンとパルミトイルCoAの縮合反応から始まり、ジヒドロセラミドをへてセラミドを生成させる酵素反応は，動物におけるセラミド合成までの各反応と同様である。なお、本稿では、スフィンゴイド塩基（長鎖塩基、long-chain-base；LCB）のアミノ基にアシル基がアミド結合したもの（*N*-アシルスフィンゴイド）を総称してセラミドと呼ぶ。植物のスフィンゴ脂質を網羅的に分析すると、グリコシルイノシトールホスホセラミド（glycosylinositolphosphoceramide, GIPC）とグルコシルセラミド（GlcCer）で全体のほぼ9割を占める。また、植物スフィンゴ脂質の化学構造を動物や酵母に存在するそれと比較したときに特徴的なことは、スフィンゴ脂質の基本骨格であるLCBの構造多様性により、非常に多くのセラミド分子が存在する点であろう。

一方で、このセラミド分子の構造多様性は、専らGlcCerに見出されるのであるが、その生理的意義については不明である。本稿では、主として旧版以降の植物スフィンゴ脂質の研究を概説するとともに、植物スフィンゴ脂質の構造多様性を解析する最近の分析法についても述べる。特に、近年、次第に明らかにされつつあるGIPCについて、その構造と生合成経路、生理機能を概説する。

2 植物のスフィンゴ脂質の構造と生合成

LCB合成の初発反応を担うセリンパルミトイル転移酵素（serine palmitoyltransferase; SPT）は、LCB1とLCB2からなるヘテロダイマーであるが[1)]、近年、このヘテロダイマーと相互作用し、SPTの活性調節に関わるいくつかの膜タンパク質がシロイヌナズナにおいて同定された。小サブユニットSPT（small subunits of SPT、ssSPT）は、SPT活性を正に制御するのに対し、ヒトや酵母のオロソムコイド様タンパク質（ORM）のホモログとして同定されたシロイヌナズのAtORM1およびAtORM2は、SPT活性を負に制御する[2, 3)]。

近年、酵母*Saccharomyces cerevisiae*セラミド合成酵素LAG1のホモログとして、三つのアイソフォーム（LOH1、LOH2、LOH3）がシロイヌナズナにおいて同定されており、このうちLOH1およびLOH3は、フィトスフィンゴシンと極長鎖脂肪酸のアシルCoAを良い基質とするのに対し、LOH2はジヒドロスフィンゴシンとパルミトイルCoAに対して基質特異性が高いことが報告されている[4-6)]。また、セラミド分子におけるLCBのC-8、9位間の不飽和化と、アシル鎖のα位での水酸化は、それぞれ遊離LCBの段階、あるいはアシルCoAの段階ではなく、セラミドの段階で起こると考えられている[7, 8)]。

植物のスフィンゴ脂質を構成するLCBとして現在までに見出されているものは、スフィンゴシン［4-トランス-スフィンゲニン、d18:1（4t）］、ジヒドロスフィンゴシン（スフィンガニン、d18:0）、フィトスフィンゴシン（t18:0）の他に、8-不飽和（シスまたはトランス）型のLCBである（**図1**）[9, 10)]。また、これら以外に、微量ではあるものの、トウモロコシからスフィンガトリエニン（d18:3）の存在が報告されている[11)]。植物

＊1 埼玉大学大学院 理工学研究科、＊2 甲南大学 理工学部 生物学科

GlcCerの特徴の一つは、8-不飽和（シスまたはトランス）型のLCBが主要な構成成分として見いだされることであるが、LCBのC-8不飽和化酵素の遺伝子が欠損したシロイヌナズナ突然変異株の解析によって、8-シス不飽和LCBを持つセラミドは、主としてGlcCerへ変換されることが示されている[7)]。また、8-不飽和LCBを持たないシロイヌナズナの突然変異株は、致死ではないが矮性となり、低温ストレスに対して弱くなることが報告されている[7, 12)]。

植物GlcCerのLC-MS/MS分析に際し、同じアシル鎖を持ちLCB部分のC-8位二重結合のシス-トランス異性だけが異なるGlcCer分子種は分子量が同じなので、MS/MS分析の前にシス-トランス異性体をそれぞれ分離させる必要がある。筆者らは、GlcCer分子種のベースライン分離のために、炭素含量の高いODSカラムと0.1％ギ酸を含むメタノール/水を移動相溶媒として使用している[13)]。また、多重反応モニタリング（multiple reaction monitoring, MRM）によるGlcCer分子種のプロダクトイオンの検出は、LCB部分で行っている。

8-不飽和（シスまたはトランス）型のLCBは、主成分として遊離LCBにも見出される。シロイヌナズナの葉には、ジヒドロスフィンゴシンやフィトスフィンゴシンといった飽和型LCBの他に、8-不飽和型のLCBが検出される。一方、シロイヌ

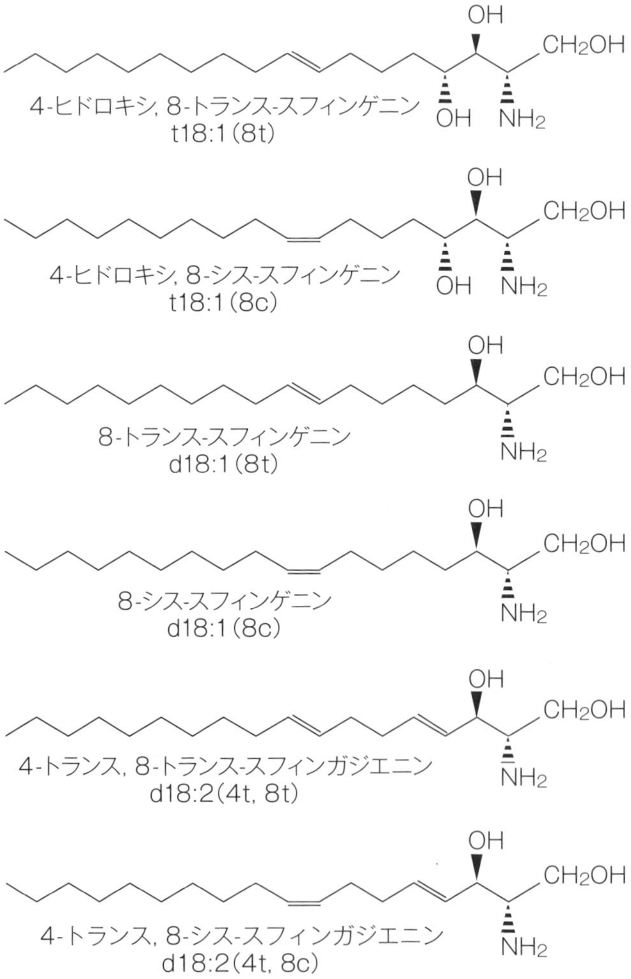

4-ヒドロキシ, 8-トランス-スフィンゲニン
t18:1(8t)

4-ヒドロキシ, 8-シス-スフィンゲニン
t18:1(8c)

8-トランス-スフィンゲニン
d18:1(8t)

8-シス-スフィンゲニン
d18:1(8c)

4-トランス, 8-トランス-スフィンガジエニン
d18:2(4t, 8t)

4-トランス, 8-シス-スフィンガジエニン
d18:2(4t, 8c)

図1　植物のスフィンゴ脂質に存在する8-不飽和型のスフィンゴイド塩基（LCB）の構造
炭素鎖C_{18}からなる6種類の8-不飽和型LCBが植物で見出されており、グルコシルセラミド（GlcCer）の主要な構成LCBである。

ナズナの葉をセラミド合成酵素阻害剤のフモニシンB_1（fumonisin B_1, FB_1）で数日処理すると、無処理群に比べてジヒドロスフィンゴシンやフィトスフィンゴシンの顕著な増加がみられるが、8-不飽和型のLCBは増加しない[14]。この結果から、LCBの8-不飽和化は、セラミドの段階で行われることが明らかとなった。LC-MS/MS分析によって遊離LCBを定量する際、LCBの８位のシス-トランス異性体を分離する場合は、LCBのアミノ基を修飾して分析する方がよい結果が得られている。筆者らはLCBのアミノ基を4-フルオロ-7-ニトロベンゾフラザン（NBD-F）というアミノ酸分析に使用される蛍光試薬を使用する方法を検討した[15, 16]。従来から、LCBのアミノ基をオルトフタルアルデヒドによって蛍光ラベルし蛍光分光検出器によって分析する方法が知られているが[17]、この方法は非常に高感度であるものの、フタルアルデヒド誘導体は分解が速いという欠点を持っている。一方、NBD誘導体は保存安定性もよい。

3 GIPCの構造と多様性

植物におけるリンと糖鎖構造を含有するスフィンゴ脂質クラスの存在が初めて報告されたのは1958年にさかのぼるが[18]、その実体であるGIPCの分子レベルでの理解は、2000年代に入るまでほとんど進展しなかった。この最大の要因として、GIPCがクロロホルム/メタノール/水をベースとする一般的な脂質抽出溶媒に難溶なことが挙げられる。しかし近年、1M塩酸含有70％エタノールによる還流抽出と冷却沈殿を組み合わせた手法や[19]、イソプロパノール/水/ヘキサンの混合液を用いた総スフィンゴ脂質の抽出法など[20]、植物組織からGIPCを効率よく調製する方法が確立され、質量分析法の発展と相まって急速に理解が進みつつある。

植物GIPCの質量分析法として、LC-ESI-MS/MSまたはMALDI-MS/MSを用いた方法が確立されている。前者は全スフィンゴ脂質分子種のターゲット定量分析に利用されるほか、植物に固有なGIPC糖鎖構造およびセラミド構造をもとに、プロダクトイオンスキャンやニュートラルロススキャンによる定性的解析も可能である[21]。一方、MALDI-MS/MSは未知試料のGIPC分子種同定に用いられており、特にESIではイオン化が難しい分子量2,000前後の長い糖鎖を含有する分子種の検出において力を発揮する[22]。これらの質

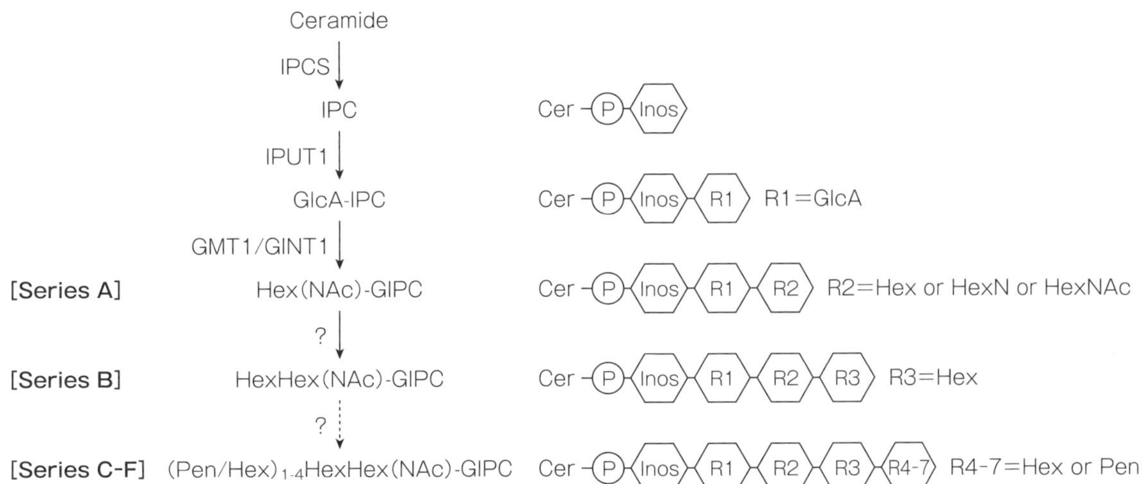

図2　植物GIPCの構造と生合成経路

ゴルジ体に輸送されたセラミドは、IPCSおよびIPUT1によりGlcA-IPCとなり、続いてGMT1が作用するとヘキソース型GIPCが、GINT1が作用するとヘキソサミン型GIPCが生成される。これらをシリーズAと呼び、もう一分子のヘキソースが転移されたシリーズB、さらにヘキソースやペントースが複数転移されたシリーズFまでの分子種が同定されているが、これらの糖転移反応を触媒する酵素は未同定である。R1～R7は第一～第七糖残基を示す。P：リン酸、Inos：イノシトール、Hex：ヘキソース、HexN：ヘキソサミン、HexNAc：*N*-アセチルヘキソサミン、Pen：ペントース。

量分析法により、これまでに多くの植物種においてGIPCの分子構造が同定されてきた。**図2**に示すように、陸上植物ではセラミド－リン酸－イノシトール－グルクロン酸からなるコア構造が全ての種で共通しており、これに多様な糖残基が付加される。グルクロン酸を第一糖残基として、第二糖以降の糖残基数に応じて、シリーズA、シリーズB、シリーズC…とする分類法が提唱されている[19]。シリーズA糖鎖の末端に位置する第二糖残基（図２のR2）は、植物の種や組織によって多様性を示す。単子葉イネ科植物やタバコ、トマトなどの双子葉植物では、全ての組織でグルコサミンまたは*N*-アセチルグルコサミンといったヘキソサミン型であるのに対し、シロイヌナズナの大部分の組織ではマンノースを主とするヘキソース型のみが存在する[20, 21]。しかしながら、同じシロイヌナズナでも、花粉や種子ではヘキソサミン型とヘキソース型の両方が存在する[23, 24]。同様の両糖鎖型の共存は、マメ科植物でも報告がある[25]。このようなGIPC糖鎖の多様性は、基質特異性の異なる複数の糖転移酵素のはたらきによることが明らかになっている。これについては次節で詳しく述べる。

第二残基の糖分子種の違いに加え、糖鎖長も植物種によって異なる。これまでの知見から、多くの双子葉植物ではシリーズAが全GIPCの90％以上を占めるのに対し、単子葉植物ではヘキソースがさらに一残基付加されたシリーズBを主要分子種として含むものが多いようである[22]。また、MALDI-MSを用いた解析から、シリーズBより長い糖鎖を有するGIPCも報告された[19]。MS/MS解析の結果、上述のシリーズBの第三糖に位置するヘキソース残基に、さらに複数のヘキソースもしくはペントースが付加された構造であると推定されている。これらは当初シロイヌナズナやタバコの培養細胞でのみ存在が報告されたが[22]、筆者らは、シロイヌナズナの葉にもシリーズE分子種が存在することを確認している。しかしながらその存在量はシリーズAおよびBの主要分子に比べ極めて微量であると考えられ、分子機能や合成経路の解明は今後の研究課題である。

GIPCのセラミド骨格は、植物におけるもうひとつの主要スフィンゴ脂質クラスであるGlcCerとは大きく異なる。植物種によって多少幅があるが、一般的にGlcCerは8-シス不飽和型LCBとC16～C20の脂肪酸を多く含むのに対し、GIPCはこれらの分子種をほとんど含まず、飽和型のフィトスフィンゴシンまたはその8-トランス不飽和型と、C24を中心にC22～C26の極長鎖脂肪酸を主成分とする[21, 26]。このことから、植物のGlcCerとGIPCは生合成の過程でセラミド骨格に基づく厳密な選別を受けており、また生体膜の疎水領域を構成するセラミド骨格と膜表面に露出する親水構造の両面において、全く異なる分子機能を持つと推測される。

4 GIPCの生合成経路

植物において、小胞体で合成されたセラミドは、そのまま小胞体でGlcCerとなる経路と、ゴルジ体に輸送された後にGIPCとなる経路にわかれる。上述のように、GlcCerとGIPCではセラミド骨格の構造が大きく異なることから、小胞体－ゴルジ体間のスフィンゴ糖脂質合成系において、セラミド構造に依存した選別機構が存在すると推測される。しかしながら、動物のスフィンゴミエリン生合成におけるCERTのような輸送体は植物ではみつかっておらず、セラミド構造に特異的なスフィンゴ糖脂質生合成の分子機序は不明である。

ゴルジ体に輸送されたセラミドは、その内腔において多段階の修飾を受けGIPCへ変換される。近年、シリーズA糖鎖の形成に必要な三段階の反応を触媒する酵素が同定された（図２）。第一の反応は、inositolphosphoceramide synthase（IPCS）によるホスファチジルイノシトールからの親水部転移反応である[27]。産物であるIPCは、酵母や菌類にみられるマンノース型GIPC（mannosylinositolphosphoceramide, MIPC）の生合成中間体と同一であるが、植物の酵素は酵母のIPCSであるAUR1とアミノ酸配列の相同性が低く、むしろホスホコリンの転移反応を触媒する動物のスフィンゴミエリン合成酵素に近い。第二反応は植物に固有のinositolphosphoceramide glucuronic acid transferase 1（IPUT1）によるグルクロン酸転移反応であり、種を超えて共通なコア構造であるGlcA-IPCが生成する[28]。第三反応は、植物の種や組織によって異なる酵素が作用し、２つのタイプのシリーズA糖鎖が合成される。筆者らがはじめに同定したGIPC mannosyl transferase 1（GMT1）は、GlcA-IPCコア構造にヘキソースを特異的に転移する酵素である[29]。さらに最近、筆者らは第二のシリーズA合成酵素として、*N*-アセチルヘキソサミン特異的なGINT1を同定した[24]。これら2種の糖転移酵素は、どちらも植物ゲノム中に普遍的に保存されているが、GMT1はシロイヌナズナでは全身で発現しているのに対し、イネやタバコではほとんど発現がみとめられない。一方、GINT1はシロイヌナズナでは花粉や種子のみに発現部位が限定されるが、イネやタバコでは全組織で普遍的に発現している。これらの発現パターンは、前述のヘキソース型およびヘキソサミン型GIPCの組織分布と一致していることから、これらの糖鎖型はGMT1とGINT1の発現制御によって決定されることが明らかとなった。シリーズA 糖鎖の一部はさらに糖が付加され、シリーズB以降の長い糖鎖が生成されると考えられるが、その経路および酵素遺伝子は未同定である。

これまでに、上述のGIPC合成酵素を欠損する変異植物が作出されており、GIPC糖鎖の欠損が、その程度に相関した生育不全の表現型を示すことが明らかになっている。シロイヌナズナでは、IPUT1の機能欠損は花粉管ガイダンスに異常をきたして雄性不稔となり、その結果ホモ接合型の変異個体を得ることができない[28, 30]。シリーズA糖鎖末端のヘキソース残基を欠損する*gmt1*変異体は、密閉容器中の栄養培地上では発芽することができるが、その実生は極めて重篤な矮性を示し、発芽後に土壌へ移植するとすみやかに枯死する（**図3**）[29]。また、GMT1によるヘキソース転移反応の基質である糖ヌクレオチドをゴルジ体内腔に輸送するGONST1の欠損変異体は、正常なシリーズAのGIPC含量が野生型の10％程度に減少し、その結果*gmt1*と同様だが、若干緩和された表現型を示す[31]。一方、イネではシロイヌナズナと異なりGINT1が主に発現しヘキソサミン型のシリーズAおよびB分子が合成されるが、この酵素の機能欠損は、シロイヌナズナ*gmt1*変異体

図3　シロイヌナズナのシリーズA糖鎖欠損および異種相補系統

（A）3週齢のシロイヌナズナ野生型（上）および*gmt1*変異体（下）。ヘキソース型シリーズA糖鎖を欠損する*gmt1*変異体は、重篤な矮性を示し、さらに葉が白変し枯死に至る。（B）6週齢のシロイヌナズナ野生型（左）および*gmt1*変異体にGINT1を異所的に発現させた異種相補系統（中、右）。欠損したヘキソース型の代わりにヘキソサミン型糖鎖を合成させると、生育はわずかに回復するが、依然として組織の白変や高い不稔率が観察される。スケールバーは5 cmを示す。

と同様に実生致死の表現型をもたらす[25]。すなわち、シロイヌナズナとイネでは主要なGIPC糖鎖構造が異なるが、それらは同様に成長に必須である。しかしながら、シロイヌナズナ***gmt1***変異体にGINT1を異所的に発現させ、ヘキソース型の代わりに本来存在しないヘキソサミン型GIPCを合成させても、その表現型は完全には回復しない（図3）[25]。このことから、第二糖を構成するヘキソース残基とヘキソサミン残基は、少なくとも部分的に異なる分子機能を果たしていると考えられる。より複雑な糖鎖も含め、植物におけるGIPC糖鎖の多様性がどのような生物学的重要性をもっているのか、今後の解明が待たれる。

5 植物の生体膜におけるスフィンゴ脂質の機能

質量分析法によるスフィンゴ脂質構造の解明と並行して、ライブイメージングや生化学的解析により、植物細胞膜におけるスフィンゴ脂質の機能的重要性に関する多くの知見が得られ始めている。植物細胞には、動物で普遍的なコレステロールとは少し化学構造の異なるシトステロールやスティグマステロールなどの植物ステロールが存在しているが、スフィンゴ脂質がこれらのステロール依存的にマイクロドメイン構造を形成する点は動物細胞と同様である[32]。一方、植物のスフィンゴ脂質に特徴的な分子構造は、マイクロドメイン形成に多面的な影響を及ぼすと考えられる。植物のスフィンゴ脂質は、大部分のセラミドアシル鎖がα-ヒドロキシ化されている。これは水素結合による安定なドメイン形成を促進する。脂肪酸α-ヒドロキシ化酵素であるFAHのノックダウンイネでは、マイクロドメイン構造が減少し、初期病原応答における膜タンパク質因子の相互作用が損なわれる結果、いもち病菌感染への抵抗性が低下する[33]。またLCBの8-シス不飽和結合は植物のみにみられる構造であるが、これはドメイン形成には負に作用すると考えられる。シス型結合を有するGlcCerが増加したイネでは、flotillinなど一部のマイクロドメイン局在タンパク質が減少し、活性酸素を介したプログラム細胞死の誘導が強く抑制される[34]。

前述のように、GIPCを構成するセラミド骨格は不飽和結合による折れ曲がりが少なく、またα-ヒドロキシ型の極長鎖脂肪酸に富むことから、GlcCerよりさらに安定なマイクロドメイン構造を形成する[35]。また、膜外に露出したGIPC糖鎖は、膜表面に大きな親水領域を形成することにより、ステロールのような親水基の小さい脂質分子が高密度に集積するマイクロドメイン構造を平面状に安定化させる“アンブレラモデル”が提唱されている[35, 36]。

植物細胞において、細胞膜と細胞壁は単に隣合っているだけでなく、様々な分子を介して強く相互作用することが知られており、GIPCもこれに寄与していることが示唆されている。バラ培養細胞から単離されたGIPCは、細胞壁多糖ペクチンの一種であるラムノガラクツロナンIIと相互作用し、多糖間の架橋構造の形成を促進する[37]。このことから、GIPCは細胞膜と細胞壁を物理的に繋ぎとめるアンカーの役割を担っていると考えられる。また、GIPC糖鎖を欠損するシロイヌナズナ***gmt1***変異体では、細胞壁のセルロース含量が減少し、細胞間に隙間が生じた異常な組織構造が観察される[29, 38]。さらに細胞膜マイクロドメインのプロテオーム解析や膜タンパク質のライブイメージングにより、セルロース合成酵素やグリコシダーゼといった多糖代謝酵素がマイクロドメインに局在していることが示されている[35, 39-41]。これらのことから、GIPCは物理的な連結に加え、多糖の代謝を介した細胞壁の構造制御に寄与していることが推測される。

また、細胞膜の外葉に存在するGIPCの新たな生物学的意義として、植物病原菌が産生する毒素タンパク質Necrosis and ethylene-inducing peptide 1-like protein（NLP）がGIPC糖鎖を受容体として認識していることが最近報告された[42]。腐敗カビ病菌のNLPは、シリーズA糖鎖に結合すると立体構造が変化し、その一部が細胞膜に貫入することにより細胞を損傷し、死に至らしめる。NLPはシリーズB糖鎖とも同様に相互作用するが、糖残基が一つ長いために細胞膜に貫入することができず、細胞毒性を示さない。以上の結果は、病原菌側が好ましい宿主を認識することにGIPC糖鎖を利用している、あるいはシリーズB糖鎖が病原毒素に対するデコイ分子として機能していることを示唆している。いずれにせよ、動物におけるGM1とコレラ毒素のような、スフィンゴ脂質糖鎖を介した宿主と病原体のせめぎ合いが、植物にも存在することが初めて明らかとなった。また、NLPのようなGIPCに特異的に結合する因子が同定されたことで、生体膜上のGIPCの局在や挙動を可視化する技術の実用化が期待される。

【参考文献】

1) Chen, M., Han, G., Dietrich, C.R. *et al.* The essential nature of sphingolipids in plants as revealed by the functional identification and characterization of the Arabidopsis LCB1 subunit of serine palmitoyltransferase. *Plant Cell* **18**, 3576-3593(2006).

2) Kimberlin, A.N., Majumder, S., Han, G. *et al.* Arabidopsis 56-amino acid serine palmitoyltransferase-interacting proteins stimulate sphingolipid synthesis, are essential, and affect mycotoxin sensitivity. *Plant Cell* **25**, 4627-4639(2013).

3) Kimberlin, A.N., Han, G., Luttgeharm, K.D. *et al.* ORM Expression alters sphingolipid homeostasis and differentially affects ceramide synthase activity. *Plant Physiol* **172**, 889-900(2016).

4) Markham, J.E., Molino, D., Gissot, L. *et al.* Sphingolipids containing very-long-chain fatty acids define a secretory pathway for specific polar plasma membrane protein targeting in *Arabidopsis*. *Plant Cell*, **23**, 2362-2378(2011).

5) Ternes, P., Feussner, K., Werner, S. *et al.* Disruption of the ceramide synthase LOH1 causes spontaneous cell death in Arabidopsis thaliana. *New Phytol* **192**, 841-854(2011).

6) Luttgeharm, K.D., Cahoon, E.B., & Markham, J.E. Substrate specificity, kinetic properties and inhibition by fumonisin B1 of ceramide synthase isoforms from *Arabidopsis*. *Biochem J* **473**, 593-603(2016).

7) Chen, M., Markham, J.E., & Cahoon, E.B. Sphingolipid Δ8 unsaturation is important for glucosylceramide biosynthesis and low-temperature performance in *Arabidopsis*. *Plant J* **69**, 769-781(2012).

8) Nagano, M., Takahara, K., Fujimoto, M. *et al.* Arabidopsis sphingolipid fatty acid 2-hydroxylases (AtFAH1 and AtFAH2) are functionally differentiated in fatty acid 2-hydroxylation and stress responses. *Plant Physiol* **159**, 1138-1148(2012).

9) 大西正男（2009）植物および真菌の脂質,特にスフィンゴ脂質の分子種特性と機能解析に関する研究 *オレオサイエンス* **9**, 543-551.

10) 今井博之、柳川大樹（2016）植物スフィンゴ脂質の構造多様性と代謝経路の解析 *生化学* **88**, 94-104.

11) Sugawara, T., Duan, J., Aida, K. *et al.* Identification of glucosylceramides containing sphingatrienine in maize and rice using ion trap mass spectrometry. *Lipids* **45**, 451-455(2010).

12) Nagano, M., Ishikawa, T., Ogawa, Y. *et al.* Arabidopsis Bax inhibitor-1 promotes sphingolipid synthesis during cold stress by interacting with ceramide-modifying enzymes. *Planta* **240**, 77-89(2014).

13) Imai, H., Hattori, H., & Watanabe, M. An improved method for analysis of glucosylceramide species having cis-8 and trans-8 isomers of sphingoid bases by LC-MS/MS. *Lipids* **47**, 1221-1229(2012).

14) Yanagawa, D., Ishikawa, T., & Imai, H. Synthesis and degradation of long-chain base phosphates affect fumonisin B1-induced cell death in *Arabidopsis thaliana*. *J Plant Res* **130**, 571-585(2017).

15) Watanabe, Y. & Imai, K. High-performance liquid chromatography and sensitive detection of amino acids derivatized with 7-fluoro-4-nitrobenzo-2-oxa-1,3-diazole. *Anal Biochem* **116**, 471-472(1981).

16) Ishikawa, T., Imai, H. & Kawai-Yamada M. Development of an LC-MS/MS method for the analysis of free sphingoid bases using 4-Fluoro-7-nitrobenzofurazan (NBD-F). *Lipids* **49**, 295-304(2014).

17) Merrill, A.H Jr., Wang, E., Mullins, R.E. *et al.* Quantitation of free sphingosine in liver by high-performance liquid chromatography. *Anal Biochem* **171**, 373-381(1988).

18) Cater, H.E., Celmer, W.D., Galanos, D.S. *et al.* Biochemistry of the sphingolipides. X. Phytoglycolipide, a complex phytosphingosine - containing lipide from plant seeds. *J Am Oil Chem Soc* **35**, 335-343(1958).

19) Buré, C., Cacas, J.L., Wang, F. *et al.* Fast screening of highly glycosylated plant sphingolipids by tandem mass spectrometry. *Rapid Commun Mass Spectom* **25**, 3131-3145(2011).

20) Markham, J.E. & Jaworski, J.G. Rapid measurement of sphingolipids from Arabidopsis thaliana by reversed-phase high-performance liquid chromatography coupled to electrospray ionization tandem mass spectrometry. *Rapid Commun Mass Spectom* **21**, 1304-1314(2007).

21) Ishikawa, T. Ito, Y. & Kawai-Yamada, M. Molecular characterization and targeted quantitative profiling of the sphingolipidome in rice. *Plant J* **88**, 681-693(2016).

22) Cacas, J.L., Buré, C., Furt, F. *et al.* Biochemical survey of the polar head of plant glycosylinositolphosphoceramides unravels broad diversity. *Phytochemistry* **96**, 191-200(2013).

23) Tellier, F., Maia-Grondard, A., Schmitz-Afonso, I. *et al.* Comparative plant sphingolipidomic reveals specific lipids in seeds and oil. *Phytochemistry* **103**, 50-58(2014).

24) Ishikawa, T., Fang, L., Rennie, E.A. *et al.* GLUCOSAMINE INOSITOLPHOSPHORYLCERAMIDE TRANSFERASE1 (GINT1) is a GlcNAc-containing glycosylinositol phosphorylceramide glycosyltransferase. *Plant Physiol*, **177**, 938-952(2018).

25) Blaas, N. & Humpf, H.U. Structural profiling and

quantitation of glycosyl inositol phosphoceramides in plants with Fourier transform mass spectrometry. *J Agric Food Chem* **61**, 4257-4269(2013).

26) Markham, J.E., Li, J., Cahoon, E.B. *et al.* Separation and identification of major plant sphingolipid classes from leaves. *J Biol Chem* **281**, 22684-22694(2006).

27) Wang, W., Yang, X., Tangchaiburana, S. *et al.* An inositolphosphorylceramide synthase is involved in regulation of plant programmed cell death associated with defense in Arabidopsis. *Plant Cell* **20**, 3163-3179(2008).

28) Rennie, E.A., Ebert, B., Miles, G.P. *et al.* Identification of a sphingolipid α-glucuronosyltransferase that is essential for pollen function in Arabidopsis. *Plant Cell* **26**, 3314-3332 (2014).

29) Fang, L., Ishikawa, T., Rennie, E.A. *et al.* Loss of inositol phosphorylceramide sphingolipid mannosylation induces plant immune responses and reduces cellulose content in Arabidopsis. *Plant Cell* **28**, 2991-3004(2016).

30) Tartaglio, V., Rennie, E.A., Cahoon, R. *et al.* Glycosylation of inositol phosphorylceramide sphingolipids is required for normal growth and reproduction in Arabidopsis. *Plant J* **89**, 278-290 (2017).

31) Mortimer, J.C., Yu, X., Albrecht, S. *et al.* Abnormal glycosphingolipid mannosylation triggers salicylic acid–mediated responses in Arabidopsis. *Plant Cell* **25**, 1881-1894(2013).

32) Grosjean, K., Mongrand, S., Beney, L. *et al.* Differential effect of plant lipids on membrane organization: hot features and specificities of phytosphingolipids and phytosterols. *J Biol Chem* **290**, 5810-5825(2015).

33) Nagano, M., Ishikawa, T., Fujiwara, M. *et al.* Plasma membrane microdomains are essential for Rac1-RbohB/H-mediated immunity in rice. *Plant cell* **28**, 1966-83(2016).

34) Ishikawa, T., Aki, T., Yanagisawa, S. *et al.* Overexpression of Bax inhibitor-1 links plasma membrane microdomain proteins to stress. *Plant Physiol* **169**, 1333-1343(2015).

35) Cacas, J.L., Buré, C., Grosjean, K. *et al.* Re-visiting plant plasma membrane lipids in tobacco: a focus on sphingolipids. *Plant Physiol* **170**, 367-384(2016).

36) Huang, J. Exploration of molecular interactions in cholesterol superlattices: effect of multibody interactions. *Biophys J* **83**, 1014-1025(2002).

37) Voxeur, A. & Fry, S.C. Glycosylinositol phosphorylceramides from *Rosa* cell cultures are boron-bridged in the plasma membrane and form complexes with rhamnogalacturonan II. *Plant J* **79**, 139-149(2014).

38) Singh, S.K., Eland, C., Harholt, J. *et al.* Cell adhesion in *Arabidopsis thaliana* is mediated by ECTOPICALLY PARTING CELLS 1-a glycosyltransferase(GT64) related to the animal exostosins. *Plant J* **43**, 384-397 (2005).

39) Morel, J., Claverol, S., Mongrand, S. *et al.* Proteomics of plant detergent-resistant membranes. *Mol Cell Proteom* **5**, 1396-1411(2006).

40) Bessueille, L., Sindt, N., Guichardant, M. *et al.* Plasma membrane microdomains from hybrid aspen cells are involved in cell wall polysaccharide biosynthesis. *Biochem J* **420**, 93-103(2009).

41) Martinièrea, A., Lavagia, I., Nageswarana, G. *et al.* Cell wall constrains lateral diffusion of plant plasma-membrane proteins. *Proc Natl Acad Sci* **109**, 12805-12810(2012).

42) Lenarčič, T., Albert, I., Böhm, H. *et al.* Eudicot plant-specific sphingolipids determine host selectivity of microbial NLP cytolysins. *Science* **358**, 1431-1434(2017).

総論編 8

無脊椎動物のスフィンゴ糖脂質構造の多様性

糸乗　前*

1 はじめに

脂肪酸と長鎖塩基から構成されるセラミドに糖鎖が結合しているスフィンゴ糖脂質は、動物のみならず植物や微生物に至るまで広範囲に見いだされている複合脂質である。特に、哺乳類を含め脊椎動物においては、シアル酸を含有する酸性スフィンゴ糖脂質であるガングリオシドが神経系組織に多く含有され、それらの機能解明が行われてきた。**図1**は今までにスフィンゴ糖脂質の構造解析されてきた動物種を中性糖脂質のコア構造（**表1**）により分類したものである。一般的な名称として無脊椎動物を用いたが、無脊椎動物は脊椎動物以外を大括りすることになり、前口動物全体と後口動物の一部を含むことになる。本章では主な前口動物種における中性、酸性、極性、両性糖脂質の主成分の構造とリン脂質成分（**表2**）についてセラミド成分を含めて取り上げる。なお見いだ

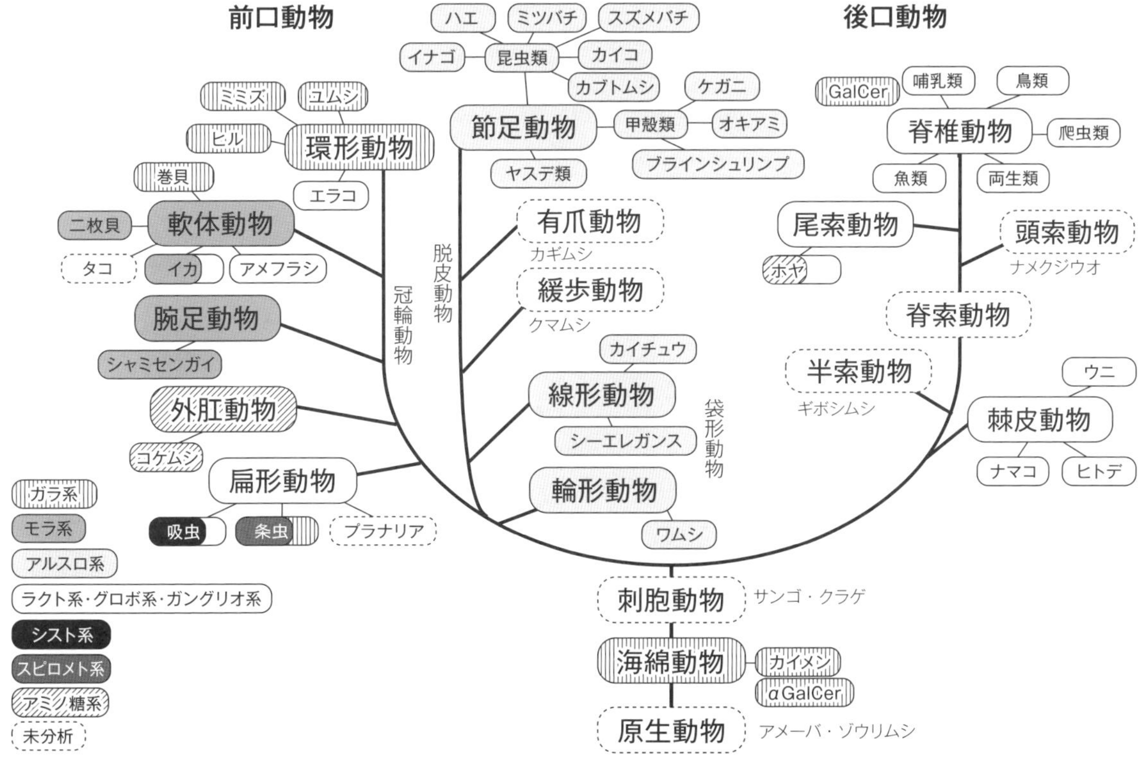

図１　動物種の中性糖脂質コア構造による分類

＊滋賀大学 教育学部 化学教室

された全ての構造を記述できないため、詳細は他書[1]あるいはデータベース[2]を参照されたい。

特に無脊椎動物の脂質成分は研究対象生物全体から抽出されることが多いため、寄生生物の場合の宿主由来や食餌である他生物由来の成分も混入する可能性がある。しかしながらセラミド成分の分析から対象生物特有の脂質成分が検出されることで、生体内の生合成産物と判断できるので重要な情報である。

無脊椎動物のスフィンゴ糖脂質におけるセラミ

表1　主な糖脂質の糖鎖系列

糖鎖系列	コア構造	動物種
Globo系	Galα4Galβ4GlcβCer	脊椎動物　扁形動物
Muco系	Galβ4Galβ4GlcβCer	脊椎動物
Ganglio系	GalNAcβ4Galβ4GlcβCer	脊椎動物
Isoganglio系	GalNAcβ3Galβ4GlcβCer	脊椎動物
Lacto系	GlcNAcβ3Galβ4GlcβCer	脊椎動物　環形動物
Schisto系	GlcNAcβ3GalNAcβ4GlcβCer	扁形動物
Arthro系	GlcNAcβ3Manβ4GlcβCer	節足動物　線形動物
Nonarthro系	Galβ3Manβ4GlcβCer	節足動物
Isoglobo系	Galα3Galβ4GlcβCer	脊椎動物　扁形動物　軟体動物
Neoganglio系	GalNAcα3Galβ4GlcβCer	脊椎動物　軟体動物(巻貝、アメフラシ)
Mollu系	Manα3Manβ4GlcβCer	軟体動物(二枚貝、イカ)
Gala系	Galα4GalβCer	環形動物(エラコ、ユムシ)
Isogala系	Galβ4GalβCer	軟体動物(二枚貝)
Neogala系	Galβ6Galβ6GalβCer	環形動物　軟体動物　扁形動物
Isoneogala系	Galα6Galα6GalβCer	環形動物(ヒル)
Spirometo系	Galβ4Glcβ3GalβCer	扁形動物(条虫)

表2　主なスフィンゴリン脂質の極性基構造

極性基 → リン脂質	極性基構造
PC：ホスホコリン → SM	$-O-P(=O)(O^-)-O-CH_2-CH_2-N^+(CH_3)_3$
Etn*P*：ホスホエタノールアミン → CPEA	$-O-P(=O)(OH)-O-CH_2-CH_2-NH_2$
AEPn：アミノエチルホスホン酸 → CAEPn	$-O-P(=O)(OH)-CH_2-CH_2-NH_2$
MAEPn：モノメチルアミノエチルホスホン酸 → CMAEPn	$-O-P(=O)(OH)-CH_2-CH_2-NHCH_3$

ド成分の特徴として挙げられるポイントは、炭素鎖長と奇数鎖長、長鎖塩基成分にはフィト型の存在と二重結合数、脂肪酸成分にはヒドロキシ型と不飽和度などの違いがある。各動物のスフィンゴ脂質成分として紹介する。

2 環形動物

環形動物は貧毛類、多毛類、ヒル類、ユムシ類（ユムシ動物）などに分類されるが、棲息環境の違いにより陸棲、淡水棲、汽水棲および海水棲の動物種が存在する（**表3**）。残念ながらスフィンゴリン脂質の構造解析に関する報告は無いが、スフィンゴミエリン（SM）に結合するライセニンによる分析で、シマミミズなどにはSMが無いことが分かっている[3)]。一方でホスホコリン（PC）が結合した両性糖脂質が環形動物から見いだされていることは、PCが極性基として存在しなければならないと考えるとその機能に興味が持たれる。セラミドのスフィンゴイドには、哺乳類と同じd18:1が共通して存在し、脂肪酸には比較的長鎖の22:0などを主成分とする動物と比較的短鎖の16:0を主成分とする動物がいる。

（1）貧毛類（陸棲）ミミズ

貧毛類のミミズから、Neogala系となるGalβ6Galβ6Galβのコア構造を含む中性スフィンゴ糖脂質群と、それらにGlcあるいはManがα1-4結合で分岐する糖脂質が見いだされた[4)]。コア構造としては、軟体動物の巻貝類と共通性を持つ。また脊椎動物に見られるLacCerも検出された。さらにPCが結合したNeogala系の両性糖脂質が見いだされた[5)]。

（2）ヒル類（淡水棲）チスイビル

ヒル類のチスイビルからIsoneogala系となるGalα6Galα6Galβのコア構造を含む中性スフィンゴ糖脂質群が見いだされた[6)]。一方でPCが結合した両性糖脂質はNeogala系となるGalβ6Galβのコア構造が見いだされた[7)]。中性糖脂質と両性糖脂質のコア構造が異なる報告例の少ない動物種の一つであり、極性基の転移に関わる生合成経路に興味が持たれる。セラミドのスフィンゴイド成分に非常に珍しいd22:3が検出されている。

（3）多毛類（汽水棲）イトメ

多毛類のイトメから、中性糖脂質としてはGalβCerのみ、両性糖脂質としてはPC6GalβCerのみが見いだされた[8)]。一方でInsにリン酸が結合したイノシトールリン酸（inositolphosphate, InsP）およびメチルInsPにFucあるいはManがα結合した特徴的な酸性糖脂質群が見いだされた[9)]。

（4）多毛類（海水棲）エラコ

多毛類のエラコからLacto系となるGlcNAcβ

表3　環形動物の糖脂質構造

環形動物	Neogala, Isoneogala, Lacto系
貧毛類（陸棲）	**ミミズ（*Pheretima hilgendorfi*）**
FA 22:0 LCB d,br18:1	Galβ6Galβ6Galβ6GalβCer Galα4Galβ6(Glcα4)Galβ6GalβCer Glcα4Manα4Galβ6GalβCer PC6Galβ6Galβ6GalβCer
ヒル類（淡水棲）	**チスイビル（*Hirudo nipponia*）**
FA 22:0, 24:0 LCB d,br19:1, d22:3	Galα6Galα6Galα6GalβCer PC6Galβ6GalβCer
多毛類（汽水棲）	**エラコ（*Pseudopotamilla occelata*）**
FA 20:1, 22:1 LCB d18:1	Xylβ4(Gal2Meα2)Fucα3GlcNAcβ3Galβ4GlcβCer Manα6InsPCer
多毛類（海水棲）	**イトメ（*Tylorrhynchus heterochetus*）**
FA 16:0, 18:0 LCB d,br18:1	GalβCer　PC6GalβCer Fucα5Manα2InsPCer　FucInsMePCer
ユムシ類（海水棲）	**ユムシ（*Urechis unicinctus*）**
FA 16:0, h16:0 LCB d18:1, t18:0	Galα4GalβCer Galα6Galβ6Galβ6GalβCer

3Galβ4Glcβのコア構造を含む中性スフィンゴ糖脂質群が見いだされ、糖鎖中のFucや*O*-メチル糖を含有するという特徴もある[10]。GalβCerおよびGalα4GalβCerも検出されている。イトメと共通したInsPにFucあるいはManがα結合した酸性糖脂質が見いだされた。

（5）ユムシ類（海水棲）ユムシ

ユムシ類のユムシからNeogala系のコア構造を含む中性スフィンゴ糖脂質群とGala系となるGalα4GalβCerが見いだされた。セラミド成分に特徴があり、d18:1とフィト型のt18:0のスフィンゴイドにhydroxyとnonhydroxyの脂肪酸が組み合わさっていた。またInsにリン酸が結合した酸性糖脂質が検出されている。

3 軟体動物

軟体動物門には比較的類似した棲息環境ではあるが形態が異なる動物種が存在し、それぞれが特徴的な中性糖脂質の糖鎖のコア構造を有している。大きく3種類のコア構造の組み合わせで動物種が分類できるようにも見える（**表4**）。またスフィンゴリン脂質には共通して存在するセラミドアミノエチルホスホン酸（CAEPn）やアミノエチルホスホン酸（AEPn）結合型糖脂質がC-P結合を有することが特徴として見られる。セラミドのスフィンゴイドには哺乳類と同じd18:1がほぼ共通して存在し、脂肪酸は比較的短鎖の16:0を共通した成分としている。

（1）斧足類　二枚貝

二枚貝類のセタシジミやイケチョウガイから中性スフィンゴ糖脂質の糖鎖中に2モルのマンノースを含む糖脂質群が見いだされ、糖鎖中のFucや*O*-メチル糖を含有するという特徴もある[11-12]。Manα3Manβ4Glcβのコア構造は軟体動物門（Mollusca）に由来してMollu系として命名された。また4-*O*-メチルグルクロン酸を有した酸性糖脂質は報告例の少ないウロン酸含有糖脂質の一つである[13]。さらにホスホエタノールアミン（Etn*P*）が結合した

表4　軟体動物および腕足動物の糖脂質構造

軟体動物	Mollu, Neogala, Neoganglio, Isoglobo系
斧足類（二枚貝）	セタシジミ（*Corbicula sandai*）
FA 18:0, 20:0 LCB d18:1	Gal4Meβ3GalNAcβ3Fucα4GlcNAcβ2Manα3(Xylα2)Manβ4GlcβCer Gal4Meβ3GalNAcβ3Fucα4GlcNAcβ2Manα3(Etn*P*6)(Xylα2)Manβ4GlcβCer
斧足類（二枚貝）	イケチョウガイ（*Hyriopsis schlegelii*）
FA 16:0, 18:0 LCB d18:1	Fuc3Meα2Xyl3Meβ4(GalNAc3Meα3)Fucα4GlcNAcβ2Manα3(Xylα2)Manβ4GlcβCer GlcA4Meβ4(GalNAc3Meα3)Fucα4GlcNAcβ2Manα3(Xylα2)Manβ4GlcβCer
腹足類（巻貝）	サザエ（*Turbo cornutus*）
FA 16:0, h16:0 LCB d18:1, d22:2	Galβ6Galβ6Galβ6GalβCer MAEPn6Galβ6Galβ6GalβCer　AEPn6GalβCer
腹足類（ウミウシ）	アメフラシ（*Aplysia juliana, A. kurodai*）
FA 16:0 LCB d18:1, d,br19:1	Fucα2Galβ4GlcβCer GalNAcβ3(Galα2)Galβ4GlcβCer Galα3(Gal3Meα2)Galα3(Gal3Meα2)Galα3(AEPn6Galα2)(AEPn6)Galβ4(AEPn6)GlcβCer
頭足類（イカ）	スルメイカ（*Ommasterephus soloani pacificus*）
FA 16:0, 22:1 LCB d16:1	Manα3(Xylα2)Manβ4GlcβCer GlcNAcβ2Manα3Manβ4GlcβCer
頭足類（イカ）	アメリカオオアカイカ（*Dosidicus gigas*）
FA 16:0, 22:1 LCB d16:1, d18:1	Manα3(Xylα2)Manβ4GlcβCer Galα3(Fucα2)Galβ4GlcβCer GalNAcα3(Fucα2)Galβ4GlcβCer
腕足動物	**Mollu系**
舌殻類	ミドリシャミセンガイ（*Lingula unguis*）
FA 16:0, 18:1, 22:0, 24:0 LCB d18:1, d18:3	GlcNAcβ4GlcNAcβ2Manα3Manβ4GlcβCer GalNAc3(Man3Me2)GlcNAc4(Fuc3)GlcNAc2Man3Man4GlcCer

Mollu系の極性糖脂質群が見いだされた[14]。

スフィンゴリン脂質はC-P結合を有するCAEPnが主成分として検出されているが、アコヤガイにはSMも検出されている。

（2）腹足類　巻貝・ウミウシ

巻貝類のサザエやヘソアキクボガイからNeogala系となるGalβ6Galβ6Galβのコア構造を含む中性スフィンゴ糖脂質群が見いだされた[15]。コア構造としては環形動物の貧毛類と共通性を持つ。またAEPnやモノメチルアミノエチルホスホン酸（MAEPn）が結合したNeogala系の極性糖脂質が見いだされた[16]。

ウミウシ類のアメフラシからNeoganglio系と仮称するGalNAcα3Galβ4Glcβの中性糖脂質群[17]と、それらにAEPnが複数結合した極性糖脂質群が見いだされた[18]。またピルビン酸が結合した糖脂質が見いだされた[19]。Fucが結合するNeoganglio系の中性糖脂質はヒト血液型のA型と類似している。

スフィンゴリン脂質はサザエからCAEPnが主成分として検出されている。

（3）頭足類　イカ

イカ類のスルメイカなどから二枚貝類と共通したMollu系の中性糖脂質が見いだされている[20]。微量成分としてNeoganglio系およびIsoglobo系の中性糖脂質も検出され、複数のコア構造を有した糖脂質が検出された動物種である。Fucが結合しているNeoganglio系およびIsoglobo系の中性糖脂質は、ヒト血液型のAおよびB型活性も持つ。

スフィンゴリン脂質は主成分としてCAEPnおよびSMが検出されている。

4 腕足動物

ミドリシャミセンガイから軟体動物の二枚貝類と共通したMollu系の中性糖脂質群が見いだされた[21]。分岐したFucやメチル糖を含むことも二枚貝類と類似した特徴として見られる。二枚貝によく似た形態から擬軟体動物とも称されていたことや系統樹上での位置も近縁であることからも、生体成分である糖脂質構造の共通性あるいは類似性を持つことは非常に興味深い。スフィンゴリン脂質は主成分としてセラミドホスホエタノールアミン（CPEA）が検出されている。セラミドのスフィンゴイドには軟体動物と同じd18:1に加えて珍しいd18:3が存在する。

5 扁形動物

扁形動物として共通したコア構造は存在しないが、他の動物種には無い、いわゆる珍しい糖鎖配列が見いだされており、糖鎖構造の多様性が広がる（**表5**）。一方でGlobo系およびIsoglobo系の糖

表5　扁形動物の糖脂質構造

扁形動物	Schisto, Globo, Isoglobo, Spirometo, Neogala系
吸虫類	マンソン住血吸虫（*Schistosoma mansoni*）
FA 16:0, 18:0, h16:0 LCB t18:0, t20:0	Fucα3Galβ4(Fucα3)GlcNAcβ3GalNAcβ4GlcβCer Galβ4(Fucα3)GlcNAcβ3GlcNAcβ3GalNAcβ4GlcβCer
吸虫類	肝蛭（*Fasciola hepatica*）
FA 24:1, h18:0 LCB t18:0, t20:0	Galβ6Galβ6Galα3/4Galβ4GlcβCer GalNAcα3GalNAcβ3Galα4Galβ4GlcβCer GalNAcα3GalNAcβ4Galα3Galβ4GlcβCer GlcNAcα1-HPO$_3$-6GalβCer
条虫類	裂頭条虫（*Diphyllobothrium hottai*）
FA 18:0, 20:0, 26:0 LCB t18:0, d20:0	Galβ4(Fucα3)Glcβ3GalβCer Galβ4(Fucα3)Glcβ3(Galβ6)GalβCer
条虫類	条虫（*Metroliasthes coturnix*）
FA 20:0, 26:0 LCB d18:0, d20:0	Galα4GalβCer Galβ6Galβ6Galβ6GalβCer
条虫類	多包条虫（*Echinococcus multilocularis*）
FA 26:0, h18:0 LCB d18:0	Galβ6Galβ6Galβ6GalβCer Galβ6(Fucα3)Galβ6GalβCer

脂質が存在することは脊椎動物と共通している。セラミドのスフィンゴイドにはフィト型のt18:0とt20:0あるいはd18:0を持つという特徴があり、条虫類の脂肪酸には非常に長鎖の26:0も検出されている。

（1）吸虫類　マンソン住血吸虫・肝蛭

吸虫類のマンソン住血吸虫からSchisto系となるGlcNAcβ3GalNAcβ4Glcβのコア構造を含む中性スフィンゴ糖脂質群[22]、肝蛭からGlobo系となるGalα4Galβ4GlcβおよびIsoglobo系となるGalα3Galβ4Glcβのコア構造を含む中性スフィンゴ糖脂質群が見いだされた[23]。Schisto系にはFucの分岐を多数持つもの、Globo系およびIsoglobo系にはGalβ6が伸長するものも見いだされた。また肝蛭からGalCerにリン酸基を介してGlcNAcが結合する酸性糖脂質が見いだされた[24]。

スフィンゴリン脂質は主成分としてSMが検出されている。

（2）条虫類　サナダムシ

条虫類の裂頭条虫からSpirometo系となるGalβ4Glcβ3Galβのコア構造を含む中性スフィンゴ糖脂質群[25]、多包条虫などからNeogala系のコア構造を含む中性スフィンゴ糖脂質群が見いだされた[26-27]。FucやGalが伸長するものも見いだされた。

スフィンゴリン脂質は主成分としてSMが検出されている。

6 節足動物

節足動物門には棲息環境も違う様々に進化した動物種が存在するが、Arthro系の中性スフィンゴ糖脂質が共通して存在することは、節足動物として同じ機能に関わっていることを期待したい。一方で糖鎖の鎖長が長い糖脂質には各動物種に特徴的な糖鎖配列も存在する。例えば**表6**の動物以外でもハチ、イナゴ、カブトムシに少なくとも1

表6　節足動物および線形動物の糖脂質構造

節足動物	Arthro, Nonarthro系
昆虫類	キンバエ（*Lucilia caesar*）幼虫
FA 20:0 LCB d14:1	Galβ3GalNAcα3GlcNAcβ3Galβ3GalNAcα4GalNAcβ4GlcNAcβ3Manβ4GlcβCer GlcAβ3Galβ3GalNAcα4GalNAcβ4(Etn*P*6)GlcNAcβ3Manβ4GlcβCer GalNAcα4(Etn*P*6)GlcNAcβ3Galβ3GalNAcα4GalNAcβ4(Etn*P*6)GlcNAcβ3Manβ4GlcβCer
昆虫類	カイコ（*Bombyx mori*）幼虫
FA 20:0, h20:0, h22:0 LCB d14:1	GlcNAcβ3Manβ4GlcβCer GalNAcα4GalNAcα4GalNAcα4GalNAcα4GalNAcα4Galβ3Manβ4GlcβCer
甲殻類	南極オキアミ（*Euphausia superba*）
FA h22:1, h24:1 LCB d18:3	GlcNAcβ3Manβ4GlcβCer MAEPn6GlcβCer
甲殻類	ケガニ（*Erimacrus isenbeckii*）
FA 18:0, 20:0, 22:0, 22:1 LCB d14:1	GlcNAcβ3Manβ4GlcβCer Gal3Meα4Galβ3Manβ4GlcβCer MAEPn4GlcβCer　AEPn4GlcβCer
甲殻類	ブラインシュリンプ（*Artemia franciscana*）
FA 22:0 LCB d16:1, d17:1	GlcNAcα2Fucα3Manβ4GlcβCer GalNAcβ4(GlcNAcα2Fucα3)GlcNAcβ3GalNAcβ4(GlcNAcα2Fucα3)GlcNAcβ3Manβ4GlcβCer
多足類	周期キシャヤスデ（*Parafontaria laminata armigera*）
FA 22:0 LCB d17:1, d18:1	GlcNAcβ3Manβ4GlcβCer Macβ4(Fucα3)GlcβCer GlcNAc2Fuc3Fuc3GalNAc4(Fuc3)GlcNAc4(Fuc3)GlcCer
線形動物	Arthro系
線虫類	ブタ回虫（*Ascaris suum*）幼虫
FA h24:0 LCB d,br17:1, d17:0, d18:0	Galα3GalNAcβ4GlcNAcβ3Manβ4GlcβCer Galα2InsPCer Galα3GalNAcβ4(PC6)GlcNAcβ3(Etn*P*6)Manβ4GlcβCer GlcNAcβ3(Fucα2)Galβ3(Galβ6)Galα3GalNAcβ4(PC6)GlcNAcβ3Manβ4GlcβCer

つの糖鎖構造は他の生物には存在しないものが検出され、各動物種に固有の機能を担うことも考えられる。また線形動物もArthro系の糖鎖構造を有することは、脱皮動物として共通した機能の発見も期待したい。昆虫類と甲殻類の一部にはセラミドのスフィンゴイドに比較的短鎖のd14:1が共通して存在するのが特徴的である。脂肪酸は比較的長鎖の20:0あるいは22:0を主成分としている。甲殻類の一部と多足類に奇数鎖のd17:1の存在も特徴的である。

（1）昆虫類　キンバエ・カイコ

昆虫類のキンバエやカイコから中性スフィンゴ糖脂質の糖鎖中に脂質分子当たり一つのマンノース残基を含む糖脂質群が見いだされた[28]。GlcNAcβ3Manβ4Glcβのコア構造は節足動物門（Arthropoda）に由来してArthro系として命名された。GlcCerにManが結合した糖脂質がLacCerに対してMacCerとされた。Arthro系の中性糖脂質は昆虫類に共通成分として検出されるが、それぞれの動物にだけ存在する特徴的な中性糖脂質構造も見いだされる。カイコからNonarthro系となるGalβ3Manβ4Glcβのコア構造を含む中性スフィンゴ糖脂質群も見いだされた[29]。またハエからグルクロン酸を有した酸性糖脂質が見いだされ、報告例の少ないウロン酸含有糖脂質の一つである[30]。さらにEtn*P*が結合したArthro系の極性糖脂質群が見いだされた[31]。カイコの脂肪酸成分にはhydroxyの脂肪酸が主成分として存在する。

スフィンゴリン脂質は主成分としてCPEAおよびハエ以外にはSMが検出されている。

（2）甲殻類　オキアミ・ブラインシュリンプ

甲殻類のオキアミやブラインシュリンプなどから昆虫類と共通したArthro系の中性糖脂質が見いだされた[32]。またケガニからNonarthro系の中性スフィンゴ糖脂質[33]、ブラインシュリンプから糖鎖中のFucや分岐構造も見いだされた[34]。さらにAEPnやMAEPnが結合したGlcβCerの極性糖脂質が見いだされた[35]。オキアミのスフィンゴイド成分には珍しいd18:3が検出されている。

スフィンゴリン脂質は主成分としてSMが検出されている。

（3）多足類　キシャヤスデ

多足類のキシャヤスデから、昆虫類と共通したArthro系の中性糖脂質[36]とGalNAcβ4GlcNAcβ4Glcβのコア構造を含む中性糖脂質群が見いだされた。これらはFucの分岐を多数持つものであった。

スフィンゴリン脂質は主成分としてCPEAが検出されている。

7 線形動物

線形動物のブタ回虫や線虫から節足動物の昆虫類と共通したArthro系の中性糖脂質群が見いだされた[37]。４糖まではArthro系であるが、５糖以上の糖脂質は線形動物に特徴的な糖鎖配列である。またInsPにGalがα1-2結合した酸性糖脂質およびサルファタイドが見いだされた[38]。さらにPCおよびEtn*P*が結合したArthro系の両性糖脂質群が見いだされた[39-40]。スフィンゴリン脂質は主成分としてSMが検出されている。セラミドのスフィンゴイドにはd17:1およびd17:0の奇数鎖が主成分という特徴があり、脂肪酸には比較的長鎖のh24:0が主成分である。

8 スフィンゴ糖脂質の糖鎖構造の特徴

前口動物を中心にそれぞれの生物から見いだされた主な糖脂質構造を紹介し、スフィンゴ糖脂質のコア構造を表にまとめた。以下に動物種とコア構造について全体的な比較を行う。

［GalCer, GlcCer］まず脊椎動物から無脊椎動物、あるいは前口動物から後口動物の全体として、最も短い糖脂質であるGalCerとGlcCerは生合成のスタート物質として成分に含まれ、両方を持つ生物はいるものの、いずれかしか持たない生物が多い。このことから報告されている全ての動物に共通の糖脂質あるいは必須の糖鎖構造は存在していないのではないかと思われる。一方で微量成分は他にもあるが、主にGalCerとGlcCerから糖鎖が伸長した特徴的な糖鎖構造が検出されている。ただしGalCerが伸長する構造には後口動物では２糖までであり、Galが伸長する所謂Gala系は前口動物のみに見られる構造である。

［β4Glc］GlcCerが伸長する構造は多数あるが、いずれもGlcの４位へのβ結合に限定されていることは非常に面白い。全ての脊椎動物から見いだされるLacCerはGalがGlcCerに結合した成分で

あり、前口動物ではManやGalNAcもGlcCerのGlcの４位へβ結合した糖脂質である。Glcの立体構造からすると、セラミドに結合した１位から離れた位置に糖が結合し立体構造モデルでは直線的にも見えるだろう。

［4Gal］一部の前口動物もLacCerからなる糖脂質を有しているが、さらなる糖鎖伸長で多種のコア構造へと繋がる。LacCerに糖が１個結合した構造は脊椎動物から７種類報告されているが、そのうち３種類が脊椎動物にのみ見いだされている構造である。特にGanglio系とMuco系はGlcの４位エピマーであるGalの４位に結合しており、他の糖鎖とは立体構造が大きく異なる特徴的な構造である。

［3Gal, 3Man］GalはGlcの４位のみ異なるエピマーでありManはGlcの２位のみ異なるエピマーなので、Gal, Man, Glcの３位の立体配位は共通して同じである。このことは３位のManに結合するArthro系とSchisto系および３位のGalに結合するLacto系の立体構造が類似する可能性や、同様にIsoglobo系とNeoganglio系（仮称）およびMollu系も構成糖は違うものの立体構造類似体であるともいえる。例えばショウジョウバエの*brainiac*遺伝子がコードするGlcNAcβ転移酵素は、基質であるMacCerのManの３位だけでなくLacCerのGalの３位にも糖を付加できるので、構造認識における何らかの許容が存在するかもしれない。なおLacCerのGalの３位に糖が結合する構造は４種類報告されているが、そのうち上記の３種類（Lacto, Isoglobo, Neoganglio）は他の前口動物からも見いだされている共通構造体である。

脊椎動物から見いだされてきている主な糖脂質構造は、LacCerをコアとして、さらなる糖鎖延長として、Gal, GlcNAc, GalNAcが結合位置や配位の違う結合をすることにより主に７つの構造を作り出している（表１）。これらの糖脂質の機能においては個々の生物あるいは臓器での多彩な役割が報告されているので、糖脂質の糖鎖構造による機能多様性が見いだされることに期待したい（**図２**）。一方で後口動物と①同一構造体あるいは②構造類似体が前口動物から報告されているので、それぞれの動物や器官などでの機能相応性が見いだされることも期待したい。また種で共通する糖鎖構造の存在が糖脂質の特徴と考えられれば、今までの動物種の個体発生および系統発生による生物進化系統樹に加え、糖脂質の構造多様性を用いた新たな動物系統分類指標を提案できるだろう。

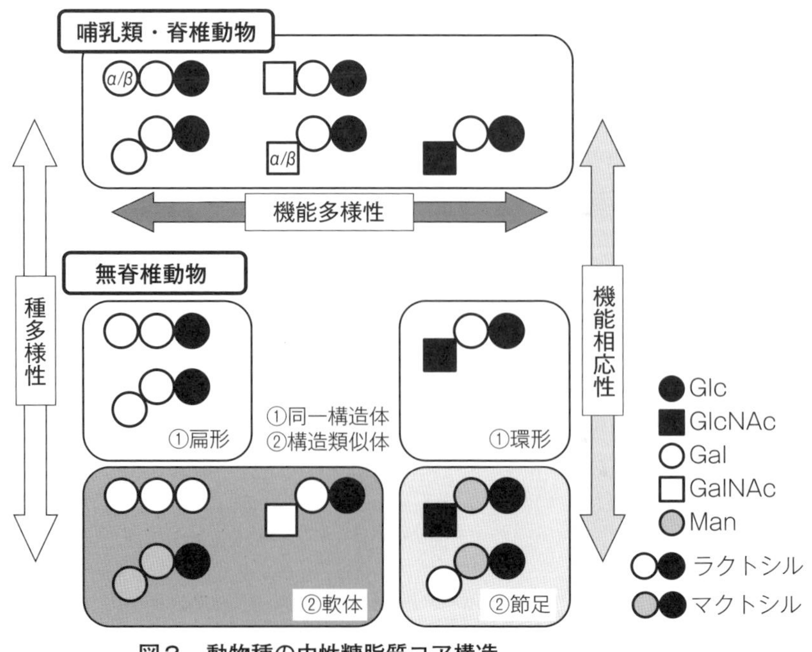

図２　動物種の中性糖脂質コア構造

【参考文献】

1) Itonori, S., and Sugita, M. Glycophylogenetic aspects of lower animals. in *Comprehensive Glycoscience* (Kamerling, J.P., ed.), pp. 253-284, ELSEVIER, Oxford (2007)

2) LipidBank. Shingolipid, Category: LBS, http://lipidbank.jp/wiki/Category: LBS, 日本脂質生化学会

3) 小林英司, and 梅田真郷. ライセニンという新しい蛋白質. *比較生理生化学*. **22** (3-4), 139-148 (2005)

4) Sugita, M., Ohta, S. *et al.* Novel Neogala Series Glycosphingolipids with Glucose at the Non-reducing Termini in the Earthworm, *Pheretima* sp. *J Jpn Oil Chem Soc.* **46** (7), 755-766, 822 (1997)

5) Sugita, M., Fujii, H. *et al.* Structural elucidation of two novel amphoteric glycosphingolipids from the earthworm, *Pheretima hilgendorfi*. *Biochim Biophys Acta.* **1259** (3), 220-226 (1995)

6) Sugita, M., Morikawa, A. *et al.* Glycosphingolipids with Gal α 1-6Gal and Gal β 1-6Gal sequences in the leech, *Hirudo nipponia*. *J Jpn Oil Chem Soc.* **45** (8), 731-740 (1996)

7) 石原真由美, J.T.Dulaney *et al.* チスイビル, *Hirudo nipponica* (環形動物, ヒル綱)における両性イオン型糖脂質－糖鎖の多様性. *滋賀大学教育学部紀要*. **48**, 1-9 (1998)

8) 杉田陸海, 牧野具加 *et al.* イトメ, *Tylorhynchus heterochaetus*, (環形動物)の中性及び両性イオン型スフィンゴ糖脂質. *油化学*. **42** (11), 935-941 (1993)

9) Sugita, M., Miwa, S. *et al.* Acidic Glycosphingolipids in Brackish Water Annelida. Structural Analysis of Two Novel Glycoinositolphospholipids from the Lugworm, *Tylorrhynchus heterochetus*. *J Jpn Oil Chem Soc.* **49** (1), 33-43, 83 (2000)

10) Itonori, S., Hamana, H. *et al.* Structural Characterization of a Novel Series of Fucolipids from the Marine Annelid, *Pseudopotamilla occelata*. *J Oleo Sci.* **50** (7), 537-544 (2001)

11) Itasaka, O., Kosuga, M. *et al.* Characterization of a novel ceramide octasaccharide isolated from whole tissue of a fresh-water bivalve, *Corbicula sandai*. *Biochim Biophys Acta.* **750** (3), 440-446 (1983)

12) Hori, T., Sugita, M. *et al.* Characterization of a novel glycosphingolipid, ceramide nonasaccharide, isolated from spermatozoa of the fresh water bivalve, *Hyriopsis schlegelii*. *J Biol Chem.* **256** (21), 10979-10985 (1981)

13) Hori, T., Sugita, M. *et al.* Isolation and characterization of a 4-*O*-methylglucuronic acid-containing glycosphingolipid from spermatozoa of a fresh water bivalve, *Hyriopsis schlegelii*. *J Biol Chem.* **258** (4), 2239-2245 (1983)

14) Itasaka, O., and Hori, T. Studies on glycosphingolipids of fresh-water bivalves. V. The structure of a novel ceramide octasaccharide containing mannose-6-phosphate found in the bivalve, *Corbicula sandai*. *J Biochem.* **85** (6), 1469-1481 (1979)

15) Matsubara, T., and Hayashi, A. Structural studies on glycolipid of shellfish. III. Novel glycolipids from *Turbo cornutus*. *J Biochem.* **89** (2), 645-650 (1981)

16) Hayashi, A., and Matsuura, F. Characterization of aminoalkylphosphonyl cerebrosides in muscle tissue of *Turbo cornutus*. *Chem Phys Lipids.* **22** (1), 9-23 (1978)

17) Yamaguchi, Y., Konda, K. *et al.* Studies on the chemical structure of neutral glycosphingolipids in eggs of the sea hare, *Aplysia juliana*. *Biochim Biophys Acta.* **1165** (1), 110-118 (1992)

18) Araki, S., Yamada, S. *et al.* Characterization of a novel triphosphonooctaosylceramide from the eggs of the sea hare, *Aplysia kurodai*. *J Biochem.* **129** (1), 93-100 (2001)

19) Araki, S., Abe, S. *et al.* Structure of phosphonoglycosphingolipid containing pyruvylated galactose in nerve fibers of *Aplysia kurodai*. *J Biol Chem.* 264 (33), 19922-19927 (1989)

20) 板坂修, 木谷ひとみ *et al.* 頭足類の糖脂質 (II) スルメイカのテトラグリコシルセラミド. *滋賀大学教育学部紀要*. **43**, 1-7 (1993)

21) Aoki, K., Sugiyama, S. *et al.* Classification into a Novel Mollu-Series of Neutral Glycosphingolipids from the Lamp Shell, *Lingula unguis*. *J Oleo Sci.* **51** (7), 463-472 (2002)

22) Wuhrer, M., Dennis, R.D. *et al.* *Schistosoma mansoni* cercarial glycolipids are dominated by Lewis X and pseudo-Lewis Y structures. *Glycobiology.* **10** (1), 89-101 (2000)

23) Wuhrer, M., Grimm, C. *et al.* The parasitic trematode *Fasciola hepatica* exhibits mammalian-type glycolipids as well as Gal (β1-6) Gal-terminating glycolipids that account for cestode serological cross-reactivity. *Glycobiology.* **14** (2), 115-126 (2004)

24) Wuhrer, M., Grimm, C. *et al.* A novel GlcNAc α 1-HPO$_3$-6Gal (1-1) ceramide antigen and alkylated inositol-phosphoglycerolipids expressed by the liver fluke *Fasciola hepatica*. *Glycobiology.* **13** (2), 129-137 (2003)

25) Iriko, H., Nakamura, K. *et al.* Chemical structures and immunolocalization of glycosphingolipids isolated from *Diphyllobothrium hottai* adult worms and plerocercoids. *Eur J Biochem.* **269** (14), 3549-3559 (2002)

26) Nishimura, K., Suzuki, A. *et al.* Sphingolipids of a cestode *Metroliasthes coturnix*. *Biochim Biophys Acta.* **1086** (2), 141-150 (1991)

27) Persat, F., Bouhours, J.F. *et al.* Glycosphingolipids with Gal β 1-6Gal sequences in metacestodes of the parasite *Echinococcus multilocularis*. *J Biol Chem.* **267** (13), 8764-8769 (1992)

28) Sugita, M., Inagaki, F. *et al.* Studies on glycosphingolipids in larvae of the green-bottle fly, *Lucilia caesar*: two neutral glycosphingolipids having large straight oligosaccharide chains with eight and nine sugars. *J Biochem.* **107** (6), 899-903 (1990)

29) Itonori, S., Hashimoto, K. *et al.* Structural analysis of neutral glycosphingolipids from the silkworm *Bombyx mori* and the difference in ceramide composition between larvae and pupae. *J Biochem.*

163(3), 201-214(2018)
30) Sugita, M., Itonori, S. *et al.* Characterization of two glucuronic acid-containing glycosphingolipids in larvae of the green-bottle fly, *Lucilia caesar. J Biol Chem.* **264**(25), 15028-15033(1989)
31) Itonori, S., Nishizawa, M. *et al.* Polar glycosphingolipids in insect: chemical structures of glycosphingolipid series containing 2'-aminoethylphosphoryl-(→6)-N-acetylglucosamine as a polar group from larvae of the green-bottle fly, *Lucilia caesar. J Biochem.* **110**(4), 479-485(1991)
32) Itonori, S., Hiratsuka, M. *et al.* Immunogenic properties of mannose-containing ceramide disaccharide and immunochemical detection of its hapten in the two kinds of crustacean, *Euphausia superba and Macrobrachium nipponense. Biochim Biophys Acta.* **1123**(3), 263-268(1992)
33) Kimura, K., Itonori, S. *et al.* Structural elucidation of the neutral glycosphingolipids, mono-, di-, tri- and tetraglycosylceramides from the marine crab *Erimacrus isenbeckii. J Oleo Sci.* **63**(3), 269-280(2014)
34) Kojima, H., Tohsato, Y. *et al.* Biochemical studies on sphingolipids of *Artemia franciscana*: complex neutral glycosphingolipids. *Glycoconj J.* **30**(3), 257-268(2013)
35) Kimura, K., Itonori, S. *et al.* Phosphonoglycolipids in Marine Crustacean: Structural Characterization of Two Novel Phosphonocerebrosides, from the Crab, *Erimacrus isenbeckii. J Oleo Sci.* **51**(2), 83-91(2002)
36) Sugita, M., Hayata, C. *et al.* A novel fucosylated glycosphingolipid from the millipede, *Parafontaria laminata armigera. Biochim Biophys Acta.* **1215**(1-2), 163-169(1994)
37) Lochnit, G., Dennis, R.D. *et al.* Structural analysis of neutral glycosphingolipids from *Ascaris suum* adults (Nematoda:Ascaridida). *Glycoconj J.* **14**(3), 389-399(1997)
38) Lochnit, G., Nispel, S. *et al.* Structural analysis and immunohistochemical localization of two acidic glycosphingolipids from the porcine, parasitic nematode, *Ascaris suum. Glycobiology.* **8**(9), 891-899(1998)
39) Lochnit, G., Dennis, R.D. *et al.* Structural elucidation and monokine-inducing activity of two biologically active zwitterionic glycosphingolipids derived from the porcine parasitic nematode *Ascaris suum. J Biol Chem.* **273**(1), 466-474(1998)
40) Friedl, C.H., Lochnit, G. *et al.* Structural elucidation of zwitterionic carbohydrates derived from glycosphingolipids of the porcine parasitic nematode *Ascaris suum. Biochem J.* **369**(1), 89-102(2003)

総論編 9

真核単細胞生物のセラミド関連脂質

谷　元洋*[1]、石橋　洋平*[2]、渡辺　昴*[2]、伊東　信*[2]

1 はじめに

セラミド関連脂質を合成するウイルスや原核生物は極めて限定的であるのに対して、単細胞・多細胞を問わず、すべての真核細胞はセラミドを合成し、種々の修飾を施した後に、生体膜に配置する。長鎖塩基と脂肪酸の修飾（水酸化、不飽和化、メチル化等）、親水基の選択（糖鎖、リン酸およびその派生物等）は生物種によって大きく異なり、多分、進化と密接な関わりがある。

真核単細胞生物のセラミド関連脂質を研究する意義や醍醐味は、進化の問題に加えて、1）モデル生物系を用いた、セラミド代謝・修飾マシーナリの同定とそれらの生物機能の解明、2）病原体の感染、宿主内での生存に病原体セラミド関連脂質がどのような役割を果たしているかの理解、3）非モデル生物の新奇セラミド関連脂質やその代謝系の発見、等であろうか。1）については、スフィンゴ脂質代謝に関する重要な酵素や制御因子が出芽酵母を用いて明らかにされてきた歴史的な経緯があり、2）に関しては新規抗菌薬の開発につながることが期待される。また、3）についても質量分析計、次世代シーケンサー、高分解能顕微鏡等の目覚ましい技術革新が新たな展開を予想させる。

本章では、出芽酵母、病原性真菌、原生生物とハプト藻に焦点を絞り、セラミド関連脂質の構造、代謝および機能について概説する。

2 出芽酵母

1991年にセリンパルミトイル転移酵素（SPT）の触媒サブユニットの一つをコードする*LCB1*が出芽酵母（*Saccharomyces cerevisiae*）で初めて同定されたことを皮切りとして[1)]、セラミドの生合成経路に関わる酵素の多くが、*S. cerevisiae*の分子遺伝学的手法を用いて同定された。最近では、長鎖塩基1-リン酸からグリセロリン脂質に至る代謝経路の全容が*S. cerevisiae*で初めて明らかにされ、その責任酵素の一つ（脂肪族アルデヒドデヒドロゲナーゼ、Hfd1）は、ヒトにおいてシェーグレン・ラルソン症候群（Sjögren-Larsson syndrome）の原因遺伝子に該当することが分かった[2)]。また、*S. cerevisiae*のER膜タンパク質であるOrm1、Orm2がSPTと複合体を形成することで、セラミドの生合成を制御することが示され、酵母*ORM*遺伝子のヒトホモログ*ORMDL3*が小児喘息発症のリスクファクターとなることも判明した[3)]。このように、*S. cerevisiae*におけるセラミド代謝の研究は、ほ乳動物のセラミド生合成経路およびそれに関連した疾患の解明に大きく貢献してきた。

*S. cerevisiae*のセラミドは、ほ乳動物と同様にERで生合成され、ゴルジ装置に輸送されたのち、そのほとんどが複合スフィンゴ脂質へと変換される。ERからゴルジ装置へのセラミドの輸送は、COPII小胞を介した小胞輸送または小胞輸送非依存的に行われるが、前者ではオキシステロール輸送タンパク質（Osh2/3/4）が関与することが示唆されている[4)]。小胞輸送非依存的なセラミド輸送経路は、ATPを必要とせずサイトゾルのタンパク性因子が必要であることがわかっている[5)]。しかし、ほ乳動物細胞のCERTのようにセラミド輸送を恒常的におこなっている因子は、*S.*

＊1 九州大学大学院 理学研究院、＊2 九州大学大学院 農学研究院

*cerevisiae*では同定されていない。*S. cerevisiae*のセラミドの基本構造は、ほ乳動物と比較して、以下のような構造的特徴を示す。[1] ほ乳動物では4、5位にトランス二重結合が入ったスフィンゴシンと二重結合をもたないジヒドロスフィンゴシンが長鎖塩基の主要構造であるが、*S. cerevisiae*の主要な長鎖塩基は4位に水酸基をもつフィトスフィンゴシンとジヒドロスフィンゴシンである。[2] *S. cerevisiae*のセラミドの脂肪酸鎖長はほとんどC26の極長鎖であり、脂肪酸部分の多くは2位がヒドロキシル化されている。*S. cerevisiae*のセラミドのサブタイプはヒドロキシル化の違いによって、A、B、B'、C、Dの５種類に分類される**(図１)**[6]。*S. cerevisiae*では、Cタイプのセラミドおよび複合スフィンゴ脂質が量的に最も多い。しかしながら、液胞プロトンATPaseを欠損させ細胞内のpHホメオスタシスを崩壊させると、Cタイプが減少し、B, B'タイプが増加する。この理由は良く分かっていないが、*S. cerevisiae*はセラミドのサブタイプを積極的に変化させることで、生育環境やストレスに適応していると推測される[7]。

セラミド合成酵素遺伝子（*LAG1*、*LAC1*）は*S. cerevisiae*で初めて同定され、これらのホモログとしてほ乳動物の***CERS1-6***が発見された[8]。1回膜貫通タンパク質であるLip1はLag1、Lac1の調節サブユニットであり、セラミド合成酵素の活性発現に必須であるが、ほ乳動物においてLip1に相当する因子は同定されていない[9]。*S. cerevisiae*のセラミド分解酵素としてアルカリ性セラミダーゼ（Ypc1、Ydc1）が同定されているが、これらの遺伝子が欠損しても目立った表現型の異常は観察されない[10]。しかしながら、セラミド合成酵素（Lag1、Lac1）が欠損した条件下で、Ypc1、Ydc1はアシルCoA非依存性のセラミド合成を触媒することで、セラミドおよび複合スフィンゴ脂質の生合成を補填することが示唆されている。セラミドあるいはその前駆体である長鎖塩基が減少すると、ラパマイシン標的複合体2（target of rapamycin complex 2、TORC2）、Ypk1キナーゼを介してLag1、Lac1がリン酸化を受け活性化される。これはスフィンゴ脂質生合成の減少に対するセラミド合成系のフィードバック調節機構であると考えられている[11]。一方、長鎖塩基を細胞外へ排出するトランスポーター（Rsb1）や、逆に細胞外の長鎖塩基を細胞内に取り込むトランスポーター（Faa1、Faa4）の存在が知られているが、これらの長鎖塩基輸送機構がセラミド合成

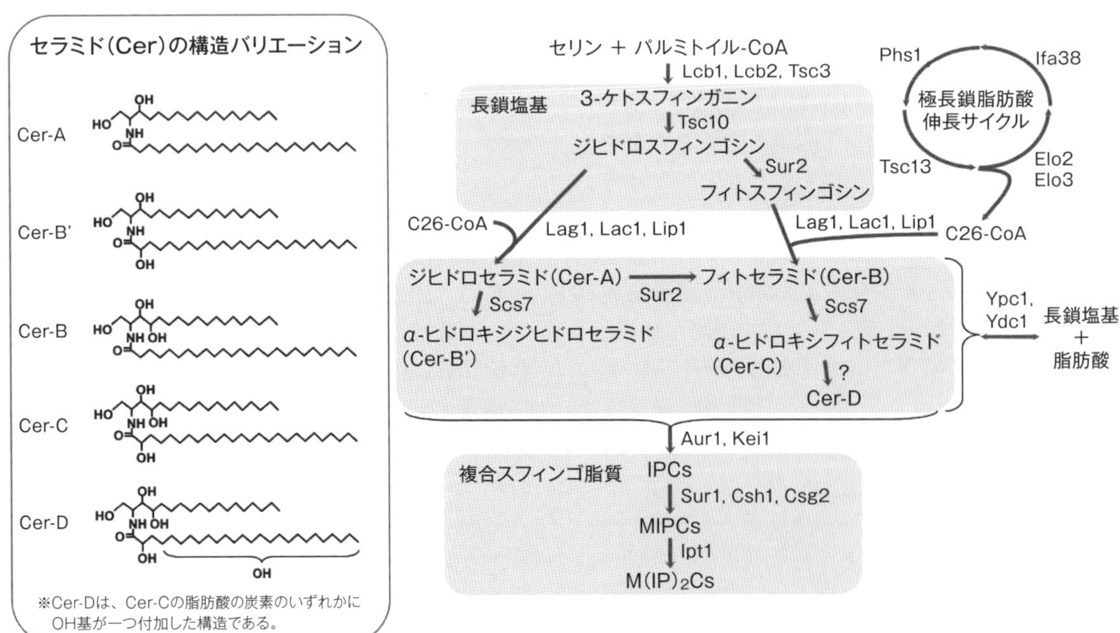

図１　出芽酵母のスフィンゴ脂質生合成経路とセラミドの構造の多様性

の制御とどのように関係しているかは良く分かっていない[12, 13]。

*S. cerevisiae*において、過剰なセラミド蓄積は細胞死をもたらす。通常、細胞内の遊離セラミド量は複合スフィンゴ脂質量と比べて非常に低く保たれている。しかしながら、セラミドからイノシトールホスホリルセラミド（inositolphosphorylceramide, IPC; *S. cerevisiae*において最も単純な複合スフィンゴ脂質）への変換を阻害すると、IPCを含む全ての複合スフィンゴ脂質の減少、およびセラミドの蓄積が引き金となり細胞死が引き起こされる。この細胞死は、Elo3（C26-CoA生合成酵素）の欠損によって抑制される[14]。***ELO3***欠損株ではC26の極長鎖脂肪酸が合成されず、C24やC22のセラミドが生合成される。一方、ジヒドロスフィンゴシンをフィトスフィンゴシンに変換するSur2を欠損させても、IPC合成阻害による細胞死に対して抵抗性を示すようになる。しかし、セラミドの脂肪酸部分の2位をヒドロキシル化するScs7の欠損株では、より低い濃度のセラミド蓄積によって細胞死が惹起される[15]。セラミド蓄積が引き起こす細胞死の分子機構の詳細は良く分かっていないが、これらの研究は過剰なセラミドが示す細胞毒性は脂肪酸鎖長やヒドロキシル化の有無によって強く影響されることを示している。

セラミドの過剰蓄積や複合スフィンゴ脂質量の減少に対応する救済機構も*S. cerevisiae*を用いた研究によって明らかにされつつある。Nvj2はERにおいてセラミドが過剰に蓄積した際に、ERとゴルジ装置間でオルガネラ接触部位を新たに形成することで、ERからゴルジ装置へのセラミド輸送を促進する。その結果、セラミドからIPCへの変換が促進され、遊離セラミドによる生育阻害が緩和される[16]。一方、複合スフィンゴ脂質量の減少による生育阻害は、MAPキナーゼ経路の一つである高浸透圧応答シグナル伝達経路（high osmolarity glycerol pathway、HOG経路）を活性化することで減弱される[17]。この場合、HOG経路はスフィンゴ脂質生合成経路にはほとんど影響を与えない。つまり、HOG経路はスフィンゴ脂質代謝異常を修復しないが、スフィンゴ脂質代謝異常で惹起される増殖阻害を別ルートで救済していると推測される。また、amphiphysin ファミリータンパク質（Rvs161、Rvs167）の欠損に起因する異常は、Orm2を介したセラミド生合成系の抑制によって緩和される[18]。つまり、外部ストレスや遺伝子変異による細胞損傷がセラミドによって増強される場合、*S. cerevisiae*は積極的にセラミド合成を抑制することによってダメージを最小限にとどめているようだ。一方、栄養状態に依存する細胞のサイズや増殖速度は、TORC2依存性のセラミドシグナルによって調節されると考えられている[19]。なぜなら、セラミド合成欠損株の細胞サイズや増殖速度は、野生株と異なり栄養状態の変化に影響を受け難い。

このように*S. cerevisiae*はさまざまなストレス（栄養状態も含む）や遺伝子変異に応答してスフィンゴ脂質代謝を変動させるが、その生理的意義は部分的には解明されていても包括的には理解されていない。しかし、上述したように、スフィンゴ脂質代謝の新たな制御機構や代謝異常の新たな救済システムの一端が*S. cerevisiae*の実験系で垣間見えており、今後の発展が期待される。

3 病原性真菌

ほ乳動物や植物などに感染症を引き起こす真菌は、一般的に病原性真菌（形態的には酵母様のものと糸状菌様のものがある）と呼ばれる。ほ乳動物の真菌症はその感染部位によって表在性真菌症と深在性真菌症に大別される。表在性真菌症としては、白癬菌（*Trichophyton rubrum*や*Trichophyton mentagrophytes*等）に起因する水虫が有名であり、深在性真菌症としては肺、脳、腎臓などの臓器に感染するアスペルギルス症（原因真菌は*Aspergillus fumigatus*等）、カンジダ症（同、*Candida albicans*）、クリプトコッカス症（同、*Cryptococcus neoformans*や*Cryptococcus gattii*）、およびムコール症（同、*Rhizopus oryzae*等）が知られている。深在性真菌症は基本的には日和見感染症であるが、白血病を含む免疫不全患者、免疫抑制剤使用者（臓器移植患者等）のみならず、人口の高齢化に伴いわが国でも警戒が必要である。また、*C. gattii*のように健常者にも感染する真菌も見出されておりその脅威は増している。

病原性真菌は、セラミドに加えて、グルコシルセラミド（GlcCer）、IPCおよびIPCが糖修飾されたグリコシルイノシトールホスホリルセラミド(glycosylinositolphosphorylceramide, GIPC)等の複合スフィンゴ脂質を合成する(**図2**)。病原性真菌のセラミド長鎖塩基は、出芽酵母やほ乳動物に類似した構造も存在するが、主要な分子種は2つの二重結合(Δ4、8)に加えて9位がメチル化された特徴的な構造(d19:2)を示す。脂肪酸部位は、ステアリン酸の3位がヒドロキシル化されたものが多いが(h18:0)、4位が不飽和されている場合もある(h18:1)[20]。

病原性真菌のうち、比較的研究の進んでいる*C. neoformans*を中心にスフィンゴ脂質の合成経路について解説する[21]。セラミド合成経路は、ジヒドロセラミドの合成までは基本的にほ乳動物と同じである。すなわち、ERにおいてセリンとパルミトイルCoAからSPTの触媒作用によって3-ケトジヒドロスフィンゴシンが合成され、3-ケトジヒドロスフィンゴシン還元酵素によってジヒドロスフィンゴシン(d18:0)に変換される。ジヒドロスフィンゴシンにセラミド合成酵素によってアシルCoAから脂肪酸(h18:0またはh18:1)が転移され、ジヒドロセラミドが合成される(d18:0/h18:0またはd18:0/h18:1)。その後、ジヒドロセラミドの長鎖塩基は、2種類の不飽和化酵素とメチル基転移酵素によってほ乳動物にはない独自の修飾を受ける。すなわち、ジヒドロセラミドにΔ4不飽和化酵素、Δ8不飽和化酵素(Sld8)の触媒作用によって4位、8位に順次二重結合が挿入された後、C9メチルトランスフェラーゼ(Smt1)によって9位にメチル基が付加される(d19:2/h18:0またはd19:2/h18:1)。

病原性真菌のセラミドが小胞体で糖修飾されるのか、ゴルジ装置に運ばれた後に糖修飾を受けるのか、現時点で明快な答えはない。セラミドにUDP-グルコースからグルコースを転移するUDP-グルコース:セラミドグルコシルトランスフェラーゼ(Gcs1)は、ほ乳動物の同酵素のホモログであり、ほ乳動物と同様に1遺伝子/1酵素しか存在しない。しかし、ほ乳動物と大きく異なり、GlcCer糖鎖の伸長反応は起こらず、GlcCer

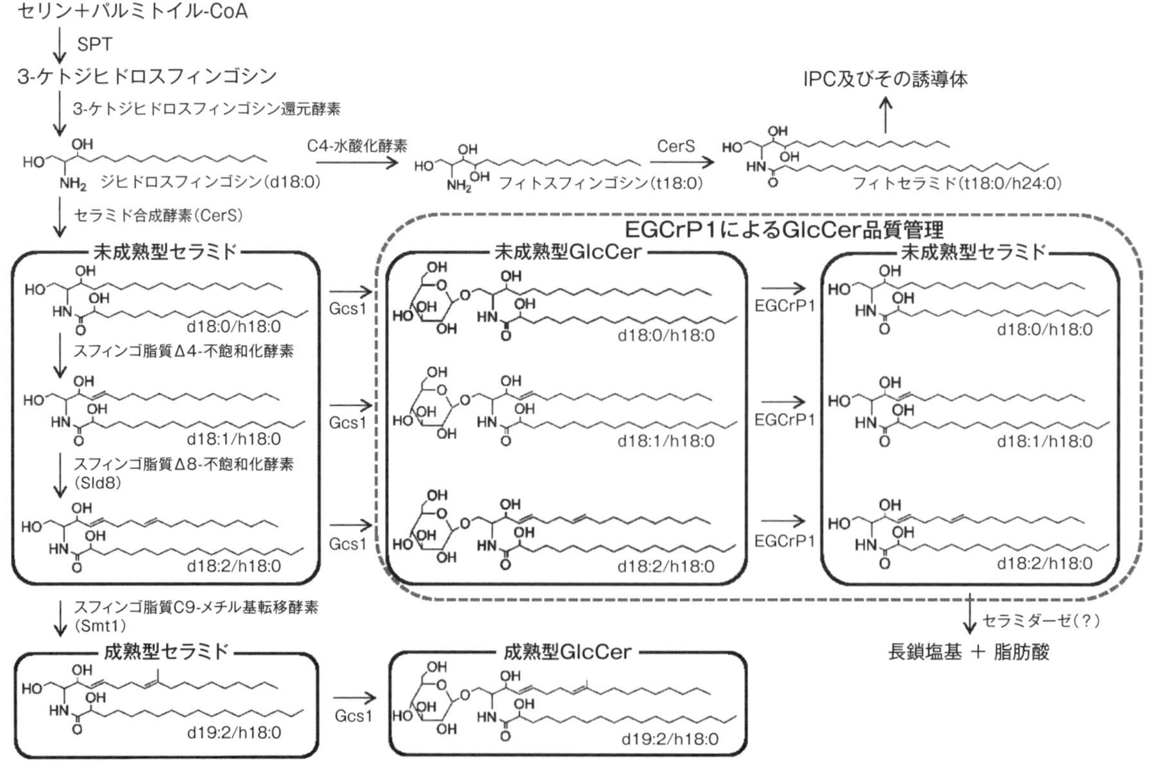

図2　病原性真菌のスフィンゴ脂質合成経路とGlcCer品質管理機構

が最終産物である。また、一部の真菌類、例えば*A. fumigatus*ではGlcCerのみならず、ガラクトシルセラミド（GalCer）も存在する。GlcCerは、形質膜、細胞壁、細胞外小胞（extracellular vesicle）に存在し、細胞分裂時には出芽部位（bud neck）のGlcCer量は増加する。病原性真菌のGlcCerは病原性に強く関係している。*C. neoformans*のGlcCer欠損株は、宿主肺胞や血流での増殖が顕著に低下し、マウスに対する病原性も大きく減弱する。

病原性真菌のセラミドは糖修飾に加えて、一位の水酸基にリン酸イノシトールが付加されIPCとなる。興味深いことに、IPCのセラミド構造はGlcCerとは大きく異なる。つまり、長鎖塩基はフィトスフィンゴシン、脂肪酸はC18-26の極長鎖飽和脂肪酸である（図２）。GIPCはIPCに様々なグリコシルトランスフェラーゼによって糖が転移されることで合成されるが、その構造は種によって大きく異なる[22]。

*C. neoformans*のGlcCerのセラミドは、真菌特有のセラミド（d19:2/h18:0、d19:2/h18:1）が大部分を占める（ほぼ100％）。この事実から*C. neoformans*のGlcCerは、真菌特有のセラミドが合成された後、Gcs1の作用によってグルコースが転移されると考えられて来た。しかし、*C. neoformans*のGlcCerは合成時に厳密な品質管理を受けていることが明らかになった[23]（図２）。真菌類には、少なくとも２種類のGlcCer分解酵素（EGCrP1、EGCrP2）が存在する[24]。これらのEGCrPは、21章で取り上げられるエンドグリコセラミダーゼ（endoglycoceramidase, EGCase）の真菌類ホモログであるが、EGCaseと異なりオリゴ糖鎖が結合した糖脂質には全く作用しない。*C. neoformans*のEGCrP1欠損株のGlcCerを解析すると野生株には存在しない多様なセラミド分子（d18:0/h18:0、d18:1/h18:0、d18:2/h18:0）を持つGlcCerが検出された。これらのGlcCerは図２に示すように、合成途上のセラミド（未成熟セラミド）にグルコースが転移されたものと考えられる。最近の研究で、EGCrP1は未成熟セラミドを持つGlcCerを選択的に分解することで真菌特有のセラミド構造を持つGlcCerの比率を飛躍的に向上させている（未発表データ）。EGCrP1を欠損した*C. neoformans*は感染に重要な莢膜が小さくなり[23]、マウスに対する病原性が減弱するので（未発表データ）、GlcCerの品質管理は生理的にも重要なプロセスと考えられる。EGCrP1の阻害剤は、今までとは全くコンセプトが異なる新規抗真菌薬として期待される。

4 原生生物とハプト藻

原生生物は、五界説において動物界、植物界、菌界、原核生物のいずれにも属さない生物群の総称で、多くの生物群が含まれる。ここでは比較的スフィンゴ脂質の解析が進んでいるSARスーパーファミリーに属する真核単細胞生物を中心に解説する。SARは、それまで別々のスーパーファミリーとされていたストラメノパイル（S）、アルベオラータ（A）、リザリア（R）をひとまとめにした生物群で、独立栄養生物も従属栄養生物も混在する真核生物最大のグループである[25]**（図３）**。

ストラメノパイルに分類され、不等毛藻に属する卵菌類*Phytophthora infestans*、*Phytophthora capsici*、*Pythium ultimum*は、植物に対する病原性を示すので、それらのスフィンゴ脂質の解析は比較的進んでいる。これらの卵菌類の主要な複合スフィンゴ脂質は、セラミドホスホエタノールアミン（CPE）である**（図４）**。卵菌類CPEの長鎖塩基は、ほ乳動物や出芽酵母、病原性真菌の長鎖塩基とは異なり、３つの二重結合（Δ4、8、10）に加えて9位がメチル化されている（d19:3）[26]（図４）。このユニークな長鎖塩基は、同じくストラメノパイルに属するラビリンチュラ類*Thraustochytrium globosum*の α-GlcCerにも見出されている[27]。一方、同じストラメノパイルに属する珪藻類*Thalassiosira pseudonana*の主要な長鎖塩基も、３つの二重結合（Δ4、8、10）を持つが、卵菌類やラビリンチュラ類とは異なり、9位はメチル化されていない（d18:3）（図４）[28]。珪藻類の長鎖塩基としては、d18:3以外にもほ乳動物等に広く見られるd18:1や真菌や植物に見られるd18:2がある。また、d18:4の存在も示唆されているが、二重結合の位置や立体異性などの詳細は明らかにはなっていない。珪藻類はその形状から中心類と羽状類に大別される。興味深いことに、中心類と羽状類ではセラミドの脂肪酸鎖が全く異なる。中心類ではC24:0やC24:1といった極長鎖脂肪酸を含み、羽状類ではC14:0やC14:1、C16:1のように比較的炭素鎖が短い[29]。セラミドの長鎖塩基や脂肪酸種の違いがストラメノパイルの進化や生理機能にどのように関わっているのかに興味が持たれる。

前述したように、ラビリンチュラ類のスフィンゴ糖脂質としてほ乳動物には存在しないα-GlcCerが見出されているが、珪藻にもモノヘキソシルセラミド（HexCer）やそれを母核としたスフィンゴ糖脂質（糖鎖部位が2糖、3糖）が存在する。珪藻糖脂質の立体構造（α、βアノマー）については不明である。

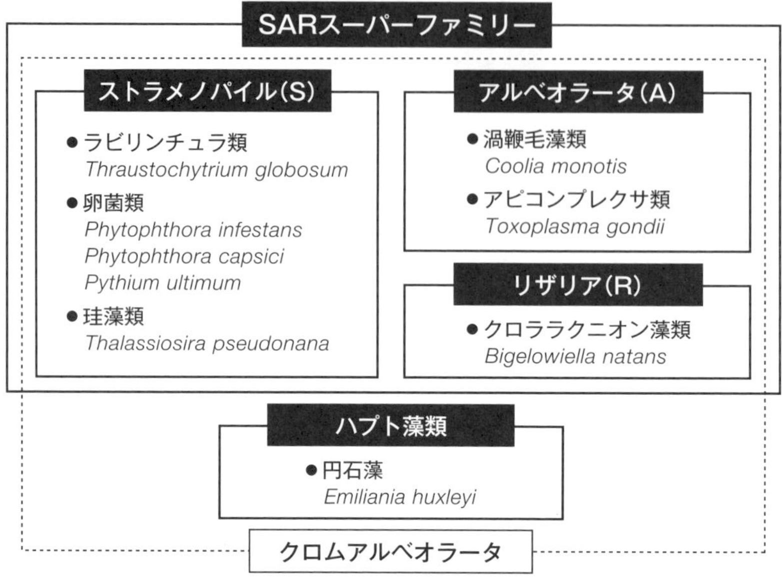

図３　SARスーパーファミリーに属する原生生物とハプト藻類
（種名は本文に登場するものに限定して表記）

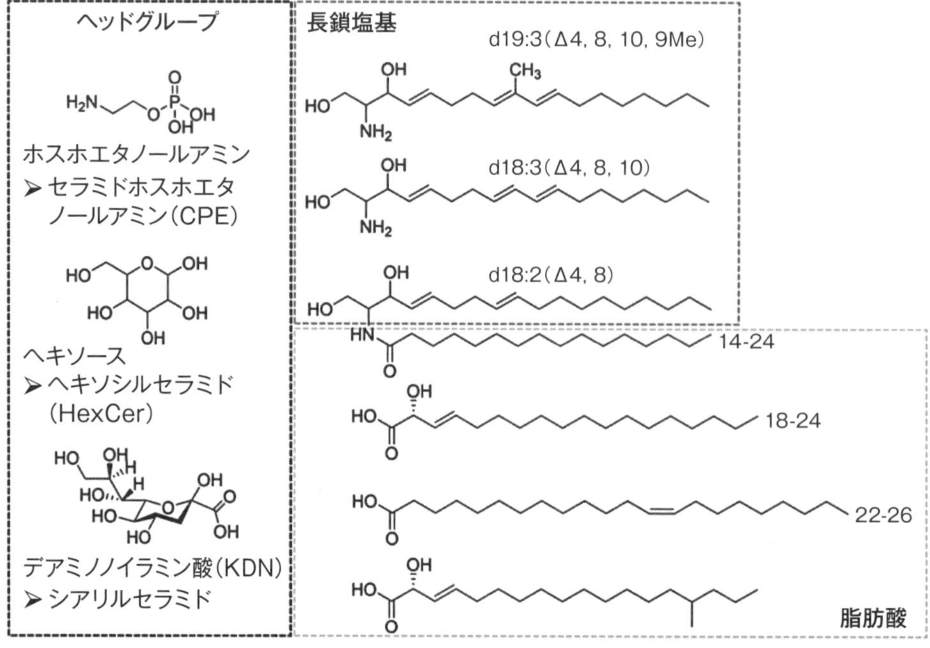

図４　原生生物、ハプト藻のセラミド関連脂質の構造

渦鞭毛藻はアルベオラータに属する単細胞藻類で、麻痺性神経毒を生産し貝毒食中毒の原因となる種や、赤潮を引き起こし甚大な漁業被害を与える種も存在する。渦鞭毛藻*Coolia monotis*のセラミドの主要な長鎖塩基は、珪藻類と同様、d18:3である[30]（図4）。一方、そのアシル鎖は特徴的で、2位にヒドロキシル基、3位にトランス型二重結合、15位にメチル基が存在する。様々な渦鞭毛藻のスフィンゴ脂質が調べられた結果、2位のヒドロキシル基、3位の二重結合は共通していることが示されている。トキソプラズマ症を引き起こす*Toxoplasma gondii*もアルベオラータに属するが、渦鞭毛藻とは異なり、d18:1が主要な長鎖塩基であり、脂肪酸の大部分もC16:0である[31]。つまり、長鎖塩基10位の二重結合の存在はストラメノパイルとアルベオラータのスフィンゴ脂質の特徴であるが、SARスーパーファミリーに属する全ての生物に保存されているわけではない。長鎖塩基10位の二重結合を形成する不飽和化酵素遺伝子[28]は、*T. pseudonana*をはじめとするストラメノパイルによく保存されているが、*T. gondii*のゲノム上には見出されず、本酵素遺伝子の有無と長鎖塩基の構造には明確な相関がある。長鎖塩基10位の不飽和化がスフィンゴ脂質の機能にどのような影響を及ぼすのか、その生理的意義の解明が待たれる。

リザリアに属する生物のスフィンゴ脂質の解析例は知られていない。しかし、クロララクニオン藻の１種である*Bigelowiella natans*のドラフトゲノム情報が公開されており、そのKEGGマップから*LAC1*ホモログ（セラミド合成酵素）を含む出芽酵母と類似したセラミド合成経路の存在が推測される。

ハプト藻類に属する円石藻は、炭酸カルシウムから形成される円盤状のプレート（円石）によって覆われた、特徴的な外見を有する海洋性藻類である。円石藻は、地球規模の炭素固定では大きな影響を持つことで注目される。SARスーパーファミリーには含まれないが、以前はクロムアルベオラータと呼ばれる系統にストラメノパイル、アルベオラータとともに分類されていた（図３）。円石藻の１種*Emiliania huxleyi*の主要なスフィンゴ脂質はHexCerであり、その長鎖塩基はd18:2（Δ4、8）およびストラメノパイルに特徴的なd19:3（Δ4、8、10、9Me）である。脂肪酸の主要分子種は、C22:1、C22:2やこれらがヒドロキシ化されたものである。また、この円石藻からは、シアル酸の一種であるデアミノノイラミン酸（2-ケト-3-デオキシ-D-グリセロ-D-ガラクト-2-ノヌロン酸、KDN）がセラミドに直接結合したシアリルセラミドも見出されている[32]（図４）。*E. huxleyi*は富栄養環境下に適応しブルーム（大増殖）を形成するが、ある時期を境にしてブルームは消失する。その原因の１つが*E. huxleyi virus*（EhV）の感染が引き起こす円石藻の溶解とされている[33]。EhVは核細胞質性大型DNAウィルスであるが、興味深いことにそのゲノム中にSPTなどのスフィンゴ脂質合成酵素遺伝子を備えている。EhVに感染されると円石藻のスフィンゴ脂質合成系はウイルスにハイジャックされ、新たに炭素数17のフィトスフィンゴシン（t17:0）が大量に合成される。このt17:0を含むHexCerは、ウイルス粒子の膜に濃縮され、*E. huxleyi*の溶解に重要な役割を担っている。このように海洋環境下でのウイルスと微細藻類の進化的arms race（軍拡競争）は地球規模の炭素循環に大きな影響を与えている[34]。

本項（４）で紹介したように、原生生物およびハプト藻には、ほ乳動物、植物、原核生物には見られない特徴的なスフィンゴ脂質が存在する。近年のリピドミクス解析技術の発展に伴い、今後も新規構造を有するセラミドおよびその関連脂質が発見されることが期待される。

【参考文献】

1) Buede R, *et al.* (1991) Cloning and characterization of *LCB1*, a *Saccharomyces* gene required for biosynthesis of the long-chain base component of sphingolipids. *J Bacteriol* **173**, 4325-4332.

2) Nakahara K, *et al.* (2012) The Sjögren-Larsson syndrome gene encodes a hexadecenal dehydrogenase of the sphingosine 1-phosphate degradation pathway. *Mol Cell* **46**, 461-471.

3) Breslow DK, *et al.* (2010) Orm family proteins mediate sphingolipid homeostasis. *Nature* **463**, 1048-1053.

4) Kajiwara K, *et al.* (2014) Osh proteins regulate COPII-mediated vesicular transport of ceramide from the endoplasmic reticulum in budding yeast. *J Cell Sci* **127**, 376-387.

5) Funato K & Riezman H (2001) Vesicular and

nonvesicular transport of ceramide from ER to the Golgi apparatus in yeast. *J Cell Biol* **155**, 949-959.
6) Tani M (2016) Structure-function relationship of complex sphingolipids in yeast. *Trends Glycosci Glycotechnol* **28**, E109-E116.
7) Tani M & Toume M (2015) Alteration of complex sphingolipid composition and its physiological significance in yeast *Saccharomyces cerevisiae* lacking vacuolar ATPase. *Microbiology* **161**, 2369-2383.
8) Guillas I, *et al.* (2001) C26-CoA-dependent ceramide synthesis of *Saccharomyces cerevisiae* is operated by Lag1p and Lac1p. *EMBO J* **20**, 2655-2665.
9) Vallee B & Riezman H (2005) Lip1p: a novel subunit of acyl-CoA ceramide synthase. *EMBO J.* **24**, 730-741.
10) Voynova NS, *et al* (2014) Characterization of yeast mutants lacking alkaline ceramidases *YPC1* and *YDC1*. *FEMS Yeast Res.* **14**, 776-788.
11) Muir A, *et al.* (2014) TORC2-dependent protein kinase Ypk1 phosphorylates ceramide synthase to stimulate synthesis of complex sphingolipids. *Elife* **3**, e03779.
12) Kihara A & Igarashi Y (2001) Identification and characterization of a *Saccharomyces cerevisiae* gene, *RSB1*, involved in sphingoid long-chain base release. *J Biol Chem* **277**, 30048-30054.
13) Naria T, *et al.* (2016) Long-chain bases of sphingolipids are transported into cells via the acyl-CoA synthetases. *Sci Rep* **6**, 25469.
14) Tani M & Kuge O (2010) Defect of synthesis of very long-chain fatty acids confers resistance to growth inhibition by inositol phosphorylceramide synthase repression in yeast *Saccharomyces cerevisiae*. *J Biochem* **148**, 565-571.
15) Tani M & Kuge O (2012) Hydroxylation state of fatty acid and long-chain base moieties of sphingolipid determine the sensitivity to growth inhibition due to *AUR1* repression in *Saccharomyces cerevisiae*. *Biochem Biophys Res Commun* **417**, 673-678.
16) Liu LK, *et al.* (2017) An inducible ER-Golgi tether facilitates ceramide transport to alleviate lipotoxicity. *J Cell Biol* **216**, 131-147.
17) Yamaguchi Y, *et al.* (2018) Protective role of the HOG pathway against the growth defect caused by impaired biosynthesis of complex sphingolipids in yeast *Saccharomyces cerevisiae*. *Mol Microbiol* **107**, 363-386.
18) Toume M & Tani M (2016) Yeast lacking the amphiphysin-family protein Rvs167 are sensitive to disruptions in sphingolipid levels. *FEBS J* **283**, 2911-2928.
19) Lucena R, *et al.* (2018) Cell size and growth rate are modulated by TORC2-dependent signals. *Curr Biol* **28**, 196-210.
20) Calixto R, *et al.* (2016) Structural analysis of glucosylceramides (GlcCer) from species of the *Pseudallescheria/Scedosporium* complex. *Fungal Biol* **120**, 166-172.
21) Del Poeta M, *et al.* (2014) Synthesis and biological properties of fungal glucosylceramide. *PLoS Pathog* **10**, e1003832.
22) Takahashi HK, *et al.* (2009) Current relevance of fungal and trypanosomatid glycolipids and sphingolipids: studies defining structures conspicuously absent in mammals. *An Acad Bras Cienc* **81**, 477-488.
23) Ishibashi Y, *et al.* (2012) Quality Control of Fungus-specific Glucosylceramide in *Cryptococcus neoformans* by Endoglycoceramidase-related Protein 1 (EGCrP1). *J Biol Chem* **287**, 368-381.
24) Watanabe T, *et al.* (2015) Sterylglucoside catabolism in *Cryptococcus neoformans* with endoglycocermaidase-related protein 2 (EGCrP2), the first steryl-β-glucosidase identified in fungi. *J Biol Chem* **290**, 1005-1019.
25) Adl SM, *et al.* (2012) The revised classification of eukaryotes. *J Eukary Microbiol* **59**, 429-493.
26) Moreau RM, *et al.* (1998) Identification of ceramide-phosphorylethanolamine in oomycete plant pathogens: *Pythium ultimum*, *Phytophthora infestans*, and *Phytophthora capsici*. *Lipids* **33**, 307-317.
27) Jenkins KM, *et al.* (1999) Thraustochytrosides A-C: new glycosphingolipids from a unique marine protist, *Thraustochytrium globosum*. *Tetrahedron Lett* **40**, 7637-7640.
28) Michaelson LV, *et al.* (2013) Identification of a cytochrome b5-fusion desaturase responsible for the synthesis of triunsaturated sphingolipid long chain bases in the marine diatom *Thalassiosira pseudonana*. *Phytochem* **90**, 50-55.
29) Li Y, *et al.*, (2017) Sphingolipids in marine microalgae: Development and application of a mass spectrometric method for global structural characterization of ceramides and glycosphingolipids in three major phyla. *Anal Chim Acta* **986**, 82-94.
30) Tanaka I, *et al.* (1998) A new ceramide with a novel branched-chain fatty acid isolated from the epiphytic dinoflagellate *Coolia monotis*. *J Nat Pro* **61**, 685-688.
31) Welti R, *et al.* (2007) Lipidomic analysis of *Toxoplasma gondii* reveals unusual polar lipids. *Biochem* **46**, 13882-13890.
32) Fulton JM, *et al.* (2014) Novel molecular determinants of viral susceptibility and resistance in the lipidome of *Emiliania huxleyi*. *Environ Microbiol* **16**, 1137-1149.
33) Vardi A, *et al.* (2009) Viral glycosphingolipids induce lytic infection and cell death in marine phytoplankton. *Science* **326**, 861-865.
34) Ziv C, *et al.* (2016) Viral serine palmitoyltransferase induces metabolic switch in sphingolipid biosynthesis and is required for infection of a marine alga. *PNAS* **113**, E1907-E1916.

総論編 10

スフィンゴ脂質のリピドミクス概略

酒井　祥太＊1、大野　祐介＊2

1 はじめに

スフィンゴ脂質は、長鎖アミノアルコールである長鎖塩基を骨格としてもつ一群の脂質である。スフィンゴ脂質には、長鎖塩基に脂肪酸が結合したセラミドや、セラミドにリン酸コリンや糖鎖などの多様な水溶性頭部が結合した複合スフィンゴ脂質などが存在し、長鎖塩基や脂肪酸側鎖の種類の組み合わせを含めると、1,000分子種以上が自然界に存在している[1)]。近年、これらの多様なスフィンゴ脂質分子種が、それぞれ特有の生理機能を有していることが明らかとなってきており、生命現象を理解する上で個々の分子種の量的変化を定量的かつ包括的に解析する重要性が高まってきている。本章では、網羅的な脂質解析手法として世界的に注目されている新たなオミクス研究であるリピドミクスについて、特にスフィンゴ脂質のリピドミクスに焦点を当て紹介したい。

2 セラミドの構造多様性と表記法

セラミドは、長鎖塩基のアミノ基に脂肪酸がアミド結合した構造を持ち、構成する長鎖塩基と脂肪酸の違いによる多様な分子種が存在する。長鎖塩基および脂肪酸は炭素数、二重結合、水酸基の有無など構造にバリエーションがある。哺乳類の多くの組織では、セラミドを構成する長鎖塩基はC18の４位に二重結合をもつスフィンゴシンである。二重結合を持たないジヒドロスフィンゴシンも広範の組織に存在し、４位に水酸基をもつフィトスフィンゴシンは腎臓や小腸、表皮に多く存在する。セラミドの構造は多様であるため、セラミドを構成する長鎖塩基と脂肪酸を表すための表記法がいくつか考案されている。本項では従来の表記法に準じて、長鎖塩基を水酸基の数（m, mono; d, di; t, tri）と［炭素数:二重結合の数］で表記し、脂肪酸を［炭素数:二重結合の数］で表記する。例えば、C18のスフィンゴシンにC24の飽和脂肪酸が結合したセラミドをd18:1/C24:0、C18のフィトスフィンゴシンにC24のα水酸化飽和脂肪酸が結合したセラミドをt18:0/αhC24:0と表記する。

セラミドの表記法には、脂肪酸、長鎖塩基をそれぞれアルファベットの組み合わせで表記する方法もあり、表皮のセラミド解析の際に用いられることが多い。哺乳類の表皮には、他の組織には見られない多様な分子種のセラミドが存在しており[2)]、脂肪酸として、非水酸化脂肪酸（N）、α水酸化脂肪酸（A）、エステル化-*ω*-*O*-脂肪酸（EO）の３種が、長鎖塩基として、ジヒドロスフィンゴシン（D）、スフィンゴシン（S）、フィトスフィンゴシン（P）、6-ヒドロキシスフィンゴシン（H）の４種が主に存在している。EOタイプはアシルセラミドと呼ばれ、脂肪酸のω末端にリノール酸が結合した構造をもっており、皮膚のバリア機能に必須である。最近我々はアシルセラミドの合成経路の全容を明らかにした[3, 4)]。アルファベットを用いた表記法では、非水酸化脂肪酸とスフィンゴシンで構成されるセラミドはNSと表記される。この表記法では、脂肪酸や長鎖塩基の炭素数、不飽和度が表記されず、これらの表記には分類されていないセラミド分子種も表皮では見つかっているため（タンパク質結合型セラミド、ベータ水酸

＊1 国立感染症研究所 細胞化学部、＊2 北海道大学大学院 薬学研究院

化脂肪酸を持つセラミドなど)、アルファベットを用いた表記法は分類を再度見直し、統一する必要があると考えられる。

3 スフィンゴ脂質の分析法

スフィンゴ脂質の解析は、古くから薄層クロマトグラフィー(TLC)や液体クロマトグラフィー(LC)、ガスクロマトグラフィー(GC)などのクロマトグラフィー分析法を利用し行われてきた。これらの分析法は、分析対象を特定の分子に絞った場合には非常に有効であるが、脂肪酸側鎖の違いを含めたすべてのスフィンゴ脂質分子種を解析することが難しいこと、分析には各分子種につきnmolオーダー以上の量が必要となることなどが欠点として挙げられる。一方で、1990年代に質量分析(MS)におけるソフトイオン化法であるエレクトロスプレーイオン化法(ESI)が実用化され、LCと組み合わせたLC-ESI-MSによって脂質の解析は急速に発展した。2000年以降LC-ESI-タンデム質量分析(MS/MS)を用いた脂質を網羅的に解析する研究は、リピドミクスという総称で呼ばれるようになり、MSが汎用的な脂質解析法として利用されるようになった。さらに、装置の発展にともない、三連四重極型MS(TripleQ-MS)装置を用いた多重反応モニタリング(MRM)や選択反応モニタリング(SRM)、選択イオンモニタリング(SIM)モードでの高精度・高感度分析による定量分析、あるいは飛行時間型MS(TOF-MS)装置やフーリエ変換イオンサイクロトロン共鳴MS(FTICR-MS)装置を用いた精密質量・高速スキャン分析による構造解析や組成分析も可能となってきている。さらに、これらの手法とマトリックス支援レーザー脱離イオン化法(MALDI)を用いたイメージングMSによる組織切片などにおける脂質の局在解析も盛んに行われるようになってきている。LC-MS装置への試料の注入法には、試料の溶解液をシリンジポンプから直接MS装置に注入するインフュージョン法と、LCに接続した特定のカラムにより脂質を分離後にMS装置に導入する方法がある。インフュージョン法は、短時間で数多くのサンプルを測定できる利点があるが、イオン化部で同時に何千種もの脂質をイオン化することとなり、マトリックス効果によるイオンサプレッションが問題となる。すなわち、サンプル中において存在量が多い脂質などによって微量脂質のイオン化が抑制され、これらの検出が困難となる。したがって、微量脂質を含めた網羅的な解析を行うためには、LC等の分離法と組み合わせて行うのが理想的である。分離法としては、スフィンゴ脂質の極性基の違い(脂質クラス)毎に溶出する順相LC(normal phase LC, NPLC)と、疎水性の違い(脂肪酸鎖長)毎に溶出する逆相LC(reverse phase、RPLC)を目的に応じて利用する。分子種組成の不明なサンプルのスフィンゴ脂質を分析する場合、まずNPLC-MSを行うことで、各脂質クラスにおける分子種の脂肪酸および長鎖塩基の同定を行い、検出できた成分についてRPLC-MSのMRMモードによって個々の分子種の定量解析を行う[5)]。

4 サンプルからの脂質抽出と前処理

リピドミクスにおいて、量的に多い分子種と少ない分子種との間には検出できる上限と下限の範囲の差が広いため、網羅的リピドミクスを行うにあたっても、あらかじめ測定対象分子種をある程度絞って行うことが多い。スフィンゴ脂質のリピドミクスにおいても同様であり、夾雑するリン脂質などによるマトリックス効果や、測定対象とする脂質と同じm/zを持つ脂質の存在などが問題となるため、目的に応じたサンプル調製法や分析前の前処理法を検討した後、リピドミクスを行う必要がある。スフィンゴ脂質の抽出には、Bligh-Dyer法やFolch法等の総脂質抽出法を用いるのが一般的である。このとき、常法のBligh-Dyer法は中性で抽出を行うが、中性条件下では一部のスフィンゴ糖脂質が水層に回収されてしまうため、抽出に用いる水に塩酸などを加えた弱酸性条件下で行うことで糖脂質の回収率を高めることができる[6)]。また、リピドミクスによる定量分析を行う場合は、抽出時に内部標準物質を加えておく。抽出物にはスフィンゴ脂質以外にも多量の脂質成分が夾雑しているため、それらの成分によるイオンサプレッションによって分析に支障が出ることがある。そこで、夾雑物として豊富に含まれるトリアシルグリセロール(TAG)やグリセロリン脂質（GPL）を0.4 M水酸化カリウムなどのアルカリ性条件下で加水分解し除去することで、スフィンゴ脂質を濃縮することができる。また、加水分解後には、分解産物である脂肪酸やグリセロールがサンプル中に大量に含まれるため、溶媒分画や固相抽出を用いて生成した遊離脂肪酸やグリセロールの除去を行うことで、より夾雑物の少ないスフィンゴ脂質画分が得られる[7]。貴重なサンプルや微量サンプルの分析を行う場合には特にこのような前処理が重要となる。得られた画分をリピドミクスに用いる移動相溶媒に再溶解させることでリピドミクス分析のサンプル調製が完了する。

5 スフィンゴ脂質のリピドミクス

前述したように、分子種組成が未知なサンプルのスフィンゴ脂質分析を行う際には、NPLC-MSによってまず各脂質クラスにおける分子種組成の同定を行い、同定した分子種についてRPLC-MSにより定量分析するのが望ましい。どちらの分析においてもポジティブイオンモードで行う。我々はスフィンゴ脂質の分子種を同定するために、NPLC-MSを用いてスフィンゴ脂質の親水部あるいは糖鎖部の構造の違いによる分離を行っている[8]。**図1A**に示したNPLCの分析条件でスフィンゴ脂質を分離すると、セラミド、長鎖塩基、モノヘキソシルセラミド（グルコシルセラミドおよびガラクトシルセラミド）、スルファチド、ラクトシルセラミド、トリグリコシルセラミド（Gb3など）、スフィンゴミエリン（SM）、ガングリオシド（GM3）の順に溶出する（**図1B**）。また、本手法の移動相やグラジエント条件を変更することで、GQ などの糖鎖部が複雑なガングリオシド類を含めた糖脂質の一斉分析を行うこともできる[9]。検出にはポジティブイオンモードを用い、それぞれ

A
- カラム：InertSustain NH2/GLサイエンス（5 μm, 150mm×2.1mm）
- 移動相A：アセトニトリル/メタノール（95/5）
- 移動相B：メタノール
  （移動相A, B共に0.2％ギ酸5mMギ酸アンモニウムを含有）
- グラジエント条件：

	移動相A（%）	移動相B（%）
0→ 5分	100	0
5→10分	100→80	0-20
10→12分	80	20
12→15分	80→50	20-50
15→22分	50	50
22→27分	50→20	50-80
27→32分	20	80
32→35分	20→100	80-0
35→45分	100	0

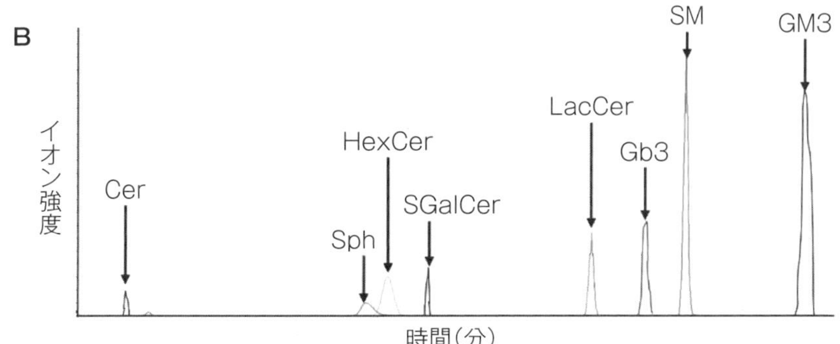

図1 A. NPLC-MSの分析条件 B. 分析条件Aにおける各スフィンゴ脂質クラスのクロマトグラム
Cer, セラミド、Sph, 長鎖塩基、HexCer, モノヘキソシルセラミド、SGalCer, スルファチド、LacCer, ラクトシルセラミド、Gb3, Gb3グロボシド、GM3, GM3ガングリオシド

の脂質クラスが溶出した時間におけるMSスペクトルを確認することで、各脂質クラスにおける分子種の情報が得られる。さらに、各保持時間において検出したイオンをプレカーサーイオンとしたMS/MS解析を行うと、SM以外のスフィンゴ脂質ではプロダクトイオンとして長鎖塩基に由来するイオンを取得できる（**図2**）。また、プレカーサーイオンと長鎖塩基由来イオン由来のプロダクトイオンとの*m/z*の差により脂肪酸側鎖の同定も可能となる。各分子種のMRMトランジションを設定し、NPLC-MS/MSを行うことでスフィンゴ脂質の網羅的な半定量解析を行うこともできる[10]。一方、SMのプロダクトイオンは長鎖塩基ではなくリン酸コリン由来のイオン*m/z* 184.1が検出されるため、通常はMRMトランジションのプロダクトイオンとして*m/z* 184.1を設定する。スフィンゴミエリンの分子種解析を詳細に行う場合は、インフュージョン法によるSMのリチウム付加プレカーサーイオンのMS/MS解析[11]や、ネガティブイオンモードでのMS/MS/MS解析[12]などが用いられる。

ポジティブイオンモードにおいて、長鎖塩基としてd18:1を持つセラミドはイオン開裂により、整数値で*m/z* 264を主要なフラグメントイオンとして生じる。そのため、分子内の長鎖塩基がd18:0は*m/z* 266、t18:0の場合は*m/z* 282、t18:1の場合は*m/z* 280のフラグメントイオンを生じることが予想される。しかし実際にはd18:0タイプのセラミドでは*m/z* 266と284、t18:0タイプでは*m/z* 264、282および300、t18:1タイプでは*m/z* 280を主なフラグメントイオンとして生じる。d18:1タイプでは*m/z* 264以外に*m/z* 252、282も生じる。ここで着目すべき点は、*m/z* 252、264および282のフラグメントイオンはイオン強度が異なるもののd18:1とt18:0で共通して生じていることである。例えば、*m/z* 648を共通のプレカーサーイオンとしてもつセラミドであるd18:1/C24:1とt18:0/C24:1-H_2Oは共通して*m/z* 264と282のフラグメントイオンも生じることとなり、648.5>264.2のMRMトランジションを設定してサンプルを測定した場合、これらの2種のセラミドのピークが同

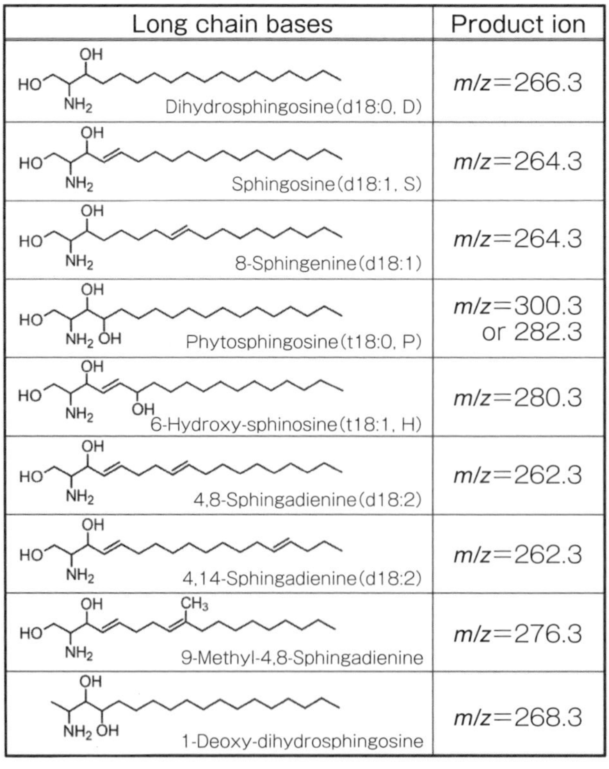

Long chain bases	Product ion
Dihydrosphingosine (d18:0, D)	*m/z*=266.3
Sphingosine (d18:1, S)	*m/z*=264.3
8-Sphingenine (d18:1)	*m/z*=264.3
Phytosphingosine (t18:0, P)	*m/z*=300.3 or 282.3
6-Hydroxy-sphinosine (t18:1, H)	*m/z*=280.3
4,8-Sphingadienine (d18:2)	*m/z*=262.3
4,14-Sphingadienine (d18:2)	*m/z*=262.3
9-Methyl-4,8-Sphingadienine	*m/z*=276.3
1-Deoxy-dihydrosphingosine	*m/z*=268.3

図2　各長鎖塩基に特有のプロダクトイオン

一分子としてクロマトグラム上に出てきてしまうことになる。特にNPLC-MSでは、同じ脂質クラス内のほぼすべての分子種の保持時間が同じであるため、このような同じMRMトランジションで測定する場合は、２種のセラミドが混合したピークとして現れるため、定量時には注意が必要となる。検出や同定の精度を上げるために我々は、t18:0タイプに関しては***m/z*** 300のフラグメントイオンを選択して検出している。これらの分子種のピークはオタクデシル基結合シリカゲル（ODS）カラムなどを用いたRPLCで容易に分離できるため、RPLC-MSではどちらの分子種がどのピークであるかを特定することは可能である。したがって、より詳細な分子種情報やそれらの定量解析については、RPLC-MSによって分子種ごとに分離して行うことが望ましい[13]。

6 表皮セラミドの解析

(1) 表皮セラミドの検出

これまでLC-MS/MSを用いた表皮のセラミドの網羅的解析により、長鎖塩基、脂肪酸の組み合わせの異なる多様なセラミド分子種が同定されている[14, 15]。多種存在するセラミド分子種の定性的、定量的解析には困難な点が多く、理想的には全ての分子種の化学合成品を用いて、それぞれの分子種をイオン化させる際の電圧等のパラメーターやイオンを開裂させる際のコリジョンエナジーを最適化し、それぞれの安定同位体を

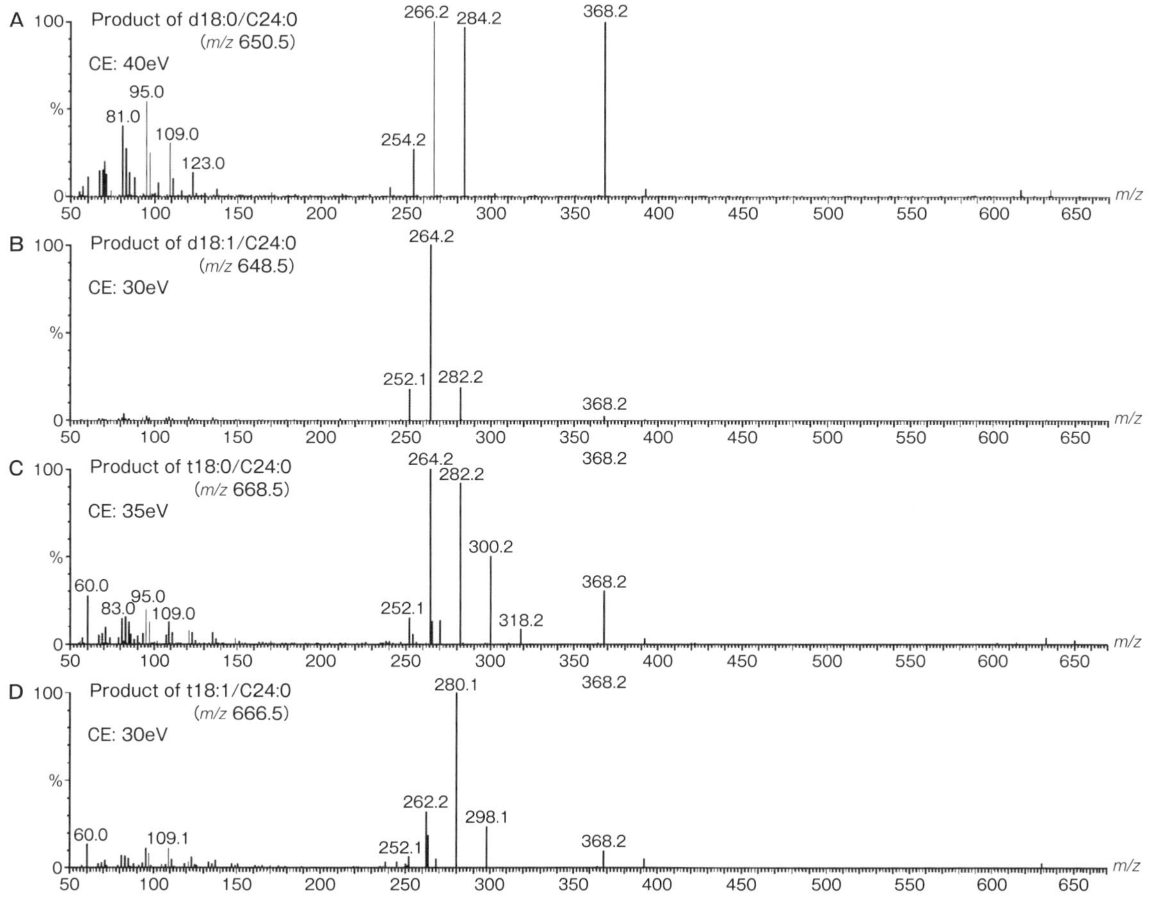

図３　表皮セラミドのフラグメント解析

ポジティブイオンモードで各セラミド（A, d18:0/C24:0; B, d18:1/C24:0; C, t18:0/C24:0; D, t18:1/C24:0）のプロトン付加体をプレカーサーイオンとしてQ1で選択し，Q2でイオンを開裂させ，Q3で***m/z*** 50-670の範囲のスキャン検出を行なった（Waters Xevo TQ-Sを使用）。各セラミドのプロトン付加体の***m/z***，コリジョンエナジー（CE）はそれぞれ図中に示した値を用いた。CEには各プレカーサーイオンが全て開裂する強さを検討した値を用いた。

内部標準物質として用いるのが望ましいが、現実的には不可能である。SIM解析では各分子種のコリジョンエナジーを最適化する必要はなくなるが、同じ*m/z*をもつ分子種のセラミドが表皮には複数存在していること、セラミドはイオン化の際にH_2Oが脱離することが多く、表皮には奇数鎖の脂肪酸を持つセラミドも多く存在していることから、検出されたクロマトグラムのどのピークが特定の分子種のセラミドであるかを判別するのが非常に困難である。例えば、多くの組織で主要なセラミド分子種であるd18:1/C24:1のプロトン付加体の*m/z*は648.6であるが、C18の長鎖塩基だけで考えても、d18:1/C24:1に加えd18:1/hC24:0-H_2O、d18:0/hC24:1-H_2O、d18:0/C25:0-H_2O、t18:0/C24:1-H_2O、t18:1/C24:0-H_2O、t18:1/hC23:1-H_2Oの合計7種の分子種が存在する[15]。このプレカーサーイオンのオーバーラップは他の*m/z*のセラミド分子種に関しても考えられるため、表皮セラミド全体で考えるとその数は膨大なものとなる。*m/z*がオーバーラップしている全ての分子種をLCで分離することは非常に困難であるため、SIM解析で表皮セラミドを精度よく検出することは、化学合成した複数の標準品を持っていない限り実際には不可能であると考えられる。そのため、セラミドの分子種特異的な解析においては、前述のように通常MRM解析が推奨される。MRMは分子種に対する特異性や検出感度が高いこと、また最新のMS装置ではスキャン速度が格段に向上していることから、100種類以上の分子種解析を一回の分析で行なうことが可能となってきている。

図3のように異なる構造を持つ長鎖塩基間でフラグメントイオンパターンが大きく異なるため、各長鎖塩基を持つセラミドを定量するためには、それぞれの長鎖塩基構造をもつ内部標準物質が求められる。最近各メーカーから販売されている安定同位体脂質の種類が増えてきており、内部標準物質として使用できるようになってきた。表皮セラミドに関してもAvanti Polar Lipids社より安定同位体C16:0をもつさまざまな長鎖塩基構造のセラミドの販売が最近始まった。現在我々はその使用条件の最適化を行なっており、より精度、信頼度の高い定量データを得られるよう検出系を随時アップデートしている。

(2) 表皮セラミドのMSデータ解析

現在我々は、ケラチノサイトでは24穴プレートスケール以上から、テープストリッピングサンプルでは15mm×25mmのテープ1枚から200分子種以上のセラミドを精度よく検出できる系を確立している。しかし、検出できる分子種が多くなればなるほど解析作業は煩雑になる。我々はMS装置付属のソフトウェアでMRM測定の自動解析メソッドを作成しているものの、目的分子とは異なったピークが選択されている場合もあるため、ひとつひとつ目視でピークを確認している。近年MS-DIALをはじめとするMSデータの自動解析ソフトウェア開発が発展してきているが[16]、これらのほとんどは多様な長鎖塩基の構造に対するデータが十分登録されていない。そのため、表皮セラミドの測定データの自動解析を行なう最適な環境は未だ整っているとはいえない。これまでさまざまな研究グループがそれぞれ独自に脂質解析手法を確立してきたものの、解析手法の違いでデータが異なっている場合も多くあった。しかしながら、近年LIPID MAPSやLipidomics Standard Initiative、LIPID BANKといったリピドミクスの国際基準の確立を目的とした組織が立ち上がってきており、状況は改善されてきている[17]。しかしこれらを含めたこれまでの脂質データベースには登録されていない長鎖塩基も多くあるため、これまでのリピドミクス解析では見逃されているスフィンゴ脂質分子種が存在している可能性がある。今後は我々もこれらの組織と積極的に連携することで、表皮をはじめとするスフィンゴ脂質解析に寄与していきたいと考えている。

【参考文献】

1) Harrison PJ., *et al*. Sphingolipid biosynthesis in man and microbes. *Nat. Prod. Rep*., **19**, 921-954(2018).
2) Kihara A. Synthesis and degradation pathways, functions, and pathology of ceramides and epidermal acylceramides. *Prog. Lipid Res*., **63**, 50-69(2016).
3) Ohno Y., *et al*. Essential role of the cytochrome P450 CYP4F22 in the production of acylceramide, the key lipid for skin permeability barrier formation. *Proc. Natl. Acad. Sci. USA*., **112**, 7707-7712(2015).
4) Ohno Y., *et al*. Formation of the skin barrier lipid *ω-O*-acylceramide by the ichthyosis gene. *Nat. Commun*., **8**, 14610(2017).

5) Merrill AH., *et al.* Sphingolipidomics: high-throughput, structure-specific, and quantitative analysis of sphingolipids by liquid chromatography tandem mass spectrometry. *Methods*, **36**, 207-224 (2005).
6) 日本分析化学会, 試料分析講座　脂質分析, 丸善出版, 東京, 11-17 (2011).
7) Jiang X., *et al.* Alkaline methanolysis of lipid extracts extends shotgun lipidomics analyses to the low-abundance regime of cellular sphingolipids. *Anal. Biochem.*, **371**, 135-145 (2007).
8) Mikami D., Sakai S., *et al.* Effects of Asterias amurensis-derived Sphingoid Bases on the de novo Ceramide Synthesis in Cultured Normal Human Epidermal Keratinocytes. *J. Oleo Sci.*, **65**, 671-680 (2016).
9) Ikeda K. and Taguchi R. Highly sensitive localization analysis of gangliosides and sulfatides including structural isomers in mouse cerebellum sections by combination of laser microdissection and hydrophilic interaction liquid chromatography/electrospray ionization mass spectrometry with theoretically expanded multiple reaction monitoring. *Rapid Commun. Mass Spectrom.*, **24**, 2957-2965 (2010).
10) Mikami D., Sakai S., *et al.* Isolation of sphingoid bases from starfish Asterias amurensis glucosylceramides and their effects on sphingolipid production in cultured keratinocytes. *J. Oleo Sci., in press.*
11) Hsu FF. and Turk J. Structural Determination of Sphingomyelin by Tandem Mass Spectrometry With Electrospray Ionization. *J. Am. Soc. Mass Spectrom.*, **11**, 437-449 (2000).
12) Hama K., *et al.* Comprehensive Quantitation Using Two Stable Isotopically Labeled Species and Direct Detection of N-Acyl Moiety of Sphingomyelin. *Lipids.*, **52**, 789-799 (2017).
13) Shaner RL., *et al.* Quantitative analysis of sphingolipids for lipidomics using triple quadrupole and quadrupole linear ion trap mass spectrometers. *J. Lipid Res.*, **50**, 1692-1707 (2009).
14) t'Kindt R., *et al.* Profiling and characterizing skin ceramides using reversed-phase liquid chromatography-quadrupole time-of-flight mass spectrometry. *Anal. Chem.*, **84**, 403-411 (2012).
15) Masukawa Y., *et al.* Characterization of overall ceramide species in human stratum corneum. *J. Lipid Res.*, **49**, 1466-1476 (2008).
16) Tsugawa H., *et al.* MS-DIAL: data-independent MS/MS deconvolution for comprehensive metabolome analysis. *Nat. Method*, **12**, 523-526 (2015).
17) LIPID MAPS, http://www.lipidmaps.org/
Lipidomics Standard Initiative, https://lipidomics-standards-initiative.org/
LipidBank, http://jcbl.jp/wiki/Category:LB

総論編 11

特定保健用食品と機能性表示食品におけるセラミドの役割

向井　克之[*1]、永井　寛嗣[*2]、大西　正男[*3]

1 はじめに

健康食品の市場は、2018年現在で２兆円と推定されており、その中で特定保健用食品（トクホ）の市場はおよそ6,000億～7,000億円、機能性表示食品の市場は2,000億円を超えたと推定されている。**図１**に示すように、機能性を表示できる食品は、トクホ、栄養機能食品、機能性表示食品であり、健康食品の市場で、およそ約半分が何らかの食品機能性について表示した食品が現在は販売されていることになる。

トクホとは、健康増進法第26条第1項において消費者庁長官の許可を受け、「食生活において特定の保健の目的で摂取をする者に対し、その摂取により当該保健の目的が期待できる旨の表示をするもの」として定義されている。また、機能性表示食品は、安全性および機能性に関する一定の科学的根拠に基づき、食品表示法第２条第３項第１号に規定する食品関連事業者の責任において特定の保健の目的が期待できる旨の表示を行うものとして、消費者庁長官に届け出られたものである。ただし、機能性表示食品は、科学的根拠等について消費者庁長官による個別審査を経ないという点等で、トクホとは大きく異なっている。この両制度において、グルコシルセラミドを関与成分とした食品が数多く許可・届出されており、本章で紹介する。

2 特定保健用食品

トクホとしては、2018年12月までにグルコシルセラミドを関与する成分とする製品が３つ製品化されている。**表１**に示すように2016年４月１日に株式会社資生堂が、「素肌ウォーター」（清涼飲料水）という商品名で消費者庁長官から許可を受けている。その表示内容は、「本品は、肌から水分を逃がしにくくするグルコシルセラミドを含んでいるので、肌が乾燥しがちな方に適しています。」となっている。続いて、2017年12月12日にはポーラ化成工業株式会社が、「ディフェンセラ」（粉末清涼飲料）という商品名で許可を受けた。さらに、2018年９月21日には、オルビス株式会社が「オルビス　ディフェンセラ」という商品名で上記商品の再許可を受けている。これまでは、トクホの表示と言えば、「おなかの調子を整える」、「コレステロールの吸収を抑える」、「糖の吸収をおだやかにする」などほとんどが身体の内

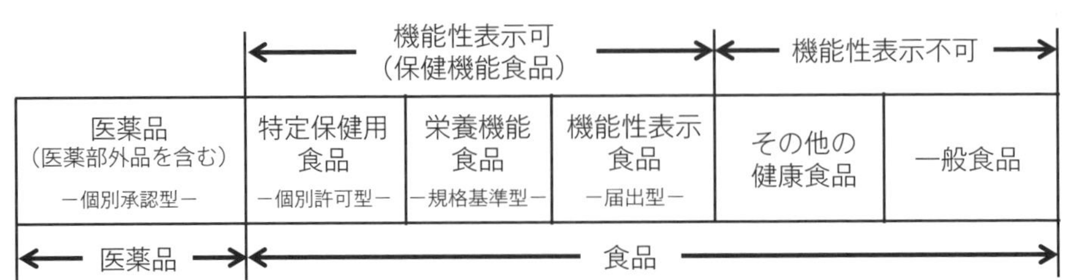

図１　健康食品における機能性の表示制度

＊１ 株式会社ダイセル 研究開発本部、＊２ 株式会社ダイセル CPIカンパニー、
＊３ 藤女子大学 人間生活学部 食物栄養学科

表１　許可されたグルコシルセラミドを関与する成分とする特定保健用食品（2018年12月現在）

商品名	申請者	食品の種類	関与する成分	許可を受けた表示内容	１日摂取目安量	区分	許可日	許可番号
素肌ウォーター	株式会社資生堂	清涼飲料水	グルコシルセラミド	本品は、肌から水分を逃がしにくくするグルコシルセラミドを含んでいるので、肌が乾燥しがちな方に適しています。	１本を目安にお飲みください。	特保	2016/4/1	1624
ディフェンセラ	ポーラ化成工業株式会社	粉末清涼飲料	グルコシルセラミド	本品に含まれる米胚芽由来のグルコシルセラミドは、肌の水分を逃がしにくくするため、肌の乾燥が気になる方に適しています。	１日１包を目安に、開封し、そのまま口に入れるか、水とともにお召し上がり下さい。	特保	2017/12/4	1728
オルビス ディフェンセラ	オルビス株式会社	粉末清涼飲料	グルコシルセラミド	本品に含まれる米胚芽由来のグルコシルセラミドは、肌の水分を逃しにくくするため、肌の乾燥が気になる方に適しています。	１日１包を目安に、開封し、そのまま口に入れるか、水とともにお召し上がり下さい。	再許可等特保	2018/9/21	1761

部の現象を改善するものであったが、初めて身体の外部である肌に関するトクホ「肌トクホ」が許可されたのである。2003年にはヒアルロン酸も肌トクホを目指して当時所管であった厚生労働省に申請をしたが、2008年に体内動態が明らかではない、有効性が認められないという理由で不許可となっている。それに対して、グルコシルセラミドは有効性が明らかであり、消費者庁長官から許可が得られた唯一の肌トクホとなっている。グルコシルセラミドのトクホ申請のために使用されたヒト試験の論文は、主に以下の３報である。

（ⅰ）T. Uchiyama *et al.*, “Oral Intake of Glucosylceramide Improves Relatively Higher Level of Transepidermal Water Loss in Mice and Healthy Human Subjects”, *Journal of Health Science*, **54** (5), 559-566 (2008)

（ⅱ）内山太郎ほか、「こんにゃくエキス配合飲料の全身の皮膚バリア機能に対する改善効果」、薬理と治療, **39**(4) 437-445 (2011)

（ⅲ）平河聡ほか、「米胚芽エキス配合粉末顆粒の摂取による全身の皮膚バリア機能に対する改善効果」、薬理と治療, **41**(11), 1051-1059 (2013)

３報ともに、１日あたりのグルコシルセラミドの有効摂取量は、1.8mgであり、頬部、上背部、顎部、肘部、足背部などでプラセボ群と比較して経皮水分蒸散量（transepidermal water loss: TEWL）が12週後までに統計学的有意に低下したというものである。ただし、12週以降グルコシルセラミドの摂取を中止したところ、16週にはそのTEWL低下について、プラセボ群と有意差がなくなっている。つまり、グルコシルセラミドの摂取は継続しないと肌から水分を逃がしにくくする効果は持続できないことになる。**図２**に

図２　グルコシルセラミドを関与する成分とした肌トクホ（出典：オルビス株式会社ホームページ）

表2　届出されている機能性表示食品（2018年12月末届出まで、届出撤回商品は除く）

届出番号	届出日	届出者名	商品名	食品の区分	機能性関与成分名	表示しようとする機能性
A10	2015/4/16	株式会社東洋新薬	メディスキン	加工食品（サプリメント形状）	米由来グルコシルセラミド	本品には、米由来グルコシルセラミドが含まれます。米由来グルコシルセラミドには、肌の保湿力（バリア機能）を高める機能があるため、肌の調子を整える機能があることが報告されています。
A127	2015/9/10	株式会社全日本通販	セラミド保湿粒	加工食品（サプリメント形状）	米由来グルコシルセラミド	本品には、米由来グルコシルセラミドが含まれます。米由来グルコシルセラミドには、肌の保湿力（バリア機能）を高める機能があるため、肌の調子を整える機能があることが報告されています。
A128	2015/9/10	株式会社東洋新薬	セラミド配合スムージーT（ティー）	加工食品（その他）	米由来グルコシルセラミド	本品には、米由来グルコシルセラミドが含まれます。米由来グルコシルセラミドには、肌の保湿力（バリア機能）を高める機能があるため、肌の調子を整える機能があることが報告されています。
A256	2016/3/11	株式会社東洋新薬	セラミドパウダーT（ティー）	加工食品（その他）	米由来グルコシルセラミド	本品には、米由来グルコシルセラミドが含まれます。米由来グルコシルセラミドには、肌を乾燥しにくくするのを助ける機能があることが報告されています。肌が乾燥しがちな方に適した食品です。
A261	2016/3/14	株式会社東洋新薬	飲むスキンケアアサイースムージー	加工食品（その他）	米由来グルコシルセラミド	本品には、米由来グルコシルセラミドが含まれます。米由来グルコシルセラミドには、肌の潤いを逃しにくくする機能があることが報告されています。肌が乾燥しがちな方に適した食品です。
A266	2016/3/16	株式会社愛しとーと	うるおい宣言セラミドプラス	加工食品（その他）	こんにゃく由来グルコシルセラミド	本品には、こんにゃく由来グルコシルセラミドが含まれています。こんにゃく由来グルコシルセラミドには、肌から水分を逃がしにくくする機能が報告されています。 肌が乾燥しがちな方に適しています。
A274	2016/3/17	株式会社東洋新薬	セラミドゼリーT（ティー）	加工食品（その他）	米由来グルコシルセラミド	本品には、米由来グルコシルセラミドが含まれます。米由来グルコシルセラミドには、肌の潤いを守るのを助ける機能があることが報告されています。肌が乾燥しがちな方に適した食品です。
A278	2016/3/18	株式会社資生堂	飲む肌ケア	加工食品（サプリメント形状）	蒟蒻由来グルコシルセラミド	本品には蒟蒻由来グルコシセラミドが含まれます。 蒟蒻由来グルコシセラミドは、顔やからだ（頬、背中、ひじ、足の甲）の肌の水分を逃がしにくくすることが報告されており、肌の乾燥が気になるかたに適しています。
B17	2016/5/2	株式会社東洋新薬	セラミドサプリT	加工食品（サプリメント形状）	米由来グルコシルセラミド	本品には、米由来グルコシルセラミドが含まれます。米由来グルコシルセラミドには、顔やからだ（頬、くび、背中、足の甲）の肌を乾燥しにくくするのを助け、潤いを守るのに役立つ機能があることが報告されています。肌が乾燥しがちな方に適した食品です。
B60	2016/6/2	エーザイ株式会社	チョコラＢＢリッチセラミド	加工食品（サプリメント形状）	米由来グルコシルセラミド	本品には米由来グルコシルセラミドが含まれます。米由来グルコシルセラミドには、肌の潤いを逃しにくくする機能があることが報告されています。肌が乾燥しがちな方に適した食品です。
B92	2016/6/23	ポッカサッポロフード&ビバレッジ株式会社	キレートレモンMoisture（モイスチャー）	加工食品（その他）	米由来グルコシルセラミド	本品には、米由来グルコシルセラミドが含まれます。米由来グルコシルセラミドには、肌の潤いを守るのを助ける機能があることが報告されています。肌が乾燥しがちな方に適した食品です。

届出番号	届出日	届出者名	商品名	食品の区分	機能性関与成分名	表示しようとする機能性
B212	2016/9/29	日本製粉株式会社	潤つやセラミド	加工食品(サプリメント形状)	米由来グルコシルセラミド	本品には米由来グルコシルセラミドが含まれます。米由来グルコシルセラミドは、肌のバリア機能(保湿力)を高めることが報告されています。肌の乾燥が気になる方に適した食品です。
B311	2016/11/18	株式会社ECスタジオ	イージースムージーアサイー	加工食品(その他)	米由来グルコシルセラミド	本品には、米由来グルコシルセラミドが含まれます。米由来グルコシルセラミドには、肌の潤いを守るのを助ける機能があることが報告されています。肌が乾燥しがちな方に適した食品です。
B364	2016/12/7	銀座ステファニー化粧品株式会社	プラセンタ100セラミド	加工食品(サプリメント形状)	米由来グルコシルセラミド	本品には、米由来グルコシルセラミドが含まれます。米由来グルコシルセラミドには、肌の潤いを守るのを助ける機能があることが報告されています。肌が乾燥しがちな方に適した食品です。
B383	2016/12/14	株式会社OEM	セラミド	加工食品(サプリメント形状)	パイナップル由来グルコシルセラミド	本品には、パイナップル由来グルコシルセラミドが含まれます。パイナップル由来グルコシルセラミドには、肌の潤い(水分)を逃がしにくくする機能があることが報告されています。肌が乾燥しがちな人に適しています。
B406	2016/12/22	アサヒビール株式会社	アサヒ スタイルバランス 素肌うるおう ピーチスパークリング	加工食品(その他)	パイナップル由来グルコシルセラミド	本品には、パイナップル由来グルコシルセラミドが含まれます。パイナップル由来グルコシルセラミドには、肌の潤いを守るのを助ける機能があることが報告されています。肌が乾燥しがちな方に適しています。
B509	2017/2/3	株式会社エバーライフ	BeKOJUN DAILY(ビコウジュン デイリー)	加工食品(サプリメント形状)	パイナップル由来グルコシルセラミド	本品にはパイナップル由来グルコシルセラミドが含まれます。パイナップル由来グルコシルセラミドは、肌の潤いを守るのを助ける機能があることが報告されています。肌が乾燥しがちな方に適した食品です。
B511	2017/2/3	株式会社ディーエイチシー	セラミド モイスチュア	加工食品(サプリメント形状)	米由来グルコシルセラミド	本品には米由来グルコシルセラミドが含まれます。 米由来グルコシルセラミドには、肌のうるおいを維持する機能が報告されています。
B595	2017/3/15	株式会社オンライフ	ハダウルオール	加工食品(サプリメント形状)	米由来グルコシルセラミド	本品には、米由来グルコシルセラミドが含まれます。米由来グルコシルセラミドには、顔やからだ(頬、くび、背中、足の甲)の肌を乾燥しにくくするのを助け、潤いを守るのに役立つ機能があることが報告されています。肌が乾燥しがちな方に適した食品です。
B600	2017/3/17	株式会社ECスタジオ	リピアミューズ モイストタブレット	加工食品(サプリメント形状)	パイナップル由来グルコシルセラミド	本品には、パイナップル由来グルコシルセラミドが含まれます。パイナップル由来グルコシルセラミドには、肌の潤い(水分)を逃がしにくくする機能があることが報告されています。肌が乾燥しがちな人に適しています。
C37	2017/4/25	株式会社ユーキャン	快腸肌潤(かいちょうきじゅん)	加工食品(サプリメント形状)	パイナップル由来グルコシルセラミド、ビフィズス菌BB536	本品には、パイナップル由来グルコシルセラミドが含まれます。パイナップル由来グルコシルセラミドには、肌の潤い(水分)を逃しにくくする機能があることが報告されております。肌が乾燥しがちな人に適しています。本品には、ビフィズス菌BB536が含まれます。ビフィズス菌BB536には、腸内環境を良好にし、便通・お通じを改善することが報告されております。
C103	2017/6/6	三生医薬株式会社	SUNKINOU(サンキノウ) セラミド	加工食品(サプリメント形状)	パイナップル由来グルコシルセラミド	本品にはパイナップル由来グルコシルセラミドが含まれます。パイナップル由来グルコシルセラミドは、肌の潤い(水分)を逃しにくくする機能が報告されています。

届出番号	届出日	届出者名	商品名	食品の区分	機能性関与成分名	表示しようとする機能性
C153	2017/7/6	株式会社メディプラス	サプリメントセラミド	加工食品（サプリメント形状）	パイナップル由来グルコシルセラミド	本品にはパイナップル由来グルコシルセラミドが含まれます。パイナップル由来グルコシルセラミドは、肌の潤い（水分）を逃しにくくする機能が報告されています。
C248	2017/10/2	株式会社宇治森徳	MODERNO JELLY（モデルノ ジェリー）	加工食品（その他）	パイナップル由来グルコシルセラミド	本品には、パイナップル由来グルコシルセラミドが含まれます。パイナップル由来グルコシルセラミドには、肌の潤い（水分）を逃がしにくくする機能があることが報告されています。肌が乾燥しがちな人に適しています。
C273	2017/10/20	フェイスラボ株式会社	セラミDo（ドゥ）?	加工食品（サプリメント形状）	米由来グルコシルセラミド	本品には、米由来グルコシルセラミドが含まれます。米由来グルコシルセラミドには、肌の水分を逃しにくくし、肌の潤いを守るのを助けることが報告されています。
C294	2017/11/6	今岡製菓株式会社	セラミドレモネード	加工食品（その他）	パイナップル由来グルコシルセラミド	本品には、パイナップル由来グルコシルセラミドが含まれます。パイナップル由来グルコシルセラミドには、肌の潤い（水分）を逃がしにくくする機能があることが報告されています。肌が乾燥しがちな人に適しています。
C315	2017/11/22	丸善製薬株式会社	パイナップルセラミド	加工食品（サプリメント形状）	パイナップル由来グルコシルセラミド	本品には、パイナップル由来グルコシルセラミドが含まれます。パイナップル由来グルコシルセラミドには、肌の潤い（水分）を逃がしにくくする機能があることが報告されています。肌が乾燥しがちな人に適しています。
C335	2017/12/1	株式会社てまひま堂	米由来セラミド	加工食品（サプリメント形状）	米由来グルコシルセラミド	本品には米由来グルコシルセラミドが含まれます。米由来グルコシルセラミドには、肌の水分を逃しにくくし、肌の潤いを守るのを助けることが報告されています。
C391	2018/1/24	味覚糖株式会社	特濃ミルク8.2　白桃	加工食品（その他）	パイナップル由来グルコシルセラミド	本品には、パイナップル由来グルコシルセラミドが含まれます。パイナップル由来グルコシルセラミドは、肌のうるおいを守るのを助ける機能があることが報告されています。
C393	2018/1/26	株式会社アトピーレスキュー	パインピア	加工食品（サプリメント形状）	パイナップル由来グルコシルセラミド	本品には、パイナップル由来グルコシルセラミドが含まれます。パイナップル由来グルコシルセラミドは、肌の潤い（水分）を逃しにくくする機能が報告されています。肌が乾燥しがちな人に適しています。
C411	2018/2/21	三興物産株式会社	セラミド	加工食品（サプリメント形状）	パイナップル由来グルコシルセラミド	本品には、パイナップル由来グルコシルセラミドが含まれます。パイナップル由来グルコシルセラミドには、肌の潤い（水分）を逃がしにくくする機能があることが報告されています。肌が乾燥しがちな人に適しています。
D26	2018/5/25	株式会社銀座・トマト	お肌の潤いサプリ	加工食品（サプリメント形状）	米由来グルコシルセラミド	本品には米由来グルコシルセラミドが含まれます。米由来グルコシルセラミドには、顔やからだ（頬、くび、背中、足の甲）の肌の潤いを逃しにくくする機能があることが報告されています。肌が乾燥しがちな方に適した食品です。
D50	2018/6/28	エーザイ株式会社	チョコラBB（ビービー）リッチ・セラミド	加工食品（サプリメント形状）	米由来グルコシルセラミド	本品には米由来グルコシルセラミドが含まれます。米由来グルコシルセラミドは、肌のバリア機能（保湿力）を高めることが報告されています。肌の乾燥が気になる方に適した食品です。
D59	2018/7/9	株式会社愛しとーと	うるおい宣言セラミドプラスマンゴー味	加工食品（その他）	こんにゃく由来グルコシルセラミド	本品には、こんにゃく由来グルコシルセラミドが含まれています。こんにゃく由来グルコシルセラミドには、肌から水分を逃がしにくくする機能が報告されています。 肌が乾燥しがちな方に適しています。

届出番号	届出日	届出者名	商品名	食品の区分	機能性関与成分名	表示しようとする機能性
D60	2018/7/9	株式会社愛しとーと	うるおい宣言 セラミドプラスα マンゴー味	加工食品（その他）	こんにゃく由来グルコシルセラミド	本品には、こんにゃく由来グルコシルセラミドが含まれています。こんにゃく由来グルコシルセラミドには、肌のうるおいを守る（水分を逃がしにくくする）機能があることが報告されています。肌が乾燥しがちで、うるおいを守りたい方（水分を逃がしにくくしたい方）に適しています。
D62	2018/7/10	養命酒製造株式会社	養命酒製造　甘酒	加工食品（その他）	パイナップル由来グルコシルセラミド	本品には、パイナップル由来グルコシルセラミドが含まれます。パイナップル由来グルコシルセラミドには、肌の潤い（水分）を逃がしにくくする機能があることが報告されています。肌が乾燥しがちな人に適しています。
D89	2018/7/20	株式会社ファンケル	モイストバリアW	加工食品（サプリメント形状）	アスタキサンチン パイナップル由来グルコシルセラミド	本品にはアスタキサンチン・パイナップル由来グルコシルセラミドが含まれます。アスタキサンチンは、肌のうるおいを保ち、乾燥を和らげる機能が報告されています。パイナップル由来グルコシルセラミドは、肌の水分を逃がしにくくする機能が報告されています。肌の乾燥が気になる方に適しています。
D138	2018/8/18	株式会社エースベーカリー	セラミドゼリー	加工食品（その他）	パイナップル由来グルコシルセラミド	本品には、パイナップル由来グルコシルセラミドが含まれています。パイナップル由来グルコシルセラミドには、肌の潤い（水分）を逃がしにくくする機能があることが報告されています。肌が乾燥しがちな人に適しています。
D144	2018/8/22	株式会社天真堂	Ceramide+GABA（セラミドプラスギャバ）	加工食品（サプリメント形状）	パイナップル由来グルコシルセラミド GABA	本品には、パイナップル由来グルコシルセラミドと、GABAが含まれます。パイナップル由来グルコシルセラミドには、肌の潤い（水分）を逃がしにくくする機能があることが報告されています。肌が乾燥しがちな人に適しています。GABAには、事務的作業に伴う一時的な精神的ストレスを緩和する機能があることが報告されています。
D146	2018/8/22	株式会社天真堂	Ceramide+Bifidus（セラミドプラスビフィダス）	加工食品（サプリメント形状）	パイナップル由来グルコシルセラミド、ビフィズス菌BB536	本品には、パイナップル由来グルコシルセラミドと、ビフィズス菌BB536が含まれます。パイナップル由来グルコシルセラミドには、肌の潤い（水分）を逃がしにくくする機能があることが報告されています。肌が乾燥しがちな人に適しています。ビフィズス菌BB536には、腸内環境を良好にし、腸の調子を整える機能が報告されています。
D205	2018/9/19	アサヒビール株式会社	アサヒ スタイルバランス 完熟パインサワーテイスト	加工食品（その他）	パイナップル由来グルコシルセラミド	本品には、パイナップル由来グルコシルセラミドが含まれます。パイナップル由来グルコシルセラミドには、肌の潤いを守るのを助ける機能があることが報告されています。肌が乾燥しがちな方に適しています。
D240	2018/10/18	シックスセンスラボ株式会社	眠りの品質 テアニンナイト	加工食品（サプリメント形状）	L-テアニン、米由来グルコシルセラミド	本品には、L-テアニン・米由来グルコシルセラミドが含まれます。L-テアニンには、睡眠の質を高める（起床時の疲労感を軽減する）ことに役立つ機能が報告されています。米由来グルコシルセラミドには、顔やからだ（頬、くび、背中、足の甲）の肌の潤いを逃しにくくする機能があることが報告されています。睡眠の質（朝目覚めた時の疲労感）が気になる方、肌が乾燥しがちな方に適した食品です。
D251	2018/10/22	株式会社LEVIGA	LEVIGA（レヴィーガ） 米由来グルコシルセラミド	加工食品（サプリメント形状）	米由来グルコシルセラミド	本品には米由来グルコシルセラミドが含まれます。米由来グルコシルセラミドには、肌の水分を逃しにくくする機能があることが報告されています。肌が乾燥しがちな方に適した食品です。

届出番号	届出日	届出者名	商品名	食品の区分	機能性関与成分名	表示しようとする機能性
D273	2018/10/2	株式会社ECスタジオ	イージータブレット 葛の花	加工食品（サプリメント形状）	葛の花由来イソフラボン（テクトリゲニン類として）、米由来グルコシルセラミド	本品には葛の花由来イソフラボン（テクトリゲニン類として）、米由来グルコシルセラミドが含まれます。葛の花由来イソフラボン（テクトリゲニン類として）には、肥満気味な方の、体重やお腹の脂肪（内臓脂肪と皮下脂肪）を減らすのを助ける機能があることが報告されています。米由来グルコシルセラミドには、肌の潤いを守るのを助ける機能があることが報告されています。肥満気味な方、BMIが高めの方、肥満気味でお腹の脂肪が気になる方や肌が乾燥しがちな方に適した食品です。
D423	2018/12/28	大和製罐株式会社	パインセラミド ドリンク モイストキープ	加工食品（その他）	パイナップル由来グルコシルセラミド	本品には、パイナップル由来グルコシルセラミドが含まれます。パイナップル由来グルコシルセラミドには、肌の潤い（水分）を逃がしにくくする機能があることが報告されています。肌が乾燥しがちな人に適しています。
D431	2018/12/28	三生医薬株式会社	SUNKINOU（サンキノウ） セラミド・テアニン	加工食品（サプリメント形状）	パイナップル由来グルコシルセラミド、L-テアニン	本品にはパイナップル由来グルコシルセラミド、L-テアニンが含まれます。パイナップル由来グルコシルセラミドには、肌の潤い（水分）を逃しにくくする機能が報告されています。L-テアニンには、夜間の良質な睡眠（起床時の疲労感や眠気を軽減）をサポートすることが報告されています。

示す「オルビス　ディフェンセラ」については、2019年１月１日から発売開始されており、購入することが可能となっている。

3 機能性表示食品

機能性表示食品制度は2015年度から開始され、2018年12月現在で、すでに1,600件以上（撤回製品も含む）が消費者庁に届出されており、小売店や通信販売などでもそれらの製品を見かけることが多くなっている。トクホにおいては、美容用途となる肌関連の製品の関与する成分が「グルコシルセラミド」だけなのに対して，機能性表示食品においては、「グルコシルセラミド」以外にも、「ヒアルロン酸Na」、「N-アセチルグルコサミン」、「アスタキサンチン」、「グルコサミン塩酸塩」、「サケ鼻軟骨由来プロテオグリカン」、「コラーゲンペプチド」、「アロエ由来ロフェノール、アロエ由来シクロアルタノール」などが機能性関与成分として届出されている。これら美容関連の機能性表示食品の拡大もあり、食べることによって肌の潤いを保つことが出来るインナービューティ市場は確実に大きくなっている。その最大の特長は、化粧品などの外用剤が塗布部位だけの部分的な作用であるのに対して、食品であれば全身の皮膚に対する美容効果が期待出来ることである。

グルコシルセラミドを機能性関与成分とする機能性表示食品についても数多く届出されており、**表２**に示すように届出日が2018年12月末までの商品で、46件（撤回製品は含まない）の届出がなされている。表示内容については、「肌の水分を逃がしにくくする」、「肌の潤いを守る」、「肌のバリア機能（保湿力）を高める」というような表示となっている。機能性表示食品を届出するためには、安全性に関するデータ、生産・製造および品質の管理に関する情報、健康被害の情報収集体制、機能性の根拠などを記載して届け出る必要があり、以下にグルコシルセラミドの機能性表示食品の届出に必要な各項目について紹介する。

(1) 機能性関与成分

機能性関与成分とは、特定の保健の目的に資する成分のことであり、本章ではグルコシルセラミドについて取り上げる。乳由来スフィンゴミエリンも「歩行能力の維持に役立つ」という表示内容で機能性表示食品として届出されているが、ここでは肌への機能ということに絞って記載する。機能性関与成分としては、機能性に係る作用機序について、*in vitro*試験および*in vivo*試験、または臨床試験により考察する必要がある。

グルコシルセラミドの作用機序については、まず、グルコシルセラミドを経口投与する動物試験の結果から、TEWLが低下することが確認されている[1, 2)]。また、その際には角層中のセラミド含有量が増加することが報告されている[2, 3)]。経口摂取したグルコシルセラミドは、小腸消化管内でグルコースとセラミドに分解され、さらにセラミドは脂肪酸と長鎖塩基に加水分解されてから生体内に吸収されることが報告されている[4-6)]。生体内に吸収された長鎖塩基は、血液を介して皮膚に到達することも報告されている[7, 8)]。表皮で働く活性本体は、長鎖塩基であると考えられ、植物由来に多く含まれている4,8-スフィンガジエニンや4-ヒドロキシ-8-スフィンゲニンなどを用いた*in vitro*試験により、表皮角化細胞におけるセラミド*de novo*合成系の活性化による角層細胞間脂質

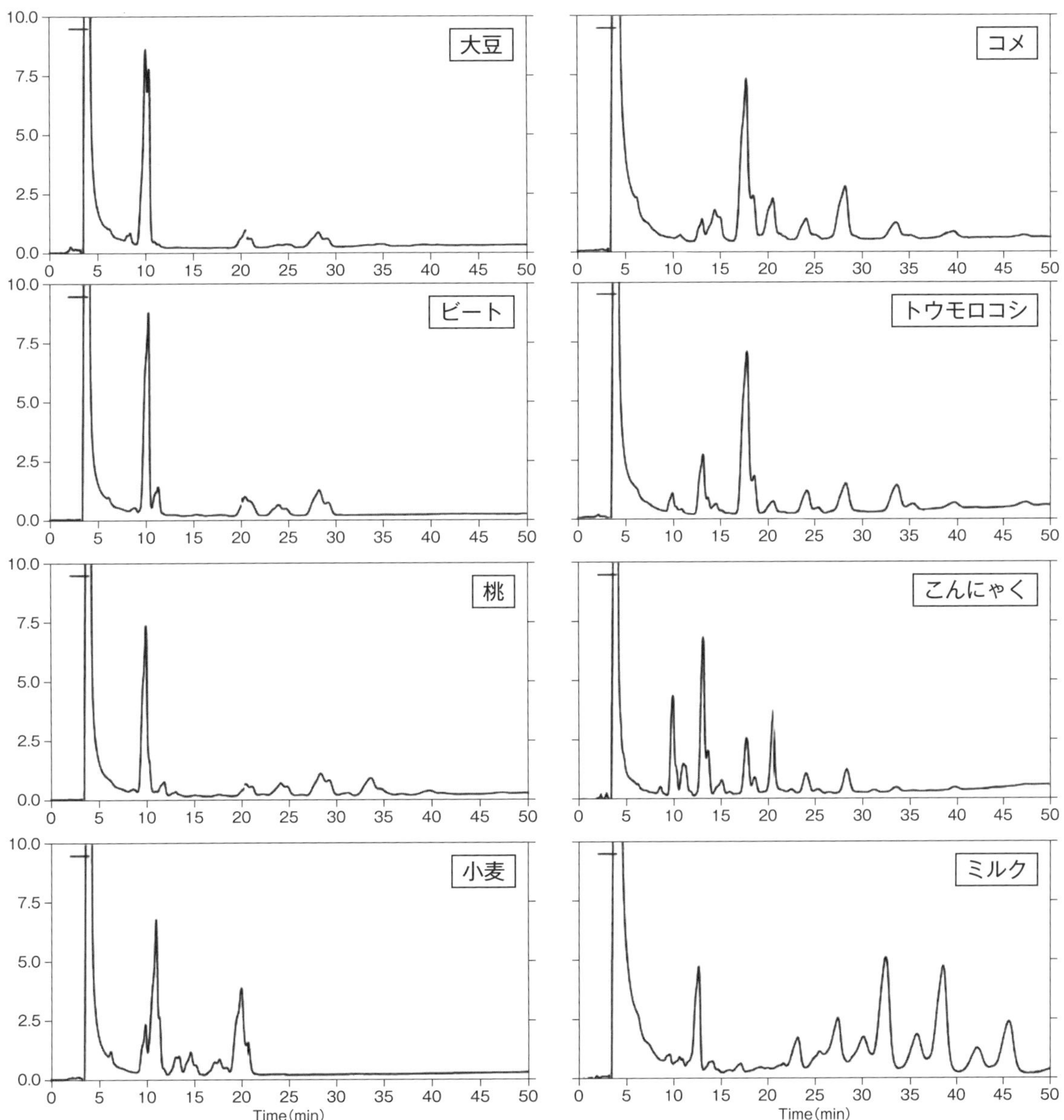

図3　基原の異なるグルコシルセラミドの標準品HPLC クロマトグラム例
カラム：Inertsil WP300 C18 5μm（0.46×25cm）、移動相：MeOH/水= 25/1、
流速：1mL/min、温度：40℃、注入量：10μL

の増加[9, 10]、角層コーニファイドエンベロープの形成促進[11]、表皮タイトジャンクションの機能亢進[12, 13]によって、バリア機能の向上、TEWLの低下につながると考察されている。

次に、届出に必要な事項として機能性関与成分の定性確認および定量確認がある。グルコシルセラミドの定量確認方法については、順相系カラムを用いた高速液体クロマトグラフィー（HPLC）－蒸発光散乱検出器（evaporative light scattering detector: ELSD）を用いた分析系が使用されている。宮下らは、この分析系を使用して選択性、直線性、回収率、併行精度および室内再現精度において良好な結果が得られることを報告している[14]。グルコシルセラミドは、多様な分子種を持つことが報告されているが[15, 16]、由来植物に基づく標準品を用いて検量線を作成することにより、いろいろな植物由来のグルコシルセラミドに関する定量方法として利用可能であると結んでいる。この分析方法を用いたグルコシルセラミドの定量方法については、第三者機関での分析も可能となっている。ちなみに、植物由来のグルコシルセラミドについては、長良サイエンス株式会社もしくは富士フイルム和光純薬株式会社から購入可能である。続いて、定性確認の方法であるが、植物由来のグルコシルセラミドは、その由来植物によって分子種の種類や量比が異なっており、先に説明した定量方法では総量として定量されるため、その原料となる基原植物を確認することは難しい。そこで、定性確認方法として、逆相系カラムを装着したHPLCで分析することが望ましい。紫外部吸収もしくは示差屈折検出器付きHPLC装置にオクタデシルシリル（octadecylsilyl: ODS）カラムなどを装着して、移動相にはメタノール/水（25/1）などを用いて分析する。**図３**に、長良サイエンス株式会社から発売されている各種植物由来のグルコシルセラミドについて、逆相系カラムで分析した結果について紹介する。由来植物によってその主要分子種は異なっており、大豆においては*4-trans, 8-trans*スフィンガジエニン（d18:$2^{4t, 8t}$）と炭素数16の2-ヒドロキシ脂肪酸（C16h:0）からなるグルコシルセラミドが最も主要な分子種である。また、桃とビートにおいては、4-trans, 8-cisスフィンガジエニン（d18:$2^{4t, 8c}$）とC16h:0のグルコシルセラミドが、コメとトウモロコシにおいては、d18:$2^{4t, 8c}$と炭素数20の2-ヒドロキシ脂肪酸（C20h:0）、こんにゃくにおいてはd18:$2^{4t, 8c}$と炭素数18の2-ヒドロキシ脂肪酸（C18h:0）、小麦においては8-*cis*スフィンゲニン（d18:1^{8c}）とC16h:0からなるグルコシルセラミドが主要分子種となっている。ただし、この逆相系カラムを用いたHPLC分析方法によっても、桃とビート、コメとトウモロコシについては主要分子種やその他の分子種が似通っており、別の方法を用いて基原の確認をする必要がある。さらに、植物からグルコシルセラミドなどの脂質を抽出すると、同時にステリルグルコシドも抽出され、グルコシルセラミドとステリルグルコシドを分離することは容易ではない。そのため、グルコシルセラミドを含む植物抽出物（エキス）中にはステリルグルコシドを含んでいることが多い。図３のHPLC条件においては、ステリルグルコシドは、13分前後に溶出され、グルコシルセラミドの溶出と重なって判別が困難となる場合が多い。最近、主移動相に超臨界状態の二酸化炭素を用いたクロマトグラフィー（超臨界流体クロマトグラフィー：supercritical fluid chromatography, SFC）で、DAICEL DCpak® PBTカラム（株式会社ダイセル）を用いて、ステリルグルコシドとこんにゃく由来のグルコシルセラミドの分析を行ったところ、各ピークが重なることなく溶出することがわかった（**図４**）。SFCで用いられる二酸化炭素は、産業上副産物として排出されているものを回収・精製したものが用いられていることと、有害な有機溶媒の使用量が低減可能であることから、環境負荷の低いクロマトグラフィー手法とみなされている。加えて、移動相の拡散速度が速く粘性が低いため、高速分析が可能であり、グルコシルセラミド分析においても有効な分析手法である。

(2) 科学的根拠

安全性については、配合する原料がグルコシルセラミドを含む植物抽出物であることが多いため、食経験のみでは十分な安全性を担保できないと考えられ、別途安全性試験を実施した結果を添付する必要がある。さらに、機能性表示食品の届出に当たっては、表示しようとする機能性の科学的根拠を説明するものとして、以下のいずれかに

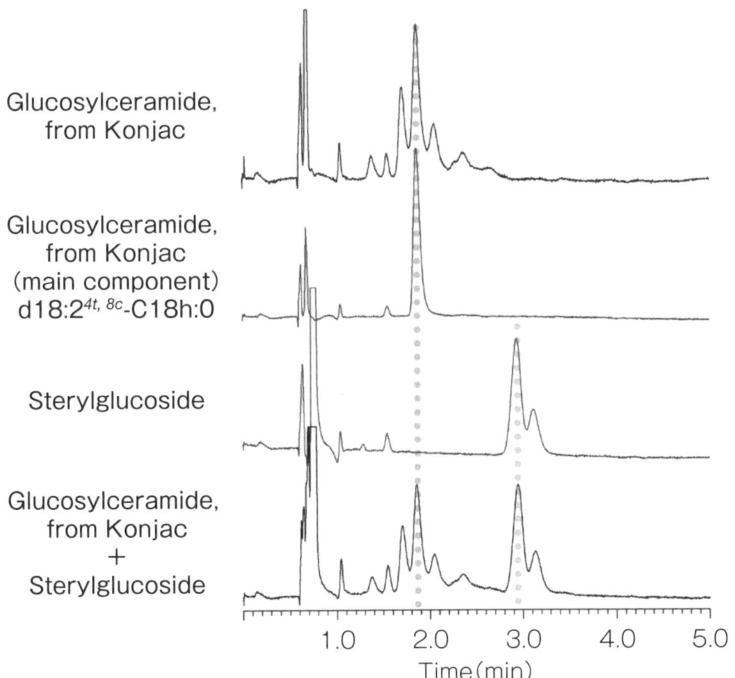

図4　DAICEL DCPack® PBTカラムを用いたグルコシルセラミド分析
カラム：DAICEL DCpak® PBT 5μm（0.46×15cm）、移動相：CO_2/（MeOH+20mM酢酸アンモニウム）= 85/15、流速：3mL/min、温度：20℃、BPR：10Mpa、注入量：3μL

よる資料を準備する必要がある。

（ｉ）最終製品を用いた臨床試験

（ii）最終製品または機能性関与成分に関する研究レビュー

グルコシルセラミドを機能性関与成分とする製品について機能性の根拠となるデータは、現在届出されている製品を見る限り、すべて機能性関与成分に関する研究レビューで届出されている。研究レビューの実施に当たっては、適当な文献データベースを使用して、査読付きの学術論文等、広く入手可能な文献を収集・精査し、これを基に機能性の評価を行うこととなっている。その結果、「totality of evidence」の観点から判断して、表示しようとする機能性について総合的に肯定されるとの判断をするに至った合理的な理由を届出資料に具体的に記載する必要がある。グルコシルセラミドの文献データベースの検索で、ヒットする論文については、査読付き学術論文に限ると、コメ１報[17]、こんにゃく２報[18, 19]、パイナップル２報[20, 21]、ビート１報[22]、トウモロコシ１報[23]があり、そのうちから採用する論文を選択して届出をしている。現在届出されているコメとこんにゃく由来グルコシルセラミドについては、１日当たりの摂取目安量が1.8mg、パイナップルについては1.2mgとなっている。主要アウトカムでプラセボ群に対して統計学的有意差が観察された指標は、すべてTEWLであり、その結果から、“肌から水分を逃がしにくくする”、“肌の潤いを守る”や、“バリア機能が高まる”などの文言の根拠となっている。TEWLについては、頬部だけでなくて、全身のTEWLが低下することも報告されており、製品によってはその部位（頬部、顎部、上背部、肘部、足背部など）を表示している製品も存在する。副次アウトカムで、自覚症状について改善している論文も存在するが、そのことを表示している製品は今のところないようである。また、現在検索データベースで検索すれば、こんにゃく由来グルコシルセラミドについては、第25章で紹介するように、１日当たりの摂取目安量が0.6mgや1.2mgであってもTEWLの低下が観察される論文がヒットするが[24]、この論文を使用して届出している製品が現在のところ見当たらないため、上記のこんにゃく由来の論文数は２報としている。

4 おわりに

2016年に初めて肌トクホが許可されたことにより、食品を摂取することで美容効果が期待できるインナービューティ市場が拡大を続けている。その中心が、トクホの関与成分となっているグルコシルセラミドである。また、機能性表示食品においても、グルコシルセラミドを機能性関与成分とする商品が多く届出されており、これらの食品を摂取することにより、全身の肌の保湿やバリア機能の向上が期待できる。

【参考文献】

1) K. Tsuji *et al., J. Dermatol. Sci.*, **44**, 101-107 (2006)
2) H. Shimoda *et al., J. Med. Food*, **15**, 1064-1072 (2012)
3) 坪井誠，オレオサイエンス，**11**, 155-160 (2011)
4) A. Nilsson, *Biochim. Biophys. Acta*, **164** (3), 575-584 (1968)
5) A. Nilsson, *Biochim. Biophys. Acta*, **187** (1), 113-121 (1969)
6) E.M. Schmelz *et al., J. Nutr.*, **124** (5), 702-712 (1994)
7) O. Ueda *et al., Drug Metab. Pharmacokinet.*, **24** (2), 180-184 (2009)
8) O. Ueda *et al., Drug Metab. Pharmacokinet.*, **25** (5), 456-465 (2010)
9) Y. Shirakura *et al., Lipids Health Disease*, **11**, 108 (2012)
10) J. Duan *et al., Exp. Dermatol.*, **21**, 448-452 (2012)
11) T. Hasegawa *et al., Lipids*, **46**, 529-535 (2011)
12) R. Ideta *et al., Biosci. Biotechnol. Biochem.*, **75**, 1516-1523 (2011)
13) C. Kawada *et al., Biosci. Biotechnol. Biochem.*, **77**, 867-869 (2013)
14) 宮下留美子ほか，日本食品科学工学会誌，**59** (1), 34-39 (2012)
15) K. Aida *et al., Advanced Research on Plant Lipids*, 233-236 (2003)
16) 大西正男，オレオサイエンス，**9**, 543-551 (2009)
17) 平河聡ほか，薬理と治療，**41** (11), 1051-1059 (2013)
18) T. Uchiyama *et al., J. Health Sci.*, **54** (5), 559-566 (2008)
19) 内山太郎ほか，薬理と治療，**39** (4), 437-445 (2011)
20) 野嶋潤ほか，応用薬理，**87** (3/4), 81-85 (2014)
21) 吉野進ほか，薬理と治療，**43** (11), 593-600 (2015)
22) M. Hori *et al., Anti-Aging Med.*, **7** (11), 129-142 (2010)
23) 浅井さとみほか，臨床病理，**55** (3), 209-215 (2007)
24) 向井克之ほか，薬理と治療，**46** (5), 781-799 (2018)

各論　基礎

— 各論基礎各論基礎各論基礎 —

抑制型免疫受容体CD300fとセラミド

伊沢　久末*、奥村　康*、北浦　次郎*

1 はじめに

ペア型免疫受容体とは、細胞外領域構造が類似するにもかかわらず細胞内領域構造の違いから拮抗する機能（活性化 vs 抑制）をもつ受容体群である。活性化型受容体はimmunoreceptor tyrosine-based activating motif（ITAM）と呼ばれるシグナル伝達モチーフのリン酸化を介して活性化シグナルを伝える[1-2]。一方、抑制型受容体は細胞内領域にimmunoreceptor tyrosine-based inhibitory motif（ITIM）と呼ばれるシグナル伝達モチーフをもち、ITIMのリン酸化を介してチロシンフォスファターゼを動員して活性化シグナルを抑制する[1,2]。CD300（別名leukocyte mono-immunoglobulin-like receptor（LMIR））は細胞外領域に１つの免疫グロブリン様構造をもつペア型免疫受容体ファミリーであり、主にミエロイド系細胞に発現する[3-9]。マウスの11番染色体（ヒトの17番染色体）に連座するCD300遺伝子は少なくとも８種類存在する[3-9]。CD300a（LMIR1）とCD300f（LMIR3）は抑制型受容体であり、他は活性化型受容体である[3-9]。最近の研究から、CD300は脂質を認識する免疫受容体ファミリーであると考えられている[7-9,11-13,16-19]。

我々は、抑制型受容体CD300fのリガンドとして脂質のセラミドを同定し、細胞外に存在するセラミドの役割を新たに見出した[8]。本稿では研究経過とともにその内容を概説する。

2 マスト細胞とCD300fについて

CD300fは細胞外領域、細胞膜貫通領域、細胞内領域からなる抑制型受容体である。細胞外領域には一つの免疫グロブリン様ドメインがあり、細胞内領域には２つのITIMと１つのimmunoreceptor tyrosine-based switch motif（ITSM）と呼ばれるシグナル伝達モチーフが存在する（**図１A**）。CD300fはマスト細胞や好中球などのミエロイド系細胞に幅広く発現する[6]。研究当初は、CD300f抗体を利用してマスト細胞におけるCD300fの機能が詳しく解析された[6]。マウスの骨髄由来マスト細胞（bone marrow-derived mast cell：BMMC）には高親和性IgE受容体（FcεRI）が発現する[2]。BMMCのFcεRIにIgEが結合しているときに（IgEの認識する）特異的抗原が投与されると、抗原はIgEに結合してFcεRIを架橋する。それを引き金として、FcεRIの活性化シグナルが下流に伝わる[2]。最終的にマスト細胞は活性化して種々の炎症性メディエーターを放出する[2]。例えば、ヒスタミンは脱顆粒により放出される[2]。このとき、抗体を利用して人工的にCD300fを架橋するとBMMCの活性化は抑制された[6]。生化学的解析から、CD300fのITIMとITSMがチロシンリン酸化されて、そこにチロシンフォスファターゼのSHP-1やSHP-2が動員されることが判明した[6]。CD300fはマスト細胞のFcεRIシグナルを抑制する可能性が示唆されたので、CD300f欠損マウスを作製してBMMCの解析を行った[6]。しかし、野生型あるいはCD300f欠損BMMCをIgEと抗原で刺激しても両者でBMMCの活性化（脱顆粒など）に有意な差はなかった[8]。従って、BMMCの細胞表面分子や分泌分子はCD300fリガンドとして作用しな

＊順天堂大学大学院 医学研究科 アトピー疾患研究センター

い、また、リガンドが存在しなければCD300fは抑制シグナルを伝達しないと考えられた[8]。

3 CD300fによる即時型アレルギー反応の抑制

次に、生体内でCD300fはマスト細胞のFcεRIシグナルを抑制するかを検討した。マスト細胞とFcεRIに依存するアナフィラキシーモデルとしてpassive cutaneous anaphylaxis（PCA）およびpassive systemic anaphylaxis（PSA）反応がある。PCA反応では、マウスの耳介にIgEを皮下注射した後に抗原と色素を静脈注射して耳介に漏出する色素量を定量化する。PSA反応では、マウスにIgEを静脈注射した後に抗原を静脈注射して直腸温の低下を測定する。どちらの反応もIgEと抗原により活性化したマスト細胞がヒスタミンなどを放出（脱顆粒）して血管透過性を上昇させるために生じる。つまり、FcεRIを介する生体内マスト細胞の活性化（脱顆粒）の程度を反映する。そこで、野生型およびCD300f欠損マウスのPCAあるいはPSA反応を比較したところ、野生型マウスと比較してCD300f欠損マウスのアナフィラキシー反応は顕著に増悪した（**図1B・1C**）[8]。両マウス間でマスト細胞の数や分化に差がないので、CD300fはマスト細胞のFcεRIシグナルを抑制してアナフィラキシー反応を抑えると考えられた。同時に、生体内ではCD300fが何らかのリガンドと結合してマスト細胞のFcεRIシグナルを抑制する可能性が示唆された[8]。

4 CD300fのリガンド同定

我々は、CD300fのリガンドを同定するために、物理的な結合アッセイと機能的なレポーターアッセイを試みた。前者では、CD300fの細胞外領域にヒトIgG1のFc部分を融合させたキメラタンパク質（CD300f-Fc）とプレートに固相化された種々の分子の結合能をELISAで測定する（**図2A**）[8]。特異的に結合する分子はリガンド候補となる。後者では、転写因子NFATの活性化によりGFPの発現が誘導されるレポーター細胞（2B4-

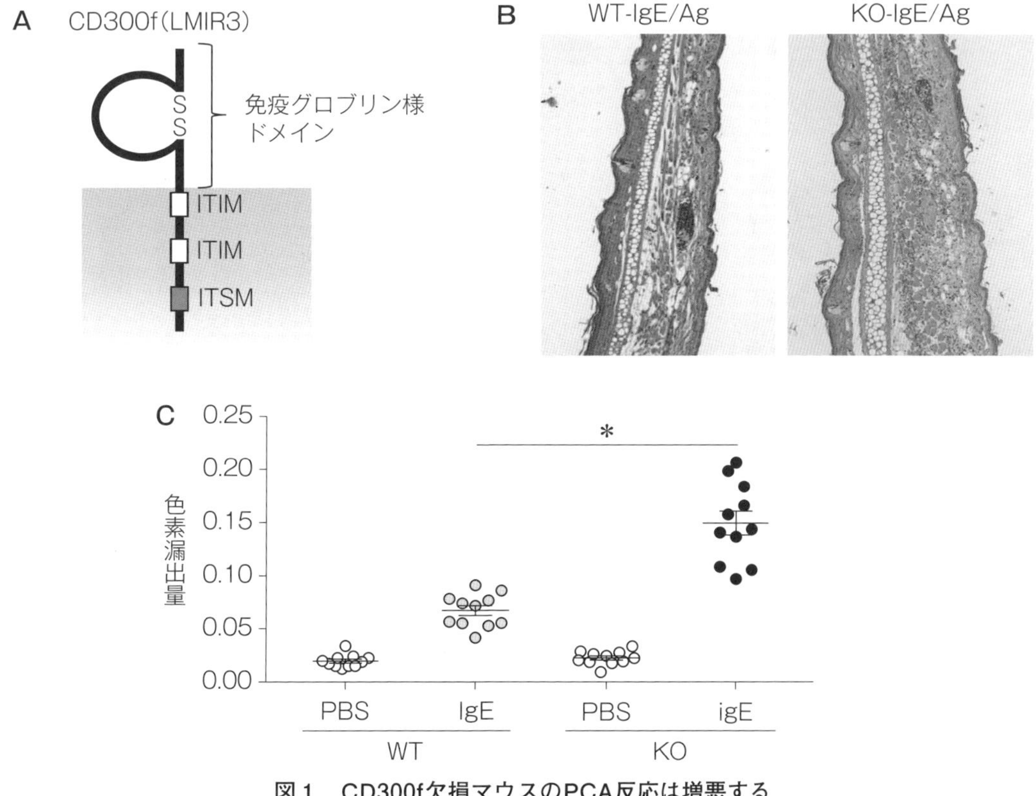

図1　CD300f欠損マウスのPCA反応は増悪する

GFP）を利用する。CD300fの細胞外および膜貫通領域にヒトCD3ζの細胞内領域（ITAMをもつ）を融合させたキメラ受容体（CD300f-CD3ζ）を2B4-GFP細胞に発現させる。この新しいレポーター細胞（2B4-CD300f-GFP）を種々の分子が固相化されたプレート上で培養あるいはさまざまな細胞株と共培養する。GFPの発現を誘導する分子はリガンド候補となる（**図２B**）[8)]。調べた範囲で細胞外マトリックスや細胞表面分子はリガンド候補として否定されたので脂質に注目してスクリーニングを行ったところ、セラミドがCD300fのリガンド候補として同定された[8)]。実際、プレートに固相化されたセラミドとCD300fの結合はBMMCのFcεRIシグナルを抑制した[8)]。また、C16-セラミド（$C_{34}H_{67}NO_3$）、C18-セラミド（$C_{36}H_{71}NO_3$）、C24-セラミド（$C_{42}H_{83}NO_3$）などのセラミド（non-hydroxy fatty acid/sphingosine型）にはCD300fリガンドとしての作用が認められた。一方、グルコシルセラミドやガラクトシルセラミドはCD300fリガンドとして作用しなかった。これらの結果から、脂質のセラミドがCD300fリガンドである可能性が強く示唆された。なお、以下の実験結果は主にC24-セラミドが使用されている。

5 CD300fとセラミドの結合による即時型アレルギー反応の抑制

細胞外セラミドは角質層を含む表皮に豊富に存在して保湿作用やバリア機能をもつことが知られている[14)]。我々は、マウス耳介の新鮮凍結切片をセラミド抗体で免疫染色して、表皮以外に真皮（マスト細胞などの免疫細胞の周囲）にもセラミドが存在することを確認した。真皮の細胞外セラミドやセラミド類似脂質の由来として、リポタンパク質、細胞から放出されるエクソソーム、細胞死に伴って放出される細胞（膜）成分、などが考えられる。次に、細胞外セラミドの生体内機能を調べるために、Extruderを利用してセラミドを含有するvesicle（径100nm）を作製した。セラミド含有vesicleを皮下投与してからPCA反応を誘導すると、野生型マウスのPCA反応は減弱した（**図３A**）[8)]。他方、同様の処置はCD300f欠損マウスのPCA反応には影響しなかった（図３A）[8)]。セラミド含有vesicleの投与はマスト細胞周囲のCD300fリガンドを増加させるので、CD300fの抑制シグナルが増強してFcεRIシグナルは抑制される[8)]。逆に、CD300fとセラミドの

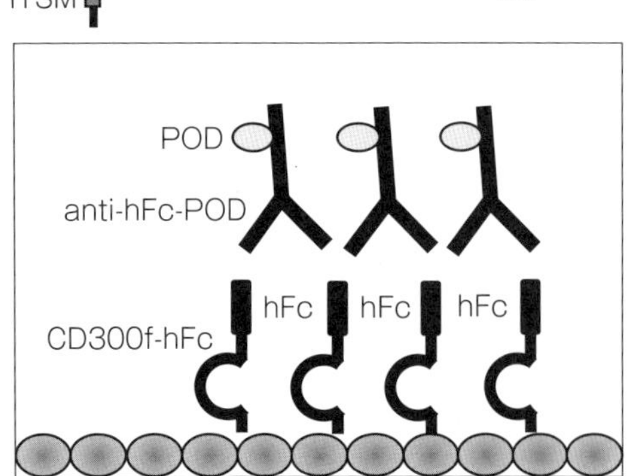

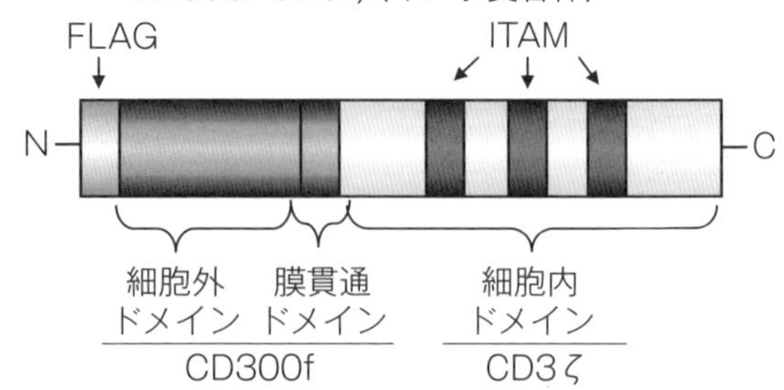

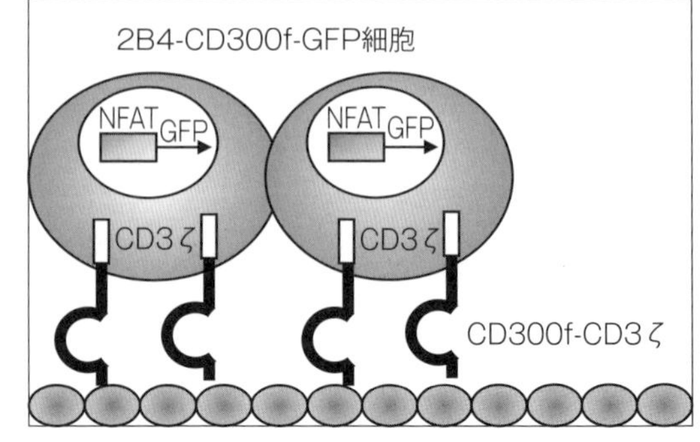

図２ CD300fリガンドの同定法（結合アッセイとレポーターアッセイ）

結合を阻害する試薬としてセラミド抗体を利用した。野生型マウスにセラミド抗体を皮下投与してからPCA反応を誘導するとCD300f欠損マウスと同程度にPCA反応は増強したが、同様の処置はCD300f欠損マウスのPCA反応に影響しなかった（**図3B**）[8)]。つまり，マスト細胞のCD300fとセラミドの結合を阻害するとCD300fの抑制シグナルが減弱してFcεRIシグナルは増強される[8)]。これらの結果から、CD300fとマスト細胞周囲に存在するセラミドの結合がFcεRIシグナルを抑制してアナフィラキシー反応を抑えると考えられた。生化学的実験や共焦点レーザー顕微鏡による解析の結果、以下のような機序が明らかになっている。セラミドとCD300fが結合するだけではCD300fのITIMやITSMはリン酸化されない。しかし、IgEと抗原によりFcεRIが架橋刺激されると、セラミドの結合したCD300fは架橋されたFcεRIの近傍に集まる。その結果、FcεRIの下流で活性化したチロシンキナーゼがCD300fのITIMやITSMを速やかにリン酸化する。そこに動員されるSHP-1やSHP-2がFcεRIシグナルを抑制する（**図4**）[8)]。

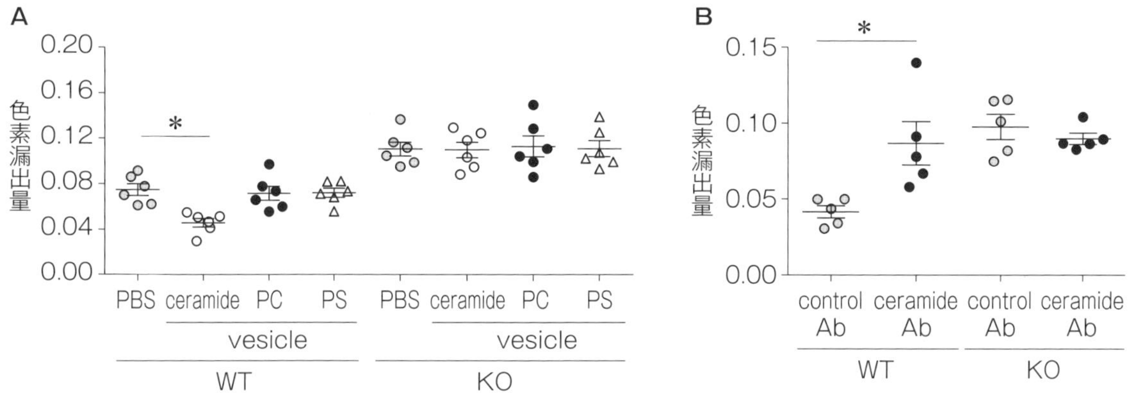

図3　生体内においてCD300fとセラミドの結合はマスト細胞のFcεRIシグナルを抑制する

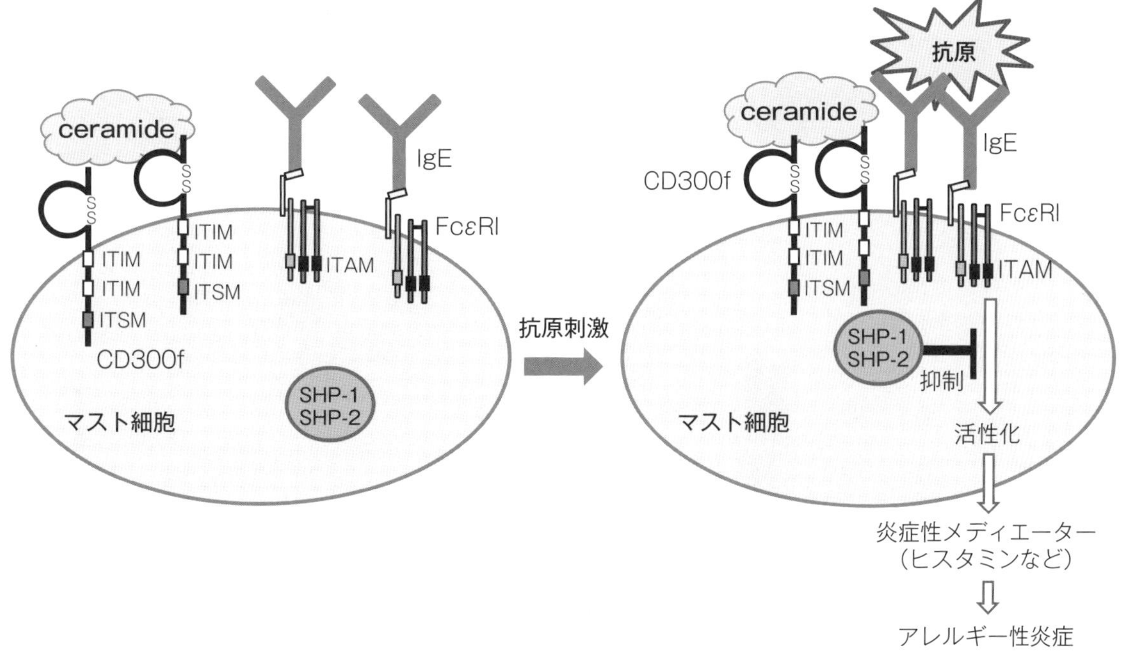

図4　CD300fとセラミドの結合によるマスト細胞のFcεRIシグナルの抑制メカニズム

❻ CD300fとセラミドの結合阻害による敗血症性腹膜炎の改善

我々は、自然免疫におけるCD300fの役割を明らかにするため、敗血症性腹膜炎モデルを解析した。盲腸結紮穿刺（cecal ligation and puncture: CLP）により腸管内容物が腹腔内に漏れ出すと腹膜炎が誘導される。局所に集積した好中球が速やかに腸内細菌（主に大腸菌）を貪食すれば菌血症は抑えられるが、腸内細菌の増殖が優ると菌血症になる[15)]。全身臓器で制御不能な炎症がおこると敗血症となり死に至る。マスト細胞・マクロファージ・好中球などのミエロイド系細胞はCLPに対する早期の生体防御反応において重要な役割を果たす[15)]。このモデルにおいて野生型マウスの全例が数日以内に死亡するが、CD300f欠損マウスの60%は1週間以上生存した（**図5A**）[13)]。CLP施行後4時間におけるマウスの腹腔洗浄液中の好中球（CD11b^{+}Gr-1^{high}）数を比較すると、CD300f欠損マウスの好中球は著しく多かった（**図5B**）[13)]。また、野生型マウスと比較してCD300f欠損マウスではCLP施行後2時間における腹腔洗浄液中の好中球遊走因子（MIP2・KC・LTB4）量は著しく高かった。また、大腸菌に反応してマスト細胞や好中球が活性化して産生する好中球遊走因子量はセラミドとCD300fの結合によって抑制された[13)]。従って、CD300f欠損マウスが敗血症に抵抗性を示す理由は、局所で大量の好中球遊走因子が産生され、そこに早期に多量の好中球が集積して大腸菌を効率よく貪食・殺菌するためであると考えられた。次に、CLP施行前後の野生型マウスの血液および腹腔洗浄液中のセラミド量を質量分析装置で測定した。興味深いことに、CLPにより血液中のセラミド量は有意に変化しないが、腹腔洗浄液中の各種セラミド量は増加した[13)]。CLPによる組織損傷に伴い細胞内セラミドが細胞外に放出され

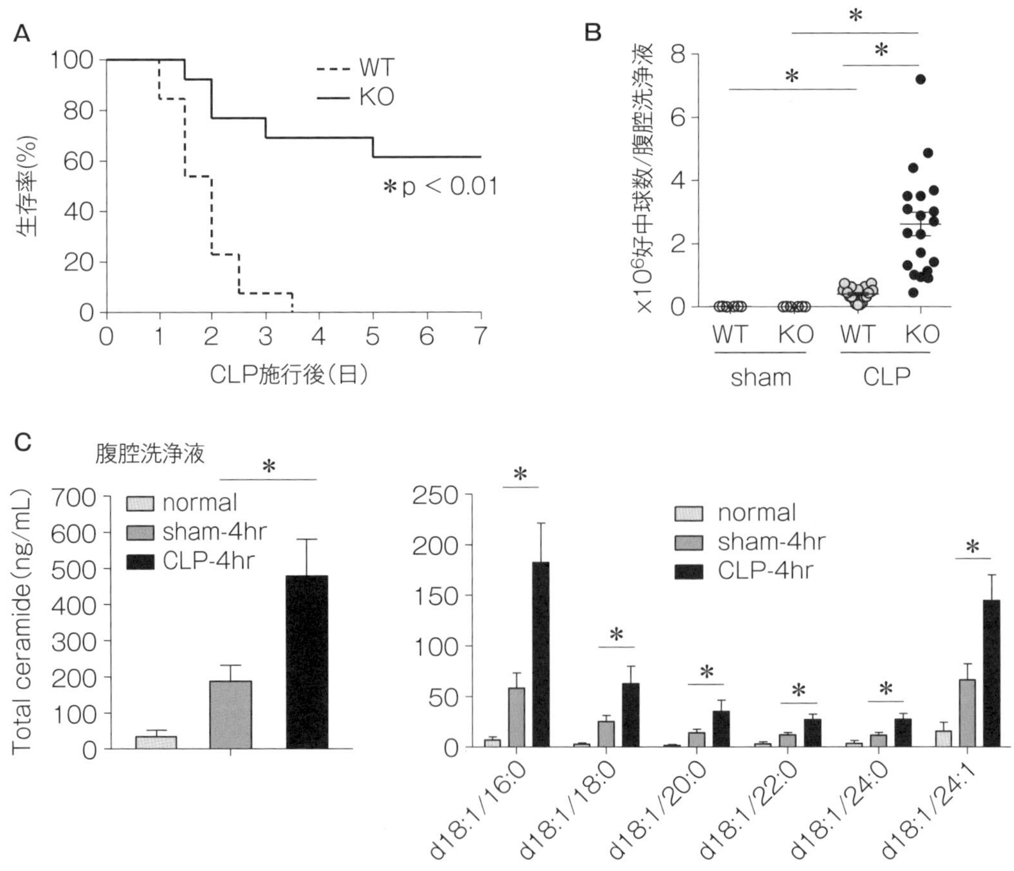

図5　CD300f欠損マウスは敗血症性腹膜炎に抵抗性を示す

るかもしれないが、現時点で詳細な機序は不明である。いずれにせよ、CLPにより腹腔のセラミド量が増加することが明らかになった（**図5C**）[13]。

さらに、CD300fとセラミドの結合を阻害するセラミド抗体を野生型マウスに投与してからCLPを施行したところ、野生型マウスの生存率は劇的に改善した（**図6A**）[13]。また、腹腔洗浄液中の好中球遊走因子とともに腹腔に集積する好中球数の著しい増加が認められた（**図6B**）[13]。逆に、セラミド含有vesicleを投与すると腹腔に集積する好中球は減少して野生型マウスの生存率は増悪した（**図6C・6D**）[13]。他方、セラミド抗体やセラミド含有vesicleの投与はCD300f欠損マウスの病態に影響をおよぼさなかった（図6B・6D）[13]。メカニズムは以下のように考えられる。CD300fとセラミドの結合を阻害すると大腸菌によるマスト細胞や好中球の活性化は亢進して大量の好中球遊走因子が産生される。従って、多量の好中球が局所へ集積して大腸菌を速やかに貪食・殺菌し、マウスの生存率は著しく改善する。

7 おわりに

我々は、マウスCD300fのリガンドとしてセラミドを同定し、セラミドとCD300fの結合がFcεRIを介するマスト細胞の活性化とアレルギー反応を抑えることを示した[8]。また、CD300fとセラミドの結合は大腸菌やリポポリサッカライドによるマスト細胞や好中球の活性化を抑制して局所への好中球集積を抑えることを示した[12-13]。さらに、CD300fとセラミドの結合はP2X7を介するマスト細胞の活性化を抑制して実験的腸炎の発症・進展を抑えることも示した[11]。他方、ヒトCD300fのリガンドとしてセラミドとスフィンゴミエリンを同定し、ヒトCD300fとリガンド脂質の結合も同様の作用を有することを確認した[9]。現在、CD300fがヒトのアレルギー疾患の治療標的になる可能

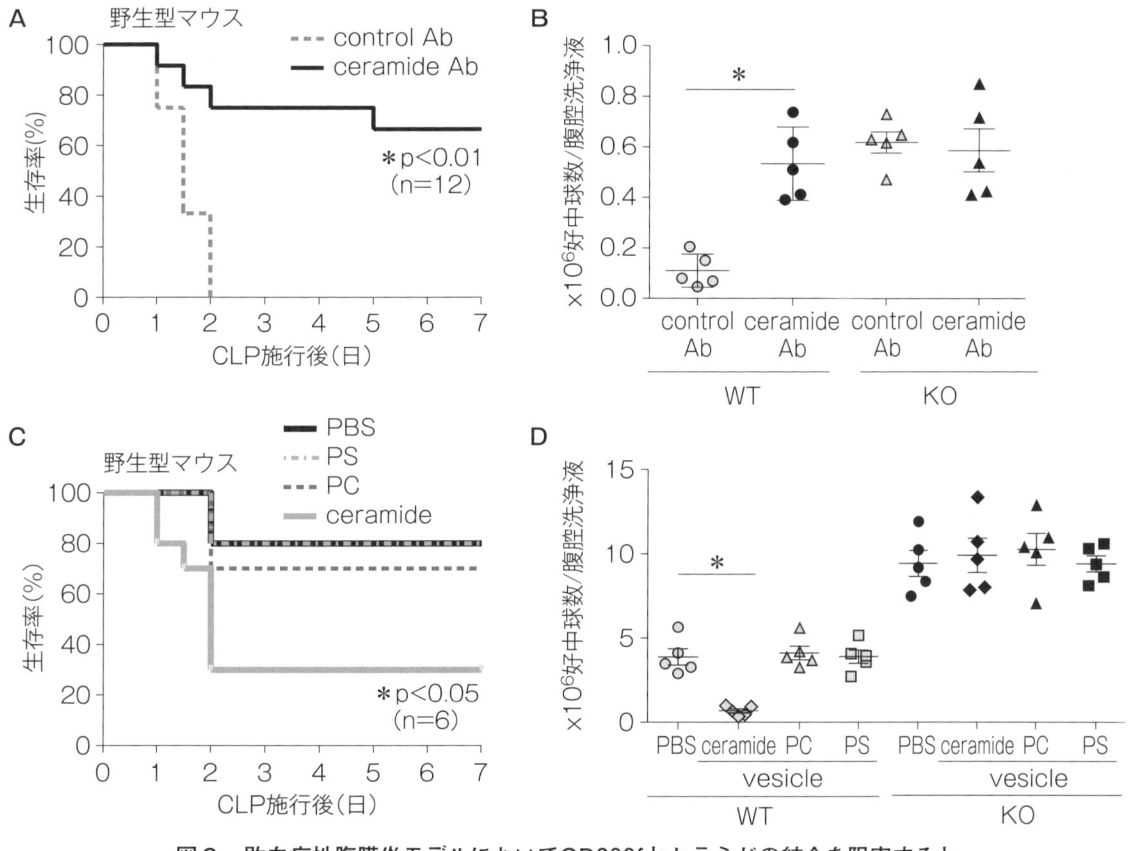

図6　敗血症性腹膜炎モデルにおいてCD300fとセラミドの結合を阻害すると腹腔への好中球集積が促進されて致死率が改善する

性を見出している。他方、Choiらは、CD300fがphosphatidylserine（PS）を認識して死細胞の貪食に関与すると報告したが[19]、CD300fによるアレルギー反応の抑制にPSの関与を支持するデータはない。他のCD300ファミリー分子のリガンドとしてPS [18-19]、phosphatidylethanolamine (PE)[16, 18]、スフィンゴミエリン[9]、PS結合タンパク質であるTIM1[7] が同定されている。国内外の研究結果は，CD300ファミリー分子は脂質あるいは脂質と結合する分子を認識して炎症を制御する可能性を示唆している[7-9, 11-13, 16-19]。José Antonio MárquezらはヒトCD300fの細胞外ドメインの結晶構造解析の報告をしており、それによるとヒトCD300fの免疫グロブリン様ドメインには極めて疎水性の高い３つのcavityが存在する。疎水性の高いリガンドはその部位に結合する可能性が示唆されている[20]。CD300の生体内機能の全貌を明らかにするためには、ファミリー分子のリガンド脂質をすべて同定することが不可欠であり、その成果はアレルギー・炎症性疾患における新規治療法の開発につながる可能性があると考えられる。

【参考文献】

1) Lanier, L.L. The interplay between activating and inhibitory immune receptors. *Current Opinion in Immunology* **13**: 326-331. (2001)
2) Kawakami, T., and Galli, S.J. Regulation of mast-cell and basophil function and survival by IgE. *Nat. Rev. Immunol.* 2002; **2**, 773-786.
3) Kumagai, H., Oki, T. *et al.*: Identification and characterization of a new pair of immunoglobulin-like receptors LMIR1 and 2 derived from murine bone marrow-derived mast cells. *Biochem. Biophys. Res. Commun.* **307**: 719-729. (2003)
4) Izawa K., Kitaura J., *et al.*: Functional analysis of activating receptor LMIR4 as a counterpart of inhibitory receptor LMIR3. *J Biol Chem.* **282**: 17997-8008. (2007)
5) Yotsumoto K., Okoshi Y. *et al.*: Paired activating and inhibitory immunoglobulin-like receptors, MAIR-I and MAIR-II, regulate mast cell and macrophage activation. *J Exp Med.* **198** (2): 223-33. (2003)
6) Izawa K., Kitaura J., *et al*: An activating and inhibitory signal from an inhibitory receptor LMIR3/CLM-1: LMIR3 augments lipopolysaccharide response through association with FcRgamma in mast cells. *J Immunol.* **183**: 925-36. (2009)
7) Yamanishi Y., Kitaura J. *et al.*: TIM1 is an endogenous ligand for LMIR5/CD300b: LMIR5 deficiency ameliorates mouse kidney ischemia/reperfusion injury. *J Exp Med.* **207**: 1501-11. (2010)
8) Izawa K., Yamanishi Y. *et al.*: The Receptor LMIR3 Negatively Regulates Mast Cell Activation and Allergic Responses by Binding to Extracellular Ceramide. *Immunity.* **37**: 827-39. (2012)
9) Izawa K., Isobe M. *et al.*: Sphingomyelin and ceramide are physiological ligands for human LMIR3/CD300f, inhibiting Fc ε RI-mediated mast cell activation. *J Allergy Clin Immunol.* **133**: 270-273. (2014)
10) Kurashima Y, Amiya T. *et al.*: Extracellular ATP mediates mast cell-dependent intestinal inflammation through P2X7 purinoceptors. *Nature Communications.* **3**: 1034 (2012)
11) Matsukawa T., Izawa K. *et al.*: Ceramide-CD300f binding suppresses experimental colitis by inhibiting ATP-mediated mast cell activation. *Gut.* **65** (5): 777-87. (2016)
12) Shiba E., Izawa K. *et al.*: Ceramide-CD300f Binding Inhibits Lipopolysaccharide-induced Skin Inflammation. *J Biol Chem.* **292**: 2924-2932. (2017)
13) Izawa K., Maehara A. *et al.*: Disrupting ceramide-CD300f interaction prevents septic peritonitis by stimulating neutrophil recruitment. *Sci Rep.* **7**: 4298, (2017)
14) Ehrhardt Proksch, Johanna M. Brandner. *et al.*: The skin: an indispensable barrier. *Experimental Dermatology.* **17**: 1063-1072. (2008)
15) Rittirsch D, Flierl MA, *et al.*: Harmful molecular mechanisms in sepsis. *Nat Rev Immunol* **8**: 776. (2008)
16) Takahashi M., Izawa K. *et al.*: Human CD300C delivers an Fc receptor-γ-dependent activating signal in mast cells and monocytes and differs from CD300A in ligand recognition. *J Biol Chem.* **288** (11): 7662-75. (2013)
17) Nakahashi-Oda C., Tahara-Hanaoka S. *et al.*: Identification of phosphatidylserine as a ligand for the CD300a immunoreceptor. *Biochem Biophys Res Commun.* **417** (1): 646-50. (2012)
18) Zenarruzabeitia O, Vitallé J. *et al.*: The Biology and Disease Relevance of CD300a, an Inhibitory Receptor for Phosphatidylserine and Phosphatidylethanolamine. *J Immunol.* **194** (11): 5053-60. (2015)
19) Choi, S.C., Simhadri, V.R., *et al.*: Cutting edge: mouse CD300f (CMRF-35-like molecule-1) recognizes outer membrane-exposed phosphatidylserine and can promote phagocytosis. *J. Immunol.* **187**: 3483-3487. (2011)
20) Márquez JA, Galfré E, *et al.*: The crystal structure of the extracellular domain of the inhibitor receptor expressed on myeloid cells IREM-1. *J Mol Biol.* **23**; 367 (2): 310-8. (2007)

各論　基礎⑬

セラミド1-リン酸の代謝と機能

中村　浩之*

1 はじめに

セラミド1-リン酸（ceramide 1-phosphate; Cer1P）はセラミド（ceramide; Cer）のC1位がリン酸化されたスフィンゴリン脂質である。Cerをリン酸化するセラミドキナーゼ（ceramide kinase; CerK）の活性がラット脳シナプスにあることをBajjaliehらが1989年に初めて報告し[1]、その後、ヒト白血病細胞株HL-60にもCerK活性があることが報告された[2, 3]。現在では多くの細胞種にCerK活性があることが知られている。CerKのcDNAを三共株式会社の古浜らが2002年にクローニングしたことが契機となって[4]、Cer1P/CerKの生理機能解析が飛躍的に進められた。また、Cer1Pをゴルジ体から細胞膜へと輸送するタンパク質ceramide phosphate transfer protein（CPTP）が2013年に発見され、Cer1Pがオルガネラ間で移動することが明らかになった[5]。Cer1P/CerKの生理機能解析により、Cer1Pは炎症・免疫反応、細胞の増殖・生存などに重要な役割を果たしていることが明らかになった。さらに、がんの増悪にCer1Pが関与する可能性も明らかにされつつある。本稿ではCer1Pの代謝と生理機能について概説する。

2 Cer1Pの生成と代謝

Cer1Pを生成する酵素として、哺乳動物ではCerKのみが同定されている。また、スフィンゴミエリナーゼD（Sphingomyelinase D; SMase D）がスフィンゴミエリン（Sphingomyelin; SM）をCer1Pとコリンの間のP-O結合で加水分解してCer1Pとコリンを生成する。しかしながら、SMase D活性はクモや細菌の毒素においてのみ検出されており、哺乳動物では見つかっていない。CerKのmRNAはマウス組織において普遍的に発現しており、特に脳、心臓、骨格筋、腎臓、肝臓において発現が高い[5]。CerK活性は脳で最も高く、特に小脳で高い[6]。小脳切片において抗CerK抗体を用いて免疫染色を行うと、CerKがプルキンエ細胞に高く発現している様子が観察される。CerKの細胞内局在は、細胞膜、エンドソーム、ゴルジ体、細胞質などであり、ゴルジ体で生成されたCer1PはCPTPにより細胞膜などへ輸送される[5]。

CerKはN末端がミリストイル化されており、また、phophatidylinositol 4,5-bisphosphate（PI(4,5) P_2)-interacting pleckstrin homology（PH）ドメインをもつ[7]。ミリストイル化されないCerKの変異体は酵素活性や細胞内局在が野生型と変わらないが、PHドメインを欠失すると酵素活性を失い[8]、膜に結合することもできない[7]。CerKのPHドメインはホスホイノシタイド（特にPI（4,5）P_2）と結合するが、PI（4,5）P_2はCerKの酵素活性に影響しない。CerKはPHドメインに加えて、カルモジュリン（calmodulin; CaM）結合モチーフをもつ[9]。CerKはCa^{2+}により活性化するが、Ca^{2+}/CaM複合体と相互作用することでも活性化する[9]。さらに、CerKはリン酸化によっても活性が制御されると考えられている[10, 11]。また、peroxisome proliferator-activated receptor β/δ（PPAR β/δ）がCerKの発現を誘導する[12, 13]。Cer1Pが代謝されるメカニズムはよくわかっていない。Cer1Pを脱リン酸化するフォスファターゼ活性がラットの脳および肝臓にあることが報告されて

＊千葉大学大学院 薬学研究院 薬効薬理学研究室

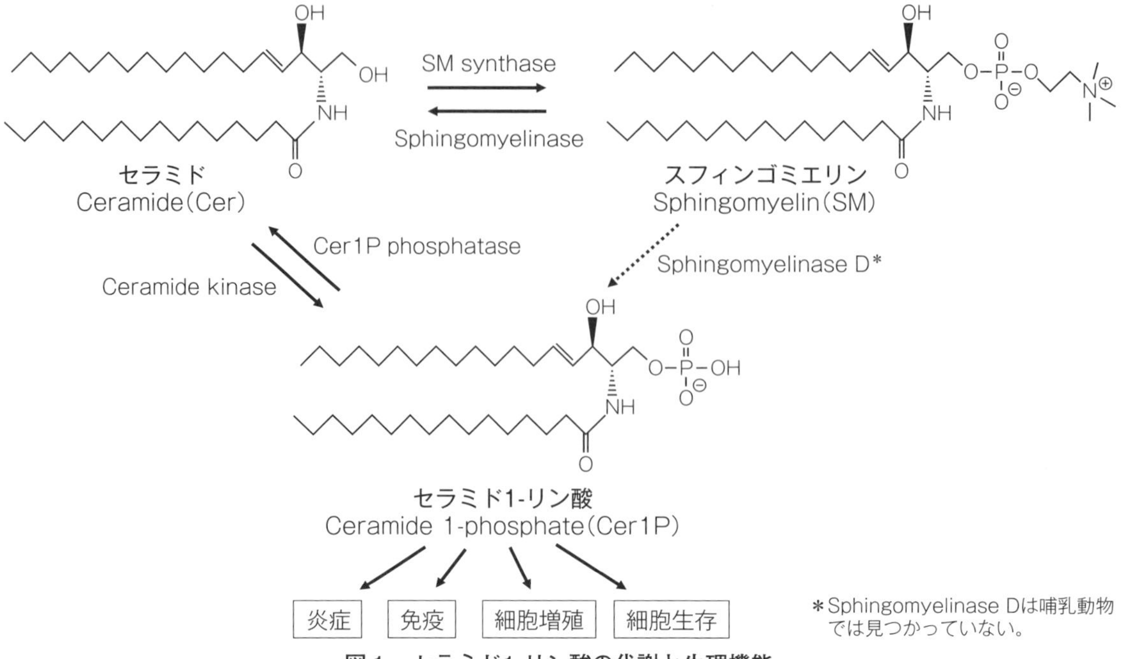

図1　セラミド1-リン酸の代謝と生理機能

いる[14, 15]。また、lipid phosphate phosphatases（LPPs）がCer1Pを脱リン酸化することも知られている[16]。しかしながら、Cer1Pを特異的に代謝する酵素は見つかっていない。

3 炎症・免疫反応とCer1P

Cer1Pは炎症反応に深く関与する細胞質型ホスホリパーゼ$A_2α$（cytosolic phospholipase $A_2 α$; $cPLA_2α$）を活性化することが知られている。$cPLA_2α$はグリセロリン脂質のsn-2位に含まれるアラキドン酸を選択的に切り出す酵素であり、アラキドン酸代謝系の始動に重要な役割を担っている。炎症性サイトカインのinterleukin（IL）-1βをA549細胞（ヒト肺がん細胞株）に添加すると、CerKを介して$cPLA_2α$依存的なアラキドン酸およびプロスタグランジンE2の生成が惹起される[17]。$cPLA_2α$は分子内にC2ドメインと触媒ドメインを持ち、細胞活性化に伴う細胞内Ca^{2+}濃度上昇に呼応して、C2ドメイン依存的にゴルジ体を含む核近傍に移行する。興味深いことに、Cer1Pを細胞に添加すると、細胞内Ca^{2+}濃度上昇を伴わずに$cPLA_2α$が核近傍へ移行する[18, 19]。これは、Cer1Pが$cPLA_2α$のC2ドメインに存在するカチオン性クラスター（Arg59、Arg61、His62）に結合し、膜との親和性を高めるためである[20]。Cer1P輸送タンパク質のCPTPをノックダウンすると、ゴルジ体のCer1Pレベルが上昇することで$cPLA_2α$依存的なアラキドン酸の生成が促進される[5]。従って、CPTPは$cPLA_2α$を抑制的に制御すると考えられる。また、$cPLA_2α$はリン酸化されることにより活性化する。Cer1Pはプロテインキナーゼ C（protein kinase C; PKC）の活性化を介して$cPLA_2α$を活性化する[19]。おそらく、PKCにより活性化されたextracellular signal-regulated kinase1/2（ERK1/2）が$cPLA_2α$をリン酸化すると思われる。このように、Cer1Pは$cPLA_2α$を直接的に、またリン酸化シグナルを介して間接的に活性化し、アラキドン酸やエイコサノイドの産生を惹起する。

肥満と炎症には密接な関連性がある。マウスに高脂肪食を摂取させた肥満モデルでは、肥大した脂肪細胞からtumor necrosis factor-α（TNF-α）、IL-6などの炎症性サイトカインや、monocyte chemotactic protein-1（MCP-1）などのケモカインが産生される。産生されたMCP-1により単球/マクロファージの脂肪組織への浸潤が促され、脂肪組織における炎症反応が増悪する。CerK欠損マウスにおいては、高脂肪食摂取によるTNF-α、IL-6、

MCP-1の産生上昇が抑制され、脂肪細胞の肥大も抑制される[21]。また、MCP-1による骨髄由来マクロファージの遊走もCerKの欠損により減弱する。従って、肥満時においてCer1P/CerKは単球/マクロファージの脂肪組織への浸潤に関与すると考えられる。肥満による慢性的な炎症は糖尿病の発症に関与する。実際に、高脂肪食を摂取させた野生型マウスはインスリンに抵抗性を示し、血中グルコース濃度が上昇するが、CerK欠損マウスでは高脂肪食摂取によるインスリン抵抗性および血中グルコース濃度の上昇が改善される。従って、CerKは糖尿病の治療標的となる可能性も考えられる。

マスト細胞はIgE/抗原などの刺激に呼応して、脱顆粒反応によりヒスタミン等の炎症性メディエーターを放出する。Cer1Pはこの脱顆粒反応に重要な役割を担う。ラット好塩基球性白血病細胞株RBL-2H3において、IgE/抗原の刺激はCer1Pの生成を促進し、脱顆粒反応を誘発する[22]。

好中球は生体内に侵入してきた細菌や真菌を貪食し、感染を防ぐ役割を担っており、好中球の減少は感染のリスクを増加させる。CerK欠損マウスの脾臓および血液においては、好中球の数が野生型マウスに比べて減少している[23]。CerK欠損マウスでは血清中のCerレベルが約1.5倍に増加しており、これが原因で好中球のアポトーシスが誘発されている可能性も考えられるが、詳細は不明である。野生型マウスに肺炎球菌を投与すると、好中球が肺炎球菌を貪食して正常に生存するが、CerK欠損マウスは生存率が著しく減少する。このように、Cer1P/CerKは抗原や細菌に対する生体防御反応に重要な役割を担っている。

Cer1P/CerKは炎症反応を促進する一方で、Cer1Pが抗炎症作用をもつことも知られている。マウスにタバコ主流煙を暴露すると炎症性サイトカインなどの生成が亢進し、慢性閉塞性肺疾患（chronic obstructive pulmonary disease; COPD）を発症する。本病態モデルにCer1Pを投与すると、COPDの進行が抑制されることが示されている[24]。Cer1Pの投与により、肺における炎症性サイトカイン（TNF-α, IL-1β, IL-6）、nuclear factor-κB（NF-κB）、macrophage inflammatory protein-2（MIP-2）などのレベルが抑制され、COPDの進行が抑制されると考えられている。リポ多糖（lipopolysaccharide; LPS）をマウスに投与した急性肺障害モデルにおいても同様に、Cer1Pの投与により炎症性サイトカイン等のレベルの上昇が抑制される[25]。細胞レベルの解析においても、細胞外から添加したCer1PはLPS処理による炎症性サイトカインやNF-κBのレベルの上昇を抑制する[26]。Cer1PはTNFα産生酵素のTNFα-converting enzymeに結合してTNFαの産生を抑制することも報告されている[27]。

このように、炎症反応に対するCer1P/CerKの役割は細胞種や実験条件によって異なることが予想される。

4 細胞増殖・生存とCer1P

Cer1Pはさまざまな細胞で増殖シグナルを亢進することが知られており、PKCα、janus kinase（JNK）、ERK1/2、NF-κB などのシグナルを介して細胞増殖を促進する。また、Cer1Pは抗アポトーシス作用をもつことも知られている。骨髄由来マクロファージを培養する際に、マクロファージコロニー刺激因子（macrophage colony-stimulating factor; M-CSF）を培地から除去すると、酸性SMaseによるCerの生成が亢進してアポトーシスが誘導される。この時Cer1Pをマクロファージに添加すると、酸性SMaseが抑制され、アポトーシスが抑制される[28]。骨髄由来マクロファージのホモジネートにおいてもCer1Pは酸性SMase活性を抑制することが示されている。ラット肺胞マクロファージ細胞株NR8383は増殖・生存にM-CSFを必要としない。NR8383細胞を培養する際に、血清を培地から除去すると、セリンパルミトイル転移酵素（serine palmitoyltransferase; SPT）が活性化し、Cerの産生が亢進してアポトーシスが誘導される。この時Cer1PをNR8383細胞に添加するとSPTの活性が抑制され、アポトーシスが抑制される[29]。また、Cer1Pはphosphatidylinositol 3-kinase（PI3-K）/PKB 経路を介してNF-κBを活性化し、抗アポトーシス性タンパク質Bcl-xLの発現を誘導する[30]。

5 がんとCer1P

Cer1P/CerKは、がんの増悪に関与することが知られている。がん細胞にCer1Pを添加すると、細胞の増殖、遊走、浸潤などが亢進することが数多く報告されている[31]。ヒト膵臓がん細胞株

PANC-1およびMIA PaCa-2のCerKをノックダウンすると、これら細胞の遊走および浸潤が抑制される[32)]。また、ヒト乳がん細胞株MCF-7およびヒト肺がん細胞株NCI-H358において、市販のCerK阻害剤NVP-231を処理すると細胞周期がM期で停止し、アポトーシスが引き起こされることも報告されている[33)]。

およそ2,200人の乳がん患者の遺伝子発現プロファイルの解析により、CerKの発現量と乳がんの再発率には正の相関性があることが報告されている[34)]。乳がん患者の15〜25%でHER2遺伝子の増幅とHER2タンパク質の過剰発現が認められる。HER2タンパク質はチロシンキナーゼ活性を有する細胞膜貫通型受容体であり、がん細胞の増殖・生存に重要な役割を担う。HER2に対する分子標的薬（トラスツズマブ、ラパチニブ、ペルツズマブなど）はHER2陽性乳がんの治療薬として用いられている。ChodoshらはHER2陽性乳がん細胞においてHER2をノックダウンまたはHER2阻害剤を処理すると、CerK mRNAレベルが増加し、これが原因でHER2阻害による細胞死が抑制されることを報告した[35)]。従って、HER2とCerKを同時に阻害することがHER2陽性乳がんの治療に有効である可能性がある。

がん組織中には、がん幹細胞という自己複製能と多分化能を有するがんの源となる細胞が存在する。がん幹細胞が血流に乗って他の臓器に転移すると転移した先で転移性腫瘍を形成する。SchwarzらはCer1Pが膵臓がん幹細胞の遊走能を亢進することを報告した[36)]。膵臓腺がん細胞にはCer1P/CerKが豊富に含まれている。膵臓腺がん細胞はCer1Pを含む小胞を細胞外に放出し、膵臓がん幹細胞をリクルートすることで、がんを増悪する可能性が示唆されている。このように、Cer1P/CerKはがんの創薬標的となる可能性がある。

6 おわりに

Cer1Pは炎症・免疫応答や細胞の増殖・生存など、多くの生理機能の調節に重要な役割を担うことが明らかになってきた。これまで述べてきたように、Cer1Pを細胞に添加するとさまざまな細胞応答が観察される。細胞外から添加したCer1Pは細胞内に取り込まれて標的分子に作用すると思われるが、受容体にも作用する可能性が示唆されている。Cer1Pによる細胞応答は百日咳毒素の処理により抑制される場合があることから、Cer1P受容体はGiタンパク質共役型受容体である可能性がGómez-Muñozらにより報告されている[37)]。しかしながら、Cer1P受容体は未だクローニングされていない。

CerK欠損マウスは内在性Cer1Pの生理機能解析に有用である。しかしながら、CerKを欠損しても内在性Cer1Pのレベルは大きく変化しない。従って、CerKに依存しないCer1P産生経路が存在すると思われる。前述したように、SMase DはSMを分解してCer1Pを生成するが、哺乳動物においてSMase Dの活性は検出されていない。また、スフィンゴシン1-リン酸にアシル基が結合するとCer1Pが生成されるが、この反応を触媒する酵素も見つかっていない。今後、Cer1P受容体の存在やCerKに依存しないCer1P産生経路を明らかにすることで、Cer1Pの生理機能解析および病態解析が一段と加速するだろう。

【参考文献】

1) Bajjalieh, S.M., Martin, T.F. *et al.* Synaptic vesicle ceramide kinase. A calcium-stimulated lipid kinase that co-purifies with brain synaptic vesicles. *J Biol Chem* **264**, 14354-14360 (1989).
2) Dressler, K.A., Kolesnick, R.N. Ceramide 1-phosphate, a novel phospholipid in human leukemia (HL-60) cells. Synthesis via ceramide from sphingomyelin. *J Biol Chem* **265**, 14917-14921 (1990).
3) Kolesnick, R.N., Hemer, M.R. Characterization of a ceramide kinase activity from human leukemia (HL-60) cells. Separation from diacylglycerol kinase activity. *J Biol Chem* **265**, 18803-18808 (1990).
4) Sugiura, M., Kono, K. *et al.* Ceramide kinase, a novel lipid kinase. Molecular cloning and functional characterization. *J Biol Chem* **277**, 23294-23300 (2002).
5) Simanshu, D.K., Kamlekar, R.K. *et al.* Non-vesicular trafficking by a ceramide-1-phosphate transfer protein regulates eicosanoids. *Nature* **500**, 463-467 (2013).
6) Mitsutake, S., Yokose, U. *et al.* The generation and behavioral analysis of ceramide kinase-null mice, indicating a function in cerebellar Purkinje cells. *Biochem Biophys Res Commun* **363**, 519-524 (2007).
7) Kim, T.J., Mitsutake, S. *et al.* The interaction between the pleckstrin homology domain of ceramide kinase and phosphatidylinositol 4,5-bisphosphate regulates the plasma membrane targeting and ceramide 1-phosphate levels. *Biochem Biophys Res Commun* **342**, 611-617 (2006).

8) Kim, T.J., Mitsutake, S. *et al.* The leucine 10 residue in the pleckstrin homology domain of ceramide kinase is crucial for its catalytic activity. *FEBS Lett* **579**, 4383-4388(2005).

9) Mitsutake, S., Igarashi, Y. Calmodulin is involved in the Ca^{2+}-dependent activation of ceramide kinase as a calcium sensor. *J Biol Chem* **280**, 40436-40441(2005).

10) Tada, E., Toyomura, K. *et al.* Activation of ceramidase and ceramide kinase by vanadate via a tyrosine kinase-mediated pathway. *J Pharmacol Sci* **114**, 420-432(2010).

11) Chen, W.Q., Graf, C. *et al.* Ceramide kinase profiling by mass spectrometry reveals a conserved phosphorylation pattern downstream of the catalytic site. *J Proteome Res* **9**, 420-429(2010).

12) Tsuji, K., Mitsutake, S. *et al.* Role of ceramide kinase in peroxisome proliferator-activated receptor beta-induced cell survival of mouse keratinocytes. *FEBS J* **275**, 3815-3826(2008).

13) Aleshin, S., Reiser, G. Peroxisome proliferator-activated receptor β/δ (PPAR β/δ) protects against ceramide-induced cellular toxicity in rat brain astrocytes and neurons by activation of ceramide kinase. *Mol Cell Neurosci* **59**, 127-134(2014).

14) Boudker, O., Futerman, A.H. Detection and characterization of ceramide-1-phosphate phosphatase activity in rat liver plasma membrane. *J Biol Chem* **268**, 22150-22155(1993).

15) Shinghal, R., Scheller, R.H. *et al.* Ceramide 1-phosphate phosphatase activity in brain. *J Neurochem* **61**, 2279-2285(1993).

16) Brindley, D.N., Waggoner, D.W. *et al.* Mammalian lipid phosphate phosphohydrolases. *J Biol Chem* **273**, 24281-24284(1998).

17) Pettus, B.J., Bielawska, A. *et al.* Ceramide kinase mediates cytokine- and calcium ionophore-induced arachidonic acid release. *J Biol Chem* **278**, 38206-38213(2003).

18) Pettus, B.J., Bielawska, A. *et al.* Ceramide 1-phosphate is a direct activator of cytosolic phospholipase A2. *J Biol Chem* **279**, 11320-11326 (2004).

19) Nakamura, H., Hirabayashi, T. *et al.* Ceramide-1-phosphate activates cytosolic phospholipase A2alpha directly and by PKC pathway. *Biochem Pharmacol* **71**, 850-857(2006).

20) Ward, K.E., Bhardwaj, N. *et al.* The molecular basis of ceramide-1-phosphate recognition by C2 domains. *J Lipid Res* **54**, 636-648(2013).

21) Mitsutake, S., Date, T. *et al.* Ceramide kinase deficiency improves diet-induced obesity and insulin resistance. *FEBS Lett* **586**, 1300-1305(2012).

22) Mitsutake, S., Kim, T.J. *et al.* Ceramide kinase is a mediator of calcium-dependent degranulation in mast cells. *J Biol Chem* **279**, 17570-17577(2004).

23) Graf, C., Zemann, B. *et al.* Neutropenia with impaired immune response to Streptococcus pneumoniae in ceramide kinase-deficient mice. *J Immunol* **180**, 2132-2139(2008).

24) Baudiß, K., Ayata, C.K. *et al.* Ceramide-1-phosphate inhibits cigarette smoke-induced airway inflammation. *Eur Respir J* **45**, 1669-1680(2015).

25) Baudiß, K., de Paula, Vieira, R. *et al.* C1P attenuates lipopolysaccharide-induced acute lung injury by preventing NF-κB activation in neutrophils. *J Immunol* **196**, 2319-2326(2016).

26) Hankins, J.L., Fox, T.E. *et al.* Exogenous ceramide-1-phosphate reduces lipopolysaccharide (LPS) -mediated cytokine expression. *J Biol Chem* **286**, 44357-44366(2011).

27) Lamour, N.F., Wijesinghe, D.S. *et al.* Ceramide kinase regulates the production of tumor necrosis factor α (TNF α) via inhibition of TNF α-converting enzyme. *J Biol Chem* **286**, 42808-42817(2011).

28) Gómez-Muñoz, A., Kong, J.Y. *et al.* Ceramide-1-phosphate blocks apoptosis through inhibition of acid sphingomyelinase in macrophages. *J Lipid Res* **45**, 99-105(2004).

29) Granado, M.H., Gangoiti, P. *et al.* Ceramide 1-phosphate inhibits serine palmitoyltransferase and blocks apoptosis in alveolar macrophages. *Biochim Biophys Acta* **1791**, 263-272(2009).

30) Gómez-Muñoz, A., Kong, J.Y. *et al.* Ceramide-1-phosphate promotes cell survival through activation of the phosphatidylinositol 3-kinase/protein kinase B pathway. *FEBS Lett* **579**, 3744-3750(2005).

31) Hait, N.C., Maiti, A. The role of sphingosine-1-phosphate and ceramide-1-phosphate in inflammation and cancer. *Mediators Inflamm* 4806541(2017).

32) Rivera, I.G., Ordoñez, M. *et al.* Ceramide 1-phosphate regulates cell migration and invasion of human pancreatic cancer cells. *Biochem Pharmacol* **102**, 107-119(2016).

33) Pastukhov, O., Schwalm, S. *et al.* The ceramide kinase inhibitor NVP-231 inhibits breast and lung cancer cell proliferation by inducing M phase arrest and subsequent cell death. *Br J Pharmacol* **171**, 5829-5844(2014).

34) Ruckhäberle, E., Karn, T. *et al.* Gene expression of ceramide kinase, galactosyl ceramide synthase and ganglioside GD3 synthase is associated with prognosis in breast cancer. *J Cancer Res Clin Oncol* **135**, 1005-1013(2009).

35) Payne, A.W., Pant, D.K. *et al.* Ceramide kinase promotes tumor cell survival and mammary tumor recurrence. *Cancer Res* **74**, 6352-6363(2014).

36) Kuc, N., Doermann, A. *et al.* Pancreatic ductal adenocarcinoma cell secreted extracellular vesicles containing ceramide-1-phosphate promote pancreatic cancer stem cell motility. *Biochem Pharmacol* **156**, 458-466(2018).

37) Granado, M.H., Gangoiti, P. *et al.* Ceramide 1-phosphate (C1P) promotes cell migration Involvement of a specific C1P receptor. *Cell Signal* **582**, 2263-2269(2008).

各論　基礎 14

スフィンゴシン1-リン酸による細胞内シグナリング

中村　俊一*

1 はじめに

スフィンゴミエリンやスフィンゴ糖脂質は細胞膜を構成する主要な脂質である。これらのスフィンゴ脂質はコレステロールとともに細胞膜ミクロドメインを形成し、秩序液相を保ちながら流動性の高いグリセロリン脂質二重層の中を筏（ラフト）のように浮かぶことから脂質ラフトと呼ばれる。脂質ラフトにはアシル化されたタンパク質などさまざまな情報伝達分子が集合し、情報伝達プラットフォームを形成することにより、細胞増殖、アポトーシス、細胞のホメオスタシスの調節など重要な役割を果している。本稿ではスフィンゴ脂質代謝産物の中でスフィンゴシン1-リン酸（S1P）に着目し、脈管系の恒常性維持、リンパ球の循環調節、中枢神経系での機能調節、そしてエンドソーム成熟などにおけるS1Pの役割など最近の知見を紹介する。

2 S1P産生

細胞外の環境の変化に対し、細胞は増殖、分化、オートファジー、アポトーシスなど環境に順応した応答をする。この際、環境変化に応答して細胞膜を構成する脂質が代謝を受け、さまざまな脂質メディエーターが産生されることが知られる。例えば、TNF α 等の炎症性サイトカインによる刺激の結果、スフィンゴミエリナーゼが活性化され、細胞膜のスフィンゴミエリンが速やかに代謝され[1]、セラミドとリン酸化コリンが産生される。この時産生されたセラミドは、セラミダーゼの作用によりさらにスフィンゴシンに代謝される。さらに、スフィンゴシンはスフィンゴシン・キナーゼ（SphK）の作用により、S1Pへと変換されそれぞれの代謝産物は多岐にわたる細胞機能の調節を行う（図1）。

ほ乳類には2種類のSphK（SphK1、SphK2）が同定されている。どちらのアイソザイムも相同性の高い触媒部位を有しているが、SphK2のN末部分と中間部には相同性の低い領域が存在し、特にN末領域には核移行シグナルを含んでいることから、同酵素の核への移行が予想された[2]。実際、SphK2は核と細胞質間を移行するシャトルタンパク質で、プロテイン・キナーゼDによるリン酸化によりその移動が調節されることが示された[3]。また、SphK2は後述の如く、後期エンドソームに集積するが、そのターゲッティング機構に関しては不明である。一方で、SphK1は細胞質に存在するが、MAPKを活性化するサイトカイン等の刺激によりリン酸化を受け、細胞膜に移行することが知られる[4]。

3 S1Pの機能および作用機序

S1Pは細胞増殖、アポトーシスの抑制、細胞運動の亢進等その作用は多岐にわたるが、この多様性を説明する鍵はS1Pの複雑な作用機序にある。ほ乳類におけるS1Pの作用機序としては、酵母を始めとする単細胞の真核生物が有している細胞内脂質メディエーターとしての側面を受け継ぐと同時に、より高度な多細胞生物が獲得した受容体を介する作用機序の二つを同時に併せ持つ。受容体としてはこれまでに5種類のS1P受容体が同定されており、いずれもGi/o、Gq、G12/13等のGタ

*神戸大学大学院 医学研究科 生化学・分子生物学講座

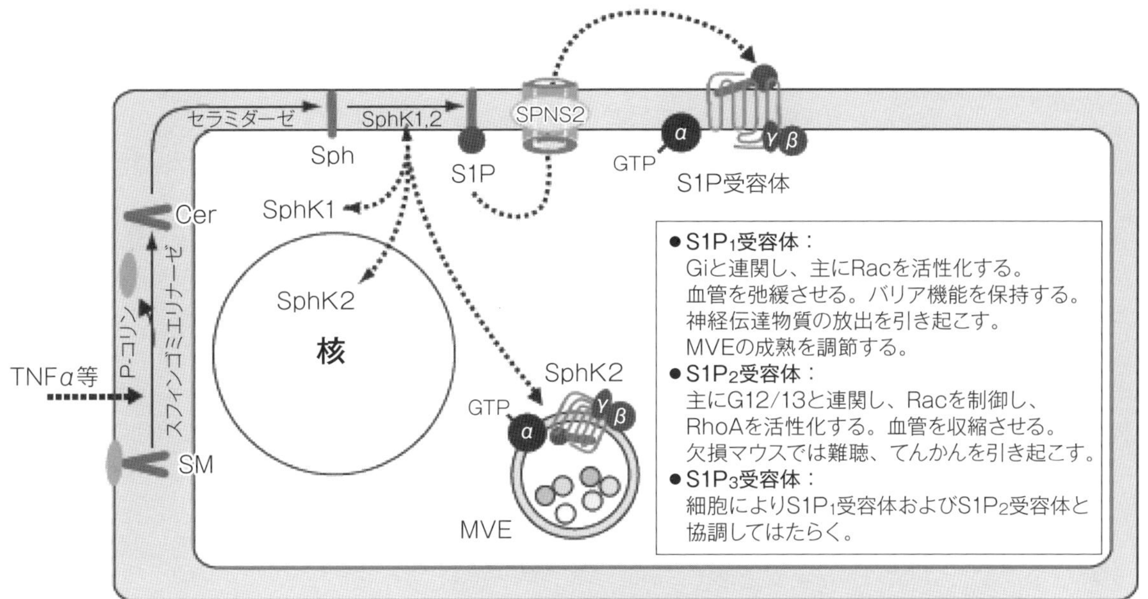

図１　S1Pの作用機序

SphK1およびSphK2はそれぞれ細胞外環境変化に応答して、細胞膜やさまざまなオルガネラに移行し、そこでS1Pを産生する。S1Pはそれぞれの部位でS1P受容体を介したり、あるいは細胞膜でセカンドメッセンジャーとして作用し、多岐にわたる細胞機能を調節する 。
SM, sphingomyelin; Cer, ceramide; Sph, sphingosine; Pコリン、リン酸化コリン

ンパク質と連関し、それぞれの受容体の特異的な組織分布の結果、血管新生、リンパ球の運動性の調節や神経伝達物質の放出調節など多彩な生理作用を示す[5)]（図１）。

一方でS1Pは受容体を介さず、セカンド・メッセンジャーとして機能することも知られる。この作用に関しては、最近いくつかの興味深い報告がなされている。Sphk2は核内でヒストンH3と結合し、産生されたS1Pがヒストン脱アセチル化酵素に直接結合し、同酵素活性を抑制することによりヒストンのアセチル化が亢進し、p21やc-fosなどの遺伝子転写が促進する事が報告された[6)]。この発見は環境要因に応じてエピジェネティックなメカニズムによる遺伝子の発現調節にS1Pが関与することを示唆するもので、がん、自己免疫疾患、あるいは慢性炎症などの病態にS1Pシグナルが関与している可能性を示す。さらに、ミトコンドリア膜に結合したSphk2により産生されたS1Pはミトコンドリア内膜のタンパク質プロヒビチン２と結合し、ミトコンドリアの融合や機能を調節しているらしい[7)]。また、SphK1はTNF受容体結合因子２（TRAF2）と結合し、産生されたS1Pは同タンパク質の有するE3リガーゼを活性化し、RIP1のポリユビキチン化を介して、I-κBの分解、NF-κBの活性化を通して細胞生存シグナルを送る[8)]。

4　S1Pの濃度勾配の形成と機能調節

S1Pは血管のバリア機能や圧調節、リンパ球の循環調節等において中心的な役割を担っている。S1Pがこれらの機能を発揮するためには、脈管系と組織間でのS1Pの濃度勾配の形成が重要である。細胞内で産生されたS1Pはホスファターゼにより可逆的にスフィンゴシンに変換されたり、あるいはS1Pリアーゼにより不可逆的に分解される。細胞内のS1P濃度は主にSphKとS1Pリアーゼのバランスにより調節される。血漿S1Pは主に赤血球と血管内皮細胞により供給され[9)]、赤血球で産生されたS1Pは血漿中の高密度リポタンパク質HDL中のapolipoprotein M（ApoM）などのシャペロンにより抽出されるらしい[10)]。また最近、赤血球や血小板に存在する新たなS1PトランスポーターMfsd2bが発見された。Mfsd2bノックアウトマウスの血漿S1P濃度は野生型に比べ約

半分に減少し、血管のバリア機能は保たれるもののアナフィラキシーショックに対する感受性の増大や赤血球の易溶血性を示すことから、血漿S1Pが赤血球の形態維持に関与する可能性が示唆された[11]。さらに、血管内皮細胞で産生されたS1PはS1Pトランスポーター、spinster homolog 2（SPNS2）を介して血中に放出される[12, 13]。

一方で、リンパ液中の高S1P濃度を維持するメカニズムとしては、その供給源としてはリンパ管内皮細胞で産生され[14]、SPNS 2によりリンパ液中に放出される[15]。

これらに対し、リンパ組織を始めとする多くの組織では主にS1Pリアーゼ活性によりS1P濃度は低く抑えられている。この結果、血漿やリンパ液中のS1P濃度は高く（数百ナノモル濃度）、リンパ組織などの多くの組織（ピコモル濃度）との間でS1P濃度勾配が形成され、後述の如く血管機能維持やリンパ球の循環調節などS1Pの生理機能が発揮される環境が形成される[16]。

5 血管機能とS1P

血中のS1Pの大部分（60％）はHDLのApoMと結合しており[17]、残りはアルブミンと結合している[18]。興味深いことに、HDL結合型S1PはS1P受容体/βアレスチン・シグナルが強く作用し、アルブミン結合型S1PはS1P受容体/Gタンパク質シグナルが優位になるらしい（バイアス・アゴニスト説[19, 20]）。さらに、S1P受容体には他のGタンパク質共役型受容体に見られるように、リガンド非依存性の活性化も知られる。例えば、血管内皮細胞に存在する$S1P_1$受容体は血流による剪断応力感受機構により活性化され、ERK、Akt、内皮細胞型一酸化窒素産生酵素（eNOS）の活性化が起こることが知られる[21]。これらのS1Pシグナルにより血管のバリア機能や圧が調節されていることが分かってきた。

血管のバリア機能に関しては、血管内皮細胞に存在する$S1P_1$受容体と$S1P_3$受容体が細胞骨格の構築や細胞間接着タンパク質の発現を通して、透過性を減少させバリア機能を強化する。Sphk1やApoMのノックアウト・マウスで血中のS1Pが半分ほどに減少すると、肺血管の透過性が亢進し肺水腫を引き起こす。この症状は正常マウスの赤血球を輸血し血中S1Pを上昇させることで改善する[17, 22]。一方、血中のリンパ球がリンパ節へホーミングする際の入り口となる高内皮細静脈におけるバリア機能の維持には血小板から放出されるS1Pが重要であるらしい[23, 24]。また、多発性硬化症治療で使用されるFTY720はS1P受容体に作用し、血管内皮細胞膜上の$S1P_1$受容体を枯渇させるが、この薬の副作用として血管の透過性亢進による肺水腫様症状を引き起こすことが知られる[25]。

S1Pシグナルによる血管の圧調節に関しては血管の部位による圧の低下、あるいは上昇に連動して機能しているらしい。血管内皮細胞に存在する$S1P_1$受容体はHDL結合型S1Pや上述の血流による剪断応力感受機構により活性化され、eNOSの活性化が起こることが知られる[21]。これにより血管は弛緩し血圧は低下する。一方で、血管床や障害部位での血管においては血管平滑筋細胞に存在する$S1P_2$受容体が優位に働き、血管を収縮させることが知られる[26]。例えば、S1P投与により腎糸球体の輸入動脈は収縮するが、輸出動脈には影響が無い[27]。このようにS1Pによる血管収縮は血管の種類や部位によりさまざまな調節を受けているらしい。また、S1Pによる血管収縮調節は内耳の蝸牛血管への血流調節にも重要で、$S1P_2$受容体欠損マウスでは血管収縮障害のため多量な血液流入による圧上昇のため聴覚・前庭器官の変性を来たし、難聴を引き起こす[28]。最近、ヒトにおいても$S1P_2$受容体欠損による難聴例が報告されている[29]。

6 リンパ球ホーミング

骨髄や胸腺などの一次リンパ組織で産生されたリンパ球は、血管系を介してリンパ節、パイエル板、脾臓などの二次リンパ組織に運ばれる。リンパ節、パイエル板に運ばれたリンパ球は、対応抗原に出会わない限りは、輸出リンパ管からリンパ液中に移行し、胸管を介して再び血管系を循環し、再び二次リンパ組織に向かう、この現象はリンパ球ホーミングまたはリンパ球再循環と呼ばれる。血管を循環するリンパ球がリンパ節に移行するにはリンパ球表面に存在するレクチンと高内皮細静脈の内皮細胞が反応しローリングを起こし減速する。次にCCR7などのケモカイン受容体活性化を介して、インテグリンを介する接着が起こり、次に血管外移動の一連の現象を経てリンパ節に移行する。この際、血漿中のS1Pが重要な働きをすることが明らかにされた。Tリンパ球が血漿やリンパ中に存在するときは、高濃度のS1PによりS1P$_1$受容体はダウンレギュレーションを受けており、S1Pに対して不応答の状態になっている。この不応答の機序に関しては、S1P$_1$受容体が活性化されるとG protein-coupled receptor kinase-2（GRK2）により受容体のC末端がリン酸化を受け、βアレスチンとの結合を経て細胞膜のS1P$_1$受容体が細胞内に取り込まれる。その結果、リンパ球は細胞外のS1Pに対し不応になっている。一方で、上述のケモカイン受容体もS1P$_1$受容体と同様、Giに連関した受容体であるため、このケモカインが効率よく働くためにはS1P$_1$受容体が不応な状態になっている必要がある[30)]。恐らく、血中でリンパ球表面のS1P$_1$受容体が活性化され、それに伴いGiが活性化（サブユニット解離）されると、極性形成を必要とされるケモカイン受容体・Giの活性化が阻害されると予測される。実際、GRK2を欠損したリンパ球では野生型リンパ球と異なり、血中において細胞膜上にS1P$_1$受容体が発現しており、リンパ節への移行が阻害されることが分かっている[30)]。

Tリンパ球がリンパ節等のリンパ組織に入るとS1P濃度勾配により血漿に比べS1P濃度が低いため、リンパ球の表面にS1P$_1$受容体が発現し、S1Pに対する反応性を回復する。そこでS1PによるS1P$_1$受容体の活性化が起こるとTリンパ球運動が亢進し、リンパ組織からの流出が引き起こされる。またこの時、マクロファージ等による抗原提示によりリンパ球の活性化が起こり膜表面に膜抗原CD69が発現すると、S1P$_1$受容体の活性化が阻害され、応答しているリンパ球は流出されず増殖が引き起こされる[31)]。免疫抑制薬FTY720は摂取後体内でSphK2によりリン酸化を受けS1P様構造となることにより、S1P受容体に結合し活性化させる薬物であることが明らかにされ[32, 33)]、さらにその後の研究でリン酸化型FTY720は受容体とともに細胞内に取り込まれ、受容体をタンパク質レベルあるいはmRNAレベルで長期にわたりダウンレギュレーションすることでリンパ球の細胞膜上のS1P$_1$受容体が消失し、S1Pに対し不応状態が持続することでリンパ節からの流出が阻害されることが知られる[34, 35)]。

 神経機能とS1P

スフィンゴ脂質はミエリン鞘を始め神経組織に豊富に存在することが発見当初から知られていた。さらに、S1P受容体やS1Pの産生酵素であるSphKは脳に豊富に存在することから、これらのシグナル伝達系の神経特異的な機能に関心が集まっていた。特に、SphKの二つのアイソザイムSphK1およびSphK2のダブル・ノックアウトマウスやS1P$_1$受容体欠損マウスでは、血管の形成不全による出血と胎生初期における神経管の閉鎖不全から胎生致死となることが報告され[36)]、SphKやS1P受容体を介するシグナル伝達の中枢神経系における生理的意義の解明が急がれていた。

最近、海馬の初代神経細胞を用いた実験でナノモル濃度のS1Pが、軸索末端よりグルタミン酸を放出させることが明らかにされた[37)]（**図2**）。この現象は細胞膜に存在するS1P受容体（タイプ1および3）の活性化を介して起こり、またテトロドトキシンを処理しナトリウムチャンネルをブロックした神経からも同様な現象が認められることから、脱分極非依存性に起こる自発発火との関係が示唆された。これらの現象は海馬のスライスを用いた実験でも確認された［Kanno, 2010 #375; Kanno, 2010 #299］。海馬は記憶の一次中枢部位であり、他の感覚野から得られた情報を統合して受け入れ、他の脳領域に長期記憶として情報を配信する役割を担う。実際に記憶の実験モデルとして用いられる長期増強効果（LTP）を調べた研究で、SphK1の欠損マウスから得られた海馬のスライスにおいて、部位特異的にLTPの形成が認められなかった。さらに、SphK1欠損マウスを用いた行動解析（モリス水迷路実験）からもプラットホームに到達する時間に延長が見られ、記憶・学習にS1Pが関与することが示された[38)]。最近の研究からミクログリアから放出されるミクロ小胞が神経細胞に取り込まれ、その結果スフィンゴミエリン代謝が亢進することで、神経細胞とグリアが密接な関係を保っているらしい[39)]。さらに、細胞膜のS1P受容体が活性化されるとERK

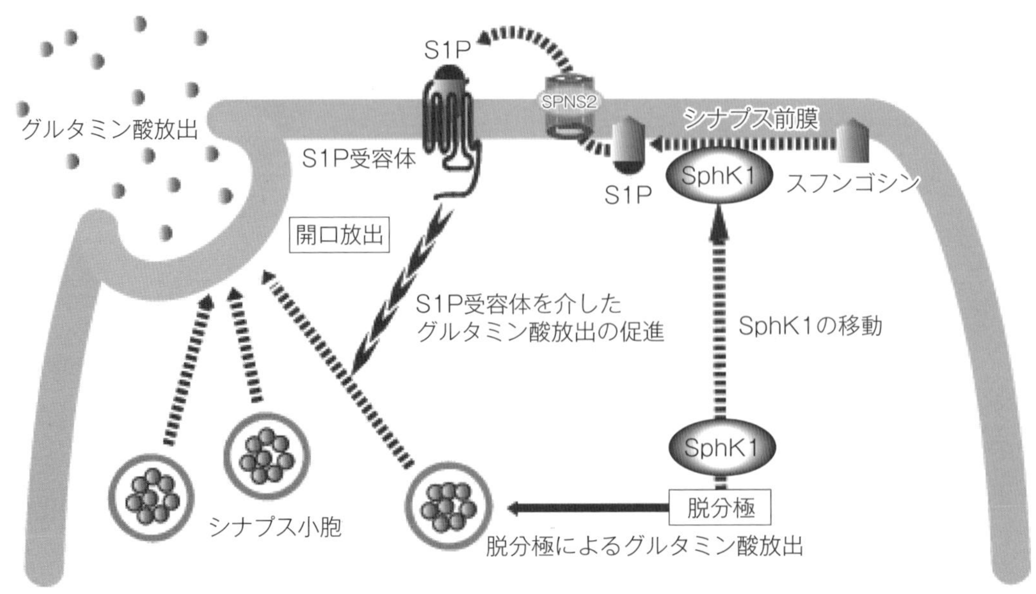

図2　S1Pによる海馬神経細胞からのグルタミン酸放出の調節

などを介して、シナプス小胞結合タンパク質のシナプシン1のプレシナプス膜への移動を通して、放出可能シナプス小胞を供給することでグルタミン酸放出を促進していることが報告された[40]。今後、認知症やてんかんのS1Pシグナルを介した病態解析に期待が集まる。

8 エンドソームの成熟

細胞は活発に細胞外の液性成分、マクロ分子、細胞膜成分などをエンドサイトーシスにより細胞内に取り込んでいる。その結果、産生されたエンドソームは互いに融合し合いながら初期エンドソーム（EE）を形成する。EEは形態的に球状やチューブ状の形態が組合わさった不均一な構造をしており、リサイクリングエンドソームに分かれる部位やトランス・ゴルジ網と融合する部位、リソゾームと融合する部位などを有しており、機能的に多様性を有する選別局の役割を果たしていると考えられる。その後EEは内腔に多くの腔内小胞（ILV）を有するようになり、後期エンドソーム（LE）／多小胞エンドソーム（MVE）へと成熟する。MVEはリソゾームと融合し、内容物は加水分解されるが、ほ乳類ではMVEの一部は直接細胞膜と融合し、内部のILVをエクソソームとして細胞外に放出することが知られるが、この調節機構は不明であった。

最近エクソソーム系ILV形成に関し興味ある報告がなされた。希突起膠細胞（oligodendrocyte）株Oli-neu細胞からミエリンの主要な構成成分であるproteolipidタンパク質（PLP）はエクソソームの積荷として放出されることが知られる。この細胞ではセラミドがエクソソーム放出に関係していることが示された[41]。その後HeLa細胞を用いた研究で、S1Pの産生酵素SphK2がLE/MVEに特異的に集積し$S1P_1$受容体が持続的に活性化を受けていることが見出された（図1）。さらにSphK2や$S1P_1$受容体をノックダウンし、MVE上でのS1Pシグナルを抑制すると、ILVへの積荷輸送が顕著に減少することが分かった[42]。これらの分子メカニズムを解析した結果、MVE上の$S1P_1$受容体活性化の結果、Giの$\beta\gamma$サブユニットが解離し、Rac1やCDC42を活性化することにより、エクソソーム小胞形成や積荷輸送に必要なアクチン重合が亢進していることが示された[43]。以上の結果を総合すると、エンドソーム成熟の過程でエンドソーム膜を構成するスフィンゴミエリンは活発な代謝を受け、産生されるセラミドがLE/MVE膜からの内部陥入を引き起こし、その後産生されるS1Pにより受容体を介するGiシグナルの結果エクソソーム小胞形成に必要なタンパク質の裏打ち構造形成が調節されている可能性が高い。今後、MVEのリソゾームとの融合による分解系、そして細胞膜との融合によるエクソソーム放出系の分岐を決定するスイッチ機構とS1Pシグナルとの関係解明が急がれる。

9 おわりに

S1Pを介するシグナル伝達が脈管系の恒常性維持、免疫、そして神経機能などの多岐にわたる生理機能の調節に重要な役割を果たしていることが明らかになってきた。そしてこれらの分子メカニズムのさらなる解明はがん、自己免疫疾患、臓器移植、神経変性疾患、てんかん等さまざまな疾患の病態解析に直結している。今後、さまざまな疾患においてS1Pシグナルを軸にした病態解析の研究は進み、そして新たな分子標的治療法の開発が一段と加速するであろう。

【参考文献】

1）Okazaki T, *et al.*; Sphingomyelin turnover induced by vitamin D3 in HL-60 cells. Role in cell differentiation. *J Biol Chem*, **264**, 19076-19080(1989)

2）Igarashi N, *et al.*; Sphingosine kinase 2 is a nuclear protein and inhibits DNA synthesis. *J Biol Chem*, **278**, 46832-46839(2003)

3）Ding G, *et al.*; Protein kinase D-mediated phosphorylation and nuclear export of sphingosine kinase 2. *J Biol Chem*, **282**, 27493-27502(2007)

4）Pitson SM, *et al.*; Activation of sphingosine kinase 1 by ERK1/2-mediated phosphorylation. *EMBO J*, **22**, 5491-5500(2003)

5）Okada T, *et al.*; Sphingosine kinase/sphingosine 1-phosphate signalling in central nervous system. *Cell Signal* **21**, 7-13(2009)

6）Hait NC, *et al.*; Regulation of histone acetylation in the nucleus by sphingosine-1-phosphate. *Science*, **325**, 1254-1257(2009)

7）Artal-Sanz M and Tavernarakis N; Prohibitin and mitochondrial biology. *Trends Endocrinol Metab*, **20**, 394-401(2009)

8）Xia P, *et al.*; Sphingosine kinase interacts with TRAF2 and dissects tumor necrosis factor-alpha signaling. *J Biol Chem*, **277**, 7996-8003(2002)

9）Yanagida K and Hla T; Vascular and Immunobiology of the Circulatory Sphingosine 1-Phosphate Gradient. *Annu Rev Physiol* **79**, 67-91(2017)

10）Bode C, *et al.*; Erythrocytes serve as a reservoir for cellular and extracellular sphingosine 1-phosphate. *J Cell Biochem*, **109**, 1232-1243(2010)

11）Vu TM, *et al.*; Mfsd2b is essential for the sphingosine-1-phosphate export in erythrocytes and platelets. *Nature*, **550**, 524-528(2017)

12）Osborne N, *et al.*; The spinster homolog, two of hearts, is required for sphingosine 1-phosphate signaling in zebrafish. *Curr Biol*, **18**, 1882-1888(2008)

13）Kawahara A, *et al.*; The sphingolipid transporter spns2 functions in migration of zebrafish myocardial precursors. *Science*, **323**, 524-527(2009)

14）Pham TH, *et al.*; Lymphatic endothelial cell sphingosine kinase activity is required for lymphocyte egress and lymphatic patterning. *J Exp Med*, **207**, 17-27(2010)

15）Mendoza A, *et al.*; The transporter Spns2 is required for secretion of lymph but not plasma sphingosine-1-phosphate. *Cell Rep*, **2**, 1104-1110(2012)

16）Schwab SR, *et al.*; Lymphocyte sequestration through S1P lyase inhibition and disruption of S1P gradients. *Science*, **309**, 1735-1739(2005)

17）Christoffersen C, *et al.*; Endothelium-protective sphingosine-1-phosphate provided by HDL-associated apolipoprotein M. *Proc Natl Acad Sci USA*, **108**, 9613-9618(2011)

18）Murata N, *et al.*; Interaction of sphingosine 1-phosphate with plasma components, including lipoproteins, regulates the lipid receptor-mediated actions. *Biochem J* **352**, 809-815(2000)

19）Galvani S, *et al.*; HDL-bound sphingosine 1-phosphate acts as a biased agonist for the endothelial cell receptor S1P1 to limit vascular inflammation. *Sci Signal*, **8**, ra79(2015)

20）Shenoy SK and Lefkowitz RJ; β-Arrestin-mediated receptor trafficking and signal transduction. *Trends Pharmacol Sci*, **32**, 521-533(2011)

21）Jung B, *et al.*; Flow-regulated endothelial S1P receptor-1 signaling sustains vascular development. *Dev Cell*, **23**, 600-610(2012)

22）Li X, *et al.*; Basal and angiopoietin-1-mediated endothelial permeability is regulated by sphingosine kinase-1. *Blood*, **111**, 3489-3497(2008)

23）Herzog BH, *et al.*; Podoplanin maintains high endothelial venule integrity by interacting with platelet CLEC-2. *Nature*, **502**, 105-109(2013)

24）Yatomi Y, *et al.*; Sphingosine 1-phosphate, a bioactive sphingolipid abundantly stored in platelets, is a normal constituent of human plasma and serum. *J Biochem*, **121**, 969-973(1997)

25）Oo ML, *et al.*; Engagement of $S1P_1$-degradative mechanisms leads to vascular leak in mice. *J Clin Invest*, **121**, 2290-2300(2011)

26）Igarashi J and Michel T; Sphingosine-1-phosphate and modulation of vascular tone. *Cardiovasc Res*, **82**, 212-220(2009)

27）Guan Z, *et al.*; Sphingosine-1-phosphate evokes unique segment-specific vasoconstriction of the renal microvasculature. *J Am Soc Nephrol*, **25**, 1774-1785(2014)

28）MacLennan AJ, *et al.*; The $S1P_2$ sphingosine 1-phosphate receptor is essential for auditory and

vestibular function. *Hear Res*, **220**, 38-48(2006)
29) Santos-Cortez RL, *et al.*; Autosomal-Recessive Hearing Impairment Due to Rare Missense Variants within S1PR2. *Am J Hum Genet*, **98**, 331-338(2016)
30) Arnon TI, *et al.*; GRK2-dependent S1PR1 desensitization is required for lymphocytes to overcome their attraction to blood. *Science*, **333**, 1898-1903(2011)
31) Shiow LR, *et al.*; CD69 acts downstream of interferon-alpha/beta to inhibit S1P1 and lymphocyte egress from lymphoid organs. *Nature*, **440**, 540-544(2006)
32) Mandala S, *et al.*; Alteration of lymphocyte trafficking by sphingosine-1-phosphate receptor agonists. *Science*, **346**, 346-349(2002)
33) Brinkmann V, *et al.*; The immune modulator FTY720 targets sphingosine 1-phosphate receptors. *J Biol Chem*, **277**, 21453-21457(2002)
34) Jo E, *et al.*; S1P1-selective in vivo-active agonists from high-throughput screening: off-the-shelf chemical probes of receptor interactions, signaling, and fate. *Chem Biol*, **12**, 703-715(2005)
35) Oo ML, *et al.*; Immunosuppressive and anti-angiogenic sphingosine 1-phosphate receptor-1 agonists induce ubiquitinylation and proteasomal degradation of the receptor. *J Biol Chem*, **282**, 9082-9089(2007)
36) Mizugishi K, *et al.*; Essential role for sphingosine kinases in neural and vascular development. *Mol Cell Biol*, **25**, 11113-11121(2005)
37) Kajimoto T, *et al.*; Involvement of sphingosine-1-phosphate in glutamate secretion in hippocampal neurons. *Mol Cell Biol* **27**, 3429-3440(2007)
38) Kanno T, *et al.*; Regulation of synaptic strength by sphingosine 1-phosphate in the hippocampus. *Neurosci* **171**, 973-980(2010)
39) Antonucci F, *et al.*; Microvesicles released from microglia stimulate synaptic activity via enhanced sphingolipid metabolism. *EMBO J* **31**, 1231-1240(2012)
40) Riganti L, *et al.*; Sphingosine-1-Phosphate(S1P) Impacts Presynaptic Functions by Regulating Synapsin I Localization in the Presynaptic Compartment. *J Neurosci*, **36**, 4624-4634(2016)
41) Trajkovic K, *et al.*; Ceramide triggers budding of exosome vesicles into multivesicular endosomes. *Science*, **319**, 1244-1247(2008)
42) Kajimoto T, *et al.*; Ongoing activation of sphingosine 1-phosphate receptors mediates maturation of exosomal multivesicular endosomes. *Nat Commun*, **4**, 2712(2013)
43) Kajimoto T, *et al.*; Involvement of Gβγ subunits of Gi protein coupled with S1P receptor on multivesicular endosomes in F-actin formation and cargo sorting into exosomes. *J Biol Chem*, **293**, 245-253(2018)

各論　基礎 15

ラクトシルセラミドを介した免疫機能

中山　仁志*、岩渕　和久*

1 はじめに

自然免疫システムは、ウイルスや細菌、真菌のような生体内に侵入した病原微生物に対する必要不可欠な免疫防御機構である。微生物は固有の分子構造に基づく特異的な立体構造が作り出す固有のパターン（pathogen associated molecular patterns, PAMPs）を発現しており、好中球やマクロファージのような自然免疫担当細胞は、これらのPAMPsと結合する結合分子やパターン認識受容体（PRRs）を介して、微生物に対する感染免疫応答を行う。PAMPsと特異的に結合する分子群として、これまでにToll様受容体群（TLRs）やC型レクチン受容体群（CLRs）等のタンパク質の他、種々のスフィンゴ糖脂質（GSLs）等が同定されている[1)]。GSLは細胞膜の外側で脂質ラフトと呼ばれる膜ドメインを形成しさまざまな細胞機能に関与する[2)]。そして、GSLは脂質ラフトに会合する受容体がリガンドに結合することをサポートあるいは増強したり[3-5)]、細胞外からの刺激シグナルを細胞内に伝えるプラットフォームとなったりすることが示されている[6)]。

ラクトシルセラミド（LacCer, CDw17）は、ヒト好中球に最も豊富に存在するGSLであり[7, 8)]、細胞膜および顆粒膜に局在し[9)]、好中球の膜上にLacCerの脂質ラフトを形成し、Srcファミリーチロシンキナーゼや３量体Gタンパク質と会合することで[10)]、遊走や貪食、活性酸素の産生を仲介する[6, 9, 11, 12)]。ここでは、LacCerの脂質ラフトとヒト好中球の自然免疫機能との関係に焦点を当て、脂質ラフトの構造と機能発現におけるGSLの糖とセラミドモチーフの役割について概説する。

2 LacCerの有する脂肪酸鎖とLacCerの脂質ラフトを介したシグナル伝達との関係

LacCerは、成熟好中球に豊富に発現しており、好中球のGSLの70％以上をLacCerが占め[6, 13, 14)]、細胞膜上で脂質ラフトを形成している[12)]。また、超低温超薄切片免疫電子顕微鏡法による解析から、LacCerは細胞膜上に直径45nm程度のクラスターを形成し、その約４分の１はSrcファミリーチロシンキナーゼのLynと会合した脂質ラフトである。このことは、LacCerがヒト好中球の細胞膜上においてLyn等の細胞内情報伝達分子と会合した脂質ラフトを恒常的に形成していることを示唆している。

ヒト急性骨髄性白血病細胞株HL-60は、ジメチルスルホキシド（DMSO）により好中球系細胞（D-HL-60）に分化し、さまざまな好中球機能を発現する。LacCerは未分化な好中球系細胞では細胞膜上には発現されておらず、成熟好中球となって初めて細胞膜表面に発現される。一方、HL-60細胞においては未分化な状態からLacCerを細胞膜上に発現しており、D-HL-60においても成熟好中球と同程度発現している[9)]。ところが、ヒト成熟好中球には存在するLacCerを介した活性酸素の産生能や非オプソニン条件下での貪食能をD-HL-60細胞は持っていない[6, 9)]。好中球の細胞膜に含まれるLacCerの分子種を調べると、C24:0およびC24:1の脂肪酸鎖を含むC24-LacCerが全体の32％で最も多く、次いでC16:0-LacCerが22％、C22:0-LacCerが８％と続く[12)]。一方で、

＊順天堂大学大学院 医療看護学部

D-HL-60細胞の細胞膜においては、C16:0-LacCerが全体の70％以上を占め、C24-LacCerは14％にすぎない[12)]。重要なことに、ヒト好中球細胞膜から生化学的に調製した膜マイクロドメイン画分から、抗LacCerモノクローナル抗体Huly-m13でLynが共沈されるが、D-HL-60細胞では共沈されない。さらに、化学合成したC16:0-, C22:0-, C24-LacCerをあらかじめ細胞膜に取り込ませたD-HL-60細胞を用いると、C24-LacCer を取り込ませた場合においてのみ、Huly-m13によりLynが共沈され、抗LacCer抗体によって細胞遊走や活性酸素産生を誘導することができる[12)]。これらのことは、LacCerのC24脂肪酸鎖が、LynとLacCerの脂質ラフトとの会合に必要不可欠であることを示している。さらに、光反応性アジドおよびトリチウム標識したLacCerをD-HL-60細胞膜に取り込ませ、LacCerの脂肪酸鎖の先端部分の近傍に存在する分子を光架橋させると、C24:0脂肪酸鎖の長さと同じ長さの標識脂肪酸を結合させたLacCerを取り込ませた場合においてのみ、Lynおよび三量体Gタンパク質のサブユニットGαiがLacCerと架橋される[10)]。これらの結果は、C24-LacCerとLynやGαiが、C24脂肪酸鎖とLynやGαi分子のパルミチン酸鎖を介して直接会合していることを示している。これらのことは、C24脂肪酸鎖を持つスフィンゴ脂質は、脂質ラフトに会合しているパルミトイル化修飾された細胞内情報伝達分子と、C24脂肪酸鎖とパルミチン酸鎖の会合を介して、細胞外からの情報を細胞内へと伝えることができることを支持している。

3 LacCerによる病原微生物特有の糖鎖構造の認識

哺乳動物の宿主細胞に発現するGSLの糖鎖部分は、さまざまな病原体と結合することが示されている[1)]。ヒト赤血球に発現しているガングリオシドのGD1a やGT1bはポリオーマウイルス（Py）に結合する[15)]。また、GM1はシミアンウイルス40（SV40）[15)] や*Brucella suis*[16)] と結合する。さらには、宿主細胞はGSLを介してさまざまな病原体由来毒素とも結合することが知られている。例えば、GM1はコレラトキシンBサブユニットと特異的に結合し[17, 18)]、ヒトの上皮および内皮細胞上に発現するグロボトリアオシルセラミド（Gb3）は志賀毒素（Stx）Bサブユニットと結合する[19-21)]。LacCerもまた、真菌の*Candida albicans*や抗酸菌を含むさまざまな病原微生物と結合する[22)]。真菌細胞壁の主要な構成成分であるβ-グルカンは、β-1,3結合で形成されるβ-1,3-D-グルコピラノース直鎖へ、β-1,6結合によりさまざまな長さの側鎖が付加した糖鎖が三量体のα-へリックス構造をとる不均一なポリマーである[23, 24)]。キノコ由来のβ-グルカンは、β-1,3結合で形成されるβ-1,3-D-グルコピラノース直鎖へ、グルコース残基がβ-1,6結合により付加している[25)]。その一方で、*Candida albicans*由来β-グルカン（CSBG）は、β-1,3-D-グルコピラノース鎖にβ-1,6-D-グルコピラノースの長い側鎖が結合し、この側鎖のところどころにグルコース残基がβ-1,3結合した構造である（図1）[23)]。このCSBGは、ガラクトース末端を有するLacCerやGb3、ガラクトシルセラミド（GalCer）に結合する[11)]。反対に、LacCerは、カードランのようなβ-1,6-D-グルコピラノースの長い側鎖を持たないβ-グルカンには結合しない。CSBGはLacCerと結合するだけでなく、LacCerの脂質ラフトを介してヒト好中球を遊走させる[11)]。さらに、*Pneumocystis carinii*由来β-グルカンはCSBGと類似の構造を持つが、このβ-グルカンもまた、ラットの肺上皮細胞によるLacCerを介したmacrophage inflammatory protein 2（MIP-2）の産生を誘導する[26)]。したがって、CSBGのような病原性真菌由来β-グルカンによる好中球の遊走には、β-1,6-D-グルコピラノースの長鎖にβ-D-グルコピラノースがβ-1,3結合で単分子結合した糖鎖とLacCerクラスターのガラクトース末端を中心として形成されるモチーフとの間で生じる相互作用が必要と考えられる。

最近、我々は結核菌および非病原性の*M. smegmatis*由来リポアラビノマンナン（LAM）がLacCerと特異的に結合することを明らかにした[27)]。LAMは抗酸菌の主要な糖脂質成分であり[28)]、全ての抗酸菌に共通の、マンノピラノースがα-1,6結合を介して21～34個結合した骨格に、5～10個のマンノピラノースがα-1,2結合を介してそれぞれ一分子ずつ側鎖として結合したマンナンコア構造を持っている（図1）[29)]。我々は、LAMのα-1,2モノマンノース側鎖を欠いたΔ*MSMEG_4247*突然変異株[30]に着目して評価を行ったところ、ヒト好中球はΔ*MSMEG_4247*突然変異株をほとんど貪食しなかった[27]。さらに、Δ*MSMEG_4247*由来LAMは、LacCerを含むGSLと結合することができなかった。これらの結果は、ヒト好中球は、LacCerとLAMのα-1,2モノマンノース側鎖を含むマンナンコアとの結合を介して、抗酸菌種を貪食していることを示している。上述した様に、LacCerのクラスターは、水溶性でもあるβ-1,3結合でグルコピラノース残基が結合したβ-1,6グルコピラノース長鎖の櫛形構造に結合すると考えられる[11]。LAMのマンナンコア構造も同様の櫛形構造をしており、LacCerクラスターが真菌のβ-グルカンと抗酸菌のLAMとの間の共通の櫛形構造パターンを認識している可能性がある（図1）。一方、最近になってガングリオシドの糖鎖部分と*Shigella*由来のリ

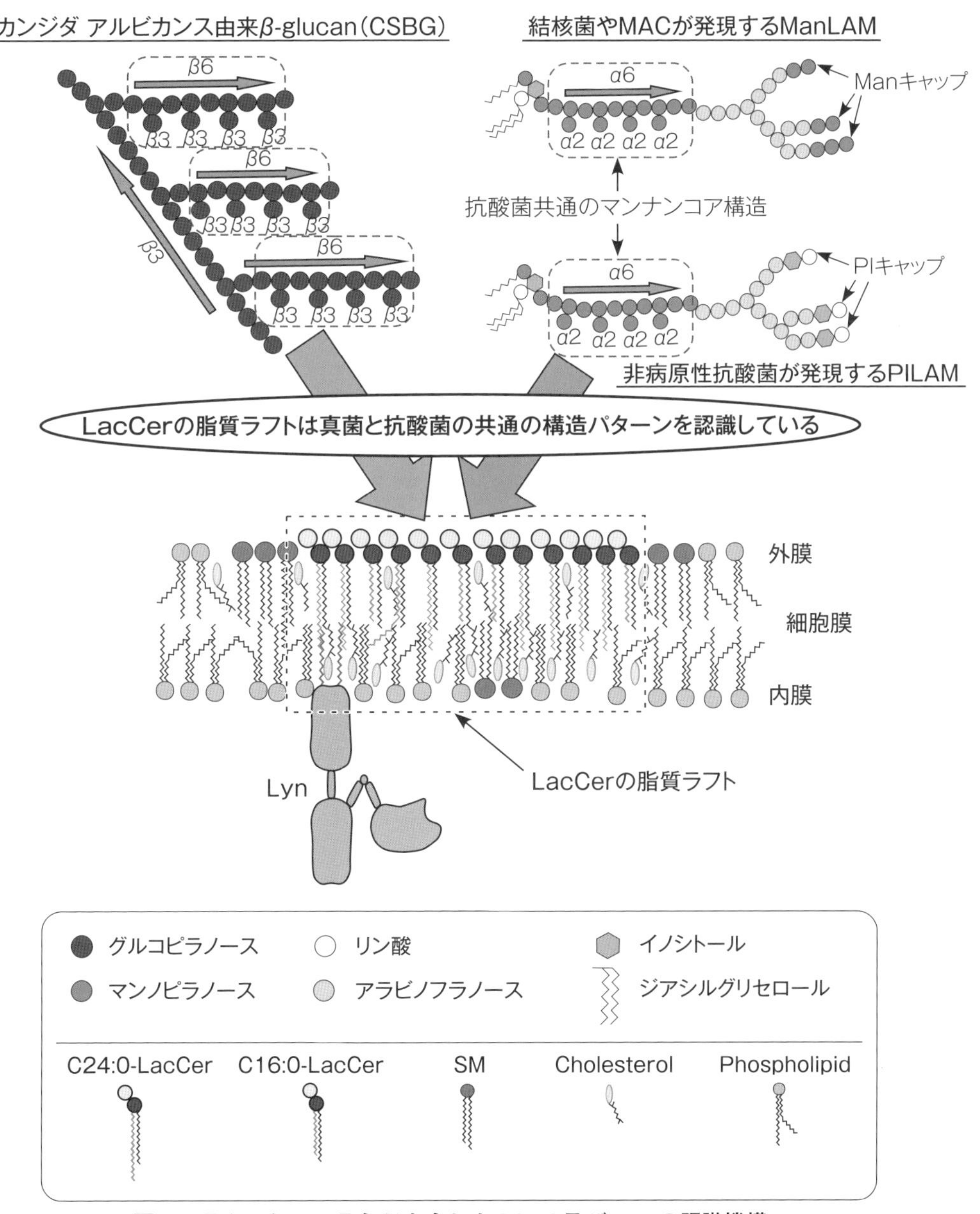

図1　ラクトシルセラミドを介したCSBG及びLAMの認識機構

ポ多糖（LPS）の糖鎖部分との相互作用が、菌とヒトCD4陽性T細胞との結合を促進することが報告された[31]。このような結果と我々のLacCerに関する知見は、PAMPの糖鎖部分とGSLの糖鎖部分との特異的な糖－糖相互作用を介して宿主免疫応答が惹起されることを示唆している。

4 LacCerの脂質ラフトと受容体との相互作用

GSLにより形成される脂質ラフトと細胞膜上の受容体とのcis相互作用は、貪食や炎症の活性化などの自然免疫応答に非常に重要な役割を果たしている。例えば、フラジェリンは細菌の鞭毛を構成するタンパク質の一種であるが、ヒト肺上皮細胞に発現するアシアロGM1とTLR5に結合し、ATPの自己分泌型の放出を誘導する[32]。ATPは、細胞膜上に発現するATP受容体に結合し、カルシウムイオンの動員およびERK1/2のリン酸化を誘導する。また、Type IIb *Escherichia coli* enterotoxinのBサブユニットはヒト単球に発現するGD1aと結合し、TLR2/TLR1シグナル複合体との相互作用を促進、NF-κBを活性化する[33]。

遊走・接着・貪食などの好中球機能は、CD11b/CD18-インテグリン（Mac-1、CR3や$\alpha_M\beta_2$-インテグリンとも呼ばれる）により制御される[34]。一方で、CD11b/CD18-インテグリンの細胞質領域は細胞骨格結合部位を持つが、触媒活性を欠いていることから[35, 36]、インテグリンを介した細胞内への情報伝達がどの様に行われているかは長らく不明であった。我々は、好中球系に分化したD-HL-60細胞はCD11b/CD18-インテグリンを介して、オプソニン条件下で菌を貪食する一方で、非オプソニン条件では貪食できないことに着目して解析を行った。その結果、ヒト好中球によるCD11b/CD18-インテグリンを介したザイモサンや抗酸菌の非オプソニン条件下での貪食には、C24-LacCerの脂質ラフトが必要であることを証明した[6, 27]。好中球はCD11b活性化抗体VIM12のF(ab')2フラグメントにより活性化される。そして、この活性化にはC24-LacCerの脂質ラフトに会合したLynのリン酸化が必要であり、このリン酸化は抗CD18抗体MEM48で阻害される。MEM-48はCD18サブユニットの細胞膜との境界領域に位置するC末端側の保存領域の514番目から553番目のアミノ酸残基をエピトープとするモノクローナル抗体である[37]。CD11b・CD18両サブユニットは生化学的に脂質ラフトを回収する方法で得た細胞膜のLacCerに富む膜ドメインには含まれない。一方で、非オプソニン条件下でザイモサンを貪食した好中球の食胞膜のLacCerに富む脂質ドメインにはCD18サブユニットだけが回収される。これらの結果は、リガンドがCD11b/CD18-インテグリンに結合すると、CD11b/CD18インテグリンはLacCerの脂質ラフトにCD18サブユニットを介して会合し、C24-LacCerを介してLynをリン酸化することで、細胞内へとリガンド結合情報を伝えることを示している。ただし、CD18サブユニットがLacCerに直接接合しているのか、アダプター分子を介しているのかは未だに不明であり、今後さらなる解析が必要である。

5 抗酸菌の貪食におけるLacCerの脂質ラフトとLAMとの相互作用

結核菌、リステリア菌、サルモネラ菌などの細胞内寄生菌と呼ばれる病原性細菌は、非オプソニン条件下において、マクロファージや好中球の脂質ラフトと相互作用することで取り込まれる[38]。結核菌などの病原性抗酸菌はオプソニン条件下では好中球やマクロファージに効率よく貪食・殺菌される[39, 40]。一方で、非オプソニン条件下で脂質ラフトやCD11b/CD18を利用して貪食されると、食胞へのリソソームの融合を阻害することで殺菌を回避する[41, 42]。これまでに、病原性抗酸菌はLAMを使って宿主免疫システムを操ることが示されている[43, 44]。マンノースキャップ型のLAM（ManLAM）は、結核菌のような病原性抗酸菌に高発現しているが、*M. smegmatis*のような非病原性抗酸菌は、ホスホイノシトール型のLAM（PILAM）あるいはキャップがないLAMを高発現しており[43]、結核菌はManLAMをマクロファージマンノース受容体に結合させてヒトマクロファージに貪食され、ManLAMを使って食胞にリソソームが融合することを阻止する[45]。

一方、ヒト好中球はマンノース受容体を発現しておらず[46]、病原性抗酸菌は非オプソニン条件下においてCD11b/CD18インテグリンとLacCerの脂質ラフトを介して貪食される[27]。ヒト好中球においてLacCer分子の約90%は顆粒膜に局在している[8, 9]。Lynは細胞膜に局在しているが、同じSrcファミリーキナーゼであるHckは、細胞膜だけではなく顆粒膜にも存在しており[27]、Hckの活性化が食胞へのリソソームの融合に必須である[47]。抗LacCer抗体を使って免疫沈降実験を行ってみると、Hck分子は無刺激好中球では細胞膜・顆粒膜のどこからも共沈されない。一方で、非病原性抗酸菌の食胞やPILAMコートビーズを含む食胞からはHck分子が抗LacCer抗体で共沈され、共沈されたHckは強くリン酸化される。しかしながら、Hck分子は病原性抗酸菌やManLAMコートポリスチレンビーズを含む食胞から抗LacCer抗体で共沈させることは出来な

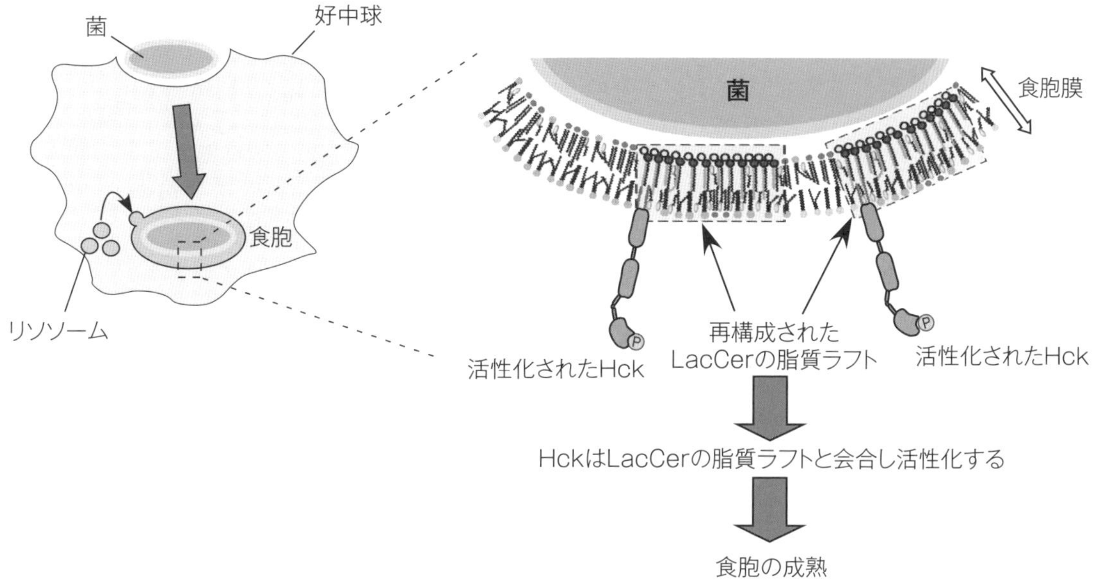

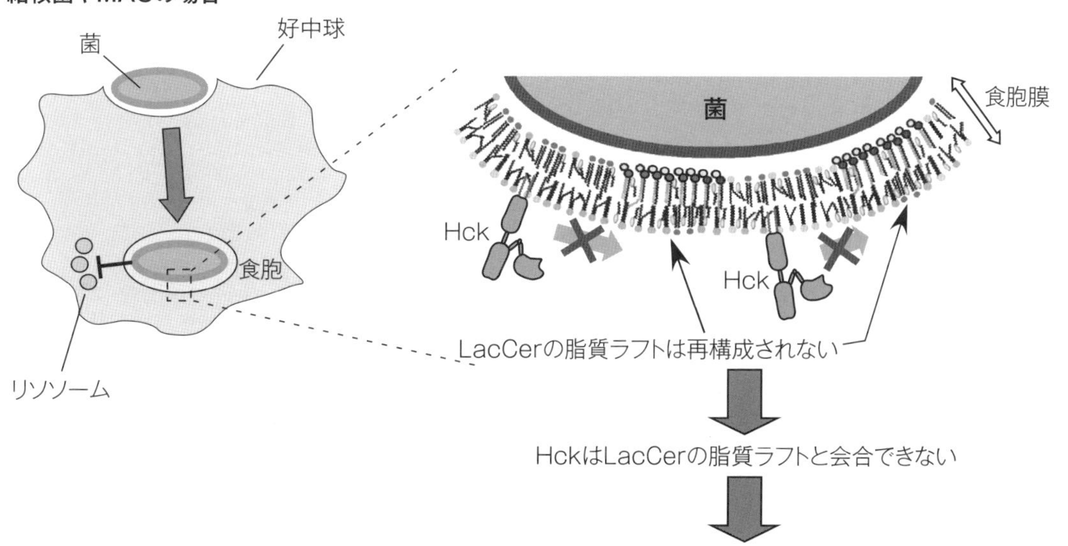

図2　病原性抗酸菌によるManLAMとLacCerとの会合を介した食胞成熟阻害機構

い。食胞膜上のLacCerとHckの存在状態を電子顕微鏡や共焦点レーザー顕微鏡を用いて観察すると、非病原性抗酸菌である*M. gordonae*を含む食胞において、LacCerは大きなクラスターを形成しており、そのクラスターにHckが共局在している像が得られる。一方で、病原性抗酸菌である結核菌や*M. avium* complex（MAC）は食胞におけるLacCerの大きなクラスター形成を阻害し、LacCerクラスターとHckとの共局在も認められない。ただし、食胞膜におけるLacCer量は病原性によって変化することはない。したがって、結核菌やMAC等の病原性抗酸菌は、ManLAMのマンノースキャップモチーフを介して、食胞膜におけるLacCerの脂質ラフトの集合化とHckとの会合を阻害することで、食胞成熟を抑制すると考えられる。以上の結果や上述したLacCerのLAMに対する結合特異性を考えると、ヒト好中球において、結核菌等の病原性抗酸菌はLAMのマンナンコア領域とLacCerの脂質ラフトに存在するラクトースクラスターとの糖鎖―糖鎖trans相互作用を介して貪食されるが、ManLAMのマンノースキャップを使って食胞膜においてLacCerの脂質ラフトが集合しHckと会合することを妨害することで、食胞とリソソームの融合に係るシグナル伝達経路を遮断すると考えられる（**図2**）。

6 おわりに

今回我々は、LacCerの脂質ラフトが自然免疫機能にどのように関わっているかについて焦点を絞り、そのメカニズムについて概説した。一方で、細胞レベルにおけるLacCerの存在形態や機能については未だ不明な点が多い。最近我々は、人工的に作製した同一のLacCerリポソーム膜上でも、抗LacCer抗体のクローンにより、それぞれが結合するLacCerクラスター上の領域が異なることを見出している[48]。このことは、同じGSLであっても、細胞膜上におけるGSLの脂質ラフトが作り出すGSLクラスターの立体モチーフは、抗原特異性が異なるほど変化に富んでいることを示唆している。さらに、グリセロ糖脂質も含めて、糖脂質は糖鎖や脂質構造の違いにより、同一の細胞膜上においても異なる脂質ラフトとして存在することが明らかになっている[49, 50]。したがって、LacCerを含む糖脂質の機能を明らかにするためには、脂質ラフトに離合集散する分子群の同定と動態観察を生理的な状態を維持したまま可能にする、さらなる技術的な進歩が必要である。このような糖脂質の脂質ラフトを巡るさらなる技術的な進歩は、感染症や多くの疾患を治療するための新規薬剤の開発に繋がることが期待される。

【参考文献】

1）Schengrund, C. L. "Multivalent" saccharides: development of new approaches for inhibiting the effects of glycosphingolipid-binding pathogens. *Biochem. Pharmacol.* **65**, 699-707（2003）

2）Iwabuchi, K., Nakayama, H., Masuda, H., Kina, K., Ogawa, H., and Takamori, K. Membrane microdomains in immunity: glycosphingolipid-enriched domain-mediated innate immune responses. *BioFactors* **38**, 275-283（2012）

3）Hakomori, S. Bifunctional role of glycosphingolipids. Modulators for transmembrane signaling and mediators for cellular interactions. *J. Biol. Chem.* **265**, 18713-18716（1990）

4）Mutoh, T., Tokuda, A., Miyadai, T., Hamaguchi, M., and Fujiki, N. Ganglioside GM1 binds to the Trk protein and regulates receptor function. *Proc. Natl. Acad. Sci. USA* **92**, 5087-5091（1995）

5）Coskun, U., Grzybek, M., Drechsel, D., and Simons, K. Regulation of human EGF receptor by lipids. *Proc. Natl. Acad. Sci. USA* **108**, 9044-9048（2011）

6）Nakayama, H., Yoshizaki, F., Prinetti, A., Sonnino, S., Mauri, L., Takamori, K., Ogawa, H., and Iwabuchi, K. Lyn-coupled LacCer-enriched lipid rafts are required for CD11b/CD18-mediated neutrophil phagocytosis of nonopsonized microorganisms. *J. Leukoc. Biol.* **83**, 728-741（2008）

7）Spychalska, J., Smolenska-Sym, G., Zdebska, E., Wozniak, J., and Koscielak, J. Quantitative analysis of LacCer/CDw17 in human myelogenous leukaemic cells. *Cell. Mol. Biol. Lett.* **8**, 911-917（2003）

8）Kniep, B., and Skubitz, K. M. Subcellular localization of glycosphingolipids in human neutrophils. *J. Leukoc. Biol.* **63**, 83-88（1998）

9）Iwabuchi, K., and Nagaoka, I. Lactosylceramide-enriched glycosphingolipid signaling domain mediates superoxide generation from human neutrophils. *Blood* **100**, 1454-1464（2002）

10）Chiricozzi, E., Ciampa, M. G., Brasile, G., Compostella, F., Prinetti, A., Nakayama, H., Ekyalongo, R. C., Iwabuchi, K., Sonnino, S., and Mauri, L. Direct interaction, instrumental for signaling processes, between LacCer and Lyn in the lipid rafts of neutrophil-like cells. *J. Lipid Res.* **56**, 129-141（2015）

11）Sato, T., Iwabuchi, K., Nagaoka, I., Adachi,

Y., Ohno, N., Tamura, H., Seyama, K., Fukuchi, Y., Nakayama, H., Yoshizaki, F., Takamori, K., and Ogawa, H. Induction of human neutrophil chemotaxis by Candida albicans-derived beta-1,6-long glycoside side-chain-branched beta-glucan. *J. Leukoc. Biol.* **80**, 204-211 (2006)

12) Iwabuchi, K., Prinetti, A., Sonnino, S., Mauri, L., Kobayashi, T., Ishii, K., Kaga, N., Murayama, K., Kurihara, H., Nakayama, H., Yoshizaki, F., Takamori, K., Ogawa, H., and Nagaoka, I. Involvement of very long fatty acid-containing lactosylceramide in lactosylceramide-mediated superoxide generation and migration in neutrophils. *Glycoconj. J.* **25**, 357-374 (2008)

13) Brackman, D., Lund-Johansen, F., and Aarskog, D. Expression of leukocyte differentiation antigens during the differentiation of HL-60 cells induced by 1,25-dihydroxyvitamin D3: comparison with the maturation of normal monocytic and granulocytic bone marrow cells. *J. Leukoc. Biol.* **58**, 547-555 (1995)

14) Lund-Johansen, F., Olweus, J., Horejsi, V., Skubitz, K. M., Thompson, J. S., Vilella, R., and Symington, F. W. Activation of human phagocytes through carbohydrate antigens (CD15, sialyl-CD15, CDw17, and CDw65). *J. Immunol.* **148**, 3221-3229 (1992)

15) Tsai, B., Gilbert, J. M., Stehle, T., Lencer, W., Benjamin, T. L., and Rapoport, T. A. Gangliosides are receptors for murine polyoma virus and SV40. *The EMBO journal* **22**, 4346-4355 (2003)

16) Naroeni, A., and Porte, F. Role of cholesterol and the ganglioside GM(1) in entry and short-term survival of Brucella suis in murine macrophages. *Infect. Immun.* **70**, 1640-1644 (2002)

17) Cuatrecasas, P. Vibrio cholerae choleragenoid. Mechanism of inhibition of cholera toxin action. *Biochemistry* **12**, 3577-3581 (1973)

18) Cuatrecasas, P. Gangliosides and membrane receptors for cholera toxin. *Biochemistry* **12**, 3558-3566 (1973)

19) Lingwood, C. A. Role of verotoxin receptors in pathogenesis. *Trends Microbiol.* **4**, 147-153 (1996)

20) Takenouchi, H., Kiyokawa, N., Taguchi, T., Matsui, J., Katagiri, Y. U., Okita, H., Okuda, K., and Fujimoto, J. Shiga toxin binding to globotriaosyl ceramide induces intracellular signals that mediate cytoskeleton remodeling in human renal carcinoma-derived cells. *J. Cell Sci.* **117**, 3911-3922 (2004)

21) Louise, C. B., Kaye, S. A., Boyd, B., Lingwood, C. A., and Obrig, T. G. Shiga toxin-associated hemolytic uremic syndrome: effect of sodium butyrate on sensitivity of human umbilical vein endothelial cells to Shiga toxin. *Infect. Immun.* **63**, 2766-2769 (1995)

22) Nakayama, H., Nagafuku, M., Suzuki, A., Iwabuchi, K., and Inokuchi, J. I. The regulatory roles of glycosphingolipid-enriched lipid rafts in immune systems. *FEBS Lett.* (2018)

23) Ohno, N., Uchiyama, M., Tsuzuki, A., Tokunaka, K., Miura, N. N., Adachi, Y., Aizawa, M. W., Tamura, H., Tanaka, S., and Yadomae, T. Solubilization of yeast cell-wall beta-(1-->3)-D-glucan by sodium hypochlorite oxidation and dimethyl sulfoxide extraction. *Carbohydr. Res.* **316**, 161-172 (1999)

24) Liang, J., Melican, D., Cafro, L., Palace, G., Fisette, L., Armstrong, R., and Patchen, M. L. Enhanced clearance of a multiple antibiotic resistant Staphylococcus aureus in rats treated with PGG-glucan is associated with increased leukocyte counts and increased neutrophil oxidative burst activity. *Int. J. Immunopharmacol.* **20**, 595-614 (1998)

25) Miura, N. N., Adachi, Y., Yadomae, T., Tamura, H., Tanaka, S., and Ohno, N. Structure and biological activities of beta-glucans from yeast and mycelial forms of Candida albicans. *Microbiol. Immunol.* **47**, 173-182 (2003)

26) Hahn, P. Y., Evans, S. E., Kottom, T. J., Standing, J. E., Pagano, R. E., and Limper, A. H. *Pneumocystis carinii* cell wall beta-glucan induces release of macrophage inflammatory protein-2 from alveolar epithelial cells via a lactosylceramide-mediated mechanism. *The Journal of biological chemistry* **278**, 2043-2050 (2003)

27) Nakayama, H., Kurihara, H., Morita, Y. S., Kinoshita, T., Mauri, L., Prinetti, A., Sonnino, S., Yokoyama, N., Ogawa, H., Takamori, K., and Iwabuchi, K. Lipoarabinomannan binding to lactosylceramide in lipid rafts is essential for the phagocytosis of mycobacteria by human neutrophils. *Sci Signal* **9**, ra101 (2016)

28) Briken, V., Porcelli, S. A., Besra, G. S., and Kremer, L. Mycobacterial lipoarabinomannan and related lipoglycans: from biogenesis to modulation of the immune response. *Mol. Microbiol.* **53**, 391-403 (2004)

29) Mishra, A. K., Driessen, N. N., Appelmelk, B. J., and Besra, G. S. Lipoarabinomannan and related glycoconjugates: structure, biogenesis and role in Mycobacterium tuberculosis physiology and host-pathogen interaction. *FEMS Microbiol. Rev.* **35**, 1126-1157 (2011)

30) Sena, C. B., Fukuda, T., Miyanagi, K., Matsumoto, S., Kobayashi, K., Murakami, Y., Maeda, Y., Kinoshita, T., and Morita, Y. S. Controlled expression of branch-forming mannosyltransferase is critical for mycobacterial lipoarabinomannan biosynthesis. *J. Biol. Chem.* **285**, 13326-13336 (2010)

31) Belotserkovsky, I., Brunner, K., Pinaud, L., Rouvinski, A., Dellarole, M., Baron, B., Dubey, G., Samassa, F., Parsot, C., Sansonetti, P., and Phalipon, A. Glycan-Glycan Interaction Determines *Shigella* Tropism toward Human T Lymphocytes. *MBio* **9** (2018)

32) McNamara, N., Gallup, M., Sucher, A., Maltseva, I., McKemy, D., and Basbaum, C. AsialoGM1 and TLR5 cooperate in flagellin-induced nucleotide signaling to activate Erk1/2. *Am. J. Respir. Cell Mol. Biol.* **34**, 653-

660 (2006)

33) Liang, S., Wang, M., Tapping, R. I., Stepensky, V., Nawar, H. F., Triantafilou, M., Triantafilou, K., Connell, T. D., and Hajishengallis, G. Ganglioside GD1a is an essential coreceptor for Toll-like receptor 2 signaling in response to the B subunit of type IIb enterotoxin. *J. Biol. Chem.* **282**, 7532-7542 (2007)

34) Arnaout, M. A. Structure and function of the leukocyte adhesion molecules CD11/CD18. *Blood* **75**, 1037-1050 (1990)

35) Dedhar, S., and Hannigan, G. E. Integrin cytoplasmic interactions and bidirectional transmembrane signalling. *Curr. Opin. Cell Biol.* **8**, 657-669 (1990)

36) Rabb, H., Michishita, M., Sharma, C. P., Brown, D., and Arnaout, M. A. Cytoplasmic tails of human complement receptor type 3 (CR3, CD11b/CD18) regulate ligand avidity and the internalization of occupied receptors. *J. Immunol.* **151**, 990-1002 (1993)

37) Lu, C., Ferzly, M., Takagi, J., and Springer, T. A. Epitope mapping of antibodies to the C-terminal region of the integrin beta 2 subunit reveals regions that become exposed upon receptor activation. *J. Immunol.* **166**, 5629-5637 (1993)

38) Manes, S., del Real, G., and Martinez, A. C. Pathogens: raft hijackers. *Nat. Rev. Immunol.* **3**, 557-568 (2003)

39) Vieira, O. V., Botelho, R. J., and Grinstein, S. Phagosome maturation: aging gracefully. *The Biochemical journal* **366**, 689-704 (2002)

40) Armstrong, J. A., and Hart, P. D. Phagosome-lysosome interactions in cultured macrophages infected with virulent tubercle bacilli. Reversal of the usual nonfusion pattern and observations on bacterial survival. *J. Exp. Med.* **142**, 1-16 (1975)

41) Gatfield, J., and Pieters, J. Essential role for cholesterol in entry of mycobacteria into macrophages. *Science* **288**, 1647-1650 (2000)

42) Peyron, P., Bordier, C., N'Diaye, E. N., and Maridonneau-Parini, I. Nonopsonic phagocytosis of Mycobacterium kansasii by human neutrophils depends on cholesterol and is mediated by CR3 associated with glycosylphosphatidylinositol-anchored proteins. *J. Immunol.* **165**, 5186-5191 (2000)

43) Kaur, D., Obregon-Henao, A., Pham, H., Chatterjee, D., Brennan, P. J., and Jackson, M. Lipoarabinomannan of Mycobacterium: mannose capping by a multifunctional terminal mannosyltransferase. *Proc. Natl. Acad. Sci. USA* **105**, 17973-17977 (2008)

44) Fratti, R. A., Chua, J., Vergne, I., and Deretic, V. Mycobacterium tuberculosis glycosylated phosphatidylinositol causes phagosome maturation arrest. *Proc. Natl. Acad. Sci. USA* **100**, 5437-5442 (2003)

45) Kang, P. B., Azad, A. K., Torrelles, J. B., Kaufman, T. M., Beharka, A., Tibesar, E., DesJardin, L. E., and Schlesinger, L. S. The human macrophage mannose receptor directs Mycobacterium tuberculosis lipoarabinomannan-mediated phagosome biogenesis. *J. Exp. Med.* **202**, 987-999 (2003)

46) Pontow, S. E., Kery, V., and Stahl, P. D. Mannose receptor. *Int. Rev. Cytol.* **137b**, 221-244 (2003)

47) Peyron, P., Maridonneau-Parini, I., and Stegmann, T. Fusion of human neutrophil phagosomes with lysosomes in vitro: involvement of tyrosine kinases of the Src family and inhibition by mycobacteria. *J. Biol. Chem.* **276**, 35512-35517 (2003)

48) Iwabuchi, K., Masuda, H., Kaga, N., Nakayama, H., Matsumoto, R., Iwahara, C., Yoshizaki, F., Tamaki, Y., Kobayashi, T., Hayakawa, T., Ishii, K., Yanagida, M., Ogawa, H., and Takamori, K. Properties and functions of lactosylceramide from mouse neutrophils. *Glycobiology* **25**, 655-668 (2003)

49) Kina, K., Masuda, H., Nakayama, H., Nagatsuka, Y., Nabetani, T., Hirabayashi, Y., Takahashi, Y., Shimada, K., Daida, H., Ogawa, H., Takamori, K., and Iwabuchi, K. The novel neutrophil differentiation marker phosphatidylglucoside mediates neutrophil apoptosis. *J. Immunol.* **186**, 5323-5332 (2003)

50) Fujita, A., Cheng, J., and Fujimoto, T. Segregation of GM1 and GM3 clusters in the cell membrane depends on the intact actin cytoskeleton. *Biochim. Biophys. Acta* **1791**, 388-396 (2009)

各論　基礎 16

スフィンゴ糖脂質の脂肪酸鎖を介した自然免疫応答の制御機構

狩野　裕考*、井ノ口　仁一*

1 はじめに

自然免疫応答は、病原体に対する宿主防御を介して恒常性の維持に大きく寄与している。一方で、自然免疫応答の慢性持続化、すなわち慢性炎症を生じた場合には、悪性腫瘍やメタボリックシンドロームをはじめとする多様な疾患の発症原因となりうる[1, 2]。どのようにして、恒常性維持機構としての自然免疫応答が、疾患発症原因としての慢性炎症反応へと変貌するのか、その分子メカニズムの全容解明と新たな診断法・治療法への応用が大きく期待されている。

16章では、セラミドの代謝産物であるスフィンゴ糖脂質がメタボリックシンドロームの発症や進行に関与する分子メカニズムに焦点をあて、とくにガングリオシドGM3の役割と、その脂肪酸（アシル）鎖の構造による自然免疫応答の制御機構について、最新の知見を交えて概説する。

2 Toll-like receptor 4を介した自然免疫応答の分子基盤

メタボリックシンドロームにおける慢性炎症は、Toll-like receptor（TLR）やC-type lectin receptor（CLR）などのパターン認識受容体と、下流の転写因子NF-κBの活性化が原因と考えられている[3-6]。TLR4およびコレセプター分子であるmyeloid differentiation protein-2（MD-2）、cluster of differentiation 14（CD14）の複合体は、外因性の病原体関連分子パターン: PAMPsであるリポ多糖（LPS）をリガンドとして認識する[3, 4]。LPSは、おもに感染したグラム陰性細菌の細胞壁外膜に由来する糖脂質であり、その炎症惹起活性から内毒素（エンドトキシン）とも呼ばれる。さらに、原因や測定法については議論が続いているが、肥満およびメタボリックシンドローム患者においても、血清中の総エンドトキシン濃度の上昇が報告されている[7]。

一方、TLR4に作用するリガンドは生体内にも存在している。High-mobility group box-1 protein（HMGB1）は、本来は核内タンパク質として機能するが、死細胞の染色体や、メタボリックシンドローム時の肥大化脂肪細胞から細胞外へと放出されることで、TLR4の内因性リガンドとして機能する[8, 9]。同様に、肥大化脂肪細胞から放出される遊離脂肪酸や、遊離脂肪酸のキャリアータンパク質として機能するfetuin-Aは、メタボリックシンドロームにおけるTLR4活性化に関与することが知られている[10, 11]。加えて、寒冷刺激によって放出されるcold-inducible RNA-binding protein（CIRP）、TLR4を介したがん転移に関与するserum amyloid A（SAA）も、TLR4活性化を生じる[12, 13]。これらの内因性リガンドは、細胞・組織の異常に由来する傷害関連分子パターン: DAMPs、またはdanger signal、alarmin等として総称されている。

実際に、TLR4ノックアウト（Tlr4 -KO）マウスでは、糖代謝異常などのメタボリックシンドロームの症状の緩和が報告されており[10]、これらを総括すると、メタボリックシンドロームの発症過程では、多様な外因性・内因性リガンドによるTLR4活性化が重要な役割を果たしていることがうかがえる。

＊東北医科薬科大学 分子生体膜研究所 機能病態分子学教室

③ スフィンゴ糖脂質を介した自然免疫応答の制御機構

近年では、スフィンゴ糖脂質を介した自然免疫応答の活性化・調節機構が急速に明らかとなりつつある。セラミドへのグルコース付加によって生じるグルコシルセラミドGlcCerは、抗原提示細胞である樹状細胞において、CLRの一つであるMincleの活性化を引き起こす[14)]。Mincleは、肥満時の脂肪組織で発現量が増加するだけでなく、Mincle -KOマウスではメタボリックシンドロームの症状が緩和されることも分かってきた[5, 15)]。続いて、GlcCerへのガラクトース付加で生成するラクトシルセラミドLacCerは、好中球において、抗酸菌細胞壁の糖脂質リポアラビノマンナンの認識に関与し、シグナル伝達を介して貪食後の食胞成熟と殺菌機構の活性化に大きく寄与する(15章参照)[16)]。さらに、LacCerへのガラクトース、N-アセチルガラクトサミン付加で生じるグロボ系スフィンゴ糖脂質Gb3およびGb4は、血管内皮細胞やマクロファージにおけるTLR4活性化制御に関与している[17, 18)]。

加えて、LacCerを前駆体とするスフィンゴ糖脂質としては、シアル酸の付加によって生じるガングリオシドGM3がよく知られている（**図1.A**）。GM3は、ヒトおよびマウスの脂肪組織や筋肉、ヒト肝臓および血清中で主要に発現している[19-22)]。脂肪細胞におけるGM3の発現は、組織マクロファージに由来する炎症性サイトカインTNF-αやIL-1βの刺激によって誘導されていることが分かってきている[23, 24)]。肥満時には、脂肪組織へのマクロファージ浸潤が生じ、炎症性サイトカイン産生による慢性炎症を介して、インスリン抵抗性を呈することが良く知られている[1, 2)]。実際に、食欲抑制ホルモンであるレプチンの欠損によって肥満・メタボリックシンドロームを呈するob/obマウスや、高脂肪食によって誘導された肥満モデルマウスでは、内臓脂肪組織におけるGM3の発現量とGM3合成酵素（*GM3S; St3gal5*）の遺伝子発現が大幅に亢進している[23, 24)]。増加したGM3は、インスリン受容体の細胞膜上の拡散速度に影響を与え、シグナル伝達効率を大きく制限することでインスリン抵抗性に寄与することが、生細胞分子イメージング法によって示唆されている[25)]。反対に、グルコシルセラミド合成酵素阻害薬であるD-PDMPやGenz-123346を用いて、GM3の合成を阻害すると、脂肪細胞におけるインスリン抵抗性が解除される[23, 26)]。興味深いのは、GM3S -KOマウスにおいては、全身のインスリン感受性が改善するだけでなく、肥満による慢性炎症も大きく緩和されていることである[24, 27)]。このことは、インスリン抵抗性よりも上流で、GM3を介した慢性炎症メカニズムが存在することを示唆している。それでは、どのようにしてGM3は自然免疫応答を活性化するのだろうか。

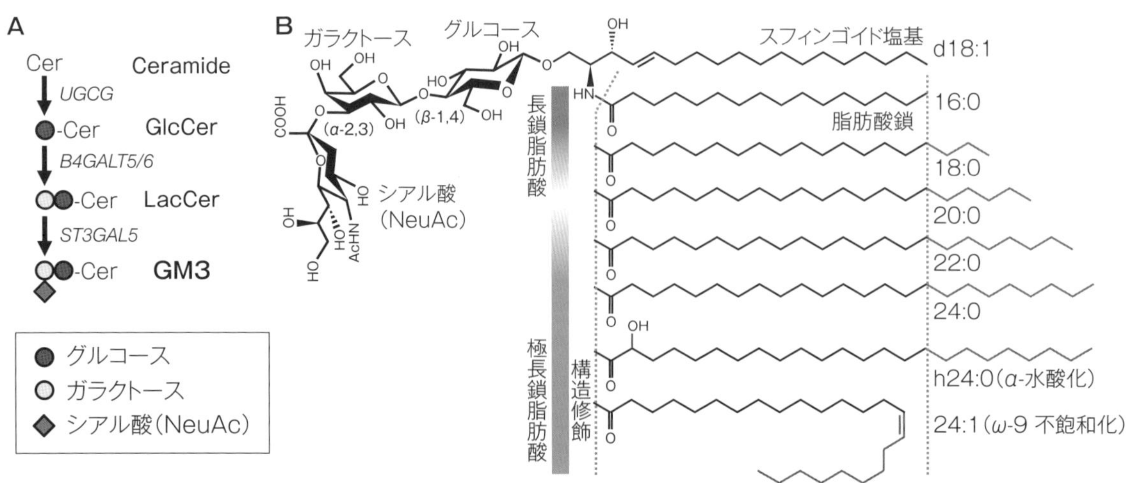

図1　ガングリオシドGM3合成経路(A)と主な分子種の脂肪酸鎖長・構造修飾(B)

4 ガングリオシド分子種の脂肪酸構造を介したTLR4活性化制御機構

脂肪組織や血清中に存在するGM3には、同じ糖鎖を持ちながら、異なるセラミド構造を持つ多様な分子種が存在している。とくに、スフィンゴシンと脂肪酸からなるセラミド構造のうち、脂肪酸鎖の鎖長（長鎖脂肪酸［16:0, 18:0, 20:0］、極長鎖脂肪酸［22:0, 23:0, 24:0］）と構造修飾（α-水酸化［h24:0］、ω-9不飽和化［24:1］）について、それらの組み合わせによる幅広い多様性が見られる（**図1．B**）。これらのGM3分子種の血清中発現パターンが、メタボリックシンドロームの発症過程で変動することは分かってきたが[28]、各分子種の生理活性とその変動の意義は不明のままであった。

そこで、自然免疫応答を指標に、代表的なGM3分子種（16:0, 18:0, 20:0, 22:0, 24:0, h24:0, 24:1）の生理活性が検討された結果、次のことが分かった[29]。

ヒトTLR4/MD-2複合体を介した炎症性サイトカイン産生に対して、1）長鎖脂肪酸のGM3分子種（16:0, 18:0）は抑制的に作用し、一方、極長鎖脂肪酸のGM3分子種（22:0, 24:0, h24:0）はTLR4活性化を強く促進した。2）極長鎖脂肪酸でも、不飽和化を受けたGM3分子種（24:1）は、TLR4に対して抑制的に作用した。3）これらの作用は、LPSやLipid-A、HMGB1などのTLR4リガンドに対して選択的に生じた。また、GM3単独では活性化作用を示さず、TLR4リガンド存在下で初めて活性化制御を示した。これらを総括すると、GM3分子種は、その脂肪酸構造に依存して炎症抑制性と炎症促進性を併せ持つ、TLR4選択的な内因性モジュレーターであると考えられる（**図2．A**）。

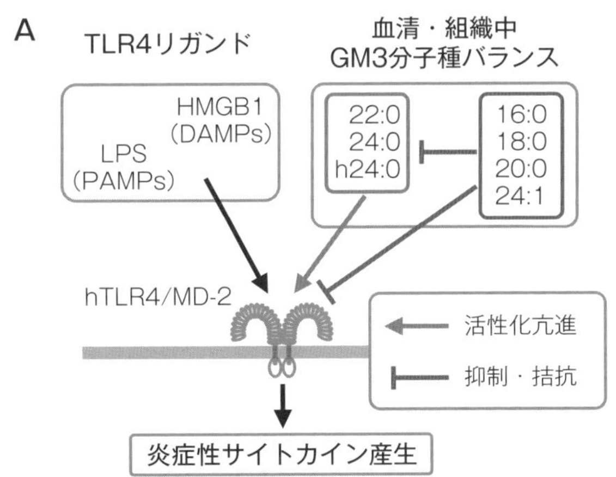

B

TLR4リガンド	脂肪酸の特徴 （本数・鎖長・修飾）	hTLR4への生理活性 （カッコ中はmTLR4）
LPS,Lipid-A	脂肪酸鎖(C14)×6 β-水酸化	アゴニスト
Lipid-IVa	脂肪酸鎖(C14)×4 β-水酸化	アンタゴニスト （部分アゴニスト）
Eritoran	脂肪酸鎖(C14)×1 脂肪族側鎖(C10)×2 不飽和化(18:1, ω-7)×1	アンタゴニスト
炎症促進性GM3	極長鎖脂肪酸(C24,22) α-水水酸化(h24:0)	活性化亢進
炎症抑制性GM3	長鎖脂肪酸(C16, 18) または 不飽和脂肪酸(24:1, ω-9)	活性化抑制 （弱い活性化亢進）

図2　GM3分子種によるTLR4活性化制御（A）とLPS/GM3の構造活性相関

これまでに、グロボ系スフィンゴ糖脂質も、TLR4/MD-2に対して活性化制御を行うことが報告されており、糖尿病性腎症においては極長鎖脂肪酸をもつGb3分子種を介した慢性炎症が示唆されている[17, 18]。これらの報告を合わせると、一部のスフィンゴ糖脂質における、脂肪酸鎖長による自然免疫応答制御は、TLR4とその周辺の調節因子に対して選択性を持っていることが分かる。

加えて、マウスTLR4/MD-2複合体を介した自然免疫応答に対しても、GM3分子種の生理活性が検討された。極長鎖脂肪酸のGM3分子種は、ヒトの場合と同じく、TLR4活性化を強く促進した。一方で、長鎖脂肪酸や不飽和脂肪酸のGM3分子種では、ヒトの場合（抑制性）と異なり、TLR4活性化が弱く促進された。すなわち、マウスTLR4に対しては、GM3分子種全体が炎症促進性を持つといえる。このようなヒトとマウスにおけるGM3分子種の選択性はなぜ生じ、どのようにしてTLR4/MD-2によるGM3認識機構と関係しているのだろうか。

5 LPSとガングリオシド分子種における脂肪酸構造-活性相関の比較

LPSがTLR4リガンドとして作用する場合、糖鎖構造はTLR4が、脂肪酸構造はMD-2が、それぞれ認識する[30, 31]。LPSと同じく、GM3はグルコース、ガラクトース、シアル酸からなる糖鎖と、異なる脂肪酸構造を含むセラミド部分を持つ。したがって、MD-2がGM3の脂肪酸構造の認識に関与する可能性が十分に考えられる。そこで、マウスTLR4/MD-2複合体、ヒトTLR4/MD-2複合体、そしてマウスTLR4/ヒトMD-2からなるキメラ複合体を用いて、GM3 16:0の生理活性が比較検討された。その結果、マウスTLR4/ヒトMD-2キメラ複合体に対しても、ヒトTLR4/MD-2複合体と同様に、GM3 16:0は抑制的に作用した。すなわち、脂肪酸構造にもとづくGM3の生理活性は、MD-2に依存することが分かった。さらに、この結果は、もう一つの重要な側面として、GM3が脂質膜上からTLR4を制御する可能性に加え、LPSなどと同様にリガンドとしてMD-2を介してTLR4に作用する可能性を示唆している。

LPSでは、脂肪酸構造の多様性と生理活性の変化について多くの報告がある[32-37]。LPSのコア構造であるLipid-Aは、６本の脂肪酸を持ち、ヒト・マウスのTLR4/MD-2に対してともにアゴニストとして作用する。一方、Lipid-Aの前駆体であるLipid-IVaは、４本の脂肪酸を持ち、ヒトTLR4/MD-2ではアンタゴニストとして、マウスTLR4/MD-2では部分アゴニストとして作用する（**図２．B**）。そして、上記の生理活性と脂肪酸数の相関性は、MD-2の生物種に依存しており、マウスTLR4/ヒトMD-2キメラ複合体に対しては、ヒトTLR4/MD-2複合体と同様に、Lipid-IVaによる抑制効果が見られる。さらに、Lipid-IVaアナログであるTLR4阻害剤eritoranは、MD-2への結合を介した阻害効果に関与する不飽和脂肪酸（18:1, ω7）を持つ（図２．B）。この二重結合部位で、不飽和脂肪酸鎖は180°反転しつつMD-2の疎水性ポケットに結合しており、見かけの鎖長の短縮と結合力（疎水性）の増大を同時に達成している[38]。GM3分子種で見られた生理活性と脂肪酸鎖長・修飾の関係性、MD-2への依存性は、LPSやeritoranの場合と良く類似しており、脂質構造の大きさによるTLR4の活性化制御機構は、糖脂質性のリガンド間において保存されていると考えられる。

6 ガングリオシド分子種の脂肪酸鎖長・構造修飾の変化と制御機構

前述のようなGM3分子種の脂肪酸構造の変化は、どのようにしてメタボリックシンドロームの発症や進行と関わるのだろうか。明らかになった自然免疫応答に対する生理活性をもとにGM3分子種を分類し、質量分析法によって得られたメタボリックシンドロームにおける血清GM3分子種の発現変動パターンを解析した。その結果、炎症抑制性のGM3分子種（16:0, 18:0）は、未病の肥満や初期メタボリックシンドロームにおいて急激に減少していた。反対に、炎症促進性のGM3分子種（22:0, 23:0, 24:0, h24:0）は大きく増加していた。特に、水酸化極長鎖GM3 h24:0は、肥満の指標であるBMI、腹囲、そして慢性炎症の指標かつ炎症性サイトカインIL-6の代替マーカーであるCRPと、強く正の相関を示した。また、より重度の肥満・メタボリックシンドロームでは、肥満時に増加した極長鎖GM3が減少に転じ、代わりに不飽和化極長鎖GM3（22:1, 24:1, h24:1）の発現が増加した。これらを総括すると、GM3分子種の炎症促進性シフトに伴って、肥満や発症初期の慢性炎症が生じており、重症期では、不飽和化によってGM3の炎症促進性を抑える機構が働いていると考えられる。さらに、肥満モデルマウスにおいては、内臓脂肪組織のGM3分子種のうち、水酸化極長鎖GM3分子種が大きく増加していた。ヒト血清中の水酸化極長鎖GM3の増加は、内臓脂肪組織におけるGM3分子種の変化が反映された可能性がある。これらに加え、内臓脂肪組織におけるGM3分子種の増加は、TLR4の機能欠損変異体（C3H/HeJ）マウスにおいて緩和されていた。すなわち、炎症促進性のGM3の発現量は、その受容体であるTLR4を介した炎症性サイトカイン産生に一部依存していた。よって、遊離脂肪酸とTLR4の場合のように[39]、GM3分子種とTLR4からなる炎症増悪ループが形成されている可能性が考えられる。

GM3分子種の脂肪酸構造を制御する分子メカニズムは、複合的であると予想される。脂肪酸鎖長の制御に関わる因子としては、これまでに脂肪酸伸長酵素ELOVLが知られているが、特にElovl6 -KOマウスでは、肥満によるメタボリックシンドロームの進行が緩和されることが知られている[40]。野生型と比べてElovl6 -KOマウスの脂肪酸組成は、18:0から24:0において減少しており、おもな炎症促進性GM3分子種もともに減少している可能性がある。加えて、炎症反応の後期では、脂肪酸の不飽和化が生じ、自然免疫応答の終息に不可欠であることが報告されている[41]。これは、GM3においても、重症期の不飽和GM3の増加として反映されていると考えられる。一方、水酸化修飾は、水酸化による水溶性の増大が血清中へのGM3分泌量に影響する可能性や、α-酸化経路を介した極長鎖脂肪酸の分解亢進との関連性が考えられる[42]。さらには、肥満時に生じる、セラミド合成酵素CerS2/6の発現変化やβ-酸化経路の障害も、GM3分子種のバランスの変化に関与する可能性がある[43, 44]。これらの分子メカニズムについては、今後の解明が待たれる。

7 おわりに

本章では、ガングリオシドGM3とTLR4、そして肥満やメタボリックシンドロームの病態に焦点をあて、スフィンゴ糖脂質の脂肪酸鎖による自然免疫応答の制御機構について概説した。TLR4を介した慢性炎症は、多様な炎症性疾患や悪性腫瘍の発症にも深く関与しており、全身を循環する血清GM3分子種の発現変動パターンと、さまざまな疾患との関連性が明らかになるかもしれない。GM3にとどまらず、セラミドから生成するスフィンゴ糖脂質は多岐に及んでおり（4章参照）、それぞれのスフィンゴ糖脂質による自然免疫応答の制御機構の解明は、今後も大きく期待されるだろう。

【参考文献】

1）Inflammation, metaflammation and immunometabolic disorders. Hotamisligil G.S. *Nature* **542**, 177-185（2017）.
2）Inflammatory links between obesity and metabolic disease. Lumeng C.N., Saltiel A.R. *J. Clin. Invest.* **121**, 2111-2117（2011）.
3）Toll-like receptors. Moresco E.M. *et al. Curr Biol.* **21**, R488-R493（2011）.
4）Toll-like receptors and their crosstalk with other innate receptors in infection and immunity. Kawai T., Akira S. *Immunity* **34**, 637-650（2011）.
5）Macrophage-inducible C-type lectin underlies obesity-induced adipose tissue fibrosis. Tanaka M. *et al. Nat. Commun.* **5**, 4982（2014）.
6）NF-κB, inflammation, and metabolic disease. Baker R.G. *et al. Cell Metab.* **13**, 11-22（2011）.
7）Metabolic endotoxemia initiates obesity and insulin resistance. Cani P.D. *et al. Diabetes* **56**, 1761-1772（2007）.
8）HMGB1: A multifunctional alarmin driving autoimmune and inflammatory disease. Harris H.E. *et al. Nat. Rev. Rheumatol.* **8**, 195-202（2012）.
9）Alarmin high-mobility group B1（HMGB1）is regulated in human adipocytes in insulin resistance and influences insulin secretion in β-cells. Guzmán-Ruiz R. *et al. Int. J. Obes.* **38**, 1545-1554（2014）.
10）TLR4 links innate immunity and fatty acid-induced insulin resistance. Shi H. *et al. J. Clin. Invest.* **116**, 3015-3025（2006）.
11）Fetuin-A acts as an endogenous ligand of TLR4 to promote lipid-induced insulin resistance. Pal D. *et al. Nat. Med.* **18**, 1279-1285（2012）.
12）Cold-inducible RNA-binding protein（CIRP）triggers inflammatory responses in hemorrhagic shock and sepsis. Qiang X. *et al. Nat. Med.* **19**, 1489-1495（2013）.

13) The S100A8-serum amyloid A3-TLR4 paracrine cascade establishes a pre-metastatic phase. Hiratsuka S. *et al. Nat. Cell Biol.* **10**, 1349-1355(2008).

14) Intracellular metabolite β-glucosylceramide is an endogenous Mincle ligand possessing immunostimulatory activity. Nagata M. *et al. Proc. Natl. Acad. Sci. USA* **114**, E3285-E3294(2017).

15) Increased expression of macrophage-inducible C-type lectin in adipose tissue of obese mice and humans. Ichioka M. *et al. Diabetes* **60**, 819-826(2011).

16) Lipoarabinomannan binding to lactosylceramide in lipid rafts is essential for the phagocytosis of mycobacteria by human neutrophils. Nakayama H. *et al. Sci. Signal* **9**, ra101(2016).

17) TLR4-MD-2 complex is negatively regulated by an endogenous ligand, globotetraosylceramide. Kondo Y. *et al. Proc. Natl. Acad. Sci. USA* **110**, 4714-4719 (2013)

18) Globo-series glycosphingolipids enhance Toll-like receptor 4-mediated inflammation and play a pathophysiological role in diabetic nephropathy. Nitta T. *et al. Glycobiology* **29**, 260-268(2019).

19) Biology of GM3 ganglioside(in Gangliosides in Health and Diseases). Inokuchi J. *et al. Prog. Mol. Biol. Transl. Sci.* **156**, 151-195(2018).

20) Altered expression of ganglioside GM3 molecular species and a potential regulatory role during myoblast differentiation. Go S. *et al. J. Biol. Chem.* **292**, 7040-7051(2017).

21) GM3 ganglioside and phosphatidylethanolamine-containing lipids are adipose tissue markers of insulin resistance in obese women. Wentworth J.M. *et al. Int. J. Obes.* **40**, 706-713(2016).

22) Gangliosides in normal human serum. Concentration, pattern and transport by lipoproteins. Senn H.J. *et al. Eur. J. Biochem.* **181**, 657-662(1989).

23) Ganglioside GM3 participates in the pathological conditions of insulin resistance. Tagami S. *et al. J. Biol. Chem.* **277**, 3085-3092(2002).

24) Control of homeostatic and pathogenic balance in adipose tissue by ganglioside GM3. Nagafuku, M. *et al. Glycobiology* **25**, 303-318(2015).

25) Dissociation of the insulin receptor and caveolin-1 complex by ganglioside GM3 in the state of insulin resistance. Kabayama, K. *et al. Proc. Natl. Acad. Sci. USA* **104**, 13678-13683(2007).

26) Inhibiting glycosphingolipid synthesis improves glycemic control and insulin sensitivity in animal models of type 2 diabetes. Zhao H. *et al. Diabetes* **56**, 1210-1218(2007).

27) Enhanced insulin sensitivity in mice lacking ganglioside GM3. Yamashita T. *et al. Proc. Natl. Acad. Sci. USA* **100**, 3445-3449(2003).

28) Identification of Ganglioside GM3 Molecular Species in Human Serum Associated with Risk Factors of Metabolic Syndrome. Veillon L. *et al. PLoS One* **10**, e0129645(2015).

29) Homeostatic and pathogenic roles of GM3 ganglioside molecular species in TLR4/MD-2 signaling in obesity. Kanoh H. *et al.* (*submitted*)

30) The structural basis of lipopolysaccharide recognition by the TLR4-MD-2 complex. Park B.S. *et al. Nature* **458**, 1191-1195(2009).

31) Structural basis of species-specific endotoxin sensing by innate immune receptor TLR4/MD-2. Ohto U. *et al. Proc. Natl. Acad. Sci. USA* **109**, 7421-7426(2012).

32) Aggregates are the biologically active units of endotoxin. Mueller M. *et al. J. Biol. Chem.* **279**, 26307-26313(2004).

33) Human MD-2 confers on mouse Toll-like receptor 4 species-specific lipopolysaccharide recognition. Akashi S. *et al. Int. Immunol.* **13**, 1595-1599(2001).

34) Lipid A antagonist, lipid IVa, is distinct from lipid A in interaction with Toll-like receptor 4(TLR4) -MD-2 and ligand-induced TLR4 oligomerization. Saitoh S. *et al. Int. Immunol.* **16**, 961-969(2004).

35) Synthetic and natural Escherichia coli free lipid A express identical endotoxic activities. Galanos C. *et al. Eur. J. Biochem.* **148**, 1-5(1985).

36) Suppressive effect of lipid A partial structures on lipopolysaccharide or lipid A-induced release of interleukin 1 by human monocytes. Wang M.H. *et al. FEMS Microbiol. Immunol.* **2**, 179-185(1990).

37) Endotoxic properties of chemically synthesized lipid A part structures. Comparison of synthetic lipid A precursor and synthetic analogues with biosynthetic lipid A precursor and free lipid A. Galanos C. *et al. Eur. J. Biochem.* **140**, 221-227(1984).

38) Crystal structure of the TLR4-MD-2 complex with bound endotoxin antagonist Eritoran. Kim H.M. *et al. Cell* **130**, 906-917(2007).

39) Role of the Toll-like receptor 4/NF-κB pathway in saturated fatty acid-induced inflammatory changes in the interaction between adipocytes and macrophages. Suganami, T. *et al. Arterioscler. Thromb. Vasc. Biol.* **27**, 84-91(2007).

40) Crucial role of a long-chain fatty acid elongase, Elovl6, in obesity-induced insulin resistance. Matsuzaka T. *et al. Nat. Med.* **13**, 1193-1202(2007).

41) SREBP1 Contributes to Resolution of Pro-inflammatory TLR4 Signaling by Reprogramming Fatty Acid Metabolism. Oishi Y. *et al. Cell Metab.* **25**, 412-427(2017).

42) Fatty acid 2-Hydroxylation in mammalian sphingolipid biology. Hama H. *Biochim. Biophys. Acta.* **1801**, 405-414(2010).

43) CerS2 haploinsufficiency inhibits β-oxidation and confers susceptibility to diet-induced steatohepatitis and insulin resistance. Raichur S. *et al. Cell Metab.* **20**, 687-695(2014).

44) Obesity-induced CerS6-dependent C16:0 ceramide production promotes weight gain and glucose intolerance. Turpin S.M. *et al. Cell Metab.* **20**, 678-686 (2014).

各論　基礎 17

ヒト免疫不全ウィルスとスフィンゴミエリン合成酵素

林　康広*

1 はじめに

多剤併用療法の導入により、先進国におけるヒト免疫不全ウィルス（HIV）感染者の死亡者数は著しく減少した（以下、本文中で記載する「HIV」は、病原性の高いHIV-1を指す）。しかしながら、HIVを体内から除去するという意味での治癒をもたらす治療法は現段階では確立されていない。そこで、薬剤耐性株の出現に備えて、既存の薬剤がターゲットとする分子とは異なる新しい作用機序を持つ抗HIV剤の開発が望まれている。全てのウィルスは生体膜脂質二重層を介して侵入・粒子形成・出芽することから、脂質二重層の構成分子は新たな抗ウィルス剤のターゲットとして期待できる。スフィンゴ脂質は生体膜の10％程度しか占めないマイナーな膜脂質であるが、コレステロールとともに形質膜上でラフトと呼ばれるマイクロドメインを構成し、シグナル伝達の中継地点の役割を果たしている。スフィンゴミエリン（SM）は脂質二重層を形成するスフィンゴ脂質の大部分を占め、セラミドにホスホコリンが結合した構造をしている。SM合成酵素はSMS1, SMS2の２つのアイソフォームからなり、SMS1はゴルジ体、SMS2はゴルジ体および形質膜に局在することが知られている。私たちは、細胞膜融合アッセイを用いてSMS2がHIVエンベロープタンパク質を介した膜融合を促進することを見出した。本稿では、HIV感染におけるスフィンゴ脂質の知見をまとめるとともに、HIV膜融合におけるSMS2の機能に関する私たちの研究を紹介する。

2 HIV

HIVは免疫細胞（CD4陽性T細胞やマクロファージ）に感染し、破壊するウィルスである。HIVに感染してから数年間は自覚症状のない期間が続くが、適切な治療を受けなければ、HIVが体内で増え続ける。やがて免疫力が著しく低下し、健康時には抑えられていた病原性の弱い微生物やウィルスに感染するようになり、様々な感染症を引き起こす後天性免疫不全症候群（AIDS: acquired immunodeficiency syndrome）を発症する。以前は、AIDSは死に至る病と恐れられていたが、現在では、逆転写酵素阻害剤、プロテアーゼ阻害剤、インテグラーゼ阻害剤、侵入阻害剤を組み合わせた多剤併用療法の導入により、HIV感染者の平均寿命は大きく延び、コントロール可能な慢性疾患となっている（１日１回１錠の服用で効果が得られる）[1)]。しかしながら、HIVは自身のゲノムを宿主細胞に組み込むため、HIVを完全に体内から除去するという意味での治癒をもたらす治療法は現段階では確立されていない。そのため、服薬は一生続けなければならないが、HIV逆転写酵素は校正能がないため、真核生物の100万倍以上のスピードで遺伝子が変異していく[2)]。そこで薬剤耐性株の出現に備えて、既存の薬剤がターゲットとする分子とは異なる新しい作用機序を持つ抗HIV剤の開発が望まれている。

3 HIVとスフィンゴ糖脂質

HIVは、CD4を受容体、CCR5あるいはCXCR4を補助受容体として宿主細胞（CD4陽性T細胞やマク

＊帝京大学 薬学部

ロファージ）に感染する。HIV侵入の宿主細胞側の補因子としてスフィンゴ糖脂質galactosylceramide（GalCer）、globotriaosylceramide（Gb3）、そしてGM3 が報告されている[3-5]。これらの糖脂質はHIVエンベロープのV3領域に結合し[6]、CD4とCCR5/CXCR4のクラスタリングを誘導すると考えられている[7, 8]。興味深いことにGalCerは補因子としての機能だけではなく、神経細胞や結腸上皮細胞ではCD4に変わる別のHIV受容体として機能する可能性が示唆されているが[9-11]、明確な結論は得られていない。また、Gb3やGM3の前駆体であるglucosylceramide（GlcCer）に関しては、GlcCer合成酵素の阻害剤D-threo-1-phenyl-2-palmitoylamino-3-morpholino-1-propanol やN-butyldeoxynojirimycin（NB-DNJ）で細胞を処理するとHIV エンベロープを介した膜融合が抑制されることが報告されている[12, 13]。しかし、phase II 臨床試験において、NB-DNJのHIV感染者への臨床的有効性は確認されなかった[14]。以上のことから、GlcCerを基本骨格とするスフィンゴ糖脂質の合成を抑制するだけでは、生体内ではHIV増殖は抑えられないと考えられる。しかしながら、GalCerやGb3類似体が抗HIV活性を持つことが分かり、糖脂質をリード化合物とする新たな抗HIV剤の開発が進められている[15-19]。また、最近では、HIVエンベロープと宿主細胞のGalCerの結合を阻害することで、細胞レベルではあるがHIV感染が抑えられる抗HIV抗体が報告されるなど[20, 21]、スフィンゴ糖脂質を標的とした抗HIV剤の開発の挑戦は続いている。

4 HIVとSM

宿主細胞のジヒドロセラミドデサチュラーゼ（ジヒドロセラミドを不飽和化しセラミドを産生する酵素）の阻害剤処理やノックダウンはHIV感染を抑制する[22]。これは、SMが減少し、ジヒドロSMが増加することで形質膜が物理的に固くなりHIVのエンベロープが宿主細胞に挿入されなくなることで、膜融合が阻害されるためだと考えられている。また、細胞をバクテリア由来のSM分解酵素で処理するとHIV受容体CD4の移動が制限されることでHIVエンベロープを介した膜融合が阻害される[23, 24]。また、興味深いことにHIV自身の脂質二重膜の脂質組成は、宿主細胞の脂質と比較してSMやジヒドロSMの割合が高いことが報告されている[25]。これは宿主細胞の界面活性剤不溶性の脂質組成と似ていることから、HIVは、宿主細胞の脂質マイクロドメインを自身の脂質二重膜として利用することが明らかになった。以上のことから、宿主細胞側およびHIV側から考えても、SM（その類似体や代謝産物）はHIV感染に密接に関わっていることが推測される。

5 SMS2はHIVエンベロープを介する細胞膜融合を促進する

これまでに、脊椎動物においてSM合成に関わる主要なタンパク質としてセラミド輸送タンパク（CERT, ceramide transfer protein）と SM合成酵素が知られている[26-28]。小胞体で*de novo* 合成されたセラミドは、CERTによってゴルジ体に運ばれて、そこでSM合成酵素によりSMへ合成される。CERTはスプライシングバリアントが存在するが[26]、遺伝子としては現在まで1種類しか見つかっていない。一方、SM合成酵素はSMS1, SMS2 のアミノ酸配列の異なる２つのアイソフォームからなる[27]。これまでの研究で、SMはHIV感染に密接に関わる脂質であることが示唆されているが、HIV感染に関わる宿主内在性のSM代謝酵素に関しては、あまりよく分かっていなかった。そこで、CERT, SMS1, そしてSMS2が、HIV感染に関わるのかを明らかにするために、HIVエンベロープ を介した細胞膜融合アッセイを用いて解析した。

CERTのアミノ酸変異によりSM量が低下しているLY-A細胞にHIV受容体・補助受容体を発現させ標的細胞とし、細胞膜融合アッセイを行った（**図１**）。しかしながら、LY-A細胞に野生型CERTを発現する細胞と比較して同程度の膜融合活性であった。よって、本アッセイで調べる限りではCERTはHIVエンベロープ を介した細胞膜融合に影響を及ぼさないことが分かった。一方、SMS1/SMS2 ダブルノックアウトマウス由来の胎児線維芽細胞（ZS2細胞）にマウスSMS1を安定発現した細胞（ZS2/SMS1）、およびマウスSMS2を安定発現した細胞（ZS2/SMS2）を用いて細胞膜融合アッセイを行った[29]。すると、ZS2細胞、ZS2/SMS1細胞と比較してZS2/SMS2 細

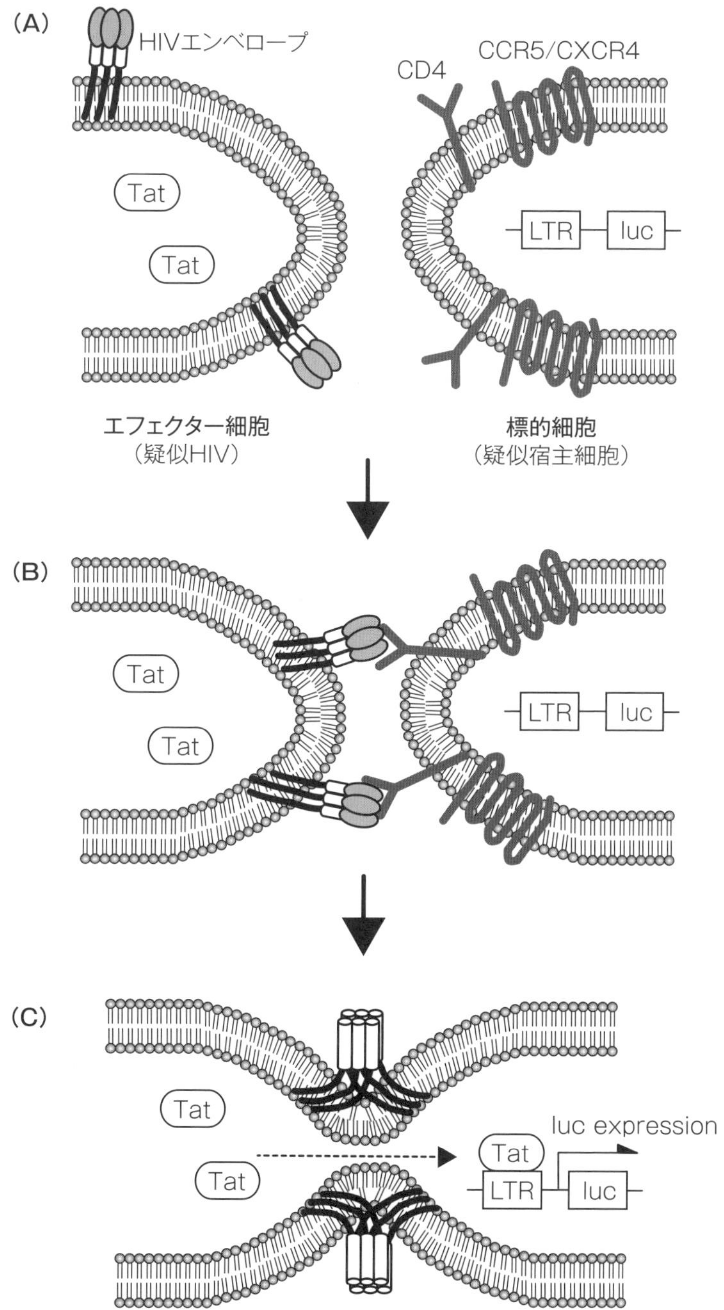

図 1　細胞膜融合アッセイ

(A) ルシフェラーゼ活性を指標にHIVエンベロープ を介した膜融合の効率を測定するアッセイ法[33]。HEK293T細胞にHIVエンベロープとHIV転写活性因子 Tat を発現させ、疑似的なHIV（エフェクター細胞）を作製する。また、HIV 受容体（CD4）と補助受容体（CCR5/CXCR4）を発現し、HIV のプロモーター（LTR: long terminal repeat）下流にルシフェラーゼ遺伝子 luc が組み込まれたプラスミドを導入し、疑似的な宿主細胞（標的細胞）を作製する。(B) エフェクター細胞と標的細胞を混合し、インキュベートすると、エフェクター細胞のHIVエンベロープタンパク質が標的細胞のCD4, CCR5/CXCR4と結合する。(C) エンベロープタンパク質が構造変化し、疎水性ペプチドが露出し、近接する標的細胞の形質膜表面に挿入される。これによりエフェクター細胞と標的細胞が互いに接近し、最終的には膜融合が起こる。そして、転写活性因子 TatがHIV プロモーターを持つルシフェラーゼ遺伝子に結合し、ルシフェラーゼが発現する。本アッセイ系は、HIVそのものを使うよりも安全で特殊な設備を必要としないこと、そしてエフェクター細胞と標的細胞を混合してから3時間という短時間で膜融合の効率を測定できるという利点がある。

胞は約４倍高い膜融合活性を示した（**図2A**）。フローサイトメーターを用いて細胞膜表面のHIV受容体・補助受容体の発現量を解析したところ、これらの細胞でのCD4, CCR5/CXCR4の発現量に違いはなかったため、SMS2発現細胞における膜融合活性の増加はHIV受容体・補助受容体の発現量の差によるものではなかった。また、ZS2/SMS2細胞をsiRNA処理し、SMS2をノックダウンするとHIVエンベロープ を介した細胞膜融合活性が低下したことから、膜融合にSMS2が関わっていることが示唆された。蛍光タンパク質が融合したライセニンを用いて細胞膜表面のSMクラスター量を定量したところ、ZS2/SMS1細胞は、ZS2細胞やZS2/SMS2細胞と比較して有意にSM量が多かった。つまり、HIVエンベロープを介した細胞膜融合と細胞膜表面のSM量には相関がなかった。さらに、SMS2の活性残基変異体（H229A）を発現するZS2/SMS2-H229A細胞は、ZS2/SMS2細胞と比較して細胞膜表面のSM量が著しく低いにも関わらず、野生型SMS2 と同程度に膜融合効率が増加した（**図2B**）。以上の結果から、SMS2が産生する SM ではなく、SMS2そのものが HIVエンベロープ を介した膜融合に関わることが考えられた。

この結果は、SMがHIV感染に重要であるという予想と異なる。しかしながら、本アッセイは、ウシ胎児血清を含む培地で培養した細胞を用いているため、培地由来のSM供給の影響が考えられ、SM量が十分に減少していない可能性がある。事実、SMS1/SMS2ダブルノックアウト細胞のZS2細胞を、蛍光タンパク質が融合したライセニンで処理すると、細胞膜表面の染色がフローサイトメーターで検出され、SMクラスターが形成されていることが分かった。HIVエンベロープを介した

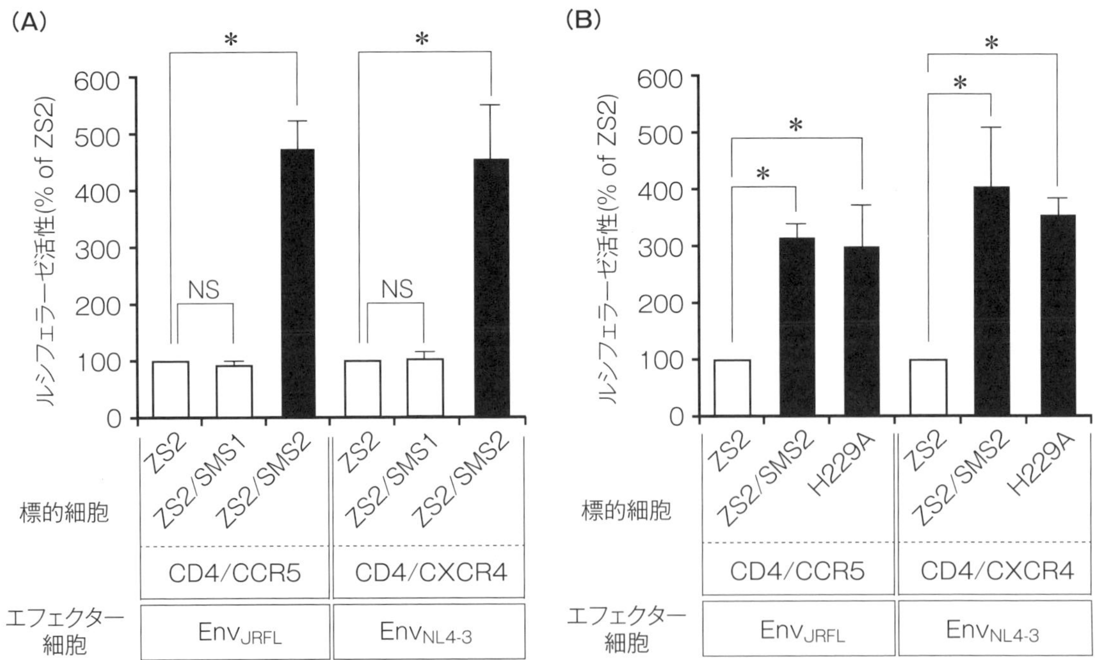

図２　SMS2が産生するSMではなく、SMS2そのものがHIVエンベロープを介した膜融合に関わる
（A）SMS1/SMS2 ダブルノックアウトマウス由来の胎児線維芽細胞（ZS2細胞）にマウスSMS1を安定発現した細胞（ZS2/SMS1）、およびマウスSMS2を安定発現した細胞（ZS2/SMS2）を標的細胞として細胞膜融合アッセイを行った。左、CCR5指向性HIV_{JRFL}株由来のエンベロープを用いたアッセイ；右、CXCR4指向性$HIV_{NL4\text{-}3}$株由来のエンベロープを用いたアッセイ。（B）SMS2 の活性残基変異体H229Aを安定発現するZS2/SMS2-H229A 細胞を標的細胞として細胞膜融合アッセイを行った。SMS2発現細胞では野生型のみならず活性残基変異体の発現細胞においてもHIVエンベロープを介した膜融合活性が増加している。［This research was originally published in Hayashi, Y., *et al.*, Sphingomyelin synthase 2, but not sphingomyelin synthase 1, is involved in HIV-1 envelope-mediated membrane fusion. *J. Biol. Chem.* 2014; **289**, 30842-30856］

膜融合反応が起こるためには血清から供給されるSM量で十分であり、そのため、CERT変異体細胞やSMS1発現細胞はコントロール細胞と比較して膜融合活性の有意な差が見られなかったのではないかと考えている。では、SMS2は、どのようなメカニズムで膜融合反応を促進するのであろうか。

6 SMS2はHIV受容体・補助受容体と相互作用する

ゴルジ体に局在するSMS1と異なり、SMS2は形質膜にも局在することが知られている[27]。そこで、SMS2はHIVエンベロープの受容体・補助受容体、あるいは接着分子として機能するのではないかと考えた。しかしながら、CD4 あるいはCCR5/CXCR4を発現しないZS2/SMS2細胞では、HIVエンベロープを介した膜融合がほとんど起きなかったことから、SMS2はHIVエンベロープの受容体・補助受容体としては機能しないことが分かった。さらに膜貫通領域を削除したHIVエンベロープタンパク質を用いて標的細胞の膜表面への接着を調べたところ、ZS2細胞、ZS2/SMS1細胞、ZS2/SMS2細胞へのエンベロープ結合量に大きな違いは見られなかった。以上のことから、SMS2はHIVエンベロープの接着分子としても機能しないことが明らかになった。

そこで、SMS2とHIVエンベロープの相互作用ではなく、標的細胞のほうに目を向け、SMS2とHIV受容体・補助受容体の相互作用を調べた。HAタグが付加したCD4、3xFLAGタグが付加したCCR5/CXCR4、およびV5タグが付加したSMS1, SMS2をCOS7細胞に発現させ、コンフォーカル顕微鏡で細胞内局在を調べた。すると、SMS1はゴルジ体においてのみCD4, CCR5/CXCR4と共局在するが、SMS2はゴルジ体および形質膜においても共局在した。また、抗FLAG抗体ビーズを用いて免疫沈降を行った結果、HIV受容体・補助受容体の沈降とともに、SMS1, SMS2が共沈することが分かり、SMS1, SMS2はHIV-1 受容体・補助受容体の複合体と相互作用することが分かった。これらの事から、SMS2はSMS1と異なり形質膜でHIV受容体・補助受容体と相互作用できる点が、ZS2/SMS1細胞と ZS2/SMS2細胞のHIVエンベロープ を介した膜融合効率の違いに関わっていることが考えられた。

7 SMS2はPyk2シグナルを介してアクチン重合を一過的に亢進する

HIVは、樹状細胞のチロシンキナーゼPyk2シグナルを介してアクチン重合を促進し、HIV受容体・補助受容体のクラスタリングを誘導することで、宿主細胞へ効率良く侵入する[30, 31]。そこで、HIVエンベロープ を介した膜融合におけるSMS2とPyk2シグナルの関与を調べた。Pyk2阻害剤 tyrphostin A9処理したZS2/SMS2細胞を標的細胞とし細胞間膜融合アッセイを行ったところ、阻害剤の濃度依存的にHIVエンベロープを介した膜融合効率が減少した（**図3A**）。また、HIVエンベロープで刺激した ZS2/SMS2細胞とZS2/SMS2-H229A細胞は、ZS2細胞、ZS2/SMS1細胞と比較してPyk2リン酸化（Tyr-402）が一過的に増加した（**図3B**）。以上より、SMS2発現細胞ではHIVエンベロープの刺激によりPyk2シグナリングが一過的に亢進することが分かった。宿主細胞におけるアクチン重合はHIV受容体・補助受容体のクラスタリングを誘導し、HIVが効率良く侵入するのに重要だと考えられている[31]。実際、アクチン重合の阻害剤サイトカラシンDでZS2/SMS2 細胞を処理すると、阻害剤の濃度依存的にHIVエンベロープを介した膜融合効率が減少した。そこで、HIVエンベロープを発現するエフェクター細胞とHIV受容体・補助受容体を発現する標的細胞の細胞間接点におけるアクチン重合をphalloidin染色で観察した。すると、ZS2/SMS2細胞は、ZS2細胞やZS2/SMS1細胞と比較して細胞間の接点におけるアクチン重合の増加がみられた（**図3C**）。以上の結果から、SMS2は形質膜上で HIV受容体・補助受容体と相互作用することで、Pyk2シグナルを介したアクチン重合を一過的に亢進し、HIVエンベロープ 発現細胞との膜融合を促進することが示唆された。SMS2は、ショ糖密度勾配遠心を用いた解析で、界面活性剤不溶性の脂質マイクロドメインに分画されることから[32]、SMS2がHIV受容体・補助受容体と相互作用し、ラフトにとどめる役割を担っているのではないかと考えている。

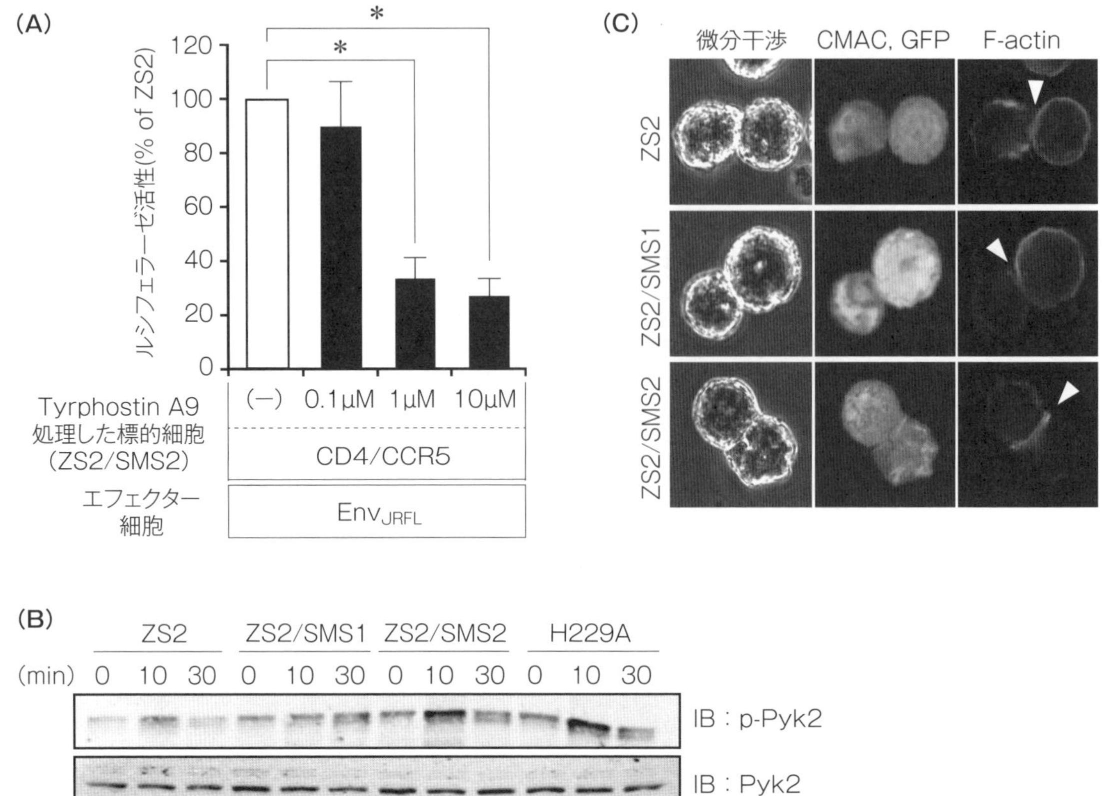

図3　SMS2はPyk2シグナルを介したアクチン重合を一過的に亢進し、HIVエンベロープを介した膜融合を促進する

(A) Pyk2 阻害剤 tyrphostin A9 処理したSMS2発現細胞を標的細胞として細胞膜融合アッセイを行った。(B) HIVエンベロープで刺激10分および30分後における標的細胞のPyk2 リン酸化 (Tyr-402) をウエスタンブロッティングで検出した。(C) HIV エンベロープ発現細胞と標的細胞の接点におけるアクチン重合解析。CellTracker™ Blue CMAC で染色したCD4, CCR5を発現するZS2細胞、ZS2/SMS1細胞、ZS2/SMS2細胞を、HIV エンベロープおよび緑色蛍光タンパク質GFPを発現する細胞で10分間刺激したのち、アクチン重合を phalloidin 染色で観察した。SMS2発現細胞では、HIVエンベロープ発現細胞との接点（矢印で示す）においてアクチン重合が観察できる。[This research was originally published in Hayashi, Y., *et al.*, Sphingomyelin synthase 2, but not sphingomyelin synthase 1, is involved in HIV-1 envelope-mediated membrane fusion. *J. Biol. Chem.* 2014; **289**, 30842-30856]

8 おわりに

本研究では、細胞膜融合アッセイを用いてSM合成酵素であるSMS2がHIVエンベロープを介する膜融合を促進することを明らかにした。しかしながら、定量的RT-PCRではヒトT細胞株のJurkat細胞や Molt-4細胞ではSMS1の発現が高く、SMS2の発現は極めて低いことから、SMS2が抗HIV剤の創薬標的となりうるかは疑問である。しかし、SMS2がSM産生酵素としての機能を超えて、タンパク質間相互作用を介して機能を発揮するということは、とても興味深い。今後は、SMS2の近傍に局在するタンパク質を詳細に解析していきたい。

全てのウィルスは生体膜脂質二重層を介して侵入・粒子形成・出芽することから、脂質二重層の構成分子は新たな抗ウィルス剤のターゲットとして期待できる。ウィルス感染に脂質が重要であることは、多くの論文で報告されており、間違いない。抗ウィルス剤の開発を考えると、ウィルス感染に関わる細胞内在性の脂質代謝酵素および因子を一つでも多く明らかにすることが求められる。

【謝辞】

これらの研究は、アメリカ国立衛生研究所の満屋裕明 先生、および研究室の方々に教えていただいたことが基本となっています。また、蛍光タンパク質融合ライセニン発現ベクターはストラスブール大学の小林俊秀 先生、ZS2, ZS2/SMS1, ZS2/SMS2細胞は佐賀大学の光武進 先生に分与していただきました。本研究に携わったすべての共同研究者の皆様に深く感謝いたします。

【参考文献】

1) 満屋裕明 NHKきょうの健康 2013年12月号
2) Hahn, B.H., Shaw, G.M., Taylor, M.E. *et al.* Genetic variation in HTLV 227 III/LAV over time in patients with AIDS or at risk for AIDS. *Science* **232**, 1548-1553(1986).
3) Hammache, D., Pieroni, G., Yahi, N. *et al.* Specific interaction of HIV-1 and HIV-2 surface envelope glycoproteins with monolayers of galactosylceramide and ganglioside GM3. *J. Biol. Chem.* **273**, 7967-7971 (1998).
4) Hammache, D., Yahi, N., Maresca, M. *et al.* Human erythrocyte glycosphingolipids as alternative cofactors for human immunodeficiency virus type 1 (HIV-1)entry: evidence for CD4-induced interactions between HIV1 gp120 and reconstituted membrane microdomains of glycosphingolipids(Gb3 and GM3). *J. Virol.* **73**, 5244-5248(1999).
5) Hug, P., Lin, H.M., Korte, T. *et al.* Glycosphingolipids promote entry of a broad range of human immunodeficiency virus type 1 isolates into cell lines expressing CD4, CXCR4, and/or CCR5. *J. Virol.* **74**, 6377-6385(2000).
6) Nehete P.N., Vela, E.M., Hossain, M.M. *et al.* A post-CD4-binding step involving interaction of the V3 region of viral gp120 with host cell surface glycosphingolipids is common to entry and infection by diverse HIV-1 strains. *Antiviral. Res.* **56**, 233-251 (2002).
7) Waheed, A.A., & Freed, E.O. Lipids and membrane microdomains in HIV-1 replication. *Virus Res.* **143**, 162-176(2009).
8) Lingwood, C.A., & Branch, D.R. The role of glycosphingolipids in HIV/AIDS. *Discov. Med.* **11**, 303-313(2011).
9) Harouse, J.M., Bhat, S., Spitalnik, S.L. *et al.* Inhibition of entry of HIV-1 in neural cell lines by antibodies against galactosyl ceramide. *Science* **253**, 320-323(1991)
10) Bhat, S., Spitalnik, S.L., Gonzalez-Scarano, F. *et al.* Galactosyl ceramide or a derivative is an essential component of the neural receptor for human immunodeficiency virus type 1 envelope glycoprotein gp120. *Proc. Natl. Acad. Sci. U.S.A.* **88**, 7131-7134(1991).
11) Yahi, N., Baghdiguian, S., Moreau, H. *et al.* Galactosyl ceramide(or a closely related molecule) is the receptor for human immunodeficiency virus type 1 on human colon epithelial HT29 cells. *J. Virol.* **66**, 4848-4854(1992).
12) Hug, P., Lin, H.M., Korte, T. *et al.* Glycosphingolipids promote entry of a broad range of human immunodeficiency virus type 1 isolates into cell lines expressing CD4, CXCR4, and/or CCR5. *J. Virol.* **74**, 6377-6385(2000).
13) Fischer, P.B., Collin, M., Karlsson, G.B. *et al.* The alpha-glucosidase inhibitor N-butyldeoxynojirimycin inhibits human immunodeficiency virus entry at the level of post-CD4 binding. *J. Virol.* **69**, 5791-5797 (1995).
14) Fischl, M.A., Resnick, L., Coombs, R. *et al.*, The safety and efficacy of combination N-butyl deoxynojirimycin(SC-48334)and zidovudine in patients with HIV-1 infection and 200-500 CD4 cells/mm3. *J. Acquir. Immune Defic. Syndr.* **7**, 139-147(1994).
15) Fantini, J., Hammache, D., Delezay, O. *et al.* Synthetic soluble analogs of galactosylceramide (GalCer) bind to the V3 domain of HIV-1 gp120 and inhibit HIV-1-induced fusion and entry. *J. Biol. Chem.* **272**, 7245-7252(1997).
16) Lund, N., Branch, D.R., Mylvaganam, M. *et al.* A novel soluble mimic of the glycolipid, globotriaosyl ceramide inhibits HIV infection. *AIDS* **20**, 333-343 (2006).
17) Augustin, L.A., Fantini, J., & Mootoo, D.R. C-Glycoside analogues of beta-galactosylceramide with a simple ceramide substitute: synthesis and binding to HIV-1 gp120. *Bioorg. Med. Chem.* **14**, 1182-1188(2006).
18) Garg, H., Francella, N., Tony, K.A. *et al.* Glycoside analogs of beta-galactosylceramide, a novel class of small molecule antiviral agents that inhibit HIV-1 entry. *Antiviral Res.* **80**, 54-61(2008).
19) Andrianov, A.M., Kornoushenko, Y.V., Kashyn, I.A. *et al.* In silico design of novel broad anti-HIV-1 agents based on glycosphingolipid β-galactosylceramide, a high-affinity receptor for the envelope gp120 V3 loop. *J. Biomol. Struct. Dyn.* **33**, 1051-1066(2015).
20) Dennison, S.M., Anasti, K.M., Jaeger, F.H. *et al.* Vaccine-induced HIV-1 envelope gp120 constant region 1-specific antibodies expose a CD4-inducible epitope and block the interaction of HIV-1 gp140 with galactosylceramide. *J. Virol.* **88**, 9406-9417 (2014).
21) Wills, S., Hwang, K.K., Liu, P. *et al.* HIV-1-Specific IgA Monoclonal Antibodies from an HIV-1 Vaccinee Mediate Galactosylceramide Blocking and Phagocytosis. *J. Virol.* **92**, e01552-17(2018).
22) Vieira, C. R., Munoz-Olaya, J. M., Sot *et al.* Dihydrosphingomyelin impairs HIV-1 infection by

rigidifying liquid-ordered membrane domains. *Chem. Biol.* **17**, 766-775(2010).
23) Finnegan, C. M., Rawat, S. S., Puri, A. A. *et al.* Ceramide, a target for antiretroviral therapy. *Proc. Natl. Acad. Sci. U.S.A.* **101**, 15452-15457(2004).
24) Finnegan, C. M., Rawat, S. S., Cho, E. H. *et al.* Sphingomyelinase restricts the lateral diffusion of CD4 and inhibits human immunodeficiency virus fusion. *J. Virol.* **81**, 5294-5304(2007).
25) Brügger, B., Glass, B., Haberkant, P. *et al.* The HIV lipidome: a raft with an unusual composition. *Proc. Natl. Acad. Sci. U.S.A.* **103**, 2641-2646(2006).
26) Hanada, K., Kumagai, K., Yasuda, S. *et al.* Molecular machinery for non-vesicular trafficking of ceramide. *Nature* **426**, 803-809(2003).
27) Huitema, K., van den Dikkenberg, J., Brouwers, J. F. *et al.* Identification of a family of animal sphingomyelin synthases. *EMBO. J.* **23**, 33-44(2004).
28) Yamaoka, S., Miyaji, M., Kitano, T. *et al.* Expression cloning of a human cDNA restoring sphingomyelin synthesis and cell growth in sphingomyelin synthase-defective lymphoid cells. *J. Biol. Chem.* **279**, 18688-18693(2004).
29) Hayashi, Y., Nemoto-Sasaki, Y., Tanikawa, T. *et al.* Sphingomyelin synthase 2, but not sphingomyelin synthase 1, is involved in HIV-1 envelope-mediated membrane fusion. *J. Biol. Chem.* **289**, 30842-30856 (2014).
30) Anand, A. R., Prasad, A., Bradley, R. R.*et al.* HIV-1 gp120-induced migration of dendritic cells is regulated by a novel kinase cascade involving Pyk2, p38 MAP kinase, and LSP1. *Blood* **114**, 3588-3600 (2009).
31) Liu, Y., Belkina, N. V., & Shaw, S. HIV Infection of T Cells: Actin-in and actin-out. *Sci. Signal.* **2**, 1-3 (2009).
32) Mitsutake, S., Zama, K., Yokota, H. *et al.* Dynamic modification of sphingomyelin in lipid microdomains controls development of obesity, fatty liver, and type 2 diabetes. *J. Biol. Chem.* **286**, 28544-28555(2011).
33) Maeda, K., Das, D., Yin, P.D. *et al.* Involvement of the second extracellular loop and transmembrane residues of CCR5 in inhibitor binding and HIV-1 fusion: insights into the mechanism of allosteric inhibition. *J. Mol. Biol.* **381**, 956-974(2008).
34) Kiyokawa, E., Baba, T., Otsuka, N. *et al.* Spatial and functional heterogeneity of sphingolipid-rich membrane domains. *J. Biol. Chem.* **280**, 24072-24084 (2005).

各論　基礎 18

セラミド輸送タンパク質CERTの機能制御

熊谷　圭悟*

1 はじめに

哺乳動物細胞のスフィンゴ脂質生合成において、セラミドは重要な生合成中間体である。小胞体（endoplasmic reticulum; ER）膜上の細胞質側で合成されたセラミドはさまざまなオルガネラに輸送されたのち、極性基付加反応を受けて、各種スフィンゴ脂質へと変換される。例えば、トランスゴルジ領域ではスフィンゴミエリン（sphingomyelin; SM）へ、シスゴルジ領域ではグルコシルセラミドへ、ER内腔側ではガラクトシルセラミドへと変換される。セラミドから先の合成過程が空間的かつ代謝的に分岐しているため（第2章に詳述）、セラミドをどこに輸送するのかによって、その後のスフィンゴ脂質生合成の方向性が決まる。セラミド輸送タンパク質（CERT）は、セラミドをERからトランスゴルジ領域へと輸送する脂質輸送タンパク質であり、セラミドを最も主要なスフィンゴ脂質であるSMの生合成に向かわせる因子である。CERTの活性化はより多くのセラミドがSMの生合成に向かうことを意味する。本章では、セラミドを軸とした代謝的分岐点で中心的な役割を果たすCERTの活性制御の仕組みについて概説する。

2 CERTの発見

CHO（Chinese hamster ovary）細胞に変異剤処理を施すことにより、SM合成能が低下したLY-A細胞が樹立された[1]。LY-A細胞は小胞体からゴルジ体へのセラミド輸送能を欠損していた。ERからゴルジ体へのセラミド輸送は、ATPと細胞質成分に依存する主経路と、これらに依存しない従経路がある。LY-A細胞では主経路が欠損していた[2]。ヒトcDNAの発現ライブラリーを用いてLY-AのSM合成能を回復させる因子を探索したところ、分子量約68kDaの細胞質タンパク質CERTが同定された[3]。CERTはセラミド輸送の主経路を担う因子であった。従経路を担う因子については現在でも分かっていない。CERTにはスプライシングによって26アミノ酸が挿入されたバリアント、$CERT_L$が存在する。$CERT_L$はGPBP（Goodpasture antigen-binding protein）/COL4A3BP（collagen type IV α3 binding protein）とも呼ばれ、この名称（GPBP/COL4A3BP）は自己免疫疾患の一つGoodpasture diseaseの自己抗原（collagen type IV α3）に結合するタンパク質として同定されたことに由来する[4]。本章では、CERT/$CERT_L$の表記に統一して話を進める。

3 CERTの分子的構造と機能

CERTの構造を**図1**に示した。CERTのC末には約230アミノ酸から構成されるSTART（StAR-related lipid transfer）ドメインがある。CERTのSTARTドメインはセラミド1分子相当の長い両親媒性の空洞を有し、空洞の最深部で水素結合のネットワークによってセラミドの極性基部分を認識する[5]。CERTのSTARTドメインは、セラミド、フィトセラミド、ジヒドロセラミドを輸送できるが、極性基部分の立体構造に対する認識は厳密で、非天然型立体異性体のセラミドは輸送できない[6]。セラミドのN-アシル鎖については

*国立感染症研究所 細胞化学部

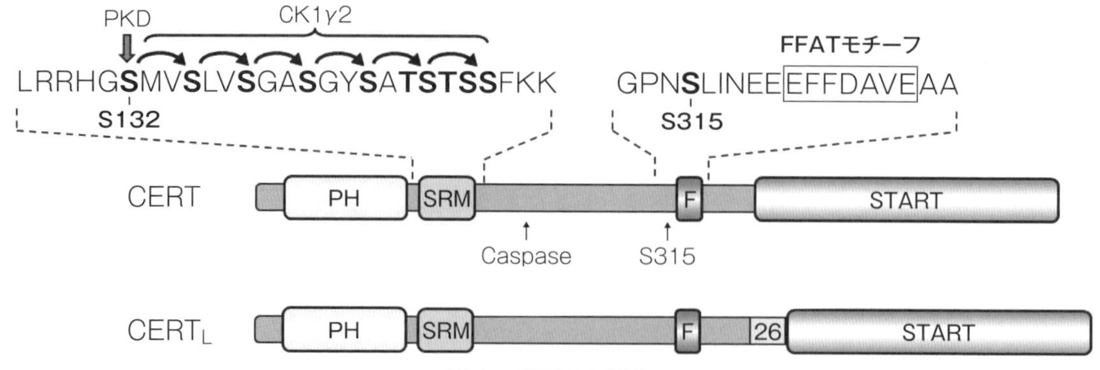

図1　CERTの構造

各ドメインは下記のように略記した。PH、プレクストリンホモロジードメイン；SRMセリンリピートモチーフ：F, FFATモチーフ；26, 第11番目エキソン由来の26アミノ酸の挿入；PKD、プロテインキナーゼD。SRM周辺とFFATモチーフ周辺のアミノ酸配列を抜き出して表記した。リン酸化されるセリンとスレオニンを太字で示してある。PKDによるセリン132のリン酸化と、それに続くCK1γ2によるリン酸化を矢印で示した。アポトーシスに伴ってcaspaseによって切断される位置とセリン315の位置を矢印で示した。FFATモチーフのコアとなる7アミノ酸を四角で囲んで表記した。

C18:0を最適長とし、C24:0まで長くなると、ほとんど輸送できない[6]。

CERTのN末には約100アミノ酸から構成されるPH（pleckstrin homology）ドメインがある。CERTのPHドメインはゴルジ体に多く存在するホスファチジルイノシトール-4-モノリン酸（phoshatidylinositol(4)monophosphate; PtdIns(4)P）に対する高い親和性を有するとともに、リン脂質膜に対する親和性も有している[7]。CERTはPHドメインの二種類の親和性を活用しながらゴルジ体膜にターゲティングしている。

PHドメインとSTARTドメインに挟まれた中間領域は特定のドメインを形成していないが、天然変性（Intrinsic disorder）領域（用語解説参照）であると予測されている。中間領域のSTARTドメインに近い位置にERの膜タンパク質VAP（VAMP-associated protein）と結合するためのFFAT（two phenylalanines in acidic tract）モチーフが存在する。

CERTはゴルジ指向性のPHドメインとER指向性のFFATモチーフの作用によって、ER-ゴルジ体間のセラミド輸送の効率を高めている。リポソーム膜間のセラミド輸送活性を測定した場合、PHドメインを欠いたCERT（CERTΔPH）は全長CERTと同程度の活性を示すが、セミインタクト細胞を用いてER-ゴルジ体間のセラミド輸送活性を測定すると、CERTΔPHはほとんど活性が検出されない[3]。特定のオルガネラ間で脂質を輸送する場合にはオルガネラの識別が重要なファクターであることが分かる。また、CERTのようにERとゴルジ体、双方への親和性を有する分子は、ER-トランスゴルジ間のメンブレンコンタクトサイト（membrane contact site; MCS）に濃縮されると考えられる。MCSの間隙は10-30nm程度であり、CERT 1分子の大きさと同程度である。CERTはER-ゴルジ体間のMCSに入り込んで双方の膜をつなぎ止め、MCSの形成と維持に関わるとともに、近接した膜間でセラミド輸送を行うことで輸送効率を高めていると考えられる（**図2**）。

4　リン酸化によるCERTの活性制御

PHドメインとSTARTドメインに挟まれた中間領域はCERTの活性を制御するためのさまざまな仕組みが備わっている。中間領域のN末付近には、CERTの活性をダイナミックに制御するセリンリピートモチーフ（serine repeat motif; SRM）が存在する。SRMはS-X-Xから成る繰り返し配列によって構成され、その配列中に10個のセリン/スレオニン残基が存在する。HeLa細胞などでは、CERTの大部分はSRMがリン酸化された状態で存在しており、10個全てのセリン/スレオニンがリン酸化された状態も確認されている[8]。SRM中の全てのセリン/スレオニンをグルタミン酸に置換した擬似リン酸化体CERT 10E

ではCERTの各ドメインに由来する主要な三つの機能が低下する[8)]（図2）。すなわち、PHドメインに由来するPtdIns(4)Pへの結合、STARTドメインに由来する膜間セラミド輸送、FFATモチーフに由来するVAPとの結合、これらのいずれもが抑制される。結果として、CERTのER-ゴルジ体膜間のセラミド輸送活性は抑制される[8)]。SRMのリン酸化によってセラミド輸送に関わる三つの機能が同時に抑制される仕組みは、CERTの構造変化に由来すると考えられている。PHドメインとSTARTドメインは、SRMがリン酸化された状態では相互に立体障害を起こしていると理解されている[8)]。最近、精製したCERTのPHドメインとSTARTドメインを混合してX線結晶構造解析を行い、PHドメインに存在する塩基性のPtdIns(4)P結合ポケットとSTARTドメインの一部に存在する酸性アミノ酸クラスターがうまく噛み合って相互作用することが示された[9)]。相互作用する面のアミノ酸残基に変異を入れると、CERT 10Eにおける抑制が解除されることから、両ドメインによる立体障害説が支持される[9)]。PHドメインはSTARTドメインと相互作用するだけでなく、距離的に近いリン酸化SRMとも静電的に相互作用する[10)]。PHドメインとリン酸化SRMとの相互作用は中間領域の初期の構造変化を引き起こし、続いてPHドメインとSTARTドメインとの相互作用によって両者の活性が完全に抑制されるというモデルが提唱されている[10)]。

SRMはプロテインキナーゼD（protein kinase D; PKD）とカゼインキナーゼ1（casein kinase 1; CK1）γ2という二種類のキナーゼによってリン酸化される[11, 12)]。最初に、SRモチーフの最もN末側に位置するセリン132（S132）の周辺配列がPKDによって認識され、S132がリン酸化される。CK1はリン酸化セリン/リン酸化スレオニンを認識し、そこから3残基下流のセリン/スレオニンをリン酸化する。CERTのSRMは（-S-X-X-）から成る繰り返し配列になっており、S132がリン酸化されると以降のセリン/スレオニンが順次リン酸化される（図1）。SRMのリン酸化はSM生合成に対してネガティブフィードバックとして作用する。トランスゴルジに局在するSM合成

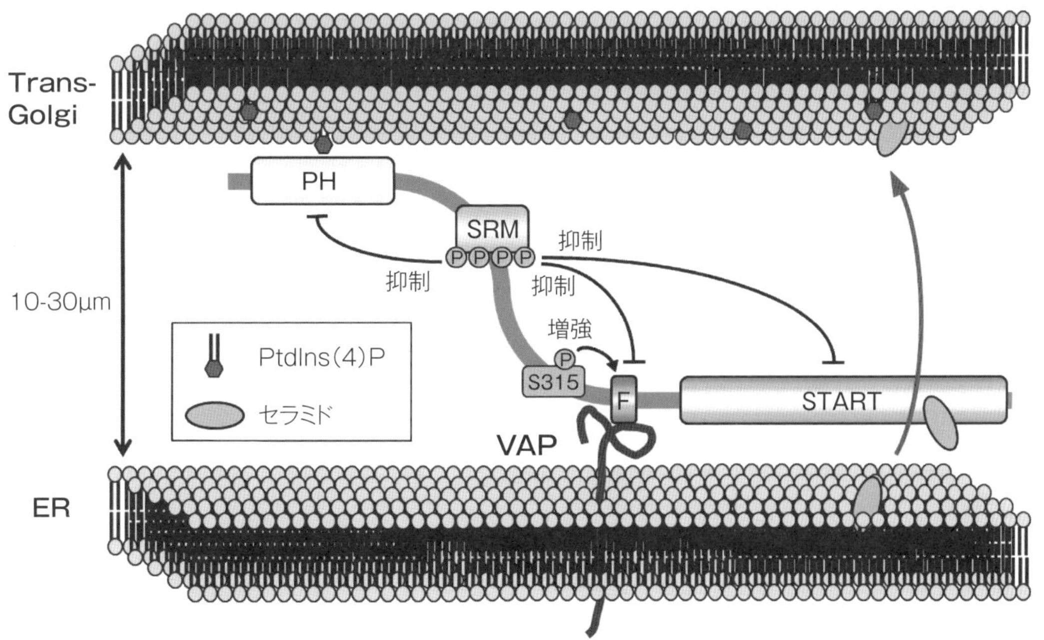

図2　CERTの機能と制御

CERTはPHドメインとFFATモチーフの作用によってER-トランスゴルジ間のメンブレンコンタクトサイトに入り込み、双方のオルガネラに結合することでメンブレンコンタクトサイトの形成と維持に関わっていると考えられている。SM合成の亢進によってSRMがリン酸化されると、CERTの主要な三つの機能が同時に抑制される。S315のリン酸化を引き起こすシグナルは不明だが、S315のリン酸化によってCERTとVAPの結合が増強される。

酵素によってSMが大量に生合成されると、それに伴って多くのDGが産生される。PKDはジアシルグリセロール（diacylglycerol; DG）との結合能を有するので、産生されたDGはPKDをゴルジ体膜にリクルートする。そこでCERTのS132がPKDによって、続いてSRM全体がCK1γ2によってリン酸化されると、結果的にCERTによるERからトランスゴルジへのセラミド輸送が抑制される。

SRMのリン酸化はVAP結合性のホスファターゼであるPPM1L（protein phosphatase, Mg^{2+}/Mn^{2+} dependent 1L）によって、VAP依存的に脱リン酸化される[13]。脱リン酸化の過程において何らかのシグナル経路があるのか否かはよく分かっていない。

また、CERTのFFATモチーフのすぐ上流に位置するセリン315（S315）もリン酸化修飾を受ける（図２）。S315のリン酸化はCERTのPHドメインやSTARTドメインに由来する機能には影響しないが、FFATモチーフに由来するVAPとの相互作用を著しく増強させ、CERTによるER-ゴルジ間のセラミド輸送を促進させる[14]。S315をリン酸化するキナーゼは同定されていない。CERTに限らず、他の脂質輸送タンパク質のFFATモチーフ周辺にもセリン/スレオニン残基が多くみられ、実際にホスホプロテオーム解析等からその中の幾つかはリン酸化修飾されることが報告されている[15, 16]。FFATモチーフ周辺のセリン/スレオニン残基のリン酸化は，脂質輸送タンパク質とVAPとの相互作用を調節するための普遍的な仕組みなのかもしれない。

5 その他の機序によるCERTの活性制御

CERTによるセラミド輸送活性はトランスゴルジ領域のPtdIns(4)P量によって影響を受ける。PtdIns(4)Pの合成に中心的役割を果たす酵素PI4K（phosphatidylinositol-4-kinase）は４種類あるが、通常時のCERTによるセラミド輸送は、PI4KIIIβの発現を抑制した時に最も減少する[15]。冒頭で記述したセラミド輸送の主経路がATPに依存的であった理由は、CERTによるセラミド輸送はPI4Kによる恒常的なPtdIns(4)P産生を必要とするからだと考えられている。また、OSBP（oxysterol binding protein）はERからトランスゴルジにコレステロールを輸送する際に、トランスゴルジからERにPtdIns(4)Pを逆輸送する反応を共役させている[17]。細胞にOSBPの競合的阻害剤である25-ヒドロキシコレステロールを添加すると、CERTによるセラミド輸送が活性化されるという現象が見られる[18]。OSBPの抑制がトランスゴルジにおけるPtdIns(4)P量の増加を引き起こし、CERTによるセラミド輸送が促進された可能性がある。

CERTの中間領域がCaspase-2、3、9によって切断されること、アポトーシス誘導時のSM合成の低下がcaspase阻害剤で回避されることが報告されている[19]。詳細については更なる解析を要するが、セラミドの増加を通じてアポトーシス誘導刺激に対する細胞の応答を促進する可能性がある。

6 CERTの活性制御が果たす役割

ここまで、CERTの活性制御がSM生合成に与える影響について、主に培養細胞から得られた知見を中心に概説してきた。最後に個体レベルでの知見を簡単に紹介したい。CERTのリン酸化変異体を個体に発現させたという報告はまだないが、CERTノックアウトマウスから得られた知見に基づいて、CERTの恒常的不活性化状態が引き起こす状況を考察することができる。CERTノックアウトマウスは心血管系の形成不全で胎生11.5日前後で死亡する[20]。細胞膜におけるSM量の低下、小胞体におけるセラミド量の増加、ミトコンドリアにおけるセラミド量の増加が観察される。その結果、ERストレスが発生するとともに、ミトコンドリアの膨張とATP産生能の低下が起きる[20]。CERTの欠損は、最も主要なスフィンゴ脂質であるSMへのフローを減少させるため、代謝的分岐点において余剰となったセラミドが他の経路に流入して望ましくない状況を引き起こす。CERT SRMのリン酸化が恒常的に亢進した状況下では、同様の状況が起きると予想される。

また、原因不明の精神遅滞や発達障害を持つ児童を対象とした大規模な原因遺伝子探索によって、CERTのS132L変異がこれらの病態と関連していることが示された[21]。S132L変異がどのように発達障害を引き起こすのかは現段階では不明であるが、この変異型CERTは先述のノックアウトマウスとは逆に恒常的活性化状態にあるはずである。S132L変異によってSMへのフローが優先された結果、グルコシルセラミド等の各種スフィンゴ糖脂質の合成が妨げられていることが一因かもしれない。CERTは複雑な代謝的分岐点において他の経路と調和しながら機能するために、さまざまな制御メカニズムを備える必要があったのであろう。

【参考文献】

1) Hanada, K., Hara, T. *et al.* Mammalian Cell Mutants Resistant to a Sphingomyelin-directed. *Biochemistry* **273**, 33787-33794 (1998).
2) Fukasawa, M., Nishijima, M. *et al.* Genetic evidence for ATP-dependent endoplasmic reticulum-to-Golgi apparatus trafficking of ceramide for sphingomyelin synthesis in Chinese hamster ovary cells. *J. Cell Biol.* **144**, 673-685 (1999).
3) Hanada, K. *et al.* Molecular machinery for non-vesicular trafficking of ceramide. *Nature* **426**, 803-809 (2003).
4) Raya, A., Revert, F. *et al.* Characterization of a Novel Type of Serine / Threonine Kinase That Specifically Phosphorylates the Human Goodpasture Antigen Characterization of a Novel Type of Serine / Threonine Kinase That Sp. **274**, 12642-12649 (1999).
5) Kudo, N. *et al.* Structural basis for specific lipid recognition by CERT responsible for nonvesicular trafficking of ceramide. *Proc. Natl. Acad. Sci.* **105**, 488-493 (2008).
6) Kumagai, K. *et al.* CERT mediates intermembrane transfer of various molecular species of ceramides. *J. Biol. Chem.* **280**, 6488-6495 (2005).
7) Sugiki, T. *et al.* Structural basis for the Golgi association by the pleckstrin homology domain of the ceramide trafficking protein (CERT). *J. Biol. Chem.* **287**, 33706-33718 (2012).
8) Kumagai, K., Kawano, M. *et al.* Interorganelle trafficking of ceramide is regulated by phosphorylation-dependent cooperativity between the PH and START domains of CERT. *J. Biol. Chem.* **282**, 17758-17766 (2007).
9) Prashek, J. *et al.* Interaction between the PH and START domains of ceramide transfer protein competes with phosphatidylinositol 4-phosphate binding by the PH domain. *J. Biol. Chem.* **292**, 14217-14228 (2017).
10) Sugiki, T. *et al.* Phosphoinositide binding by the PH domain in ceramide transfer protein (CERT) is inhibited by hyperphosphorylation of an adjacent serine-repeat motif. *J. Biol. Chem.* **293**, 11206-11217 (2018).
11) Huitema, K., Van Den Dikkenberg, J. *et al.* Identification of a family of animal sphingomyelin synthases. *EMBO J.* **23**, 33-44 (2004).
12) Tomishige, N., Kumagai, K. *et al.* Casein Kinase I γ2 Down-Regulates Trafficking of Ceramide in the Synthesis of Sphingomyelin. *Mol. Biol. Cell.* **20**, 348-357 (2009).
13) Saito, S. *et al.* Protein phosphatase 2C epsilon is an endoplasmic reticulum integral membrane protein that dephosphorylates the ceramide transport protein CERT to enhance its association with organelle membranes. *J. Biol. Chem.* **283**, 6584-6593 (2008).
14) Kumagai, K., Kawano-Kawada, M *et al.* Phosphoregulation of the ceramide transport protein CERT at serine 315 in the interaction with VAMP-associated protein (VAP) for inter-organelle trafficking of ceramide in mammalian cells. *J. Biol. Chem.* **289**, 10748-10760 (2014).
15) Tóth, B. *et al.* Phosphatidylinositol 4-kinase III β regulates the transport of ceramide between the endoplasmic reticulum and Golgi. *J. Biol. Chem.* **281**, 36369-36377 (2006).
16) Lessmann, E. *et al.* Oxysterol-binding protein-related protein (ORP) 9 is a PDK-2 substrate and regulates Akt phosphorylation. *Cell. Signal.* **19**, 384-392 (2007).
17) Mesmin, B. *et al.* A four-step cycle driven by PI(4)P hydrolysis directs sterol/PI(4)P exchange by the ER-Golgi Tether OSBP. *Cell.* **155**, 830-843 (2013).
18) Perry, R. J. & Ridgway, N. D. Oxysterol-binding Protein and Vesicle-associated Membrane Protein-associated Protein Are Required for Sterol-dependent Activation of the Ceramide Transport Protein. **17**, 2604-2616 (2006).
19) Chandran, S. & Machamer, C. E. Inactivation of ceramide transfer protein during pro-apoptotic stress by Golgi disassembly and caspase cleavage. *Biochem. J.* **442**, 391-401 (2012).
20) Wang, X. *et al.* Mitochondrial degeneration and not apoptosis is the primary cause of embryonic lethality in ceramide transfer protein mutant mice. *J. Cell Biol.* **184**, 143-158 (2009).
21) Fitzgerald, T. W. *et al.* Large-scale discovery of novel genetic causes of developmental disorders. *Nature.* **519**, 223-228 (2015).

各論　基礎 19

オートファジーと脂質との新たなつながり

中戸川　仁*

1 はじめに

オートファジーは、酵母からヒトまで真核生物に共通して備わる大規模な細胞内分解システムであり、ダイナミックな脂質膜の新生を伴う（図1）[1,2]。オートファジーが誘導されると、“隔離膜”と呼ばれるカップ状の膜構造が形成され、分解対象となる細胞成分を取り込むようにして湾曲しながら伸張し、球状となって閉じ、二重膜小胞である“オートファゴソーム”が形成される。オートファゴソームの外膜は、リソソーム膜あるいは液胞膜と融合し、オートファゴソームの内膜ごと内包物がリソソーム／液胞内の酵素によって分解される。オートファジーによる分解の対象は、タンパク質やRNAなどの分子から、オルガネラや細胞内に侵入した病原体まで、非常に多岐にわたる。このような分解対象の多様性を反映して、オートファジーは、飢餓応答、アンチエイジング、オルガネラの量制御・恒常性維持、発生、分化、抗原提示など、細胞・個体のさまざまな機能に重要な役割を果たしており、また、オートファジーの破綻は、神経疾患、肝疾患、心不全、がん、感染症など、多くの疾患と関連づけられている[3-5]。

膜現象であるオートファジーと脂質とは、いうまでもなく密接な関係にある。オートファジーの誘導からオートファゴソームの形成、オートファゴソームとリソソームとの融合など、複数の段階がさまざまな脂質によって制御されている。本章ではこれらのいくつかにフォーカスして概説する。

2 オートファジーの分子機構

大隅良典博士らは、出芽酵母*Saccharomyces cerevisiae*のオートファジー欠損変異体の単離と原因遺伝子の特定により、多くのオートファジー関連遺伝子（*ATG*遺伝子）を同定した[1]。*ATG*遺伝子は我々ヒトを含む哺乳動物や高等植物など、真核生物に広く保存されており、そのノックアウト細胞や個体の解析から上記のようなオートファジーの生理的役割や疾患との関連が明らかになってきた。このような業績が評価され、大隅博士は2016年、ノーベル生理学医学賞を単独受賞した。*ATG*遺伝子がコードするAtgタンパク質の解析により、オートファジーの分子機構の理解も大きく進んだ[6,7]。現在までに同定されたAtgタンパク質の数は40を越えているが、このうち約20がオートファゴソームの形成に関わる。これらのAtgタンパク質は6つの機能グループ、すなわち、（ⅰ）Atg1タンパク質キナーゼ複合体（哺乳類ではULK1複合体）、（ⅱ）Atg9小胞、（ⅲ）Atg14を特異的サブユニットとして含むホスファチジルイノシトール 3-キナーゼ複合体（PI3K複合体I）、（ⅳ）Atg2-Atg18複合体（哺乳類ではAtg2-WIPI4複合体）、（ⅴ）Atg12 結合反応系、（ⅵ）Atg8結合反応系（哺乳類ではLC3/GABAPAP結合反応系）を構成している[6,7]。オートファジーはさまざまな細胞内外の環境変化やストレスに応じて誘導されるが、特にアミノ酸やグルコースなどの枯渇によって強く引き起こされる。栄養飢餓に応じたオートファジーはTorキナーゼ複合体1によって制御されている。Torキ

＊東京工業大学 生命理工学院

ナーゼ複合体１は富栄養条件ではAtg1/ULK1複合体の構成因子をリン酸化し、オートファジーを抑制する。細胞が飢餓状態に陥りTorキナーゼ複合体1の活性が低下すると、脱リン酸化を経てAtg1/ULK1複合体が活性化し、オートファゴソームの形成を誘導する[8-10]。まず、Atg1/ULK1複合体を起点として上記のAtgタンパク質群が集積し、オートファゴソーム前駆体“pre-

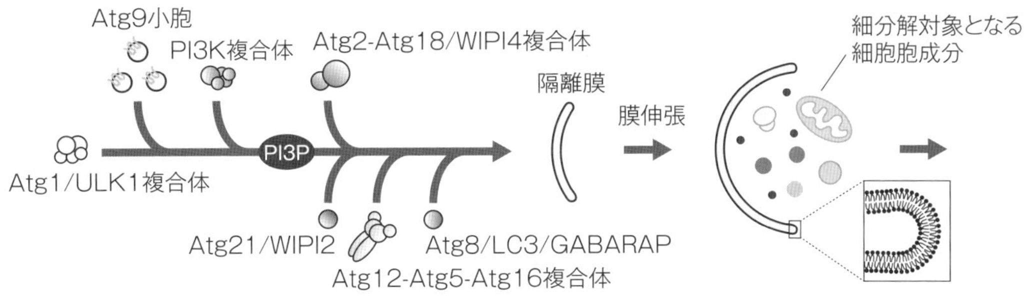

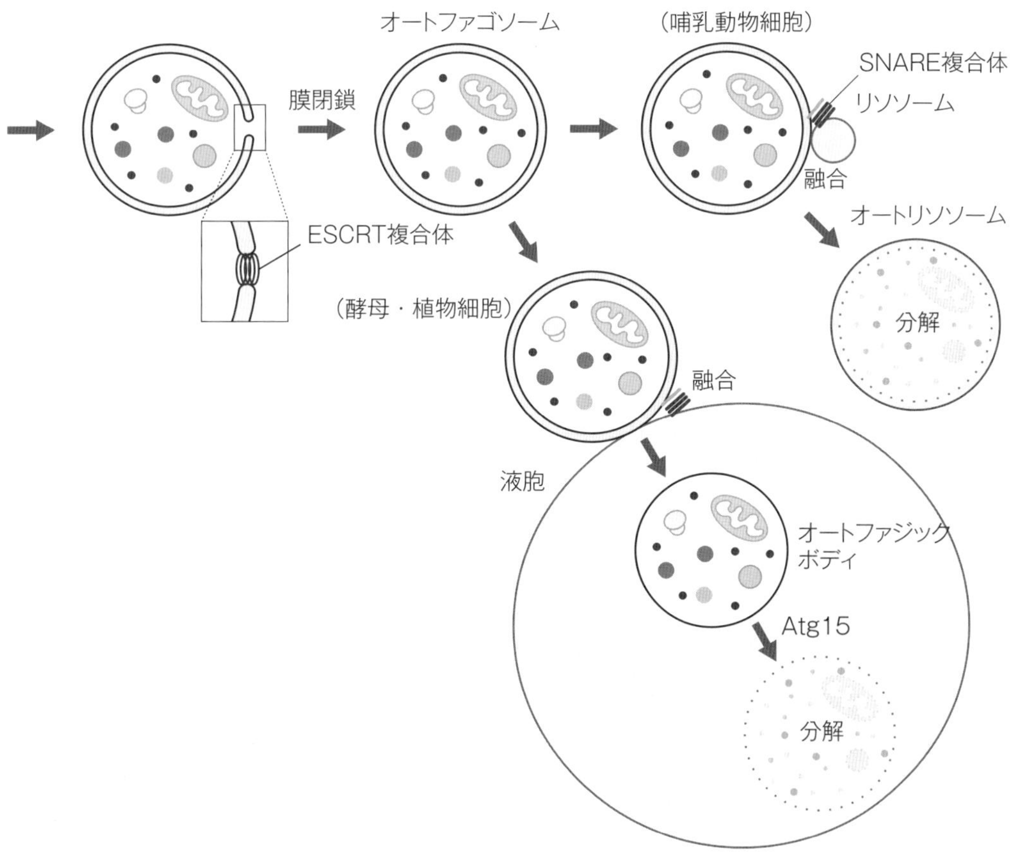

図１　オートファジーのプロセスの模式図

栄養の枯渇などに応じてオートファジーが誘導されると、Atgタンパク質群が集積し、PAS（オートファゴソーム前駆体）を構築する。PASではAtg9小胞を核として前駆体膜が形成され、これが伸張して隔離膜となる。隔離膜は分解対象となる細胞成分を取り込みながら球状に伸張し、閉鎖してオートファゴソームが完成する。オートファゴソームは哺乳動物細胞ではリソソームと、酵母や植物細胞では液胞と融合し、オートファゴソーム内に隔離された成分が分解される。詳細は本文を参照されたい。

autophagosomal structure（PAS）"を形成する（図１）[11, 12]。PASではAtg9小胞（ゴルジ体由来の膜小胞）を"核"として前駆体膜が形成されると考えられるが、この具体的なプロセスや、形成される前駆体膜の形態や組成など、未だ不明な点が多い。PASに膜が供給されて隔離膜が伸張していくと考えられているが、膜の供給源や供給のメカニズム（後述）、伸張する膜がどのようにして球状に湾曲するのかも長年の疑問として残されている。最近では数理的解析から、扁平な（ディスク状の）膜小胞は膜自身の物性により伸張するにつれて自発的に湾曲し、球形になるとのモデルも提唱されている[13]。球状になった隔離膜は閉鎖孔での膜分裂を経て閉じ、外膜、内膜の二枚の膜で仕切られたオートファゴソームが完成する[14]。最近、この膜分裂の過程にESCRT装置が関わることが報告された（図１）[15]。

哺乳動物細胞の場合、完成したオートファゴソームにはSNAREタンパク質であるSyntaxin 17およびYkt6がリクルートされ、可溶性のSNAP-29、リソソーム上のVAMP8と複合体を形成し、オートファゴソームの外膜とリソソーム膜との融合が引き起こされる（図１）[16-19]。また最近、出芽酵母においても、オートファゴソームにYkt6がリクルートされ、液胞膜上のVam3、Vam7、Vti1とともにオートファゴソームの外膜と液胞膜との融合を媒介することが報告された[20, 21]。リソソーム／液胞との膜融合の結果、分解対象を含むオートファゴソームの内膜小胞がリソソーム／液胞内の分解酵素にさらされる。出芽酵母では、ホスホリパーゼであるAtg15がオートファゴソーム内膜（酵母や植物では"オートファジックボディ"と呼ばれる）の崩壊に重要であることが明らかとなっている（図１）[22, 23]。リソソーム／液胞内には、プロテアーゼ、ヌクレアーゼ、リパーゼ、グリコシダーゼなど、種々の分解酵素が存在しており、これらの働きでオートファジーによって輸送された細胞成分の分解が進行すると考えられる。リソソーム／液胞でのタンパク質の分解によって生じるアミノ酸を細胞質へ排出する機構も解明されてきているが（トランスポーターの同定など）、その他の分子の排出や再利用の過程についてはまだほとんどわかっていない。

 オートファゴソーム形成とホスファチジルエタノールアミン

ホスファチジルエタノールアミン（PE）は生体膜の主要な構成成分であるが、オートファジーにおいては特別な役割を担っている。Atg8/LC3/GABARAPファミリータンパク質（以下、Atg8と記す）はユビキチン様タンパク質であり、Atg7をE1酵素、Atg3をE2酵素、Atg12-Atg5-Atg16複合体をE3酵素とするユビキチン様の結合反応を経て、C末端グリシン残基のカルボキシ基でPEの親水性頭部のアミノ基とアミド結合を形成し、膜にアンカーされる（**図２A**）[7, 24, 25]。Atg3およびAtg12-Atg5-Atg16複合体がPASおよび隔離膜に局在することから、Atg8のPEとの結合はこれらの膜で起こると考えられる[11, 26-29]。Atg8-PE結合体は多くの役割を担う（**図２B**）[30]。試験管内再構成系において、Atg8はPEとの結合に応じて構造変化を引き起こし、多量体を形成して人工膜小胞同士をつなぎ合わせ、膜の半融合（hemifusion）を引き起こす[31]。このようなAtg8-PEの機能がオートファゴソームの形成にどのように関わるのかは未解明であるが、このような機能に欠損を示すAtg8変異体においてはオートファゴソームのサイズが小さくなることから、隔離膜の伸張に重要な機能であると考えられる（オートファゴソームのサイズは隔離膜の伸張段階で決定する）。他にも、Atg8-PE は、Atg1/ULK1やAtg3などを隔離膜にリクルートすることにより、オートファゴソームの形成を促進する[28, 32, 33]。また、哺乳動物細胞においては、Atg8-PEがオートファゴソームの閉鎖に関与することも報告されている[34-36]。さらに、Atg8-PEは完成したオートファゴソームとリソソーム／液胞との融合に関わる因子の局在化も媒介している[37, 38]。

Atg8-PEは特定の細胞成分のオートファゴソームへの選択的取り込みにも関与する。近年、異常タンパク質の凝集塊や損傷したミトコンドリアなど、さまざまな細胞成分がオートファジーで選択的に分解されることが明らかになってきた[39]。これらの分解標的は、"オートファジーレセプター"と呼ばれるタンパク質に認識される。レセプターはPASあるいは隔離膜上のAtg8-PEと結合し、

これによって分解標的が効率良くオートファゴソームに隔離される（図2B）。異なるレセプターの間には一次配列上のホモロジーはないが、全てのレセプターがAtg8ファミリー相互作用モチーフ（LC3相互作用領域とも呼ばれる）を介して、Atg8ファミリータンパク質の疎水性ポケットに結合する[40]。

Atg8-PEは、脱脂質化酵素（システインプロテアーゼ）Atg4によりそのアミド結合が切断され、Atg8は膜から遊離する（図2A）[41, 42]。この脱脂質化反応には、Atg8の再利用、オートファゴソーム形成の促進、誤って他のオルガネラ膜のPEと結合してしまったAtg8の再生など、複数の意義がある[43-45]。

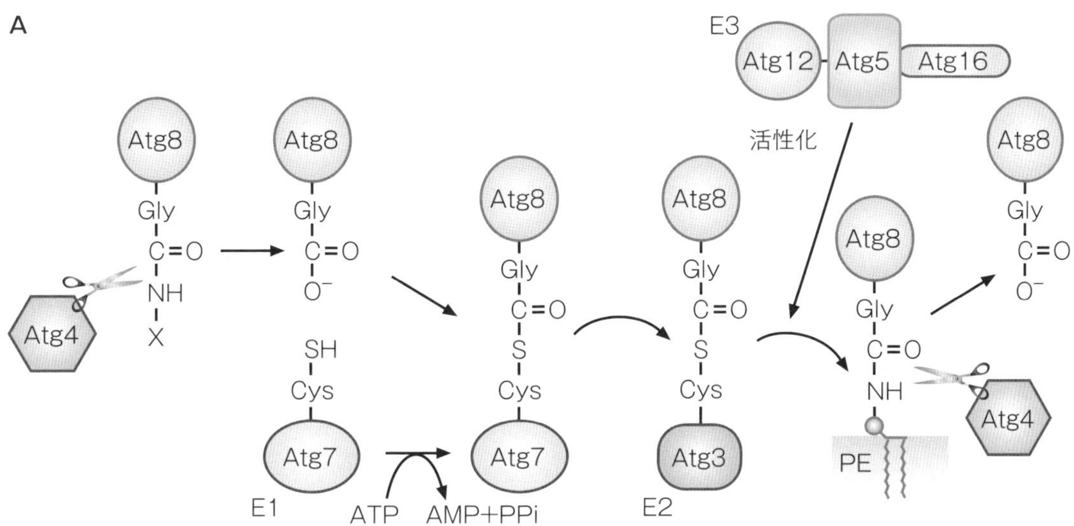

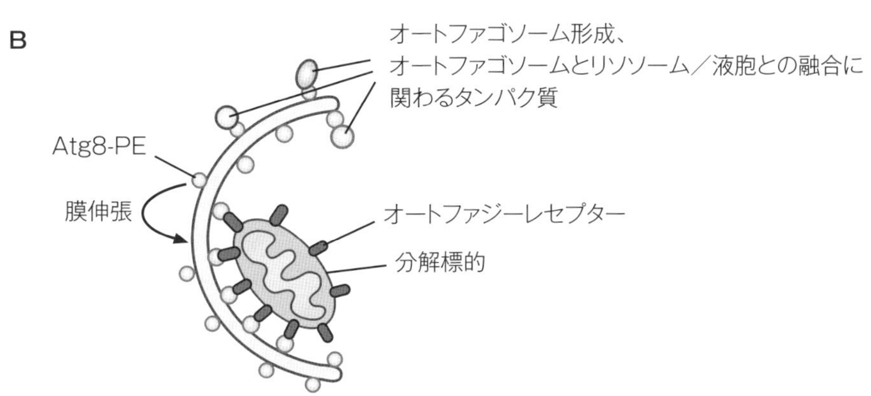

図2　Atg8ファミリータンパク質とPEとの結合

（A）Atg8ファミリータンパク質は、合成後、C末端尾部（図中ではXとした）がAtg4で切除されて、ユビキチン様の結合反応に必要なグリシン残基が露出する。Atg7がATPを利用してこのグリシン残基のカルボキシ基を活性化し、自身の活性中心のシステイン残基とチオエステル結合を形成させる。続いてAtg7はAtg8をAtg3に転移させ、Atg3がAtg8をPEの親水性頭部のアミノ基に結合させる。Atg12-Atg5-Atg16複合体はAtg3に作用して、そのE2酵素活性を上昇させる。Atg8はPEとの結合を介してオートファジー関連膜にアンカーされる。Atg8とPEとの結合は可逆的であり、Atg4で切断されてAtg8は膜から遊離し、再利用される。（B）Atg8-PEは自ら隔離膜の伸張を駆動する他、他のオートファゴソーム形成因子やオートファゴソームとリソソーム／液胞との融合に関わる因子など、さまざまな因子を隔離膜やオートファゴソーム上に招集する。また、オートファジーレセプターとの結合を介して、さまざまな分解標的のオートファゴソームへの取り込みも媒介する。詳細は本文を参照されたい。

4 オートファジーとホスファチジルイノシトールリン酸

オートファジーは複数のホスファチジルイノシトールリン酸により制御されている。オートファゴソームの形成には、ホスファチジルイノシトール(3)1-リン酸［PI(3)P］が必須である。Vps34をPI3キナーゼとしAtg14を特異的サブユニットとして含むPI3K複合体IがPAS（オートファゴソーム形成の場）でPI(3)Pを産生し[6, 7, 46]、複数のエフェクタータンパク質を招集する（図1）。PI(3)P 結合タンパク質であるAtg18/WIPI4はAtg2と複合体を形成し、PI(3)Pとの結合を介してこの複合体をPASおよび隔離膜に局在化させる[47, 48]。さらに同複合体はAtg2の働きによりこれらの膜を小胞体に繋留すると考えられている[49-51]。Atg18/WIPI4のホモログであるAtg21/WIPI2は、PI(3)PとAtg16に結合してAtg12-Atg5-Atg16複合体をPASおよび隔離膜にリクルートする[52, 53]。上述の通り、Atg12-Atg5-Atg16複合体はAtg8-PE形成反応におけるE3酵素であるため、PI(3)Pにはこの反応をオートファジー関連膜に限定する働きをしている。他にも、PI(3)Pは、CapZ、FYCO1、TECPR1といったエフェクタータンパク質を介して、それぞれ、アクチン重合を介したオートファゴソームの形態制御、オートファゴソームの微小管を介したリソソームへの輸送、オートファゴソームとリソソームとの融合を媒介する[54-56]。INPP5EによるPI(3,5) P2の脱リン酸化によってリソソーム上で生じるPI(3)Pもcortactinの活性化とアクチンの重合を介してオートファゴソームとリソソームの融合に関与する[57]。

PI(3)Pを脱リン酸化するホスファターゼに関する報告もあるが、出芽酵母と哺乳動物では関与の機序が異なるようである。出芽酵母のYmr1は、PI(3)Pの脱リン酸化を介して、完成したオートファゴソームからAtgタンパク質群を解離させ、オートファゴソームと液胞との融合をトリガーする[58]。一方、哺乳類細胞では、MTMR3およびMTMR14/JumpyといったPI(3)Pホスファターゼがオートファゴソームの形成を負に制御するとの報告がある[59, 60]。

その他、PI(3)P以外にも、PI(3,4,5)P3がmTORC1の活性化を介してオートファジーの抑制に、PI(3,5)P2がエンドソーム／リソソームの機能調節を介してこれらのオルガネラとオートファゴソームとの融合の制御に、PI(4,5)P2がオートリソソーム（オートファゴソームと融合したリソソーム）からのリソソームの再生に関与することなどが報告されている。詳しくは他の総説を参照されたい[61, 62]。

5 オートファゴソームの膜の起源

オートファゴソームの膜を形成するための材料となる脂質は細胞内のどこからどのようにして供給されるのだろうか。オートファゴソームの膜の起源については、細胞内のオルガネラが一通り候補に挙げられ議論が重ねられてきたが、未だ明確な答えは得られていない[63]。膜タンパク質Atg9はゴルジ体由来の膜小胞に積み込まれてPASに局在化し、完成したオートファゴソームにも検出される[64]。しかし、この小胞はオートファゴソームの形成の初期に数個程度招集されて膜形成の“核”となり、オートファゴソームの膜を形成する主要な材料ではないと考えられている。一方で、最近、小胞体がオートファゴソームの形成に密接に関与していることが明らかとなってきた。まず、哺乳動物細胞において、Atgタンパク質群はオートファジーの誘導に応じて小胞体上に集積し、PI3K複合体Iによって生産されるPI(3)Pに富んだリング状のドメイン（“オメガソーム”と呼ばれる）を形成し、このリングの内部から隔離膜が伸張することが示された[65, 66]。電子顕微鏡解析により伸張中の隔離膜が細いチューブを介して小胞体と繋がっている様子も捉えられた[67-69]。このチューブを介して小胞体から隔離膜へ脂質が輸送され膜が伸張する可能性が考えられる。一方、出芽酵母においては、小胞体上でゴルジ体への輸送小胞（COPII小胞）を形成する部位であるER exit siteがPASおよび隔離膜の伸張端と近接していることが示された[26, 70]。COPII小胞の形成はオートファゴソームの形成に重要であることも知られているが[71]、COPII小胞がオートファゴソームを形成するための膜供給源であるかについてはさらなる検証が必要である。

6 オートファジーとスフィンゴ脂質

スフィンゴ脂質もさまざまなかたちでオートファジーに関与しているようである[72-74]。出芽酵母においては、具体的なメカニズムは不明であるが、スフィンゴ脂質の中でも特にイノシトールホスホリルセラミドがオートファゴソームの形成に重要であることが示されている[75]。また、Isc1（中性スフィンゴミエリン分解酵素）の欠損は、結果として特定のセラミド（C26ジヒドロセラミドおよびC26フィトセラミド）の蓄積を引き起こし、PP2A様ホスファターゼでありSit4やMAPキナーゼであるHog1の活性化を介してミトコンドリアの選択的オートファジー（マイトファジー）を誘導する[76]。哺乳類においても、セラミドがマイトファジーを誘導するとの報告があるが、酵母ではセラミド誘導性マイトファジーが細胞の生育を助けるのに対し[76]、哺乳類では非アポトーシス細胞死を引き起こす[77]。他にも、セラミドは細胞膜のアミノ酸トランスポーターやグルコーストランスポーターの発現を低下させ、細胞を栄養飢餓状態にしてオートファジーを誘導することが示されている[78]。また、ヒト白血病細胞を栄養飢餓にさらすと、酸性スフィンゴミエリン分解酵素に依存してセラミドが上昇し、これによってオートファジーが誘導されることも報告されている[79]。

スフィンゴシン1-リン酸（S1P）にもオートファジーを誘導する作用があるようである。スフィンゴシンキナーゼ1が栄養飢餓に応じて活性化し、S1Pが増加してオートファジーが昂進する[80]。また、スフィンゴシン1-ホスファターゼの発現を抑制してS1Pを上昇させると、小胞体ストレスを介してオートファジーが誘導される[81]。セラミドで誘導されるオートファジーは細胞死を誘導し、S1Pで誘導されるオートファジーは細胞死に対して抑制的に働くと考えられているが、この問題については議論の余地が残されているようである[82]。それぞれがオートファジーを誘導するメカニズムとオートファジー以外の細胞内プロセスに与える影響との相関の解明が待たれる。また、興味深いことに、上記のヒト白血病細胞において、細胞外のS1PはS1P受容体（S1P3）を介してmTORC1を活性化することで、セラミド誘導性オートファジーおよび細胞死を抑制することが示されている[79]。

7 おわりに

以上のように、近年、さまざまな脂質のオートファジーへの関与が明らかにされてきた。一方で、オートファジーが細胞内の脂質代謝や脂質輸送に与える影響も忘れてはならない。膜性オルガネラを含むさまざまな細胞成分がオートファジーによってリソソーム／液胞に輸送され、分解されたり、細胞内を再循環したりする。したがって、オートファジーは直接あるいは間接的に細胞内の多くの脂質の代謝や輸送に影響を及ぼし、これがさまざまな細胞機能の制御や恒常性維持につながっていると考えられる。また、ここではオートファゴソームの形成を介するオートファジー（"マクロオートファジー" と呼ばれる）に焦点を絞ったが、液胞やリソソームの膜が直接陥入して分解対象を取り込むタイプのオートファジー（"ミクロオートファジー" と呼ばれる）を介した脂肪滴の分解に関する研究も盛んになってきており[83]、脂質代謝との関係の理解が進むことが期待される。スフィンゴ脂質についても、現在はオートファジーの誘導との関係に研究が集中しているが、オートファゴソームの形成やオートファゴソームとエンドソーム／リソソームとの融合にも関与している可能性もある。

今後、オートファジーと脂質との双方向のつながりは、これらをつなぐメカニズムの解明や関連する生命現象および疾患の研究へとさらに拡がっていくに違いない。

【参考文献】

1) Ohsumi Y. Historical landmarks of autophagy research. *Cell Res* 24, 9-23, (2014).
2) Yang Z. & Klionsky DJ. Eaten alive: A history of macroautophagy. *Nat Cell Biol*, (2010) doi:10.1038/ncb0910-814.
3) Bento CF. *et al.* Mammalian Autophagy: How Does It Work? *Annu Rev Biochem*, (2016) doi:10.1146/annurev-biochem-060815-014556.
4) Dikic I. & Elazar Z. Mechanism and medical implications of mammalian autophagy. *Nat Rev Mol Cell Biol* 19, 349-364, (2018).
5) Mizushima N. & Komatsu M. Autophagy: Renovation of cells and tissues. *Cell*, (2011)

doi:10.1016/j.cell.2011.10.026.
6) Nakatogawa H. *et al.* Dynamics and diversity in autophagy mechanisms: Lessons from yeast. *Nat Rev Mol Cell Biol* **10**, 458-467, (2009).
7) Mizushima N. *et al.* The Role of Atg Proteins in Autophagosome Formation. *Annu Rev Cell Dev Biol* **27**, 107-132, (2011).
8) Corona Velazquez AF. & Jackson WT. So many roads: the multi-faceted regulation of autophagy induction. *Mol Cell Biol*, (2018) doi:10.1128/MCB.00303-18.
9) Noda NN. & Fujioka Y. Atg1 family kinases in autophagy initiation. *Cell Mol Life Sci*, (2015) doi:10.1007/s00018-015-1917-z.
10) Yamamoto H. *et al.* The Intrinsically Disordered Protein Atg13 Mediates Supramolecular Assembly of Autophagy Initiation Complexes. *Dev Cell*, (2016) doi:10.1016/j.devcel.2016.06.015.
11) Suzuki K. *et al.* The pre-autophagosomal structure organized by concerted functions of APG genes is essential for autophagosome formation. *EMBO J* **20**, 5971-5981, (2001).
12) Suzuki K. & Ohsumi Y. Current knowledge of the pre-autophagosomal structure (PAS). *FEBS Lett*, (2010) doi:10.1016/j.febslet.2010.02.001.
13) Knorr RL. *et al.* Curvature of double-membrane organelles generated by changes in membrane size and composition. *PLoS One*, (2012) doi:10.1371/journal.pone.0032753.
14) Knorr RL. *et al.* Autophagosome closure requires membrane scission. *Autophagy*, (2015) doi:10.1080/15548627.2015.1091552.
15) Takahashi Y. *et al.* An autophagy assay reveals the ESCRT-III component CHMP2A as a regulator of phagophore closure. *Nat Commun*, (2018) doi:10.1038/s41467-018-05254-w.
16) Itakura E. *et al.* The hairpin-type tail-anchored SNARE syntaxin 17 targets to autophagosomes for fusion with endosomes/lysosomes. *Cell*, (2012) doi:10.1016/j.cell.2012.11.001.
17) Jiang P. *et al.* The HOPS complex mediates autophagosome-lysosome fusion through interaction with syntaxin 17. *Mol Biol Cell*, (2014) doi:10.1091/mbc.E13-08-0447.
18) Takats S. *et al.* Interaction of the HOPS complex with Syntaxin 17 mediates autophagosome clearance in Drosophila. *Mol Biol Cell*, (2014) doi:10.1091/mbc.E13-08-0449.
19) Matsui T. *et al.* Autophagosomal YKT6 is required for fusion with lysosomes independently of syntaxin 17. *J Cell Biol*, (2018) doi:10.1083/jcb.201712058.
20) Gao J. *et al.* A novel in vitro assay reveals SNARE topology and the role of Ykt6 in autophagosome fusion with vacuoles. *J Cell Biol*, (2018) doi:10.1083/jcb.201804039.
21) Bas L. *et al.* Reconstitution reveals Ykt6 as the autophagosomal SNARE in autophagosome-vacuole fusion. *J Cell Biol*, (2018) doi:10.1083/jcb.201804028.
22) Ramya V. & Rajasekharan R. ATG15 encodes a phospholipase and is transcriptionally regulated by YAP1 in Saccharomyces cerevisiae. *FEBS Lett*, (2016) doi:10.1002/1873-3468.12369.
23) Epple UD. *et al.* Aut5/Cvt17p, a putative lipase essential for disintegration of autophagic bodies inside the vacuole. *J Bacteriol*, (2001) doi:10.1128/JB.183.20.5942-5955.2001.
24) Nakatogawa H. Two ubiquitin-like conjugation systems that mediate membrane formation during autophagy. *Essays Biochem*, (2013) doi:10.1042/bse0550039.
25) Slobodkin MR. & Elazar Z. The Atg8 family: multifunctional ubiquitin-like key regulators of autophagy. *Essays Biochem*, (2013) doi:10.1042/bse0550051.
26) Suzuki K. *et al.* Fine mapping of autophagy-related proteins during autophagosome formation in Saccharomyces cerevisiae. *J Cell Sci* **126**, 2534-2544, (2013).
27) Mizushima N. *et al.* Dissection of autophagosome formation using Apg5-deficient mouse embryonic stem cells. *J Cell Biol*, (2001) doi:10.1083/jcb.152.4.657.
28) Sakoh-Nakatogawa M. *et al.* Localization of Atg3 to autophagy-related membranes and its enhancement by the Atg8-family interacting motif to promote expansion of the membranes. *FEBS Lett*, (2015) doi:10.1016/j.febslet.2015.02.003.
29) Ngu M. *et al.* Visualization of Atg3 during autophagosome formation in Saccharomyces cerevisiae. *J Biol Chem*, (2015) doi:10.1074/jbc.M114.626952.
30) Wild P. *et al.* The LC3 interactome at a glance. *J Cell Sci*, (2014) doi:10.1242/jcs.140426.
31) Nakatogawa H. *et al.* Atg8, a Ubiquitin-like Protein Required for Autophagosome Formation, Mediates Membrane Tethering and Hemifusion. *Cell*, (2007) doi:10.1016/j.cell.2007.05.021.
32) Nakatogawa H. *et al.* The autophagy-related protein kinase Atg1 interacts with the ubiquitin-like protein Atg8 via the Atg8 family interacting motif to facilitate autophagosome formation. *J Biol Chem*, (2012) doi:10.1074/jbc.C112.387514.
33) Alemu EA. *et al.* ATG8 family proteins act as scaffolds for assembly of the ULK complex: Sequence requirements for LC3-interacting region (LIR) motifs. *J Biol Chem*, (2012) doi:10.1074/jbc.M112.378109.
34) Sou Y. *et al.* The Atg8 Conjugation System Is Indispensable for Proper Development of Autophagic Isolation Membranes in Mice. *Mol Biol Cell*, (2008) doi:10.1091/mbc.e08-03-0309.
35) Fujita N. & Yoshimori T. An Atg4B Mutant Hampers the Lipidation of LC3 Paralogues and Causes Defects in Autophagosome Closure. *Mol Biol Cell*, (2008) doi:10.1091/mbc.E08.

36) Weidberg H. *et al.* LC3 and GATE-16/GABARAP subfamilies are both essential yet act differently in autophagosome biogenesis. *EMBO J*, (2010) doi:10.1038/emboj.2010.74.
37) Gao J. *et al.* Molecular mechanism to target the endosomal Mon1-Ccz1 GEF complex to the pre-autophagosomal structure. *Elife*, (2018) doi:10.7554/eLife.31145.
38) Kumar S. *et al.* Mechanism of Stx17 recruitment to autophagosomes via IRGM and mammalian Atg8 proteins. *J Cell Biol*, (2018) doi:10.1083/jcb.201708039.
39) Gatica D. *et al.* Cargo recognition and degradation by selective autophagy. *Nat Cell Biol*, (2018) doi:10.1038/s41556-018-0037-z.
40) Birgisdottir ÅB. *et al.* The LIR Motif-Crucial for Selective Autophagy. *J Cell Sci*, (2013) doi:10.1242/jcs.126128.
41) Kirisako T. *et al.* The reversible modification regulates the membrane-binding state of Apg8/Aut7 essential for autophagy and the cytoplasm to vacuole targeting pathway. *J Cell Biol*, (2000) doi:10.1083/jcb.151.2.263.
42) Tanida I. *et al.* HsAtg4B/HsApg4B/autophagin-1 cleaves the carboxyl termini of three human Atg8 homologues and delipidates microtubule-associated protein light chain 3- and GABAA receptor-associated protein-phospholipid conjugates. *J Biol Chem*, (2004) doi:10.1074/jbc.M401461200.
43) Nakatogawa H. *et al.* Atg4 recycles inappropriately lipidated Atg8 to promote autophagosome biogenesis. *Autophagy*, (2012) doi:10.4161/auto.8.2.18373.
44) Yu ZQ. *et al.* Dual roles of Atg8 - PE deconjugation by Atg4 in autophagy. *Autophagy*, (2012) doi:10.4161/auto.19652.
45) Nair U. *et al.* Roles of the lipid-binding motifs of Atg18 and Atg21 in the cytoplasm to vacuole targeting pathway and autophagy. *J Biol Chem*, (2010) doi:10.1074/jbc.M109.080374.
46) Kihara A. *et al.* Two distinct Vps34 phosphatidylinositol 3-kinase complexes function in autophagy and carboxypeptidase y sorting in Saccharomyces cerevisiae. *J Cell Biol*, (2001) doi:10.1083/jcb.152.3.519.
47) Suzuki K. *et al.* Hierarchy of Atg proteins in pre-autophagosomal structure organization. *Genes to Cells* **12**, 209-218, (2007).
48) Proikas-Cezanne T. *et al.* WIPI proteins: essential PtdIns3P effectors at the nascent autophagosome. *J Cell Sci*, (2015) doi:10.1242/jcs.146258.
49) Kotani T. *et al.* The Atg2-Atg18 complex tethers pre-autophagosomal membranes to the endoplasmic reticulum for autophagosome formation. *Proc Natl Acad Sci*, 201806727, (2018).
50) Chowdhury S. *et al.* Insights into autophagosome biogenesis from structural and biochemical analyses of the ATG2A-WIPI4 complex. *Proc Natl Acad Sci*, (2018) doi:10.1073/pnas.1811874115.
51) Zheng JX. *et al.* Architecture of the ATG2B-WDR45 complex and an aromatic Y/HF motif crucial for complex formation. *Autophagy* **8627**, 1-14, (2017).
52) Dooley HC. *et al.* WIPI2 Links LC3 Conjugation with PI3P, Autophagosome Formation, and Pathogen Clearance by Recruiting Atg12-5-16L1. *Mol Cell*, (2014) doi:10.1016/j.molcel.2014.05.021.
53) Juris L. *et al.* PI3P binding by Atg21 organises Atg8 lipidation. *EMBO J*, (2015) doi:10.15252/embj.201488957.
54) Mi N. *et al.* CapZ regulates autophagosomal membrane shaping by promoting actin assembly inside the isolation membrane. *Nat Cell Biol*, (2015) doi:10.1038/ncb3215.
55) Pankiv S. *et al.* FYCO1 is a Rab7 effector that binds to LC3 and PI3P to mediate microtubule plus end - Directed vesicle transport. *J Cell Biol*, (2010) doi:10.1083/jcb.200907015.
56) Chen D. *et al.* A Mammalian Autophagosome Maturation Mechanism Mediated by TECPR1 and the Atg12-Atg5 Conjugate. *Mol Cell*, (2012) doi:10.1016/j.molcel.2011.12.036.
57) Hasegawa J. *et al.* Autophagosome-lysosome fusion in neurons requires INPP5E, a protein associated with Joubert syndrome. *EMBO J*, (2016) doi:10.15252/embj.201593148.
58) Cebollero E. *et al.* Phosphatidylinositol-3-phosphate clearance plays a key role in autophagosome completion. *Curr Biol*, (2012) doi:10.1016/j.cub.2012.06.029.
59) Vergne I. *et al.* Control of autophagy initiation by phosphoinositide 3-phosphatase jumpy. *EMBO J*, (2009) doi:10.1038/emboj.2009.159.
60) Taguchi-Atarashi N. *et al.* Modulation of local Ptdins3P levels by the PI phosphatase MTMR3 regulates constitutive autophagy. *Traffic*, (2010) doi:10.1111/j.1600-0854.2010.01034.x.
61) Martens S. *et al.* Phospholipids in Autophagosome Formation and Fusion. *J Mol Biol*, (2016) doi:10.1016/j.jmb.2016.10.029.
62) Dall'Armi C. *et al.* The role of lipids in the control of autophagy. *Curr Biol*, (2013) doi:10.1016/j.cub.2012.10.041.
63) Lamb CA. *et al.* The autophagosome: Origins unknown, biogenesis complex. *Nat Rev Mol Cell Biol* **14**, 759-774, (2013).
64) Yamamoto H. *et al.* Atg9 vesicles are an important membrane source during early steps of autophagosome formation. *J Cell Biol* **198**, 219-233, (2012).
65) Axe EL. *et al.* Autophagosome formation from membrane compartments enriched in phosphatidylinositol 3-phosphate and dynamically connected to the endoplasmic reticulum. *J Cell Biol* **182**, 685-701, (2008).
66) Itakura E. & Mizushima N. Characterization of autophagosome formation site by a hierarchical

analysis of mammalian Atg proteins. *Autophagy*, (2010) doi:10.4161/auto.6.6.12709.

67) Hayashi-Nishino M. *et al.* A subdomain of the endoplasmic reticulum forms a cradle for autophagosome formation. *Nat Cell Biol* **11**, 1433-1437, (2009).

68) Ylä-Anttila P. *et al.* 3D tomography reveals connections between the phagophore and endoplasmic reticulum. *Autophagy* **5**, 1180-1185, (2009).

69) Uemura T. *et al.* A Cluster of Thin Tubular Structures Mediates Transformation of the Endoplasmic Reticulum to Autophagic Isolation Membrane. *Mol Cell Biol* **34**, 1695-1706, (2014).

70) Graef M. *et al.* ER exit sites are physical and functional core autophagosome biogenesis components. *Mol Biol Cell* **24**, 2918-2931, (2013).

71) Ishihara N. *et al.* Autophagosome requires specific early Sec proteins for its formation and NSF/SNARE for vacuolar fusion. *Mol Biol Cell* **12**, 3690-702, (2001).

72) Li Y. *et al.* The pleiotropic roles of sphingolipid signaling in autophagy. *Cell Death Dis*, (2014) doi:10.1038/cddis.2014.215.

73) Harvald EB. *et al.* Autophagy in the light of sphingolipid metabolism. *Apoptosis*, (2015) doi:10.1007/s10495-015-1108-2.

74) Tommasino C. *et al.* Autophagic flux and autophagosome morphogenesis require the participation of sphingolipids. *Apoptosis*, (2015) doi:10.1007/s10495-015-1102-8.

75) Yamagata M. *et al.* Sphingolipid synthesis is involved in autophagy in Saccharomyces cerevisiae. *Biochem Biophys Res Commun*, (2011) doi:10.1016/j.bbrc.2011.06.061.

76) Teixeira V. *et al.* Ceramide signalling impinges on Sit4p and Hog1p to promote mitochondrial fission and mitophagy in Isc1p-deficient cells. *Cell Signal*, (2015) doi:10.1016/j.cellsig.2015.06.001.

77) Sentelle RD. *et al.* Ceramide targets autophagosomes to mitochondria and induces lethal mitophagy. *Nat Chem Biol*, (2012) doi:10.1038/nchembio.1059.

78) Guenther GG. *et al.* Ceramide starves cells to death by downregulating nutrient transporter proteins. *Proc Natl Acad Sci*, (2008) doi:10.1073/pnas.0802781105.

79) Taniguchi M. *et al.* Regulation of autophagy and its associated cell death by "sphingolipid rheostat": Reciprocal role of ceramide and sphingosine 1-phosphate in the mammalian target of rapamycin pathway. *J Biol Chem*, (2012) doi:10.1074/jbc.M112.416552.

80) Lavieu G. *et al.* Regulation of autophagy by sphingosine kinase 1 and its role in cell survival during nutrient starvation. *J Biol Chem*, (2006) doi:10.1074/jbc.M506182200.

81) Lépine S. *et al.* Sphingosine-1-phosphate phosphohydrolase-1 regulates ER stress-induced autophagy. *Cell Death Differ*, (2011) doi:10.1038/cdd.2010.104.

82) Jiang W. & Ogretmen B. Autophagy paradox and ceramide. Biochim Biophys Acta - *Mol Cell Biol* Lipids, (2014) doi:10.1016/j.bbalip.2013.09.005.

83) Oku M. & Sakai Y. Three Distinct Types of Microautophagy Based on Membrane Dynamics and Molecular Machineries. *BioEssays*, (2018) doi:10.1002/bies.201800008.

各論　基礎 20

細胞外小胞の産生・機能に関わるセラミド関連脂質のはたらき

湯山　耕平*、五十嵐　靖之*

1 はじめに ―多様な細胞外小胞とセラミド関連脂質

さまざまな種類の細胞が自身の膜成分によって形成される小胞を細胞外に放出する。これらは細胞外小胞（extracellular vesicle）と呼ばれ、主にエクソソーム、マイクロベシクル、アポトーシス小体に分類される[1)]（図1）。アポトーシス小体は、アポトーシス過程の細胞が産生する大型（直径800～5,000nm）の胞体で、細胞構成分子やオルガネラを包含し細胞を分解することで、マクロファージに貪食処理されやすくさせる作用をもつ。エクソソームは、最も小さく（直径約40～100nm）でエンドソームを起源とする。エンドソーム膜が内腔側に陥入してできるmultivesicular body（MVB）は、一部がリソソームと融合し分解経路へ送られる一方、細胞膜と融合し内腔小胞が細胞外へ放出される。この放出された小胞がエクソソームと呼ばれる[2)]。マイクロベシクルは、直径約50～1,000nmで、細胞膜が外側へ向けて突出しシェディングされることで産生される。血液や脳脊髄液、尿などの体液中にはこれらの小胞が混在するが、サイズにも重複がみられ、現在特異的なマーカー分子や精製法が確立していないため、産生起源が特定できない場合は単に“細胞外小胞”と呼称される。

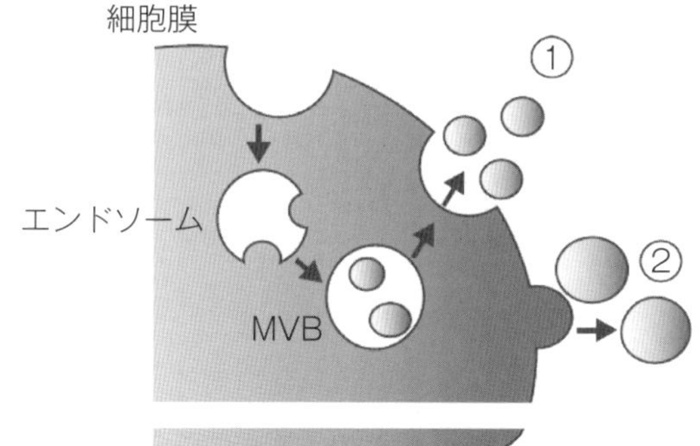

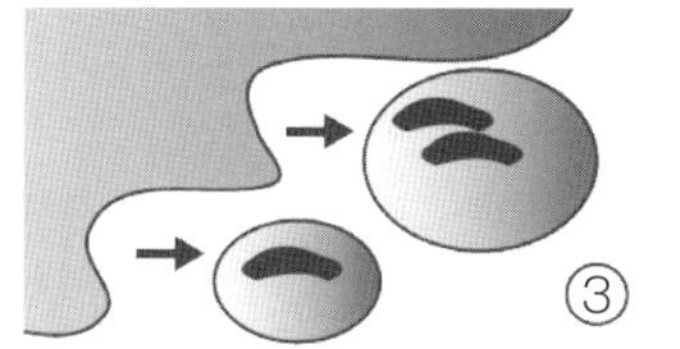

	① エクソソーム (exosome)	② マイクロベシクル (microvesicle)	③ アポトーシス小体 (apoptotic body)
サイズ	40-150nm	100-1,000nm	1-5μm
由来膜	エンドソーム膜	細胞膜	細胞膜（アポトーシス細胞）
別名	prostasome	ectosome microparticle shedding vesicle	

図1　細胞外小胞の種類とその特徴

＊北海道大学大学院 先端生命科学研究院

エクソソームやマイクロベシクルは、由来細胞の種類や状態を反映してさまざまな異なる分子（タンパク質、脂質、miRNAなどの核酸）を含有し運搬する。これらの小胞は、不要分子の細胞外排出経路として働くとともに、遠隔細胞へ含有分子を送達しその受容細胞の機能に影響をあたえることも明らかとなっている[3)]。

また限定された細胞種であるが、エクソソーム/マイクロベシクルのリピドミクス解析の結果、ほとんどの報告において、由来細胞と比較して細胞外小胞にはセラミド、スフィンゴミエリン、スフィンゴ糖脂質の含有量が多いことが示されている[4-7)]。そのソーティング機構は不明であるものの、小胞膜にはこれらのスフィンゴ脂質が高密度に存在すると考えられる。本項では、エクソソームとマイクロベシクルの産生機構と機能におけるセラミドおよび関連スフィンゴ脂質の役割を概説する。

2 細胞外小胞産生における スフィンゴ脂質の役割

(1) セラミド依存性エクソソームの産生

エクソソーム産生は、上記のようにMVB形成が起点となるが、その過程の機構の一つとしてendosomal sorting complex required for the transporter（ESCRT）複合体依存的メカニズムが知られている[8, 9)]。ESCRT複合体は、４つのサブユニットとAlix等の数種のアクセサリータンパク質から構成される分子群で、これらがエンドソーム膜の細胞質側表面に集積して協調的に働くことで、内腔への小胞放出（MVB形成）を遂行する。2008年、ESCRT複合体に依存しないMVB形成機構としてセラミドの関与が報告された[4)]。エンドソーム膜のスフィンゴミエリン（SM）が、中性型スフィンゴミエリナーゼ2（nSMase2）によってセラミドに変換されエンドソーム膜に蓄積すると、膜の物理的性質の変化により内腔側への陥入が誘導され、MVBが形成される。その結果エクソソーム産生が誘導される。SMを含有した人工リポソームにSM分解酵素を作用させた実験でも、内腔小胞の形成が観察されている。 多種類の細胞でnSMase2依存性エクソソーム形成が起きることが報告されており、その作用特異性に問題があるもののnSMase阻害剤GW4869がエクソソーム産生阻害剤として研究に多用されている[4, 5, 10)]。また、肝細胞をパルミチン酸で処理するとエクソソーム産生が促進されるが、この時にセラミドの*de novo*合成とセラミド輸送タンパク質CERTによるERからMVBへのセラミド輸送が関与しているとの報告がある[11)]。セラミドが、エンドソーム系においてエクソソームの産生に関与することは明らかであるが、その機構には不明な点も多く、今後の研究の課題である。

(2) エクソソームのスフィンゴシン1リン酸（S1P）依存性積み荷取り込み

上記のようにセラミドはMVB形成を通してエクソソーム産生に関与するが、セラミド代謝物であるS1Pが、エクソソームの積み荷の取り込み（cargo sorting）を誘導することも報告されている[12)]。細胞膜と同様に、エクソソーム形成の場であるエンドソーム膜上においても、スフィンゴシンキナーゼ２（SphK2）によるセラミドからS1Pの産生、およびS1PによるS1P受容体（S1P1）の活性化のメカニズムが独立して働いている。このS1P受容体の恒常的な活性化が、RhoファミリーGTPase活性化やアクチン骨格制御を介して、CD63などの積み荷タンパク質のエクソソームへのソーティングを誘導する[13)]。SphK2やS1P受容体活性を阻害剤などでブロックするとソーティングが抑制され、その結果、積み荷分子の含有量が減少したエクソソームが放出される。まだソーティング分子の選択性などの課題はあるものの、S1Pシグナルを利用した内包物コントロールによってエクソソーム機能を制御することが可能になるかもしれない。

(3) セラミド依存性マイクロベシクル産生

P2X7は、ATPを内在性リガンドとする受容体で、マクロファージやミクログリア、リンパ球など免疫系の細胞で高い発現を示す。これらの細胞ではP2X7受容体刺激によって放出されるサイトカインがマイクロベシクルに含まれるかたちで放出されることが以前から知られており[14)]、2009年にミクログリアにおいて、酸性型スフィンゴミエナーゼ（aSMase）がP2X7依存性マイクロベシクル形成に関与していることが示された[15)]。P2X7受容体刺激後にsrcキナーゼとp38 MAPキナーゼの活性化を経て、通常はリソソームに局在するaSMaseが細胞膜表面に放出される。このaSMaseが細胞膜のSMを分解しセラミドを産生することで、nSMase2によるMVB形成と同様に、物理的に膜構造を不安定化させ膜シェディングを誘導することでマイクロベシクル放出を誘導すると考えられる。aSMase依存性マイクロベシクル産生は後にマクロファージでも確認されている。またP2X7刺激後に産生されるミクログリア由来マイクロベシクルはその機能として、神経細胞に働きかけシナプス活性の調節を行うことも報告されている[15, 16]。

(4) ガラクトシルスフィンゴシン依存性マイクロベシクル産生

ガラクトシルスフィンゴシン（サイコシン）がオリゴデンドロサイトにおいて、マイクロベシクル産生に関与することが報告されている[17]。ガラクトセレブロシダーゼ遺伝子欠損が原因で起こるリソソーム病の一種のクラッベ（Krabbe）病では、この酵素の主たる基質ガラクトシルセラミドは蓄積せず、もともとは微量な基質であるサイコシンがオリゴデンドロサイトに蓄積する。この報告では、培養オリゴデンドロサイトにおいてサイコシン処理を行うと、細胞膜の流動性が変化しシェディングが誘導され、マイクロベシクルが放出されることが示されている。またTwitcherマウス（ガラクトセレブロシダーゼ遺伝子欠損マウス）から調整したオリゴデンドロサイトは野生型と比較してサイコシン処理後のマイクロベシクル産生が亢進する[17]。クラッベ病の主たる病理は神経線維の脱ミエリンであり、蓄積したサイコシンによる異常なマイクロベシクル産生が膜障害を誘導し脱ミエリン過程に関与する可能性をこの報告は示唆している。

3 細胞外小胞含有スフィンゴ脂質の機能

スフィンゴ脂質は、細胞外小胞の形成過程に関与するだけでなく、小胞膜に含まれて放出される。しかし、この小胞依存性のスフィンゴ脂質放出が、ドナー細胞や受容細胞に対してどのような機能をもつのか現時点では明確でない。これまでに報告されているエクソソーム含有スフィンゴ脂質のアルツハイマー病病理に関係する作用と単球系細胞の走化性誘導機能について概説する。

(1) エクソソームのアルツハイマー病病理における作用

アルツハイマー病の病原因子の一つであり、老人斑の主要構成成分であるアミロイドβ蛋白質（Aβ）は、分子量約4kDaのペプチドで前駆タンパク質APPの切断によって産生され細胞外に分泌される。このAβは、培養神経細胞の上清や、ヒトの血液、脳関髄液由来のエクソソームに結合していることが報告されている[5, 18, 19]。著者らは、エクソソームへのAβ結合様式を調べる過程で、神経細胞株N2aのエクソソームに含まれるスフィンゴ糖脂質（Glycosphingolipid, GSL）を質量分析で網羅的に解析した結果、GM2, GM1を含めて約20種類のGSLが検出された[20]。また、エクソソームの総GSL量は、由来細胞と比較して顕著に多かった。また、マウス脳神経培養細胞由来エクソソームにはシアル酸の付加したGSLであるGM1, GT1, GD1などガングリオシドの含有率が特に高かった[5]。ガングリオシドに対してAβが結合することは以前から報告されており[21, 22]、酵素処理によるエクソソームGSL糖鎖切断実験などを行ったころ、エクソソームとAβの結合が阻害されたことから、Aβのエクソソームへの結合は、GSLを介したものであると考えられる[20]。またAβ結合エクソソームはミクログリアに取り込まれ、Aβはミクログリアで分解を受ける（**図2**）。ミクログリアは遊離Aβの取り込み・除去も行うが、エクソソーム結合型Aβは取り込み効率が高い。AβのGSLを介したエクソソームへの結合は、Aβクリアランス効率を高める働きがあると考えられる。アルツハイマー病モデルマウスを用いた著者らの実験では、脳へのエクソソームの持続注入でAβ沈着の緩和などアルツハイマー病様病理の緩和もみられている[20]。

一方で、Aβに暴露されたアストロサイトから放出されたエクソソームが、細胞死を誘導する作用を持つことも報告されている[23]（図２）。Aβ処理アストロサイトでは、N-SMase活性化が起こり、その結果多量のセラミドとアポトーシス関連分子Prostatic apoptosis response-4（Par-4）を含んだエクソソームが放出される。このエクソソームで正常アストロサイトや神経細胞を処理す

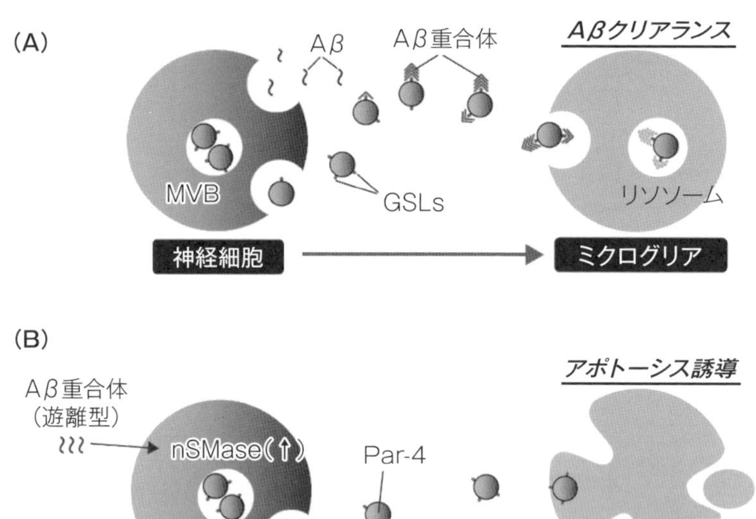

図2　アルツハイマー病病態形成に関与するエクソソーム含有スフィンゴ脂質
(A) 神経細胞由来エクソソームのスフィンゴ糖脂質（GSL）を介したAßの捕捉とミクログリアでのAß分解。
(B) Aß処理アストロサイト由来エクソソームのセラミドによるアポトーシス誘導。

ると細胞死が誘導される。また同研究グループの報告では、nSMase2遺伝子が欠損したアルツハイマー病モデルマウスでは、脳内エクソソーム量減少とアストロサイト活性化減少、さらにAβ沈着の緩和が観察されている[24)]。

(2) エクソソームの細胞走化性促進作用

エクソソームの働きの一つとして、細胞運動性を調節し細胞の走化性を促進する役割が知られている。関連因子として、がん細胞（ヒト繊維肉腫）由来エクソソームのフィブロネクチンや好中球由来エクソソームのロイコトリエン B4、リンパ管内皮細胞由来エクソソームに含まれるCX3CL1/fractalkineが報告されており[25-27)]、これら分子のエクソソーム依存性放出が阻害されると、細胞遊走の速度低下や方向性の撹乱が起こる。遊走がん細胞の観察からはエクソソーム含有フィブロネクチンが接着性の強化や細胞突起の方向性を揃える働きをもつことが示されており[25)]、エクソソームが遊走細胞の足場となることで走化性の安定に寄与している可能性が考えられている。

最近の報告で、エクソソームに含まれるスフィンゴ脂質も同様に細胞遊走の安定化や活性化に関与することを示している。膵がん細胞（湿潤性膵菅がん細胞）ではセラミドキナーゼが高発現しておりセラミド１リン酸（ceramide-1-phosphate、C1P）含量が高い[28)]。C1Pはこの細胞から放出されるエクソソーム中にも存在し、膵がん幹細胞に働きかけて遊走を活性化させる。また肝細胞をパルミチン酸処理後はC16:0セラミドを多く含むエクソソームが放出されるが、このエクソソームはマクロファージの遊走を活性化させる[29)]。マクロファージでS1Pレセプター（S1PR1）の活性を阻害すると遊走が抑制されことから、エクソソームに含まれるセラミド代謝物sphingosine-phosphate（S1P）がマクロファージの遊走を誘導する可能性が考えられる。非アルコール性脂肪肝炎（NASH）モデルマウスでは、血液中エクソソームのC16:0セラミドとS1P含量の上昇がみられている。肝組織への炎症性マクロファージの浸潤は、単純性脂肪肝からNASHへの遷移を引き起こす要因の一つであり、この肥満関連疾患の増悪化過程にエクソソーム含有スフィンゴ脂質が関与しているかもしれない。

5 最後に

エクソソームやマイクロベシクルを介した細胞間コミュニケーションは生理的、病理的両面において多岐に渡ることが明らかになっている。その産生過程に関与するセラミドやその代謝脂質は、今後、細胞外小胞を介した細胞間コミュニケーションを制御するツールとして開発が進むことが期待される。また細胞外小胞の含有分子プロファイルは、由来細胞や組織の状態によって変動すると考えられるため、体液中小胞分子を疾患バイオマーカーとして開発する試みも行われている。現在はタンパク質やmiRNAを対象とした探索が盛んに行われており脂質解析の例は少ないが、セラミド関連として、前立腺がん患者の尿中エクソソームにおけるラクトシルセラミドの増加や、多発性硬化症における血液中小胞のスルファチドの増加が報告されている[31, 32]。疾患組織でセラミド代謝が変動した場合、細胞外小胞の濃度や含有脂質に反映される可能性が大いに考えられ今後の研究の進展が注目される。

【参考文献】

1) G. Raposo G, Stoorvogel W: Extracellular vesicles: exosomes, microvesicles, and friends. *J. Cell Biol.* **200**: 373-83, (2013).
2) Crescitelli R, Lasser C, *et al.*: Distinct RNA profiles in subpopulations of extracellular vesicles: apoptotic bodies, microvesicles and exosomes. *J. Extracell. Ves.*, **2**, 20677-10, (2013).
3) Théry C, Witwer KW, *et al.*: Minimal information for studies of extracellular vesicles 2018 (MISEV2018): a position statement of the International Society for Extracellular Vesicles and update of the MISEV2014 guidelines. *J. Extracell. Ves.*, **7**, 1-47, (2018).
4) Trajkovic K, Hsu C, *et al.*: Ceramide triggers budding of exosome vesicles into multivesicular endosomes. *Science*, **319**: 1244-7, (2008).
5) Yuyama K., Sun H, *et al.*: A potential function for neuronal exosomes: sequestering intracerebral amyloid-β peptide. *FEBS Lett.*, **589**: 84-8, (2015).
6) Haraszti RA, Didiot M-C, *et al.*: High-resolution proteomic and lipidomic analysis of exosomes and microvesicles from different cell sources. *J. Extracell. Ves.*, **5**: 32570, (2016).
7) Llorente A, Skotland T, *et al.*: Molecular lipidomics of exosomes released by PC-3 prostate cancer cells., *Biochim. Biophys. Acta*, **1831**: 1302-9, (2013).
8) Hurley JH: ESCRTs are everywhere. *EMBO J*, **34**: 2398-407, (2015).
9) Bissig C, Gruenberg J: ALIX and the multivesicular endosome: ALIX in Wonderland. *Trends Cell Biol.*, **24**: 19-25, (2014).
10) Asai H, Ikezu S, *et al.*: Depletion of microglia and inhibition of exosome synthesis halt tau propagation. *Nat. Neurosci.*, **18**: 1584-93, (2015).
11) Fukushima M, Dasgupta D, *et al.*: StAR-related lipid transfer domain 11 (STARD11)-mediated ceramide transport mediates extracellular vesicle biogenesis. *J. Biol. Chem.*, (2018) in press.
12) Kajimoto T, Okada T, *et al.*: Ongoing activation of sphingosine 1-phosphate receptors mediates maturation of exosomal multivesicular endosomes. *Nat. Commun.*: **4**, 2712, (2013).
13) Kajimoto T, Mohamed NNI, *et al.*: Involvement of Gβγ subunits of Gi protein coupled with S1P receptor on multivesicular endosomes in F-actin formation and cargo sorting into exosomes. *J. Biol. Chem.* **293**: 245-53 (2018).
14) Thomas LM & Salter RD: Activation of macrophages by P2X7-induced microvesicles from myeloid cells is mediated by phospholipids and is partially dependent on TLR4. *J. Immunol.*, **185**: 3740-49, (2010).
15) Bianco F, Perrotta C, *et al.*: Acid sphingomyelinase activity triggers microparticle release from glial cells. *EMBO J.*: **28**, 1043-54, (2009).
16) Wang J, Pendurthi UR, *et al.*: Sphingomyelin encrypts tissue factor: ATP-induced activation of A-SMase leads to tissue factor decryption and microvesicle shedding. *Blood Adv.*: **1**, 849-62, (2017).
17) D'Auria L, Reiter C, *et al.*: Psychosine enhances the shedding of membrane microvesicles: Implications in demyelination in Krabbe's disease. *PLoS ONE*: **12**, e0178103, (2017).
18) Rajendran L, Honsho M, *et al.*: Alzheimer's disease β-amyloid peptides are released in association with exosomes. *Proc. Nat. Acad. Sci.*: **103**, 11172-7, (2006).
19) Fiandaca MS, Kapogiannis D, *et al.*: Identification of preclinical Alzheimer's disease by a profile of pathogenic proteins in neurally derived blood exosomes: A case-control study.: *Alzheimers Dement.*: **11**, 600-7, (2015).
20) Yuyama K, Sun H, *et al.*: Decreased amyloid-β pathologies by intracerebral loading of glycosphingolipid-enriched exosomes in Alzheimer model mice. *J. Biol. Chem.*: **289**, 24488-298, (2014).
21) Yanagisawa K, Odaka A, *et al.*: GM1 ganglioside-bound amyloid beta-protein (A beta): a possible form of preamyloid in Alzheimer's disease. *Nat. Med.*: **1**, 1062-66. (1995)
22) Matsubara T, Iijima K, *et al.*: Specific binding of GM1-binding peptides to high-density GM1 in lipid membranes. *Langmuir*: **23**, 708-14, (2007).
23) Wang G, Dinkins M, *et al.*: Astrocytes secrete

exosomes enriched with proapoptotic ceramide and prostate apoptosis response 4 (PAR-4): potential mechanism of apoptosis induction in Alzheimer disease (AD). *J. Biol. Chem.*: **287**, 21384-95, (2012).

24) Dinkins MB, Enasko J, *et al.*: Neutral Sphingomyelinase-2 Deficiency Ameliorates Alzheimer's Disease Pathology and Improves Cognition in the 5XFAD Mouse. *J. Neurosci.*: **36**, 8653-67, (2016).

25) Sung BH, Ketova T, *et al.*: Directional cell movement through tissues is controlled by exosome secretion. *Nat. Commun.*: **6**, 7164, (2015).

26) Majumdar R, Tavakoli Tameh A, *et al.*: Exosomes Mediate LTB4 Release during Neutrophil Chemotaxis. *PLoS Biol.*: **14**, e1002336, (2016).

27) Brown M, Johnson LA, *et al.*: Lymphatic exosomes promote dendritic cell migration along guidance cues. *J. Cell Biol.*: **217**, 2205-21, (2018).

28) Kuc N, Doermann A, *et al.*: Pancreatic ductal adenocarcinoma cell secreted extracellular vesicles containing ceramide-1-phosphate promote pancreatic cancer stem cell motility. *Biochem. Pharmacol.*, **156**, 458-66, (2018).

29) Kakazu E, Mauer AS, *et al.*: Hepatocytes release ceramide-enriched pro-inflammatory extracellular vesicles in an IRE1α-dependent manner. *J. Lipid Res.*: **57**, 233-45, (2016).

30) Kazankov K, Jørgensen SMD, *et al.*: The role of macrophages in nonalcoholic fatty liver disease and nonalcoholic steatohepatitis. *Nat. Rev. Gastroenterol. Hepatol.*: **34**, 1, (2018)

31) Skotland T, Ekroos K, *et al.*: Molecular lipid species in urinary exosomes as potential prostate cancer biomarkers. Eur. *J. Cancer*: **70**, 122-32, (2017).

32) Moyano AL, Li G, *et al.*: Sulfatides in extracellular vesicles isolated from plasma of multiple sclerosis patients. *J. Neurosci. Res.*: **94**, 1579-87, (2016).

各論　基礎 21

原核生物のスフィンゴ脂質分解酵素とその利用

沖野　望*、伊東　信*

1 はじめに

セラミドやスフィンゴミエリン（SM）、スフィンゴ糖脂質などのスフィンゴ脂質は長鎖塩基であるスフィンゴシンを基本骨格として有する一群の脂質であり、全ての真核生物に存在している。また、原核生物（細菌）からもスフィンゴ糖脂質やスフィンゴリン脂質が見出されているが、その分布はスフィンゴモナス目の細菌など一部に限られている。その一方で、従来からスフィンゴ脂質を持たない細菌もスフィンゴ脂質の分解酵素を生産することが知られている。本章では、原核生物由来のスフィンゴ脂質分解酵素について概説するとともに、その生理的意義やスフィンゴ脂質研究における利用法についても紹介する。

2 エンドグリコセラミダーゼ

エンドグリコセラミダーゼ（EGCase, EC 3.2.1.123）は、基本的にセラミドに二糖以上の糖が結合したスフィンゴ糖脂質に作用してオリゴ糖とセラミドに加水分解する酵素である。後述するスフィンゴミエリナーゼ（SMase）と異なり、セラミドにコリンリン酸が結合したSMは分解しない（**図1**および以下の反応式参照）。

$$\text{スフィンゴ糖脂質} + H_2O \xrightarrow{\text{EGCase}} \text{オリゴ糖} + \text{セラミド}$$

EGCaseの活性は、一部の細菌（放線菌）と限られた無脊椎動物（ヒル、ミミズ、クラゲやヒドラなど）に見出されている[1-4]。放線菌（*Rhodococcus*）の培養上清からは三種類のEGCase（EGCase I/II/III）が精製されている[5]。EGCase IとIIはグルコシルセラミド（GlcCer）を基本骨格とする糖脂質に作用するが、EGCase Iの方が触媒効率が高く、基質特異性も広い。一方、EGCase III（EGAL-C）はガラクトシルセラミドから始まる6-gala系列の糖脂質に作用する。遺伝子クローニングにより、EGCase I～IIIは全てセルラーゼに代表されるendo-β1,4-glucanaseと同じ糖質加水分解酵素ファミリー5（Glycoside Hydrolase family 5、GH5）に属することが明らかになった[6-8]。大腸菌で発現させたEGCase IIを用いてX線結晶構造解析が行われ、EGCase IIはN末端側のGH5によく見られるTIMバレル構造とC末端側のβサンドイッチ構造から構成されていることが明らかにされた[9]。さらに、EGCaseの基質結合部位（substrate-binding cleft）の構造はendo-β1,4-glucanaseと比べると大きく異なっていたが、酵素活性に重要な8つのアミノ酸はすべて保存されており、他のGH5に属する酵素と同様に保持型グリコシダーゼで、一般酸塩基触媒機構によってスフィンゴ糖脂質のグリコシド結合を加水分解する。

原核生物におけるEGCaseの機能についてはよくわかっていないが、スフィンゴ糖脂質の糖鎖はオリゴ糖になるとグリコシダーゼにより分解されやすくなることが知られており、EGCase生産菌は環境中のスフィンゴ糖脂質をオリゴ糖に分解することで、栄養源として利用しやすくしているのだろう。また、EGCase生産菌の中には後述するセラミダーゼを生産する細菌もおり、セラミド部分も分解して栄養源として利用している可能性もある。

＊九州大学大学院 農学研究院

無脊椎動物に見出されたEGCaseの活性については、共生する原核生物が生産している可能性も指摘されていたが、ユウレイクラゲ由来の酵素の精製とcDNAクローニング（EGCase IIとアミノ酸レベルで21.9%の同一性）によって、動物にもEGCaseが存在することが証明された[10]。また、ヒドラを使用した研究からEGCaseが食餌由来のスフィンゴ糖脂質を分解し、生じたオリゴ糖とセラミドがそれぞれ分解・代謝されることが分かり、EGCaseがヒドラにおいて消化酵素として機能していることが明らかになった[11]。一方、ほ乳動物にもEGCase活性が存在するという報告もあったが、その後否定された[12]。

通常、EGCaseの反応には、Triton X-100のような界面活性剤の添加が必要であるが、本酵素に特異的な活性化タンパク質（アクチベーター）がEGCaseを生産する放線菌に見出され[13]、アクチベーターの存在下では、界面活性剤が無くてもEGCaseがスフィンゴ糖脂質を加水分解できることが明らかになった[14, 15]。このアクチベーターを共存させることで、EGCaseが生細胞表面のスフィンゴ糖脂質を分解できることも示され、EGCaseはさまざまな生細胞の細胞表面スフィンゴ糖脂質の機能解析に利用されている[16-19]。最近、EGCase Iが弱いながらもGlcCerを分解することを利用して、植物由来のGlcCerからセラミドを遊離する試薬としても使用されている[20]。機能性食品として使用されている所謂「セラミド」のほとんどはGlcCerであり、今後、本酵素の活用によって「リアルセラミド」の機能評価、産業化が期待される。

スフィンゴ糖脂質の糖鎖構造を分析する方法の一つとして、動物細胞や組織から抽出したスフィンゴ糖脂質にEGCaseを作用させて生じた糖鎖を蛍光標識し、蛍光HPLCで分析する方法が考案されている[21]。最近、篠原らによって、EGCase処理で生じた糖鎖をグライコブロッティング法により、精製・誘導体化し、MALDI-TOF-MS（マトリックス支援レーザー脱離イオン化飛行時間型質量分析計）を用いて分析することで、これまでより簡便かつ高感度に、スフィンゴ糖脂質を分析する方法が考案された[22, 23]。また、酵素処理で同時に生成するセラミドの構造情報もLC-MS等で簡便に得ることができる。

近年、EGCaseに類似するアミノ酸配列を有するタンパク質が真菌類に見出されてEGCase related protein（EGCrP）と名付けられた。EGCrPはEGCaseと異なり、オリゴ糖鎖を有するスフィンゴ糖脂質は分解しないが、真菌由来のGlcCerやエルゴステリルグルコシドの分解を担うことが分かってきた。EGCrPの詳細については伊東らの第9章を参照して頂きたい。

3 スフィンゴミエリナーゼ

スフィンゴミエリナーゼC（SMase C, EC 3.1.4.12）は、SMのリン酸ジエステル結合を加水分解してコリンリン酸とセラミドを生成する酵素である。細菌由来のSMaseにはSMase Cに加えて、SMのコリンとリン酸間の結合を加水分解して、コリンとセラミド1-リン酸を生じるSMase Dが知られているが、一般的にSMaseといえばSMase Cのことを指しており、本稿においてもSMase CをSMaseと呼称する（**図1**および以下の反応式参照）。

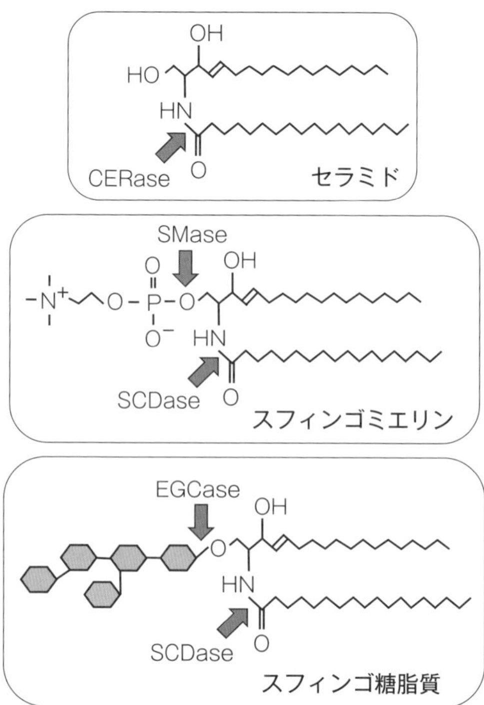

図1　スフィンゴ脂質分解酵素の作用点
CERase：セラミダーゼ、EGCase：エンドグリコセラミダーゼ、SCDase：スフィンゴ脂質セラミド*N*-デアシラーゼ、SMase：スフィンゴミエリナーゼ

$$\text{スフィンゴミエリン} + H_2O \xrightarrow{\text{SMase}} \text{コリンリン酸} + \text{セラミド}$$

脊椎動物には酸性、中性、アルカリ性の三種類のSMaseが存在することが知られているが、細菌由来のSMaseは中性SMaseのホモログであり、哺乳動物の最初の中性SMaseは細菌SMaseのホモログとして同定された[24]。細菌由来のSMaseにはSMに特異的な酵素とホスファチジルコリン（PC）などのグリセロリン脂質とSMの両方に作用する酵素が存在するが、一般的にグリセロリン脂質とSMの両方に作用する酵素をホスホリパーゼ Cと呼称し、SMに特異的に作用する酵素をSMaseと呼称している。これら酵素の多くは分泌酵素であり菌体外で作用するが、赤血球に作用すると溶血を引き起こすことから、溶血因子（病原因子）としても有名である[25, 26]。細菌由来SMaseのいくつかは市販されており、SMやセラミドの機能解析に幅広く使用されている。

*Bacillus cereus*由来SMaseのX線結晶構造解析により、その高次構造が明らかにされ、本酵素の詳細な反応機構が解析された[27]。その結果、本酵素が活性中心に金属イオンを含み、金属イオンに配位した水分子が活性化されることで、SMを分解するメカニズムやSMaseが生体膜と作用する際に重要な役割を果たすアミノ酸の存在が明らかになった。

SMの分解によって生じたコリンリン酸はホスファターゼの作用によって、コリンとリン酸に分解される。リン酸は細菌に取り込まれて利用されることが知られているが、コリンに関しても細菌に取り込まれて、グリシンベタインに変換され、炭素源や窒素源として利用される[28]。一方、セラミドに関しては、後述するセラミーゼにより分解されると脂肪酸の利用が可能になるが、SMase生産菌の中でセラミダーゼを生産する細菌は限られているので、多くの場合、その運命は不明である。

細菌由来のSMaseは上述したEGCaseと異なり、アクチベーターがなくても細胞表面のSMを分解できることから、動物細胞のSMやセラミドの機能解析によく使用されている。一方、SMaseによりSMから生じたコリンリン酸にアルカリホスファターゼを作用させるとコリンが遊離するが、このコリンにコリンオキシダーゼを作用させた際に生じる過酸化水素が西洋わさび由来のペルオキシダーゼ（HRP）を活性化することに着目して、最終的にHRPの酵素活性を指標にしてSMを簡便に定量する方法が考案されている[29]。本方法ではSMのセラミド部分の構造情報を得ることは出来ないが、簡便で96穴プレートで反応させることが可能であり、多検体のサンプルの分析に適した方法である。

4 セラミダーゼ

セラミダーゼ（CERase, EC 3.5.1.23）は、遊離セラミドのアミド結合を加水分解し、スフィンゴシンと脂肪酸を生成する酵素である（図1および以下の反応式参照）。

$$\text{セラミド} + H_2O \xrightarrow{\text{CERase}} \text{スフィンゴシン} + \text{脂肪酸}$$

セラミダーゼは遊離セラミドにのみ作用し、後述するスフィンゴ脂質セラミド*N*-デアシラーゼ（SCDase）と異なりSMやスフィンゴ糖脂質のセラミド部位には作用しない。脊椎動物には酸性、中性、アルカリ性の三種類のセラミダーゼが存在するが、細菌に見出されているセラミダーゼは中性セラミダーゼのホモログある[30]。細菌由来のセラミダーゼは最初に緑膿菌の培養上清に見出され、精製と遺伝子クローニングがなされた[31, 32]。その後、マウスやラットの中性セラミダーゼが精製され、そのcDNAがクローニングされたが、驚いたことに、哺乳類セラミダーゼは緑膿菌セラミダーゼと高い相同性を示した[33-37]。その後の研究で、中性セラミダーゼは原核生物から植物、ヒトに至るまでその遺伝情報が高度に保存されていることが分かった。それに対して、酸性、アルカリ性セラミダーゼは原核生物には見出されていない。緑膿菌から精製したセラミダーゼは最適pHが8.5を示したことから、当初、アルカリ性セラミダーゼと表記されたが、アミノ酸配列が哺乳動物由来の中性セラミダーゼと高い相同性を示す一方、酵母からクローニングされたアルカリ性セラミダーゼとは全く相同性がないことから、現在は一次構造に基づいて中性セラミダーゼのグループに分類されている。

大腸菌で発現させた緑膿菌セラミダーゼのX線結晶構造解析により、本酵素がN末端側の活性部位を含む新規ドメインとC末端側のイムノグロブリン様ドメインから構成されていることが明らかにされた[38)]。また、N末端ドメインに見出した亜鉛に配位するアミノ酸の変異解析から、中性セラミダーゼでは、亜鉛に配位する水分子がヒスチジンによりプロトンを引き抜かれることで活性化され、活性化された水分子がセラミドのカルボニル基を求核攻撃することにより、アミド結合が加水分解されるという反応様式が提案されている。この反応様式は、亜鉛依存性カルボキシペプチダーゼの反応機構と基本的には同じである。さらに、本解析で明らかにされた反応に重要なアミノ酸配列は、これまでに見出されている中性セラミダーゼで高度に保存されており、ヒトやマウスの酵素も同様な反応機構でセラミドを分解していると考えられる。一方、緑膿菌セラミダーゼの高次構造から明らかになったセラミド結合部位の解析から、セラミダーゼの基質結合部位にはセラミドに極性基が結合したSMやスフィンゴ糖脂質が入るための十分なスペースがないことも示され、このことがセラミドに対する高い基質特異性を説明している。

緑膿菌のゲノム解析から中性セラミダーゼ遺伝子（*cerN*）とSMase活性を有する溶血性のホスホリパーゼC遺伝子（*plcH*）が隣接していることが明らかになった。SMが分解されて生じたセラミドはセラミダーゼの基質になることから、PlcHの溶血活性に及ぼすセラミダーゼ活性の影響が調べられ、緑膿菌セラミダーゼにPlcHが引き起こす溶血活性を増強する作用があることが明らかになった[39)]。

一方、緑膿菌セラミダーゼの遺伝子発現機構に関しては、スフィンゴシンに特異的に応答して緑膿菌セラミダーゼの遺伝子発現を促す転写制御因子が同定され、Sphingosine-response regulator（SphR）と名付けられた[40, 41)]。SphRはスフィンゴシンと結合することで活性化され、セラミダーゼ遺伝子のプロモーター領域に結合して転写を促すが、それ以外にもSphA-Dと名付けられた四種類のタンパク質の発現にも関与している。緑膿菌は他の細菌に比べて、スフィンゴシンに対して耐性を示すことが報告されているが、SphRの欠損株はスフィンゴシンに対して感受性が高くなる。これらのことから、SphA-Dが緑膿菌においてスフィンゴシンの輸送や代謝に関わることで、スフィンゴシンに対して耐性を獲得していると考えられているが、その詳細は明らかになっていない。

緑膿菌セラミダーゼの細菌ホモログの多くはN末端に疎水性の分泌シグナルを有していることから、セラミダーゼを菌体外に分泌していると考えられる。分泌されたセラミダーゼは細胞外でセラミドを脂肪酸とスフィンゴシンに分解し、脂肪酸を菌体内に取り込んでβ酸化によりエネルギー生産に使用していることが推測される。一方、セラミドの分解で同時に生じたスフィンゴシンは、細菌に対して抗菌活性を示すことから無毒化する必要があるが、上述したようにその詳細は分かっていない。また、結核菌のように分泌シグナルを有していないセラミダーゼも一部存在する[42)]。結核菌のゲノム解析から、結核菌は宿主の脂質を細胞内に取り込んで、栄養源として利用するための脂質代謝酵素の遺伝子を多数有していることが報告されており、結核菌セラミダーゼは細胞内で取り込んだセラミドの分解に関わっていることが推測される。

5 スフィンゴ脂質セラミドN-デアシラーゼ

スフィンゴ脂質セラミド*N*-デアシラーゼ（SCDase, EC 3.5.1.69）はSMやスフィンゴ糖脂質のセラミドのアミド結合を加水分解し、それらのリゾ体と脂肪酸を生じる酵素であるが、セラミダーゼと異なり、遊離セラミドに対する分解活性はあまり高くない（図１および以下の反応式参照）。

$$\text{スフィンゴ脂質} + H_2O \xrightarrow{\text{SCDase}} \text{リゾスフィンゴ脂質} + \text{脂肪酸}$$

スフィンゴ糖脂質から脂肪酸を遊離する酵素の活性は平林らにより、放線菌の一種である*Nocardia*属の細胞破砕液中に初めて見出された[43)]。その後、*Pseudomonas*属細菌[44)]や*Shewanella alga*[45)]の培養上清にSCDaseの活性が見出され、精製や遺伝子クローニングによってその実体が明らかにされた。遺伝子がクローン化され、アミノ酸配列が明らかになっている*S. alga*由来のSCDaseのホモログは放線菌を含むいくつかの細菌から見つかっている。*S. alga*由来のSCDaseはC末端にレクチン様ドメインを含む推定分子量が約110,000のタンパク質であるが、*S. alga*の培養上清から精製された酵素の分子量（約75,000）から推定するとレクチン様ドメインは含まれておらず、大腸菌を用いた組換えタンパク質の発現実験からもこのドメインが*in vitro*の酵素活性に必要ないことが示された。また、ホモロジーサーチの結果からC末端のレクチン様ドメインを持たないホモログも多数見出されており、*S. alga*と一部の細菌由来の酵素が独自に獲得したレクチンドメインの生理的な意義は現時点で不明である。

SCDaseの反応産物であるスフィンゴ脂質のリゾ体は、正常なヒトにはほとんど存在しないが、スフィンゴ脂質代謝異常症の患者由来の組織に蓄積していることが報告されている。GlcCer合成酵素やガラクトシルセラミド合成酵素がスフィンゴシンに糖を転移してリゾ体が生成する可能性[46]が指摘されている一方で、アトピー性皮膚炎になるとSMのリゾ体を生じる酵素（SMデアシラーゼ）の活性が上昇するという報告[47, 48]や酸性セラミダーゼがスフィンゴ糖脂質を分解して、リゾ糖脂質を生じるという報告[49, 50]もある。ちなみに、細菌由来SCDaseのホモログは、ヒトを含めた真核生物には見出されていない。ごく最近、酸性セラミダーゼの高次構造が明らかにされた[51]ので、この方面での進展を期待したい。

SCDaseはスフィンゴ脂質に幅広く作用し、そのリゾ体を生じることから、入手が困難なリゾスフィンゴ脂質、特に糖鎖構造が複雑なスフィンゴ糖脂質のリゾ体の調製に使用されているが、リゾ体の調製以外にも本酵素の特性に着目した以下のような利用方法が報告されている。

SCDaseは通常の加水分解酵素と異なり、加水分解のみならず、逆反応（縮合反応）を効率よく触媒する[52]。この逆反応を利用するとスフィンゴ脂質のリゾ体と脂肪酸からスフィンゴ脂質を酵素反応により簡単に合成することが出来る。例えば、単一な脂肪酸を含むスフィンゴ脂質を調製することや脂肪酸部分を蛍光標識もしくは、放射性標識したスフィンゴ脂質を簡便に作成することが可能である[53, 54]。

また、SCDaseにより分解されて生じたリゾスフィンゴ脂質はアミノ基を有するようになる。このアミノ基を*O*-フタルアルデヒドで蛍光標識し、蛍光検出器を接続したHPLCにより分析することで、スフィンゴ脂質をリゾスフィンゴ脂質として定量することが可能である[55]。本方法ではスフィンゴ脂質の脂肪酸種の違いを分析することは出来ないが、通常のLC-MSでは定量が困難とされるGlcCerとガラクトシルセラミドを簡便に測定することが可能である。

6 おわりに

本章では筆者らの研究を含めて、原核生物由来のスフィンゴ脂質分解酵素（図１）の構造や機能に加えて、それらの利用方法について概説した。原核生物由来のスフィンゴ脂質分解酵素はいずれもスフィンゴ脂質を有していない細菌から見つけられたものばかりであり、細菌がさまざまな環境で生育するための生存戦略の一つとして、スフィンゴ脂質分解酵素を生産していると考えられる。また、細菌由来のSMaseや緑膿菌セラミダーゼのように病原因子として機能するものもある。

本章で紹介した、細菌由来スフィンゴ脂質分解酵素を利用したセラミドやリゾスフィンゴ脂質の調製、標識スフィンゴ脂質の酵素合成は高価な機器や専門的な知識がなくても実践できる簡便な方法である。これらの酵素がセラミドを含めたスフィンゴ脂質研究の一助になれば幸いである。

【参考文献】

1) Ito, M. & Yamagata, T. A novel glycosphingolipid-degrading enzyme cleaves the linkage between the oligosaccharide and ceramide of neutral and acidic glycosphingolipids. *J. Biol. Chem.* **261**, 14278-14282 (1986).
2) Li, S.-C., Degasperi, R. *et al.* A unique glycosphingolipid-splitting enzyme (ceramide-glycanase from leech) cleaves the linkage between the oligosaccharide and the ceramide. *Biochem. Biophys. Res. Commun.* **141**, 346-352 (1986).
3) Li, Y.-T., Ishikawa, Y. *et al.* Occurrence of ceramide-glycanase in the earthworm, *Lumbricus terrestris*. *Biochem. Biophys. Res. Commun.* **149**, 167-172 (1987).
4) Ashida, H., Yamamoto, K. *et al.* Purification and characterization of membrane-bound endoglycoceramidase from *Corynebacterium* sp. *Eur. J. Biochem.* **205**, 729-735 (1992).
5) Ito, M. & Yamagata, T. Purification and

characterization of glycosphingolipid-specific endoglycosidases (endoglycoceramidases) from a mutant strain of *Rhodococcus* sp. Evidence for three molecular species of endoglycoceramidase with different specificities. *J. Biol. Chem.* **264**, 9510-9519 (1989).

6) Izu, H., Izumi, Y. *et al.* Molecular Cloning, Expression, and Sequence Analysis of the Endoglycoceramidase II Gene from *Rhodococcus* Species Strain M-777. *J. Biol. Chem.* **272**, 19846-19850 (1997).

7) Ishibashi, Y., Nakasone, T. *et al.* A novel endoglycoceramidase hydrolyzes oligogalactosylceramides to produce galactooligosaccharides and ceramides. *J. Biol. Chem.* **282**, 11386-11396 (2007).

8) Ishibashi, Y., Kobayashi, U. *et al.* Preparation and characterization of EGCase I, applicable to the comprehensive analysis of GSLs, using a rhodococcal expression system. *J. Lipid Res.* **53**, 2242-2251 (2012).

9) Caines, M.E.C., Vaughan, M.D. *et al.* Structural and Mechanistic Analyses of endo-Glycoceramidase II, a Membrane-associated Family 5 Glycosidase in the Apo and GM3 Ganglioside-bound Forms. *J. Biol. Chem.* **282**, 14300-14308 (2007).

10) Horibata, Y., Okino, N. *et al.* Purification, characterization, and cDNA cloning of a novel acidic endoglycoceramidase from the jellyfish, *Cyanea nozakii*. *J. Biol. Chem.* **275**, 31297-31304 (2000).

11) Horibata, Y., Sakaguchi, K. *et al.* Unique catabolic pathway of glycosphingolipids in a hydrozoan, *Hydra magnipapillata*, involving endoglycoceramidase. *J. Biol. Chem.* **279**, 33379-33389 (2004).

12) Li, Y.-T. & Li, S.-C. On the presence of ceramide glycanase activity in mammalian tissues. *Glycobiology* **10**, iii-iiv (2000).

13) Ito, M., Ikegami, Y. *et al.* Activator proteins for glycosphingolipid hydrolysis by endoglycoceramidases. Elucidation of biological functions of cell-surface glycosphingolipids in situ by endoglycoceramidases made possible using these activator proteins. *J. Biol. Chem.* **266**, 7919-7926 (1991).

14) Ito, M., Ikegami, Y. *et al.* Specific hydrolysis of intact erythrocyte cell-surface glycosphingolipids by endoglycoceramidase. *Eur. J. Biochem.* **218**, 637-643 (1993).

15) Ito, M., Ikegami, Y. *et al.* Kinetics of endoglycoceramidase action toward cell-surface glycosphingolipids of erythrocytes. *Eur. J. Biochem.* **218**, 645-649 (1993).

16) Muramoto, K., Kawahara, M. *et al.* Endoglycoceramidase Treatment Inhibits Synchronous Oscillations of Intracellular Ca^{2+} in Cultured Cortical Neurons. *Biochem. Biophys. Res. Commun.* **202**, 398-402 (1994).

17) Ji, L., Ito, M. *et al.* The hydrolysis of cell surface glycosphingolipids by endoglycoceramidase reduces epidermal growth factor receptor phosphorylation in A431 cells. *Glycobiology* **5**, 343-350 (1995).

18) Ito, M. & Komori, H. Homeostasis of cell-surface glycosphingolipid content in B16 melanoma cells. Evidence revealed by an endoglycoceramidase. *J. Biol. Chem.* **271**, 12655-12660 (1996).

19) Kasahara, K., Watanabe, K. *et al.* Involvement of Gangliosides in Glycosylphosphatidylinositol-anchored Neuronal Cell Adhesion Molecule TAG-1 Signaling in Lipid Rafts. *J. Biol. Chem.* **275**, 34701-34709 (2000).

20) Usuki, S., Tamura, N. *et al.* Konjac Ceramide (kCer) Regulates NGF-Induced Neurite Outgrowth via the Sema3A Signaling Pathway. *J. Oleo Sci.* **67**, 77-86 (2018).

21) Higashi, H., Ito, M. *et al.* Two-dimensional mapping by the high-performance liquid chromatography of oligosaccharides released from glycosphingolipids by endoglycoceramidase. *Anal. Biochem.* **186**, 355-362 (1990).

22) Fujitani, N., Takegawa, Y. *et al.* Qualitative and Quantitative Cellular Glycomics of Glycosphingolipids Based on Rhodococcal Endoglycosylceramidase-assisted Glycan Cleavage, Glycoblotting-assisted Sample Preparation, and Matrix-assisted Laser Desorption Ionization Tandem Time-of-flight Mass Spectrometry Analysis. *J. Biol. Chem.* **286**, 41669-41679 (2011).

23) Fujitani, N., Furukawa, J.i. *et al.* Total cellular glycomics allows characterizing cells and streamlining the discovery process for cellular biomarkers. *Proc. Natl. Acad. Sci. U.S.A.* **110**, 2105-2110 (2013).

24) Tomiuk, S., Hofmann, K. *et al.* Cloned mammalian neutral sphingomyelinase: Functions in sphingolipid signaling? *Proc. Natl. Acad. Sci. U.S.A.* **95**, 3638 (1998).

25) Songer, J.G. Bacterial phospholipases and their role in virulence. *Trends Microbiol.* **5**, 156-161 (1997).

26) Flores-Díaz, M., Monturiol-Gross, L. *et al.* Bacterial Sphingomyelinases and Phospholipases as Virulence Factors. *Microbiol. Mol. Biol. Rev.* **80**, 597-628 (2016).

27) Ago, H., Oda, M. *et al.* Structural basis of the sphingomyelin phosphodiesterase activity in neutral sphingomyelinase from *Bacillus cereus*. *J. Biol. Chem.* **281**, 16157-16167 (2006).

28) Wargo, M.J., Ho, T.C. *et al.* GbdR regulates *Pseudomonas aeruginosa* plcH and pchP transcription in response to choline catabolites. *Infect. Immun.* **77**, 1103-1111 (2009).

29) He, X., Chen, F. *et al.* A Fluorescence-Based, High-Throughput Sphingomyelin Assay for the Analysis of Niemann-Pick Disease and Other Disorders of Sphingomyelin Metabolism. *Anal. Biochem.* **306**, 115-123 (2002).

30) Ito, M., Okino, N. *et al.* New insight into the structure, reaction mechanism, and biological functions of neutral ceramidase. *Biochim. Biophys.*

Acta **1841**, 682-691(2014).
31) Okino, N., Tani, M. *et al.* Purification and characterization of a novel ceramidase from *Pseudomonas aeruginosa*. *J. Biol. Chem.* **273**, 14368-14373(1998).
32) Okino, N., Ichinose, S. *et al.* Molecular cloning, sequencing, and expression of the gene encoding alkaline ceramidase from *Pseudomonas aeruginosa*. Cloning of a ceramidase homologue from *Mycobacterium tuberculosis*. *J. Biol. Chem.* **274**, 36616-36622(1999).
33) Tani, M., Okino, N. *et al.* Purification and characterization of a neutral ceramidase from mouse liver. A single protein catalyzes the reversible reaction in which ceramide is both hydrolyzed and synthesized. *J. Biol. Chem.* **275**, 3462-3468(2000).
34) Tani, M., Okino, N. *et al.* Molecular cloning of the full-length cDNA encoding mouse neutral ceramidase. A novel but highly conserved gene family of neutral/alkaline ceramidases. *J. Biol. Chem.* **275**, 11229-11234(2000).
35) Mitsutake, S., Tani, M. *et al.* Purification, Characterization, Molecular Cloning, and Subcellular Distribution of Neutral Ceramidase of Rat Kidney. *J. Biol. Chem.* **276**, 26249-26259(2001).
36) El Bawab, S., Bielawska, A. *et al.* Purification and Characterization of a Membrane-bound Nonlysosomal Ceramidase from Rat Brain. *J. Biol. Chem.* **274**, 27948-27955(1999).
37) El Bawab, S., Roddy, P. *et al.* Molecular Cloning and Characterization of a Human Mitochondrial Ceramidase. *J. Biol. Chem.* **275**, 21508-21513(2000).
38) Inoue, T., Okino, N. *et al.* Mechanistic insights into the hydrolysis and synthesis of ceramide by neutral ceramidase. *J. Biol. Chem.* 284, 9566-9577(2009).
39) Okino, N. & Ito, M. Ceramidase enhances phospholipase C-induced hemolysis by *Pseudomonas aeruginosa*. *J. Biol. Chem.* **282**, 6021-6030(2007).
40) LaBauve, A.E. & Wargo, M.J. Detection of host-derived sphingosine by *Pseudomonas aeruginosa* is important for survival in the murine lung. *PLoS Pathog.* **10**, e1003889(2014).
41) Okino, N. & Ito, M. Molecular mechanism for sphingosine-induced *Pseudomonas* ceramidase expression through the transcriptional regulator SphR. *Sci. Rep.* **6**, 38797(2016).
42) Okino, N., Ikeda, R. *et al.* Expression, purification, and characterization of a recombinant neutral ceramidase from *Mycobacterium tuberculosis*. *Biosci. Biotechnol. Biochem.* **74**, 316-321(2010).
43) Hirabayashi, Y., Kimura, M. *et al.* A novel glycosphingolipid hydrolyzing enzyme, glycosphingolipid ceramide deacylase, which cleaves the linkage between the fatty acid and sphingosine base in glycosphingolipids. *J. Biochem.* **103**, 1-4(1988).
44) Ito, M., Kurita, T. *et al.* A novel enzyme that cleaves the *N*-acyl linkage of ceramides in various glycosphingolipids as well as sphingomyelin to produce their lyso forms. *J. Biol. Chem.* **270**, 24370-24374(1995).
45) Furusato, M., Sueyoshi, N. *et al.* Molecular cloning and characterization of sphingolipid ceramide *N*-deacylase from a marine bacterium, *Shewanella alga* G8. *J. Biol. Chem.* **277**, 17300-17307(2002).
46) Suzuki, K. Twenty Five Years of the "Psychosine Hypothesis": A Personal Perspective of its History and Present Status. *Neurochem. Res.* **23**, 251-259(1998).
47) Murata, Y., Ogata, J. *et al.* Abnormal expression of sphingomyelin acylase in atopic dermatitis: an etiologic factor for ceramide deficiency? *J. Invest. Dermatol.* **106**, 1242-1249(1996).
48) Imokawa, G. A possible mechanism underlying the ceramide deficiency in atopic dermatitis: expression of a deacylase enzyme that cleaves the *N*-acyl linkage of sphingomyelin and glucosylceramide. *J. Dermatol. Sci.* **55**, 1-9(2009).
49) Yamaguchi, Y., Sasagasako, N. *et al.* The Synthetic Pathway for Glucosylsphingosine in Cultured Fibroblasts. *J. Biochem.* **116**, 704-710(1994).
50) Ferraz, M.J., Marques, A.R.A. *et al.* Lysosomal glycosphingolipid catabolism by acid ceramidase: formation of glycosphingoid bases during deficiency of glycosidases. *FEBS Lett.* **590**, 716-725(2016).
51) Gebai, A., Gorelik, A. *et al.* Structural basis for the activation of acid ceramidase. *Nature Communications* **9**, 1621(2018).
52) Kita, K., Kurita, T. *et al.* Characterization of the reversible nature of the reaction catalyzed by sphingolipid ceramide *N*-deacylase. A novel form of reverse hydrolysis reaction. *Eur. J. Biochem.* **268**, 592-602(2001).
53) Mitsutake, S., Kita, K. *et al.* Enzymatic Synthesis of ^{14}C-Glycosphingolipids by Reverse Hydrolysis Reaction of Sphingolipid Ceramide *N*-Deacylase: Detection of Endoglycoceramidase Activity in a Seaflower. *J. Biochem.* **123**, 859-863(1998).
54) Nakagawa, T., Tani, M. *et al.* Preparation of fluorescence-labeled GM1 and sphingomyelin by the reverse hydrolysis reaction of sphingolipid ceramide *N*-deacylase as substrates for assay of sphingolipid-degrading enzymes and for detection of sphingolipid-binding proteins. *J. Biochem.* **126**, 604-611(1999).
55) Zama, K., Hayashi, Y. *et al.* Simultaneous quantification of glucosylceramide and galactosylceramide by normal-phase HPLC using *O*-phtalaldehyde derivatives prepared with sphingolipid ceramide *N*-deacylase. *Glycobiology* **19**, 767-775(2009).

各論　基礎 22

セラミド関連脂質のバイオプローブ

冨重　斉生*、村手　源英*、小林　俊秀*

1 はじめに

セラミドやセラミド関連脂質であるスフィンゴミエリン（SM）は、形質膜上で微小な脂質ドメインを形成し、さまざまな細胞機能を制御していると考えられている（5章セラミド関連脂質シグナリングの項参照）。形質膜の脂質の分布、動態を検出する方法は限られており、そのため脂質ラフトに代表される脂質ドメインの研究は遅れている。しかし最近になってセラミド関連脂質に特異的に強く結合するタンパク質が発見され、これらのタンパク質をバイオプローブとして用いることで、脂質ドメインの分布、動態、機能が明らかになりつつある。これらのタンパク質には菌類や下等動物が持つ細胞傷害性毒素や毒素のホモログが多く、無毒化したタンパクは生きた細胞のセラミド関連脂質を標識できる有用なツールとなる。本稿で紹介したバイオプローブ遺伝子の多くは理化学研究所バイオリソースセンター（https://dnaconda.riken.jp/search/depositor/dep101181.html、https://dnaconda.riken.jp/search/depositor/dep101454.html）で入手可能である。

2 スフィンゴミエリンプローブ

(1) ライセニン

ライセニンは、ラット血管平滑筋の収縮を引き起こす分子として、縞ミミズ（*Eisenia fetida*）体腔液から単離された全長297アミノ酸、33 kDaのタンパク質である[1)]。ライセニンは赤血球や精原細胞、哺乳動物培養細胞の形質膜へ孔を形成する孔形成毒素（pore forming toxin）であるが[2)]、ライセニンによる溶血活性は、SMを含むリポソームの添加により阻害されることから、SMがライセニンのターゲットであることが示唆された[3)]。ライセニンのSMへの結合特異性は、enzyme-linked immunosorbent assay（ELISA）、薄層クロマトグラフィー（TLC）、免疫染色、リポソーム沈降アッセイ、表面プラズモン共鳴（surface plasmon resonance, SPR）、蛍光共鳴エネルギー移動（Förster resonance energy transfer, FRET）実験等により示されている[3)]。ライセニンのSMに対する親和性は解離定数（Kd）= 5.3 x 10^{-9} Mと高く[3)]、この相互作用には親水性頭部と疎水性炭化水素鎖の両者が寄与していると報告されている[4)]。等温滴定熱量計（isothermal titration calorimetry, ITC）による測定から、5から6分子のSMからなるクラスターに対して1分子のライセニンが結合することが示唆されている[5, 6)]。SMへの結合に続き、ライセニンはSDS耐性のオリゴマーを不可逆的に形成することで人工膜、生体膜へ孔を形成する[3)]。ライセニンオリゴマーは、直径3 nmの孔をもつ正六角形の形態を示す構造が蜂の巣様に配置していることが透過型電子顕微鏡（TEM）、原子間力顕微鏡（atomic force microscopy, AFM）観察により明らかになっている[4, 7)]。ライセニンのSMへの結合におけるコレステロール（Chol）の影響はわずかであるが、結合後の多量体形成はCholが共存することで容易になる[3, 4, 6)]。ライセニンとSMとの相互作用は、糖脂質の存在によって影

＊UMR7021 CNRS (Centre National de la Recherche Scientifique), Faculté de Pharmacie, Université de Strasbourg

響を受け[5]、イヌ腎臓尿細管上皮細胞株Madin-Darby canine kidney（MDCK）Ⅱの基底膜に存在するSMはライセニンに認識されるが、糖脂質に富んだ頂端膜に存在するSMは認識されない。同様に、糖脂質に富むマウスメラノーマ細胞株MEB4はライセニンに耐性を示す一方で、その糖脂質欠損変異細胞株GM95は感受性を示す。これらの糖脂質の影響は人工膜による実験においても確認されている。この結果は、糖脂質とSMとの混合膜では脂質は混合クラスターとなり、ライセニンの結合に必要な5-6分子のSMクラスターの形成が阻害されるため、と解釈される[5]。

2種のライセニンホモログ（LRP-1, LRP-2）が*E. fetida*において同定されている[8]。これらのタンパク質はライセニンと非常に類似の配列を持つが（相同性76-89％）、LRP-1はライセニンとLRP-2に比べ、SMへの結合性、溶血活性は10倍低い[9]。これらのアミノ酸配列の比較により、ライセニンにおける210番目のフェニルアラニン、保存された4残基のトリプトファンがSM特異的な結合に重要であることが明らかになった。ライセニンのN末端を160アミノ酸欠失したライセニン（161-297）（NT（non toxic)-ライセニン）はオリゴマーを形成せず、細胞毒性を示さないが、SMに対する結合特異性を保持したペプチドである[10]。

（2）エキナトキシンⅡ

エキナトキシンはイソギンチャク（*Actinia equina*）から単離された塩基性の細胞溶解毒素群である[11]。これまでに報告されている5種類のエキナトキシンのうち、最も豊富に存在するエキナトキシンⅡ（EqtⅡ）は全長179アミノ酸、20 kDaのタンパク質である[12, 13]。ライセニン同様EqtⅡは標的膜上で多量体を形成することにより孔を形成し、赤血球とモデル膜において溶解を誘導する[14]。浸透圧保護アッセイによりヒト赤血球における孔径は約1.1 nmであることが推定されている。モデル膜での蛍光標識EqtⅡの一分子解析により、EqtⅡは平均3.4 ± 2.3分子からなるさまざまな組成のオリゴマーを形成することが明らかにされている[15]。また形質膜上においてもEqtⅡは単一の組成の多量体ではなく、一量体、二量体、四量体、および六量体の混合物として存在する[16]。EqtⅡのN末は機能的な孔の形成に関わっており、この領域の欠失は溶解活性を低下させる[17]。さらにシステインスキャンにより、孔形成に寄与するアミノ酸が数残基同定されている[18-21]。EqtⅡの細胞毒性は、脂質への結合、膜上での多量体形成、そして孔形成という多段階のステップを経て発揮される[21, 22]。N末のシステイン変異体（EqtⅡ（8-69）（V8C/K69C））では、分子内ジスルフィド結合の形成によりN末ヘリックスが固定されることで、多量体形成が妨げられ、細胞毒性が発揮できなくなる[23]。EqtⅡによるリポソームの溶解は、膜にSMが存在すると劇的に促進される[14, 24]。これはEqtⅡのSMへの結合特異性を示している[25, 26]。SMはまたEqtⅡの膜中への不可逆的な挿入にも必要である[27]。最近EqtⅡは、まず秩序液体相と無秩序液体相の境界へ優先的に結合した後、無秩序液体相に蓄積することで、膜の崩壊を引き起こすことが示唆された[28, 29]。

（3）ライセニンとEqtⅡのSMへの結合の違い

ライセニンとEqtⅡはともにSMに特異的に結合するが、これらのタンパク質は異なる存在状態のSMを認識する。パルミトイル基（C16:0）を持つSM（pSM）は、41℃の相転移温度をもち、二本のアシル鎖がパルミトイル基であるジパルミトイルホスファチジルコリン（DPPC（相転移温度41℃））とはよく混合するが、オレオイル基（C18:1）であるジオレオイルホスファチジルコリン（DOPC（相転移温度マイナス22℃））とは混合しない[30]。したがってpSM/DOPCからなる人工膜では脂質は相分離しており、pSMはクラスターを形成して存在している[31]。一方でpSMは、DPPC中では分散して存在する[32]と考えられる。

ライセニンではSM/DOPCからなるリポソームへの結合量に比べ、SM/DPPCからなるリポソームへの結合量は減少する[5]。また、(1)で述べたようにライセニンは糖脂質含量の高い膜ではSMに結合しない。対照的に、EqtⅡはSM/DOPC、SM/DPPCの両者に結合し、また糖脂質の存在には影響を受けない[33]。蛍光標識したライセニンとEqtⅡはSM/DOPC/Cholの組成からなるgiant unilamellar vesicles（GUVs）の異なる領域に結合する[5, 33, 34]。AFMによる解析では、ライセニンはクラスター化したSMを認識し、EqtⅡは分散したSMを好んで認識することが明らかにされている[33]。SM/DOPC、あるいはSM/DOPC/Cholからなる人工膜の標識実験では、ライセニンはSMがクラスター化しているSMに富んだ"solid"ドメインに分配されるが、対照的にEqtⅡはSMが分散し、DOPCと混在している"fluid"ドメインに分布する。これらの結果をまとめると、ライセニンはSM/DOPC/Cholといった組成の膜では秩序液体相に分布するが、物性としては固相に近い糖脂質とSMの混合膜には結合しない。このことからライセニンはSMを含む膜の物性ではなくクラスター化したSMというSMの分布状態を認識していると考えられる。同様にEqtⅡは無秩序液体相にあるSMにも固相のSM（SM/DPPC）にも結合するが、いずれの膜でもSMが分散して存在することが結合に必要であると考えられる。

(4) プローブとしての利用例

ライセニン、EqtⅡともに細胞溶解毒素であるが、毒素として、あるいは無毒化されたペプチドとして利用するどちらの場合においても、生体膜の脂質の代謝、ダイナミクスを解析するための良いツールとなっている。ミミズより精製したライセニンは㈱ペプチド研究所（大阪）より市販されている。また同社では抗ライセニン抗体も入手可能である。

以下では代表的な例を挙げる。

1）毒素としての利用例

ライセニンの細胞毒性を利用することにより、スフィンゴ脂質生合成に関わる分子の解析、同定が達成されている。花田らは、ライセニンに耐性を示すCHO-K1細胞のスクリーニングにより、スフィンゴ脂質合成の初発の酵素、セリンパルミトイル転移酵素の複合体形成についての知見を得ること、およびSMの前駆体セラミドの小胞体-ゴルジ体間の輸送体、CERTの同定に成功している[35, 36]。また、Hullin-松田らは、ハイスループットの顕微鏡スクリーニングにより、SM合成の新規の阻害剤を単離している[37]。

2）ライセニンを利用したSMの検出

ニーマンピックA線維芽細胞では酸性スフィンゴミエリン分解酵素（SMase）の欠損のためにSMは後期エンドソームやリソソームに蓄積することが知られているが[38]、ライセニンを用いることで、SMの蓄積を細胞染色にて検出することが可能となった[3, 9, 39]。

免疫電子顕微鏡観察におけるプローブとしてグルタチオン S-転移酵素（GST）-ライセニンが使用され、マウス真皮発達時のSM分布が調べられている[40]。また、村手らにより、形質膜内層および外層における各種脂質の分布をSDS処理凍結割断レプリカ標識法（SDS-digested freeze-fracture replica labeling electron microscopy, SDS-FRL）により検討した研究では、マルトース結合タンパク（maltose binding protein, MBP)-ライセニンがSMプローブとして使用された（**図1**）。ヒト赤血球細胞では、ライセニンが結合するSMクラ

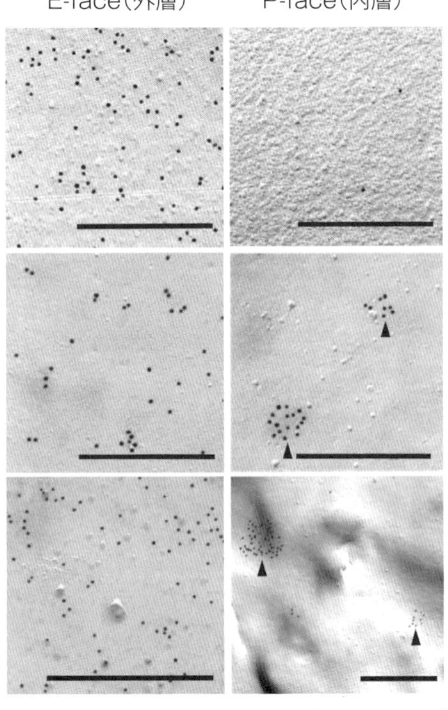

図1　SDS-FRL法による形質膜内外層におけるスフィンゴミエリンの分布
赤血球では金コロイドはほぼ外層（左）に限定して分布しているが、皮膚線維芽細胞や好中球では内層（右）に明瞭な集積（矢じり）が観察された。バーは500 nm。

スターの98.5%が形質膜外層に分布するのに対し、ヒト皮膚線維芽細胞や好中球のように有核の細胞では、87.9%に低下し、形質膜内層にもSMドメインが存在することが示されている[41]。

AFMによるSMからなるドメインの観察や、ライセニン多量体形成の観察には精製ライセニンが利用されている[7, 42]。

増殖中あるいは分化したC2C12筋原細胞株はライセニンでは染色されないが、血清枯渇により分裂せず、未分化の状態を維持しつつも筋電位を維持しているC2C12細胞の一群は染色される[43]。同様のことが*in vivo*でも示されており、活性化および増殖中の筋衛星細胞は染色されないが、休眠中の筋衛星細胞はやはり染色される。これらの結果は、形質膜におけるライセニン陽性のSMプールは筋衛星細胞の活性化状態と関連があり、またライセニンの筋原細胞の休眠マーカーとしての可能性を示唆している。

ライセニンは4℃においてSMへの結合活性を保持するが、オリゴマー化しない[4]。この性質を利用して細胞を4℃でライセニンとインキュベートした後固定し、抗ライセニン抗体により細胞表面のSM分布が検出されている[5, 44]。

3）EqtⅡを利用したSMの検出

細胞におけるSMを可視化検出するためにEqtⅡのC末端側にGFPを付加した融合タンパク質が使用されている。このSMプローブのSMへの特異的結合性はSPR、単分子膜、およびリポソームを用いた実験により確認されている[45]。実際にMDCKⅡ生細胞に4℃でEqtⅡ-GFPを添加すると、形質膜が染色される。極性化したMDCKⅡ細胞では頂端側の形質膜のみがEqtⅡ-GFPで染色される一方で、基底膜ではほとんど結合がみられない。一方細胞質側におけるSMの細胞内分布を観察するために、EqtⅡ-GFPをMDCKⅡ細胞内に一過性に発現させた場合、形質膜の内層側は染色されない。これは形質膜内層のSM含量が低いためと考えられる。対照的にMDCKⅡ細胞、NIH3T3細胞内に発現させたEqtⅡ-GFPはゴルジ体膜を染色する。EqtⅡ-GFPを発現するNIH3T3細胞の生化学的分画実験により、EqtⅡ-GFPはマーカータンパク質GM130と同じシス-ゴルジ画分に濃縮されることが示されている[45]。この結果はSMがゴルジ体の細胞質側にも存在することを示している。

4）無毒化ライセニンを利用したSMの検出例

ライセニンの欠失変異体の解析により、C末端側161-297アミノ酸からなるペプチドは、SMへの特異的結合性を有していることが明らかにされている[10]。この無毒化ライセニン（NT-ライセニン）は全長タンパク質と比較して、Kd値は36倍に上昇し、会合速度は同程度、解離は100倍速くなっている[10]。NT-ライセニンを蛍光標識したペプチドは生体膜におけるSMの分布とダイナミクスを生細胞で検出する際の非常に有用なプローブである。

蛍光タンパク質Venus-NT-ライセニンとコレラ毒素BサブユニットでJurkat T細胞の形質膜を標識することにより、SMに富んだドメインとガングリオシドGM1に富んだドメインは異なって分布することが報告されている[10]。スフィンゴミエリン合成酵素1（sphingomyelin synthase 1, SMS1）を欠失したマウスリンパ細胞株WR19L/Fas-SM（－）はライセニンに耐性を示し、形質膜のSM含量が低下しているが[46]、SMS1を導入した当該細胞では、細胞表面のSMをNT-ライセニンにより検出可能となる。

マウス乳腺由来の上皮細胞株、EpH4細胞ではGFP-NT-ライセニンが頂端膜に選択的に結合し、タイトジャンクションを欠損する変異EpH4細胞においてもその選択的結合パターンは変わらなかった。このことから、脂質、少なくともSMにとって、タイトジャンクションは拡散バリアとして機能せず、タイトジャンクションがなくとも脂質の極性は維持されることが明らかとなった[34]。微絨毛は上皮細胞の頂端膜のダイナミックな膜突起であるが、GFP-NT-ライセニンと抗GFP抗体を用いた免疫電子顕微鏡法による観察からSMに富んだ膜構造であることが示唆されており、またSMのクラスタリングは微絨毛の形成に必須であることが示されている[47]。

付着血小板の中心領域にSMに富んだ領域があることが蛍光タンパク質融合NT-ライセニンを用いて観察されている[48]。このSMに富んだ膜領域はトロンビン刺激後に移行するfibrinやmyosinと組織化学的に共局在し、SM-rich領域からCholを除去することによりmyosin活性化や血餅退縮の阻害が生じる。これらの結果から、血餅退縮はSMに富んだ領域で起こることが示唆されている。

マウス海馬ニューロンはVenus-NT-ライセニンではほとんど標識できない。SMS1を過剰発現させると神経突起は変わらず染色できないが、神経細胞体は染色できるようになる。逆にSMS2を過剰発現させた場合には神経突起が染色されるようになる。これらのことから、ニューロンではSMのクラスタリングが起こっていないこと、およびSMS1とSMS2は局所的なSMのクラスタリングに異なる役割を果たしていることが示唆された[49]。

蛍光標識したNT-ライセニンはSMに富む膜領域のリアルタイムの観察にも非常に有用である。阿部らはHeLa細胞の細胞分裂におけるSMの動態を調べるために、形質膜外層のSMを外から加えたEGFP-NT-ライセニンで、また内層のホスファチジルイノシトール4,5-二リン酸（PI（4,5）P_2）をプラスミドから一過性に発現させたPLC δ 1PH（マウスホスホリパーゼC δ 1のPHドメイン）-mCherryで標識することにより観察した[50]。その結果、SMは細胞分裂時に分裂溝の外層に、PI（4,5）P_2はその内層に濃縮されることが明らかになった。細胞のSMase処理により形質膜からSMを除去すると細胞分裂が阻害された。当該研究では、形質膜外層のSMに富んだ領域が内層のPI（4,5）P_2クラスターの形成に必要であること、そしてPI（4,5）P_2クラスターが低分子量Gタンパク質RhoAを分裂溝にリクルートし、細胞分裂の進行が制御されることが明らかになった。

共焦点顕微鏡によるmCherry-NT-ライセニンの観察により、ヒト赤血球生細胞において内在性のSMはミクロン以下の領域に存在することが報告されている[51]。これらのmCherry-NT-ライセニンドメインは外から加えた蛍光SMアナログと共局在すること、SMase処理によってドメイン形成が阻害されること、またこれらのドメインは時間、空間的に安定で、温度とCholの存在によって制御されることが報告された。

5）ライセニンとEqtⅡの共染色

膜におけるSMの複数のプールの存在は、さまざまな病態生理学的なイベントに重要であることが報告されているが、ライセニンとEqtⅡの両者を使用することで観察が可能になった例を挙げる。

エイズウイルスHIV-1は宿主由来のエンベロープを持つレトロウイルスであるが、そのエンベロープはSMとCholに富んでおり、感染した宿主細胞の形質膜上のラフトから出芽することが示唆されている[52]。ライセニンとEqtⅡはT細胞由来MT-4細胞から出芽したHIV-1の感染性を効果的に阻害する一方、ライセニンのみが腎臓上皮由来293T細胞から出芽したHIV-1の感染性に影響を与える[53]。ウイルスエンベロープにおけるSM含量はMT-4細胞由来のウイルス粒子よりも293T細胞由来のものにおいて高く、このことからもライセニンとEqtⅡは異なるSMプールを認識することを示している。

ライセニンとEqtⅡによる染色パターンの比較により、SMはさまざまな生体膜において不均一にクラスターを形成していることが示されている。分化したMDCKⅡ細胞の頂端膜ではSMは分散しているが、基底膜ではクラスターを形成している。ニーマンピックA細胞の形質膜ではSMはクラスター化せずに分散している。SMのクラスターは細胞分裂時の分裂溝の形質膜外層に選択的に蓄積する[33]。

ライセニンとEqtⅡでCOS-1細胞を同時に染色することにより、形質膜にはライセニンでのみ、EqtⅡでのみ、そして両者で染色される、少なくとも３種類の異なるSMプールが存在することが明らかになった[54]。これらの染色はSMase処理により阻害され、SMS2ノックダウンにより減少した。同様の現象はLLC-PK1ブタ腎臓上皮細胞においても観察された[33]。一方COS-1の細胞内をこれらのプローブで染色した場合、ライセニンは後期エンドソームを強く染色するが、EqtⅡは後期エンドソームとリサイクリングエンドソームの両者を染色する[54]。またEqtⅡによる細胞内染色はSMS1のノックダウンによって阻害され、SMS2のノックダウンによっては影響を受けない。これらの結果は、生体膜は異なるSMプールを含んでいること、SMクラスター化のレベルはオルガネラ間で異なっていることを示している。またCOS-1細胞ではSMS1が細胞内オルガネラにおけるSM合成を担っていることが示唆された[54]。

6）ライセニン、EqtⅡを利用した超解像顕微鏡観察

近年の超解像顕微鏡技術の開発により[55-59]、従来の光学顕微鏡における約250 nmの回折限界を

超えたイメージングが可能になってきた。形質膜上の脂質ラフトは10-200 nmのサイズであると想定されており[60, 61]、超解像顕微鏡を用いた観察によってその詳細な構成、分布の解析が可能になると期待される（**図2**）。これまでに水野らにより、Dronpa-NT-ライセニンを用いたphotoactivation localization microscopy（PALM）によりHeLa形質膜外層におけるSM分布が調べられている。当該研究によるとライセニンによって標識されるSMに富んだドメインが観察され、その平均半径は124 nmであった。またメチル-β-シクロデキストリン（MβCD）処理によってCholを除去した際にはSMドメインは観察されなくなった[62]。また阿部らはLLC-PK1細胞の形質膜外層のSMをAlexa647で標識したリコンビナントNT-ライセニンを培地に加えることで、また内層のPI(4,5)P_2をプラスミドからPLCδ1 PH-Dronpaを一過性に発現させることで標識し、PALM/stochastic optical reconstruction microscopy（STORM）により観察した[50]。その結果、形質膜外層のSMクラスターの裏側にPI(4,5)P_2のクラスターが存在することが明らかになった。またSMase処理やCERT阻害剤HPA-12処理によりSMを減少させた際には、内層のPI(4,5)P_2クラスターは消失するが、培地にSMを添加することでPI(4,5)P_2クラスターは回復することが示された。

LLC-PK1の形質膜SMがmKate-NT-ライセニンとEqtⅡ（8-69）-EGFPによって二重染色され、structured illumination microscopy（SIM）を用いて観察されている。両者は互いに重なり合わない染色パターンを示し、細胞表面には異なった存在状態のSMが存在することが示された[33]。

3 セラミドホスホエタノールアミン(CerPE)プローブ

哺乳類細胞の主要なスフィンゴ脂質がSMであるのに対して、ショウジョウバエ（*Drosophila melanogaster*）[63, 64]などある種の昆虫やトリパノソーマ（*Trypanosoma bruceii*）[65]などの寄生虫は、SMの代わりに類似の構造を持つ脂質として、セラミドにホスホエタノールアミンが結合したセラミドホスホエタノールアミン（CerPE）を主たるスフィンゴ脂質としている（**図3**）。また、大部分の無脊椎動物はSMとCerPEの両方を持つことが知られている[64]。

赤血球の溶血活性を指標にして生理活性物質を探索する研究により、食用キノコのヤナギマツタケ（*Agrocybe aegerina*）から16 kDaのタンパク質エゲロリシン（aegerolysin）が単離された[66]。エゲロリシンにホモロジーのあるタンパク質を調査したところ、その他の食用キノコ類やバクテリアなどからも類似のタンパク質が多数見つかり、大きなファミリーを形成していることが明らかとなった[67]。これらのファミリーの中には、SMとCholの複合体に結合したのち、複数のサブユニットが会合して形質膜に孔を明けることで細胞傷害性を発揮する孔形成毒素に分類されるものが含まれる。これらは、脂質結合能はあるが細胞傷害性

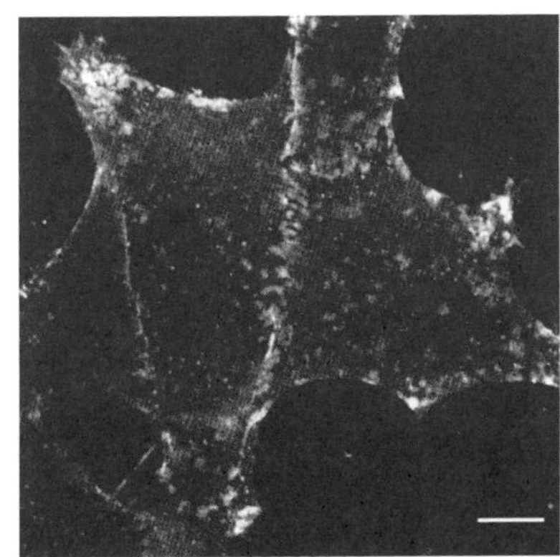
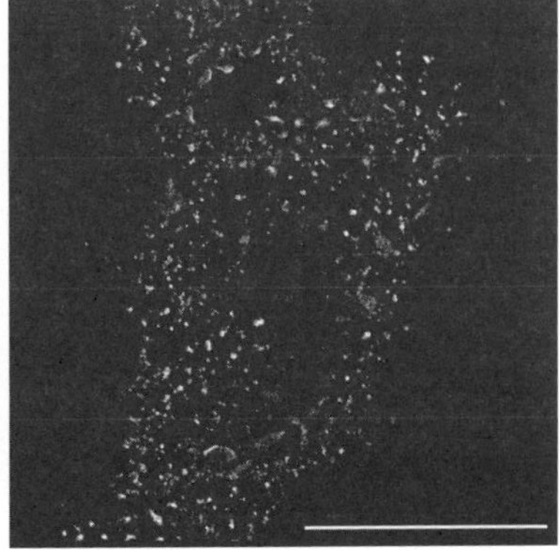

図2　Alexa647-NT-Lysによって染色したHeLa形質膜SMの共焦点顕微鏡像（左）と超解像顕微鏡（STORM）像（右）
バーは10 μm。

を持たないサブユニットと細胞毒性に関わるサブユニットからなるヘテロ複合体で構成されることから、脂質結合能を持つサブユニットを単独で用いることでタンパク質性のプローブとして利用できる。実際ヒラタケ（*Pleurotus ostreatus*）由来の15 kDaのオストレオリシンA（Ostreolysin A（OlyA））[68]や、エリンギ（*Pleurotus eringii*）由来の17 kDaのプロロトリシンA2（Pleurotolysin A2（PlyA2））[69]はSM/Cholの標識に利用されている。しかしながら、いずれのタンパク質もSM/Cholに対する結合親和性は極めて低い。

近年、OlyA、PlyA2やエリンギ由来のエリリシンA（Erylysin A（EryA））がCerPEとCholの複合体に強く結合することが明らかにされた[70]。特に、プロロトリシンA2はCholがなくてもCerPEに結合できることが示されたため、当該分子の局在を可視化することが可能になった。これらの分子は、親水性基が同じ構造を持つホスファチジルエタノールアミンには結合しないことが確かめられている。したがって、脂質分子に対する認識にはCerPEのスフィンゴイド骨格にあるアミド結合までが必要であることがわかる。EGFPをつなげた融合タンパク質を用いてショウジョウバエの幼虫脳におけるCerPEの局在を調べたところ、神経細胞ではなくグリア細胞に多く含まれていることが明らかとなった[70]。この結果は、CerPEが末梢神経細胞の線維束を取り囲む被覆グリア細胞が作る隔壁の主要脂質であるという報告[71]とよく一致している。また、SDS-FRL法により、プロロトリシンA2-EGFPと、抗GFP抗体、金コロイド標識した２次抗体を用いてショウジョウバエの血球系培養細胞Kc167の形質膜内外層におけるCerPEの局在を調べたところ、反応産物はほぼ外層に限局して見られた。すなわち、CerPEは形質膜外層に分布していると考えられる[70]。

EryAはCerPE/Cholには強く結合するがSM/Cholには全く結合しないため、両者が混在しているときにCerPE/Cholのみを検出できる。眠り病を媒介する寄生原虫トリパノソーマはツェツェバエと家畜や人間の血流中とを行き来し、血流中に存在するときはCerPEを細胞表面に発現している[65]。蛍光標識したEryAはヒトの細胞に結合せず、血流型のトリパノソーマに特異的に結合した[70]。トリパノソーマの治療、診断の方法は確立しておらず、EryAをトリパノソーマ感染の一次診断に利用できる可能性が示唆される。

A

B

d18:1/
16:0-SM

d14:1/
20:0-CPE

図３　動物細胞の主要SM分子種、*N*-palmitoyl-D-erythro-sphongosylphosphorylcholine（C18base）（d18:1/16:0 SM）と*Drosophila*の主要CPE分子種、*N*-arachidyl-D-erythro-sphingosylphosphorylethanolamine（C14base）（d14:1/20:0 CPE）の構造

4 スフィンゴミエリン・コレステロール複合体プローブ

上述したようにSMとCholの複合体に結合するタンパク質がいくつか知られている中で、これらの複合体を可視化するプローブとしての利用が報告されているものにマイタケ（*Grifola frondosa*）由来の23 kDaのナカノリ（nakanori（中乗り、筏乗り））がある[72]。ELISAによる解析で、ナカノリはSMやChol単独に対しては結合せず、SMとCholを6:4から1:9の比で混ぜた複合体に対して結合を示した。また、Cholと1:1で混合した他のスフィンゴ脂質に対しては結合が見られなかった。ホモロジー検索によりナカノリにアミノ酸配列が類似したタンパク質は見つからなかったものの、その3次元構造を明らかにしたところ、ハタゴイソギンチャク科に属する*Stichodactyla helianthus*由来のSM結合タンパク質であるスチコリシン（Sticholysin Ⅱ）[73]のN末端側を除いた部分との間に非常に高い構造類似性が見られた。一方、両者のアミノ酸配列は66％の一致に留まっている。

ナカノリには細胞毒性が見られないため、そのままEGFPやその他の蛍光タンパク質をつないだ融合タンパク質として生きた細胞に与えて、蛍光顕微鏡や超解像顕微鏡による観察に供することができる。また、凍結超薄切片にナカノリ、抗ナカノリ抗体と金コロイドのついた2次抗体を反応させ、TEMによる解析にも用いられている。その結果、細胞をスフィンゴミエリナーゼ処理して形質膜からSMを除去した場合も、MβCDでCholを除去した場合も、どちらにおいても形質膜へのナカノリの結合が起こらなくなることが示された。これらのことから、実際の細胞においてもナカノリはSMとCholの複合体にのみ特異的に結合することが明らかとなった。さらに、超解像顕微鏡による観察によって、形質膜のSMは、Cholと共局在しているものとしていないものの両者が混在していることが示された。細胞内においては、後期エンドソームに属する多胞体（multivesicular body）の持つ腔内膜小胞（intraluminal vesicle）の膜にSM/Cholの強い局在が観察された（**図4**）。またナカノリを用い超解像顕微鏡（SIM）観察を行うことで、インフルエンザウイルスはSM/Cholドメインの縁から出芽することが示された[72]。

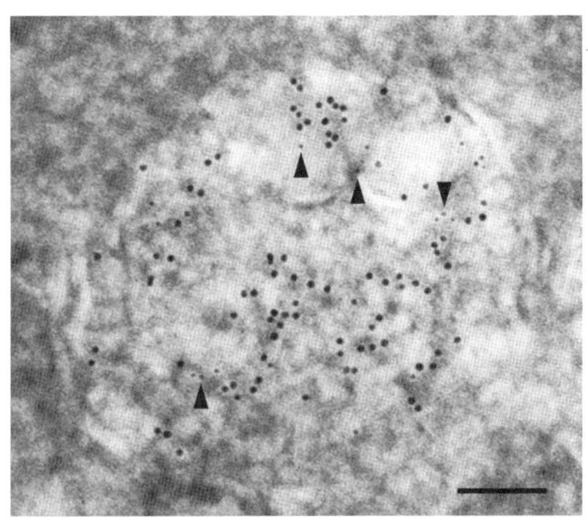

図4 免疫電子顕微鏡法による多胞体（MVB）におけるナカノリの分布
ナカノリの局在を示す10 nmの金コロイドは、多胞体膜よりもその内腔に多く分布している。
5 nmの金コロイド（矢じり）は、多胞体マーカーであるbis（monoacylglycero）phosphate/lysobisphosphatidic acidの局在を表す。
バーは100 nm。

5 抗セラミド抗体

いくつかのセラミド抗体によるセラミドの検出が報告されている。現在日本で市販されているセラミド抗体はマウスのモノクローナルIgM、クローンMID 15B4というもので、Enzo Life Sciences, Lifespan Biosciences, Sigma等から購入できる。またコスモバイオがEnzo Life Sciencesのものを販売している。15B4の脂質特異性についてはHannunらの報告がある[74]。彼らはニトロセルロース膜にスポットしたさまざまな脂質に抗体を加えたのち、抗マウスIgM-horseradish peroxidase（HRP）により結合を検出した。その結果15B4はPCやSMに結合し、セラミドへの結合はこれらの脂質への結合に比べ弱いものであった[74]。しかし最近15B4はPCで形成した人工膜には結合しないが、セラミドを30％加えた膜には結合する、という報告もある[75]。15B4による赤血球の染色のパターン[75]はライセニンのパターン[76]とは異なっており、形質膜中のSMは、少なくとも赤血球では15B4によって認識されていないと考えられる。しかし15B4のセラミドへの結合の定量的な解析はなく、詳細な解析が待たれる。一方で15B4は脂質を固定しないパラホルムアルデヒド等で固定した細胞ではセラミドを架橋する可能性があり、形態観察では注意が必要である。15B4はドイツのGulbinsのグループのほか多くの研究者により利用されており、T細胞シグナル[77]、レセプタークラスタリング[78]、バクテリア感染[79]、神経前駆細胞の形成[80]、アポトーシス[81]等における細胞表面のセラミドドメインの形成が報告されている。

15B4以外にGlycobiotech（Kukels, ドイツ）がクローンS58-9というマウスモノクローナル抗セラミドIgMを販売している。またKolesnickら[82]

はマウスのモノクローナル抗セラミドIgM抗体、2A2、を報告しているが、結合の特異性はELISAでのみ検討されており、脂質特異性の詳細は不明である。

この他、特異性の高い抗セラミドモノクローナル抗体（NHCER-2）が岡崎らにより報告されている[83]。NHCER-2を用いてHL-60細胞におけるアポトーシスの際のセラミドの増加が示された[83, 84]。また、Bieberichら[85]はセラミド特異的ウサギIgGを報告している。抗体による細胞表面の染色はセリンパルミトイル転移酵素の阻害により低下した。Hannunら[74]によりセラミドに対する特異性が高いと報告されたGlycobiotech社の抗セラミドポリクローナル抗体を用い、セラミドがアネキシンA1の膜への結合を促進すること[86]、アポトーシスの際セラミドがミトコンドリアに蓄積すること[87]等が報告されているが、この抗体は現在は市販されていないようである。

6 バイオプローブによって脂質を検出する際の問題点と注意事項

毒素由来のバイオプローブは15 kDa～20 kDaとタンパク質としては比較的小さいものの、分子量1,000程度の脂質に比較すると圧倒的に大きく、立体障害によるラベル効率の低下が起こる。^{125}I標識したNT-ライセニンを用いた解析では赤血球のSMの３％程度にライセニンが結合していると算出された。SDS-FRL法によりSMをライセニン標識する場合にはMBP-ライセニン、抗MBP抗体、10 nm金コロイドを結合した二次抗体、の三段階の標識を行うが、このプロトコールではSMと金コロイドとの距離は25 nm程度と算出され、この範囲の他のSM分子は検出されないと考えられる。膜表面で脂質１分子が占める面積は50平方オングストローム程度と概算されている。したがって直径25 nmの膜表面には4000分子程度の脂質が存在することになる。

ライセニンとEqtⅡはそれぞれ異なった集合状態のSMを検出する。したがってプローブが結合しないからといって脂質が存在しないとは言えない。ライセニンが検出するSMクラスターの形成は形質膜上のSMの濃度に依存し、ライセニンが膜に結合するためには１％以上のSMが必要である。またこれまでに報告されているセラミド関連バイオプローブは脂肪酸の違いを認識できない。このような制限はあるものの、バイオプローブは細胞由来のセラミド関連脂質の脂質二重層内外の分布やナノメートルレベルでの分布状態を可視化できる今のところ唯一の方法であり、分子細胞生物学的手法や生物物理学的手法を併用することで、より正確な脂質のランドスケープを得ることができると考えられる。

【参考文献】

1) Sekizawa, Y. *et al.* A novel protein, lysenin, that causes contraction of the isolated rat aorta: Its purification from the coelomic fluid of the earthworm, Eisenia foetida. *Biomed Res-Tokyo* **17**, 197-203, (1996).
2) Sekizawa, Y. *et al.* Molecular cloning of cDNA for lysenin, a novel protein in the earthworm Eisenia foetida that causes contraction of rat vascular smooth muscle. *Gene* **191**, 97-102, (1997).
3) Yamaji, A. *et al.* Lysenin, a novel sphingomyelin-specific binding protein. *J Biol Chem* **273**, 5300-5306, (1998).
4) Yamaji-Hasegawa, A. *et al.* Oligomerization and pore formation of a sphingomyelin-specific toxin, lysenin. *J Biol Chem* **278**, 22762-22770, (2003).
5) Ishitsuka, R. *et al.* A lipid-specific toxin reveals heterogeneity of sphingomyelin-containing membranes. *Biophys J* **86**, 296-307, (2004).
6) Ishitsuka, R. & Kobayashi, T. Cholesterol and lipid/protein ratio control the oligomerization of a sphingomyelin-specific toxin, lysenin. *Biochemistry* **46**, 1495-1502, (2007).
7) Yilmaz, N. *et al.* Real-time visualization of assembling of a sphingomyelin-specific toxin on planar lipid membranes. *Biophys J* **105**, 1397-1405, (2013).
8) Shakor, A. B. *et al.* Lysenin, a unique sphingomyelin-binding protein. *FEBS Lett* **542**, 1-6, (2003).
9) Kiyokawa, E. *et al.* Recognition of sphingomyelin by lysenin and lysenin-related proteins. *Biochemistry* **43**, 9766-9773, (2004).
10) Kiyokawa, E. *et al.* Spatial and functional heterogeneity of sphingolipid-rich membrane domains. *J Biol Chem* **280**, 24072-24084, (2005).
11) Macek, P. & Lebez, D. Isolation and characterization of three lethal and hemolytic toxins from the sea anemone Actinia equina L. *Toxicon* **26**, 441-451, (1988).
12) Anderluh, G. *et al.* Cloning, sequencing, and expression of equinatoxin II. *Biochem Biophys Res Commun* **220**, 437-442, (1996).
13) Glasser, E. *et al.* Hydra actinoporin-like toxin-1, an

unusual hemolysin from the nematocyst venom of Hydra magnipapillata which belongs to an extended gene family. *Toxicon* **91**, 103-113, (2014).

14) Belmonte, G. *et al.* Pore formation by the sea anemone cytolysin equinatoxin II in red blood cells and model lipid membranes. *J Membr Biol* **131**, 11-22, (1993).

15) Baker, M. A. *et al.* Photobleaching reveals heterogeneous stoichiometry for equinatoxin II oligomers. *Chembiochem* **15**, 2139-2145, (2014).

16) Subburaj, Y. *et al.* Toxicity of an alpha-pore-forming toxin depends on the assembly mechanism on the target membrane as revealed by single molecule imaging. *J Biol Chem* **290**, 4856-4865, (2015).

17) Anderluh, G. *et al.* N-terminal truncation mutagenesis of equinatoxin II, a pore-forming protein from the sea anemone Actinia equina. *Protein Eng* **10**, 751-755, (1997).

18) Anderluh, G. *et al.* Avidin-FITC topological studies with three cysteine mutants of equinatoxin II, a sea anemone pore-forming protein. *Biochem Biophys Res Commun* **242**, 187-190, (1998).

19) Anderluh, G. *et al.* Cysteine-scanning mutagenesis of an eukaryotic pore-forming toxin from sea anemone: topology in lipid membranes. *Eur J Biochem* **263**, 128-136, (1999).

20) Anderluh, G. *et al.* Lysine 77 is a key residue in aggregation of equinatoxin II, a pore-forming toxin from sea anemone Actinia equina. *J Membr Biol* **173**, 47-55, (2000).

21) Malovrh, P. *et al.* A novel mechanism of pore formation: membrane penetration by the N-terminal amphipathic region of equinatoxin. *J Biol Chem* **278**, 22678-22685, (2003).

22) Clausen, M. P. & Lagerholm, B. C. The probe rules in single particle tracking. *Curr Protein Pept Sci* **12**, 699-713, (2011).

23) Hong, Q. *et al.* Two-step membrane binding by Equinatoxin II, a pore-forming toxin from the sea anemone, involves an exposed aromatic cluster and a flexible helix. *J Biol Chem* **277**, 41916-41924, (2002).

24) Barlic, A. *et al.* Lipid phase coexistence favors membrane insertion of equinatoxin-II, a pore-forming toxin from Actinia equina. *J Biol Chem* **279**, 34209-34216, (2004).

25) Bakrac, B. *et al.* Molecular determinants of sphingomyelin specificity of a eukaryotic pore-forming toxin. *J Biol Chem* **283**, 18665-18677, (2008).

26) Macek, P. *et al.* Intrinsic tryptophan fluorescence of equinatoxin II, a pore-forming polypeptide from the sea anemone Actinia equina L, monitors its interaction with lipid membranes. *Eur J Biochem* **234**, 329-335, (1995).

27) Caaveiro, J. M. *et al.* Differential interaction of equinatoxin II with model membranes in response to lipid composition. *Biophys J* **80**, 1343-1353, (2001).

28) Drechsler, A. *et al.* Solid-state NMR study of membrane interactions of the pore-forming cytolysin, equinatoxin II. *Biochim Biophys Acta* **1798**, 244-251, (2010).

29) Rojko, N. *et al.* Imaging the lipid-phase-dependent pore formation of equinatoxin II in droplet interface bilayers. *Biophys J* **106**, 1630-1637, (2014).

30) Marsh, D. *Handbook of Lipid Bilayers.* 2nd edition edn, (CRC Press, 2013).

31) Yuan, C. *et al.* The size of lipid rafts: an atomic force microscopy study of ganglioside GM1 domains in sphingomyelin/DOPC/cholesterol membranes. *Biophys J* **82**, 2526-2535, (2002).

32) Maulik, P. R. & Shipley, G. G. N-palmitoyl sphingomyelin bilayers: structure and interactions with cholesterol and dipalmitoylphosphatidylcholine. *Biochemistry* **35**, 8025-8034, (1996).

33) Makino, A. *et al.* Visualization of the heterogeneous membrane distribution of sphingomyelin associated with cytokinesis, cell polarity, and sphingolipidosis. *FASEB J* **29**, 477-493, (2015).

34) Ikenouchi, J. *et al.* Lipid polarity is maintained in absence of tight junctions. *J Biol Chem* **287**, 9525-9533, (2012).

35) Hanada, K. *et al.* Mammalian cell mutants resistant to a sphingomyelin-directed cytolysin. Genetic and biochemical evidence for complex formation of the LCB1 protein with the LCB2 protein for serine palmitoyltransferase. *J Biol Chem* **273**, 33787-33794, (1998).

36) Hanada, K. *et al.* Molecular machinery for non-vesicular trafficking of ceramide. *Nature* **426**, 803-809, (2003).

37) Hullin-Matsuda, F. *et al.* Limonoid compounds inhibit sphingomyelin biosynthesis by preventing CERT protein-dependent extraction of ceramides from the endoplasmic reticulum. *J Biol Chem* **287**, 24397-24411, (2012).

38) Brady, R. O. *et al.* The metabolism of sphingomyelin. II. Evidence of an enzymatic deficiency in Niemann-Pick diseae. *Proc Natl Acad Sci U S A* **55**, 366-369, (1966).

39) Taksir, T. V. *et al.* Optimization of a histopathological biomarker for sphingomyelin accumulation in acid sphingomyelinase deficiency. *J Histochem Cytochem* **60**, 620-629, (2012).

40) Yoshida, Y. *et al.* Localization of sphingomyelin during the development of dorsal and tail epidermis of mice. *Br J Dermatol* **145**, 758-770, (2001).

41) Murate, M. *et al.* Transbilayer distribution of lipids at nano scale. *J Cell Sci* **128**, 1627-1638, (2015).

42) Wang, T. *et al.* Nanomechanical recognition of sphingomyelin-rich membrane domains by atomic force microscopy. *Biochemistry* **51**, 74-82, (2012).

43) Nagata, Y. *et al.* Sphingomyelin levels in the plasma membrane correlate with the activation state of muscle satellite cells. *J Histochem Cytochem* **54**, 375-384, (2006).

44) Neufeld, E. B. *et al.* The Human ABCG1 Transporter Mobilizes Plasma Membrane and Late Endosomal Non-Sphingomyelin-Associated-Cholesterol for Efflux and Esterification. *Biology (Basel)* **3**, 866-891, (2014).

45) Bakrac, B. *et al.* A toxin-based probe reveals cytoplasmic exposure of Golgi sphingomyelin. *J Biol Chem* **285**, 22186-22195, (2010).

46) Yamaoka, S. *et al.* Expression cloning of a human cDNA restoring sphingomyelin synthesis and cell growth in sphingomyelin synthase-defective lymphoid cells. *J Biol Chem* **279**, 18688-18693, (2004).

47) Ikenouchi, J. *et al.* Sphingomyelin clustering is essential for the formation of microvilli. *J Cell Sci* **126**, 3585-3592, (2013).

48) Kasahara, K. *et al.* Clot retraction is mediated by factor XIII-dependent fibrin-alphaIIbbeta3-myosin axis in platelet sphingomyelin-rich membrane rafts. *Blood* **122**, 3340-3348, (2013).

49) Kidani, Y. *et al.* Differential localization of sphingomyelin synthase isoforms in neurons regulates sphingomyelin cluster formation. *Biochem Biophys Res Commun* **417**, 1014-1017, (2012).

50) Abe, M. *et al.* A role for sphingomyelin-rich lipid domains in the accumulation of phosphatidylinositol-4,5-bisphosphate to the cleavage furrow during cytokinesis. *Mol Cell Biol* **32**, 1396-1407, (2012).

51) Carquin, M. *et al.* Endogenous sphingomyelin segregates into submicrometric domains in the living erythrocyte membrane. *J Lipid Res* **55**, 1331-1342, (2014).

52) Brugger, B. *et al.* The HIV lipidome: a raft with an unusual composition. *Proc Natl Acad Sci USA* **103**, 2641-2646, (2006).

53) Lorizate, M. *et al.* Probing HIV-1 membrane liquid order by Laurdan staining reveals producer cell-dependent differences. *J Biol Chem* **284**, 22238-22247, (2009).

54) Yachi, R. *et al.* Subcellular localization of sphingomyelin revealed by two toxin-based probes in mammalian cells. *Genes Cells* **17**, 720-727, (2012).

55) Klar, T. A. *et al.* Fluorescence microscopy with diffraction resolution barrier broken by stimulated emission. *Proc Natl Acad Sci USA* **97**, 8206-8210, (2000).

56) Gustafsson, M. G. Surpassing the lateral resolution limit by a factor of two using structured illumination microscopy. *J Microsc* **198**, 82-87, (2000).

57) Rust, M. J. *et al.* Sub-diffraction-limit imaging by stochastic optical reconstruction microscopy (STORM). *Nat Methods* **3**, 793-795, (2006).

58) Hess, S. T. *et al.* Ultra-high resolution imaging by fluorescence photoactivation localization microscopy. *Biophys J* **91**, 4258-4272, (2006).

59) Betzig, E. *et al.* Imaging intracellular fluorescent proteins at nanometer resolution. *Science* **313**, 1642-1645, (2006).

60) Pike, L. J. Rafts defined: a report on the Keystone Symposium on Lipid Rafts and Cell Function. *J Lipid Res* **47**, 1597-1598, (2006).

61) Sezgin, E. *et al.* The mystery of membrane organization: composition, regulation and roles of lipid rafts. *Nat Rev Mol Cell Biol* **18**, 361-374, (2017).

62) Mizuno, H. *et al.* Fluorescent probes for superresolution imaging of lipid domains on the plasma membrane. *Chem Sci* **2**, 1548-1553, (2011).

63) Carvalho, M. *et al.* Effects of diet and development on the Drosophila lipidome. *Mol Syst Biol* **8**, 600, (2012).

64) Vacaru, A. M. *et al.* Ceramide phosphoethanolamine biosynthesis in Drosophila is mediated by a unique ethanolamine phosphotransferase in the Golgi lumen. *J Biol Chem* **288**, 11520-11530, (2013).

65) Sutterwala, S. S. *et al.* Developmentally regulated sphingolipid synthesis in African trypanosomes. *Mol Microbiol* **70**, 281-296, (2008).

66) Berne, S. *et al.* *Pleurotus* and *Agrocybe* hemolysins, new proteins hypothetically involved in fungal fruiting *Biochem Biophys Acta* **1570**, 153-159, (2002).

67) Novak, M. *et al.* Fungal aegerolysin-like proteins: distribution, activities, and applications. *Appl Microbiol Biotech* **99**, 601-610, (2015).

68) Skocaj, M. *et al.* Tracking cholesterol/sphingomyelin-rich membrane domains with the ostreolysin A-mCherry protein. *PLoS ONE* **9**, e92783, (2014).

69) Bhat, H. B. *et al.* Binding of a pleurotolysin ortholog from Pleurotus eryngii to sphingomyelin and cholesterol-rich membrane domains. *J Lipid Res* **54**, 2933-2943, (2013).

70) Bhat, H. B. *et al.* Evaluation of aegerolysins as novel tools to detect and visualize ceramide phosphoethanolamine, a major sphingolipid in invertebrates. *FASEB J* **29**, 3920-3934, (2015).

71) Ghosh, A. *et al.* A global in vivo Drosophila RNAi screen identifies a key role of ceramide phosphoethanolamine for glial ensheathment of axons. *PLoS Genet* **9**, e1003980, (2013).

72) Makino, A. *et al.* A novel sphingomyelin/cholesterol domain-specific probe reveals the dynamics of the membrane domains during virus release and in Niemann-Pick type C. *FASEB J* **31**, 1301-1322, (2017).

73) Huerta, V. *et al.* Primary structure of two cytolysin isoforms from Stichodactyla helianthus differing in their hemolytic activity. *Toxicon* **39**, 1253-1256, (2001).

74) Cowart, L. A. *et al.* Structural determinants of sphingolipid recognition by commercially available anti-ceramide antibodies. *J Lipid Res* **43**, 2042-2048, (2002).

75) Ahyayauch, H. *et al.* Pb(II) induces scramblase activation and ceramide-domain generation in red blood cells. *Sci Rep* **8**, 7456, (2018).

76) Carquin, M. *et al.* Endogenous sphingomyelin segregates into submicrometric domains in the living erythrocyte membrane. *J Lipid Res* **55**, 1331-1342, (2014).
77) Grassme, H. *et al.* CD95 signaling via ceramide-rich membrane rafts. *J Biol Chem* **276**, 20589-20596, (2001).
78) Grassme, H. *et al.* Clustering of CD40 ligand is required to form a functional contact with CD40. *J Biol Chem* **277**, 30289-30299, (2002).
79) Grassme, H. *et al.* Host defense against Pseudomonas aeruginosa requires ceramide-rich membrane rafts. *Nat Med* **9**, 322-330, (2003).
80) Bieberich, E. *et al.* Regulation of cell death in mitotic neural progenitor cells by asymmetric distribution of prostate apoptosis response 4 (PAR-4) and simultaneous elevation of endogenous ceramide. *J Cell Biol* **162**, 469-479, (2003).
81) Rotolo, J. A. *et al.* Caspase-dependent and -independent activation of acid sphingomyelinase signaling. *J Biol Chem* **280**, 26425-26434, (2005).
82) Rotolo, J. *et al.* Anti-ceramide antibody prevents the radiation gastrointestinal syndrome in mice. *J Clin Invest* **122**, 1786-1790, (2012).
83) Kawase, M. *et al.* Increase of ceramide in adriamycin-induced HL-60 cell apoptosis: detection by a novel anti-ceramide antibody. *Biochim Biophys Acta* **1584**, 104-114, (2002).
84) Watanabe, M. *et al.* Increase of nuclear ceramide through caspase-3-dependent regulation of the "sphingomyelin cycle" in Fas-induced apoptosis. *Cancer Res* **64**, 1000-1007, (2004).
85) Krishnamurthy, K. *et al.* Development and characterization of a novel anti-ceramide antibody. *J Lipid Res* **48**, 968-975, (2007).
86) Babiychuk, E. B. *et al.* Fluorescent annexin A1 reveals dynamics of ceramide platforms in living cells. *Traffic* **9**, 1757-1775, (2008).
87) Babiychuk, E. B. *et al.* The targeting of plasmalemmal ceramide to mitochondria during apoptosis. *PloS ONE* **6**, e23706, (2011).

各論　基礎㉓

生細胞膜上での セラミド関連物質の1分子観察

鈴木　健一*

1 はじめに

ガングリオシドは、シアル酸（N-アセチルノイラミン酸）を一つ以上含むスフィンゴ糖脂質であり、セラミドの水酸基に糖鎖が結合した構造を持つ。細胞膜の脂質成分比で数%しかないにもかかわらず[1)]、さまざまな重要な役割を担っていることが知られている。例えば、ウイルスや微生物の細胞内への侵入であったり[2)]、膜受容体の活性促進や抑制であったり[3)]、ラフトを構成する主な成分だったりすることなどである[4)]。しかし、生細胞の膜上でのガングリオシドの動態、つまり分布、拡散、他分子との相互作用に関する知見は限られていた。その主な理由として、天然のガングリオシドと同じようにふるまう蛍光プローブが存在していなかったことがあげられる。GM1の脂肪酸鎖[5)]や糖鎖[6)]に蛍光色素を結合させたアナログ体はあったが、そのキャラクタリゼーションが十分ではなかったり、ラフト画分に入らないなど、天然ガングリオシドと同様にはふるまわないことが知られていた。

ガングリオシドに結合するタンパク質もガングリオシドの局在を調べるために利用されてきた。例えば、コレラトキシンサブユニットB（cholera toxin subunit B: CTB）は、GM1に特異的に結合する。小麦胚芽凝集素（wheat germ agglutinin: WGA）は、ガングリオシドの中ではGM3と最も強く結合することが知られている。しかし、これらのタンパク質は多価（CTBは5価、WGAは2価）であり、タンパク質によってガングリオシドが架橋され、その局在や挙動を変えてしまうことが知られている[7, 8)]。同様に、ガングリオシドの免疫染色実験でも、染色過程で、抗体との反応前に細胞をパラホルムアルデヒドやグルタルアルデヒドで固定しても、脂質分子のほとんどは固定されることはなく、膜上での拡散は止まらない[9)]。そこにガングリオシド抗体や蛍光ラベル2次抗体を加えると、ガングリオシドが架橋されて、明るい輝点が点在しているように観察されてしまう。このようにガングリオシドの局在を細胞膜上で調べるのは、困難であった。

2 蛍光色素標識ガングリオシドプローブの合成とキャラクタリゼーション

生細胞膜上でガングリオシドの動態を観察するために、岐阜大学応用生物科学部の木曽、安藤、河村ら（現在、岐阜大学生命の鎖統合研究センター）、そして京都大学物質－細胞統合システム拠点の楠見ら（現在、沖縄科学技術大学院大学）との共同研究により、ガングリオシド蛍光プローブを系統的に作製した。ガングリオシドの糖鎖、例えば、シアル酸の9位の炭素（S9）やガラクトースの6位の炭素（G6）、末端のガラクトースの6位の炭素（termG6）などに、さまざまな蛍光色素を特異的に結合させて、多くの蛍光プローブを合成した（**図1**）[10)]。

まず、これらの蛍光プローブがラフトへ分配されるかどうかを調べた。細胞膜から膜骨格を除去して風船のように膨らんだブレッブ膜を形成させ、温度を10℃付近まで下げると、ブレッブ膜上でラフト様ドメインと非ラフト様ドメインへの分離が起こる。ラフト様ドメインとは、飽和脂肪酸

*岐阜大学 研究推進・社会連携機構 生命の鎖統合研究センター

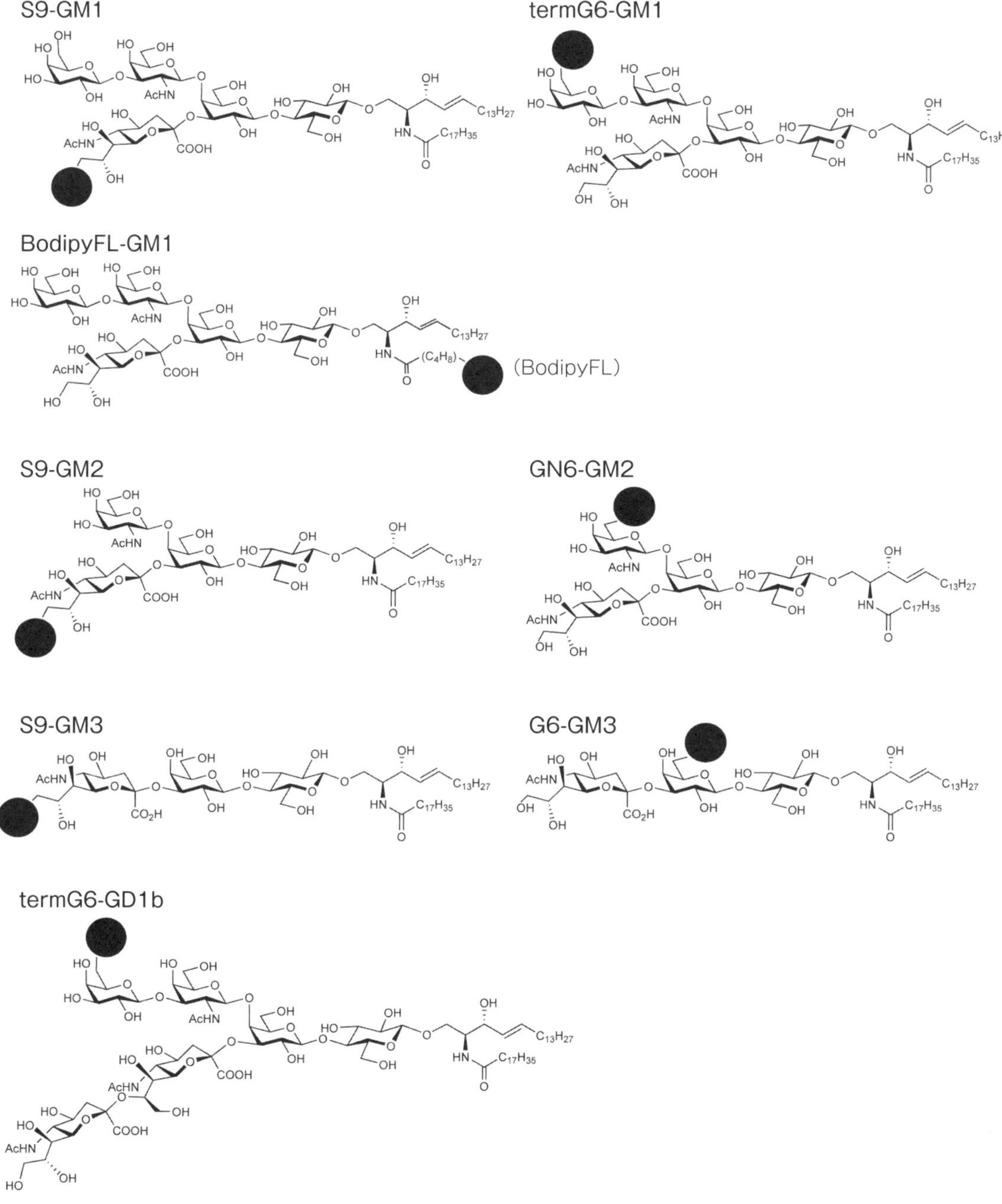

図１　ガングリオシドの蛍光プローブの化学構造[10)]
黒丸は蛍光色素を表す。フルオレセイン、ATTO488, ATTO594のいずれかを結合させると、天然のガングリオシドに似た挙動を示した。

を持つリン脂質など、人工膜のLiquid ordered phase（Lo相）に親和性の高い膜分子が分配されやすく、非ラフト様ドメインとは、不飽和リン脂質を持つリン脂質など、Liquid disordered phase（Ld相）に親和性の高い膜分子が入りやすい。コレステロールはどちらのドメインにも入るが、若干ラフト様ドメインの濃度が高い。両方のドメインへのガングリオシドプローブの分配を蛍光観察したところ、結合させた蛍光色素の種類が、ドメインへの分配に大きく影響していた。

親水性の蛍光色素であるフルオレセイン（FL）、ATTO488、ATTO594をシアル酸のC9に結合させたアナログ体（S9体）は、ラフト様ドメインに8割くらい分配されていたが（非ラフトの不飽和リン脂質の蛍光プローブと分離していた）、やや疎水性のテトラメチルローダミン（TMR）が結合したアナログ体は、ラフト様ドメインと非ラフト様ドメインに半々くらい分配され、疎水性の高いATTO647Nが結合すると、ほとんど非ラフト様ドメインに分配されていた。GM1の脂肪酸の5番目の炭素から先に疎水性のBodipy-FL基が結合しているBodipy-FL-GM1も、ほとんど非ラフト様ドメインに分配されていた。また、GM1、GM2、GD1bの末端の糖であるシアル酸、ガラクトース、N-アセチルガラクトサミンに親水性の高い蛍光色素が結合した場合に限って、ガングリオシドのラフト様ドメインへの分配が観察された。一方で、同じATTO594であっても、GM3のシアル酸のとなりの糖であるガラクトースの6位の炭素に結合した場合（G6体）には、ラフト様ドメインへの分配は著しく低下したことから、末端の糖に蛍光色素を結合させる必要があることが分かる。

ブレッブ膜上のラフト様ドメインへの分配が確認されたGM1やGM3の蛍光プローブのCTBやWGAへの結合定数は、それらの天然分子とほぼ同じであることが、表面プラズモン共鳴法による実験により明らかとなった[10]。また、GM1のシアル酸の少しだけ違う位置にAlexa568を結合させた場合、CTBとの結合能は約10分の1になったという報告がある[7]。これらの結果は、蛍光色素と、その結合箇所の選択が、天然分子のようにふるまうためには非常に重要であることを示唆している。

以上をまとめると、GM1、GM2、GM3の場合、シアル酸の9位の炭素にFL、ATTO488、ATTO594のような親水性蛍光色素を結合させたアナログ体が、ラフト親和性分子として働き、毒素やレクチンとの結合能も保持される。GM1、GM2、GD1bのシアル酸とは別の分岐の末端の糖に同じく親水性の蛍光色素を結合させたアナログ体も、ラフト親和性分子としてはたらく[10]。一方で、TMRやATTO647N、BodipyFLなど、疎水性の高い蛍光色素をガングリオシド糖鎖に結合させると、ラフト親和性が著しく損なわれることが判明した。

3 ガングリオシドのGPIアンカー型タンパク質クラスターへのリクルート

代表的なラフトマーカーであるGPIアンカー型タンパク質で補体制御因子のCD59の1分子観察の結果、定常状態においてCD59は、160ミリ秒という短寿命のホモダイマーを形成するが[11]、リガンド刺激後に安定なオリゴマーを形成し、細胞内の下流のSrcファミリーキナーゼやホスホリパーゼCγなどのシグナル分子をリクルートし、シグナル伝達を誘起することが明らかとなった[12, 13]。一方、コレステロール除去後のCD59や、CD59のGPIアンカー鎖を非ラフトタンパク質のLDL受容体の膜貫通部分に置換したキメラタンパク質は、ダイマーやオリゴマーを形成しにくいことが明らかとなった[11]。この結果は、CD59ホモダイマーやホモオリゴマーは、ラフト相互作用により安定化されていることを示唆している。しかし、CD59が他のラフト分子をリクルートし、ラフトのような膜領域を形成させているかどうかは直接確かめられておらず、不明であった。

この問題を検証するために、一次抗体と蛍光ラベル二次抗体を用いてCD59を架橋することにより、1 μm^2以上の大きなドメインを形成させ、その内外でのGM1やGM3のATTO594ラベルされた蛍光プローブの1分子観察を行い、プローブの分子密度を定量した。結果、GM1、GM3ともにCD59ドメインに出たり入ったりしていて、ドメイン内外で拡散していたが（**図2**）、ドメイン内での滞在時間の方がやや長かった[10]。GM1、GM3プローブともにCD59ドメインの境界線で何度も跳ね返され、ドメイン内に戻る様子も観察された（図2）。逆に、非ラフトリン脂質のATTO594標識DOPE（dioleoylphosphatidylethanolamine）の場合、CD59ドメイン外の細胞膜上で拡散していることがほとんどで、CD59ドメインの境界線付近に来ても、跳ね返されてドメイン外に出ていく様子が観察された（図2）。従って、CD59が大きなドメインを形成すると、GM1、GM3のような他のラフト分子を一時的にリクルートし、ラフトドメインを安定化していることが明らかとなった[10]。

次に、より生理条件に近い系で調べるために、

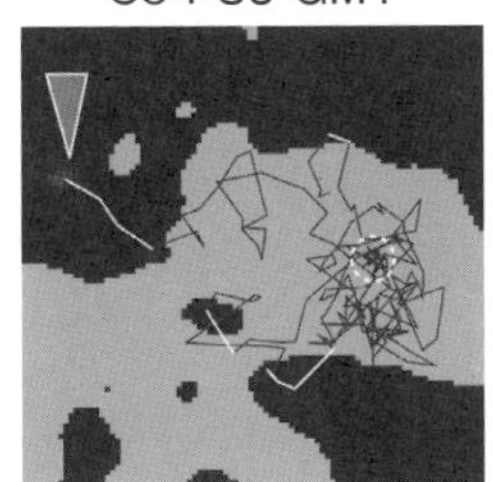

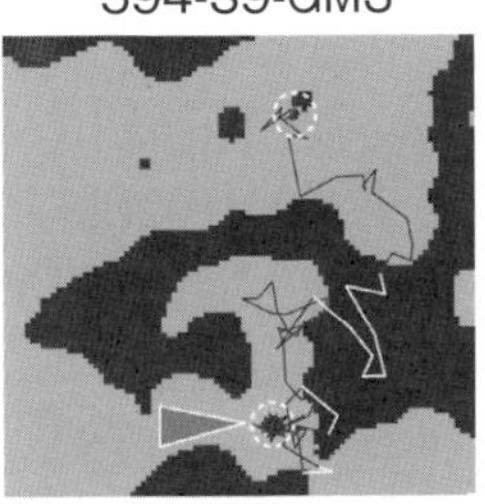

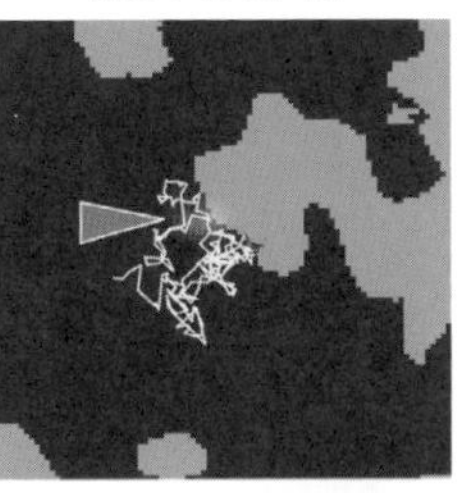

図２　人工的に誘起されたCD59のドメインとGM1, GM3, DOPEの１分子との２色同時１分子観察[10]
点線の円は、一時停留領域を示す。CD59ドメイン内は黒、外は白の軌跡で示す。矢じりは軌跡の終わりの位置を示す。

CD59刺激後に形成される安定なCD59オリゴマーへのガングリオシドプローブのリクルートを２色同時１分子観察により調べた。GM1、GM3ともにCD59安定化オリゴマーと100ミリ秒ほどの短期間、共局在していた[10]。DOPEなどのコントロール分子とCD59安定化オリゴマーとの共局在期間が50ミリ秒ほどであったため、ガングリオシドの場合、正味50ミリ秒ほど共局在していることになる。また、Methyl-β-cyclodextrinやSaponin処理でコレステロール除去後、共局在期間は半分程度の長さになり、ガングリオシドの安定化CD59オリゴマーへのリクルートはラフト脂質相互作用によるものであると示唆された。また、定常状態の細胞膜で形成される160ミリ秒という短寿命のCD59のホモダイマーへ、GM1、GM3ともに正味40ミリ秒ほど共局在していたが、CD59モノマーへは正味12ミリ秒ほどであった[10]。これらの結果により、CD59の会合度が上がるにつれて、ガングリオシドをより長期間、安定に留めていることが示唆された。上述の通り、CD59へのガングリオシドのリクルートは、コレステロールやGPIアンカー鎖依存的に起きていた。従って、これらの結果は、CD59が「ホモダイマーラフト」、あるいは「安定化オリゴマーラフト」ともいうべき複合体構造を形成していることを示唆している。

4　刺激前の細胞膜上でのガングリオシドの小さな膜領域での停留

Eggelingらのグループは、PtK2細胞の形質膜上でのSTED-FCS（Stimulated emission depletion-fluorescence correlation spectroscopy）観察によって、GM1やスフィンゴミエリンなどの蛍光プローブが、23-27℃において、10-20ミリ秒の短期間、直径20nm以下の小さな膜領域内に一時停留すると報告している[6, 14]。また、他のグループも、FCS法によって、同じくGM1やスフィンゴミエリン（SM）などの蛍光プローブが、10-20ミリ秒間、直径120nm以下の小さな膜領域内に一時停留すると報告している[15]。いずれの場合も、Methyl-β-cyclodextrinやSaponin処理で形質膜からコレステロールを除去後に、この一時停留は減少し、DOPEなどの非ラフトリン脂質は一時停留が少ないと報告している。しかし、これらの報告の後に、ここで用いられたATTO647N-GM1やSM、Bodipy-FL-GM1, SMなどの蛍光プローブのすべてが非ラフト分子に化けてしまっていることが判明した[16]。非ラフト分子に化けてしまったが一時停留が観察された理由は分からないが、ATTO647Nのような疎水性の高い色素を結合させたGM3プローブはガラスへの非特異的吸着が激しい。STED-FCS法やFCS法では１分子を見ているわけではないので、ガラス表面に非特異的に一時的に吸着しては脱着したとしても、細胞膜上での一時停留と区別できない。そこで、GM1やSMがラフト相互作用によって一時停留する小さな膜領域があるかどうかを、我々が新規に合成した蛍光プローブの高速１分子観察により検証した。0.5ミリ秒/フレームの時間分解能で１分子蛍光観察した結果、PtK2、CHO-K1、T24、およびNRK細胞のいずれの膜上でも、直径100nm以内での５ミリ秒以上の期間のガングリオシドプローブやスフィンゴミエリンプローブ[17]の一時停留は、有意には検出されなかった。検出円の大きさを小さくすればするほど、一時停留は検出されにくくなる。従って、ガングリオシドプローブやスフィンゴミエリンプローブ[17]が5ミリ秒の短期間でも一時停留する小さな膜領域は、調べた限りの細胞膜上には存在しないと結論付けた。

以上の結果から、GPIアンカー型タンパク質のダイマーやオリゴマー形成後、ガングリオシドをより長く滞在させ、ホモダイマーラフト、ホモオリゴマーラフトとも呼ぶべき構造が形成されることが明らかとなった。一方、刺激前の細胞の形質膜上では、ガングリオシドの運動を5ミリ秒以上停止させる直径100nm以下の小さな膜領域は検出されないことが分かった。また、別の実験で、他の代表的ラフトマーカーであるGPIアンカー型タンパク質も一時停留しないことを見出した[17]。これらの結果は、定常状態ではラフトは極めて小さく、ガングリオシド、スフィンゴミエリン、GPIアンカー型タンパク質などの代表的ラフト親和性分子が、5ミリ秒以下の滞在時間でラフトに出たり入ったりしていることを示唆している。

5 おわりに

本章では、生細胞膜上での動態がほとんど観察されてこなかったガングリオシドの蛍光プローブの合成・開発と、その1分子蛍光観察を記述し、刺激前後でのラフト形成過程について解説した。生細胞膜上でできるだけ摂動を与えずにガングリオシドを観察するためには、トキシンやレクチンなどの架橋を促してしまうタンパク質でラベルすることを避けるのはもちろんのこと、ガングリオシドに結合させる蛍光色素の種類や、結合部位も慎重に選択しなければならないことが明らかとなった。今後、生化学実験などによりガングリオシドによって活性制御されることが示唆されている膜受容体を、生細胞膜上で蛍光プローブとともに1分子観察することにより、膜受容体の活性制御機構の詳細を解明できるかもしれない。

【参考文献】

1) Sampaio, J.L., Gerl, M.J. *et al.* Membrane lipidome of an epithelial cell line. *Proc Natl Acad Sci USA* **108**, 1903-1907(2011).

2) Fleming, F.E., Bohm, R., *et al.* Relative riles of GM1 ganglioside. N-acylneraminic acids, and α2β1 integrin in mediating rotavirus. *J Virol* **88**, 4558-4571(2014).

3) Coskun, U., Grzybek, M., *et al* . Regulation of human EGF receptor by lipids. *Proc Natl Acad Sci USA* **108**, 9044-9048(2011).

4) Simons, K. & Gerl, M.J. Revitalizing membrane rafts: new tools and insights. *Nat Rev Mol Cell Biol* **11**, 688-699(2010).

5) Schwarzmann, G., Wendeler, M., *et al.* Synthesis of novel NBD-GM1 and NBD-GM2 for the transfer activity of GM2-activator protein by a FRET-based assay system. *Glycobiology* **15**, 1302-1311(2005).

6) Eggeling, C., Ringemann, C., *et al.* Direct observation of the nanoscale dynamics of membrane lipids in a living cell. *Nature* **457**, 1159-1162(2009).

7) Chinnapen, D.J., Hsieh, W.T., *et al.* Lipid sorting by ceramide structure from plasma membrane to ER for the cholera toxin receptor ganglioside GM1. *Dev Cell* **23**, 573-586(2012).

8) Hammond, A.T., Heberte, F.A., *et al.* Crosslinking a lipid raft component triggers liquid ordered-liquid disordered phase separation in model plasma membranes. *Proc Natl Acad Sci USA* **102**, 6320-6325(2005).

9) Tanaka, K.A., Suzuki, K.G., *et al.* Membrane molecules mobile even after chemical fixation. *Nat Methods* **7**, 865-866(2010).

10) Komura, N., Suzuki, K.G., *et al.* Raft-based interactions of gangliosides with a GPI-anchored receptor. *Nat Chem Biol* **12**, 402-410(2012).

11) Suzuki, K.G., Kasai, R.S., *et al.* Transient GPI-anchored protein homodimers are units for raft organization and function. *Nat Chem Biol* **8**, 774-783(2012).

12) Suzuki, K.G., Fujiwara, T.K., *et al.* GPI-anchored receptor clusters transiently recruit Lyn and G alpha for temporary cluster immobilization and Lyn activation: single-molecule tracking study 1. *J Cell Biol* **177**, 717-730(2007).

13) Suzuki, K.G., Fujiwara, T.K., *et al.* Dynamic recruitment of phospholipase C gamma at transiently immobilized GPI-anchored receptor clusters induces IP3-Ca2^{+} signaling: single-molecule tracking study 2. *J Cell Biol* **177**, 731-742(2007).

14) Sahl, S.J., Leutenegger, M., *et al.* Fast molecular tracking maps nanoscale dynamics of plasma membrane lipids. *Proc Natl Acad Sci USA* **107**, 6829-6834(2010).

15) Lenne, P.F., Wawrezinieck, L., *et al.* Dynamic molecular confinement in the plasma membrane by microdomains and the cytoskeleton meshwork. *EMBO J* **25**, 3245-3256(2006).

16) Sezgin, E., Levental., I. *et al.* partitioning, diffusion, and ligand binding of raft lipid analogs in model and cellular plasma membranes. *Biochim Biophys Acta* **1818**, 1777-1784(2012).

17) Kinoshita, M., Suzuki, K.G., *et al.* Raft-based sphingomyelin interactions revealed by new fluorescent sphingomyelin analogs. *J Cell Biol* **216**, 1183-1204(2017).

各論　応用

— 食品または化粧品への応用 —

各論 応用 24 食品または化粧品への応用

化粧品に使用される光学活性ヒト型セラミドの機能特性

石田 賢哉*

1 はじめに

セラミドはスフィンゴ脂質に属し、**図1**に示すように長鎖スフィンゴシン塩基と長鎖脂肪酸が酸アミド結合した両親媒性分子種であり、スフィンゴ糖脂質やスフィンゴリン脂質の基本骨格を担い広く生体に分布している。特に皮膚角層細胞間脂質の主成分として存在するセラミドは皮膚本来が持つ生体と外界とのバリア膜としての機能維持に重要な役割を果たしている。

セラミドが角層バリアの形成に必須であることが皮膚科学者、あるいは香粧品科学者らによって1980年代頃から報告されるようになり[1-5]、これにより保湿、補修を目的としたスキンケア化粧品への応用が始まった。しかし、当初利用可能な天然セラミドは馬脊髄や牛脳抽出物に限られており、価格や純度、そしてBSE（牛海面状脳症）問題もあり、安全な高純度品を大量に使用することは困難であった。このような問題を解決すべく、1990年代に入って、セラミド類似物質（プソイド体：セラミドに類似した機能、構造を持つ合成品）やラセミ体セラミド等、種々の合成セラミドの開発が活発化した。特にプソイド体に関してはImokawaらにより種々の構造活性相関が検討され[6]、セラミド素材のバリア機能改善効果が広く認知されるようになった。

そして、それまで商用生産は困難と考えられていた光学活性ヒト型セラミド3（CerNP）が発酵

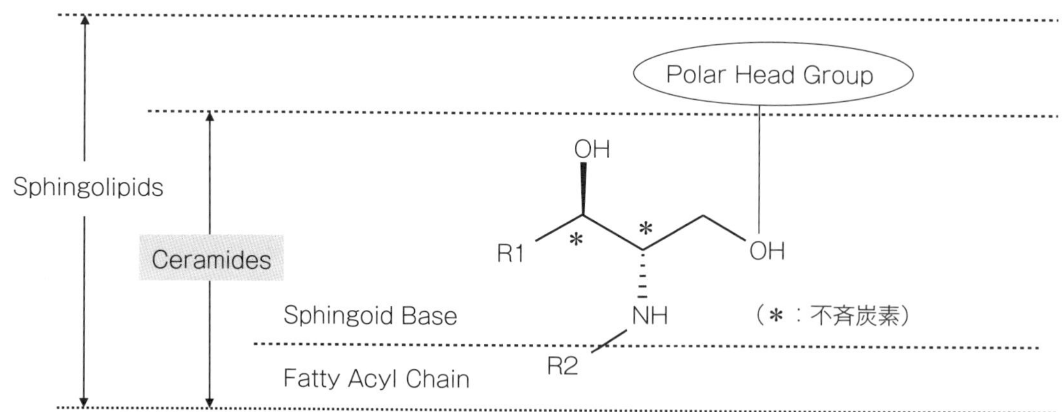

R1：長鎖アルキル基（R2=H：スフィンガニン）
アルケニル基（R2=H：スフィンゴシン）
ヒドロキシアルキル基（R2=H：フィトスフィンゴシン）
ヒドロキシアルケニル基（R2=H：6-ヒドロキシスフィンゴシン）
R2：長鎖アシル基

図1　General Structure of Ceramides and Sphingolipids

＊1 高砂香料工業株式会社 研究開発本部

法と有機合成を組み合わせて上市されたのを皮切りに、不斉合成技術[7]を駆使した有機合成により光学活性ヒト型セラミド２（CerNDS）やセラミド５（Cer ADS）の使用が可能となった[8-11]。

本稿では、特に光学活性ヒト型セラミドの機能特性に焦点を当て、処方化技術を含めたスキンケア・ヘアケア効果を紹介する。

2 角層機能とセラミド

我々の身体を覆う皮膚は外界からの微生物、化学物質、紫外線等の生物、化学、物理的な侵襲を防御するとともに水分を含めた生体必須成分の損失を防ぐバリア膜として非常に重要な役割を果たしている。皮膚は表皮、真皮、皮下組織から構成されており最外層である表皮はさらに角層、透明層、顆粒層、有棘層、基底層に分類される（図2）。

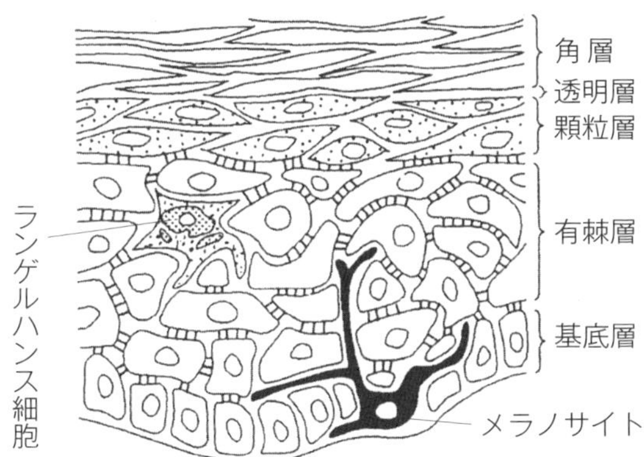

（佐藤ら., 標準皮膚科学、3,（1990）（医学書院）より）

図2　Sectional Structure of Human Epidermis

この中でバリア膜としての最も重要な機能を担っているのは表皮最外層を構成する厚さわずか20μm程度の角層である。角層はEliasらによってレンガとモルタルに例えられている[12]（図3）。つまりレンガ状に15層ほどに積み重なった角層細胞を細胞間脂質がモルタルのように繋ぎ止める形で強固なバリア膜を形成しているのである。レンガ役を担う角質細胞はアミノ酸を主成分とする天然保湿因子（Natural Moisturizing Factor）を含有し水分を保持している。一方、モルタル役を担う角層細胞間脂質は約50％のセラミドを主成分とし、コレステロール（エステル）、脂肪酸等の両親媒性脂質から構成されており、疎水性部分、親水性部分同士が繰り返される層板構造、いわゆるラメラ構造を特徴としている（図3）。角層細胞は、角層の最下層から最上層まで約２週間かけて移動し毎日１層ずつが垢として剥離していく。この動的代謝をターンオーバーといい剥離と再生のバランスは一定に保たれている。しかし、皮膚が乾燥寒冷下に長時間さらされるような外的要因やアトピー性炎症のような内的要因により乾皮症（ドライスキン）が生じた場合、ターンオーバーのバランスが崩れ角層機能の低下が引き起こされる。機能の低下した角層は水分保持能の低下と、バリア機能の低下による経表皮水分蒸散量（TEWL: Trans Epidermal Water Loss）の上昇が観られる。つまり、角層機能の低下による肌

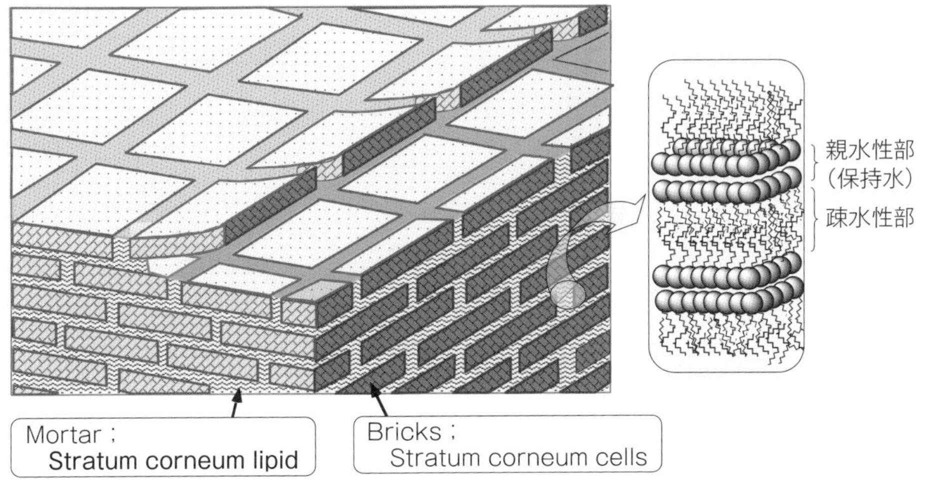

図3　Schematic Representation for Human Stratum and Lamellar structure

荒れを起こした皮膚はかさつくだけでなく、外界からのさまざまな刺激に対する防御機能が低下する。バリア機能の低下した人やアトピー性皮膚炎患者では角層中のセラミド成分の減少や組成変化が報告されており[13, 14]、バリア機能の維持、改善にセラミドが重要であることが広く認識されるようになった。

3 角層セラミドの分類と立体構造（INCI名の問題点について）

ヒト角層細胞間脂質を構成するセラミドはDowningらによりスフィンゴイド塩基とアミド結合している脂肪酸の種類によって7種類の遊離セラミドに分類され、組成報告もなされた（**図4**）[15]。最近ではHPLC-(ESI) MS（/MS）を活用した分析技術の進歩により遊離セラミドはMasukawaらにより11種類（342分子種）まで詳細に解析、同定されている（図4）[16]。この分類によると本稿で紹介するセラミド2はセラミドNDSに、セラミド5はセラミドADSに分類される。しかしながら化粧品成分国際表示名称（INCI名）では、それぞれ学術面では認知されていないNG、AGと命名しており、皮膚科学分野と化粧品業界分野でダブルスタンダード化という状況になっている。未公開情報ではあるが、米国化粧品工業会（PCPC）もNG、AGの表記根拠に誤りがあったことを認めていることから、本稿では国内表示名として慣用継続認可されているセラミド2/5またはNDS/ADSを使用させて頂くことを予め承知おき頂きたい。

ここでセラミドの立体構造に目を向けると、セラミドの基本骨格をなすスフィンゴシン塩基は最低2つの不斉炭素を有し（図1）、理論上4種の光学異性体が存在し得る。しかし天然セラミドは“光学活性体”としてのみ存在し、その立体配置は(2*S*,3*R*)-体（慣用名：*D-erythro*体）で、他の異

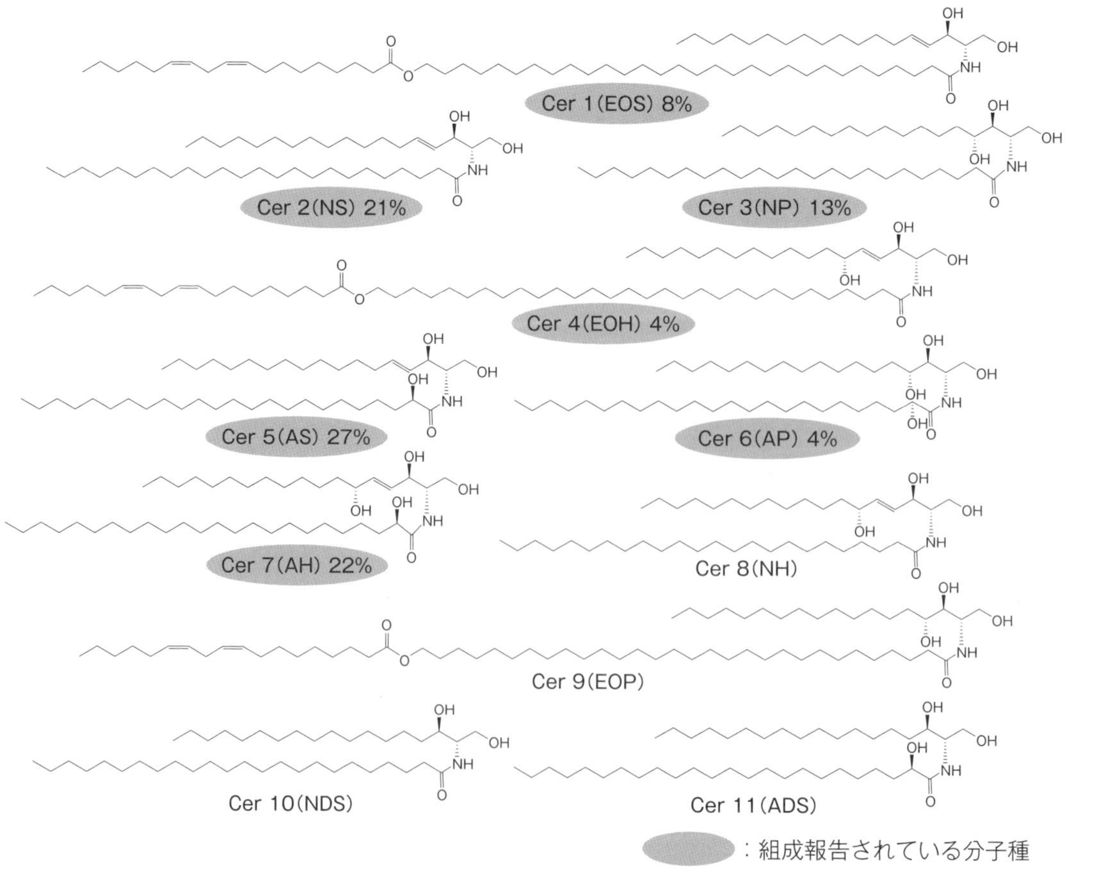

図4　General Structure and Composition of Ceramides in Human Stratum Corneum

性体は見出されていない[17]。不斉炭素を有する生体成分は光学活性体として存在している場合がほとんどである。例えば、ヒトの最も普遍的な構成単位であるアミノ酸と単糖は全て光学活性なL-アミノ酸とD-糖のみから構成されている。前述したようにセラミドがL-セリンから生合成されることを考えると、他の異性体が存在しないのは当然であり、非天然型セラミドが生体内に取り込まれた場合、生合成・代謝系にどのような影響を及ぼすのか未だ不明である。

4 化粧品で使用されるセラミドおよび類縁体

スキンケア・ヘアケア化粧品に配合されているセラミドにはさまざまな種類がある。セラミドの種類としては、天然セラミド（既述の動物抽出物）、ヒト型セラミド、植物セラミド、そして合成セラミドの４つに分類されることが多いが、この分類では特にヒト型セラミドと合成セラミド、疑似セラミドの解釈に誤解を招くことがある。化粧品に使用される代表的な合成セラミドおよび類縁体を**図５**に示す。

合成セラミドは①立体構造も含めてヒト構成成分とまったく同一の構造を持つヒト型光学活性セラミド、②平面構造はヒト型と同じであるが、立体構造がヒト型に制御されていない異性体混合物であるラセミ体セラミド、そして③セラミドに構造・機能を模した疑似セラミド（Pseudo体：類縁体）の３種に分類した。

疑似セラミドは、その名の通りセラミド類似機能がある類似化合物であり、価格面でも有利なことが分かっているが、成分表示上セラミドではない類似物質であることを考慮すると、化粧品に使用されている合成セラミドはヒト型光学活性体とラセミ体の２種類と理解するのが妥当であろう（合成セラミド＝疑似セラミドという報告もあるので注意が必要である）。

なお、植物セラミドは別稿を参照頂きたいが、米や小麦、トウモロコシ、大豆、こんにゃく芋、パイナップルなどの抽出物で、ヒト角層セラミドとは

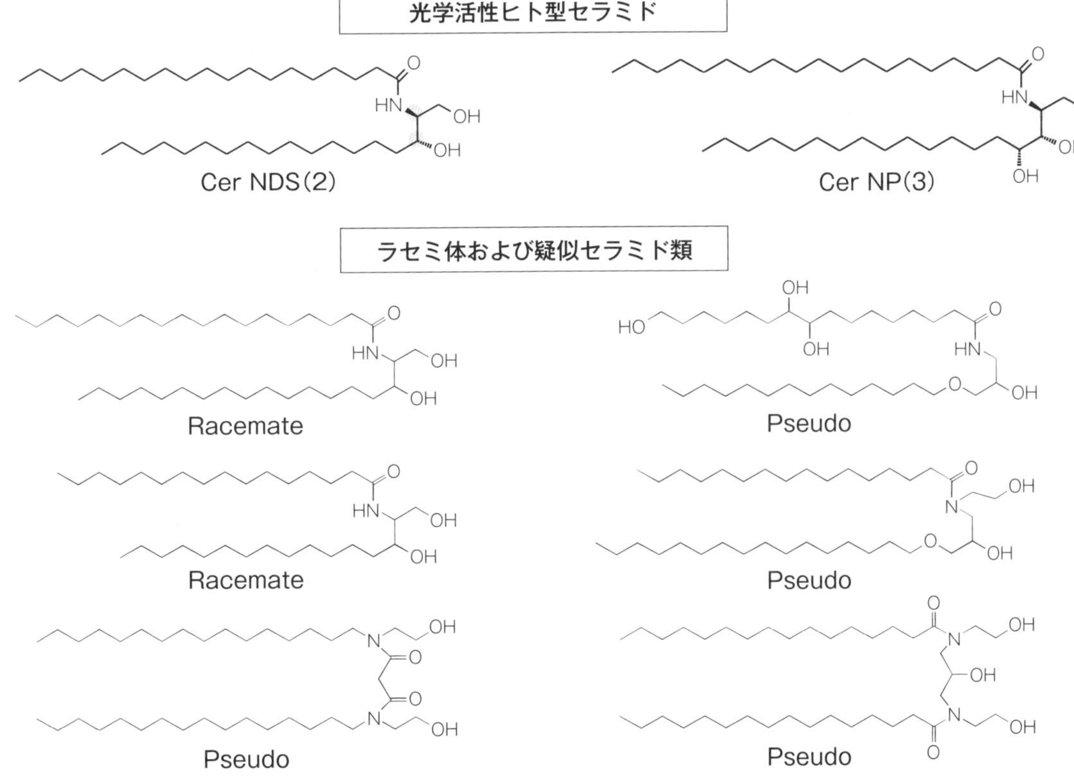

図５ Representative Ceramides derivatives on the market

異なり主に糖鎖がセラミド1級水酸基に結合した糖脂質に属し、成分表示上もセラミドとは異なる。

5 光学活性ヒト型セラミドの実用的製造

光学活性ヒト型セラミド2/5の工業生産は、不斉合成技術を応用した有機合成により実現されている。

図6に製造スキームを示す。本製造法は化合物1のルテニウム-SEGPHOS錯体触媒を用いた動力学的分割を伴うジアステレオ選択的不斉水素化反応により2個の不斉点を同時に制御することを鍵反応として5ステップで製造される。最近は製造効率の向上と環境負荷削減を目指してPipes-in Series反応装置による連続生産方式の活用検討も進められている。

図7は光学活性カラム（SUMICHIRAL OA-

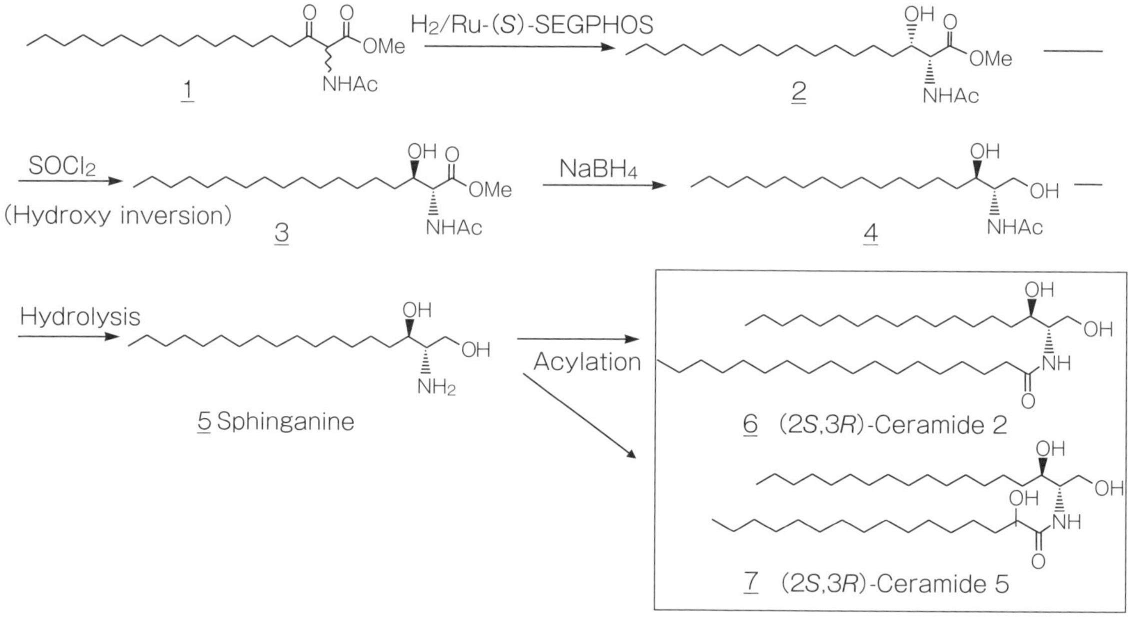

H2/Ru-(*S*)-SEGPHOS
1 → 2
SOCl2 (Hydroxy inversion) → 3
NaBH4 → 4
Hydrolysis → 5 Sphinganine
Acylation → 6 (2*S*,3*R*)-Ceramide 2; 7 (2*S*,3*R*)-Ceramide 5

図6　Synthetic Procedure of Optically Active Ceramides

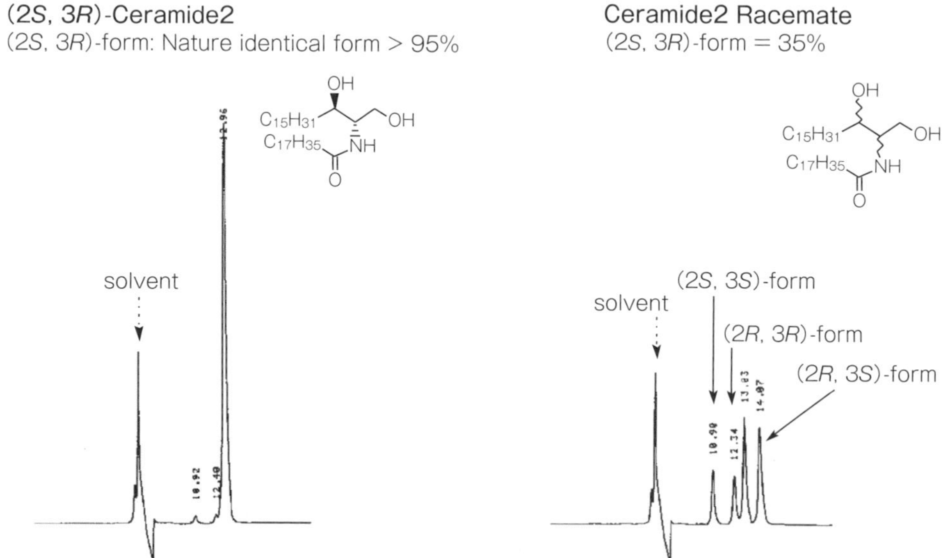

図7　Optical Resolution of Ceramide2 by Chiral-HPLC

4600）により光学分割したセラミド2のHPLCクロマトグラムである。これまでのラセミ体は4異性体の混合物［異性体比：(2*S*,3*S*)：(2*R*,3*R*)：(2*S*,3*R*)：(2*R*,3*S*)＝約15:15:35:35（ジアステレオマー比：*threo*/*erythro*＝3/7)］であるのに対し、上記製造法により得られた光学活性ヒト型セラミドは（2*S*,3*R*）-体95%以上で“ヒト型光学活性体”であることが分かる。

6 光学活性ヒト型セラミドの製剤化技術の開発

光学活性ヒト型セラミドは強い分子間力を有し、単独では結晶性が高くほとんどの油性／水性化粧品基剤（溶媒）に対して著しく溶解性が低いため、親水部に水分を保持した分子集合体を形成することはできない。これは主に直鎖アルキル基（疎水部）同士のファンデルワールス力と立体制御されたアミドジオール骨格（親水部）同士の水素結合因子により、セラミド分子同士のパッキング性が著しく高まっていることを示唆している。この性質は製剤化の難しさを示すものであると同時に、角層の本質的なバリア機能構築に大きく寄与するための基本性能とも考えられる。

開発当時、光学活性ヒト型セラミドの製剤化はほとんど検討されていなかった。しかし、プソイド体（擬似セラミド）に関してはSuzukiらが興味深い研究成果を報告していた[20]。彼らは角層細胞間脂質に着目し、プソイド体（擬似セラミド）、コレステロール、ステアリン酸の３成分系から形成されるα-ゲル中に水分を保持できる液晶相を見出し、これを液晶乳化法に応用することにより安定なマルチラメラエマルションを調製している。残念ながら、光学活性セラミドはこの組成では水分保持できる液晶相は見出せなかったが、この報告は安定な製剤化への一つの道標となった。

つまり、セラミドは角層細胞間脂質中で、コレステロール（エステル）、遊離脂肪酸、コレステロール硫酸などの両親媒性分子種とともにラメラ構造を形成し、その親水性部分に水分を保持して機能を司どっている。従って製剤化でも、細胞間脂質と同様のセラミドを含む脂質混合物によるラメラ液晶相（L.L.C.: Lamellar Liquid Crystalline phase）を見出し、このL.L.Cを利用して均一なベシクルを調製することがセラミドの効果的かつ安定な製剤設計に最適な方法であると考えた。

Eliasらのグループはセラミドやコレステロール、脂肪酸を単独で荒れ肌に塗布しても、荒れ肌の回復はむしろ遅れてしまい、これらを適当な比率で混合した場合にのみ荒れ肌の回復が促進されたことを報告しており[21]、バリア機能がセラミドだけで発現されるのではないことを示すと同時に、角層細胞間脂質組成に着目した配合技術がセラミド機能の具現化に重要であることを示唆している。

(1) ラメラ液晶脂質の調製とバリア膜形成能

筆者らはセラミドの親水部の立体構造を生かしつつ、疎水部の分子間力を乱して分子運動に自由度を持った角層細胞間脂質様のラメラ構造組成物の探索としてコンタクト試験を行った。コンタクト試験法とは偏光顕微鏡視野下において２種類の被検物質を加熱溶融により接触させ、２物質の濃度変化と相転移状態を観測する方法である。セラミドと各種細胞間脂質成分（コレステロール、コレステロールエステル、長鎖脂肪酸類、等）との併用効果を探索した結果、セラミドはコレステロールとの相互作用により液晶特有のマルテーゼクロス像が観察され、光学異方性を確認することができた。

本脂質組成物をX線回折により確認したところ、Braggs angleから求めた間隔は、41.8Å（$2\theta=2.2°$）、20.6Å（$2\theta=4.3°$）、13.4Å（$2\theta=6.6°$）、10.2Å（$2\theta=8.6°$）であり、低角側に規則性のある回折ピークが認められたことからラメラ（層状）であることが、また4.5Å付近に特徴的な緩慢なハローは疎水基同士の運動性が高まった液晶相と考えられ、セラミドはコレステロールとの併用によりラメラ液晶構造を形成することが示唆された**（図８）**。

得られたセラミド/コレステロールからなるラメラ液晶脂質の水分バリア膜形成能をAkasakiらの提案する簡便法[22]にて評価したところ、光学活性体がラセミ体と比較して著しく高いバリア能を示した**（図９）**。

セラミド、コレステロール単独ではバリア能を発現しなかったことから、併用による安定なラメ

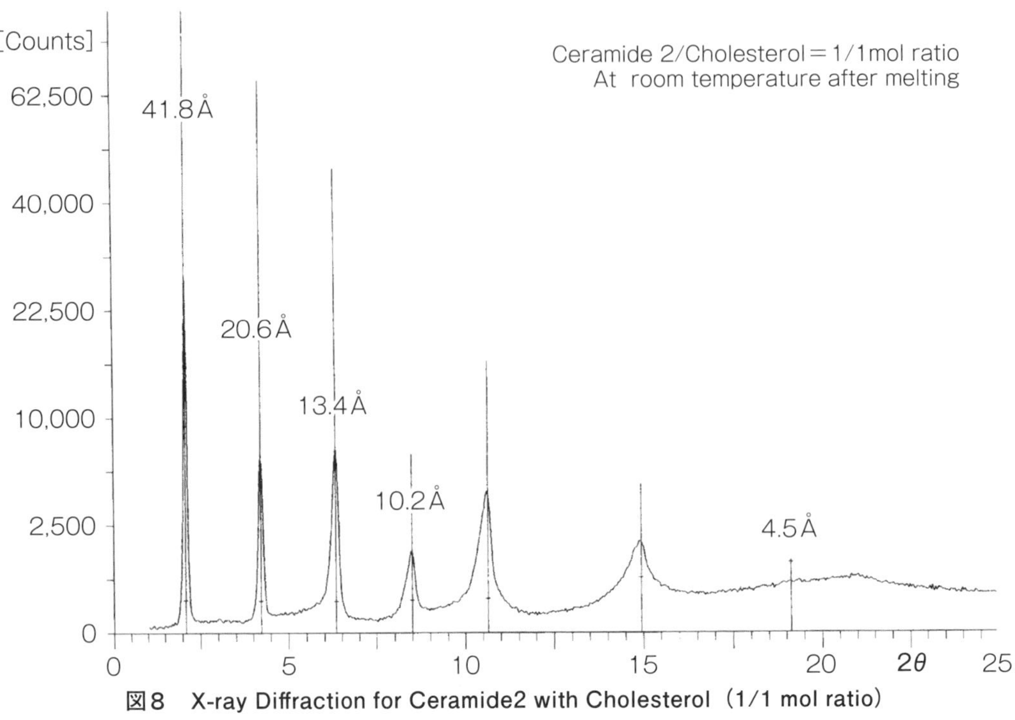

図8　X-ray Diffraction for Ceramide2 with Cholesterol（1/1 mol ratio）

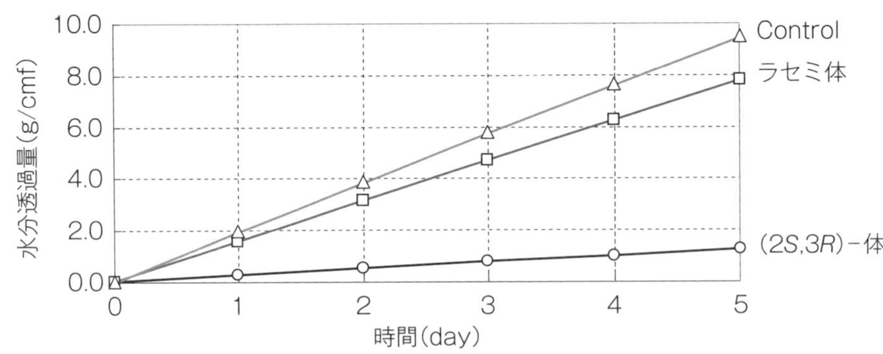

図9　Time Courses of Water Evaporating Rate through the membrane treated with Ceramide2（Optically active and Racemate）and Cholesterol

ラ液晶膜が形成されたこと、そして光学活性体がラセミ体と比較してより配向規則性の高いラメラ液晶相の形成が示唆された。

(2) リポソーム調製法の応用

以上の解析結果に基づきセラミド・コレステロール液晶脂質を安定に水に分散可能な製剤化を実現するため、リポソーム調製法の応用を検討した。リポソーム調製法は薄膜法をはじめ、超音波法、コール酸除去法、溶媒注入法、エクストラーダー法、逆相抽出法、などが報告されているが、特殊な装置や有機溶剤、洗浄剤を使用せず、実用的な方法として金子らが提案したラメラ液晶法[23]の応用を図った。

図10はセラミド、コレステロール、コレステロール硫酸からなる脂質／リン酸緩衝液（pH＝6.86）＝1/1（重量比）の相平衡図（40℃）である[24]。セラミドにコレステロール硫酸が挟み込まれることにより α-gel相が現れ、そこにコレステロールが組み込まれることにより主として疎水部のパッキング性がルーズとなってラメラ液晶、お

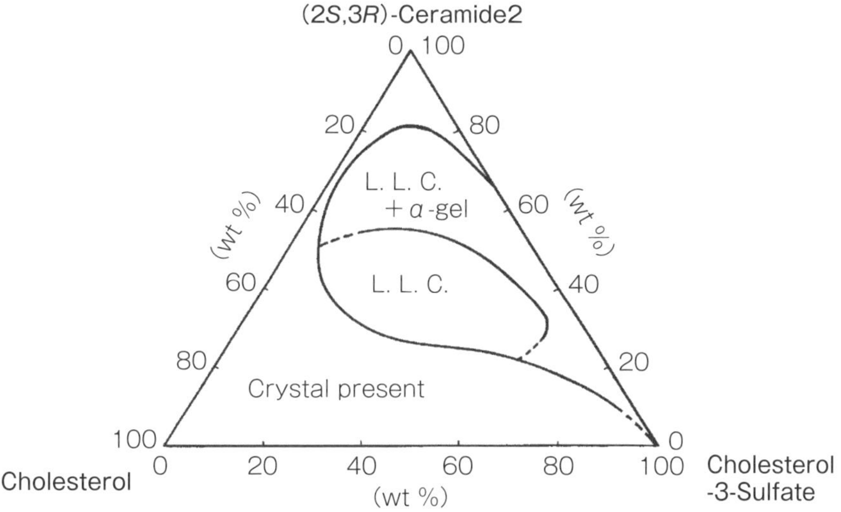

図10　Phase Diagrams for the Ceramide2/Cholesterol/Choresterol sulfate/Phosphate buffer (pH=6.86) system

よびその分散相が形成されていくと考えられる。**図11**に偏光顕微鏡によるL.L.C.特有のマルターゼクロス像を示す。

つまり、セラミド・コレステロールに角層細胞間脂質に見出されるコレステロール硫酸を第3成分として併用することにより水を保持した安定なL.L.C.が調製可能であった。

なお、セラミド・コレステロールに次ぐ第3成分としてコレステロール硫酸以外に、ラメラ液晶形成能のあるオレイン酸アルギニン、ポリグリセリン脂肪酸エステル等が物理的に安定なベシクル形成に良好な結果を与えた（社内非公表データ）。特にポリグリセリン脂肪酸エステルは耐塩性や耐酸性に優れ、安全性も高いことから実用性が高いと考えられた。

(3) *In Vitro*機能特性

上述の如く得られたラメラ液晶組成物（L.L.C.）をリポソーム調製法のうちラメラ液晶法を応用して、分散剤にアルギニンオレエートを用いたベシクル（セラミド含有率：3.0%）を各種セラミドについて作製し、製剤自体の水分保持、バリア性能を検証すると、(2*S*,3*R*)－体はラセミ体、プソイド体と比較して有意に高い水分保持能を示した（**図12**）。ラセミ体の場合、親水部の配列が純粋な（2*S*,3*R*）-体に比べて乱れる傾向があり、それが水和配列にも影響したものと思われ、またプソイド体はセラミドよりも約30℃融点が低

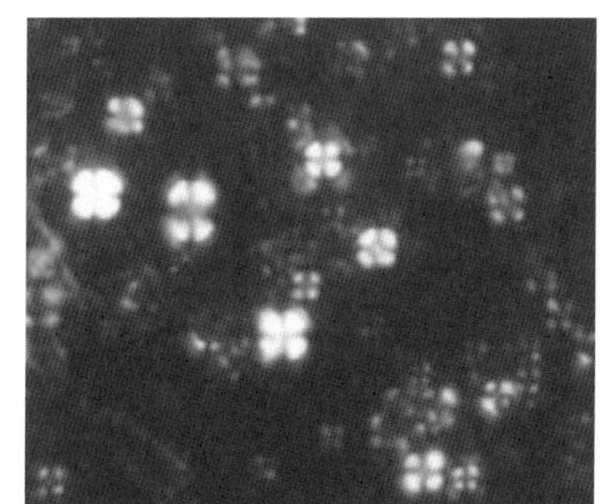

図 11　Polarized Microscope observation of Lamellar Liquid Crystalline phase (L.L.C.) as Maltese Cross Image

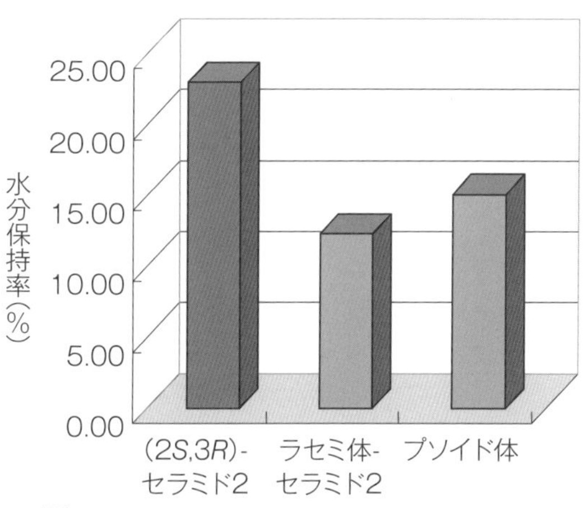

図12　Water Holding Capacity on various Ceramides

い（mp:74℃）ことからも窺われるように分子間力が（2*S*,3*R*）-体に比べて弱く膜構造もルーズになっているものと推測された。

バリア性能はモデル角層脂質（Model SC Lipids）で覆われた支持膜に各種セラミド製剤を均一に塗布、乾燥後、水の入ったステンレス製容器に固定し膜を通して蒸散していく水分量から水分蒸散速度を算出したものであるが、**図13**に示すように（2*S*,3*R*）-体はModel SC Lipids膜のバリア能とほぼ同レベル（有意差なし）であり、言い換えるとModel SC Lipids膜のバリア能を低下させなかった。一方、他の非天然型光学活性セラミド、ラセミ体などは有意にバリア能を低下させた。これは、こうした非天然型セラミド類がModel SC Lipids中の生体セラミドの配列を乱し、その膜構造（パッキング性）を弱めてしまうためと考えられた。

 7 皮膚への効果

(1) 荒れ肌改善効果

次に、界面活性剤（SDS: Sodium Dodecyl Sulfate）により誘発した乾燥荒れ肌モデルに対する改善効果を調べた。セラミドベシクルはポリグリセリン脂肪酸エステルをL.L.C.分散媒を利用した。調製方法は、セラミド・コレステロール・ポリグリセリン脂肪酸エステルからなる脂質成分を約120℃にて均一に溶解後、続いてグリセリンを主成分とする多価アルコールを同温で加え、透明に溶解させた後に予め80〜90℃に加温した精製水を徐々に加える方法により、均一なL.L.C分散ベシクルを得た（セラミド含有率：4％）。

SDSにより低下した水分量（コンダクタンス

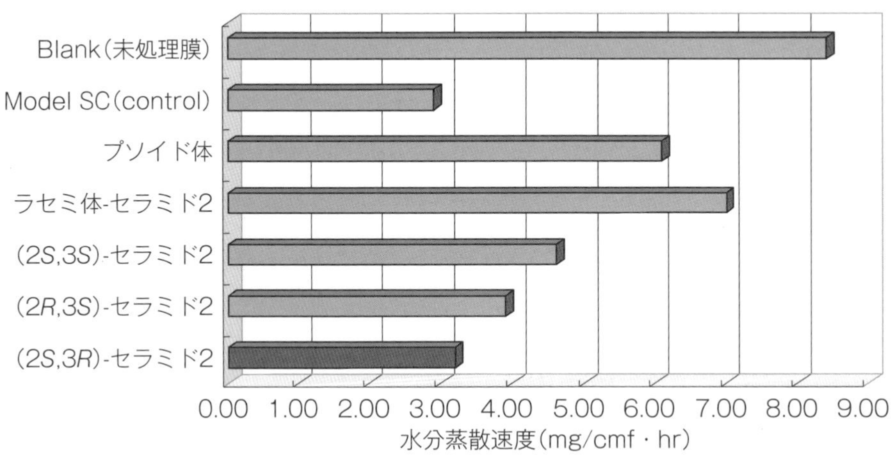

図13 Effect of various Ceramides on Natural SC Lipids Barrier Function

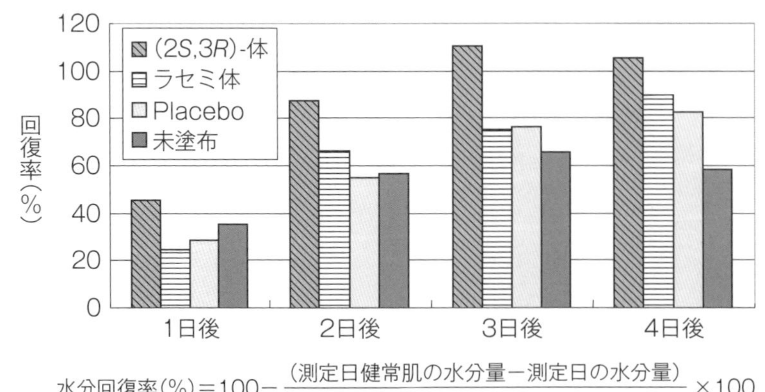

$$水分回復率(\%)=100-\frac{(測定日健常肌の水分量-測定日の水分量)}{(処理日健常肌の水分量-処理後の水分量)}\times100$$

図14 Recovery ratio of Conductance values on SDS induced Dry Skin

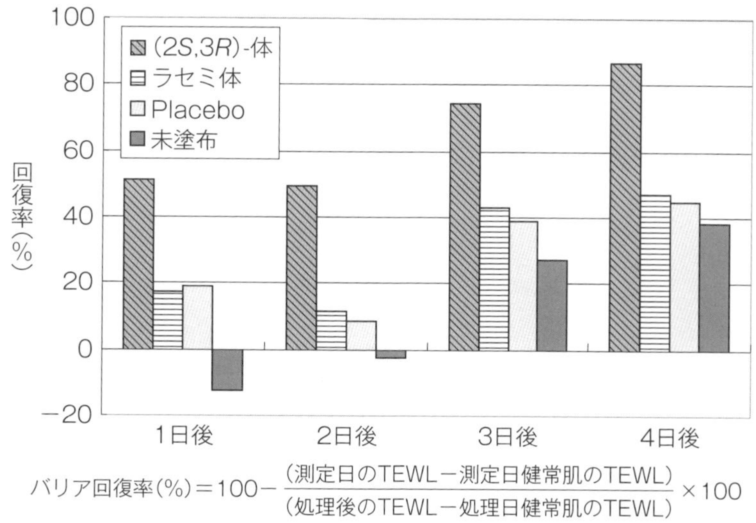

図15　Recovery ratio of TEWL on SDS induced Dry Skin

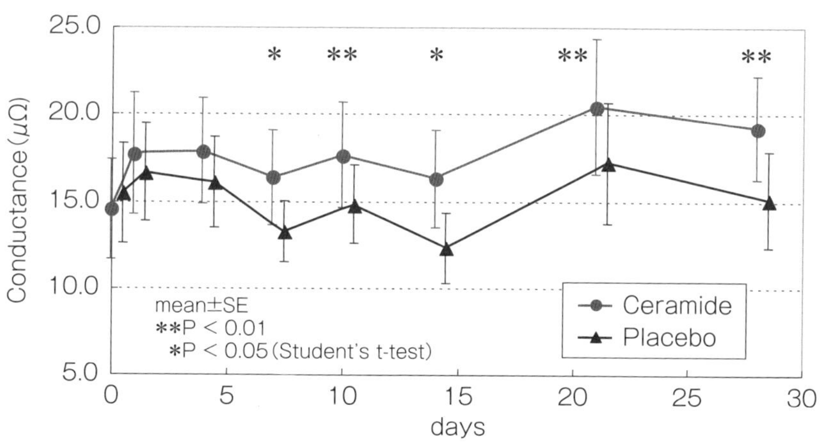

図16　Time courses of Conductance values treated with 0.5%Ceramide Lotion

値)、バリア能（経表皮水分蒸散量：TEWL）はともに光学活性体適用部位に顕著な回復傾向が認められた（**図14, 15**)。この傾向は特にTEWL面で顕著であり、セラミドがバリア改善により、水分保持を担っていること、および（2*S*,3*R*）-体の優れたバリア形成能、生体適合性を示したものと考えられ、上述*In vitro*試験結果との相関性を認めた。なお、本試験の測定に際しては測定部位皮膚を温水にて洗浄後、被験者を温度20±1℃、相対湿度45±５%の環境下に30分間順応させた後測定した結果であり、セラミドベシクルが単に皮表に残存したのではなく、角層に取り込まれ、ラメラ構造を再構築した可能性が高いことが窺える。

(2) 乾燥肌に対する連用効果

さらに、上記ベシクルを水にてセラミド濃度0.5%まで希釈した化粧水の冬季乾燥肌に対する連用効果を調べた。この試験は皮表コンダクタンス値が低下傾向にあるボランティア（n＝9）を対象に実施されたが、セラミド含有化粧水適用７日後から有意なコンダクタンス値の向上が認められ、また、14日後からは有意なバリア維持能が確認された（**図16, 17**)。本試験は乾燥期（１～２月）に実施したため、プラセボ適用部の経時的な角層機能の低下が観察されたが、セラミド含有化粧水は皮膚恒常性維持に大きく貢献することが確認された。

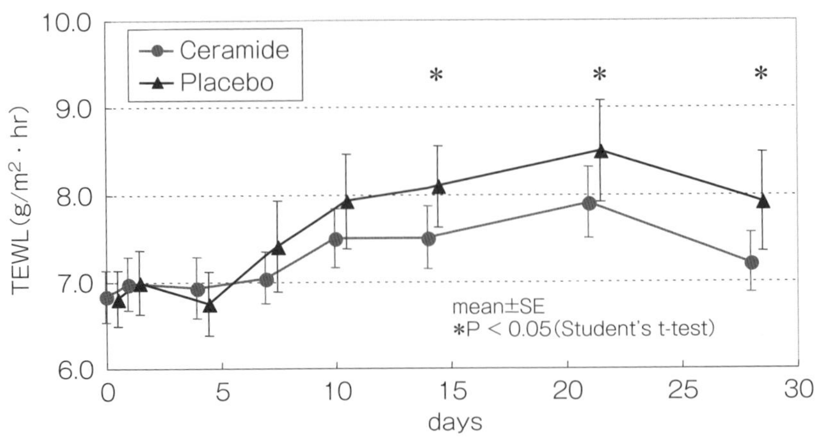

図17　Time courses of TEWL values treated with 0.5%Ceramide Lotion

8 毛髪への効果

セラミドは皮膚だけでなく、毛髪の細胞膜複合体（CMC: Cell Membrane Complex）でも約50%を占める主要構成成分としてキューティクル（毛小皮）とコルテックス（毛皮質）の接着に貢献しており、その組成はセラミド2（Cer NDS: 88%）、セラミド5（Cer ADS: 12%）であることがHusslerらにより報告[25]されている。白髪染めなどヘアカラーが日常となった現在、ヘアケア製品には「髪の潤いを保つ、ダメージを防ぐ、補修する」等の機能を訴求したものが多く見られ、いわゆるダメージケア分野への消費者ニーズは高まっている。本章では光学活性ヒト型セラミド2に次いで開発した光学活性ヒト型セラミド5とセラミド2との併用効果についてヘアケア機能を例に挙げ紹介する。

(1) 表面改善効果

クロロホルム・エタノール処理により誘発したダメージ毛に対するセラミド（0.5%）トリートメントの効果を表面摩擦係数（MIU）により検証したところ、溶媒処理により上昇した摩擦係数は、光学活性ヒト型セラミド配合トリートメント処理により回復し、その改善効果はセラミド5／セラミド2併用系がセラミド2単独配合品より高い結果を与えた（**図18**）。毛髪表面のSEM像からもダメージヘアーのキューティクルがセラミド併用トリートメント処理によって明らかに改善されていることが確認され、摩擦係数との相関を認めた（**図19**）。

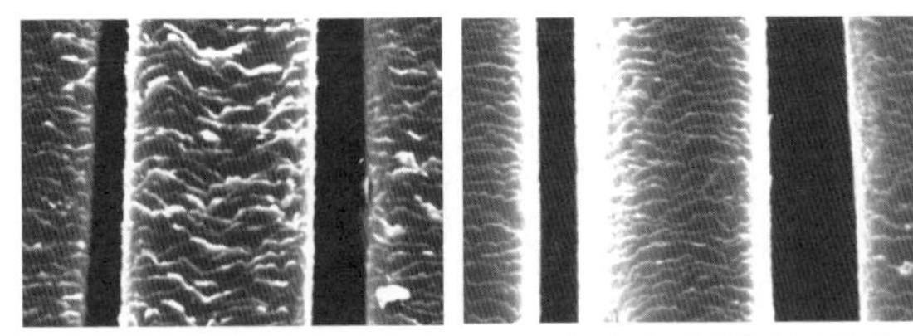

図19　SEM Images of Hair surface（x240）

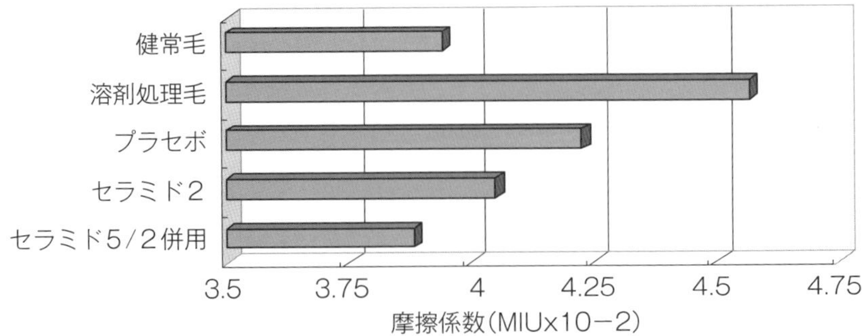

図18　Recovery of Hair surface as friction score（MIU）

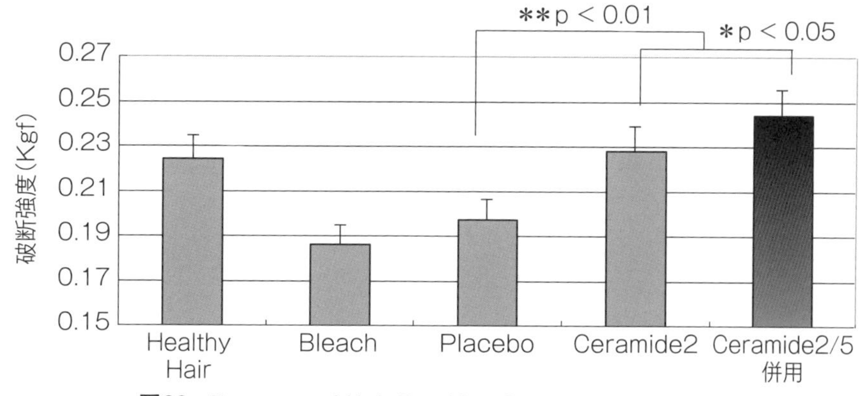

図20　Recovery of Hair Breaking Strength under Strain

(2) 強度改善効果

また、同様のトリートメントをブリーチ処理によるダメージ毛に適用し、引っ張り破断強度（5 cm/min）を測定したところ、セラミド含有トリートメント処理により回復し、その強度改善効果はセラミド5／セラミド2併用系がセラミド2単独配合品より有意に高い結果を与えた（図20）。

以上の試験は、セラミド4％ベシクルをコンディショナー基剤にて希釈分散したものを使用した結果であるが、セラミド併用による相乗効果が損傷毛髪にて確認され、角層のモルタル役と同様に毛髪でもセラミドがC.M.C成分としての接着因子として機能することが推察された。

9 おわりに

皮膚の恒常性を保つ上で角層とそのキー成分「セラミド」が重要な役割を果たしており、本来の角層バリア機能、保湿機能を維持、補充する素材として開発した光学活性ヒト型セラミドの機能特性をヘアケア効果と併せて紹介した。

光学活性体は従来のラセミ体やプソイド体などの合成セラミドと比較して製剤化は容易ではないが、優れたバリア改善効果、水分保持効果を有していたことから化学純度だけでなくその立体構造（キラリティー）が極めて重要であり、異性体間での機能差異も分かってきた[26]。

皮膚科学研究の進歩に伴い、消費者の化粧品・医薬部外品に求める効果・効能のレベルも高まっていることから、医薬品と化粧品のボーダーレス化は加速していくものと思われる。敏感肌、アトピー性皮膚炎、乾皮症、あるいは老化した肌においてもセラミド量、代謝、あるいは組成の異常などが報告されていることから、角層バリア成分である光学活性ヒト型セラミドの果たす役割は重要になっていくだろう。

【参考文献】

1) Wertz P. W., Downing .D.T., *J. Lipid Res.*, **24**, 759 (1983)
2) Wertz P. W., *et al. J. Invest. Dermat*, **84**, 410 (1985).
3) Elias P. M., *J. Invest Dermatol.*, Jun, **80**, 44s (1983)
4) Wertz P. W., *et al. Biochem. Biophy. Acta*, **753**, 350 (1983)
5) 赤崎秀一ら、日皮会誌、**98**, 40 (1988).
6) Imokawa G. *et al. J. Clin. Invest.*, **94**, 89 (1994)
7) Noyori R., *et al. J. Am. Chem. Soc.*, **111**, 9134 (1989)
8) 石田賢哉ら, *Fragrance Journal.*, **10**, 75 (1999)
9) 櫻井和俊ら, 特開平9-235259
10) 石田賢哉ら, 日本薬学会第118年会講演要旨集, **2**, 25 (1998)
11) 石田賢哉ら, *Fragrance Journal.*, **6**, 60 (2002)
12) Elias P.M., and Friends D.S., *J. Cell. Biol.*, **65**, 180 (1975)
13) Akimoto K., *et al. J. Dermatol.* (Tokyo), **20**, 1 (1993)
14) Imokawa G., *et al. J. Invest. Dermatol.*, **96**, 523 (1991)
15) Robson K.J., *et al. J. lipid Res.* **35**, 2060 (1994).
16) Masukawa Y, *et al., J. Lipid Res.* **49** 1466 (2008)
17) Carter H. E., Shapiro D., *J. Am. Chem. Soc.*, **75**, 5131 (1953)
18) Saito T., *et al. Adv. Synth. catal.*, **343**, 264 (2001)
19) Kumobayashi H., *et al., Synlett.*, **SI**, 1055 (2001)
20) 鈴木敏幸ら, 日本化学会誌, 1107 (1993)
21) Man M.Q., *et al. J. Invest. Dermat*, **106**, 1096 (1996).
22) 赤崎秀一ら, *Fragrance Journal.*, **13**, 64 (1994)
23) Kaneko T., *et al. Colloids Surf.*, **69**, 125 (1992)
24) 金子晃久ら, 特開平10-182401
25) Hussler, G., Kaba, G., *Int. J. Cosmet. Sci.*, **17**, 197 (1995)
26) Ishida.K., *et al, J. Drug Del. Sci. Tech.*, **24** (6), 689 (2014)

植物性セラミドの内外美容効果について

向井　克之*

1 はじめに

皮膚は、ヒトの内部器官を覆うことで外界との境界となり、外部からの刺激や衝撃から身体を守っている。３層構造の最も外側にある表皮は、わずか0.1～0.3mm程度の層で、表皮の最外層である角層は、第６章で説明されているように、主に２つの大きな役割を果たしている。１つは、細菌やウイルス、その他の異物（刺激）が身体へ侵入するのを防止するバリア機能であり、もう１つは、身体内の水分が外部へ蒸散するのを防止する保湿作用である[1, 2]。この角層の細胞間脂質の主成分がセラミドであり、セラミドは加齢とともに含有量が低下し、乾燥肌、肌荒れなどの原因となることが知られている[3)]。ただし、角層のセラミドは外部から摂取することで、増加させることが可能である。その方法としては、化粧品などとして経皮摂取で増加させる方法と食品などとして経口摂取で増加させる方法がある。本章では、植物性セラミドを食品として経口摂取した場合における皮膚への作用を中心に、皮膚外用剤として経皮摂取した場合についても紹介する。

2 経口摂取した植物性グルコシルセラミドによる保湿作用

食品として経口摂取できるグルコシルセラミドは、主に植物由来のものであり、こんにゃく芋、コメ、トウモロコシ、小麦、ビート、大豆、パイ

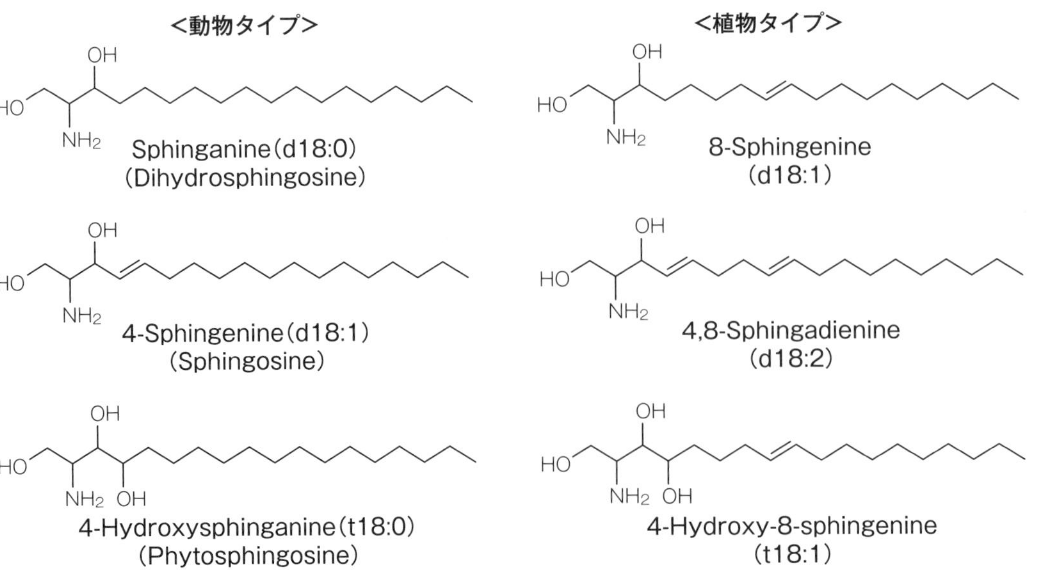

図１　長鎖塩基の種類と構造

*株式会社ダイセル 研究開発本部

ナップル、タモギタケ、マイタケ、モモ、温州みかん、ユズ由来などさまざまな植物由来のグルコシルセラミドが販売されている。植物は、含有量の多い少ないはあるが、普遍的にグルコシルセラミドを含有していることが知られている。**図１**に示すように、植物中のセラミドを構成する長鎖塩基は主に4,8-スフィンガジエニン（d18:2）と4-ヒドロキシ-8-スフィンゲニン（t18:1）であり、8-スフィンゲニン（d18:1（Δ8））を多く含む植物もある[13)]。また、キノコや酵母などの真菌類は9-メチル-4,8-スフィンガジエニン（d19:2）を構成成分とする。これら植物由来のセラミドに共通するのは、８位に二重結合が含まれること、一部カンキツ類のように例外はあるが、糖（グルコース）が結合したグルコシルセラミドであること、脂肪酸は２位に水酸基が結合した2-ヒドロキシ脂肪酸であることなどの特徴がある。

図２に植物の乾燥重量あたりのグルコシルセラミド含有量を調査した結果を示す。調査した植物の中で、こんにゃく芋中には、グルコシルセラミドが他の植物に比較して多く含まれており、特にこんにゃく精粉を製造する際に副産物として発生するこんにゃくトビ粉中には、0.2％という高濃度でグルコシルセラミドが含まれることが分かっている。こんにゃく芋を長期保存するために、こんにゃく芋からこんにゃく精粉（グルコマンナン）を取り出す方法が江戸時代中期に発明されて以降、こんにゃく製造は精粉から製造する方法が主流となっている。洗浄したこんにゃく芋を短冊形にスライスして、熱風乾燥すると、荒粉と言われるスライス状のこんにゃく芋乾燥物が出来上がる。荒粉を臼に入れて杵の上下運動によって荒粉を粉砕して微粒子にする。分離機を用いて、グルコマンナンとデンプン質を分離するが、グルコマンナンは比重が重く、デンプン質は軽いので風力で選別が可能である。ここで発生するデンプン質がこんにゃくトビ粉である。こんにゃくトビ粉を原料として、エタノールで抽出すると、10％以上のグルコシルセラミドを含むこんにゃく芋抽出物が製造できる。このこんにゃく芋抽出物（こんにゃくセラミド）を経口摂取して、ヒト皮膚に対する作用について検証した結果を以下に紹介する。

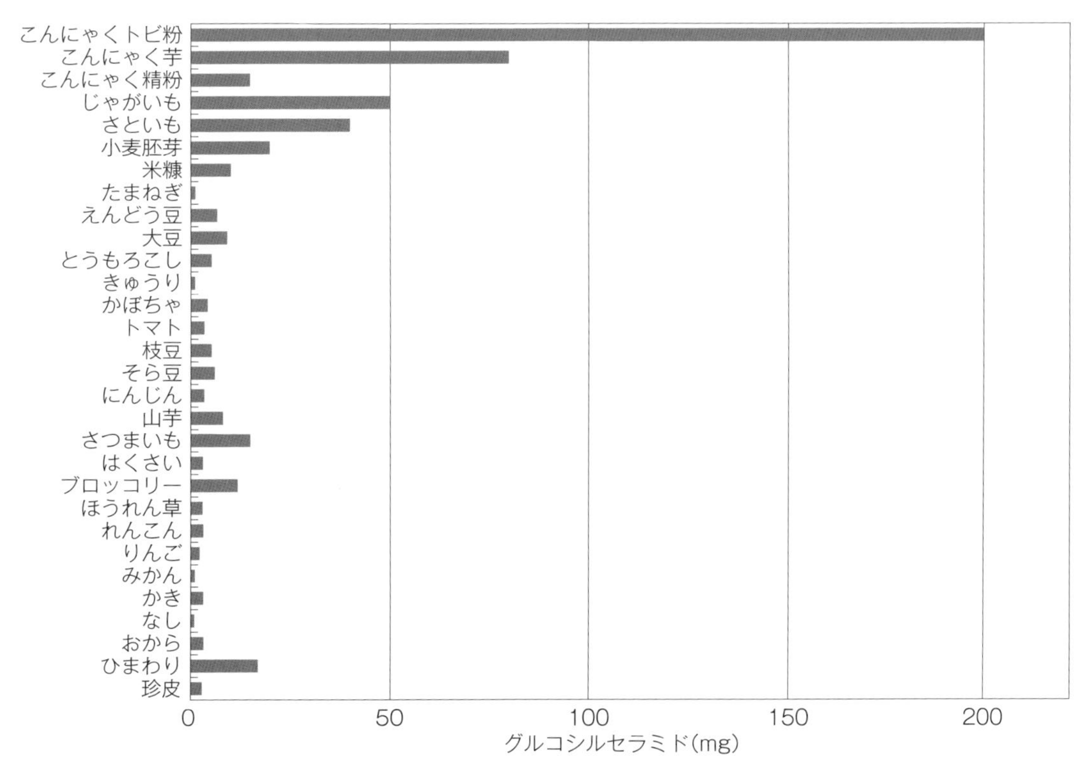

図２　乾燥植物原料100gあたりのグルコシルセラミド含有量

こんにゃくセラミドを食品として摂取した場合の機能性について、まず保湿作用について検証を実施した。現在のところ、第11章で説明した通り許可された特定保健用食品（トクホ）における１日当たりのグルコシルセラミド摂取量は1.8mgであり[5-7]、機能性表示食品においても１日当たりの摂取量は、1.2mgもしくは1.8mgとなっている。そこで、有効摂取量の低減が出来ないか１日当たりの摂取量を0.6mgもしくは1.2mgに設定して、無作為化二重盲検プラセボ対照並行群間比較試験（RCT試験）によるヒト試験を実施した[8]。対象者は、35歳以上59歳以下の皮膚の乾燥、肌荒れやたるみを自覚する健常人男女とし、測定項目は主要項目として肌測定（皮膚水分量、経皮水分蒸散量、皮膚弾力性、皮膚pH、肌色測定、角層解析、肌状態解析、自覚症状アンケート、皮膚科医による所見）として、摂取４週後、摂取８週後、摂取12週後における摂取開始時からの変化量を評価指標とした。また、安全性評価として、副作用、有害事象を設定した。サンプルとしては、こんにゃくセラミドを配合したソフトカプセルとセラミドを配合していないプラセボカプセルを組み合わせて、１日２カプセルを摂取することにより、プラセボ群、0.6mg摂取群、1.2mg摂取群とした。試験自体は、96名の参加で開始したが途中での自己都合による辞退などで、最終的な解析対象者は86名とした。プラセボ群の被験者28名（男性：14名、女性：14名）の年齢は、46.4 ± 6.6歳（男性：46.4 ± 4.6歳、女性：46.3 ± 8.3歳）であった。セラミド0.6mg群の被験者29名（男性：12名、女性：17名）の年齢は、47.6 ± 5.1歳（男性：48.4 ± 3.3歳、女性：47.0 ± 6.1歳）で、セラミド1.2mg群の被験者29名（男性：16名、女性：13名）の年齢は、47.8 ± 6.7歳（男性：48.6 ± 6.5歳、女性：46.7 ± 7.1歳）であった。こんにゃくセラミド配合ソフトカプセルを12週間継続摂取した結果、経皮水分蒸散量（TEWL）と自覚症状アンケート、皮膚科医による所見において、プラ

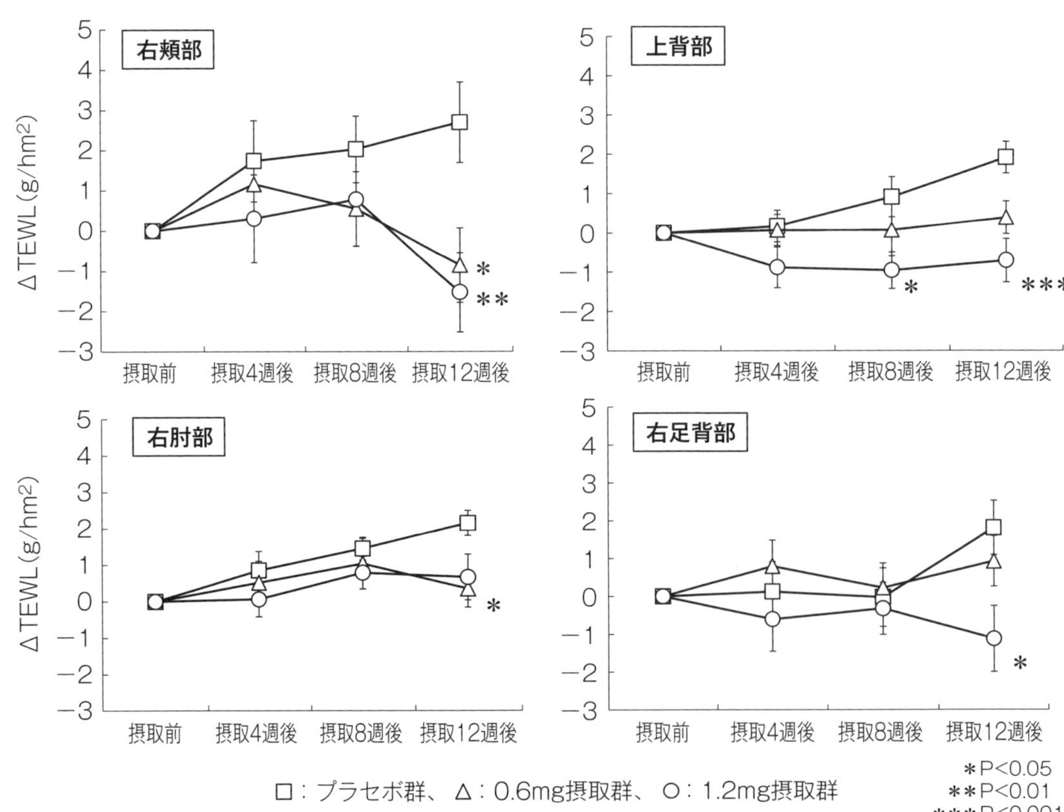

図３　経皮水分蒸散量（TEWL）の差分値推移

セボ群との統計学的有意差が観察された。まず、TEWLについては、測定部位として右頬部、上背部、右頸部、右肘部、右足背部の５部位について測定を行った。**図３**に、測定した５部位のうち統計学的有意差が観察された右頬部、上背部、右肘部、右足背部におけるTEWLの変化量の推移を示す。右頬部では、摂取12週後において0.6mg摂取群、1.2mg摂取群ともにプラセボ群に対して有意なTEWLの低下が観察された。また、上背部では1.2mg摂取群が摂取８週後、摂取12週後においてプラセボ群に対して、右肘部では0.6mg摂取群が摂取12週後においてプラセボ群に対して、右足背部では1.2mg摂取群が摂取12週後においてプラセボ群に対して統計学的有意にTEWLの低下が観察された。こんにゃくセラミドを毎日12週間摂取し、TEWLの変化量に関する有意差検定の結果を**表１**にまとめた。今回の試験とは別の試験[5, 7)]になるが、こんにゃくセラミドを毎日1.8mg摂取した場合には、頬部、上背部、肘部、足背部でTEWLの変化量において、有意差が観察されており、毎日摂取する用量を増加させるとTEWLが有意に減少する部位が増加することが分かる。つまり、測定した５部位のうち、0.6mg摂取においては２部位、1.2mg摂取においては３部位、1.8mg摂取においては4部位で、TEWLの変化量の有意な低下が観察されている。TEWLは、皮膚から恒常時の水分蒸発量を測定するものであり、TEWLの低下は保湿作用やバリア機能強化の指標となるものである。次に、自覚症状に関する10項目のアンケート調査（１：悪い、２：やや悪い、３：どちらとも言えない、４：やや良い、５：良い）におけるポイント集計結果において、12週間の継続摂取により、**図４**に示すように1.2mg摂取群において、「肌の潤い」と「肌のキメ」の差分値が有意に改善された。また、「肌荒れ」と「肌のツヤ」のアンケート調査においても改善傾向であった。つまり、こんにゃくセラミドを毎日1.2mg摂取することにより、TEWLなど

表１　経皮水分蒸散量においてプラセボ群との群間比較における有意差検定結果

	右頬部	上背部	右頸部	右肘部	右足背部	参考文献
セラミド 0.6mg群	○	—	—	○	—	8)
セラミド 1.2mg群	○	○	—	—	○	8)
セラミド 1.8mg群	○	○	—	○	○	5, 7)

○：P<0.05，—：P≧0.05

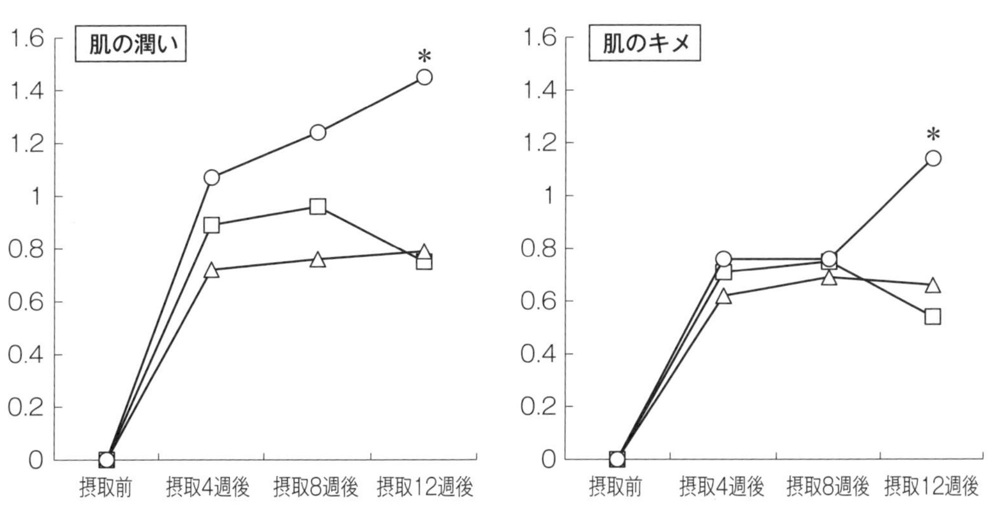

□：プラセボ群、△：0.6mg摂取群、○：1.2mg摂取群　　＊P<0.05/3

図４　アンケート結果の差分値推移

の測定値だけでなく、「肌の潤い」などが実感できることが分かる。0.6mg摂取群においては、アンケート調査で有意差が観察された項目はなかったが、皮膚科医による所見において、摂取12週後に右頬の乾燥状態でプラセボ群に対して0.6mg摂取群で有意に症状が軽微であった。さらに、安全性に関しても副作用、有害事象調査について、試験期間中に問題となるような事象は確認されず、こんにゃくセラミドの安全性があらためて確認された。

以上のことから、こんにゃくセラミドは、1日の摂取量が0.6mgもしくは1.2mgの低用量であっても、肌状態（保湿作用やバリア機能）を改善し、1.2mg摂取群では、その効果を実感できるということがRCT試験で確認された。

3 経口摂取した植物性グルコシルセラミドによるバリア機能強化

アトピー性皮膚炎の患者では、症状がある部位（皮疹部）だけでなく、症状がない部位（無疹部）でも角層水分量が減少し、TEWLが増加していることが確認されている。さらに、アトピー性皮膚炎患者では、皮疹部、無疹部を問わず全身の表皮セラミド量が減少していることが報告されている[3)]。そこで、アトピー性皮膚炎患者への経口摂取によるこんにゃくセラミド適用の可能性を調査するため、次の試験を実施した。両親からインフォームドコンセントの得られた中程度のアトピー性皮膚炎の子供50人（12歳～16歳、平均年齢14歳）を対象として、こんにゃくセラミドを摂取する二重盲検試験を実施した[9)]。グルコシルセラミドとして1日あたり1.8mgを毎日経口摂取し、アトピー性皮膚炎の重症度の指標であるSCORAD（SCORing Atopic Dermatitis）indexを用いて観察した。その結果、**表2**に示すようにプラセボ群は、SCORAD indexに変化がないのに対して、こんにゃくセラミドを毎日2週間摂取した群では、SCORAD indexが25から17へ有意に低下（P<0.01）した。また、首背部および上腕におけるTEWLの有意な低下が、2週以降観察された[10)]。次に、アトピー性皮膚炎患者を対象とした本試験に参加した50人の中で、各種アレルゲンに陽性反応を示す参加者に対して、プリックテストによるアレルギー反応を観察した。表2に、こんにゃくセラミド摂取前後での各種アレルゲンに対するプリックテストによる膨疹の直径を測定した結果を示す。こんにゃくセラミドを摂取することでハウスダストやスギ花粉、ネコ上皮など空中浮遊アレルゲンに対する膨疹の減少が観察された。しかしながら、卵白、そば粉、ピーナッツなどの食物アレルギーや非特異的アレルゲンであるヒスタミンに対するプリックテストには変化が認められなかった。この空中浮遊アレルゲンへの反応抑制作用は、角層セラミドの役割の一つであるバリア機能が強化された結果であると考えられ、こんにゃくセラミドの経口摂取により、保湿作用の向上とバリア機能の強化が確認された。

表2　アトピー性皮膚炎患者に対するこんにゃくセラミド経口摂取試験（参考文献9の表を改変）

	プラセボ群		セラミド摂取群	
	摂取前	2週後	摂取前	2週後
SCORAD index	23 (20-26)	26 (22-30)	25 (21-29)	17 (15-19)*
プリックテスト(mm)				
ハウスダスト	7.2 (5.8-8.6)	7.8 (6.3-9.3)	7.5 (6.0-9.0)	6.5 (5.3-7.7)*
卵白	6.3 (5.0-7.6)	6.7 (5.3-8.0)	6.8 (5.5-8.1)	6.4 (5.2-7.6)
ヒスタミン	6.2 (4.9-7.5)	6.0 (4.7-7.3)	6.7 (5.4-8.0)	6.3 (5.0-7.6)
そば粉			6.2 (5.2-7.2)	6.0 (5.1-7.1)
スギ花粉	6.2 (5.2-7.2)	6.0 (5.1-7.1)	6.1 (5.1-7.1)	4.0 (3.2-4.8)*
ネコ上皮			5.2 (4.6-5.8)	4.4 (3.7-5.1)*
コントロール	0.0 (0.0-0.0)	0.0 (0.0-0.0)	0.0 (0.0-0.0)	0.0 (0.0-0.0)

＊P<0.05

4 植物性グルコシルセラミドの作用メカニズム

植物中に含まれるセラミドの多くは、カンキツ類などを除いてセラミドにグルコースが結合したグルコシルセラミドの形態をしている。植物性グルコシルセラミドを構成する長鎖塩基は、図１に示す植物タイプの構造を有し、第７章に詳しく紹介されているが、その由来植物によって特有の構成成分を示すことが知られている。植物性グルコシルセラミドは経口摂取すると、小腸管腔内においてβ-グルコセレブロシダーゼにより、まず、グルコースとセラミドに分解され、続いてセラミダーゼにより長鎖塩基と遊離脂肪酸に分解される。小腸管腔内で遊離した長鎖塩基は、遊離脂肪酸、グルコースとともに小腸上皮細胞から吸収される。その後、長鎖塩基の一部は小腸上皮細胞内においてセラミドやグルコシルセラミド、スフィンゴミエリンへと再合成され、他の脂質と同じようにリンパへ移行する。その後、我々の研究により血中へ移行することも明らかになりつつあり、血液を介して全身に運ばれると考えられる。経口摂取した動物性グルコシルセラミドは、皮膚に到達することが報告されている[11)]。植物性グルコシルセラミドは消化・吸収されにくいと報告されているが[12)]、経口摂取した植物性グルコシルセラミドは皮膚機能改善効果を示すことから動物性グルコシルセラミドと同様に皮膚まで到達すると考えられる[13, 14)]。経口摂取したグルコシルセラミドについては、**図５**に示すように酵素分解で生じた長鎖塩基が小腸上皮細胞において、さまざまなスフィンゴ脂質に再合成された後に吸収されて体内へ移行するため、今のところその消化・吸収経路の全容は分かっておらず、今後解明されて、植物性グルコシルセラミドが消化・吸収されにくいという報告は修正される可能性が非常に高いと考えている。

以上のようにグルコシルセラミドを経口摂取すると、小腸から吸収されてリンパ、血液を通して皮膚に到達し、角層のセラミド量が増加することが報告されている[13)]。角層セラミドを増加させる活性本体は、グルコシルセラミドが代謝されて生じる（遊離）セラミドもしくは長鎖塩基であると考えられる。こんにゃくセラミドに含まれる長鎖塩基の分子種は、4,8-スフィンガジエニン（d18:2）と4-ヒドロキシ-8-スフィンゲニ

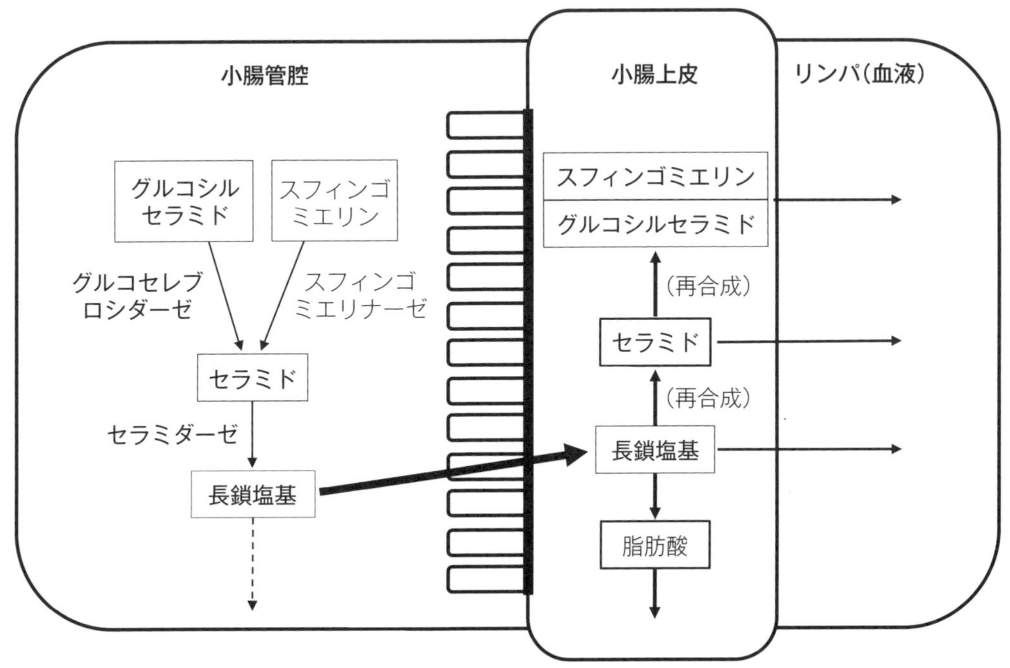

図５　経口摂取したグルコシルセラミドの小腸からの消化・吸収

ン（t18:1）が占めている[15]。そこで、この２種類の長鎖塩基を精製して、正常ヒト表皮角化細胞（クラボウ社製、NHEK）に対する作用について、セラミド*de novo*合成に関連するすべての酵素遺伝子群の発現量を調査した。NHEKを24ウェルプレートに１×10^4cells/wellずつ播種し、37℃、５％炭酸ガス存在下、0.4％ウシ脳下垂体抽出液を含む専用培地で培養した。96時間培養後、基礎専用培地に各種長鎖塩基を５μg/mLの濃度になるように添加した培地に交換して24時間培養した。対照物質として、こんにゃく芋由来グルコシルセラミドと動物性長鎖塩基の代表として4-スフィンゲニン（d18:1）を用いた。培養終了後、リアルタイムPCR法によりセラミド*de novo*合成酵素に関連する遺伝子群の検出を行った。その結果について、セラミド合成酵素（CerS2, CerS3, CerS4）を代表として**図６**に示す。4,8-スフィンガジエニンと4-ヒドロキシ-8-スフィンゲニンは、セラミド合成酵素だけでなく、その他のセラミド*de novo*合成酵素ならびに長鎖脂肪酸鎖伸長酵素の遺伝子発現を有意に亢進させた[16]。しかしながら、グルコシルセラミドと4-スフィンゲニンは、それら関連酵素の遺伝子発現を亢進しなかった。つまり、こんにゃくセラミドを構成する長鎖塩基である4,8-スフィンガジエニンと4-ヒドロキシ-8-スフィンゲニンは、ヒトのセラミド*de novo*合成系を活性化して角層セラミド量を増加させるが、動物性長鎖塩基である4-スフィンゲニンは、*de novo*合成系活性化効果は小さいと考える。また、グルコシルセラミドもそのままの形では活性化できないことが明らかとなった。さらに、NHEKに対して、4,8-スフィンガジエニンと4-ヒドロキシ-8-スフィンゲニンを添加することで、角層細胞を覆っている膜であるコーニファイドエンベロープ（CE）の形成が促進されることも報告されている[17]。CE成熟度の低下と角層バリア機能とは関連があることが分かっており、CE産生促進によっても角層機能の向上が期待できる。植物性グルコシルセラミドの経口摂取はマウスを用いた研究で、表皮顆粒層に存在し、細胞間の物質透過を制御している因子であるタイトジャンクションの機能亢進やCEの形成を促進して皮膚のバリア機能を改善することも示唆されている[18]。

以上のことから、植物性グルコシルセラミドの経口摂取による皮膚保湿性の向上は、経口摂取したグルコシルセラミドがそのままの形で機能発現するのではなく、小腸から消化・吸収されてできる２種類の植物型長鎖塩基（4,8-スフィンガジエニンと4-ヒドロキシ-8-スフィンゲニン）もしくは２種類の植物型長鎖塩基を構成成分とするセラミドが表皮のセラミド*de novo*合成系などを活性化させ、その結果、表皮セラミド量が増加することが作用メカニズムであることが示唆された。また、タイトジャンクションやCEの形成を促進して皮膚のバリア機能を改善することも考えられる。

5 経皮摂取した植物性グルコシルセラミドによる保湿作用

こんにゃく芋からグルコシルセラミドをエタノールで抽出した抽出物を超高圧乳化機を用いて

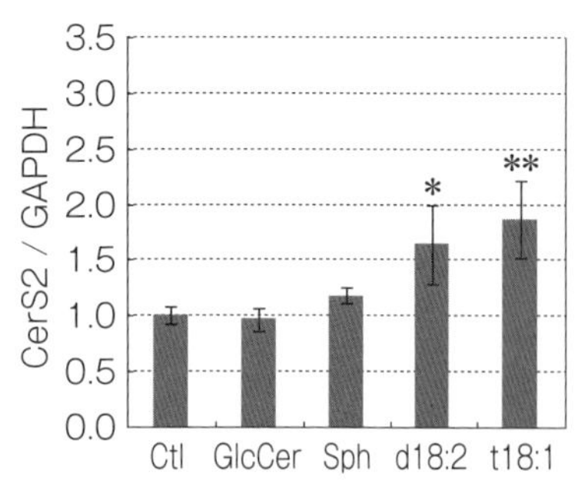

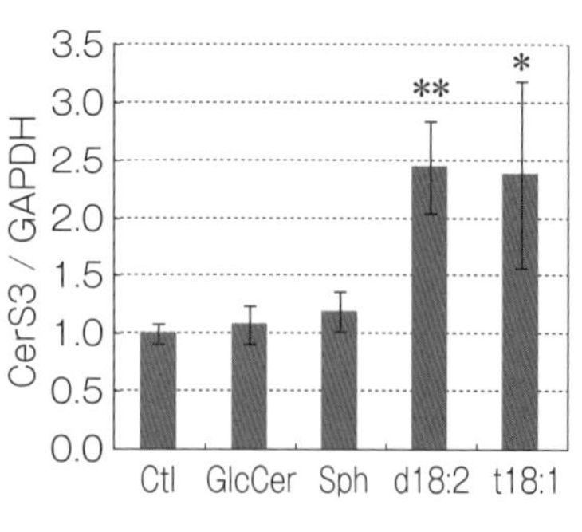

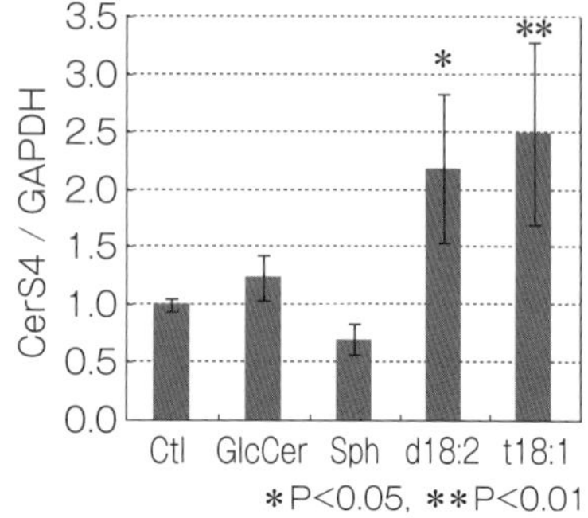

図６　長鎖塩基によるセラミド*de novo*合成関連酵素の活性化
Ctl：溶媒コントロール、GlcCer：グルコシルセラミド、Sph：4-スフィンゲニン、
d18:2：4,8-スフィンガジエニン、t18:1：4-ヒドロキシ-8-スフィンゲニン

乳化すると、界面活性剤を一切使用せずに、ナノレベルの乳化物を得ることができる。ナノレベルへ乳化することにより、各種製剤へ安定配合することが可能になるとともに、皮膚への浸透性が向上することが確認されている。三次元ヒト皮膚モデルTESTSKIN® LSE-highに対して、①0.5％ナノ化こんにゃくセラミド、②0.5％こんにゃくセラミド分散液、③コントロール（溶媒のみ）を連続6時間塗布し、その後37℃に保温したPBS溶液で細胞表面を洗い流した。この作業を3日間続け、3日目の塗布後に細胞を採取した。塗布を行った細胞をバイオプシーパンチで切り取り、クロロホルム/メタノールで抽出を行った。コントロール群からグルコシルセラミドのスポットは検出されず、ナノ化こんにゃくセラミド群とこんにゃくセラミド分散液群からグルコシルセラミドのスポットが検出されたことから、ナノ化の有無に関わらずグルコシルセラミドは浸透することが確認できた。次に、細胞溶媒抽出物のTLC結果から吸収されたグルコシルセラミドをデンシトメータで定量化したところ、ナノ化こんにゃくセラミドの方がこんにゃくセラミド分散液と比較して2.2倍程度高い吸収率を示し、ナノ化によりグルコシルセラミドの浸透性が向上することが確認された。

さらに、被験者6名の前腕部に、①1％ナノ化こんにゃくセラミド含有クリームと、②セラミド不含有クリーム（ブランク）を、午前と午後の2回毎日塗布した。塗布開始前、塗布開始後2日目、4日目それぞれの角層の水分量を角層膜厚水分計（アサヒバイオメッド製ASA-M1）で測定した。ナノ化こんにゃくセラミドを配合したクリームを塗布した群において、塗布4日目に角層水分量の有意な上昇が観察された。一方、ブランクを塗布した群においては、角層水分量の有意な変動は観察されなかった（**図7**）。セラミドは角層の細胞間脂質の一つであり、浸透した植物性グルコシルセラミドも、角層セラミドと同じ部分構造を有していることから、真皮層からの水分蒸散を防ぐ機能を強化すると考えられる。そのため、植物性グルコシルセラミドを経皮摂取することにより短期間で保湿作用が確認されるのである。

6 おわりに

2016年に初めて肌トクホが許可されたことにより、食品を摂取することで美容効果が期待できるインナービューティ市場が拡大を続けている。その中心が、トクホの関与成分となっているグルコシルセラミドである。また、肌の潤いに対してグルコシルセラミドを機能性関与成分とする機能性表示食品の届出が相次いでいることは第11章で紹介した。

植物から抽出したグルコシルセラミドは、トクホおよび機能性表示食品などの原料としてすでに多く利用されており、経口摂取することでTEWLの低下、バリア機能強化やアトピー性皮膚炎、花粉症の改善などが期待できる。その作用メカニズムは、小腸から吸収されたグルコシルセ

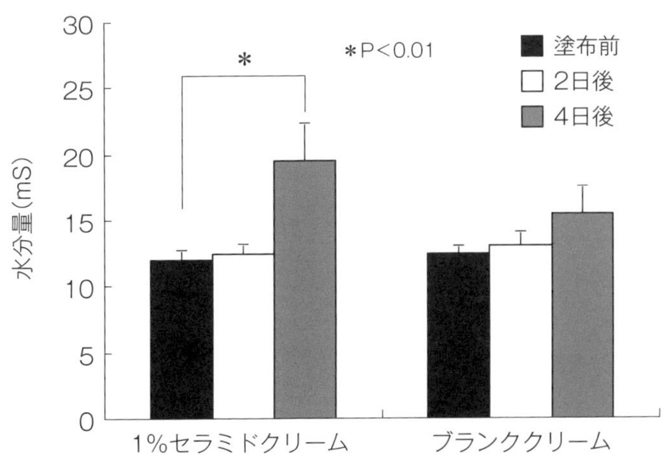

図7 前腕へのナノ化こんにゃくセラミド塗布時の角層水分量変化

ラミドが代謝されて生じるセラミドもしくは長鎖塩基が、表皮に到達してセラミド*de novo*合成系を活性化して表皮セラミド量を増加させることによる。このセラミド*de novo*合成の活性化は動物性セラミドもしくは長鎖塩基ではほとんど観察されない。植物性グルコシルセラミドの長鎖塩基は、8位に二重結合を持つという点で、ヒト角層セラミドの長鎖塩基と構造的に異なっており、この構造の違いがセラミド*de novo*合成を活性化するものと考えられる。また、経口または経皮摂取された植物性グルコシルセラミドは、アトピー性皮膚炎などの痒み抑制に直接作用することも明らかになりつつあり、バリア機能強化と痒み抑制の相乗効果で皮膚へ作用することも明らかとなっている。よって、植物性グルコシルセラミドは経口および経皮摂取することで、皮膚の保湿およびバリア機能向上などを期待できる内外美容素材として非常に有用であると言える。

【参考文献】

1) A. G. Matoltsy *et al.*, *J. Invest. Dermatol.*, **50**(1), 19-26(1968)
2) P. M. Elias, *Arch. Dermatol. Res.*, **270**, 95-117(1981)
3) G. Imokawa *et al.*, *J. Invest. Dermatol.*, **96**(4), 523-526(1991)
4) 向井克之, 食品加工技術, 24(1), 34-41(2004)
5) T. Uchiyama *et al.*, *J. Health Sci.*, **54**(5), 559-566(2008)
6) 内山太郎ほか, 応用薬理, **75**, 1-6(2008)
7) 内山太郎ほか, 薬理と治療, **39**(4), 437-445(2011)
8) 向井克之ほか, 薬理と治療, **46**(5), 781-799(2018)
9) H. Kimata, *Pediatr. Dermatol.*, **23**(4), 386-389(2006)
10) K. Miyanishi *et al.*, *Allergy*, **60**, 1454-1455(2005)
11) O. Ueda *et al.*, *Drug. Metab. Pharmacokinet.* **25**, 456-465(2010)
12) T. Sugawara *et al.*, *J. Lipid Res.* **51**, 1761-1769(2010)
13) J. Ishikawa *et al.*, *J. Dermatol. Sci.*, **56**, 216-218(2009)
14) E. N. Tessema *et al.*, *Skin Pharmacol. Physiol.* **30**, 115-138(2017)
15) 向井克之, 細胞, **41**(5), 36-38(2009)
16) Y. Shirakura *et al.*, *Lipids Health Disease*, **11**, 108(2012)
17) T. Hasegawa *et al.*, *Lipids*, **46**, 529-535(2011)
18) R. Ideta *et al.*, *Biosci. Biotechnol. Biochem.*, **75**, 1516-1523(2011)

スフィンゴ脂質の消化吸収機構

三上　大輔*、五十嵐　靖之*

1 はじめに

スフィンゴ脂質は、長鎖アミノアルコールである長鎖塩基（スフィンゴイド塩基）を基本骨格とする脂質の総称であり自然界に広く存在している。スフィンゴ脂質は機能性食品として近年注目されており、皮膚機能改善効果の他、腸管に対する抗炎症作用、大腸がんの抑制などヒトの健康維持に有用な生理活性を示すことが報告されている[1-3]。スフィンゴ脂質はヒト体内でも生合成されるが、日常的に摂取している食品中にも含まれる。コンニャク、米、トウモロコシ、桃、甜菜などの植物や、酵母、キノコなどの真菌から由来のスフィンゴ脂質は機能性食品素材として利用され、多くの製品が上市されている。植物由来グルコシルセラミドを関与成分とし、「肌の水分を逃しにくくするため、肌の乾燥が気になる方に適している」と表示許可された特定保健用食品

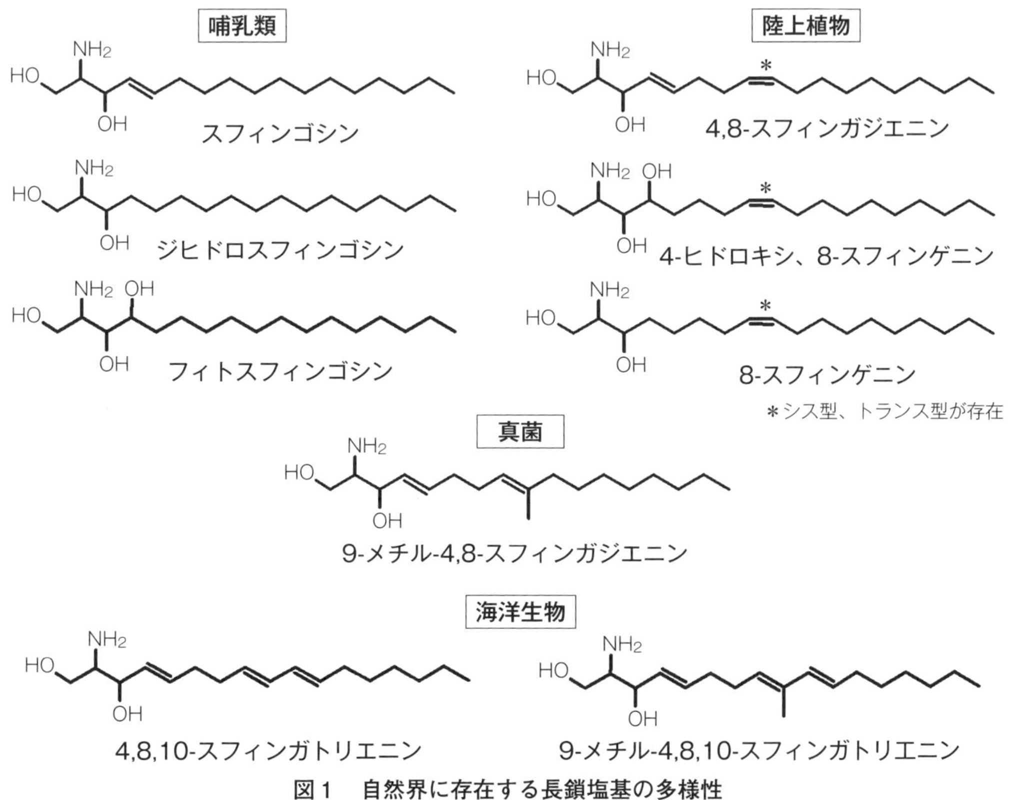

図1　自然界に存在する長鎖塩基の多様性

＊北海道大学大学院 先端生命科学研究院

が2019年初頭に発売され、科学的にも機能性食品としてのスフィンゴ脂質の効果が認められつつある。しかしながら、スフィンゴ脂質の消化・吸収メカニズムや代謝についてはいまだ不明点が多く、生理活性の作用メカニズムを解明するためにはそれらの詳細な研究が必要である。本章ではスフィンゴ脂質の消化・吸収と機能性に関して、現在までに得られている知見を概説する。

2 食品中のスフィンゴ脂質の構造

我々哺乳類は2-アミノ-4-オクタデセン-1,3-ジオール（スフィンゴシン; **図1**）が最も普遍的に存在する長鎖塩基分子種である。その他に、スフィンゴシンのC4-C5が飽和型のジヒドロスフィンゴシンやジヒドロスフィンゴシンのC4位に水酸基が付加されたトリヒドロキシ型のフィトスフィンゴシンも少量ながら存在する（図1）[4]。長鎖塩基のアミノ基に脂肪酸がアミド結合した化合物の総称をセラミドと呼び、セラミドの1位の水酸基にグルコースが結合するとグルコシルセラミド、リン酸コリンが結合するとスフィンゴミエリン、2-アミノエチルホスホン酸が結合するとセラミド2-アミノエチルホスホン酸と呼ぶ（**図2a**）。グルコシルセラミドは植物や真菌など、スフィンゴミエリンは哺乳類、セラミド2-アミノエチルホスホン酸はイカやホタテなど軟体動物の主要なスフィンゴ脂質である[5]。哺乳類のスフィンゴ脂質を構成する長鎖塩基とは、主にスフィンゴシン、ジヒドロスフィンゴシン、フィトスフィンゴシンである。植物や真菌、海洋生物の有するスフィンゴ脂質を構成する長鎖塩基は、哺乳類のものと比べて二重結合数や二重結合の幾何異性体、

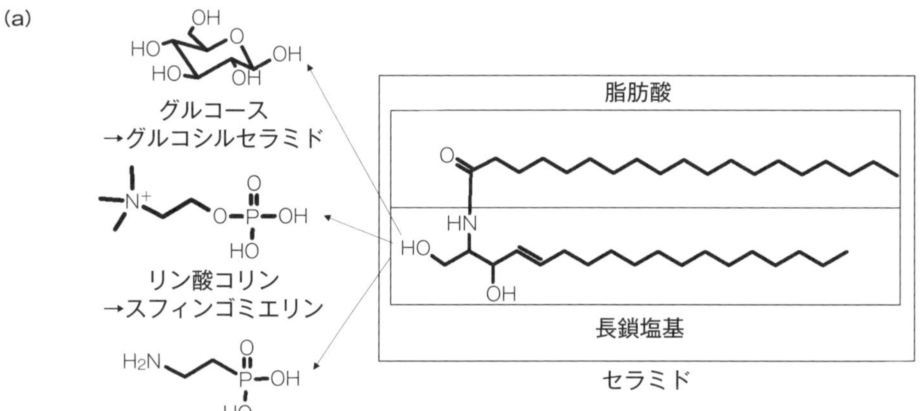

図2　スフィンゴ脂質の構造

(a) セラミド、グルコシルセラミド、スフィンゴミエリン、セラミド2-アミノエチルホスホン酸。長鎖塩基と脂肪酸がアミド結合したセラミドの1位に極性基がさらに結合する。
(b) グリコシルイノシトールリン酸セラミドの構造。セラミドの1位にリン酸イノシトールとグルクロン酸が結合した構造がGIPCの基本骨格であり、さらにグルコースなどのヘキソースやグルコサミン、N-アセチルグルコサミンが結合する。図で示した構造より糖の多いGIPCも存在する。
Ins: イノシトール、Hex: ヘキソース、GlcN :グルコサミン、GlcA: N-アセテルグルコサミン。

位置異性体、分岐メチル基の有無、炭素数などにバリエーションがある。例えばコンニャクやコメではC4-C5およびC8-C9位に二重結合を有する4,8-スフィンガジエニンが主要な構成成分であり、さらにC8-C9位の二重結合がシス型とトランス型の幾何異性体が存在する。またコンニャクや米などには、フィトスフィンゴシンのC8-C9位に二重結合を有する4-ヒドロキシ8-スフィンゲニンも存在することが報告されている[4]。また、小麦由来の長鎖塩基は、ジヒドロスフィンゴシンのC8-C9位が二重結合である8-スフィンゲニン、キノコや酵母などの真菌類由来は4,8-スフィンガジエニンのC9位にメチル基が付加した9-メチル-4,8-スフィンガジエニンである。さらに、ホタテやイカなど海洋生物ではC4-C5、C8-C9、C10-C11位にそれぞれトランス型二重結合を持つスフィンガトリエニンやそのC9位メチル化体である9-メチル-スフィンガトリエニンなどが存在する。牛乳由来スフィンゴミエリンの長鎖塩基は、哺乳類由来のスフィンゴ脂質ではあるが、興味深いことに炭素数18以外の長鎖塩基も含まれていること、末端分岐メチル基を持つ長鎖塩基分子種も存在することが知られている[6]。いずれの長鎖塩基も基本構造は類似しているが、生物種により構造が一部異なるため（図3）、ヒトにおいて全ての分子種が同一の消化・吸収を受け、機能性を示すとは考えにくく、吸収率や生理活性に差が生じると予想される。

3 スフィンゴ脂質の消化

経口摂取したスフィンゴ脂質は、小腸に存在する代謝酵素によりセラミドと糖やリン酸コリンといった極性基部分に加水分解される。グリコセレブロシダーゼはラクトース―フロリジン水解酵素と同一であり、マウスやラットの小腸から精製した酵素の生化学的性質が検討されている[7-9]。本酵素はグルコシルセラミドおよびガラクトシルセラミドからグルコースやガラクトースを遊離させる活性をもち、二糖であるラクトースの結合したラクトシルセラミドに対する分解活性も有する。また、脂肪酸鎖長の長いリグノセリン酸結合型グルコシルセラミドよりもパルミチン酸結合型グルコシルセラミドに対する分解活性が高いことがわかっている[7]。

スフィンゴミエリンは小腸管腔内でその分解酵素であるスフィンゴミエリナーゼのうち特にアル

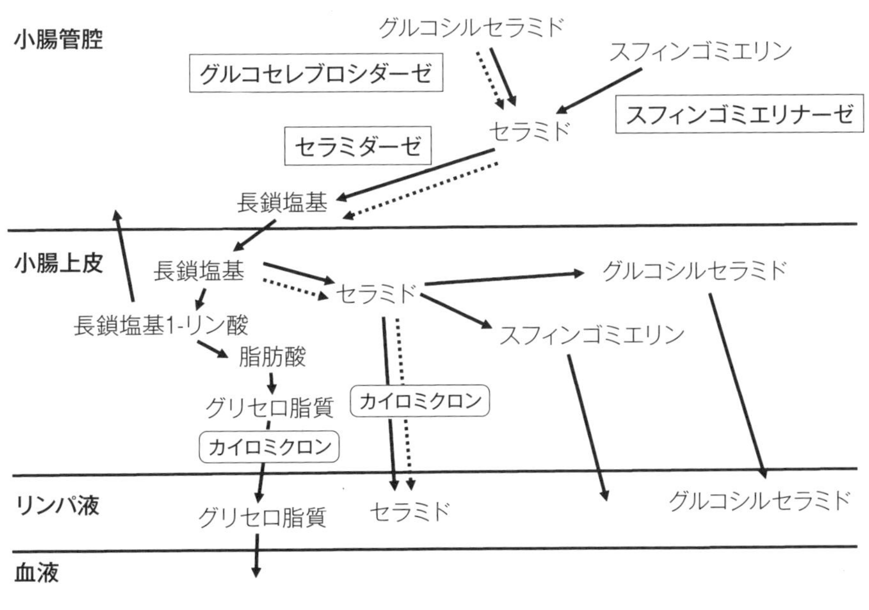

図3　小腸におけるスフィンゴ脂質の消化・吸収モデル図
実線矢印は動物型、破線矢印は現在分かっている植物型スフィンゴ脂質の消化・吸収経路を示す。

カリ性スフィンゴミエリナーゼによってセラミドとリン酸コリンに分解される[11]。ヒトやラットの小腸に存在するアルカリ性スフィンゴミエリナーゼはpH9を至適条件とする分泌型酵素[11, 12]であり、十二指腸から空腸にかけて強く発現している[12, 13]。アルカリ性スフィンゴミエリナーゼ欠損マウスでは、経口投与したスフィンゴミエリンの分解が顕著に遅れ、下部消化管で検出される未消化スフィンゴミエリン量が野生型マウスと比較し5-6倍程度増加することが報告されている[14]。このことから食餌由来のスフィンゴミエリンの分解におけるアルカリ性スフィンゴミエリナーゼの役割が明らかとなった。

小腸におけるセラミドの分解は、中性セラミダーゼが重要な役割を担っている。中性セラミダーゼは小腸粘膜に存在し、十二指腸から空腸、回腸にかけて強く発現している[15]。中性セラミダーゼは分泌性酵素であり、小腸管腔に分泌され食事由来セラミドを分解すると考えられる。中性セラミダーゼ欠損マウスの小腸粘膜ホモジネートを粗酵素としてスフィンゴミエリンとインキュベートすると、スフィンゴミエリナーゼによるスフィンゴミエリンからセラミドへの分解は確認されるが、生成したセラミドの分解は認められない[15]。また、牛乳由来のスフィンゴミエリンを0.1%含む餌でマウスを飼育し、糞中に排出されるスフィンゴ脂質を分析すると、中性セラミダーゼ欠損マウスでは野生型マウスと比較して50倍以上のセラミドが検出された[15]。以上のことから、中性セラミダーゼは小腸におけるセラミド分解に重要な役割を担っていることが明らかとなった。

腸内細菌はスフィンゴ糖脂質の分解活性を有することから[16]、経口摂取したグルコシルセラミドも腸内細菌によって分解される可能性も推測されていた。最近、犬の腸内細菌から植物由来グルコシルセラミドに対する分解活性を有する細菌が同定された[17, 18]。同定された腸内細菌はいずれも嫌気性細菌で、グルコシルセラミドからグルコースを遊離させセラミドに分解する活性を有するが、セラミドから長鎖塩基への分解活性は持たなかった。また、グルコシルセラミド分解活性の80%以上が、これらの腸内細菌の培養上清に存在することから、本酵素は分泌性酵素であると考えられている[18]。消化管内におけるスフィンゴ脂質分解は、小腸由来の酵素以外にも腸内細菌が重要な役割を担っている可能性が考えられるが、ヒト腸内にも同様にグルコシルセラミドを分解する活性を持つ腸内細菌が存在するのかについては、現時点では不明である。

4 長鎖塩基の体内への吸収・代謝

小腸管腔内におけるスフィンゴ脂質の分解により生成した長鎖塩基は小腸上皮細胞に取り込まれた後に代謝され、大部分はトリアシルグリセロールの脂肪酸として、一部はスフィンゴ脂質としてカイロミクロンに取り込まれた後、リンパを介して吸収される。スフィンゴ脂質のリンパからの吸収については、Nilssonらがラットを用いた実験により検討している[19, 20]。長鎖塩基部分に放射性ラベルしたグルコシルセラミドまたはスフィンゴミエリンをラットに経口投与し、24時間後までのリンパ液を解析したところ、リンパ液中で検出された放射活性は、グルコシルセラミド投与の場合投与量の3-4%程度、スフィンゴミエリン投与では10%未満であり、回収された放射活性のうち55-60%が脂肪酸として、34-36%がセラミドとして検出された。経口投与したスフィンゴ脂質の大部分が未消化のまま糞として排出されたことから、消化管内でのスフィンゴ脂質の分解活性が低いことが吸収率の低い原因として考えられた[20]。また長鎖塩基部分をラベルしているにも関わらず、放射活性はトリアシルグリセロール画分で検出されたことから、長鎖塩基が小腸上皮細胞内で脂肪酸に代謝されたと推測される。小腸では長鎖塩基の異化に重要な酵素であるスフィンゴシン1-リン酸リアーゼが強く発現している[21]。スフィンゴシン1-リン酸リアーゼは、スフィンゴシンがスフィンゴシンキナーゼによってリン酸化されたスフィンゴシン1-リン酸を長鎖アルデヒドとホスホエタノールアミンに分解する酵素[22]であり、長鎖塩基の異化経路の第一段階を担っている。生成した長鎖アルデヒドは、数段階の代謝を経てアシルCoAに変換された後グリセロ脂質に取り込まれる[23]。ジヒドロスフィンゴシン1-リン酸およびフィトスフィンゴシン1-リン酸もスフィンゴシン1-リン酸リアーゼの基質となり、それぞれパルミチン酸や奇数脂肪酸に代謝される[24, 25]。経口摂取したスフィンゴ脂質も分解後に小腸上皮から取り込まれ、長鎖塩基異化経路を介して脂肪酸に変換されリンパ液へ移行したと考えられる。

植物由来グルコシルセラミドも哺乳類由来のものと同様に、小腸管腔内で長鎖塩基まで分解された後、小腸上皮細胞に取り込まれリンパを介して吸収されることが明らかになっている[26, 27]。トウモロコシ由来グルコシルセラミドをラットに経胃投与した実験において、脂肪酸部分にパルミチン酸（C16:0）やトリコサン酸（C23:0）を有する植物型長鎖塩基を持つセラミドが経口投与後のリンパ液中に存在した。植物に存在するグルコシルセラミドの脂肪酸は、一般的にα-位に水酸基を有するα-ヒドロキシ脂肪酸で構成されている[28]。すなわち、トウモロコシ由来グルコシルセラミドの一部は、小腸管腔内で長鎖塩基まで分解された後、小腸上皮細胞に取り込まれ、細胞内でセラミドに再構成された後リンパ液へ移行することが示されている[27]。植物型グルコシルセラミドまたは哺乳類型グルコシルセラミドを投与後6時間までのリンパ液を回収し各長鎖塩基の回収率を比較すると、植物型グルコシルセラミド投与群では約0.18％が、哺乳類型グルコシルセラミド投与群では約0.55％がリンパ液から検出された[27]。植物型長鎖塩基の方が吸収率が低い原因として、薬剤排出トランスポーターであるP-糖タンパク質による長鎖塩基の小腸管腔側への排出機構が提案されている[29]。P-糖タンパク質は、4,8-スフィンガジエニンや9-メチル-4,8-スフィンガジエニンなどスフィンゴシンと異なる構造の長鎖塩基を細胞外へ排出することが推測されている[29]。また、植物型スフィンゴ脂質と共にP-糖タンパク質の阻害剤を経口投与した実験では、植物型スフィンゴ脂質のリンパ液への吸収量が増加すると報告されている[30]。

哺乳類由来長鎖塩基のスフィンゴシンと植物由来長鎖塩基の4,8-スフィンガジエニンで経口投与後のリンパ液への吸収率が異なることが示唆されているため、我々はその他の長鎖塩基についても構造の違いによって吸収率や代謝物の量、種類などに差が生じるのか検討を行っている[31]。リンパ液からスフィンゴ脂質を抽出し液体クロマトグラフィー-タンデム質量分析計を用いて分析を行ったところ、長鎖塩基の構造によりリンパ液中に存在する長鎖塩基代謝物の種類と量に差が認められた。また、小腸上皮モデル細胞を用いた実験でも同様に、構造によって吸収率が異なるという結果が得られている。これらの情報は、長鎖塩基の構造により吸収される代謝物量が変化することを示しており、機能性食品として摂取するスフィンゴ脂質の長鎖塩基構造により体内吸収率や生理活性に差が生じる可能性が示唆された。

5 経口摂取したスフィンゴ脂質のリンパ液移行後の体内動態

経口摂取後にリンパを介して吸収されたスフィンゴ脂質は、その後肝臓や皮膚などの組織まで到達する。スフィンゴシン部分を放射性同位体ラベルしたセラミドをラットに経口投与すると、96時間後に投与した放射性同位体の総量のうち1.7％が皮膚で検出され、さらに投与後168時間後では皮膚で検出される放射活性の92％が真皮に、８％が表皮に分布することが報告されている[32]。この結果は、経口摂取したスフィンゴシンの代謝物が体内に吸収され、末梢にまで到達していることを意味する。また、放射性ラベルしたスフィンゴシンをラットに経口投与した実験では、血液や肝臓などの臓器、皮膚で放射活性が検出されることから、経口摂取したスフィンゴシン代謝物は体内に吸収後、リンパ液や血液に移行し体内の各組織に輸送されると考えられる[33]。さらに、マウスに経口投与した放射性ラベルや安定同位体ラベルしたスフィンゴシンは皮膚の脂質中でスフィンゴシンやセラミド、グルコシルセラミドとして検出されていることより経口摂取したスフィンゴシンはスフィンゴ脂質として末梢まで到達することが推測される[33]。また、フィトスフィンゴシンの体内への吸収と動態を調べるためフィトスフィンゴシン合成遺伝子（DES2）欠損マウスを用いた解析が行われている[34]。フィトスフィンゴシンを0.2％含有する飼料でDES2欠損マウスを２週間飼育し組織のスフィンゴ脂質を測定したところ、小腸と肝臓においてフィトスフィンゴシンとフィトスフィンゴシンを骨格に持つスフィンゴ脂質が検出されたことから、経口摂取したフィトスフィンゴシンは、吸収後に少なくとも肝臓まで到達することが明らかとなった[34]。一方で植物型長鎖塩基の吸収後の体内動態については解析が進んでおらず、今後植物型長鎖塩基の体内動態について解析する必要がある。

6 新しいスフィンゴ脂質供給源の可能性

現在市販されている機能性食品素材としてのスフィンゴ脂質類は、主に植物やキノコを素材としたものが大部分であるが、他にも新たなスフィンゴ脂質の供給源となりうるものが報告されている。

セラミド2-アミノエチルホスホン酸は、セラミドの1位の水酸基に2-アミノエチルホスホン酸が結合したスフィンゴリン脂質であり、2-アミノエチルホスホン酸部分の炭素原子とリン原子が共有結合（C-P結合）した特徴的なスフィンゴリン脂質でイカや貝類など軟体動物より得られる（図2）[35, 36]。また、陸上生物にはあまり見られない二重結合を3つ持つ長鎖塩基であるスフィンガトリエニンや9-メチル-スフィンガトリエニンを有することから、植物型スフィンゴ脂質とは皮膚機能改善効果や消化・吸収、体内動態が異なる可能性が推測される。イカ由来セラミド2-アミノエチルホスホン酸は、マウス小腸粘膜より調製した粗酵素との反応によってセラミドや長鎖塩基に分解されることが示されている[35]。セラミド2-アミノエチルホスホン酸と同じスフィンゴリン脂質であるスフィンゴミエリンと*in vitro*で分解効率を比較すると、pH 9の条件下ではセラミド2-アミノエチルホスホン酸とスフィンゴミエリンは同程度の分解速度を示すのに対して、pH 7.2の条件下ではセラミドアミノ2-エチルホスホン酸はスフィンゴミエリンよりも分解されやすいことが示されている[35]。スフィンゴミエリンはアルカリ性スフィンゴミエリナーゼにより分解される[11-14]が、セラミドアミノエチルホスホン酸はアルカリ性スフィンゴミエリナーゼ以外、例えば中性スフィンゴミエリナーゼによる消化を受けるのかもしれない。さらに、マウスにイカ皮由来セラミド2-アミノエチルホスホン酸を含むエマルションを経胃投与したところ、投与したセラミド2-アミノエチルホスホン酸を構成する長鎖塩基が小腸内容物から検出されたことから、*in vivo*でも同様に、少なくとも一部は小腸管腔内で長鎖塩基まで分解されることが明らかとなった[35]。また、イカ皮由来セラミド2-アミノエチルホスホン酸を経胃投与後6時間までのリンパ液中において、9-メチル-スフィンガトリエニンを骨格に持つスフィンゴ脂質総量は、投与した9-メチル-スフィンガトリエニン量に対して0.25%であることが報告されている[37]。

グリコシルイノシトールリン酸セラミド（**図2b**、GIPC）は植物や酵母の細胞膜を構成する最も主要なスフィンゴ脂質であり、現在機能性食品素材として利用されているグルコシルセラミドよりも豊富に存在し、全スフィンゴ脂質量の60%以上を占める種もある[38, 39]。GIPCは新たなスフィンゴ脂質供給源として非常に有望であるが、複数の糖が結合していることから一般的なスフィンゴ脂質とは物性が異なり、抽出などの難しさから現在機能性食品素材として用いられていない。また、脂質としては大きな分子で分子量1000を超えるため消化管から直接吸収されるとは考えにくく、消化酵素による分解を受ける必要がある。しかし、現在までに哺乳類におけるGIPCの消化・吸収についての報告はない。近年、アブラナ科植物、特にキャベツのホモジネート中にセラミド 1-リン酸が存在することが見出された[40]。加熱後のキャベツのホモジネート中にはセラミド1-リン酸は検出されないため、組織内酵素によって産生されることが予想され、実際にその産生酵素としてGIPC特異的ホスホリパーゼDが同定された[40]。野菜の育種・栽培や加工方法の工夫でGIPC特異的ホスホリパーゼD活性を高めることで、GIPCから生成したセラミド 1-リン酸を新たな機能性食品素材として利用できる可能性がある。生成したセラミド1-リン酸は小腸アルカリホスファターゼによる脱リン酸化でセラミドに変換され[41]、セラミドは中性セラミダーゼで長鎖塩基に分解され小腸上皮に取り込まれ体内に吸収されうる。GIPCの長鎖塩基はフィトスフィンゴシンが多く、グルコシルセラミドを構成する4,8-スフィンガジエニンとは体内に吸収される代謝物や代謝物の生理活性に違いが生じる可能性もあるため、機能性を評価したほうが良い。

食餌性スフィンゴ脂質の皮膚機能改善効果

コメ由来グルコシルセラミドを2-3 mg/日で

アトピー性皮膚炎モデルマウスに経口摂取すると、経皮水分量（TEWL）の減少など皮膚機能改善効果を示すことが明らかになっている[42)]。またアトピー性皮膚炎のヒト患者がコンニャク由来グルコシルセラミドを1.8mg/日で摂取すると、アトピー重症度を示すSCORAD指数が優位に低下することが報告されている[43)]。ラットの体内に吸収される植物型スフィンゴ脂質はごく微量であることから、ヒトでも同様に吸収率が低い可能性が推定される。したがって、経口摂取した植物型スフィンゴ脂質が皮膚に到達し、角層の細胞間脂質として機能することで皮膚バリア機能を改善しているとは考えにくい。植物型スフィンゴ脂質を経口摂取したマウスの皮膚において、皮膚に強く発現しているセラミド合成酵素３および４の発現が亢進する[47)]ことから、表皮でのスフィンゴ脂質合成を促進することが皮膚バリア機能改善の作用メカニズムの一つではないかと考えられている。長鎖塩基やセラミドがケラチノサイトの分化に深く関わる核内受容体PPARを培養細胞レベルで活性化させることが知られている[44-46)]が、生体内に吸収された長鎖塩基やセラミドなどが実際にどのようなメカニズムで末梢組織である皮膚に作用しているのかは不明である。吸収されたスフィンゴ脂質が直接末梢組織に作用するのか、内因性の生理活性分子を制御しているのか、それとも未知のスフィンゴ脂質代謝物が作用するのか、今後、吸収後の代謝や体内動態、作用機構の解明が期待される。

8 おわりに

スフィンゴ脂質の消化・吸収機構は、複雑で解析は困難であるが、機能性食品としての機能を明らかにするためには不明点の地道な解決が必要である。スフィンゴ脂質は生体内で代謝を受けるため、代謝物それぞれについて生理活性を評価する必要がある。今後も地道な解析により、機能性食品素材としての機能の全貌が明らかとなることを期待したい。

【参考文献】

1) 内山太郎ほか；薬理と治療, **39**(4), 437-445(2011).

2) K. Arai *et al.*; Effect of dietary plant-origin glucosylceramide on bowel inflammation in DSS-treated mice. *J. Oleo. Sci.* **64**(7), 737-742(2015).

3) H. Symolon *et al.*; Dietary soy sphingolipids suppress tumorigenesis and gene expression in 1,2-dimethlhydrazine-treated mice and Apc$^{Min/+}$ mice. *J. Nutr.* **134**(5), 1157-1161(2004).

4) S.T. Pruett *et al.*; Biodiversity of sphingoid bases ("sphingosines") and relates amino alchols. *J. Lipid. Res.* **49**(8), 1621-1639(2008).

5) T. Hori *et al.*; Sphingolipids in lower animals. *Prog. Lipid Res.* **32**(1), 25-45(1993).

6) W.R. Morrison; Polar lipids in bovine milk I. long-chain bases in sphingomyelin. *Biochim. Biophys. Acta.* **176**(3), 537-546(1969).

7) H.J. Leese *et al.*; On the identity between the small intestinal enzymes phlorizin hydrolase and glucosylceramidase. *J. Biol. Chem.* **248**(23), 8170-8173(1973).

8) T. Kobayashi *et al.*; A taurodeoxycholate-activated galactosylceramidase in the murine intestine. *J. Biol. Chem.* **256**(3), 1133-1137(1981).

9) T. Kobayashi *et al.*; The glycosylveramidase in the murine intestine. *J. Biol. Chem.* **256**(15), 7768-7763(1981).

10) R.D. Duan *et al.*; Identification of human intestinal alkaline sphingomyelinase as a novel ecto-enzyme related to the nucleotide phosphodiesterase family. *J. Biol. Chem.* **278**(40), 38528-38536(2003)

11) Å.Nilsson; The presence of sphingomyelin- and ceramide-cleaving enzymes in the small intestinal tract. *Biochim. Biophys. Acta.* **176**(2), 339-347(1969).

12) R.D. Duan *et al.*; Identification of human intestinal alkaline sphingomyelinase as a novel ecto-enzyme related to the nucleotide phosphodiesterase family. *J. Biol. Chem.* **278**(40). 38528-38536(2003).

13) J. Wu *et al.*; Cloning of alkaline sphingomyelinase from rat intestinal mucosa and adjusting of the hypothetical protein XP_221184 in GenBank. *Biochim. Biophys. Acta.* **1687**(1-3), 94-102(2005).

14) Y. Zhang *et al.*; Crucial role of alkaline sphingomyelinase in sphingomyeline digestion: a study on enzyme knockout mice. *J. Lipid. Res.* **52**(4). 771-781(2011).

15) M. Kono *et al.*; Neutral ceramidese encoded by the *Asah2* gene is essential for the intestinal degradation of sphingolipids. *J. Biol. Chem.* **281**(11). 7324-733(2006).

16) G. Larson *et al.*; Degradation of human intestinal glycosphingolipids by extracellular glycosidases from mucin-degrading bacteria of the human fecal flora. *J. Biol. Chem.* **263**(22). 10790-10798(1988).

17) H. Furuya *et al.*; Isolation of a novel bacterium, *Blautia glucerasei sp.* nov., hydrolyzing plant glucosylceramide to ceramide. *Arch. Microbiol.* **192**

(5). 365-372(2010).

18) M. Kawata *et al.* ; *Glucerabacter canisensis* gen. nov., sp. nov., isolated from dog feces and its effect on the hydrolysis of plant glucosylceramide in the intestine of dogs. *Arch. Micrbiol.* 200(3), 505-515(2018).

19) Å.Nilsson ; Metabolism of sphingomyelin in the intestinal tract of the rat. *Biochim. Biophys. Acta.* **164** (3), 575-584(1968).

20) Å.Nilsson ; Metabolism of cerebroside in the intestinal tract of the rat. *Biochim. Biophys. Acta.* **187** (1), 113-121(1969).

21) P.P. Van Veldhoven *et al.* ; Human sphingosine-1-phosphate lyase: cDNA cloning, functional expression studies and mapping to chromosome 10q22. *Biochim. Biophys. Acta.* **1487**(2-3), 128-134(2000).

22) J. Zhou *et al.* ; Identification of the first mammalian sphingosine phosphate lyase gene and its functional expression in yeast. *Biochem. Biophys. Res. Commun.* **242**(3). 502-507(1998).

23) T. Wakashima *et al.* ; Dual functions of the trans-2-enoyl-CoA reductase TER in the sphingosine 1-phosphate metabolic pathway and in fatty acid elongation. *J. Biol. Chem.* **289**(36). 24736-24746(2014).

24) K. Nakahara *et al.* ; The sjögren-larsson syndrome gene encodes a hexadecenal dehydrogenase of the sphingosine 1-phosphate degradation pathway. *Mol. Cell.* **46**(4). 461-471(2012).

25) N. Kondo *et al.* ; Identification of the phytosphingosine metabolic pathway leading to odd-numbered fatty acids. *Nat. Commun.* 27. 5338(2014).

26) T. Sugawara *et al.* ; Digention of maize sphingolipids in rats and uptake of sphingadienine by caco-2 cells. *J. Nutr.* **133**(9). 2777-2782(2003).

27) T. Sugawara *et al.* ; Intestinal absorption of dietary maize glucosylceramide in lymphatic duct cannulated rats. *J. Lipid. Res.* **51**(7). 1761-1769(2010).

28) T. Sugawara *et al.* ; Identification of glucosylceramides containing sphingatrienine in maize and rice using ion trap mass spectrometry. *Lipids.* **45**(5). 451-455(2010).

29) T. Sugawara *et al.* ; Efflux of sphingoid bases by P-glycoprotein in human intestinal caco-2 cells. *Biosci. Biotechnol. Biochem.* **68**(12). 2541-2546(2004).

30) A. Fujii *et al.* ; Selective absorption of dietary sphingoid bases from the intestine via efflux by P-glycoprotein in rats. *J. Nutr. Sci. Vitaminol.* **63**(1). 44-50(2017).

31) D. Mikami *et al.* ; Sphingoid long chain bases: their structural diversity, absorption, and functions for skin improvement. 7th International Singapore Lipid Symposium 2018. March 7-9, 2018. National University of Singapore.

32) O. Ueda *et al.* ; Distribution in skin of ceramide after oral administration to rats. *Drug. Metab. Pharmacokinet.* **24**(2). 180-184(2009).

33) O. Ueda *et al.* ; Distribution and metabolism of sphingosine in skin after oral administration to mice. *Drug. Metab. Pharmacokinet.* **25**(5). 456-465(2010).

34) I. Murakami *et al.* ; Improved high-fat diet-induced glucose intolerance by an oral administration of phytosphingosine. *Biosci. Biotechnol. Biochem.* **77**(1). 194-197(2013).

35) N. Tomonaga *et al.* ; Digestion of ceramide 2-aminoethylphosphonate, a sphingplipid from jumbo flying squid Dosidicus gigas, in mice. *Lipids.* **52**(4). 353-362(2017).

36) H. Saito *et al.* ; Lipid and FA composition of the pearl oyster Pinctada fucata martensii: influence of season and maturation. *Lipids.* **39**(10). 997-1005 (2004).

37) N. Tomonaga *et al.* ; Sphingoid bases of dietary ceramide 2-aminoethylphosphonate, a marine sphingolipid, absorb into lymph in rats. *J. Lipid. Res.* **60**(2). 333-340(2019).

38) J.E. Markham *et al.* ; Separation and identification of major plant sphingolipid classes from leaves. *J. Biol. Chem.* **281**(32). 22684-22694(2006).

39) T. Ishikawa *et al.* ; Molecular characterization and targeted quantitative profiling of the sphingolipidome in rice. *Plant J.* **88**(4). 681-693(2016).

40) T. Tanaka *et al.* ; Identification of a sphingolipid - specific phospholipase D activity associated with the generation of phytoceramide-1-phosphate in cabbage leaves. *FEBS J.* **280**(16). 3797-3809(2013).

41) 喜田孝史ほか ; 食品に含まれるグリコシルイノシトールホスホセラミドおよびフィトセラミド-1-リン酸. 脂質栄養学. **25**(1). 75-85(2016).

42) K. Tsuji *et al.* ; Dietary glucosylceramide improves skin barrier function in hairless mice. *J. Dermatol. Sci.* **44**(2), 101-107(2006).

43) H. Kimata *et al.* ; Improvement of atopic dermatitis and reduction of skin allergic responses by oral intake of konjac ceramide. *Pediatr. Dermatol.* **23**(4). 386-389(2006).

44) I. Murakami *et al.* ; Phytoceramide and sphingoid bases derived from brewer's yeast *Saccharomyces pastorianus* activate peroxisome proliferator-activated receptors. *Lipids Health Dis.* **10**. 150(2011).

45) Y. Shirakura *et al.* ; 4,8-Sphingadienine and 4-hydroxy-8-sphingenine activate ceramide production in the skin. *Lipids Health Dis.* **11**. 108 (2012).

46) D. Mikami *et al.* ; Isolation of sphingoid bases from starfish *Asterias amurensis* glucosylceramides and their effects on sphingolipid production in cultured keratinocytes. *J. Oleo. Sci.*(in press).

47) J. Duan *et al.* ; Dietary sphingolipids improve skin barrier function via the upregulation of ceramide synthases in the epidermis. *Exp. Dermatol.* **21**(6). 448-452(2012).

各論　応用 27　食品または化粧品への応用

セラミド機能物質を利用した皮膚化粧料の開発

片山　靖[*1]、菅井　由也[*2]

1 はじめに

皮膚は体内と外部環境との境界にある器官で、外部からの物理的・化学的刺激を防ぐなど重要な機能を果たしている。皮膚の最外層に在る角層は約20 μmと非常に薄い組織であるにも関わらず、「外界から生体を守るバリア機能」と、「水分を保持し角層の柔軟性や潤いを維持する保湿機能」という健やかな肌には不可欠な役目を担っている。角層中では、水分は約20～30％と少量であるが、保湿/柔軟化機能発現のため、簡単には乾燥しないように結合水として常に保持されている[1)]。このような角層の水分保持機能は、以下の３つの作用によって保たれていると考えられる。①角質細胞間の細胞間脂質が水分子とともにラメラ構造を形成することで、水を結合水として保持する。②角質細胞中のアミノ酸などの天然保湿因子 Natural Moisturizing Factor（NMF）がケラチン線維間の相互作用を弱めることにより柔軟性を高め、ケラチン線維が水を保持する。③皮脂腺より分泌される皮脂が肌を覆うことにより、体内からの水分蒸散を防ぐことで若干の水を保持する。これらの働きが何らかの要因によって阻害されると、水分量が低下し、角層形成は乱れ、肌荒れが生じ、皮膚のバリア機能も低下して外部からの刺激を受けやすくなる。

本稿では、角層の水分保持能には、角質細胞間脂質の働き、特にセラミドが有する保湿・バリア機能が重要であると考えて、これまでセラミド機能物質の開発、その皮膚化粧料への応用を検討してきた経緯を概説する。さらに、角質細胞間脂質の組成や構造を模倣したセラミド製剤化技術に関して紹介する。

2 角質細胞間脂質の機能

角質細胞間脂質はセラミド、脂肪酸、コレステロール、コレステロールエステルなどから構成されており、角質細胞間で**図１**のような脂質二分子膜と水からなる会合構造（ラメラ）をとり、水分を保持している。例えば、角層をアセトン/エーテル等の溶剤で処理すると、細胞間脂質が溶出され、水分保持能が低下し、皮膚内部からの水分蒸散量が著しく増大し、バリア機能が低下することが実証されている[2)]。

また、アセトン/エーテル処理して水分保持能が低下した肌に、ヒト角層から抽出した細胞間脂質、皮脂腺由来の脂質、スクワラン、グリセリンなどを適用した結果、角質細胞間脂質が他の成分に比べて有意に水分保持能を回復させることが明らかになっている[3)]。さらに、抽出した細胞間脂質をクロマトグラフィーによって、セラミド、脂肪酸、コレステロールなどの画分をそれぞれ分取

健常な細胞間脂質層

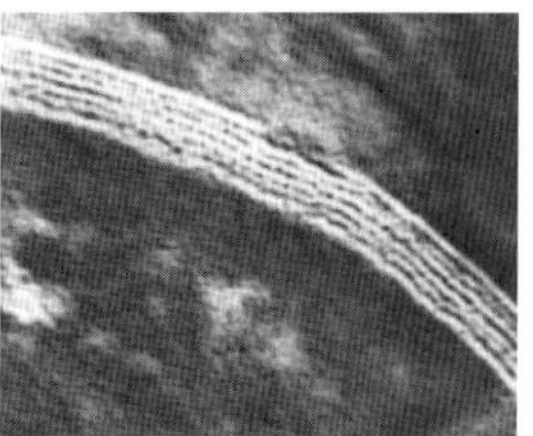

アセトン/エーテル処理した後の細胞間脂質層

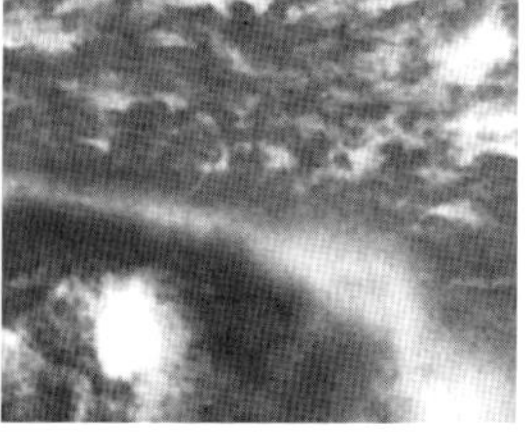

図１　角質細胞間脂質層の電子顕微鏡写真

＊１花王株式会社 スキンケア研究所、＊２花王株式会社 生物科学研究所

して、同様に適用すると、セラミド画分を塗布した場合に水分保持能を大きく回復することができた。以上のことより角層の水分保持には細胞間脂質の寄与が大きく、細胞間脂質の中でも特にセラミドの適用によって荒れ肌を改善できることが示唆された。

3 セラミド機能物質の分子設計と製造

セラミドの保湿機能が見出された1980年代は特に天然セラミドが高価であり、かつ工業的に製造するのも困難であった。そこで、天然セラミドに匹敵する高い保湿機能を有するセラミド機能物質の合成検討が開始された。セラミドの構造上の特徴は、分子内に2本の長鎖アルキル基を有し、親水部分としてアミド基および複数の水酸基を有する点である。このようなセラミドの特徴的構造を再現するために、分子力場計算、分子軌道計算により、分子の配向性、水素結合性を予測して分子設計が行われ、候補化合物の合成・評価が繰り返された[4)]。アセトン/エーテル処理により誘導したモデル荒れ肌に対して、種々の候補化合物を塗布して水分量改善効果を評価したところ、**図2**に示す化合物SL-Eの効果が最も高く、天然のセラミドNS（タイプ2）と同程度の水分保持効果を有していることを見出した（**図3**）。このようにして天然セラミドと非常に類似した構造をデザ

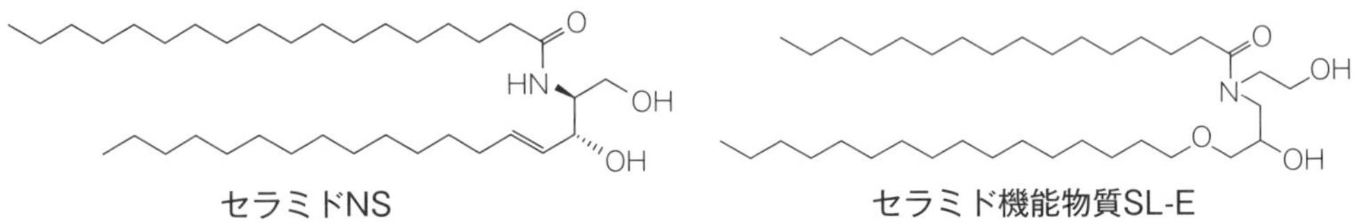

O
HN
OH
OH
セラミドNS
O
N
OH
O
OH
セラミド機能物質SL-E

図2　セラミドNSとセラミド機能物質SL-Eの化学構造式

コンダクタンス（μΩ⁻¹）
0
5
10
15
20
*
*
*
3日間塗布
N=13, *p<0.05
コントロール
ベース クリーム
天然 セラミド （1%）
セラミド 機能物質 （1%）

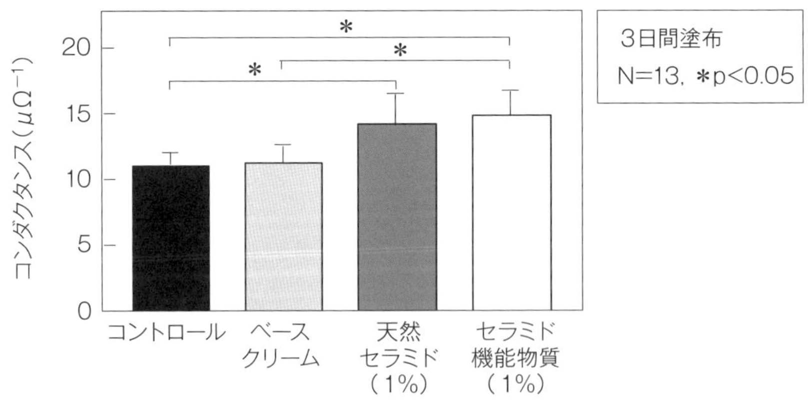

図3　アセトン／エーテル処理で誘導したモデル荒れ肌に対する水分量改善効果

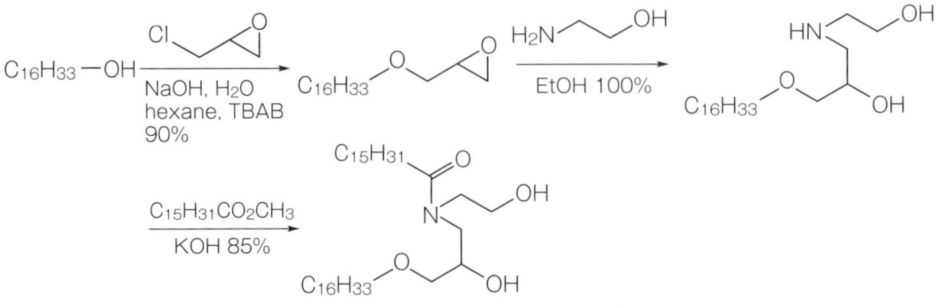

Cl
O
C16H33—OH
NaOH, H2O
hexane, TBAB
90%
C16H33
O
H2N
OH
EtOH 100%
HN
OH
C16H33
O
OH
C15H31
O
C15H31CO2CH3
KOH 85%
N
OH
C16H33
O
OH

図4　セラミド機能物質SL-Eの合成スキーム

イン・設計することにより、天然セラミドと同等の保湿機能を有するセラミド機能物質SL-Eを開発するに至った。

SL-Eの合成は、**図４**に示したように３段階の反応からなり、いずれの反応も高選択的に進行し、全収率70～80％で工業的な製造が可能である[5)]。

4　セラミド機能物質の製剤化

セラミドは、一般に融点100℃以上の固体であり結晶化しやすく、水にも油にも非常に溶けにくい。このような性質は肌を乾燥から保護する上で極めて重要だが、一方、製剤への安定配合が困難な剤である。

鈴木らは、セラミド機能物質とコレステロール、ステアリン酸をα-ゲル領域で組み合わせマルチコンセントリックラメラを形成したエマルションを提案し、連用による保湿効果・バリア効果を確認している[6)]。

一方、岡田らは、セラミド機能物質の部分構造に相当するスフィンゴシン類似物質PSPがセラミド機能物質をラメラ液晶状に配列させる作用があることを見出した[7)]（**図５**）。

(1) スフィンゴシン類似物質　PSP/セラミド機能物質　SL-Eによるラメラ構造の形成

PSPはNMFの１種である乳酸を用いて塩にすると、低濃度側ではヘキサゴナル液晶を高濃度側ではラメラ液晶を形成した。これは１鎖型のイオン性界面活性剤と類似の挙動であり、PSP乳酸塩はセラミドの乳化に適しているのではないかと期待された（**図６**）。

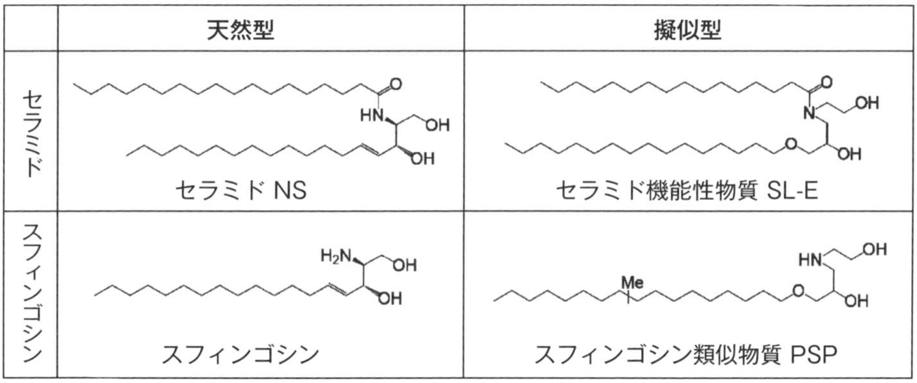

	天然型	擬似型
セラミド	セラミド NS	セラミド機能性物質 SL-E
スフィンゴシン	スフィンゴシン	スフィンゴシン類似物質 PSP

図５　セラミドおよびスフィンゴシン類の構造

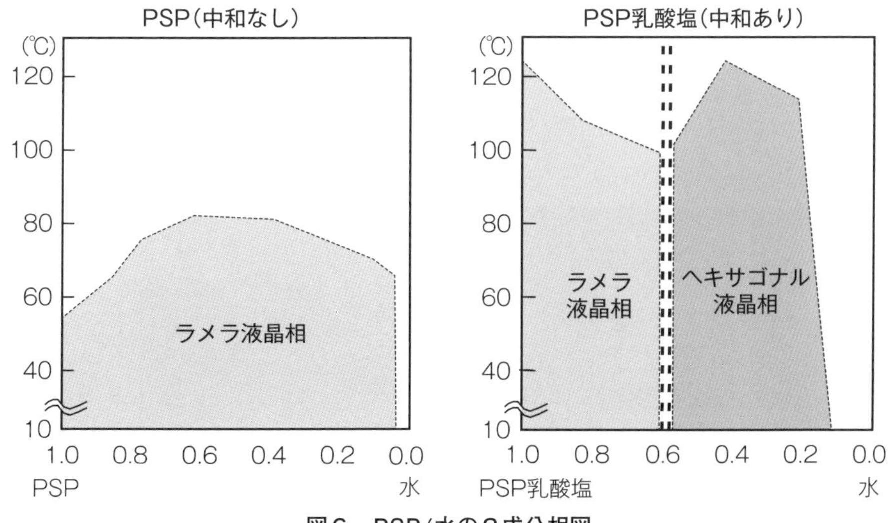

図６　PSP/水の２成分相図

汎用の乳化剤であるポリオキシエチレン（POE）硬化ヒマシ油を用いた場合、POE硬化ヒマシ油/SL-E/水の３成分系でほとんどの領域でSL-Eは結晶化する。一方、POE硬化ヒマシ油をPSP乳酸塩に変えたところ、広い領域で結晶析出が見られないラメラ液晶相・α-ゲル相が得られた**（図７）**。

ヒト角層からアセトン/エーテルで抽出した細胞間脂質成分を水とともに加熱冷却を繰り返すと、マルチラメラ構造が観察される[8)]。擬似細胞間脂質成分であるSL-E、PSPに脂肪酸、コレステロールを加え、乳酸および水とともに加熱冷却したところ、偏光顕微鏡および凍結割断SEM観察によりマルチラメラ構造の形成を確認した**（図８）**。また、SL-EおよびPSPを天然型のセラミドNP（Doosan社）およびフィトスフィンゴシン（Evonik社）に置き換えても、同様にマルチラメラ構造を形成した。

これらの結果は、スフィンゴシン塩がセラミドを規則正しく整列させることを意味すると考えられる。スフィンゴシンは角層中に微量存在することが報告されており、スフィンゴシン塩によるセラミドのラメラ構造化は、角層におけるバリア機能発現機構として期待された。

(2) PSP乳酸塩乳化系の皮膚科学的効果

アセトン/エーテルで誘導したモデル荒れ肌を用いて、SL-E ３％配合製剤を４日間塗布し、角層中へ浸透したSL-E量を定量した（テープ剥離した角層をHPLCで測定）。その結果、PSP乳酸塩乳化系は、POE硬化ヒマシ油乳化系に比べ、SL-Eの角層への浸透量が有意に高いことを確認した**（図９）**。

実使用による改善効果を、25～39歳の女性10名を対象に、２回/１日、２週間、SL-E ４％配合したPSPグルタミン酸塩乳化系を顔に適用し、皮膚水分量（コンダクタンス）および落屑を評価した。その結果、コンダクタンス値が有意に上昇し、落屑（目視による専門者評価、１：全くない、

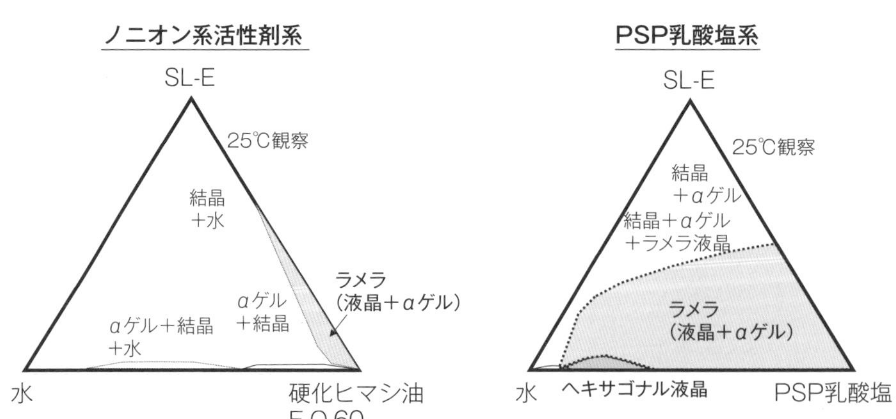

図７　活性剤/SL-E/水の３成分状態図（25℃）

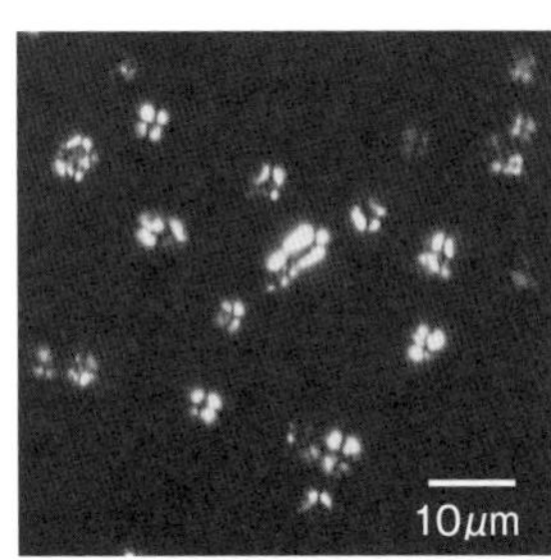

A：偏光顕微鏡像（×200）　B：SEM像（×10000）

図８　擬似細胞間脂質成分によるマルチラメラ構造

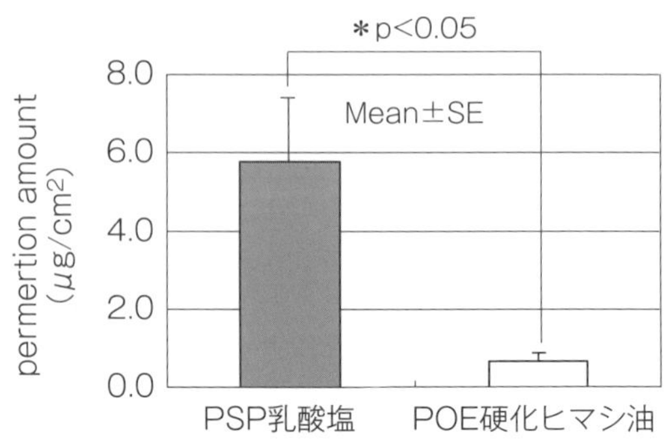

図９　SL-Eの角層浸透量

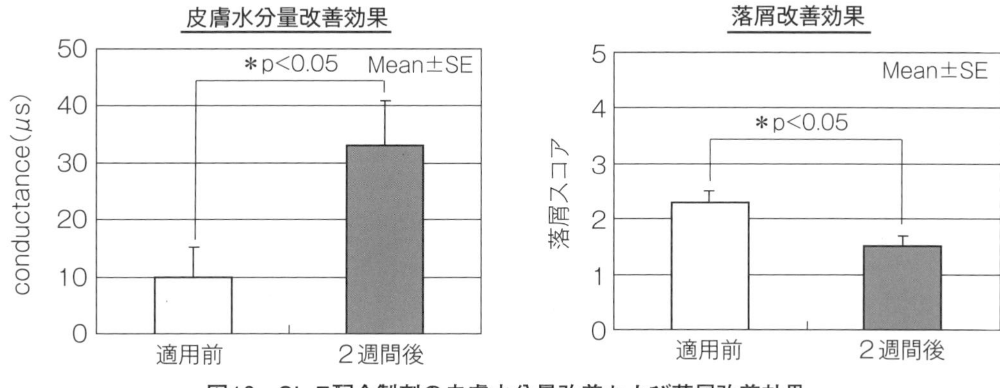

図10　SL-E配合製剤の皮膚水分量改善および落屑改善効果

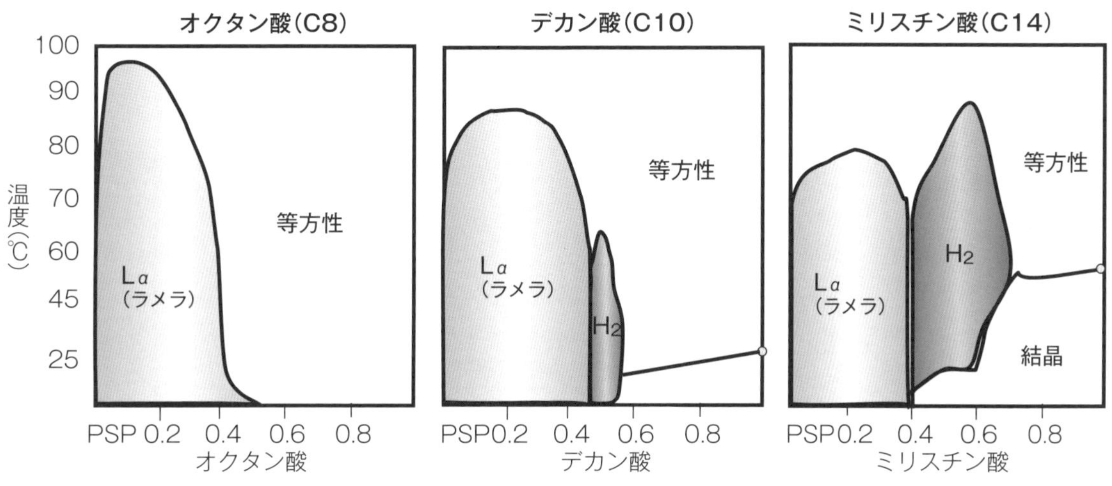

図11　PSP/脂肪酸の２成分相図（水分10%）

２：わずかにある、３：ややある、４：ある）が有意に改善することを確認した（**図10**）。

(3) PSP乳酸塩系の応用

大窪らは、PSPの対イオンとして細胞間脂質成分の１つである脂肪酸を選択したところ、等モルで構造がセラミドに類似していると推察される分子間化合物が形成することを見出した[9]。PSP脂肪酸塩は疎水的な活性剤として機能し、選択する脂肪酸鎖長や脂肪酸/PSP比により、疎水性･親水性のバランスをコントロール可能であった（**図11**）。さらに、PSP脂肪酸塩はSL-Eとともに幅広い領域でラメラ構造を形成し、安定なW/O乳化物の調製を可能にした（**図12**）。PSP脂肪酸塩により調製したW/O乳化物は、汎用のPOE硬化ヒマシ油を用いたW/O乳化物に比べ、皮膚の水分量改善効果および落屑改善効果が高かった。

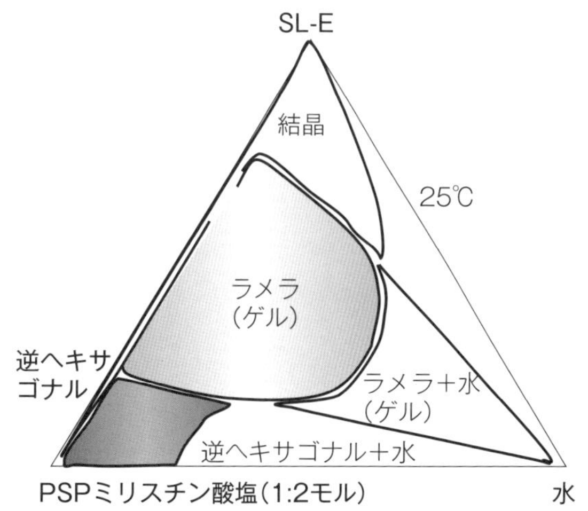

図12　SL-E/PSPミリスチン酸塩/水の３成分状態図（25℃）

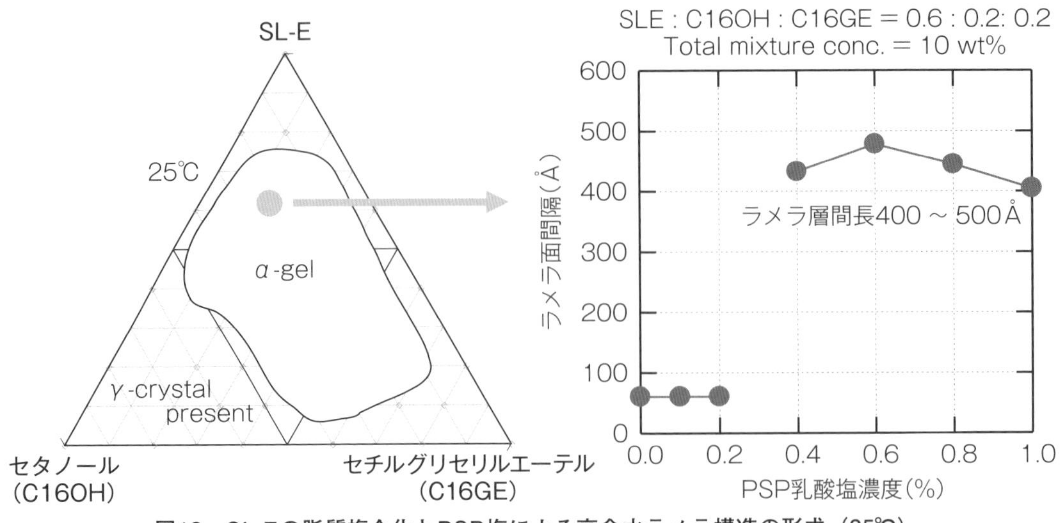

図13　SL-Eの脂質複合化とPSP塩による高含水ラメラ構造の形成（25℃）

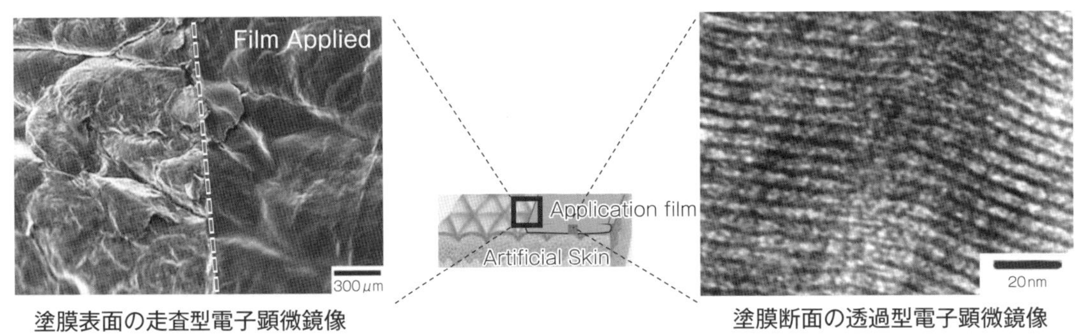

塗膜表面の走査型電子顕微鏡像　　塗膜断面の透過型電子顕微鏡像

図14　高含水ラメラ製剤による塗膜構造

一方織田らは、SL-Eを高級アルコール、モノアルキルグリセリルエーテルという脂質類と複合化し、さらにPSP塩を適用すると、層間が大きく広がり（層間長約400Å）透明な外観を呈する高含水のラメラ構造を形成することを見出した[10]（**図13**）。

本製剤は従来製剤と比べ角層内へのSL-E浸透量が約３倍と高く、さらに塗布後肌上に角質細胞間脂質と類似のラメラ構造から成る平滑な皮膜を形成した（**図14**）。

本製剤の塗膜は、従来PSP塩製剤と比べ閉塞性は約２倍、水分保持性は約３倍高い値を示した。さらに、アセトン/エーテル処理で誘導したモデル荒れ肌に対する改善試験において、従来PSP塩製剤と比べ経皮水分蒸散量、落屑ともに改善効果が高いことを確認した。

5 おわりに

近年、セラミド配合製品は年々増加の一途をたどり、消費者のセラミドに対する認知率も70%を越えている。冒頭でも述べたように、セラミドは非常に結晶性が高く、常温では水にも油にも極めて溶けにくい難配合性の物質である。過去におけるセラミド配合製品は、製剤中で結晶化せずに安定に配合することに主眼が置かれてきた。しかしながら、本稿で述べたように、セラミドの保湿機能を有効に発現するためには、１）角層中にセラミドを多く浸透させること、２）（保湿機能発現のキーとなる）角層細胞間脂質をラメラ構造化させることが重要である。最近では、セラミドをベシクル状にすることで皮膚内への浸透を高めている技術も報告されている[11]。このように、セラミドによる保湿ケアは、セラミドを安定配合するという第1世代から、セラミドの保湿機能を効率よく発現させるという第2世代の製剤技術へ移行しつつある。肌本来の保湿機能をエンハンスする視点で、セラミドおよびその製剤技術が今後ますます進化していくと期待される。

【参考文献】

1) I. H. Blank, *et al.*, *J. Invest. Dermatol.* **18**, 443(1952)
2) G. Imokawa, *et al.*, *J. Invest. Dermatol.*, **84**, 282(1985)
3) G. Imokawa, *et al.*, *J. Invest. Dermatol.*, **87**, 758(1986)
4) G. Imokawa, *et al.*, *J. Soc. Cosmet. Chem.*, **40**, 273(1989)
5) 矢野真司 他、日特公、昭63-216852(1988)
6) 鈴木敏幸 他、日本化学会誌、**10**, 1107(1993)
7) 岡田譲二 他、*Fragrance J.*, **32**(11), 33(2004)
8) 赤碕秀一 他、日皮会誌、**98**(1), 41(1988)
9) 大窪幸治 他、コロイドおよび界面化学討論会講演要旨集、**58**, 50(2005)
10) M. Orita, *et al.*, *J. Soc. Cosmet. Chem. Jpn.*, **46**, 25(2012)
11) 溝口圭衣子 他、第81回SCCJ討論会要旨集、**22**(2017)

セラミド関連試薬

松本　恵実*、藤野　和孝*、中塚　進一*

1 セラミド関連試薬開発の経緯

植物等に由来するセラミド関連素材は、皮膚保湿性向上や美肌効果を期待した機能性素材として、健康食品、化粧品等に広く利用されている。我々が試薬開発を検討した2010年頃に市販されていたセラミド関連素材のグルコシルセラミド含量は1～10％程度で、グルコシルセラミドの各種機能の研究には、素材自身か各研究者が精製した化合物が使用されていた。これら素材の原料は、米、トウモロコシ、蒟蒻、きのこ、大豆、小麦等の多種類にわたり、それぞれ炭素鎖長、ヒドロキシ基の数、二重結合数、幾何異性等が異なる数十種類の化合物群として存在している（図1）。当時、日本で市販されていたグルコシルセラミド試薬は、限られた由来のものしかなく、正確な定量や機能解明等のために標準品試薬の供給が待たれていた。標準品が開発されれば、業界共通の定量法の確立や機能研究の発展が期待できる。そこで、市販されている植物等に由来するセラミド関連素材から、セラミド関連試薬の開発を目指した。

2 グルコシルセラミド混合物試薬の開発

先に述べたように、植物等に由来するグルコシルセラミドは、十種類以上の類縁体混合物のため、高速液体クロマトグラフィー（HPLC）や薄層クロマトグラフィー（TLC）では、グルコシルセラミドのピーク、スポットに他成分が混在し、

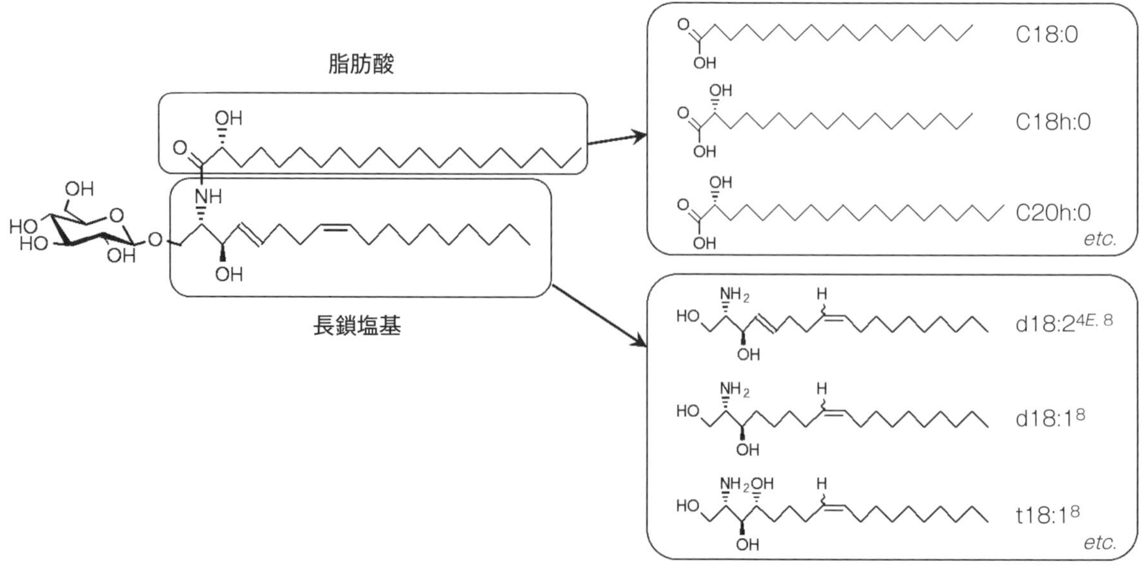

図1　グルコシルセラミドの構造

＊長良サイエンス株式会社

分離精製は非常に難しい（図2、3）。また、その混合比を可能な限り保持することが重要であり、そのことが分離精製をさらに困難にしている。例えば、米、蒟蒻、大豆、桃、みかん由来グルコシルセラミド混合物をTLC分析すると、由来ごとに特徴のあるスポットが検出される（図4）。

みかん由来グルコシルセラミド混合物では主に3つのスポットが検出されるが、各スポットにおける長鎖塩基部分および脂肪酸部分の主な構造は、上のスポットは*trans*-4, *trans*-8-Sphingadienine（d18:$2^{4E, 8E}$）-ノンヒドロキシ脂肪酸、真ん中のスポットは*trans*-4, *cis*-8-Sphingadienine（d18:$2^{4E, 8Z}$）-α-ヒドロキシ脂肪酸、下のスポットは4-Hydroxy-8-sphingenine（t18:1^{8}）-α-ヒドロキシ脂肪酸であることが報告されている[1)]。桃由来グルコシルセラミド混合物では主に2つのスポットが検出されるが、上のスポットの脂肪酸部分の構造はノンヒドロキシ脂肪酸とα-ヒドロキシ脂肪酸が混在していることを確認している。

米、蒟蒻等に由来する市販抽出物や植物体等を出発原料とし、溶媒抽出、各種クロマトグラフィー等でグルコシルセラミド混合物を分離精製

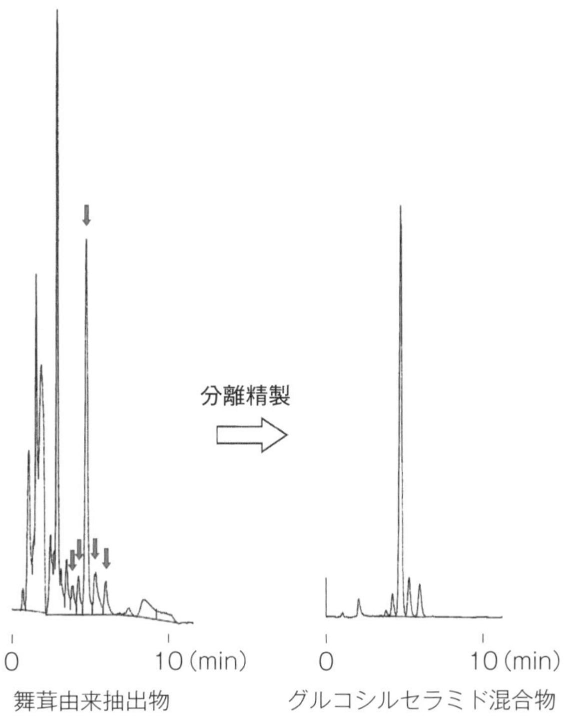

図2　舞茸由来抽出物と分離精製したグルコシルセラミド混合物のHPLC分析

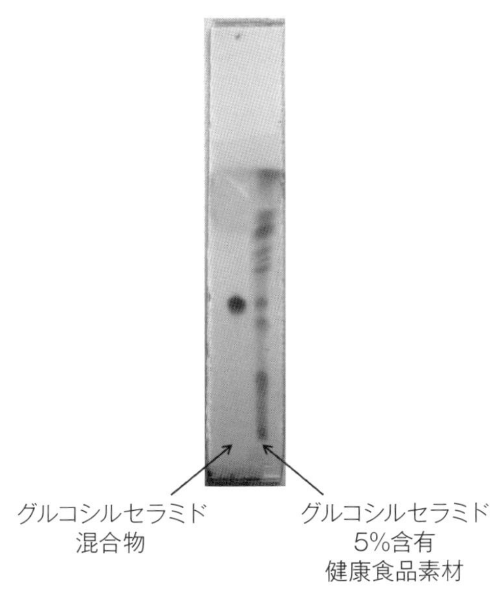

図3　分離精製したグルコシルセラミド混合物（左）と健康食品素材（右）のTLC分析

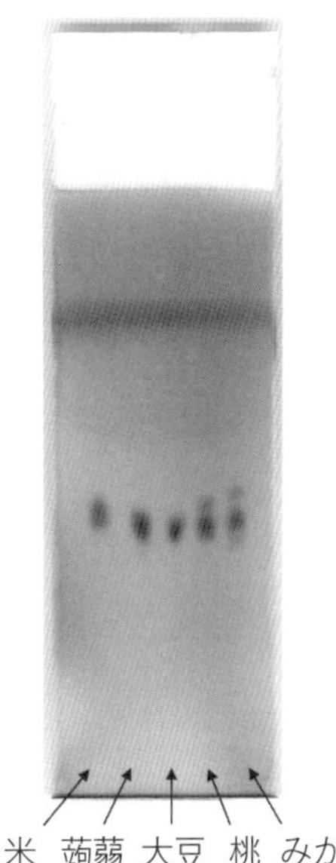

図4　グルコシルセラミド混合物のTLC分析の比較

薄層板：シリカゲル
展開溶媒：クロロホルム65：メタノール16：水2（体積比）
検出方法：硫酸発色
試　料：左から米、蒟蒻、大豆、桃及びみかん由来グルコシルセラミド混合物

するが、その際、各種分離精製条件で細かく分画して、各画分に対してNMR等の機器分析を行ない、グルコシルセラミドか否かを確認している。みかんや桃由来グルコシルセラミド混合物のように、TLC分析で複数のスポットが検出される場合があるが、構成成分が各スポットに完全に分かれているのではなく、各スポットの間にもグルコシルセラミドは存在している。構成成分の種類や混合比を保持して分離精製するためには、非常に高度な技術が必要である。

化合物の純度証明ではHPLC法がよく用いられるが、グルコシルセラミド混合物をHPLC分析で汎用されるODSカラムを用いて分析すると、構成成分が分離して溶出時間がかなり広い分布になる（**図5**）。そのため、ODSカラムを用いたHPLC分析による純度証明は困難である。一方、シリカゲルを担体としたTLC分析では、スポットが比較的まとまって検出されることが多い。そこで、純度試験はTLC分析で行なうこととし、TLC分析で99％以上の純度になるまで精製した。これまでに、グルコシルセラミド混合物≧99％（TLC）は、米、蒟蒻等由来の11種類を標準品試薬として開発した。同様に、酢酸菌およびみかん由来セラミド混合物≧99％（TLC）、ミルク由来ラクトシルセラミド混合物≧99％（TLC）、ミルクおよび卵黄由来スフィンゴミエリン混合物≧99％（TLC）を標準品試薬として開発した（**図6**）。

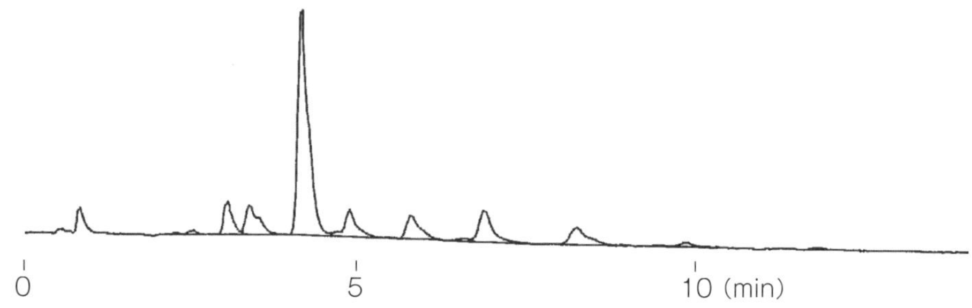

図5　グルコシルセラミド混合物のODSカラムを用いたHPLC分析

カ　ラ　ム：Nagara ODS-2, 4.6mm ϕ × 50mm
カラム温度：室温
溶　離　液：メタノール
流　　　量：1.0mL/min
検　出　器：UV200nm
試　　　料：米由来グルコシルセラミド混合物

グルコシルセラミド混合物≧99％（TLC）
米、蒟蒻等由来11種類

セラミド混合物≧99％（TLC）
酢酸菌、みかん由来

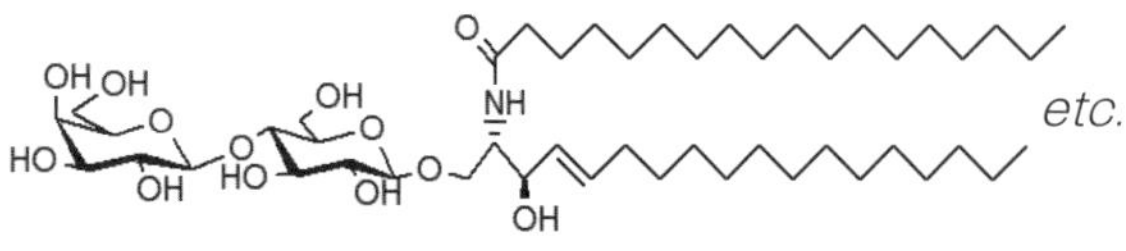

ラクトシルセラミド混合物≧99％（TLC）
ミルク由来

スフィンゴミエリン混合物≧99％（TLC）
ミルク、卵黄由来

図6　開発した混合物標準品試薬

3 グルコシルセラミド構成成分試薬の開発

先に述べたように、植物等に由来するグルコシルセラミドは、十種類以上の類縁体混合物である。類縁体混合物と各成分単独の状態とでは、機能性に差がある可能性があり、植物等のグルコシルセラミドにおいては、類縁体混合物であることが機能性と密接に関係していると考えられるが、その研究を困難にしている要因でもある。単一のグルコシルセラミド構成成分試薬は、研究を単純化し、また、混合物と比較する上で重要と考え、グルコシルセラミドを構成成分ごとに分離精製することを試みた。

舞茸やたもぎ茸由来グルコシルセラミドの主な構成成分は、長鎖塩基部分は9-Me d18:$2^{4E,8E}$で同一の構造で、脂肪酸部分は炭素鎖長が異なる構造である。特に舞茸は最も多い成分が８割程度を占め、構成成分ごとに分離精製することは易しい。

一方、米や蒟蒻等は長鎖塩基部分も脂肪酸部分も複数の種類が存在し、これらの組み合わせになるため、構造も組成比も非常に複雑である。米グルコシルセラミドの主成分d18:$2^{4E,8Z}$-C20h:0 Glucosylceramideとd18:$2^{4E,8E}$-C20h:0 Glucosylceramideは、長鎖塩基の８位の立体のみが異なる異性体であり、HPLC分析では溶出時間が非常に近く、分離精製が困難な化合物であるが、逆相系HPLCにより、２種類とも99％（HPLC）以上の純度で得られた。ODSカラムを用いたHPLC分析で単一ピークであっても、複数の構成成分が存在していることは珍しくなく、逆相系や順相系の各種担体を用いたHPLC分析、TLC分析、NMR等の機器分析を組み合わせて分離精製や純度確認する必要がある。これまでに、グルコシルセラミド構成成分≧99％（HPLC）は、米由来６種類、蒟蒻由来９種類、舞茸由来５種類、たもぎ茸由来４種類、ビート由来２種類を標準品試薬として開発した。同様に、スフィンゴミエリン構成成分≧99％（HPLC）は、ミルク由来６種類、卵黄由来１種類を標準品試薬として開発した。これらの構造は、文献やNMR、LC-MS/MS等の機器分析で確認した。

4 有機合成によるセラミド関連試薬の開発

植物等に由来するセラミド関連化合物は、植物体にごくわずかしか存在しておらず、医薬品等への利用を考える際、高純度品を大量生産するには、かなりの工夫が必要である。このような場合、有機合成は有効な手段の一つとなり得る。そこで、有機合成によるセラミド関連試薬の開発を目指した。

(1) 長鎖塩基試薬の開発（図7）

長鎖塩基の生産法について、天然グルコシルセラミドからの誘導による方法を検討した。すでに塩酸による加水分解法[2] が報告されているが、我々は加水分解法等の改良により、米由来グルコシルセラミドから長鎖塩基混合物を得て、これを分離精製して、d18:$2^{4E,8Z}$ およびt18:1^{8Z}を効率よく得る方法を確立した[3]。この方法は、その他の天然に存在する長鎖塩基の生産にも応用できると考えている。次に述べる合成法では作りにくい構造であっても、天然に存在する構造であれば、誘導化、分離精製して作ることができ、非常に有効

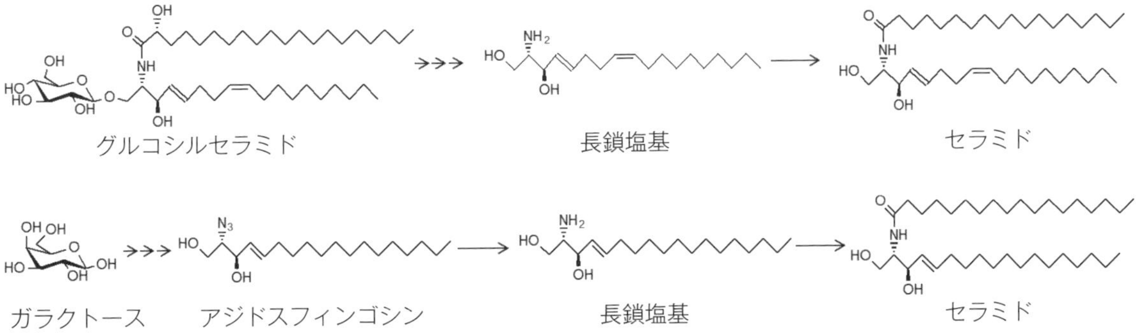

図７　有機合成による長鎖塩基及びセラミド試薬の開発

な方法である。

一方、ガラクトースを原料とする合成法[4]では、アジドスフィンゴシンを大量合成し、アジド基の還元法を改良することにより、C_{18}-Sphingosine（d18:1^{4E}）をグラム単位で合成する方法を確立した[5]。この方法は、天然に存在しない任意の炭素鎖長のSphingosineの生産にも応用でき、炭素鎖長がC12, C14, C16, C20のSphingosine試薬も合わせて開発した。

（2）セラミドの合成（図７）

合成したC_{18}-Sphingosineに脂肪酸を結合することにより、d18:1^{4E}-C18:0等のセラミドを合成した[6]。植物等から得られるセラミドは類縁体混合物であるが、合成法では単一の構造をグラム単位で作製することが可能である。また、長鎖塩基や脂肪酸の組み合わせにより、さまざまな構造のセラミドを作製することが可能である。

（3）ω-ヒドロキシ脂肪酸試薬の開発

O-アシルセラミド（**図８**）は人の皮膚に存在し、皮膚のバリア機能や水分保持に重要な役割を果たしていることが知られている。これらの研究の進展には*O*-アシルセラミドやその部分構造のエステル型ω-ヒドロキシ脂肪酸、ω-ヒドロキシ脂肪酸試薬が必要と考え、試薬開発を目指した。

ω-ヒドロキシ脂肪酸C30:0の既知合成法[7]を再検討し、より簡便な合成法を検討した。安価に入手可能なC10フラグメントを合成単位とし、共通中間体を用いることで工程数を短縮し、６段階通算収率67％で、グラム単位で合成できた[8]。ω-ヒドロキシ脂肪酸は、自己重合性や溶解性の低さにより取り扱いが難しい化合物であるが、純度を99％以上まで向上できた。この方法では、用いるフラグメントの構造を変えれば、鎖長や官能基の異なる脂肪酸の合成にも応用可能である。次いで、適切な保護基を選択することで、*O*-アシル-ω-ヒドロキシ脂肪酸を収率よく合成できた。

また、天然の素材からのω-ヒドロキシ脂肪酸、α-ヒドロキシ脂肪酸、分枝脂肪酸の分離精製も試み、18-Methyleicosanoic acid等、４種類のアンテイソ型脂肪酸を試薬として開発した。今後さらに精製を試み、これら脂肪酸の試薬開発を目指す予定である。

5 ガングリオシド試薬の開発

ガングリオシドはセラミドにシアル酸を含む糖鎖が結合した構造を持ち（**図９**）、細胞表層において認識、免疫等に関与する重要な化合物である。我々は独自に開発した順相系、逆相系の高分離能HPLC充填カラム等を用いて、ミルク由来の素材からガングリオシドGD3およびGM3を分離精製し、99％（TLC）以上の高純度で得て、試薬として開発した。このミルク由来ガングリオシドは、セラミド部分の構造が、炭素鎖長等が異なる混合物である。

また、有機合成により、セラミド部分が単一の構造を持つガングリオシドの合成法を検討した。ガングリオシドGM3[4a, 4c, 9]は、シアル酸供与体とラクトース保護体の縮合収率の改善により、量産が可能になった[10]。

また、ガングリオシドGM2[11]は、長谷川らの合成法の短縮（15段階→12段階）とグリコシル化条件の改良により、通算収率を11％から27％に大幅に改善できた[10]。

ミルク由来ガングリオシドは、セラミド部分が生体内の構成比に近いため、実際的、効率的に機能性や反応性の研究に利用できると考えている。また、合成ガングリオシドは、単一成分であるため混合物よりも明確な反応性の研究が可能である。効率的な合成法を確立できたことで、任意の構造のセラミドを持つGM2、GM3、グルコシルセラミドの合成が可能になった。セラミド部分の構造が異なる各化合物を比較することで、セラミ

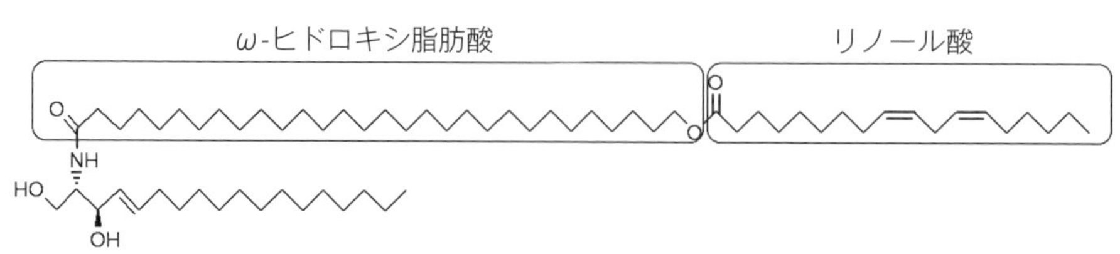

図８　*O*-アシルセラミドの構造

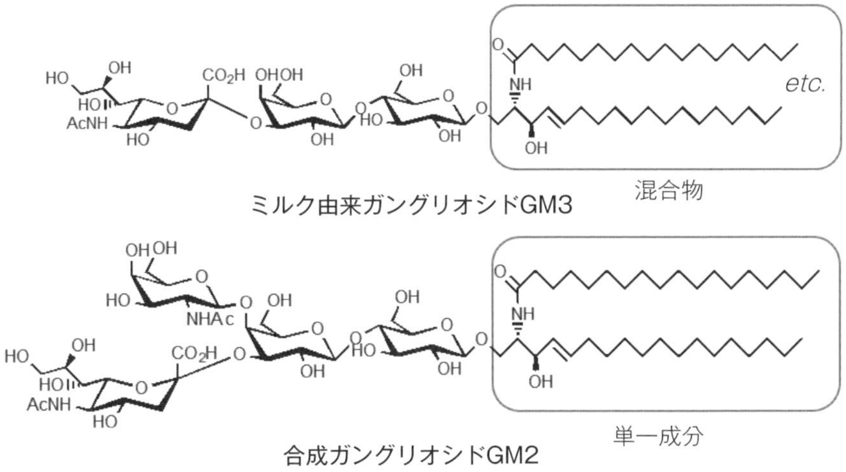

ミルク由来ガングリオシドGM3

混合物

合成ガングリオシドGM2

単一成分

図9　ガングリオシドの構造

ド部分が生理活性にどのように関係するのかについて、解明に役立つと考えている。

6 おわりに

我々は天然物有機化学が専門で、生理活性天然物の全合成や新規有機合成反応の開発、生理活性天然物の単離、構造決定、生合成、活性発現機構の解明等の研究を続けている。そのような中で、グルコシルセラミドとの関係は、植物原料からの分離精製の依頼を受けたのが始まりである。それまでに我々が行なってきた分離精製は、構造決定や反応性等の研究目的のために、特定の化合物を高純度にすることが目標であったが、グルコシルセラミドは類縁体混合物であるため、混合物として分離精製することになった。当初はTLC分析において1スポットで検出されると考えていたが、さまざまな植物種を扱ってみると、そのように簡単なものではなく、スポットの位置や形、数が植物種ごとに異なり、特有の成分構成を成していることが分かってきた。この、構成成分の構造や構成比の微妙な違いは、各植物等にとって重要な意味があることと思われる。これらの構成成分は、お互いに影響し合って機能性に深く関わっていると考えられるが、どのような構造を形成してその機能性を表現しているのか、例えば複合体を形成しているのかといった構造を伴う生理活性機構の解明については、我々にとって今後の研究課題であり、大変興味深く、夢を膨らませている。この興味深い化合物群の研究発展に、試薬供給等の形で貢献できることは、うれしい限りである。

【参考文献】

1) 向井克之, 大西正男, *FOOD Style21*, **12**(1), 29(2008).
2) Y. Fujino, M. Ohnishi, *Chemistry and Physics of Lipids*, **17**, 275(1976).
3) 中塚ら, 第7回セラミド研究会学術集会要旨集p.15(2014).
4) a) R. R. Schmidt *et al., Liebigs Ann. Chem.*, **663**(1988).
b) R. R. Schmidt, *Tetrahedron Lett.*, **27**(4), 481(1986).
c) A. Hasegawa *et al., Carbohydr. Res.*, **158**, 101(1986).
5) 中塚ら, 第32回日本糖質学会年会要旨集p.186(2013).
6) 藤野, 中塚, 第33回日本糖質学会年会要旨集p.117(2014).
7) R. R. Schmidt et. al., *J. Prakt. Chem.*, **342**(8), 779, (2000).
8) a) 中塚ら, 第9回セラミド研究会学術集会要旨集p.24(2016).
b) 中塚ら, 第35回日本糖質学会年会要旨集p.159(2016).
9) a) A. Hasegawa *et al., J. Carbohydr. Chem.*, **8**(1), 145(1989).
b) A. Hasegawa *et al., J. Carbohydr. Chem.*, **11**(1), 95(1992).
c) A. Hasegawa *et al., J. Carbohydr. Chem.*, **11**(6), 699(1992).
10) 中塚ら, 第4回セラミド研究会学術集会要旨集p.12(2011).
11) a) J. Ohlsson *et al., Tetrahedron*, **56**, 9975(2000).
b) A. Hasegawa *et al., Carbohydr. Res.*, **252**, 283(1994).
c) T. Ogawa *et al., Carbohydr. Res.*, **156**, c1(1986).
d) S. Horita *et al., Carbohydr. Res.*, **340**, 211(2005).

発酵食品における セラミド関連物質の機能

宮川　幸*、永留　真優*、山本　裕貴*、北垣　浩志*

1 発酵食品製造に係る微生物について

日本の伝統発酵食品は、穀物の米を基盤とし、それにさまざまな伝統発酵微生物を作用させて作るものである。発酵微生物には穀物のでんぷんの糖化のための黄麹菌*Aspergillus oryzae*、白麹菌、黒麹菌*A. luchuensis*、エタノール発酵のための出芽酵母*Saccharomyces cerevisiae*、もろみを酸性にするための乳酸菌*Lactobacillus sakei*などがある。このうちスフィンゴ脂質を持つ、真核生物である麹菌、酵母について詳説する。

日本で使われている麹菌、*A. oryzae*と*A. luchuensis*は界・門・綱・目・科・属・種で区分けされる生物分類の中の菌界Fungi子嚢菌門 *Ascomycota*ユーロチウム菌綱*Eurotiomycetes*ユーロチウム目*Eurotiales*マユハキタケ科Trichocomaceaeコウジカビ属*Aspergillus*に含まれる。*Aspergillus*属の真菌は日本のような中温帯で多湿な気候の土地に生息する糸状菌である。そのうち黄麹菌は日本の本州の野生の*A. oryzae*から、少なくとも鎌倉時代以降、麹座が分離・育種・維持してきたものであり、でんぷんの糖化酵素の生産性に優れる。1876年にアールブルグ・松原新之助により微生物学的に分離同定された。一方、黒麹菌は15世紀から琉球王朝で育種・維持され泡盛の製造に使われてきたもので、1907年に宇佐美桂一郎により沖縄の泡盛のもろみから分離され、1910年には鹿児島県に持ち込まれ九州での焼酎製造に活用されるようになった。黒麹菌はでんぷんの糖化酵素の生産性だけでなく、クエン酸の生産性に優れ、もろみの雑菌汚染防止に活用されている。白麹菌は黒麹菌の白色変異体を分離したものである。

酒、パンの醸造に使われる出芽酵母*S. cerevisiae*は菌界の子嚢菌門*Ascomycota*の中でも、酵母状の形態で栄養増殖を行う半子嚢菌綱*Hemiascomycetes*サッカロミケス綱*Saccharomycetes*サッカロミケス目*Saccharomycetales*サッカロミセス科*Saccharomycetaceae*に含まれるが、この科の中には*Candida, Torulaspora, Kloeckera, Kluyveromyces, Dekkera, Brettanomyces, Pichia, Zygosaccharomyces*などの属が含まれる。これらの酵母は炭水化物の豊富な環境に生息しており、酒・パン（*Saccharomyces cerevisiae*）、醤油（*Zygosaccharomyces*）、乳酒（*Kluyveromyces*）、ワイン製造（*Dekkera, Torulaspora*）、パン（*Torulaspora*）など文明が選抜育種し、産業的に利用されているものも多い。一方、この科の中には日和見感染を起こす皮膚の常在細菌*Candida*も含まれている。清酒酵母は1895年に矢部規矩治・古在由直により、焼酎酵母は1901年に乾環により微生物学的に分離同定された。

従って日本の伝統発酵食品には脂質の観点からは穀物である米や麦、大豆だけではなく、さまざまな微生物（麹菌、酵母、乳酸菌）の脂質が含まれ、混在した状況にあると言える。

2 発酵食品、発酵微生物に含まれる脂質の研究小史

発酵食品、発酵微生物に含まれる脂質の研究は、まずは個別の脂質成分の同定から始まった。有機物質の解析手法が当初のクロマトグラフィー

＊佐賀大学

の時代を経て近代的なものになり、さらに脂質の解析手法が整備されたのは1970年代である。この時期、ガスクロマトグラフィー、NMRなどの先端分析機器を用いて伝統発酵食品、発酵微生物の脂質を解析した研究が開始された。例えば清酒醸造中のトリグリセリド成分をガスクロマトグラフィーを用いて解析した論文が1978年に石川雄章らにより発表されている[1)]。黄麹菌のスフィンゴ脂質の構造解析を初めて1976年にNMRを用いて発表したのは大西正男らのグループである[2)]。

しかし、沖縄、九州地方で600～700年間受け継がれてきた白麹菌、黒麹菌のスフィンゴ脂質は黄麹菌の脂質が対象になってからも30年以上、研究の対象になっていなかった。

一方、質量分析装置で分析するためのイオン化の方法として、1984年にはESI-MSが、1991年にはMALDIが開発され、発達していき、2000年ごろには一般の分野の研究者にも使えるようになった。そこで我々は2008年から白麹菌、黒麹菌のESI-MSを使った構造解析に取り組み、白麹菌、黒麹菌のスフィンゴ脂質の構造を六炭糖をひとつ、スフィンゴイド塩基として9-methyl-4,8-sphingadienine、脂肪酸として2′-hydroxyoctadecanoic acidや2′-hydroxyicosanoic acidを持つmonohexosylceramideとタンデムESI-MSを用いて初めて決定した[3)]。その後、芦田久らにより、黄麹菌、白麹菌、黒麹菌にはグルコースだけではなく、ガラクトースを糖成分として持つmonohexosylceramideがあることがGC/MS, MALDI-TOF/MSや1H-NMRを用いた解析により2014年に報告された[4)]。これらの微生物のスフィンゴ脂質はこれまで研究が先行してきた哺乳類とは大きく異なっている。

この研究成果を受け、2016年に我々は実際の黄麹、白麹でこれらのどれくらいの割合で含まれるかを調べたところ、黄麹、白麹に含まれるスフィンゴ糖脂質（GSL）はN-2′-hydroxyoctadecanoyl-l-O-β-d-glucopyranosyl-9-methyl-4,8-sphingadienine（70-80%）とN-2′-hydroxyoctadecanoyl-l-O-β-d-galactopyranosyl-9-methyl-4,8-sphingadienine（20-30%）[5)]であることを明らかにしている（**図1**）。

エタノール発酵を行う出芽酵母のスフィンゴ脂質に関しても研究が進んできた。これらの中でも特に*S. cerevisiae*は最も早くゲノムが解読され、遺伝学のツールが整備されたことによりすべての生物種に先んじてスフィンゴ脂質生合成経路の解明が進み、すべての生物種に敷衍できる研究成果が得られてきた。例えば、Kentucky大学のDicksonらが出芽酵母*S. cerevisiae*の遺伝学

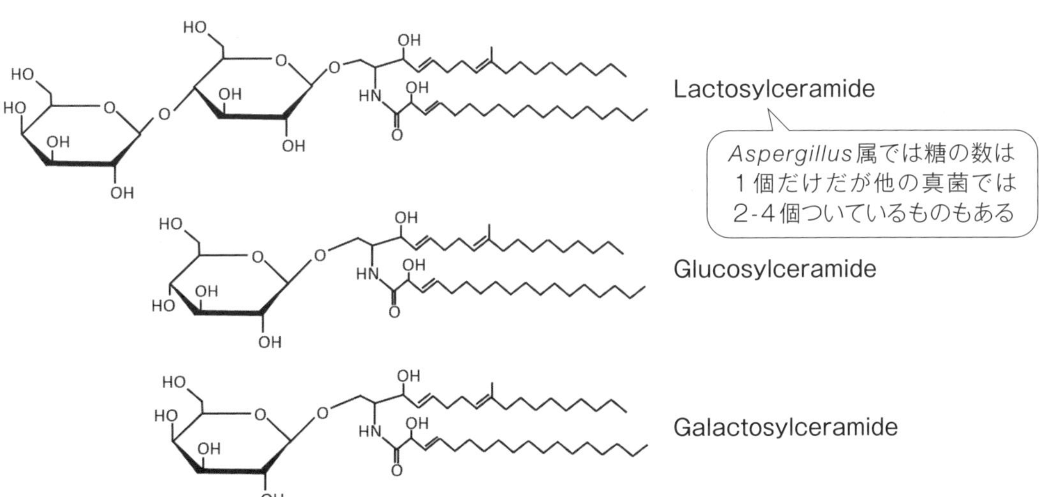

図1　麹菌*Aspergillus*属を含む真菌に含まれるスフィンゴ糖脂質の構造
麹菌*Aspergillus oryzae*と*A. luchuensis*に含まれているのはN-2′-hydroxyoctadecanoyl-l-O-β-d-glucopyranosyl-9-methyl-4,8-sphingadienine（glucosylceramide）とN-2′-hydroxyoctadecanoyl-l-O-β-d-galactopyranosyl-9-methyl-4,8-sphingadienine（galactosylceramide）である。他の真菌には糖が2-4個ついたものも存在する。

を使ってスフィンゴ脂質の生合成経路を明らかにしており、詳しくは花田らの解説を見てほしい。通常ほとんどの生物種ではセラミドに合成された後、糖がセラミドのスフィンゴイド塩基部分の１位の水酸基にアセタール結合してグルコースやガラクトース、マンノースなどの糖あるいはシアル酸などがα位あるいはβ位で結合し、GSLを形成するか、phosphodiester結合でコリンやイノシトール、マンノースが結合してスフィンゴミエリン、IPC, MIPC, $M(IP)_2C$が形成される。サッカロミセス科*Saccharomycetaceae*の中でも*Saccharomyces, Kluyveromyces, Zygosaccharomyces, Torulaspora, Kloeckera*属だけがGSL生合成遺伝子を持っておらず、その脂質の中にはGSLも含まれていない。このため、糖がセラミドのスフィンゴイド塩基部分の１位の水酸基にアセタール結合せず、代わりにphosphodiester結合でリン酸基を介してイノシトール、マンノースが結合してIPC, MIPC, $M(IP)_2C$が合成される。齋藤勝一らはこれらの属の酵母はスフィンゴイド塩基部分の１位の水酸基にはアセタール結合で糖が結合する酵素の遺伝子を欠損しており、これらのGSLが存在しないこと、これらのGSLを持たない酵母はアルカリ性培地での生育も悪いことを明らかにした[6)]。これらのことから、生合成されたGSLがこれらの酵母にアルカリ耐性を付与すると考えられている。

以上のように発酵食品におけるスフィンゴ脂質の組成の概略が明らかになったことから、2017年に我々は具体的な日本の食事にどの程度GSLが含まれているかを調査した。その結果、味噌では18μg/g、塩麹には127μg/g、甘酒は7-21μg/ml、濁り酒には4-16μg/mlと多量のGSLが含まれていることが明らかになった（**図２**）。甘酒をコップ一杯分（200ml）飲むことで最大4.15mgのGSLを摂取することができるという計算になる[7, 8)]。日本人の一日当たりのGSL摂取量は26-77mgである[9)]と報告されており、毎日の食事内容に麹を使った発酵食品をプラスすることでGSLの摂取量を大幅に増やすことができることを明らかにした。

３ 発酵食品製造、発酵微生物におけるスフィンゴ脂質の役割について

以上の研究から、発酵食品におけるスフィンゴ脂質の分子構造の決定、含量についてはおおむね理解が得られたと考えている。それではそれらのいろいろな分子種のスフィンゴ脂質が醸造の中で、あるいは摂食後、どのような機能を持ちどのような役割を持っているかは、萌芽的な研究が始まったばかりである。

まず、我々は焼酎発酵中および日本酒発酵中のもろみで麹GSLがどのように焼酎酵母、清酒酵母に影響するかを調べている。その結果、およそ40μg/mlの濃度でもろみに含まれること、酵母に取り込まれ、酵母のストレス耐性（アルカリ耐性、エタノール耐性）を増したり、香気成分であるethyl caprylateとethyl 9-decenoateを減少させ、TCA回路、ピルビン酸代謝、でんぷん・ショ糖の代謝、グリセロ脂質代謝を増加させることを明らかにした[10)]。そのメカニズムの詳細を調べるため、細胞を遠心しその局在を調べると細胞とともに沈殿された。またGSLと接触させた酵母の膜の流動性を膜に局在する蛍光色素TMA-DPHを用いて調べると蛍光寿命が統計的に有意に減少しており、GSLと接触した酵母では膜の流動性が増加していると考えられた[11)]。

これらのことから、GSLを持たない酵母は、

スフィンゴ糖脂質が多い発酵食品
甘酒、濁り酒、味噌汁の一部、塩こうじ、
酒粕、発酵大麦エキスなど

腸内細菌叢改善効果

肝臓コレステロール低下効果
胆汁酸分泌増加効果

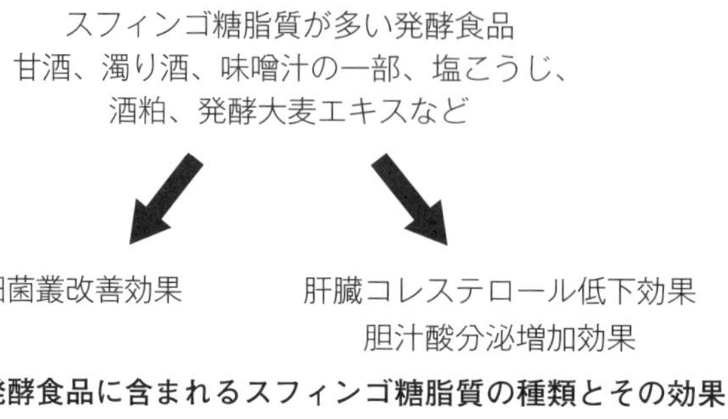

図２　発酵食品に含まれるスフィンゴ糖脂質の種類とその効果

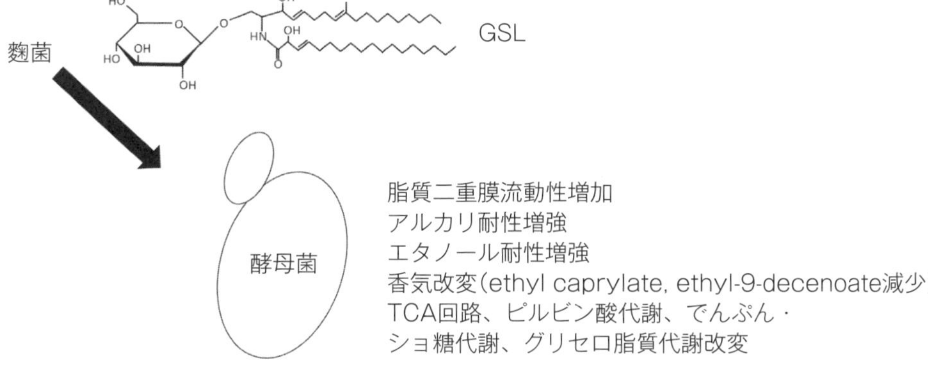

図3 麹GSLの酵母への作用（AEM2017[11] より改変）

GSLを持つ麹と発酵中に接触することでそのGSLを取り込み、ストレス耐性を増加させ発酵能を向上させていると考えられた（**図3**）。

4 摂食した麹GSLの腸内細菌、肝臓への影響

一方、発酵食品、発酵微生物に豊富に含まれるスフィンゴ脂質、中でも優勢なGSLが他の生物種、ヒトや腸内細菌とどのように相互作用しているかも発酵食品が経口摂取された後の健康機能性の観点から重要なところである。そこで麹GSLが摂食された後にどのような経緯をたどるかを調べた。麹GSLを健常マウスに摂食させ、その腸管での挙動を調べた。その結果、小腸酵素でセラミドを処理したところ、脂肪酸が生成したのに対し、同じ小腸酵素で麹GSLを処理したところ、TLC上では有意な分解が観察されなかった。このことから、麹GSLは胃や小腸を通過し、大腸に到達して腸内細菌叢に影響を与えていると考えた。

そこで麹GSLが腸内細菌に与える影響を調べるため、麹GSLを接触させたマウスの糞を次世代ゲノムシークエンサーで解析した。その結果、*Blautia coccoides*、*Bacteroides sartorii*, *Hathewaya histolytica*などの腸内細菌が麹GSL給餌マウスで増えていることが明らかになった[12]。*in vitro*でもGSLの腸内細菌への増殖刺激効果は確認された。そのメカニズムはまだ明らかでないが、遠心すると細菌とともに挙動するため、細菌の表面に付着し、腸管にある胆汁酸などから腸内細菌を保護していると考えられる。*B. coccoides*はプロバイオティクスとして摂取すると、抗不安作用や腸炎防止効果があることがわかっており、麹GSLにもプレバイオティクスとして同様の効果があることが期待される。

さらに、麹GSLの個体レベルの栄養状態への影響を調べるため、麹GSLを肥満マウス（食欲ホルモンであるレプチンに遺伝的欠損を持つdb/dbマウス）に給餌したところ、麹GSL非給餌マウスと比べて肝臓コレステロールの含量が低下し、盲腸、糞中の胆汁酸濃度が低下することが明らかになった。このことから、麹GSLはコレステロールから胆汁酸への変換を促すことで肝臓コレステロールの含量を低下させると考えられた[13]。肥満のヒトにおいても、麹や麹を使う発酵食品に脂肪肝改善効果があることが期待される。

5 終わりに

スフィンゴ脂質の研究が始まって100年近く経つが、スフィンゴ脂質の分野に参入してきた発酵学分野の研究者はこれまで極めて少なかった。発酵学におけるスフィンゴ脂質には微生物間の相互作用、特異的物質の生産、ヒトや腸内細菌への影響など重要なテーマが山積みであるが、今後研究が広がり新たな学術分野、市場が出てくることを期待したい。

【参考文献】

1) 石川雄章、吉沢淑　米麹の脂質とその酒質に及ぼす影響〔清酒醸造における脂質の動向-5-〕 醗酵工学会誌 **56**(1), p24-30(1978).

2) Fujino Y, Ohnishi M. Structure of cerebroside in *Aspergillus oryzae*. *Biochim. Biophys. Acta*, **486**(1): 161-71(1976).

3) Hirata M, Tsuge K, Jayakody LN, Urano Y, Sawada K, Inaba S, Nagao K, Kitagaki H. Structural determination of glucosylceramides in the distillation remnants of shochu, the Japanese traditional liquor, and its production by *Aspergillus kawachii*. *J. Agric. Food Chem.* **60**(46): 11473-82(2012).
4) Tani Y, Amaishi Y, Funatsu T, Ito M, Itonori S, Hata Y, Ashida H, Yamamoto K. Structural analysis of cerebrosides from *Aspergillus* fungi: the existence of galactosylceramide in *A. oryzae*. *Biotechnol. Lett.* **36**(12): 2507-13(2014).
5) Hamajima H., Fujikawa A. *et al.*, Chemical analysis of the sugar moiety of monohexosylceramide contained in koji, Japanese traditional rice fermented with *Aspergillus*. *Fermentation*, **2**(1), 2(2016).
6) Saito K, Takakuwa N, Ohnishi M, Oda Y. Presence of glucosylceramide in yeast and its relation to alkali tolerance of yeast. *Appl. Microbiol. Biotechnol.* **71**(4): 515-21(2006).
7) 阪本真由子、酒谷真以、Jannatul Ferdouse、浜島浩史、松永陽香、柘植圭介、西向めぐみ、柳田晃良、永尾晃治、光武進、北垣浩志、麹で造られる醸造食品のグリコシルセラミド含量定量手法の検討とそれを用いた定量、日本醸造学会誌、**112**, 9, 655-662(2017).
8) Takahashi K, Izumi K, Nakahata E, Hirata M, Sawada K, Tsuge K, Nagao K, Kitagaki H. Quantitation and structural determination of glucosylceramides contained in sake lees. *J. Oleo Sci.* **63**(1): 15-23(2014).
9) Yunoki K, Ogawa T, Ono J, Miyashita R, Aida K, Oda Y, Ohnishi M. Analysis of sphingolipid classes and their contents in meals. *Biosci. Biotechnol. Biochem.* **72**(1):222-5(2008).
10) Ferdouse J, Yamamoto Y, Taguchi S, Yoshizaki Y, Takamine K, Kitagaki H. Glycosylceramide modifies the flavor and metabolic characteristics of sake yeast. *PeerJ.* **6**: e4768(2018).
11) Sawada K, Sato T, Hamajima H, Jayakody LN, Hirata M, Yamashiro M, Tajima M, Mitsutake S, Nagao K, Tsuge K, Abe F, Hanada K, Kitagaki H. Glucosylceramide contained in koji mold-cultured cereal confers membrane and flavor modification and stress tolerance to *Saccharomyces cerevisiae* during coculture fermentation. *Appl. Environ. Microbiol.* **81**(11): 3688-98(2015).
12) Hamajima H, Matsunaga H, Fujikawa A, Sato T, Mitsutake S, Yanagita T, Nagao K, Nakayama J, Kitagaki H. Japanese traditional dietary fungus koji *Aspergillus oryzae* functions as a prebiotic for *Blautia coccoides* through glycosylceramide: Japanese dietary fungus koji is a new prebiotic. *Springerplus*, **5**(1): 1321(2016).
13) Hamajima H, Tanaka M, Miyagawa M, Sakamoto M, Nakamura T, Yanagita T, Nishimukai M, Mitsutake S, Nakayama J, Nagao K, Kitagaki H. Koji glycosylceramide commonly contained in Japanese traditional fermented foods alters cholesterol metabolism in obese mice. *Biosci. Biotechnol. Biochem.*, 2018 Dec 30:1-9. doi: 10.1080/09168451.2018.1562877.

イメージング質量分析法を用いたスフィンゴ脂質の可視化とその応用例

杉本　正志*

1 はじめに

スフィンゴミエリン（SM）はセラミド（Cer）の主要な代謝産物であるが、形質膜上におけるマイクロドメインの形成や細胞内シグナル伝達の制御に重要であり、ニーマンピック病をはじめとした種々の疾患への関与も報告されている生理活性脂質である[1)]。SMは母体骨格であるCerの分子内アシル基の鎖長に基づき、多様な分子種が存在し、その組成は細胞や臓器によって大きく異なる[2)]。例えば、C24極長鎖アシル基を持つSMは肝臓や腎臓の主要な分子種であり[3-5)]、C18長鎖アシル基を持つSMは脳や骨格筋の主要な分子種である[6)]。これらは、種々のセラミド合成酵素（CerS）の発現パターンによって厳密に制御されている[2)]。SMは分子内におけるアシル基の鎖長によって多彩な機能がもたらされていると考えられるが、その機能の解明には組織内における位置情報が非常に有用である。しかしながら、SMをはじめとする脂質はタンパク質とは異なり直接ゲノムにコードされておらず、緑色蛍光タンパク質等を組み込むことが出来ない。また低分子であり多様な分子種が存在することから抗体等のプローブを用いた手法での可視化も困難であった。このような従来のイメージング法では可視化が困難な分子を可視化する手法として、近年、イメージング質量分析法（IMS）が注目されている。IMSは質量分析装置（MS）を用いて組織内における分子の二次元空間分布を可視化する比較的新しい手法であり、MSを用いて対象分子を*m/z*で検出するという特性から、多様な分子を一斉に可視化することが可能である[7)]。このことから、IMSは脂質の可視化において非常に理にかなった手法であり、近年、リン脂質を中心とした脂質の可視化が盛んに行われている[8)]。本稿では、スフィンゴ脂質の研究におけるIMSの応用例と、IMSにより明らかとなったSMの組織内における二次元空間分布とその制御メカニズムに関する筆者らの報告を中心に紹介する。

2 IMSの原理

MSは試料中の分子をイオン化し、その*m/z*によって分離・検出することで、分子を同定・測定する方法である。MSにはいくつかのイオン化法が存在するが、IMSでは一般的にマトリックス支援レーザー脱離イオン化法（MALDI）が用いられる[7)]。MALDIにおける分子のイオン化は、マトリックスと呼ばれる有機低分子化合物と分子の混合結晶を生成し、パルスレーザーを照射することで起こる（**図1**）[7)]。高感度・高精度のマススペクトルを得るためには対象分子に最適なマトリックスを選択することが重要であり、一般的に脂質の場合は2, 5-ジヒドロキシ安息香酸（DHB）が用いられる[8)]。検出器としては、飛行時間型質量分析装置（TOF-MS）が広く用いられている[8)]。TOF-MSは、イオンに一定の電圧をかけて加速し運動エネルギーを与えて飛行させ、*m/z*の違いによって検出器に到達する時間が異なるという原理を利用したものである[9)]。TOF-MSは簡便で測定可能な分子の分子量領域が広いという利点がある。また、特定の質量を持つ分子の親イオン（プレカーサーイオン）のみを選択し、そのプレカー

*塩野義製薬株式会社 創薬疾患研究所

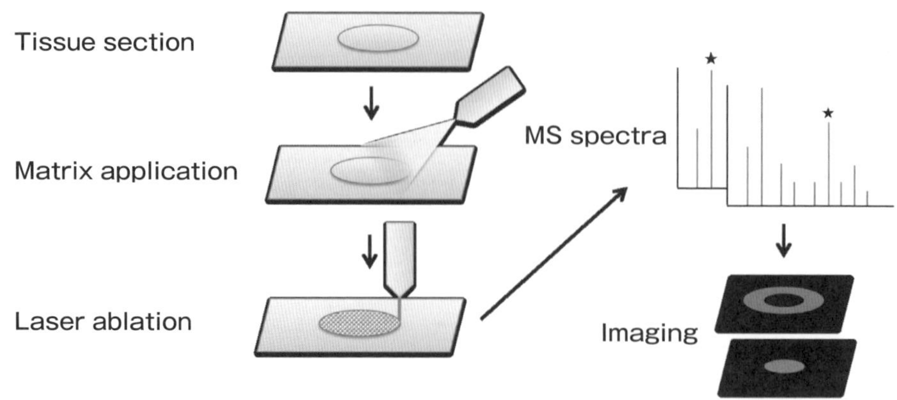

図1　IMSの概要

凍結組織切片を作製し、マトリックスをスプレーコーティング法により塗布する。その後、試料をMALDI-MSに導入し、任意の関心領域においてレーザーを順次照射し位置情報を記録したマススペクトルを取得する。その後、特定のm/zについてシグナル強度比から画像を再構成する。

サーイオンをアルゴン等の不活性ガス分子と衝突させ、衝突エネルギーの一部が内部エネルギーに変換され励起することでイオンの解離が起こる衝突誘起乖離（CID）によって断片化させ、生成した断片イオン（プロダクトイオン）の質量パターンから分子の構造を特定するタンデム質量分析（MS/MS）が可能である[9]。これらの特性から、主にリン脂質等のIMSにおいてTOF-MSが汎用されている[8]。一方、フーリエ変換イオンサイクロトロン共鳴型質量分析装置（FTICR-MS）は強磁場中でのイオンのサイクロトロン運動を利用したMSであり、超高質量分解能を有することから精密質量に基づいた分子の同定が可能である。生体内分子の評価においては、類似した質量の分子が多く存在するため一般的なTOF-MSの質量分解能では特定の標的分子を特異的に検出する事が困難な場合があるが、FTICR-MSを用いることで、TOF-MSでは判別困難であった分子を特異的に検出できる可能性が示唆されている[10]。

3　IMSの実際

通常、MSを用いた分子の分析では、液体クロマトグラフィー（LC）と連結したLC/MSが用いられ、破砕した試料から抽出、分離、精製された分子が対象となる。一方、IMSでは対象分子の組織内における位置情報を保持したままMSにより分析を行うため、生体組織切片が試料となる。まず、凍結組織切片を作製し、導電性の支持素材でコーティングされた特殊なスライドグラス上に組織を接着させる。シグナル・ノイズ比の点で組織切片の厚さは10μm程度が最適なようである[11]。導電性の支持素材としては酸化インジウムスズ（ITO）をコーティングしたITOスライドグラスが汎用されている。IMSでは分子の位置情報を保持した上で厚さ10μm程度の試料から効率的にマススペクトルを得る必要があるため、対象とする試料や分子に最適な手法で前処理を行うことが重要である。MSでプラスにチャージしたイオンを測定する場合、たいてい試料中に含まれる塩の影響で１つの分子につきプロトン、ナトリウム、カリウムがそれぞれ付加した３種類のイオンが検出される。これにより対象分子のシグナルが分散してしまい特に生体内に微量に存在する分子を測定する場合に効率が悪い。したがって、脱塩等を目的として洗浄を行うことが多いが、脂質を分析対象とする場合、位置情報が失われやすいことから洗浄を行わないことが多い。そのため、カリウム溶液で処理することによりカリウム付加体を選択的に生成させ、シグナル強度を増大させる方法がとられる[8]。DHB等のマトリックス溶液の組織切片上への塗布は、マトリックスの結晶を均一かつ可能な限り微細に生成させるため、霧状にして組織切片上に噴霧し結晶化させるという工程を繰り返すスプレーコーティング法が汎用される。IMSで得られる画像の空間分解能はマトリックスの結晶サイズに依存し、通常、DHBを用いたスプレーコーティング法による噴霧の場合、マトリックスの結晶サイズが数十μm程になることから空間分解能も数十μmオーダーとなる。また、蒸着法により金属ナノ微粒子を塗布してIMSを行っている報告もあり、この方法では粒子サイズがnmオーダーの微粒子が用いられるため、従来のマトリックスよりも高空間分解能で分子の可視化を行えるのみならず、従来のマトリックスではイオン化されにくい分子の可視化も可能となっている[12)]。これらの手法により作製された試料において任意の測定領域を設定し、任意の間隔でパルスレーザーを二次元走査することで測定点毎のマススペクトルを得る。そのマススペクトルの中から対象とする分子情報を選択的に抽出して、測定点毎のシグナル強度比から対象分子の位置情報や存在量を色の濃淡によって表現することで可視化する。IMSでは測定点毎にマススペクトルを得るため、１つの試料を測定するのに長時間を要する。そのため、測定中の感度変化が起こりやすく、対象分子のシグナル強度をマトリックスのシグナル強度で補正することにより、測定中の誤差を低減する。前述したようにIMSの検出計にはTOF-MSあるいはFTICR-MSが適している。スフィンゴ脂質を対象とした場合、生体組織におけるスフィンゴ脂質の存在量はグリセロリン脂質と比べて微量であり、またSMの場合はグリセロリン脂質の一つであるホスファチジルコリンに近い分子量であり、どちらもホスホコリン由来のプロダクトイオンを有するため、分子種によってはTOF-MSを用いたIMSでは特異的に可視化することが困難な場合がある。しかし、FTICR-MSを用いてIMSを行うことで、より特異的に可視化できることが筆者らの研究で明らかとなっている[13)]。

4 スフィンゴ脂質のIMS

ここから、筆者らが報告したスフィンゴ脂質の研究におけるIMSの応用例を紹介する。筆者らの研究では、前述したように生体内に微量に存在するSMを分析対象としたため、分子を特異的かつ高感度に検出できるFTICR-MSを用いた[13)]。まず、各SM分子種の標品ならびにマウスの脳切片上から得られたマススペクトルの*m/z*から、精密質量に基づいてSM分子由来のピークを推定した。SM分子由来と推定されたプレカーサーイオンについて、CIDにより生成したホスホコリン由来の質量が減少したプロダクトイオンを検出した。IMSにおけるMS/MSでは、分子がホスホコリンを有するという情報のみが得られたため、LC/MSを用いたMS/MSにより長鎖塩基とアシル基の組み合わせの解析を行った。このようにIMSとLC/MSの構造解析を組み合わせることで、分子の同定精度をより高めることが可能となり、各SM分子種を同定することができた（**図2**）。

次に、精密質量と構造推定から同定したSM分子種について、IMSによりマウスの脳切片上における空間分布情報を取得した。その結果、SMは分子内アシル基の鎖長によって脳内での分布が異なる事が明らかとなった。C18の長鎖脂肪酸を持つSM（d18:1/18:0）は大脳皮質、海馬、視床下部等の細胞体が豊富な灰白質に分布が認められた（**図３A、B、E**）。一方、C24の極長鎖脂肪酸を持つSM（d18:1/24:1）は脳梁や視床等の髄鞘が豊富な白質に特徴的な分布が認められた（**図３A、B、F**）。これらの結果から、SMは分子内アシル基の鎖長によって分布が異なり、分子種ごとに機能が異なる可能性が示唆された。C24の極長鎖脂肪酸を持つSM（d18:1/24:1）は白質に分布していたことから、髄鞘の高次構造維持に重要な分子であるものと推察された。

続いて、SMの分子種ごとの組織内分布を制御するメカニズムの解明を試みた。CerSは６種のサブタイプが存在し、CerS1はC18のアシルCoAに対して、CerS2はC22やC24のアシルCoAに対してそれぞれ基質特異性を示すことから、マウスの脳切片上においてこれらの酵素の遺伝子発現分布を*in situ*ハイブリダイゼーションで可視化し、その分布をIMSで可視化したSM分子種の分布と比較した。その結果、SM（d18:1/18:0）と同様に*CerS1*は主に灰白質に（**図３A、B、C**）、SM（d18:1/24:1）と同様に*CerS2*は主に白質にそれぞれ分布し（**図３A、B、D**）、基質特異性の点で両者の分布に相関が認められた。これらの結果より、SMの分子種毎の組織内分布は、CerS遺伝子の発現によって制御されている可能性が示唆された。

実際、マウスにおいて*CerS1*を欠損させると、C18アシル基を持つCer、SMおよびガングリオ

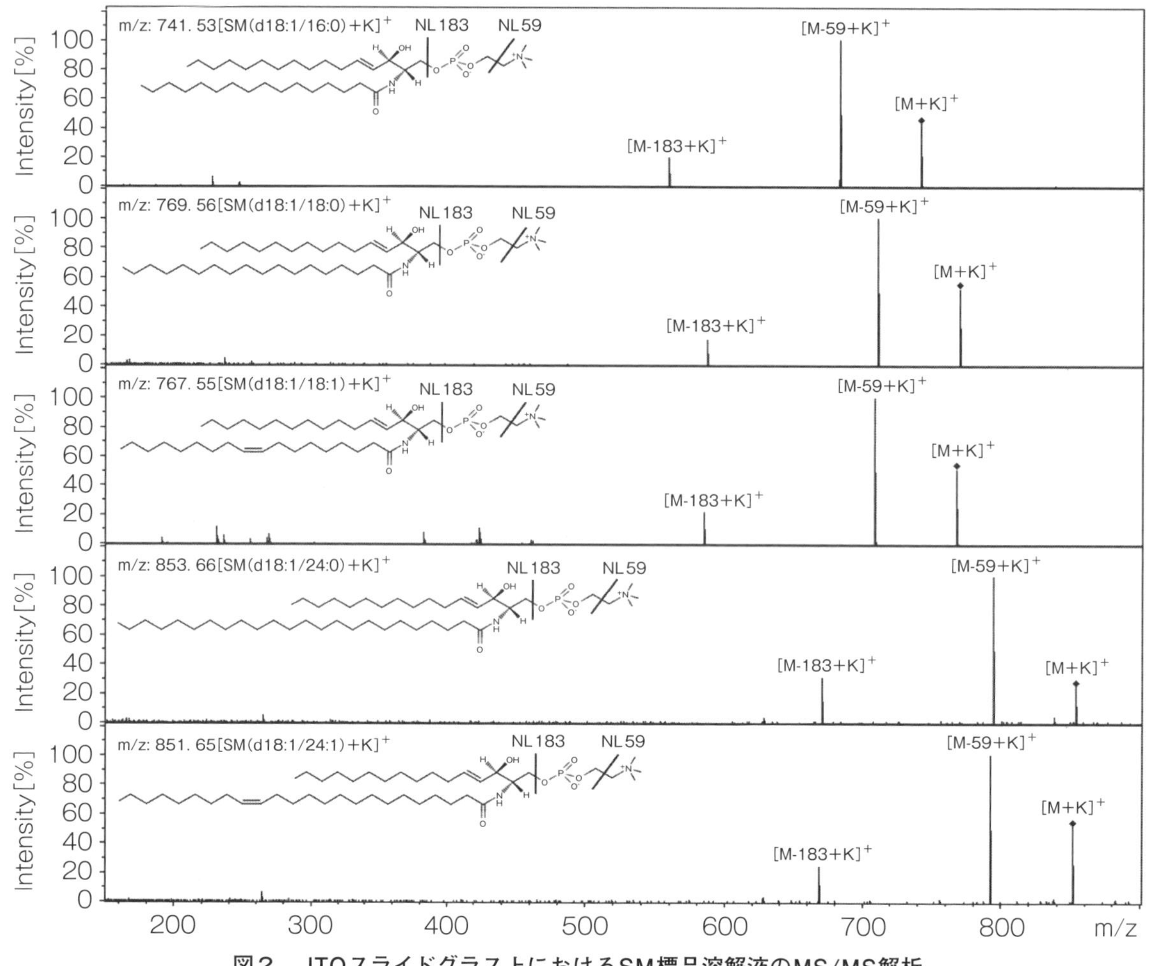

図2　ITOスライドグラス上におけるSM標品溶解液のMS/MS解析

SM（d18:1/16:0），SM（d18:1/18:0），SM（d18:1/18:1），SM（d18:1/24:0）およびSM（d18:1/24:1）の各*m/z*からコリン由来のフラグメント（59 u）およびホスホコリン由来のフラグメント（183 u）が脱離したマススペクトルを示す。各分子がホスホコリンを有していることが分かる。

シドが著しく減少し、オリゴデンドロサイトミエリン糖タンパク質の発現も減少することが報告されている[14)]。一方、*CerS2*を欠損させたマウスでは、C24極長鎖アシル基を持つCer、SMおよびガラクトシルセラミド（GalCer）が減少し、髄鞘の形成不全が起こることが報告されている[15, 16)]。これらの知見からも、C18アシル基を持つスフィンゴ脂質はオリゴデンドロサイトの機能維持に、C24アシル基を持つスフィンゴ脂質は髄鞘の構造維持にそれぞれ重要な脂質であると考えられる。

5 IMSを用いたスフィンゴ脂質の量的比較

MALDIを用いたIMSでは、MALDIの性質上、分子の定量評価が困難であるとされている。筆者らは、IMSを用いて生体組織内におけるSMの量的比較が可能かを検証した。まず、SM分子種の標品溶解液をITOスライドグラス上にスポットし、IMSにおいて得られたイオン強度と標品濃度との関係を検証した。SM標品溶解液のスポット周囲に関心領域を設定し、平均イオン強度を算出したところ、どのSM分子種においても濃度とイオン強度との間に良好な直線関係が見られ、IMSで取得されたシグナル強度はSMの存在量を反映しているものと考えられた[17)]。続いて、生体の組織内におけるSMの量的および空間的変動をIMSで検出できるか検証した。野生型（WT）およびSMの合成酵素であるスフィンゴミエリン合成酵

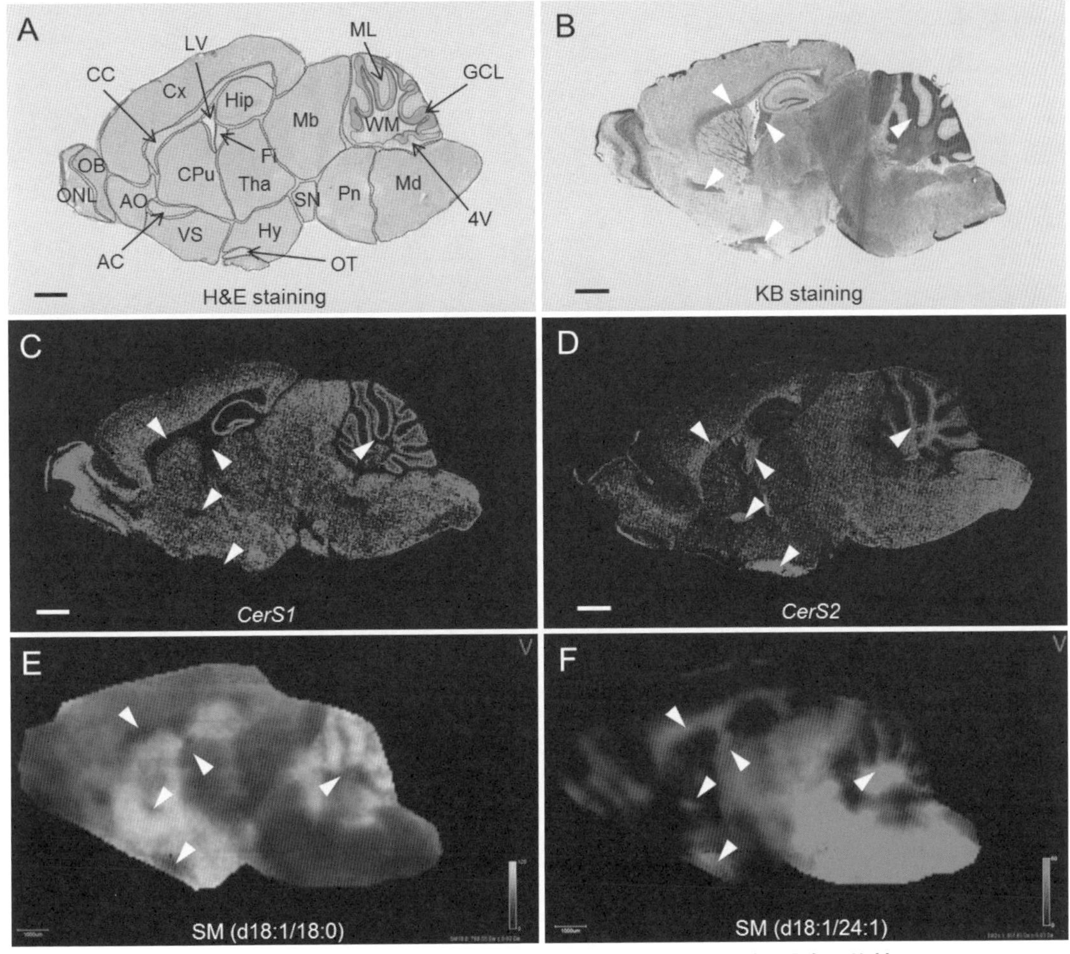

図３　マウス脳切片上におけるCerS遺伝子とSM分子種の分布の比較

マウス脳切片のヘマトキシリン&エオジン（H&E）染色（A）およびクリュバー・バレラ（KB）染色（B）像。*in situ*ハイブリダイゼーションにより可視化した*CerS1*（C）および*CerS2*（D）の分布。IMSにより可視化したSM（d18:1/18:0）（E）およびSM（d18:1/24:1）（F）の分布。スケールバー＝1 mm。顆粒細胞層（GCL），海馬（Hip），視床下部（Hy），尾状核被殻（CPu），前嗅核（AO），腹側線条体（VS），黒質（SN），大脳皮質（Cx），脳梁（CC），中脳（Mb），橋（Pn），延髄（Md），前交連（AC）および視索（OT），脳弓（F），嗅神経層（ONL），嗅球（OB）。*CerS1*とSM（d18:1/18:0）は主に灰白質に分布が見られ、*CerS2*とSM（d18:1/24:1）は主に白質に分布が見られる。

素２（SMS2）欠損マウスに通常餌（ND）あるいは高脂肪餌（HFD）をそれぞれ与え、腎臓を採取し測定試料とした。各マウスより得られた腎臓から凍結切片を作製し、IMSによるSM分子種の分布解析を行った。その結果、C16長鎖アシル基を持つSM（d18:1/16:0）はいずれのマウスにおいても腎臓切片上で腎皮質と髄質の境界領域に特徴的な分布を示し、これらの領域に着目してもHFD負荷やSMS2の欠損による明らかな変化は認められなかった（**図４A、B**）。C18長鎖アシル基を持つSM（d18:1/18:0）はシグナル強度が非常に弱く、HFD負荷やSMS2の欠損による変化を評価することは困難であった（**図４A、C**）。また、C22極長鎖アシル基を持つSM（d18:1/22:0）は腎臓切片上において主に髄質に分布し、SMS2の欠損によってこれらの領域で減少が見られた（**図４A、D**）。同様に、C24極長鎖アシル基を持つSM（d18:1/24:0）は腎皮質と髄質に、SM（d18:1/24:1）は腎皮質にそれぞれ分布し、HFD負荷やSMS2の欠損によって主にこれらの領域内で顕著な減少が認められた（**図４A、E、F**）。これらの結果より、IMSは生体組織内におけるスフィンゴ脂質の量的・空間的変動の比較において有用であることが示された。

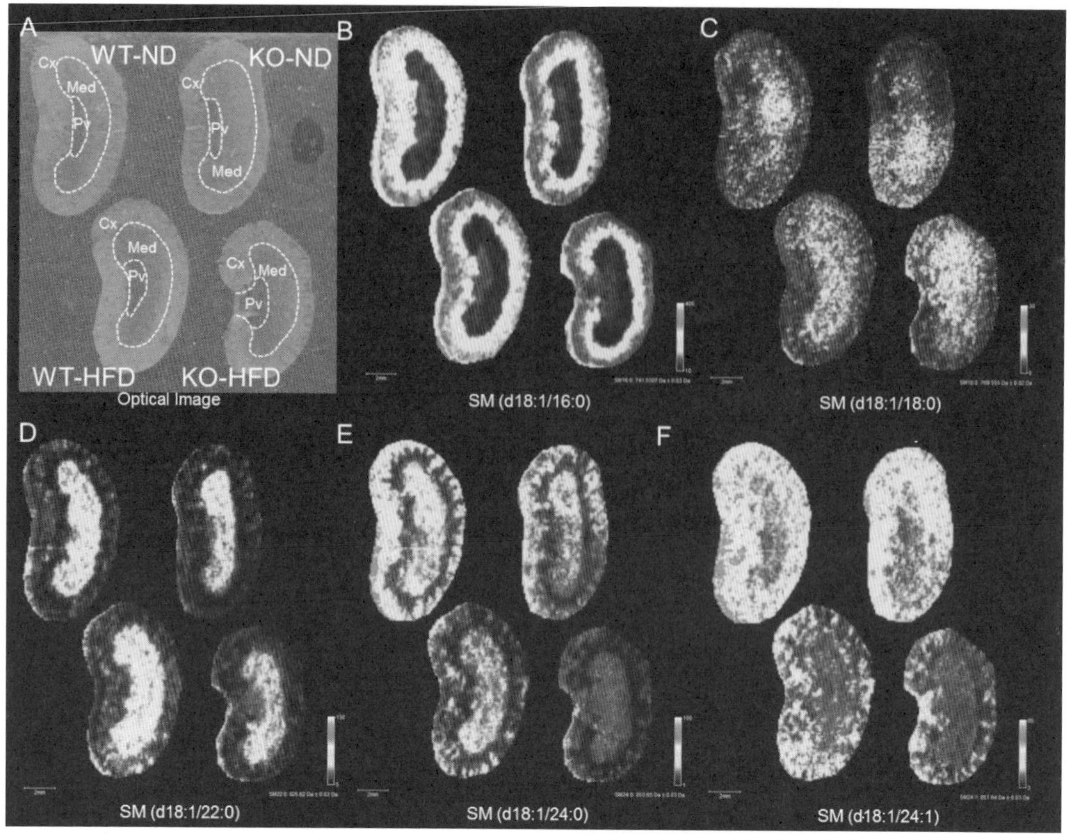

図4　NDあるいはHFDを与えたWTおよびSMS2欠損マウスの腎臓における SM分子種の二次元空間分布の比較

各マウスから得られた腎臓切片の光学画像（A)。IMSを用いて可視化したSM（d18:1/16:0）(B), SM（d18:1/18:0）(C), SM（d18:1/22:0）(D), SM（d18:1/24:0）(E) およびSM（d18:1/24:1）(F) を示す。スケールバー＝2 mm。SM（d18:1/16:0）は腎皮質と髄質の境界領域に特徴的に分布している。SM（d18:1/22:0）は髄質に分布し、SMS2の欠損によってこれらの領域で減少が見られる。SM（d18:1/24:0）は腎皮質と髄質に、SM（d18:1/24:1）は腎皮質にそれぞれ分布し、HFD負荷やSMS2の欠損によって主にこれらの領域内で顕著な減少が認められる。

6　おわりに

IMSは多様な分子を一斉に可視化できることから、特にSMをはじめとする脂質の空間情報の取得において非常に有用な手法である。中でもFTICR-MSを用いたIMSにより、従来のTOF-MSでは特異的な検出が困難であったSMのような微量生体内分子もより高精度な検出が可能となったことはスフィンゴ脂質を研究する上で大きなブレイクスルーになると考えられる。一方で、分子のイオン化にはMALDIを利用しているため、空間分解能が制限される点、長時間の測定が必要となる点、分子の位置情報を保存するために特定分子の抽出処理を犠牲にしているため、試料中に多量に存在する夾雑物の影響が大きく微量分子の検出や定量が制限される点など、いくつかの課題もある。最近では、マトリックスに低分子有機化合物ではなく金属ナノ粒子を用いることで、従来のマトリックスでは検出が困難であったCerのような分子をより高空間分解能で可視化できるようになっている[18]。このように、IMSは発展途上の技術であるが、さまざまな分子・組織に適用できる画期的な手法であり、LC/MSや*in situ*ハイブリダイゼーション等と組み合わせることで、位置情報と代謝反応に基づいた新規バイオマーカーの探索に応用できるものと期待される。

【謝辞】

本稿で紹介した筆者らの研究は、北海道大学大学院先端生命科学研究院生体機能研究室の五十嵐靖之教授、北海道大学アイソトープ総合センターの久下裕司教授、京都大学附属病院放射線部の志水陽一助教、塩野義製薬株式会社の沼田義人氏らはじめ、多くの先生方、共同研究者の協力のもとで行われました。この紙面を借りて厚く御礼を申し上げます。

【参考文献】

1) Taniguchi, M., *et al.* The role of sphingomyelin and sphingomyelin synthases in cell death, proliferation and migration-from cell and animal models to human disorders. *Biochim Biophys Acta.*; **1841**(5): 692-703 (2014 May)

2) Sassa, T., *et al.* Metabolism of very long-chain fatty acids: genes and pathophysiology. *Biomol Ther* (Seoul).; **22**(2): 83-92(2014 Feb)

3) Pewzner-Jung, Y., *et al.* A critical role for ceramide synthase 2 in liver homeostasis: I. alterations in lipid metabolic pathways. *J Biol Chem.*; **285**(14): 10902-10 (2010 Apr 2)

4) Pewzner-Jung, Y., *et al.* A critical role for ceramide synthase 2 in liver homeostasis: II. insights into molecular changes leading to hepatopathy. *J Biol Chem.*; **285**(14): 10911-23(2010 Apr 2)

5) Imgrund, S., *et al.* Adult ceramide synthase 2(CERS2)-deficient mice exhibit myelin sheath defects, cerebellar degeneration, and hepatocarcinomas. *J Biol Chem.*; **284**(48): 33549-60 (2009 Nov 27)

6) Ginkel, C., *et al.* Ablation of neuronal ceramide synthase 1 in mice decreases ganglioside levels and expression of myelin-associated glycoprotein in oligodendrocytes. *J Biol Chem.*; **287**(50): 41888-902 (2012 Dec 7)

7) Stoeckli, M., *et al.* Imaging mass spectrometry: a new technology for the analysis of protein expression in mammalian tissues. *Nat Med.*; **7**(4): 493-6(2001 Apr)

8) Sugiura Y, *et al.* Visualization of the cell-selective distribution of PUFA-containing phosphatidylcholines in mouse brain by imaging mass spectrometry. *J Lipid Res.*; **50**(9): 1776-88(2009 Sep)

9) Suckau D, *et al.* A novel MALDI LIFT-TOF/TOF mass spectrometer for proteomics. *Anal BioAnal Chem.*; **376**(7): 952-65(2003 Aug)

10) Miura D, *et al.* A strategy for the determination of the elemental composition by fourier transform ion cyclotron resonance mass spectrometry based on isotopic peak ratios. *Anal Chem.*; **82**(13): 5887-91(2010 Jul 1)

11) Sugiura Y., *et al.* Two-step matrix application technique to improve ionization efficiency for matrix-assisted laser desorption/ionization in imaging mass spectrometry. *Anal Chem.*; **78**(24): 8227-35(2006 Dec 15)

12) Goto-Inoue N., *et al.* High-sensitivity analysis of glycosphingolipids by matrix-assisted laser desorption/ionization quadrupole ion trap time-of-flight imaging mass spectrometry on transfer membranes. *J Chromatogr B Analyt Technol Biomed Life Sci.*; **870**(1): 74-83(2008 Jul 1)

13) Sugimoto M., *et al.* Histological analyses by matrix-assisted laser desorption/ionization-imaging mass spectrometry reveal differential localization of sphingomyelin molecular species regulated by particular ceramide synthase in mouse brains. *Biochim Biophys Acta.*; **1851**(12): 1554-65(2015 Dec)

14) Ginkel, C., *et al.* Ablation of neuronal ceramide synthase 1 in mice decreases ganglioside levels and expression of myelin-associated glycoprotein in oligodendrocytes. *J Biol Chem.*; **287**(50): 41888-902 (2012 Dec 7)

15) Imgrund, S., *et al.* Adult ceramide synthase 2(CERS2)-deficient mice exhibit myelin sheath defects, cerebellar degeneration, and hepatocarcinomas. *J Biol Chem.*; **284**(48): 33549-60 (2009 Nov 27)

16) Ben-David, O., *et al.* Encephalopathy caused by ablation of very long acyl chain ceramide synthesis may be largely due to reduced galactosylceramide levels. *J Biol Chem.*; **286**(34): 30022-33(2011 Aug 26)

17) Sugimoto M., *et al.* Imaging Mass Spectrometry Reveals Acyl-Chain- and Region-Specific Sphingolipid Metabolism in the Kidneys of Sphingomyelin Synthase 2-Deficient Mice. *PLoS One.*; **11**(3): e0152191(2016 Mar 24)

18) Muller L., *et al.* Lipid imaging within the normal rat kidney using silver nanoparticles by matrix-assisted laser desorption/ionization mass spectrometry. *Kidney Int.*; **88**(1): 186-92(2015 Jul)

EGCaseIで調製される植物由来遊離セラミドのSema3A-like活性

臼杵　靖剛*

1 はじめに

近年の高齢化社会の訪れに対処すべく健康科学が果たす役割は、生活習慣による老化を遅らせ病気を予防することにより、健康寿命を延ばすことに向けられている。健康寿命の延長は、膨らみ続ける医療費を抑制するとも考えられている。セラミドはこのような社会的背景において、健康科学で取り上げられる機能性健康素材の一つとして注目されている。

こんにゃく芋由来グルコシルセラミド（kGlcCer）を摂取することで皮膚の乾燥と痒みが改善することがこれまでに知られており[1]、kGlcCerは植物由来健康機能性セラミド素材として用いられている。ところで、セラミドは動物皮膚の表皮角層において皮膚バリアーの主要な脂質構成成分である。乾燥肌が長く続くとバリアー機能が損傷を受け、神経成長因子（NGF）の産生が活発化して表在性の神経突起が伸長して痒み過敏となり掻痒に至ることが知られている。正常な皮膚ではNGFに拮抗するようにセマフォリン3A（Sema3A）が神経線維の過伸展を抑制しているが、バリアー機能が慢性的に損傷を受けるとSema3Aが低下してNGF優位となり掻痒の悪循環に至る。

本章ではkGlcCerからエンドグリコセラミダーゼI（EGCase I）により調製できるこんにゃくに含まれる植物由来遊離セラミド（kCer）がNGF誘導神経突起伸長を阻害し、その作用がSema3A-likeであることとその作用メカニズムを概説する。

2 植物由来遊離セラミドの構造と分子種組成

植物由来セラミドには二重結合の位置と水酸基の数によって、哺乳類由来セラミドとは異なる独特の構造をしている。こんにゃくのGlcCerに見られる植物特異的なセラミドは体内で遊離セラミドに代謝され、さらに長鎖塩基にまで代謝されると考えられている[2,3]。

植物由来セラミドでは脂肪酸は2-hydroxy fatty acidが主に含まれているのが特徴的である。植物由来の長鎖塩基として見つかっているものは、sphinganine（d18:0, dihydrosphingosine），4-trans-sphingenine（d18:1^{4t}, sphingosine），4-hydroxy-sphinganine（t18:0, phytosphingosine），8-trans-sphingenine（d18:1^{8t}），8-cis-sphingenine（d18:1^{8c}），4-hydroxy-8-trans-sphingenine（t18:1^{8t}），4-hydroxy-8-cis-sphingenine（t18:1^{8c}），4-trans-8-trans-sphingadienine（d18:$2^{4t, 8t}$），4-trans-8-cis-sphingadienine（d18:$2^{4t, 8c}$）の９種類が確認されている[4]。一方の哺乳類由来の長鎖塩基は主にsphingosine（d18:1^{4t}）であるが、植物にはほとんど含まれていない（**図１A**）。

EGCase IでkGlcCerから調製されたkCerはkGlcCerの植物由来の長鎖塩基を含んでいるが（**図１A、B**）、こんにゃく芋抽出物に微量に含まれる遊離セラミドの長鎖塩基の組成とは異なっている。植物に含まれる遊離セラミドはGlcCerの代謝以外に糖化イノシトールリン酸セラミド（glycosylinositol phosphoceramide, GIPC）の

＊北海道大学大学院 先端生命科学研究院

代謝によっても供給されていると考えられる（図１C）[5]。実際にシロイヌナズナでは全スフィンゴ脂質の64％がGIPCと報告されており[6]、哺乳類スフィンゴ脂質では最も多いのがスフィンゴミエリンであるが、植物ではスフィンゴミエリンの代わりにGIPCが多く含まれている。植物の種類と部位により含まれる長鎖塩基の組成は異なっているが、イネ葉ではGIPCに含まれる長鎖塩基の89.3％がt18:0であり、d18:2$^{4t, 8t(8c)}$は0.2％と微量であるが、GlcCerには55.4％のd18:2$^{4t, 8t(8c)}$と34.6％のt18:1^{8c}が含まれている（図１C）[7]。一方、イネ葉の遊離セラミドの長鎖塩基組成は82.2％がt18:0であり、d18:2$^{4t, 8t(8c)}$は4.3％に過ぎない。イネ葉に含まれる遊離セラミドの主要部分はGIPC代謝からの生成であると考えられる。植物に遊離セラミドが豊富に含まれる柑橘類があることが報告されているが[8, 9]、こんにゃくでは遊離セラミドが微量であるために組成分析はまだ充分には行われていないが、GIPC代謝からの長鎖塩基組成の影響が大きいと考えられる。

3 こんにゃくの植物由来遊離セラミド(kCer)の調製方法

EGCaseは放線菌の菌株*Rhodococcus* sp. より等電点の異なる３つの分子種Ⅰ，Ⅱ，Ⅲとして伊東らによって同定・分離された[10-12]。基質特異性が調べられ、EGCaseIはガングリオ系列、ラクト系列、グロボ系列の糖脂質に作用するが、EGCaseIIはグロボ系列の糖脂質に対する反応性は低いということが知られている。EGCaseⅠ，

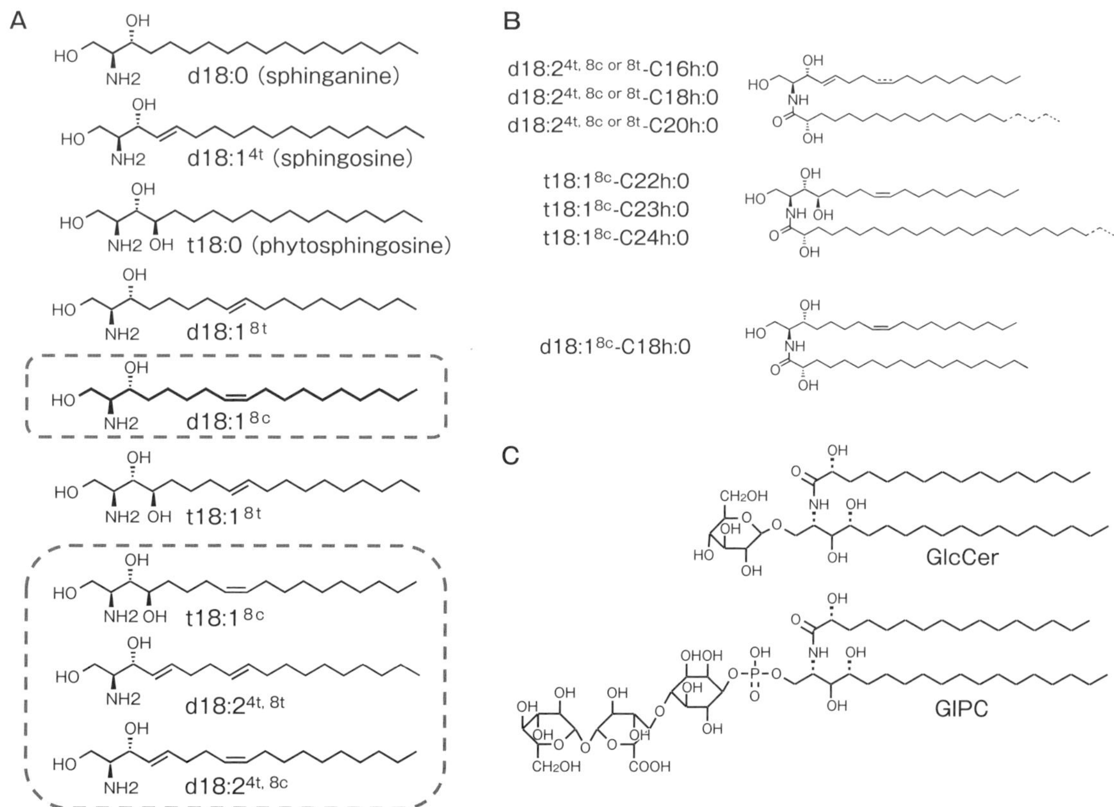

図１（A）植物のスフィンゴ脂質に見出されている長鎖塩基の構造
破線内がkGlcCerに含まれている植物由来のスフィンゴイド塩基
（B）kCerの分子種組成
（C）植物由来のスフィンゴ脂質
グルコシルセラミド（GlcCer）とグリコシルイノシトールホスホセラミド（GIPC）の構造　GIPCのコア構造（GlcA-Ins-P-Cer）にグルコースが付加した構造を示しているが、マンノースやグルコサミンや二糖の付加の場合もある。

Ⅱの両酵素は、β-ガラクトシドのガラクトシルセラミド（GalCer）、あるいは還元末端のβ-ガラクトシドからオリゴ糖の延長した糖脂質には作用しなかった。その後、EGCaseⅢがガラ系列に特異的に作用するエンドガラクトシルセラミダーゼ（EGALC）であることが明らかになり[13]、GalCerには13.3%の加水分解能があり、スルファチドにはまったく作用しなかった。ところで、EGCaseⅠ，ⅡはGlcCerをほとんど加水分解しないと考えられていた。さらに従来の大腸菌形質転換体では高温培養で増殖速度が速いために酵素タンパクが凝集を起こし活性を保持した状態で高濃度で得ることができなかった。ところが、田村らにより放線菌M-750株由来EGCaseⅠの遺伝子を挿入して構築した放線菌ベクターを用いた放線菌株L-88に形質転換体でEGCaseⅠが高濃度高活性で得られるようになった[14]。実際に田村らの調製したEGCaseIを用いてGlcCerに対する作用が調べられると、20.7%の加水分解ができることが明らかになった[14]。

我々は、高濃度高活性のEGCaseⅠに対する植物由来のGlcCerの加水分解を検討した結果、sphingosine以外の植物由来長鎖塩基を含むGlcCerも加水分解できることを明らかにした（**図2A**）[15]。さらに、GlcCerの疎水性がEGCaseⅠによる加水分解を著しく遅延させることが知られていたので0.1％TritonX-100を併用したところ、kGlcCerでも100％近く加水分解されることが明らかになった。しかしながら、TritonX-100のような界面活性剤は強い細胞膜毒性があり、コンタミしているTritonX-100の細胞毒性のためにｋCerを細胞評価実験には用いることができない。そこで、我々はTritonX-100などの界面活性剤の非存在条件下のEGCaseⅠ反応により約50％加水分解して、酵素反応液からkCerと未反応のkGlcCerを抽出して、EGCaseⅠ処理を再度行うことで100％の加水分解したkCerサンプルを得ることができた。こうして得られる植物由来遊離セラミドの長鎖塩基組成を調べたところ、反応前のGlcCerと比べ酵素反応による分子種組成の偏りは起きていないことも明らかになった（**図2B**）[15]。

4 植物由来の遊離セラミドの細胞評価について

セラミドは水に不溶性の脂質であり、培養液に添加して細胞への影響を調べるのは難しい。DMSOやエタノールなどの溶解剤に溶かして培養液に添加するという方法でよく行われるが、添加した培養液が白濁してしまうことがあり、非特異的細胞膜障害による細胞毒性が強く起きることがある。そこでセラミドの細胞に対する作用が細胞膜を介して起きることから、細胞膜へのアクセスに脱脂した牛血清アルブミン（fatty acid-free, FAF-BSA）にセラミドを溶解して用いる方法が

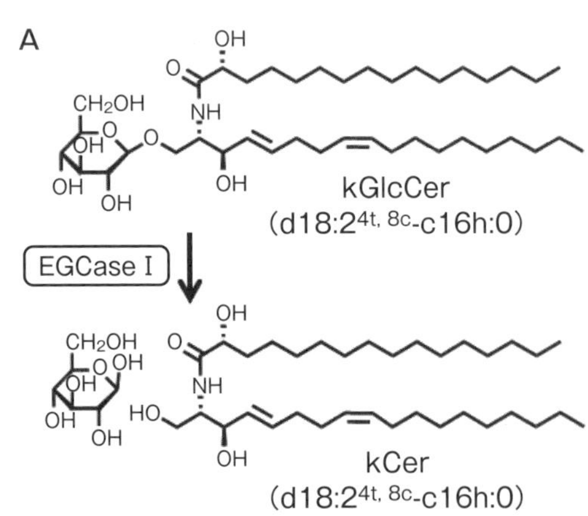

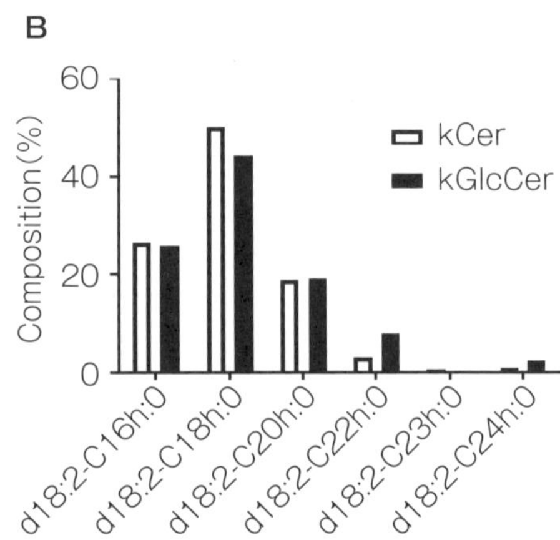

図２（A）EGCaseⅠによるGlcCerの加水分解反応と遊離セラミドの生成
図ではkGlcCerの分子種（d18:$2^{4t,8c}$-C16h:0）の例を示す。
（B）kCerとkGlcCerの分子種組成の比較
EGCaseⅠ処理前後の分子種組成をLC-MS解析で比較
図Aは参考文献26、図Bは15より改変転載。

考えられる。血清アルブミンは脂肪酸や薬物などのリガンド結合部位[16]を持っており血液循環しながら、リガンドに親和性の高いレセプターを発現している細胞があるとリガンドを離してレセプターへの結合を起こす、あるいはリガンドがアルブミンから細胞膜脂質層に引き抜かれるという細胞へのアクセスもある。一般的にFAF-BSAに溶解したセラミドではDMSO溶解より細胞への効果が弱くなるという報告もあるが[17]、我々は植物性遊離セラミドの溶解にFAF-BSAを用いた。

次に細胞毒性試験においては高濃度セラミドを用いた場合に細胞膜での非特異的毒性と細胞内に取り込まれたセラミドの非特異的毒性を考慮する必要がある。我々がLDHとCCK-8アッセイなどで調べたところ、kCerがC16Cer, C18Cerよりは強く、C2Cerよりは弱いながら細胞毒性があるという結果を得ている[15]。

5 掻痒の悪循環による難治性痒みとkCer

こんにゃく芋には他の植物原料と比較してGlcCerが多く含まれており、経口摂取することで皮膚の乾燥と痒みが改善されることが知られている[1]。ところで、哺乳類由来の遊離セラミドは動物皮膚の表皮角層に多く存在する。セラミドは疎水性分子であると同時に水酸基により結合水を保持できるので、水-脂質-水-脂質-水の層状の構造（ラメラ構造）をコレステロールなどとともに形成することで、水分蒸散を防ぐ角質の水分保持のバリアー機能を担っている。ヒトの表皮は真皮側の基底層で分裂増殖する表皮角化細胞が体表側に向かって移動するとともに、分裂能を失い、分化して、GlcCerとスフィンゴミエリンを放出して酸性型β-グルコセレブロシダーゼとスフィンゴミエリナーゼにより加水分解し、遊離セラミドを生成して、ラメラ構造を作り、皮膚バリアーを形成する。

セラミドは保湿機能以外に分離している表皮角質細胞のすき間を埋めて外部刺激が皮膚から入るのを軽減させる働きもある。GlcCerが不足してしまうとラメラ構造体のターンオーバーが低下して乾燥肌（ドライスキン）が深刻な状態になってしまう可能性がある。セラミドが不足した状態は角化症や魚鱗癬（ぎょりんせん）と呼ばれる皮膚疾患でも見られる症状であり、アトピー性皮膚炎の患者でも高い確率でセラミドが不足している状態にある。セラミドの不足による外部刺激バリアー機能の低下は掻

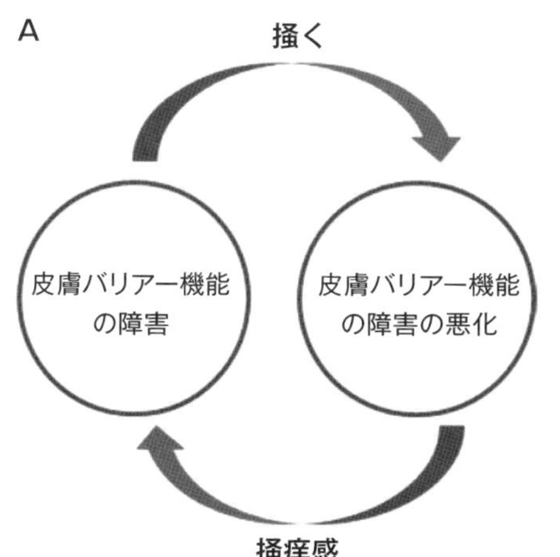

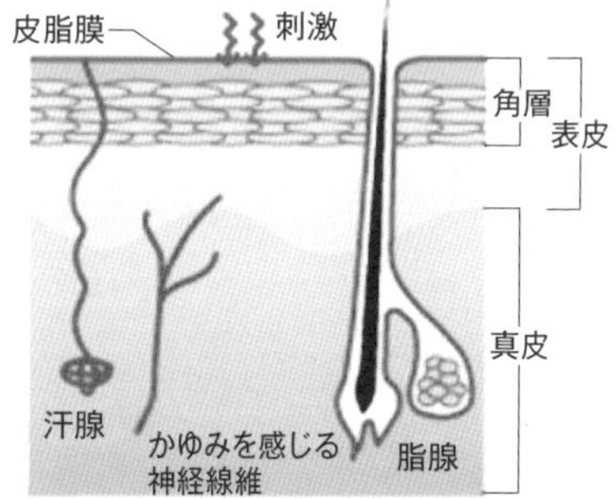

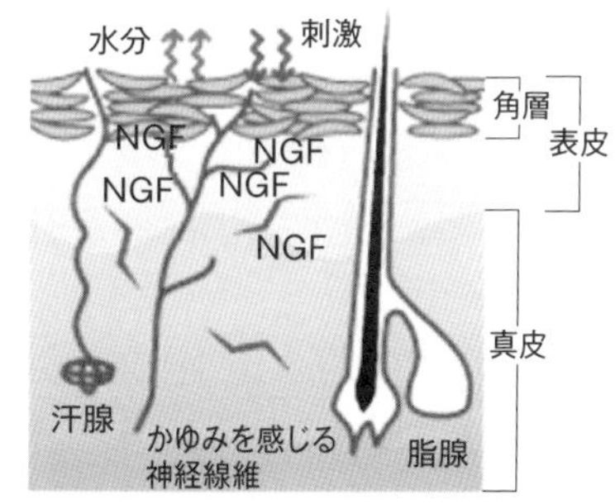

図3　(A) 掻痒の悪循環が引き起こす皮膚バリアー機能の障害の悪化
(B) 正常肌と持続的乾燥状態の肌
ドライスキン（持続的乾燥肌）では角層の表皮バリアー機能が障害を受けて痒みを感じるC-繊維が表皮内へ侵入する。角化細胞からのNGF産生が増大している。

痒感を強め、掻破行動を起こすという掻痒感―掻破サイクルという悪循環に陥ることでバリアーが損傷を受ける（図３A）。正常皮膚では神経線維は表皮・真皮の境界部で収束しているが、持続的ドライスキンやアトピー皮膚炎では外部刺激に反応するC-繊維が多く表皮内に侵入している。その際に**図３B**に示したようにNGF発現の増加が認められている[18]。高森らはNGF低下と同時にSema3Aの発現の減少を報告しており[19]、表皮内への神経線維の侵入と増加にはNGFとSema3Aという神経突起に作用する軸索ガイダンス因子の量的バランスが重要であると提唱している[20]（**図４A**）。我々が見出した植物由来遊離セラミドのkCerはSema3Aと同様に神経突起伸長を抑制する活性があるので難治性痒みにも有効ではないかと考えられる[15,21]（図４A）。

6 kCerのSema3A-like作用とメカニズム

メカニズムは不明であるがNGFとSema3Aの発現バランスの乱れが痒みを引き起こし、発現バランスの正常化が神経線維の退縮に関与していると考えられている。皮膚バリアー機能の破綻を伴うアトピー性皮膚炎の患者では表皮内ではヒスタミンが増加しており[22]、角化細胞の分裂増殖が起きているが抗ヒスタミン薬に抵抗性の痒みを発症する[23]。Sema3Aをアトピー性皮膚炎マウスの皮膚へ投与することにより皮膚炎が改善して掻破行動も低下するという報告がされている[24]。Sema3Aはステロイド外用剤や抗ヒスタミン薬とは全く異なるメカニズムで作用していると考えられている[25]。我々はこんにゃく芋から調製

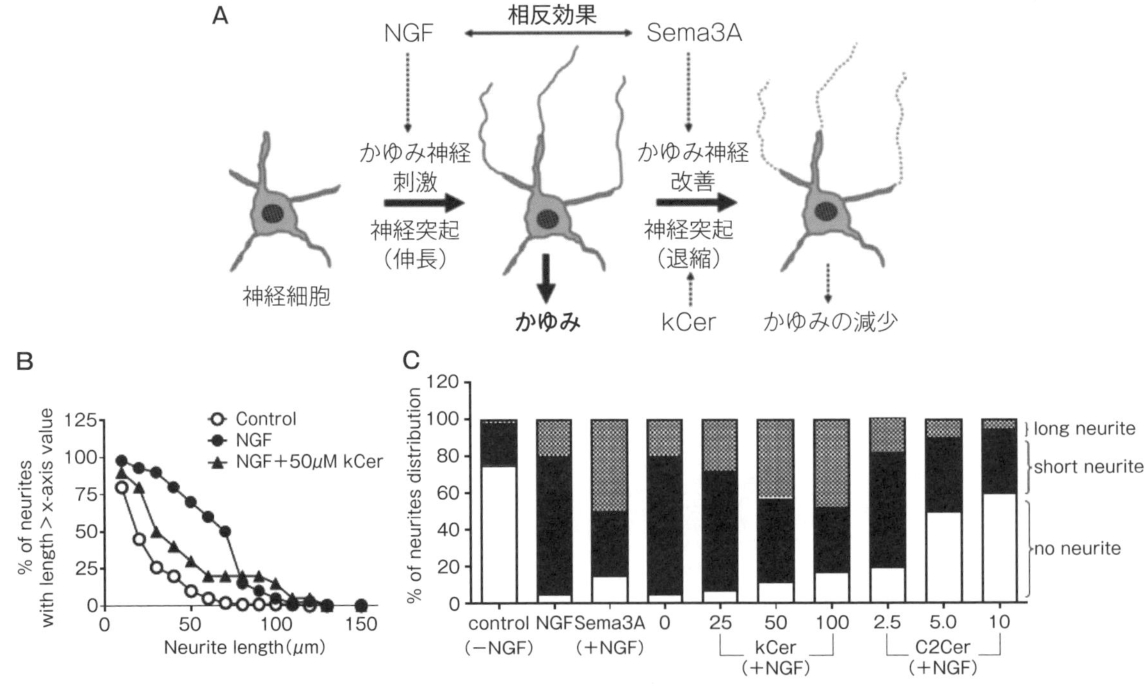

図４（A）NGFとSema3A量のバランスによる神経突起伸長のコントロール
表皮角化細胞が産生するNGFとSema3Aの相反効果による神経突起伸長と退縮のコントロールにおいてkCerはSema3A-likeの作用を示すので痒みを減少させる考えられる。

（B）kCerによる神経突起伸長阻害活性
コントロール，NGF（100ng/mL），kCer（50μM）+NGF（100ng/mL）で処理したPC12細胞の神経突起伸長を測定して全neuriteに対するneuriteの伸長相対比率を示す。
図Bは参考文献21、図Cは15より改変転載。

（C）神経突起伸長分布の比較
コントロール，NGF，kCer（25～100μM）+NGF，2.5～10μM C2Cer+NGFで処理したPC12細胞の神経突起伸長を細胞体の短径に対してlong neurie（２倍以上），short neurite（２倍以下），no neurite（1/10倍以下）としてカウントしてneuriteの伸長相対比率を示す。

した植物由来遊離セラミドのkCerがNGFで刺激したPC12細胞の神経突起伸長を阻害することを見出した。一方、EGCase I 処理前のkGlcCerはそのような活性はなく、その他の哺乳類の遊離セラミドC16Cer, C18Cerではまったく活性はなかった[15]。**図4B**に示した神経突起伸長率の分布を比較したところ、kCer処理はNGF刺激の80 μm以下の短い神経突起伸長を抑制し、80 μm以上の長い神経突起は若干の伸長促進が認められた。一方、C2Cerでは強い突起の伸長阻害が見られた。NGF刺激に対するSema3A, kCer, C2Cerの影響を調べた神経突起長の分布で比較すると（**図4C**）、kCerとSema3Aはlong neuriteが残ってshort neuriteが減少する紡錘状の細胞形態を示したが、C2Cerはlong neuriteがほとんど見られない丸い細胞形態が多くみられた。C2CerはLDHとCCK-8の細胞毒性試験で強い毒性が見られたので、丸い細胞形状とlong neuriteの減少は細胞毒性によると考えられた。一方、kCerがSema3Aと同じshort neuriteが減少して紡錘形状を示す伸長抑制効果を示したことから、kCerがSema3Aと類似した活性を持つのではないかと考えられた。

Sema3Aの軸索ガイダンス作用は神経突起の先端の成長円錐（グロースコーン）の崩壊（コラプス）を引き起こすことである（**図5A**）。この際にtubulinを重合していたmicrotubuleの伸長を安定化させるCollapsin Response Mediator Protein-2（CRMP2）のリン酸化で遊離が起きることで重合を続けていたmicrotubuleが急激な脱重合のコラプスを引き起こす（**図5B**）。我々はkCerによるリン酸化CRMP2（pCRMP2）の生成を調べた結果、Sema3Aと同様にリン酸化を起こすことを明らかにした[21]。実際に超解像顕微鏡でPC12細胞のmicrotubuleを調べると脱重合による細胞内での切断が起きていることが見られた（**図5C**）。

次にkCerがSema3Aシグナル経路を活性化す

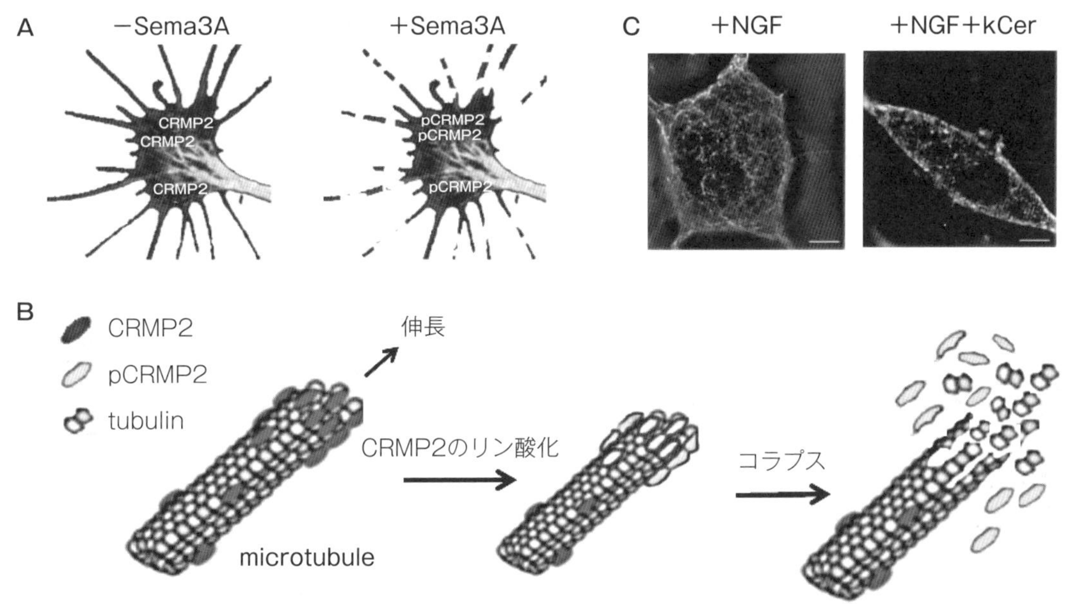

図5 (A) グロースコーンのコラプス
神経突起先端のグロースコーンにはmicrotubuleが中心部に至っている。Sema3Aが作用するとCRMP2リン酸化してグロースコーンのコラプス（崩壊）が起きて神経突起が退縮が始まる。
(B) CRMP2リン酸化によるmicrotubuleの脱重合
グロースコーンにおけるmicrotubuleに結合して重合体を安定化しているCRMP2がリン酸化されると、pCRMP2となって解離することでtubulinの脱重合が起き、コラプスに至る。
(C) kCer処理による細胞形態変化とmicrotubleの脱重合
超解像顕微鏡でPC12細胞内のmicrotubuleのtubulinの重合状態を調べると脱重合による切断が起きている。
図Cは参考文献21より改変転載。

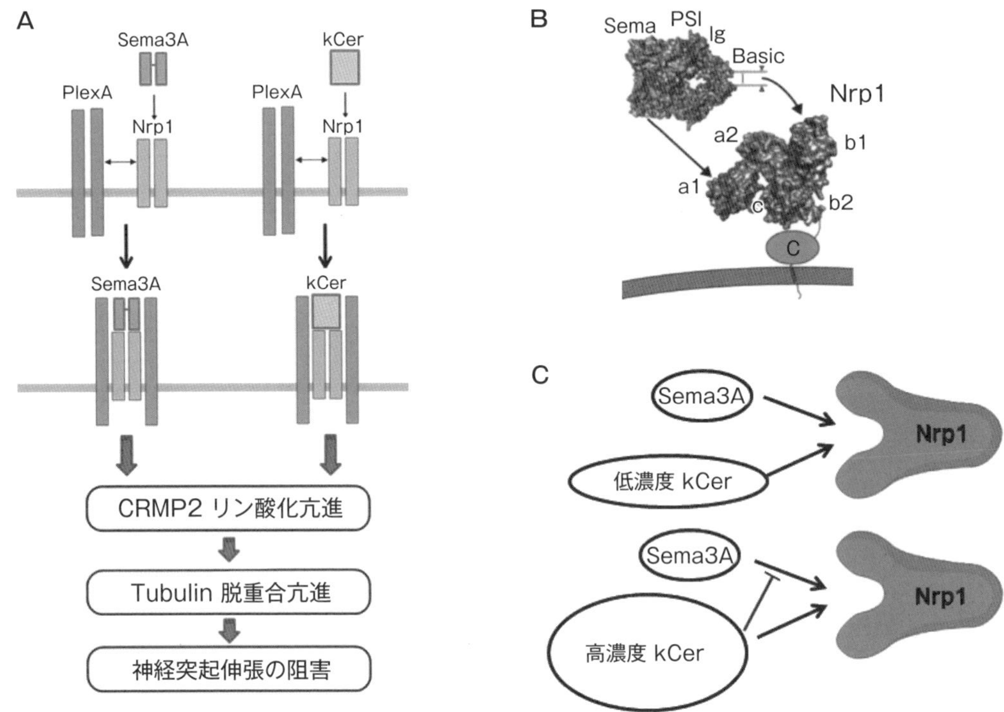

図6 (A) kCerのSema3Aレセプター会合体の形成とシグナルアウトプット
(B) Sema3AとNrp1のドメイン構造と結合部位
Sema3Aはセマ・PSI・Ig・basicドメインの4つのドメインから構成されたホモ2量体である。Nrp1はCUB (a1/a2)・FV/FVIII (b1/b2)・MAM (c) ドメインの3つのドメインから構成されており、Sema3Aのセマドメインがa1/a2ドメイン、basicドメインがb1ドメインに結合する。
(C) kCerのパーシャルアゴニスト作用
kCerは低濃度ではSema3AとNrp1との結合において促進的に働くが、高濃度では抑制的に作用する。図Aは参考文献26より改変転載。

る作用点を調べたところ、Sema3Aの細胞膜レセプターであるニューロピリン1 (Nrp1) に対して結合することが明らかになった (**図6A**)。kCerがNrp1に結合してプレキシンA1 (PlexA) を引き寄せてレセプター会合体を形成してどのようにシグナルを伝えるかは不明であるが、Sema3Aが1.4 μMに対してkCerが5.1 μMの解離定数であったことからNrp1に対する親和性はSema3Aの1/5程度は持っていることが明らかになっている[26]。セマフォリンファミリーの分子にはセマドメインというアミノ酸配列共通ドメインを持っており、Sema3AではNrp1のリガンド結合ドメインのCUB (a1/a2) に結合することが明らかになっている[27]。**図6B**のようにセマドメインがNrp1のa1/a2ドメインに結合すると考えられている。kCerはSema3AのNrp1結合に競合作用することがわかっているので[26]、kCerの結合部位はa1/a2ではないかと予想される。ところがkCerがSema3A-like作用でNrp1に結合するときに、低濃度ではSema3Aと総和的アゴニストとしてNrp1に結合してSema3Aシグナル経路の活性化を促進するが、高濃度では逆にSema3Aの作用を減弱させるので、パーシャルアゴニスト (部分作動薬) 的作用もあるのではないかと考えられている[26]。このメカニズムは不明であるがkCerのNrp1との結合部位とPlexAを引き寄せる会合体の形成には別の作用点があることが推論される。

7 将来の応用

kCerのSema3A-likeアゴニストとしての作用は痒み防止に重要であると考えられるが、Sema3Aが強い骨保護作用を発揮すること、またSema3A

が損傷した脊髄の軸索再生を阻害すること等の作用があることから、kCerはSema3Aの活性促進・抑制の両方向の代替物質となる応用の可能性がある。さらに、Nrp1に結合する機能調節剤として、抗肥満補助剤としての応用の可能性も考えられる。

【参考文献】

1) Uchiyama T, Nakano Y, Ueda O, *et al*: Orla intake of glucosylceramide improves relatively high level of transepidermal water loss in mice and healthy subjects. *J Health Sci* **54**: 559-566 (2008)
2) Mizutani Y, Sun H, Ohno Y, *et al*: Cooperative Synthesis of Ultra Long-Chain Fatty Acid and Ceramide during Keratinocyte Differentiation. *PLoS One* **8**: e67317 (2013)
3) Shirakura Y, Kikuchi K, Matsumura K, *et al*: 4,8-Sphingadienine and 4-hydroxy-8-sphingenine activate ceramide production in the skin. *Lipids Health Dis* **11**: 108 (2012)
4) Minamioka H, Imai H: Sphingoid long-chain base composition of glucosylceramides in Fabaceae: a phylogenetic interpretation of Fabeae. *J Plant Res* **122**: 415-419 (2009)
5) Gronnier J, Germain V, Gouguet P, *et al*: GIPC: Glycosyl Inositol Phospho Ceramides, the major sphingolipids on earth. *Plant Signal Behav* **11**: e1152438 (2016)
6) Markham JE, Li J, Cahoon EB, *et al*: Separation and identification of major plant sphingolipid classes from leaves. *J Biol Chem* **281**: 22684-22694 (2006)
7) Ishikawa T, Ito Y, Kawai-Yamada M: Molecular characterization and targeted quantitative profiling of the sphingolipidome in rice. *Plant J* **88**: 681-693 (2016)
8) Valsecchi M, Mauri L, Casellato R, *et al*: Ceramides as possible nutraceutical compounds: characterization of the ceramides of the Moro blood orange (Citrus sinensis). *J Agric Food Chem* **60**: 10103-10110 (2012)
9) 向井克之：うんしゅうみかんに含まれるセラミドについて. *Food style21* **12**: 1-4 (2008)
10) Ito M, Yamagata T: Purification and characterization of glycosphingolipid-specific endoglycosidases (endoglycoceramidases) from a mutant strain of Rhodococcus sp. Evidence for three molecular species of endoglycoceramidase with different specificities. *J Biol Chem* **264**: 9510-9519 (1989)
11) Ito M, Yamagata T: Endoglycoceramidase from Rhodococcus species G-74-2. *Methods Enzymol* **179**: 488-496 (1989)
12) 伊東信: エンドグリコセラミダーゼ(EGCase)を用いた糖脂質研究. 油化学 **40**: 352-360 (1991)
13) Ishibashi Y, Nakasone T, Kiyohara M, *et al*: A novel endoglycoceramidase hydrolyzes oligogalactosylceramides to produce galactooligosaccharides and ceramides. *J Biol Chem* **282**: 11386-11396 (2007)
14) Ishibashi Y, Kobayashi U, Hijikata A, *et al*: Preparation and characterization of EGCase I, applicable to the comprehensive analysis of GSLs, using a rhodococcal expression system. *J Lipid Res* **53**: 2242-2251, (2012)
15) Usuki S, Tamura N, Sakai S, *et al*: Chemoenzymatically prepared konjac ceramide inhibits NGF-induced neurite outgrowth by a semaphorin 3A-like action. *Biochem Biophys Rep* **5**: 160-167 (2016)
16) Curry S, Brick P, Franks NP: Fatty acid binding to human serum albumin: new insights from crystallographic studies. *Biochim Biophys Acta* **1441**: 131-140 (1999)
17) Bielawska A, Linardic CM, Hannun YA: Modulation of cell growth and differentiation by ceramide. *FEBS Lett* **307**: 211-214 (1992)
18) Stander S, Steinhoff M: Pathophysiology of pruritus in atopic dermatitis: an overview. *Exp Dermatol* **11**: 12-24 (2002)
19) Tominaga M, Ozawa S, Ogawa H, *et al*: A hypothetical mechanism of intraepidermal neurite formation in NC/Nga mice with atopic dermatitis. *J Dermatol Sci* **46**: 199-210 (2007)
20) Tominaga M, Takamori K: Recent advances in pathophysiological mechanisms of itch. *Expert Rev Dermatol* **5**: 197-212 (2010)
21) Usuki S, Tamura N, Yuyama K, *et al*: Konjac Ceramide (kCer) Regulates NGF-Induced Neurite Outgrowth via the Sema3A Signaling Pathway. *J Oleo Sci* **67**: 77-86 (2018)
22) Juhlin L: Localization and content of histamine in normal and diseased skin. *Acta Derm Venereol* **47**: 383-391 (1967)
23) Klein PA, Clark RA: An evidence-based review of the efficacy of antihistamines in relieving pruritus in atopic dermatitis. *Arch Dermatol* **135**: 1522-1525 (1999)
24) Yamaguchi J, Nakamura F, Aihara M, *et al*: Semaphorin3A alleviates skin lesions and scratching behavior in NC/Nga mice, an atopic dermatitis model. *J Invest Dermatol* **128**: 2842-2849 (2008)
25) Tominaga M, Takamori K: Itch and nerve fibers with special reference to atopic dermatitis: therapeutic implications. *J Dermatol* **41**: 205-212 (2014)
26) Usuki S, Tamura N, Tamura T, *et al*: Characterization of Konjac Ceramide (kCer) Binding to Sema3A Receptor Nrp1. *J Oleo Sci* **67**: 87-94 (2018)
27) Lee CC, Kreusch A, McMullan D, *et al*: Crystal structure of the human neuropilin-1 b1 domain. *Structure* **11**: 99-108 (2003)

各論　応用32　食品または化粧品への応用

食餌性植物由来スフィンゴ脂質の消化管炎症への効果

木下　幹朗*、山下　慎司*

1 はじめに

スフィンゴ脂質は、長鎖アミノアルコールである長鎖塩基を共通成分とする脂質の一群である。遊離型の長鎖塩基も生体内にわずかに存在するが、最もシンプルなスフィンゴ脂質は、この長鎖塩基に脂肪酸が結合したセラミド（N-アシルスフィンゴシン）である。このセラミドの長鎖塩基部分にリン酸基を有する物をスフィンゴリン脂質（主要な物としてスフィンゴミエリン）また、糖が結合したのがスフィンゴ糖脂質である。よく知られているのが、結合糖が1から10分子程度のものである。スフィンゴ糖脂質（セレブロシド、ガングリオシドなど）は主として動物界から約100種類が同定されている（詳細は日本生化学会編 生化学実験講座　脂質の化学等の成書を参照されたい）。

一方、植物や微生物のスフィンゴ脂質の特徴は、動物では主要なスフィンゴミエリンは存在しない、スフィンゴ糖脂質には糖が一つ結合したセレブロシド（グルコース又はガラクトース）オリゴ糖を有する中性スフィンゴ脂質群（ジ、トリおよびテトラグルコシルセラミド）ならびにセラミドリン酸イノシトールからなる酸性スフィンゴ糖脂質群が存在する[1]（図1）。また、長鎖塩基の構造は哺乳類と植物・真菌ではそれぞれ特徴がある

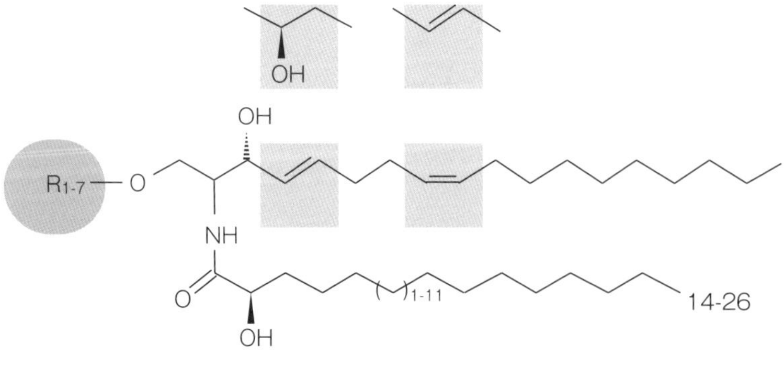

セラミド
R1=H-

セレブロシド
R2=β-D-Glc-

中性スフィンゴオリゴ糖脂質
R3=[β-D-Man(1,4)]1-3-β-D-Glc-
R4=β-D-Glc(1,4)-[β-D-Man(1,4)]0-2-β-D-Glc-

酸性スフィンゴ糖脂質（フィトグリコリピッド）
R5=α-D-GluN(1,4)-α-D-GluA(1,2)-Ins(1-P)-
R6=β-D-Gal(1,4)-α-D-GluNac(1,4)-α-D-GluA(1,2)-Ins(1-P)-
R7=[α-D-Man(1,2)]-α-D-GluN(1,4)-α-D-GluA(1,6)-Ins(1-P)-

R. L. Lester & R. C. Dickson
Adv. Lipid Res., 26, 253(1993)

図1　植物スフィンゴ脂質の種類と構造

＊帯広畜産大学 生命・食料科学研究部門

4-飽和型ジヒドロキシ塩基

Sphinganine (Dihydrosphingosine)	d18:0
8-*trans*-Sphingenine	d18:1^{8t}
8-*cis*-Sphingenine	d18:1^{8c}

4-トランス不飽和型ジヒドロキシ塩基

4-*trans*-Sphingenine (Sphingosine)	d18:1^{4t}
4-*trans*, 8-*trans*-Sphingadienine	d18:$2^{4t,8t}$
4-*trans*, 8-*cis*-Sphingadienine	d18:$2^{4t,8c}$

4-ヒドロキシ(トリヒドロキシ)型塩基

4-Hydroxysphinganine (Phytosphingosine)	t18:0
4-Hydroxy-8-*trans*-sphingenine (Dehydrophytosphingosine)	t18:1^{8t}
4-Hydroxy-8-*cis*-sphingenine	t18:1^{8c}

図2　主な植物長鎖塩基の種類：名称と略号

植物では、8位にシスもしくはトランスの二重結合を有する長鎖塩基が主成分である。さらに、真菌の長鎖塩基には、9位にメチル基が付加した9メチル-4,8スフィンガジエニンが認められる[2)]（**図2**）。

スフィンゴ脂質の生体内の生理機能については、Bellらが報告したスフィンゴシンのproteinキナーゼCの特異的阻害効果の報告[3)]から始まりセラミドのアポトーシス誘導作用が報告されるなど[4)]、数多くの研究がなされた。また、スフィンゴシン1-リン酸については[5)]、細胞増殖作用、抗アポトーシス、細胞分化誘導、神経突起退縮、細胞運動の調節など、多様な細胞内メディエーターとしての機能が報告されており、またスフィンゴシン1-リン酸の機能を利用した新薬開発も行われている。しかしながら、食事として食べたスフィンゴ脂質の代謝的運命や経口投与の成績は、残念ながら数は多くない。

そこで今回の総説では、主にスフィンゴ脂質の食品としての機能性について主に筆者の知見をふまえて概説したい。

2　腸管炎症への効果[6, 7)]

大腸炎症について、食餌性における研究は主にスフィンゴミエリンを中心に行われてきた。その結果は炎症増大の報告ならびに抑制の報告もなされ、結論が出ていない。一方、我々の研究グループでは、後述する研究においてDMH投与による大腸ポリープ発症実験中、スフィンゴ脂質経口投与群では腸管の損傷（荒れ）が軽減されることを見出し、食餌性スフィンゴ脂質の消化管保護効果を推測した。そこで植物由来セレブロシドの腸管炎症への効果について、大腸炎のモデルマウスを用いて検討した。 その結果、植物由来セレブロシド投与によって、試験期間中の体重の減少は有意に抑制されるとともに（**図3**）、DSS投与中断後の快復を早める傾向が見出された。また、腸管切片の観察より、大腸絨毛の傷害が緩和される傾向が認められた。

またこの時、DSSにより増加する炎症性サイトカインならびにケモカインレベルを食餌性グルコシルセラミド（GlcCer）は抑制することを見出した。すなわち食餌性GlcCerは腸管の炎症を抑制することを実験動物レベルで報告した（図3）。

続いてこの機能の詳細を解明する目的で腸管モデル細胞である分化型Caco-2細胞を用いて炎症性ストレスを与えた場合のスフィンゴ脂質の影響を研究した。すなわちCaco-2細胞を3週間コンフルエント状態で培養し、分化型Caco-2細胞を誘導した。これに炎症性刺激としてLPS（0～50μg/mL）、TNF-α（0～50ng/mL）を用いた。スフィンゴ脂質（GlcCer、ガラクトシルセラミド（GalCer）等）を0～50μM添加し、細胞数の変動、細胞核のDAPI染色による核の形態観察、抗体アレイを用いたサイトカインの変化、TLC分析等を詳細に調査した。分化型Caco-2細胞においてLPSおよびTNF-α添加群では細胞増殖の抑制ならびにアポトーシス細胞の有意な増加が観察された。一方、スフィンゴ脂質の添加はこれらの現象を抑制した。すなわち、スフィンゴ脂質は細胞外からの炎症ストレスを緩和する可能性が示唆された。また、サイトカインについて抗炎症性サイトカインおよびその他因子に関して炎症性刺激による顕著な誘導は確認されず、一方で炎症性サイトカインならびにケモカインは炎症性刺激により誘導され、また、それらはスフィンゴ脂質添加により抑制傾向を示した。この傾向はMIF、IL-6、IL-8、IL-18、ICAM-1で顕著だった。さらにTLC分析の結果では、スフィンゴ脂質が細胞表面においてその存在が確認され、この炎症緩和作用の作用箇所が細胞表面であることが示唆された。これらの結果より、スフィンゴ脂質の消化管炎症に対する機能について総合的に考察すると、GlcCerは摂食時の消化管（小腸）での吸収率は

①

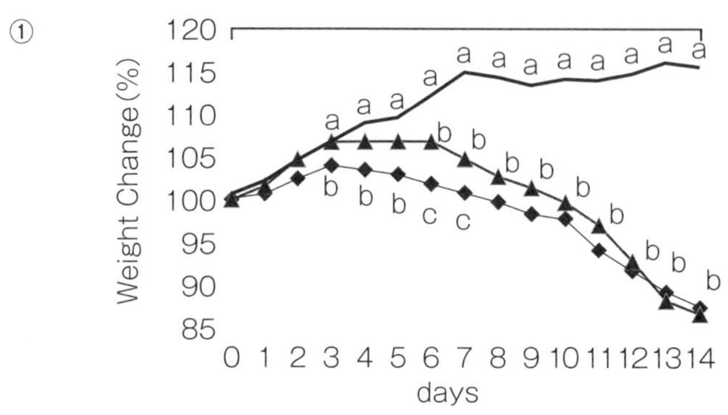

②

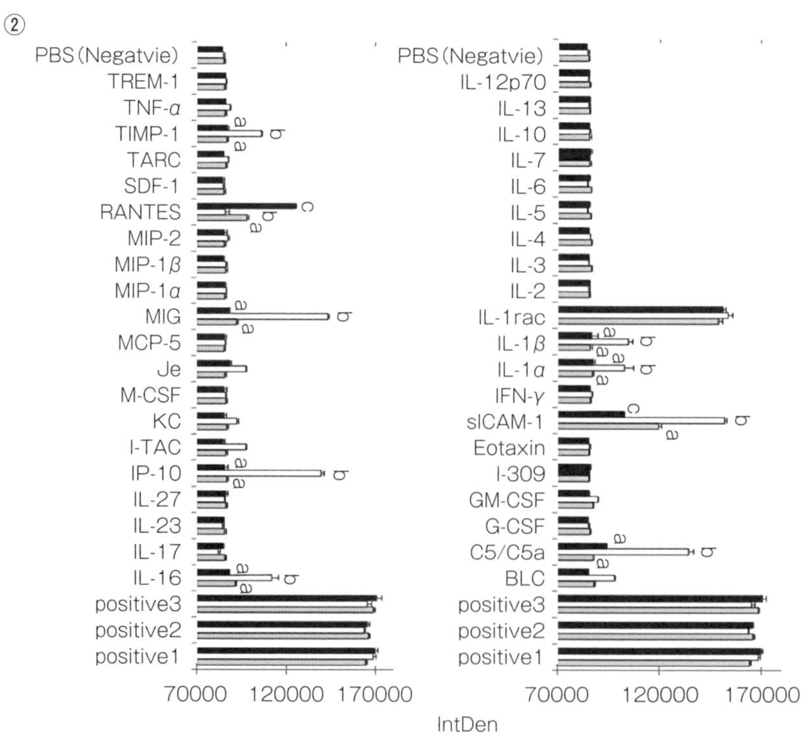

図3　植物GlcCerのDSS投与マウスにおける大腸炎症に与える影響

J Oleo Sci 2015, **64**, 737-742. より一部改編.

①体重の変化　●：ブランク　▲：DSS投与＋0.1%トウモロコシGlcCer食
◆：DSS投与（コントロール）

②大腸のサイトカインの変化　■：ブランク　□：DSS投与（コントロール）
■：DSS投与＋0.1%トウモロコシGlcCer食

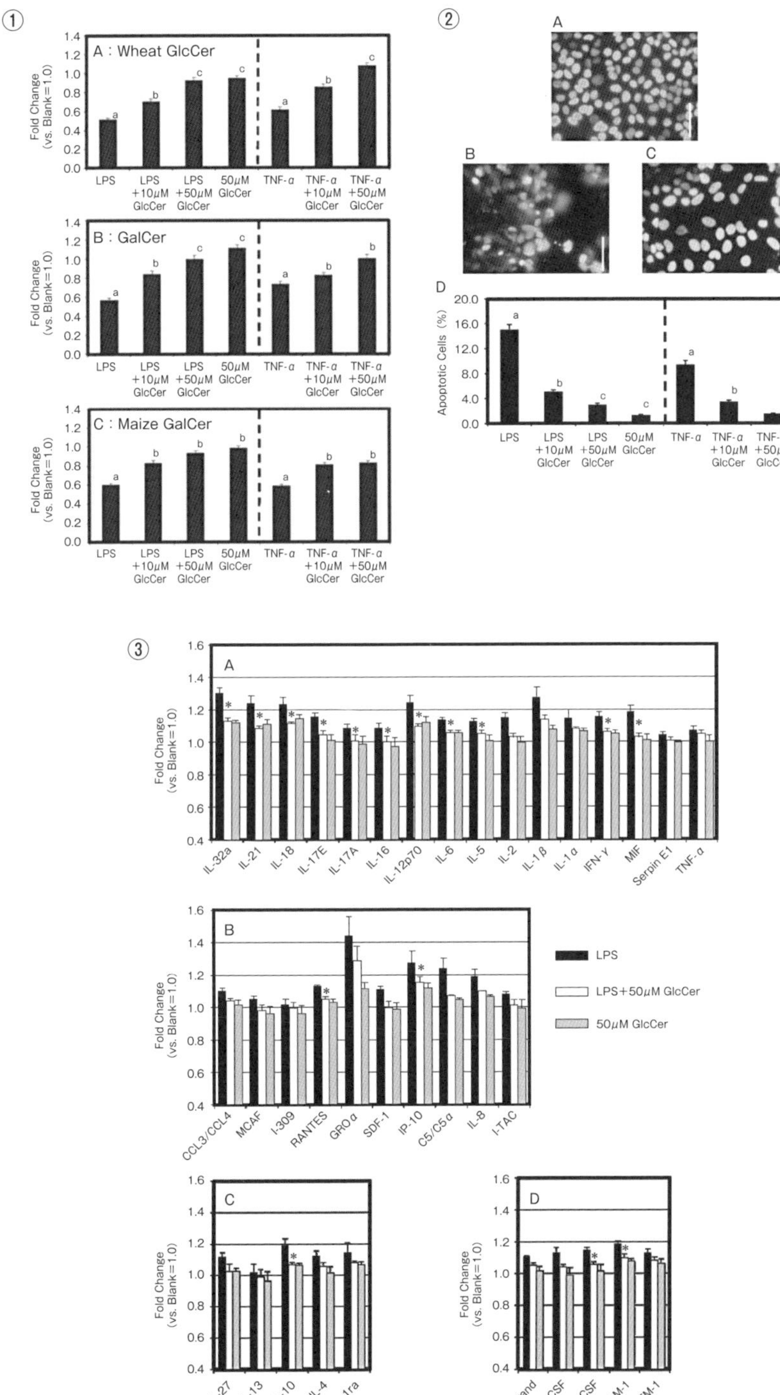

図４　炎症刺激をした腸管モデル細胞（分化Caco-2）での効果

J Oleo Sci 2017, **66**, 1337-1342. より一部改編.

① 細胞数を指標としたLPSならびにTNF（両者とも炎症誘発因子）刺激時における各種スフィンゴ脂質の効果

② ①の時のアポトーシス様細胞の変化

③ サイトカインの変化

極めて低い（高い報告で数％低い場合は0.数％）ため、消化管より吸収されたスフィンゴ脂質が血流等を介して消化管の炎症等に影響を及ぼすことは考えにくく、また上記の結果より、GlcCerそのまま、もしくはその一部が細胞の表面での腸管の保護作用として機能していると現在は推測している。今後は、腸管表面でのスフィンゴ脂質の役割について詳細に検討する予定である。

3 大腸ガンへの効果[8～10]

各種ガン細胞へのスフィンゴ脂質によるアポトーシス誘導活性が検討され、大腸ガン細胞においてもセラミド、スフィンゴイドによるアポトーシス誘導活性が報告された。他方、Merrillらの研究グループが、腺腫発症を抑制することを報告し、スフィンゴ脂質が大腸ガンの発症と進展を制御する可能性を示唆した。我々の研究グループでは、ヒトへ安全性を考え、動物とは構造の異なる植物・真菌由来のスフィンゴイド塩基の大腸ガン細胞へのアポトーシス誘導効果を検証した。その結果、植物・真菌由来の長鎖塩基の単一分子種をヒト大腸ガン細胞（Caco-2細胞）に添加すると、動物由来のスフィンゴイド塩基同様にアポトーシス細胞が認められ、特に植物・真菌特有の長鎖塩基では他と比較して高いアポトーシス誘導活性をするとともに、この効果はガン細胞に特異的な細胞死誘導機構である可能性を示した。

動物実験での成績は、Merrillらの研究グループが行ったミルク由来のスフィンゴミエリンをDMH（大腸腺腫を誘導する）投与マウスに投与した研究が最初であるが、我々の研究グループにおいては、実用面での可能性を検討すべく、酵母および植物由来セレブロシドの生体内での大腸ガン発症予防効果をDMHを用いたマウスの大腸腺腫（ACF）誘発系を用いて検証し、セレブロシド投与によりACF発症が 40～60％程度抑制されることを見出した（**図5**）。

以上の細胞系での研究と実験動物による研究の結果より、スフィンゴ脂質は、大腸ガンに対して１. 発症予防、２. 大腸ガン自体の排除の２つの機能が考えられる。すなわち、動物実験の成績より、大腸ガンの前段階である、ACFの発症を抑制すること、長鎖塩基やセラミドが大腸ガン細胞に対してアポトーシスを引き起こすこと等である。

また、上記の実験で説明した、炎症とACF産生との連関についても興味を持ち、DMH投与に

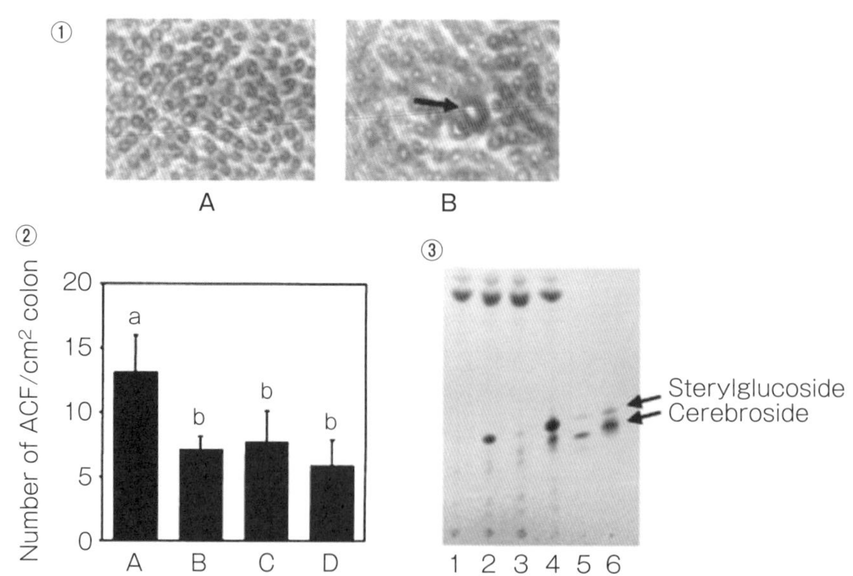

図５　植物ならびに酵母GlcCerのDMH投与マウスにおける大腸腺腫発症に与える影響
J Oleo Sci 2005, **54**, 45-49. より一部改編.
① 大腸形態A：ブランク　B：DMH 投与
② 大腸腺腫数　A：DMH投与（コントロール）　B：DMH投与＋0.1%酵母GlcCer食
C：DMH投与＋0.1%トウモロコシGlcCer食　D：DMH投与＋0.5%トウモロコシGlcCer食

おけるGlcCerが腸管炎症抑制への関与について興味を持ち実験を行った[10]。その結果、大腸の形態観察において、大腸腺腫の発症ならびに大腸表面の損傷（荒れ）が認められた。食餌性GlcCer投与群においてはこれらの状態を改善した。サイトカインの定量に関して、DMH投与は炎症性サイトカインの発現を一様に増加させ、特にTNF-αやIL-23、IL-1αといった炎症に直接関与するシグナルの発現量が顕著であったが、それに対してGlcCerの投与はこれらシグナルを大きく低減させた。同様にケモカイン類に関してもDMH投与がその発現を一様に増加させ、特にIP-10（CXCL10）や補体であるC5などの発現量が顕著であったが、GlcCer投与によりこれらのシグナルは大幅な低減を示した。抗炎症性サイトカイン類ではIL-27がControl・GlcCerともに発現の低下が確認された。また、その他因子に関してはDMHおよびGlcCer投与による大きな発現変動は見られなかった。上記の消化管炎症モデルマウスにおけるGlcCer投与の効果[2]（サイトカイン類）について検討した実験と今回のケモカイン類において発現傾向が類似していることから、ACF発症抑制と炎症状態（サイトカイン等のシグナルを含む）の改善が密接に関係している可能性が示唆された。これらの実験より、日々の食事によるGlcCerおよびその他スフィンゴ脂質の摂取が炎症状態の緩和やACFの発症抑制効果から結果的にガンの予防につながる可能性が示唆された。

今後、実験動物での大腸ガン発症系での長期投与実験を行うことも重要であろう。また、最近問題化している*de novo*型大腸ガン（腺腫を経ずに直接癌が粘膜に生じる）への効果についても今後の課題である

4 今後の課題

当方では、主に消化管におけるスフィンゴ脂質特に疾患との関係に注目してきた。その結果、現在までに腺腫抑制ならびに消化管炎症の抑制効果を見出した。すなわち、スフィンゴ脂質（現時点ではグルコシルセラミド）は消化管炎症や大腸ポリープを抑制することを現象として確認した。今後の課題としては、これらの機構、特に、消化管でのスフィンゴ脂質の直接作用なのか、吸収された後の間接作用なのかについて証明する必要がある。

【参考文献】

1) 大西 正, and 伊藤 精; 植物スフィンゴ脂質の構造特性と低温耐性. 日本油化学会誌 **46**: 1213-1225 (1997)
2) Fujino Y, and Ohnishi M; Structure of cerebroside in Aspergillus oryzae. *Biochim Biophys Acta* **486**: 161-171 (1976)
3) Hannun YA, and Bell RM; Functions of sphingolipids and sphingolipid breakdown products in cellular regulation. *Science* **243**: 500-507 (1989)
4) Obeid LM, Linardic CM, Karolak LA, and Hannun YA ; Programmed cell death induced by ceramide. *Science* **259**: 1769-1771 (1993)
5) Spiegel S, and Merrill AH, Jr.; Sphingolipid metabolism and cell growth regulation. *FASEB J* **10**: 1388-1397 (1996)
6) Arai K, Mizobuchi Y, Tokuji Y, Aida K, Yamashita S, Ohnishi M, and Kinoshita M ; Effects of Dietary Plant-Origin Glucosylceramide on Bowel Inflammation in DSS-Treated Mice. *J Oleo Sci* **64**: 737-742 (2015)
7) Yamashita S, Seino T, Aida K, and Kinoshita M; Effects of Plant Sphingolipids on Inflammatory Stress in Differentiated Caco-2 Cells. *J Oleo Sci* **66**: 1337-1342 (2017)
8) Aida K, Kinoshita M, Sugawara T, Ono J, Miyazawa T, and Ohnishi M; Apoptosis inducement by plant and fungus sphingoid bases in human colon cancer cells. *J Oleo Sci* **53**: 503-510 (2004)
9) Aida K, Kinoshita M, Tanji M, Tamura M, Ohnisi M, Sugawara T, Ono J, and Ueno N, Prevention of Aberrant Crypt Foci Formation by Dietary Maize and Yeast Cerebrosides in 1,2-Dimethyihydrazine-treated Mice in *J Oleo Sci*: p.45-49 (2005)
10) Yamashita S, Sakurai R, Hishiki K, and Kinoshita M; Effects of dietary plant-origin glucosylceramide (GlcCer) on colon cytokine contents in DMH-treated mice *J Oleo Sci* **66**: 157-160 (2017)

各論　応用

— 医療分野への応用 —

ヒト血液検体におけるスフィンゴシン1-リン酸・セラミドなどの脂質分析と定量

蔵野　信*、矢冨　裕*

1 はじめに

スフィンゴシン1-リン酸（Sph1P）、セラミド（Cer）は、基礎研究より様々な疾患の病態生理への関与が指摘されているが、実際の臨床医学への外挿には、ヒト検体中のこれらの脂質成分の解析が必須である。本稿では、ヒト血液検体を用いたSph1P、Cerの解析方法について、その注意点とともに、我々の研究室が行っているHPLC法、LC-MS/MS法の実際の測定法を中心に紹介する。

2 検体の作成

ヒトにおける生理活性脂質の解析は、検体の作成に際して特に注意を払わなければならない物質もある。本稿の扱う分野ではSph1Pが該当する。Sph1Pは、他項にて紹介されている通り、血液中には、赤血球とともに血小板に豊富に存在する。そのため血清Sph1P（約900nM）は、血漿Sph1P（約400nM）に比べると高く、血小板数と相関する[1, 2]。また、血液検体が溶血すると赤血球中のSph1Pが放出されるためSph1P濃度が著明に上昇してしまうので注意が必要である。このことはSph1Pと類似の構造、代謝動態であるジヒドロスフィンゴシン1-リン酸（DhSph1P）にも当てはまる。

また、血漿検体の測定においても、詳細は参考文献1に詳細を記載しているが、検体作成については、血小板の活性化に対して細心の注意が必要である。血漿作成の際の抗血小板薬としては、同様の生理活性リゾリン脂質であるリゾホスファチジン酸測定用の検体作成には、EDTAに加えCTAD（クエン酸、テオフィリン、アデノシン、ジピリダモール）を用いて血小板を完全に抑制する必要があるが、我々の検討では、Sph1P、DHSph1Pの測定には、EDTAのみで作成した血漿とEDTA＋CTADで作成した血漿では両者に相違が見られなかった。しかし一方で、血液検体を採取した後の保存、および血漿の遠心分離の際

表1　サンプリングによるCer, Sph濃度の影響

	血清（ng/mL）	血漿1（ng/mL）	血漿2（ng/mL）	血漿3（ng/mL）
Sph	1.22±0.16	1.42±0.26	1.47±0.06	1.86±0.27
DHSph	検出下限未満	検出下限未満	検出下限未満	検出下限未満
Cer d18:1/16:0	12.76±0.56	12.43±1.78	12.67±2.42	14.45±2.18
Cer d18:1/18:1	6.12±0.64	5.87±1.02	5.75±1.37	6.84±1.67
Cer d18:1/18:0	0.076±0.014	0.090±0.013	0.072±0.013	0.092±0.024
Cer d18:1/20:0	31.10±1.22	30.28±3.77	31.72±5.23	36.79±5.78
Cer d18:1/22:0	107.39±11.78	102.57±10.61	108.16±7.24	137.78±18.4
Cer d18:1/24:0	137.27±16.59	129.74±12.05	139.15±3.22	176.20±21.3

健常人３人からサンプリングしてCer, Sphを測定した。
血漿１：クエン酸採血（室温）、血漿２：EDTA採血（４℃）、血漿３：EDTA採血（室温）

＊東京大学大学院 医学系研究科

には厳密に4℃で検体する必要がある。室温で遠心分離したり、保存したりした場合、血漿検体であっても、Sph1Pが100〜1,000nM程度上昇してしまう。一方、Cer、スフィンゴシン（Sph）等については、検体の種類（血清あるいは血漿）、サンプリング方法によって、大きな差がない。具体的には、**表1**に記載したとおり、室温保存の血清で十分生体内濃度（表1の血漿2）を表すことができると考えられる。

3 Sph1Pの測定

Sph1Pの測定は、LC-MS法を利用する方法、アイソトープによりラベルする方法、S1P受容体を過剰発現させた細胞に競合結合させる方法などがあるが、どれもかなり特別な技術または大掛かりな測定機器を要し、臨床検査に導入するには、解決すべき課題が多い。LC-MSには日差・同時再現性に多少問題があり、また、マトリックス効果の問題もある。そのため、我々の経験上、少なくとも血漿検体中のSph1Pの測定については、LC-MS法よりもHPLC法の方が、再現性が良い[3)]。以下に、我々の研究室で導入しているHPLC法を用いたSph1P定量法についてレジメ形式にて記載する。

①試料の調整

ガラス試験管を用いて、次のように試料を調整する。

試料200 μL + 2 μM C17S1P（内部標準）50 μL + 生理食塩水250 μL + メタノールクロロホルム（2:1 v/v）3mL。

②ソニケーション

30分間超音波処理（この際に、試験管に水分が入らないように、パラフィルム等でキャップにシールする）

③試料のアルカリ化

1 N KCl 2.1mL, クロロホルム 2mL, 3N NaOH 100 μLを加え、混和後15分間静置。

④一段階抽出

Sph1Pはアルカリ下では、水溶性であり、上層に存在する。そのため、3000rpm 10min遠心後、上層を別の試験管へ移す（下層を吸わないようにすることがポイント）。

⑤試料の酸性化

別の試験管に移した試料に、クロロホルム 4 mL, 濃塩酸 200 μLを加える。

⑥第二段階抽出

Sph1Pは酸性下では、脂溶性であり、下層に存在する。そのため、3000rpm 10min遠心後、上層を捨て、下層を別の試験管へ移す（上層、境界部が混じらないようにすることがポイント）。

⑦試料の精製

得られた抽出層をもう一度3000rpm 10min遠心し、わずかに残る⑥で除いた上層部、境界部が混入しないように下層を別の試験管へ移し、抽出層に不純物が残らないようにする。

⑧HPLC解析用に試料を調整する

クロロホルムを窒素ガスにて飛ばし、メタノールにて再溶解する。

⑨HPLCによる解析

表2に記載した条件で解析する。蛍光測定のための誘導化は、o-フタルアルデヒド（OPA）にて行う。具体的には、サンプル150 μLに対して誘導化試薬 {OPA 50mg, 2-メルカプトエタノール 10 μL, ホウ酸塩緩衝液（pH 10.5)} 30 μLを測定前に混ぜ、20分程度反応させた後、HPLCにて解析する。我々は、島津製作所のHPLCシステ

表2 Sph1P測定用のHPLCの条件

カラム	TSKgel ODS-80TM column（東ソー）あるいはWakoPack Ultra C18-5（和光純薬）
溶離液	(溶液A)リン酸溶液(50 mMリン酸一水素カリウム溶液を50 mMリン酸二水素カリウムにてpH 7.50に合わせる) (溶液B)メタノール、A / B 16/84, v/v
流量	0.8 mL/min
カラム温度	40℃
検出	FL Ex 340 nm Em 455 nm
注入量	100 μL

ムを使用している。

観察されるクロマトグラフの例を**図1**に記載する。

なお、ヒト血液検体では用いることはないが、Sph1Pの動態を調べるため、C17Sph1P濃度を測定する際は、内部標準としてFTY720リン酸（FTY720-P）を用いることができる。

⑩解析、内部標準（C17S1P）との面積比からSph1P濃度を求める。

また、内部標準として用いているC17Sph1Pには、不純物としてC17DHSph1P、C17Sphが混入されていることに注意が必要である。

 セラミド、スフィンゴシンの測定

Cer, Sphは前述の方法では、第一段階で下層に分布するため、これらの測定は、HPLC法では不純物の混入などが多く困難である。そのため、我々は、LC-MS/MSを用いてCer, Sphを測定している[4)]。以下に我々の研究室で導入しているLC-MS/MSを用いたCer, Sphの定量法についてレジメ形式にて記載する。

①試料の調整

我々は、内部標準としてSphの測定にはC17Sph、ジヒドロスフィンゴシン（DHSph）の測定には

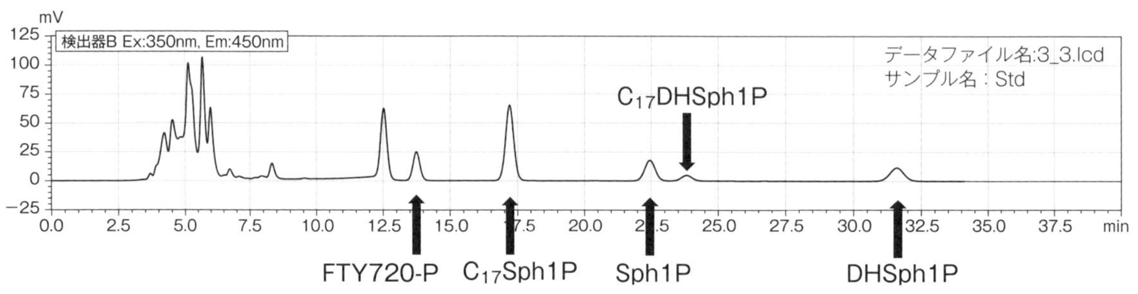

図1　HPLC法でのSph1P測定のクロマトグラフ

表3　Cer、Sph測定用のLC-MS/MSの条件

カラム	CAPCELLPAK C8 UG120（150mmL. × 1.5mmI.D., 5 μm）
溶離液	(A) 0.1%ギ酸　(B)0.1%ギ酸、98%アセトニトリル
流量	0.4mL/min
グラジエント	10 %B（1min）→ 100 %B（5-13min）→ 10%B（13.01-15min）
カラム温度	45℃
注入量	1 μL

表4　Cer、Sph測定の際のMRM

	m/z	Collision Energy(V)
Sph	300.50>282.40	12.0
DHSph	302.50>284.45	13.0
Cer d18:1/16:0	538.65>264.45	26.0
Cer d18:1/18:1	564.65>264.45	27.0
Cer d18:1/18:0	566.70>264.45	20.0
Cer d18:1/20:0	594.75>264.45	26.0
Cer d18:1/22:0	622.75>264.50	27.0
Cer d18:1/24:0	650.75>264.50	29.0
Sph 17:1	286.45>268.40	11.0
DHSph 17:1	288.45>270.50	13.0
Cer d18:1/17:1	552.70>264.45	20.0

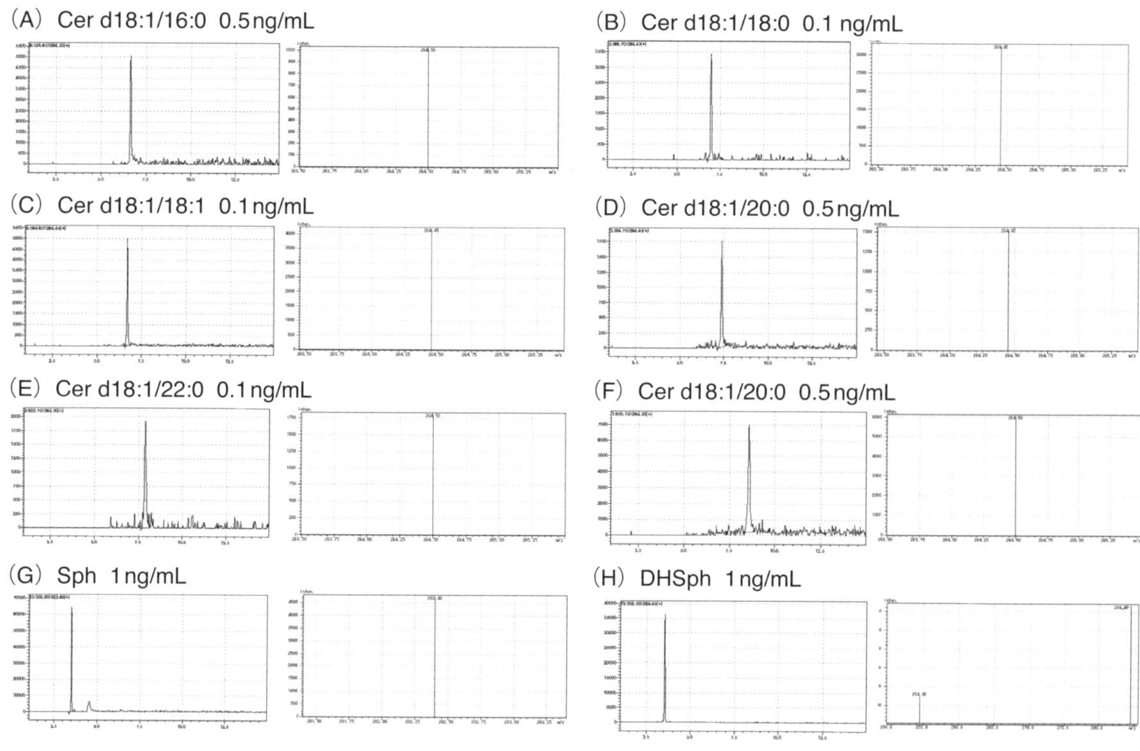

図2　LC-MS/MS法でのCer, Sph測定のクロマトグラフ・MSスペクトル

表5　髄液、尿中のCer、Sph

	髄液(ng/mL)	尿(ng/mL)
Sph	0.67	1.11
DHSph	3.77	3.86
Cer d18:1/16:0	2.67	1.93
Cer d18:1/18:1	0.37	検出下限未満
Cer d18:1/18:0	2.47	2.37
Cer d18:1/20:0	検出下限未満	検出下限未満
Cer d18:1/22:0	7.16	5.77
Cer d18:1/24:0	17.24	16.18

C17DHSph、そしてCer（Cer d18:1/16:0、Cer d18:1/18:1、Cer d18:1/18:0、Cer d18:1/20:0、Cer d18:1/22:0、Cer d18:1/24:0）の測定にはCer d18:1/17:1をそれぞれ100ng/mL濃度のストック溶液を用いている。ストック溶液10μLとサンプル10μL、抽出液として0.1%ギ酸メタノール180μLと混ぜている。

②ソニケーション

5分間超音波処理

③試料の精製

その後、4℃ 13,000 x g, 10min遠心し、上澄みを不純物が残らないように採取し、バイアルに移す。

④LC-MS/MSによる解析

我々は島津製作所のLC-MS8060を使用している。条件は**表3**、MRMは**表4**に記載した。観察されるクロマトグラフ・MSスペクトルを**図2**に示す。

また、血液中のみでなく、血液に比べると量はわずかであるが、髄液や尿中でもCer, Sphは検出されており、我々の測定系で測定すると、**表5**に記載した程度である。今後のバイオマーカーとしての有用性の検討が期待されている。

【参考文献】

1) Ohkawa, R., Nakamura, K., Okubo, S., *et al. Ann Clin Biochem* **45**, 356-363(2008)
2) Ono, Y., Kurano, M., Ohkawa, R., *et al. Lipids Health Dis* **12**, 20(2013)
3) Kurano, M., Hara, M., Ikeda, H., *et al. Arterioscler Thromb Vasc Biol* **37**, 506-514(2017)
4) Saigusa, D., Okudaira, M., Wang, J., *et al. Mass Spectrom* (Tokyo) **3**, S0046(2014)

各論　応用 34　医療分野への応用

天然物を利用したセラミド関連物質の化学合成戦略

村井　勇太*、門出　健次*

1 天然からの長鎖塩基の大量供給技術の開発

近年、セラミド骨格をバックボーンとした誘導体が抗大腸がん、抗乳がん、抗白血病などの興味深い生理活性を示すことが多数報告されている[1]。植物成分をはじめとする天然有機化合物や食品中には、セラミド類が豊富に含まれることが知られているが、その多くはグルコシルセラミドの形として存在している。また、これらの長鎖塩基部分の構造は、哺乳類のものとは、その構造の一部が異なり、多様性を示している。従って、これら天然のセラミド群を有効利用することは、抗がん剤の開発のみならず脂質代謝酵素の制御など、幅広く応用が期待できるセラミドライブラリーの迅速な構築に繋がる。また、食品由来となれば、ヒトへの安全性もある程度担保される利点がある。

最も豊富な形であるグルコシルセラミドを長鎖塩基に加水分解できれば、種々のセラミド群への化学合成が容易に達成できると考えられる。グルコシルセラミドから長鎖塩基への加水分解は、脱アシル化および脱グルコシル化によって可能であり、通常、この加水分解は、酸もしくは塩基存在下で達成可能とされている。しかし、実際の加水

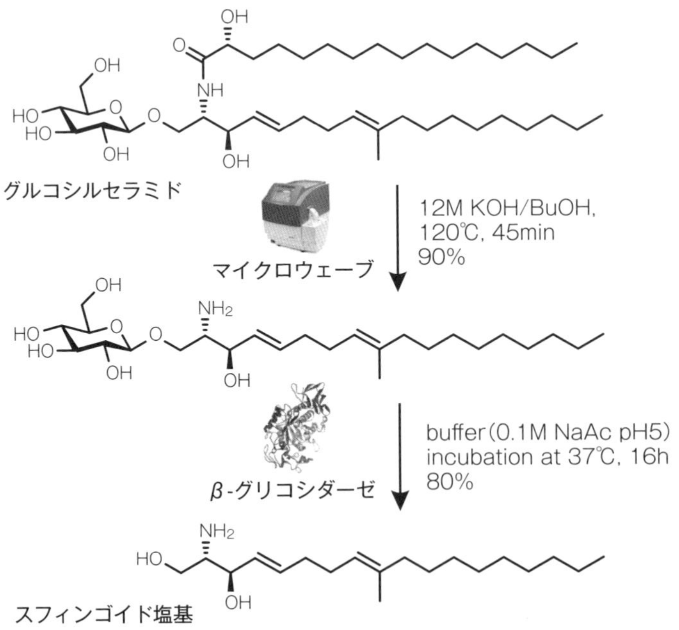

図1　マイクロ波と酵素によるハイブリッド型グルコシルセラミド加水分解法

＊北海道大学大学院 先端生命科学研究院

分解反応は、強酸および強塩基の存在下、加熱、長時間を要する過酷な反応であり、低収率、転移を伴う副反応、ラセミ化等、実用化には多々問題がある[2]。本稿では、操作性に優れ、高収率・スケールアップ（グラム単位）可能な新規加水分解技術の開発、および、両親媒性で取り扱いが煩雑な長鎖塩基の選択的補足法の開発について紹介する。

(1) マイクロ波と酵素による効率的グルコシルセラミド加水分解法

強酸および強塩基による従来の熱加水分解反応では、複雑な副生成物の混合物を生成してしまい、実用的なスケールでの長鎖塩基の供給は不可能であった。一方、酵素法は温和な条件で選択的に反応が進行するため、化合物の分離に多くの時間を費やす必要がなく理想的な方法論である。実際、Endoglycoceramidase I（EGCase I）[3] は、グリコシド結合を温和な条件で、加水分解することが可能であり、Sphingolipid ceramide N-deacylase（SCDase）[4] は、グルコシルセラミドのアシル基を除くことが可能な酵素である。しかし、どちらの酵素も、物質供給をめざした大量反応には、現状では不向きである。また、安価で入手容易なβ-グルコシダーゼは、グルコシルセラミドの二つの疎水性長鎖の影響により、グリコシド結合を加水分解することができない。そこで、我々は、まず、グルコシルセラミドのアシル基部位を化学的加水分解により除き、その後、安価なβ-グルコシダーゼにより糖部分を除去するケモエンザイマティックな方法を選択した。種々条件を検討した結果、アミド結合の加水分解には、マイクロ波照射下の強アルカリ加水分解反応が有効であることを見出した（**図1**）。

食用キノコであるタモギタケ（64g）をクロロホルム/メタノールで抽出後、クロマト精製を行い、グルコシルセラミド（2.5g）を単離した。続いて、マイクロ波照射下、12M水酸化カリウム溶液によりアシル基を加水分解、92%の高収率でグルコサイコシン群を得ることに成功した。グルコサイコシンは水への溶解が可能であることから、入手容易なアーモンド由来のβ-グルコシダーゼを用い、脱グルコシル化反応を進行させ、90%という高収率で目的の長鎖塩基を得ることに成功した（図１）[5]。さらに我々は、本法の有用性を確認するために米、小麦、大豆についても同様な処理を行った。それぞれから単離したグルコシルセラミドに本加水分解反応を適用したところ、いずれも高収率、グラムスケールで長鎖塩基群を得ることに成功した（**図2**）[6]。

(2) グルタルアルデヒド固定樹脂による長鎖塩基の選択的捕捉技術

グルコシルセラミドの加水分解によって得られる長鎖塩基や天然中に存在する稀少長鎖塩基の精製は、その両親媒性の性質から困難な過程であ

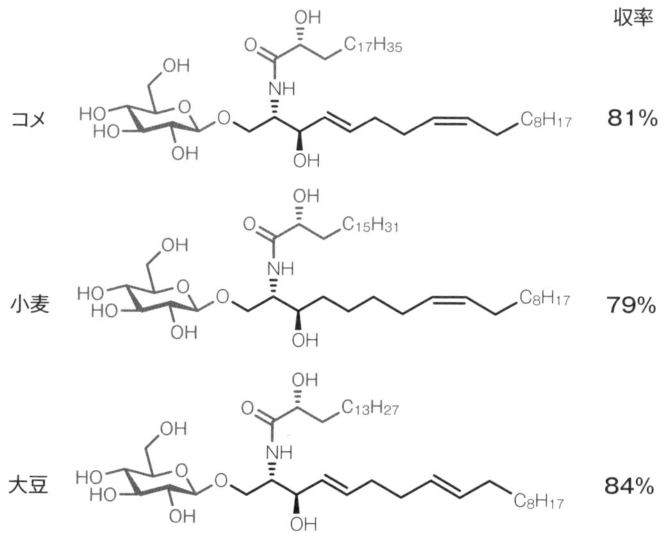

	構造	収率
コメ	（$C_{17}H_{35}$ アシル、C_8H_{17} 末端）	81%
小麦	（$C_{15}H_{31}$ アシル、C_8H_{17} 末端）	79%
大豆	（$C_{13}H_{27}$ アシル、C_8H_{17} 末端）	84%

図2　コメ、小麦、大豆由来グルコシルセラミドの構造とハイブリッド型加水分解法によって得られる長鎖塩基の構造とその収率

り、解決しなくてはならない問題である。一般的なスフィンゴ脂質の抽出方法としてBligh-Dyer[7]法やFolch法が知られているが、これらの手法はハンドリングの手間や有機溶媒を多用する点から、最適の方法とは言い難く、簡便な精製方法の確立が望まれる。我々は、長鎖塩基を簡便に精製する方法として、官能基特異的反応を利用した固相抽出法の開発を行った。すべての長鎖塩基は、共通した特有の構造として、2-アミノ-1,3-ジオールを有している。これは、糖、脂肪酸、アミノ酸等の他の生体内小分子にはない長鎖塩基特有の構造上の特徴と言える。言い換えれば、この官能基に特異的に反応する化学反応を用いれば、長鎖塩基のみを選択的に捕捉できることになる。我々は、この2-アミノ-1,3-ジオール構造とグルタルアルデヒドとの官能基特異的反応（**図３**）に着目した。グルタルアルデヒドは、タンパク質の固定化剤として用いられる二つのアルデヒド基を有するC5有機化合物である。2-アミノ-1,3-ジオール構造を含むスフィンゴシンは、グルタルアルデヒドと速やかに反応して、三環性の安定化合物を単一化合物として与えた。この反応は、水を含む有機溶媒中でも進行し、室温中、短時間、高収率で反応することから、生体試料への応用が可能な有用な反応であると考えた。しかし、二つのアルデヒド基は酸化を受けやすく、また、アルドール縮合による不均一な重合反応による凝集物沈殿のため、グルタルアルデヒドを有効利用した例は少ない。我々は、ペプチド固相合成にも用いられるメリフィールド樹脂にグルタルアルデヒドを固定することでこの問題点を克服できると考え、グルタルアルデヒド樹脂を開発した。狙い通り、固定化されたグルタルアルデヒドは、分子間反応が抑えられ、高分子化反応による凝集物を生成することはなかった。また、二つのアルデヒド基は、水の添加により、極めてユニークな環状ダブルヘミアセタール構造を形成し、酸化に対しても耐性を示すことに成功した（図３）。

グルタルアルデヒド固定樹脂の有効性を確認するため、ヒト血清中の長鎖塩基の分離を検討した（**図４、５**）。100 μLの血清を400 μLのメタノールに溶解し遠心後、上清を回収、これにTHF（250 μL）とアルデヒド樹脂（5mg）を添加し、不均一な状態で１時間ほど混合攪拌した。濾過により、濾液中の遊離タンパク、糖類を除き、塩基のみを捕捉した樹脂を残渣として得ることができた。その後、得られた残渣をTFA処理（0.25 M）することにより、捕捉長鎖塩基を遊離、濾過によ

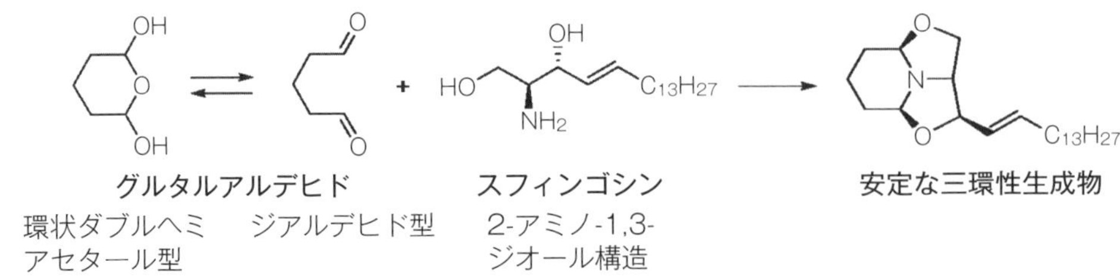

図３　グルタルアルデヒドによる官能基特異的2-アミノ-1,3-ジオールとの反応

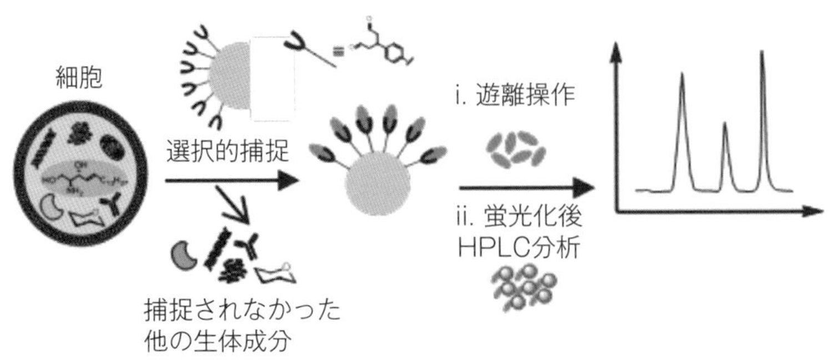

図４　グルタルアルデヒド樹脂による選択的長鎖塩基の捕捉

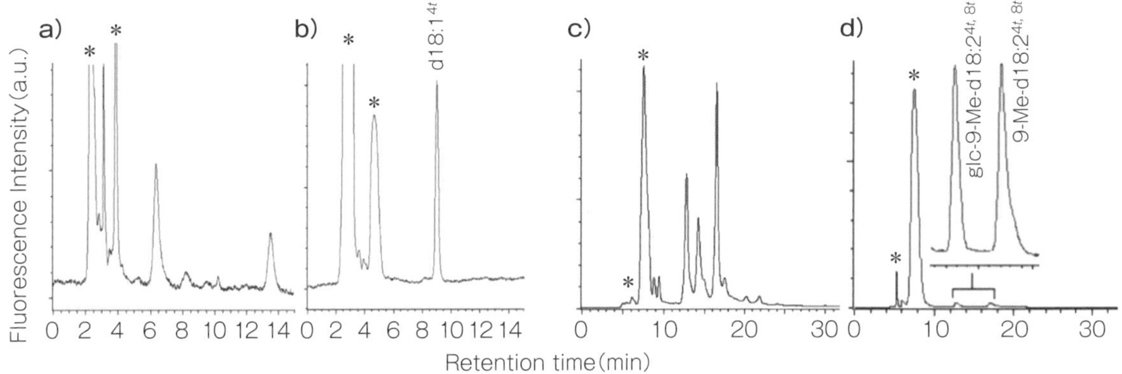

図5　OPA誘導化による長鎖塩基のHPLC蛍光検出

(a) ヒト血清メタノール抽出物を直接OPA標識。(b) 抽出物をGlutaraldehyde-Immobilized Merrifield Resin (GARI) による精製後、OPA標識。8.6 分にスフィンゴシンのピークのみが確認された。(c) タモギタケのメタノール抽出物を直接OPA標識。(d) 抽出物をGARIによる精製後、OPA標識。12.6分と16.3分に各長鎖塩基のピークを確認。＊OPA試薬による不純物

り濾液を回収することで、長鎖塩基を簡便に精製することに成功した（図4）。回収した長鎖塩基は、OPA誘導化後、HPLCにて確認、定量した。HPLC分析により算出した、ヒト血清中の長鎖塩基の濃度は、280nMであり、文献報告の値と一致していた（**図5a, b**）。また、食用キノコの一種、タモギタケより得られた抽出物を加水分解した複雑な化合物の混合物に対しても、本樹脂による生成を試み、長鎖塩基類の選択的補足に成功している（**図5c, d**）。以上のように、本法は煩雑な操作なく、短時間で極微量から大量スケールの長鎖塩基を効率よく精製できる有用な手法といえる[5, 8]。

2　天然スフィンゴミメティックの創製

現在の創薬は、疾患等の原因分子を明らかにすることから始まる。低分子医薬品の開発においては、標的とされるタンパク質や受容体が取り扱い易い場合、核磁気共鳴における飽和移動差スペクトル法[9]やX線結晶解析法[10]による“標的タンパク質の構造に基づく分子デザイン”が強力なツールとなる。しかし、膜タンパク質など、標的タンパク質の取り扱いが困難な場合、他の方法により効率良くリード化合物を見出す必要がある。合成品による化合物ライブラリーとハイスループットスクリーニングの組み合わせは、標準的なリード探索法ではあるが、化合物の多様性の面からは、天然有機化合物の利用はまだまだ、魅力的である。

植物や微生物が生産する天然有機化合物は、その構造の多様性が高く、多様な生物活性を示すものが多いことから、リード化合物開発において天然物様医薬骨格が多く模範とされてきた。現在も天然起源の医薬は、毎年新しく承認される医薬のうち約40％もの割合を占めている[11]。カビ由来のペニシリンや放線菌由来のストレプトマイシン（抗生物質）が発見されて以降、製薬企業や大学等のアカデミアはさまざまな微生物から天然化合物を探索するようになり、微生物等を収集して天然化合物ライブラリーを構築した。そのライブラリーより、プラバスタチン（高脂血症剤）やタクロリムス（免疫抑制剤）、ブリオスタチンやパクリタキセル等（抗がん剤）、アベルメクチン（駆虫薬）など多彩な薬理活性を持った薬も開発されている。さらにスタチン類はこれらライブラリー上の化合物骨格をヒントとして化学合成された優れた薬剤の典型例である。このことからも天然化合物によるQOL向上の恩恵を多くの人々が間接的に受けているといっても過言ではないのは周知の通りであろう。

(1) ギンコール酸およびその誘導体による脂質代謝酵素阻害剤の開発

近年、セラミド代謝酵素の一つ、スフィンゴミエリン合成酵素（SMS）阻害による、がん免疫亢進[12]、アルツハイマー病改善[13]、抗脂肪肝[14]、抗インスリン抵抗性[15]等の興味深い報告が数多くされている。そのため、SMSは創薬ターゲッ

トとしてはもちろんのこと、脂質代謝コントロールの鍵酵素として注目されている。これまでに、SMS阻害剤は複数例報告されているが、そのほとんどは合成化合物であり、天然からの探索研究は、本格的には実施されていなかった。我々は、独自に構築した北海道に自生する650種の植物抽出物ライブラリーを活用し、細胞を基本としたSMS阻害アッセイ[16]を実施した。その結果、イチョウ（*Ginkgo biloba*）の葉の抽出物が高いSMS阻害値を示すことを見出し、その抽出物より、SMS阻害本体（IC50＝1.5 μM）として、ギンコール酸（GA）（**図6**）を単離した[17]。

GAは、長い炭素鎖を持つサリチル酸誘導体であり、カルボキシ基と水酸基を有する親水性の部分と長鎖の炭素鎖を有する疎水性部分の両方を有している両親媒性化合物である。GAの誘導体合

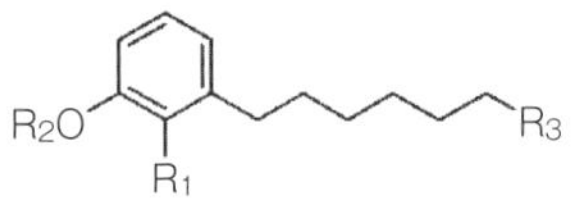

1：R_1=COOH, R_2=H, R_3= ⁄=\ C_6H_{13} IC_{50}=1.5 μM (*SMS1*), 1.5 μM (*SMS2*)
2：R_1=COOH, R_2=H, R_3=C_9H_{19} IC_{50}=2.0 μM (*SMS1*), 2.0 μM (*SMS2*)
3：R_1=COOH, R_2=H, R_3=Et IC_{50}=20 μM (*SMS1*), 30 μM (*SMS2*)
4：R_1=COOMe, R_2=H, R_3= ⁄=\ C_6H_{13} IC_{50}=N.D. (*SMS1*), N.D. (*SMS2*)
5：R_1=COOMe, R_2=Me, R_3= ⁄=\ C_6H_{13} IC_{50}=N.D. (*SMS1*), N.D. (*SMS2*)
6：R_1=NH_2, R_2=H, R_3=Et IC_{50}=50 μM (*SMS1*), 50 μM (*SMS2*)
7：R_1=NH_2, R_2=H, R_3=C_9H_{19} IC_{50}=50 μM (*SMS1*), 30 μM (*SMS2*)

図6　ギンコール酸およびその誘導体の構造と構造活性相関

IC_{50}値は、それぞれの化合物についてのSMS1およびSMS2に対する阻害活性値を示している。

表1　ギンコール酸セラミド群によるSMS1およびSMS2に対する阻害活性

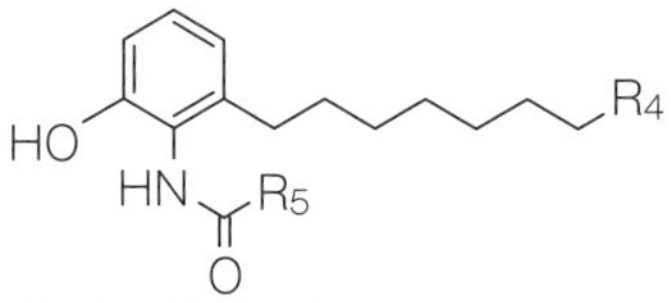

Entry	R_4	R_5	IC_{50}(μM): SMS1	IC_{50}(μM): SMS1
1	Me	C_9H_{19}	30	>100
2	Me	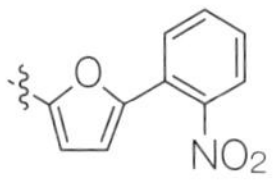 5-(2-nitrophenyl)furan-2-yl	15	5
3	Me	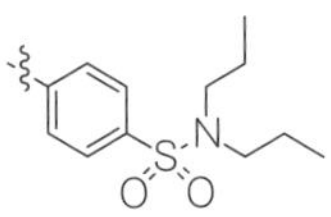 4-(N,N-dipropylsulfamoyl)phenyl	70	20
4	Me	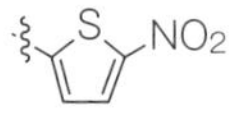 5-nitrothiophen-2-yl	5	3
5	C_8H_{17}	C_9H_{19}	>100	>100
6	C_8H_{17}	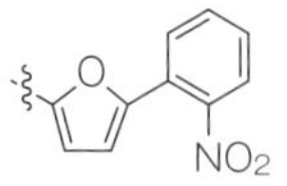 5-(2-nitrophenyl)furan-2-yl	40	5
7	C_8H_{17}	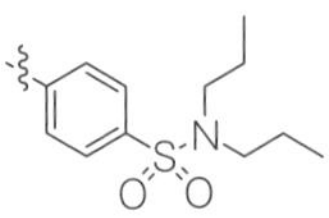 4-(N,N-dipropylsulfamoyl)phenyl	>100	35
8	C_8H_{17}	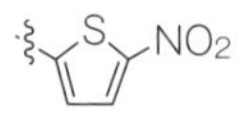 5-nitrothiophen-2-yl	30	2

成により、構造活性相関研究を実施した。長炭素鎖については、飽和、不飽和を問わず活性を維持するが、鎖長については短くなるにつれ、阻害活性が減少することが示された。またカルボキシ基のエステル化により、その活性が著しく減少することから、GAのSMSに対する阻害活性には長炭素鎖とカルボキシ基が重要な役割を果たしていることが示された（図6）。SMS創薬を指向した場合、アイソザイムに対する活性選択性が求められる。しかし、残念ながら、GAは、SMS1およびSMS2に対して選択制阻害活性を示さなかった。一方、すでに我々は、SMSの基質であるセラミド骨格を基盤とした新奇セラミド群を数百種合成し、そのうち数種が高いSMS阻害能を有していることを報告している。また合成新奇セラミド群のアシル基の多様性により、SMS2に対しての選択性を制御できる知見を得ている[18]。GAのカルボキシ基をアミノ基に置換し、さまざまなアシル基を導入することにより、SMS2選択的阻害剤を得ることにも成功している（**表1**）。

(2) ギンコール酸 2-リン酸（GA2P）のS1Pミメティックの可能性

GAは、長炭素鎖をもつサリチル酸誘導体であり、その骨格は、スフィンゴシンの特徴と極めて類似している（**図7**）。すなわち、どちらも類似の親水基と疎水基を同じ位置関係に有している。本類似性から、GA類を「スフィンゴミミック」と呼ぶことを提唱し、GAがスフィンゴシン類のミミックとして、スフィンゴシン類と同様な働きをするか、その可能性を検証した。スフィンゴシン関連化合物のうち、最も注目を集めている医薬品として、FTY720がある。FTY720は、京都大学の藤多哲朗教授らのグループにより冬虫夏草の一種である*Isaria sinclairii*より見出された天然物マイリオシンをリードとした医薬品であり、産学連携の代表的な成功例である。FTY720は摂取後体内でSphK2によりリン酸化されることで、スフィンゴシン 1-リン酸受容体（S1Pr）に作用

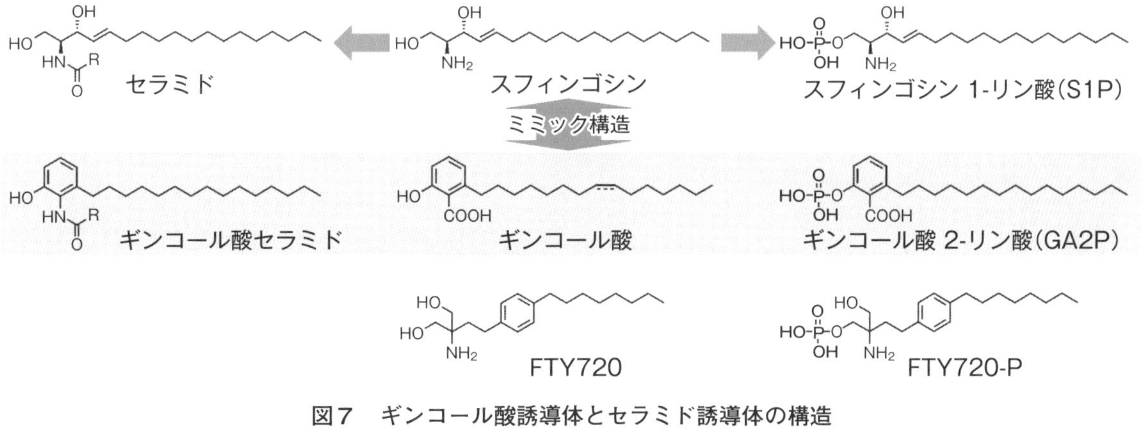

セラミド　スフィンゴシン　スフィンゴシン 1-リン酸(S1P)
ミミック構造
ギンコール酸セラミド　ギンコール酸　ギンコール酸 2-リン酸(GA2P)
FTY720　FTY720-P

図7　ギンコール酸誘導体とセラミド誘導体の構造

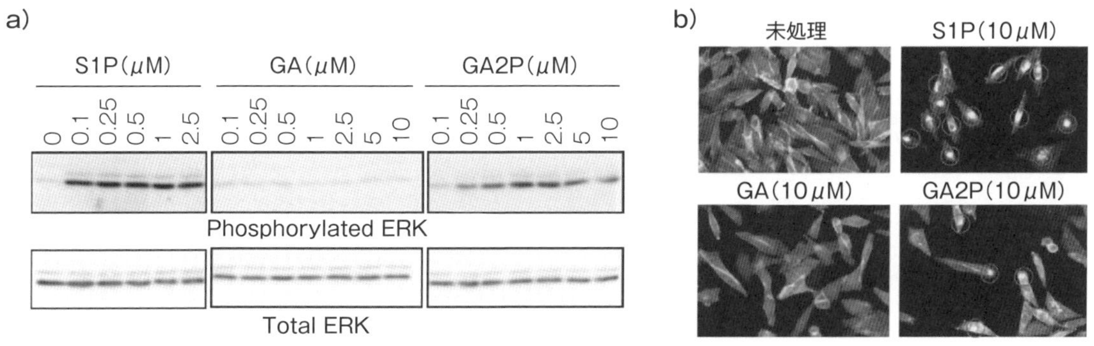

図8　ギンコール酸 2-リン酸（GA2P）による$S1P_1$相互作用確認実験
a）下流シグナルERKのリン酸化、b）$S1P_1$の細胞内在化が確認された。

する免疫抑制剤であり、ブロックバスターとして注目されている。

我々は、GAのスフィンゴミミックとしての効果を実証するため、サリチル酸２位の水酸基を化学的にリン酸化し、ギンコール 2-リン酸（GA2P）を合成した。GA2Pは、S1Pと同様な構造上の特徴を有することとなり、S1Pミミックになると考えられる（図７）。スフィンゴシン1-リン酸受容体1（S1P1）との相互作用をS1P1-CHO細胞を用いた実験により確認した。まず、受容体S1P1結合後に観測される下流シグナルであるERKのリン酸化亢進の有無を確認した。その結果、GA2Pは、S1P同様、濃度勾配に従って、ERKのリン酸化を亢進させること、化学的にリン酸化されていないGAにおいては、ERKのリン酸化は亢進しないことを確認した（**図８**）。また、S1P1活性化後の細胞内在化についても、蛍光ラベル化による確認を実施した。その結果、部分的ではあるが、GA2P投与により、S1P1の細胞内在化が確認された（図８）[17]。これらの結果は、GA2PがS1P1のアゴニストとしての機能を有することを示しており、GAのスフィンゴシンミミックとしての機能を証明することとなった。

3 おわりに

現在、我が国の死亡原因はがんに続き、心疾患、脳血管疾患が上位を占める。その要因は主として脂質代謝疾患による脂質の異常が原因であると考えられている。特にセラミド代謝酵素を標的とした創薬は標的が膜タンパク質であることから困難を極める。今回、我々が発見したギンコール酸および誘導体によるSMS阻害、S1P1相互作用はリードあるいは脂質メディエーター開発の大きな足がかりになることが示唆される。イチョウ葉エキスは抗認知症、メタボリックシンドローム作用を示す臨床試験結果もあることから、イチョウ葉成分であるギンコール酸は他の疾病改善作用についても十分な可能性を秘める。さらにS1P受容体への相互作用は、自己免疫疾患や多発性硬化症・神経疼痛の新規リード開発にも寄与できると期待されるであろう。ギンコール酸については今後、SphKによるリン酸化反応を受けるのかどうか、あるいはがんやアトピー、喘息などの疾患研究やアジュバント（免疫補強剤）として利用される α-ガラクトシルセラミドのように、ギンコール酸も α-ガラクトシル化することで同様の効果が確認されるのか興味深いところである。天然物様医薬骨格を基盤とした多様性指向型合成を更に展開させることで、脂質代謝酵素群を標的としたリード化合物開発への寄与が一層期待される。

【参考文献】

1）Beckham, H. T., Cheng, J. C., *et al.*: Interdiction of sphingolipid metabolism to improve standard cancer therapies. *Adv. Can. Res.*, **117**, 1-36（2013）

2）a）Karlsson, K. A.: On the chemistry and occurrence of sphingolipid long-chain bases. *Chem. Phys. Lipids*, **5**, 6-43（1970）, b）Sambasivarao, K.and McCluer, R. H.: Thin-layer chromatographic separation of sphingosine and related bases. *J. Lipid Res.* **4**, 106-108（1963）, c）Cahoon, B. E. and Lynch, V. D.: Analysis of glucocerebrosides of Rye（Secale cereale L. cv Puma）leaf and plasma membrane. *Plant Physiol.* **95**, 58-68（1991）

3）Ito, M., Yamagata, T.：A novel glycosphingolipid-degrading enzyme cleaves the linkage between the oligosaccharide and ceramide of neutral and acidic glycosphingolipids. *J. Biol. Chem.* **261**, 14278-14282（1986）

4）Nakagawa, T., Tani, M., *et al.*: Synthesis of fluorescent GM1 and SM utilizing the reverse hydrolysis reaction of sphingolipid ceramide N-deacylase. -Use of fluorescent substrates for assays of sphingolipid degrading enzymes and sphingolipid-binding proteins-. *J. Biochem.* **126**, 111-119（1999）

5）門出健次, 他4名: 糖スフィンゴシンおよびスフィンゴイド塩基の製造方法. 特願2014-215478

6）Gowda, Siddabasave Gowda B., Usuki, S., *et al.*: Highly efficient preparation of sphingoid bases from glucosylceramides by chemoenzymatic method. *J. Lipid Res.* **57**, 325-331（2016）

7）Bligh, E. G. and Dyer, W. J. Can.: A rapid method of total lipid extraction and purification. *J. Biochem. Physiol.* **37**, 911-537（1959）

8）Gowda, Siddabasave Gowda B., Nakanishi, A., *et al.*: Facile chemoselective strategy toward capturing sphingoid bases by unique glutaraldehyde functionalized resin. *ACS. Omega* **3**, 753-759（2018）

9）a）Zheng, D., Huang, Y., *et al.*: Automated protein fold determination using a minimal NMR constraint strategy. *Protein Sci.*, **12**, 1232-1246（2003）, b）Oezguen, N., Adamian, L., *et al.*: Automated assignment and 3D structure calculations using combinations of 2D homonuclear and 3D heteronuclear NOESY spectra. *J. Biomol. NMR*, **22**, 249-263（2002）, c）Bailey-Kellogg, C., Widge, A., *et al.*:

The NOESY Jigsaw: Automated protein secondary structure and main-chain assignment from sparse, unassigned NMR data. *J. Comput. Biol.*, **7**, 537-558 (2000), d) Pervushin, K., Riek, R., *et al.*: Attenuated T_2 relaxation by mutual cancellation of dipole–dipole coupling and chemical shift anisotropy indicates an avenue to NMR structures of very large biological macromolecules in solution. *Proc. Natl. Acad. Sci. USA*, **94**, 12366-12371 (1997)

10) Erickson, J., Neidhart, D. J., *et al.*: Design, activity, and 2.8 A crystal structure of a C2 symmetric inhibitor complexed to HIV-1 protease. *Science*, **249**, 527-533 (1990)

11) Newman, D.J. and Cragg, G.M.: Natural Products as Sources of New Drugs from 1981 to 2014. *J. Nat. Prod.* **75**, 311-335 (2012)

12) Ohnishi, T., Hashizume, C., *et al.*: Sphingomyelin synthase 2 deficiency inhibits the induction of murine colitis-associated colon cancer. *FASEB J.*, **31**, 3816-3830 (2017)

13) Yuyama, K., Mitsutake, S., *et al.*: Pathological roles of ceramide and its metabolites in metabolic syndrome and Alzheimer's disease. *Biochim. Biophys. Acta*, **1841**, 793-798 (2014)

14) Mitsutake, S., Zama, K., *et al.*: Dynamic modification of sphingomyelin in lipid microdomains controls development of obesity, fatty liver, and Type 2 diabetes. *J. Biol. Chem.* **286**, 28544-28555 (2011)

15) Li, Z., Zhang, H., *et al.*: Reducing plasma membrane sphingomyelin increases insulin sensitivity. *Mol. Cell. Biol.*, **31**, 4205-4218 (2011)

16) Zama, K., Mitsutake, S., *et al.*: A sensitive cell-based method to screen for selective inhibitors of SMS1 or SMS2 using HPLC and a fluorescent substrate. *Chem. Phys. Lipids.* **165**, 760-768 (2012)

17) Swamy, M. M., Murai, Y., *et al.*: Structure-inspired design of a sphingolipid mimic sphingosine-1-phosphate receptor agonist from a naturally occurring sphingomyelin synthase inhibitor. *Chem. Comm.* **54** 12758-12761 (2018)

18) 門出健次, 他 4 名: SMS2阻害活性を有するセラミド誘導体. 特願2016-007702

がんとセラミド関連物質

谷口　真＊1、岡崎　俊朗＊2

1 はじめに

スフィンゴ脂質は脂質二重膜の構成因子として、細胞膜のバリア機能や流動性維持に重要な役割を果たすとともに、脂質メディエーターとしてさまざまな細胞生理機能制御に関与する[1, 2]。こうしたスフィンゴ脂質の機能はがん細胞の増殖、浸潤、転移や細胞死を引き起こすシグナル伝達にも密接に関わっている[3]。例えば、スフィンゴ脂質代謝の中心であるセラミド（ceramide）やスフィンゴシン（sphingosine; Sph）は、抗がん剤を利用した化学療法や放射線、酸化ストレスなどによって細胞内でその量が増加し、アポトーシスを含めた細胞死や細胞老化、細胞周期停止などを誘導する[4]。一方で、スフィンゴミエリン（sphingomyelin; SM）やグルコシルセラミド（glucosylceramide; GlcCer）、スフィンゴシン1-リン酸（sphingosine-1-phosphate; Sph1P）は、セラミド作用に拮抗する形で抗アポトーシスや細胞生存に働き、抗がん剤耐性機能の発現にも関与する[5, 6]。セラミドに増殖停止、細胞死誘導作用があることが発見されて以来、セラミドを中心としたスフィンゴ脂質とその代謝酵素を含むセラミド関連物質が、がん細胞の増殖抑制およびがん治療のための標的として非常に有用であることを示唆する多くの論文が報告されている。本稿では、セラミド関連物質とがんとの関連について概説するとともに、がん治療への応用について考察する。

2 スフィンゴ脂質代謝とがん

がん細胞を含む哺乳動物細胞におけるスフィンゴ脂質代謝において、セラミドは中心的な役割を担っており、現在までに合成・分解に関わる多くの酵素の遺伝子がクローニングされ、スフィンゴ脂質代謝制御は分子メカニズムのレベルで詳細に分かりつつある（**図1**）（第2、3、4、13章参照）。がん細胞において、抗がん剤や放射線などの細胞性ストレスによって増加するセラミドやSphは、*de novo*合成経路、SM分解およびサルベージ経路より産生される（**図1**）[1, 2]。他方、多くのがん細胞では、腫瘍抑制性脂質であるセラミドを低値に抑えるためにその代謝が亢進しており、SM合成酵素（sphingomyelin synthase; SMS）を介したSM産生、GlcCer合成酵素（glucosylceramide synthase; GCS）を経たGlcCerおよびスフィンゴ糖脂質合成、また、Sphを基質としたスフィンゴシンキナーゼ（sphingosine kinase; SphK）によるSph1P合成により、細胞死から逃れるだけでなく、これらの腫瘍増進性脂質を利用して細胞増殖や転移を亢進し、抗がん剤耐性能を獲得する。セラミド作用を標的とした抗がん剤の開発にはセラミドやSphの類縁物質による直接制御だけでなく、セラミド代謝酵素や結合タンパク質の低分子阻害剤や抗体の開発が有効であると考えられる。

3 スフィンゴ脂質代謝酵素とがん

生体内のスフィンゴ脂質は、一部、食品含有のものがスフィンゴイド塩基（長鎖塩基）に分解、吸収された後に再合成されると考えられているが、大部分のスフィンゴ脂質は細胞内の合成・分解酵素による代謝を介して、恒常性が維持されている（**図1**）。ここではスフィンゴ脂質代謝酵素とがん

＊1 金沢医科大学 総合医学研究所、＊2 金沢医科大学 医学部/総合医学研究所

細胞との関連について述べていく。詳しい代謝経路やスフィンゴ脂質の化学構造については第1-4章を、各々の酵素により誘導されるシグナル伝達に関しては第5、12、13、14章も参照されたい。

(1) セリンパルミトイル転移酵素（serine palmitoyltransferase; SPT）

SPTはセラミドの*de novo*合成経路における出発点であるL-セリンとパルミトイルCoAを縮合して3-ケトジヒドロスフィンゴシン生成を触媒する酵素である[7]。SPT遺伝子は、ヒト遺伝性感覚性ニューロパチーI型（hereditary sensory neuropathy type I; HSN1）の原因遺伝子として知られており、SPT遺伝子の特異的ミスセンス変異によって産生される変異型SPTが、L-セリンに代わりL-アラニンを利用して1-デオキシスフィンゴ脂質（1-deoxysphingolipids; deoxySLs）を合成するため、deoxySLsの蓄積により神経症状を示す[8]。また、正常なSPTも、L-セリンの欠乏からdeoxySLsを産生することから、SPTは潜在的にdeoxySLsを産生する機能を有する。乳癌患者における抗がん剤パクリタキセル（タキソール）の投与では、副作用として末梢神経痛（peripheral neuropathy）が起こることが知られており、この末梢神経痛の原因としてSPTによるdeoxySLs合成の亢進が起こっていることが細胞レベルおよびパクリタキセル投与を受けた乳癌患者の血清で確認されている[9]。L-セリンの摂取などにより、deoxySLsから通常のジヒドロスフィンゴシンおよびセラミドへの合成へシフトできれば、乳癌だけでなく他のがんにおけるパクリタキセルによる副作用を抑えることが可能かもしれない。また、創薬ハイスループットスクリーニングを利用したSPTの新規阻害剤が開発され、ヒト肺腺癌細胞HCC4006や急性前骨髄球性白血病細胞PL-21を用

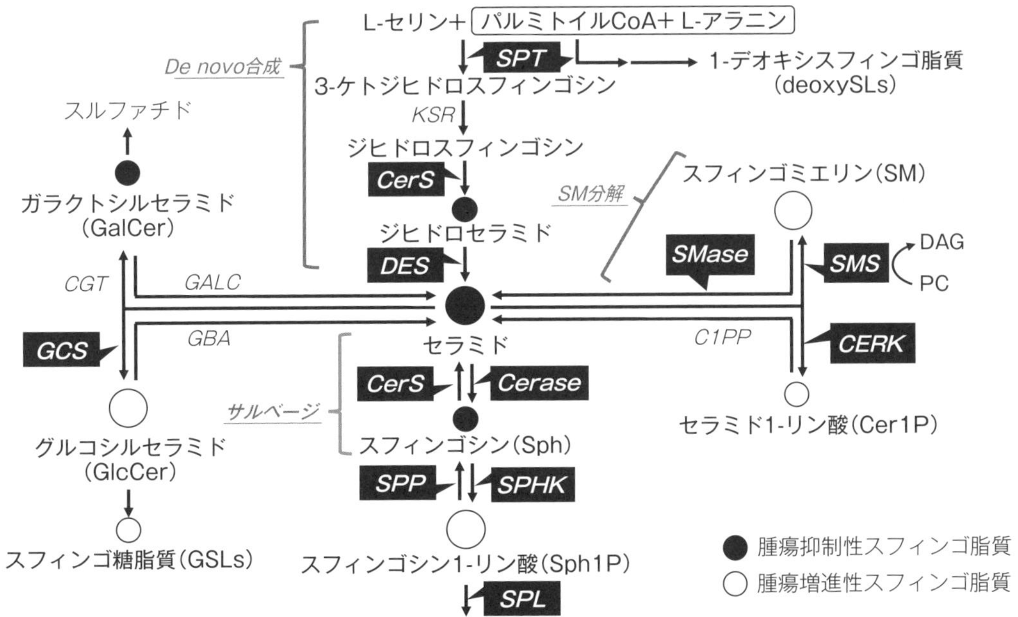

図1　セラミドを中心としたスフィンゴ脂質代謝経路

セラミドの生合成には、①L-セリンとパルミトイルCoAを起源とする*de novo*合成経路、②スフィンゴミエリン加水分解経路、③スフィンゴシンを介したサルベージ経路がある。合成されたスフィンゴ脂質には腫瘍抑制活性（●）および腫瘍増進活性（○）を持つものがあり、それぞれのシグナルを介してその細胞機能を発揮する。スフィンゴ脂質代謝酵素（■）：Cerase, セラミダーゼ；CERK, セラミドリン酸化酵素；CerS, セラミド合成酵素；CGT, ガラクトシルセラミド合成酵素；C1PP, C1P脱リン酸化酵素；DES, ジヒドロセラミド不飽和酵素；GALC, ガラクトシルセラミダーゼ；GBA, 酸性βグルコシダーゼ；GCS, グルコシルセラミド合成酵素；KSR, 3-ケトジヒドロスフィンゴシン還元酵素；SMase, スフィンゴミエリナーゼ；SPHK, スフィンゴシンキナーゼ；SPL, Sph1Pリアーゼ；SPP, Sph1P脱リン酸化酵素；SMS, スフィンゴミエリン合成酵素；SPT, セリンパルミトイル転移酵素。

いた細胞レベルやマウスへの異種移植モデルにおいて抗腫瘍効果があることが報告されている[10, 11]。しかしながら、その分子メカニズムや細胞特異性にはまだまだ不明な点が多く、抗がん剤として臨床応用されるには課題が残されている。

(2) セラミド合成酵素 (ceramide synthase; CerS1-6)

CerSは、*de novo*合成経路ではジヒドロスフィンゴシンからジヒドロセラミドを、サルベージ経路ではSphからセラミドを合成する酵素であり、哺乳動物には6種類のアイソザイムCerS1-6が見つかっている[12-14]。セラミドにはさまざまな長さの脂肪酸鎖（fatty acyl chain）を有する分子種が存在し、その分子種合成の選択性が6種類のCerSによって決定されている。がん細胞シグナリングにおいても、CerSによって合成される異なる脂肪酸鎖のセラミドが関与することが分かりつつある。例えば、頭頸部癌細胞においてヒストン脱アセチル化酵素1（HDAC1）とマイクロRNA miR-574-5pによりCerS1が遺伝子発現レベルで低下しており、その結果、C18-セラミドの産生が抑制されている[15]。加えて、CerS1が合成するC18-セラミドは頭頸部扁平上皮癌（head and neck squamous cell carcinoma; HNSCC）の細胞レベルおよび異種移植モデルでの細胞死を誘導し、腫瘍増殖を抑制することが報告されている[16, 17]。CerS2を欠損したマウスでは、C22-24の長鎖（long chain）セラミド量が減少しており、約50％のマウスで褐色細胞腫（pheochromocytoma）が発生することから、CerS2により産生されるC22-24-セラミドによるアポトーシスが抑制された結果ではないかと考えられる[18]。また、肺癌細胞株A549への遺伝毒性の無い低用量アクチノマイシンD処理により、CerS6ががん抑制因子p53の転写活性化の標的として発現増加し、C16-セラミドの増加から細胞死を誘導する[19]。CerS6によって産生されたC16-セラミドは、大腸癌細胞においてTRAIL処理によるcaspase依存性のアポトーシス誘導や、ヒト子宮頸癌細胞株HeLaへの放射線照射によるBAXを介したアポトーシスを誘導することも報告されている[20, 21]。さらに、ミトコンドリア関連抗アポトーシスタンパク質Bcl2-like protein 13（BCL2L13）は、CerS2およびCerS6に直接結合して、その活性を抑制することが神経膠芽腫細胞やその異種移植モデルにて観察されている[22]。臨床検体においても、CerS6により産生されるC16-セラミドが肺癌や口腔癌組織で、正常組織に比べて増加しているほか[23, 24]、ごく最近、Jangらのグループによって、大腸癌の大規模コホート調査とデータベースからCerS2-6のmRNA発現が増加していることが明らかとなり、さまざまながんにおけるCerSの関与が示唆されている[25]。以上のことから、CerSによって産生される異なる脂肪酸鎖のセラミドがさまざまな組織および細胞種依存的ながん細胞死や生存に関与しており、今後のさらなる研究発展が期待される。

(3) ジヒドロセラミド不飽和化酵素 (dihydroceramide desaturase; DES)

DESは*de novo*合成経路の最終段階でジヒドロセラミドへ二重結合を導入しセラミドへ変換する酵素である。これまでにジヒドロセラミドを含むジヒドロスフィンゴ脂質は、細胞外からの処理により生理活性を示すスフィンゴ脂質に対して、不活性型コントロールとして実験的によく用いられてきた。しかしながら、DESのノックダウンやフェンレチニド（fenretinide）やC8-cycloprophenylceramide（C8-CPC）などによるDES阻害により、細胞内のジヒドロセラミドの蓄積から、G1-S細胞周期移行の遅延が見られることが神経芽腫細胞で見出された[26]。この結果より内在性ジヒドロセラミドは、細胞死誘導機能は示さないが、がん細胞増殖を抑制する脂質メディエーターとして作用を示すことが示唆される。

(4) SM分解酵素 (sphingomyelinase; SMase)

セラミドの産生経路としてSMの加水分解があり、その反応を触媒する酵素がSMaseである。SMaseには至適pHが異なる3種類の酸性SMase、中性SMase、アルカリ性SMaseが存在する[27]。リソソームに局在する酸性SMaseの発現誘導ではセラミド産生が増加し、ヒトリンパ芽球の細胞死を誘導することが、細胞およびマウスレベルでも見出されている[27-29]。また、酸性SMase遺伝子（*Smpd1*）のノックアウトマウスに対するメラノーマ異種移植モデルでは、がん細胞の肺および脾臓への転移が抑制され、野生型マウスの血小板を*Smpd1*ノックアウトマウスへ移植後の異種移植モデルでは、メラノーマ細胞の転移が再び増加する[30]。この結果は、メラノーマ細胞がホストであるマウスの血小板の放出型酸性SMase活性を増強し、C16-セラミドが生成され、メラノーマ細胞上での$\alpha 5\beta 1$インテグリンの集積が誘導されることで、がん細胞の接着と転移が促進する機構の存在を示唆している[30]。以上の結果から、がん細胞では酸性SMaseの誘導によってセラミド産生が増加し、アポトーシスを誘導するが、一方で血小板での酸性SMaseの増加は逆にがん細胞の転移を促進するため、酸性SMaseの抗腫瘍活性を利用するには、組織および細胞特異的な活性の制御が必要となり、今後の更なる研究が必要である。

細胞膜局在の中性SMase2（*SMPD3*）にはセラミド依存性の細胞周期停止機能があることが知られているが[31]、近年、中性SMase2によって産生されるセラミドがエクソソームの放出に必要であることが注目されている[32]。エクソソームは直径40-150nmの脂質二重膜を持つ細胞外小胞で、その中には脂質、タンパク質、mRNAやマイクロRNAなどの核酸が含まれており、エクソソームを介した細胞間相互作用が注目されている。特にがん細胞が産生・放出するエクソソーム（Cancer-derived exosomes）が、がん細胞自身とがん微小環境の相互作用を介して、がん細胞の増殖、転移や抗がん剤耐性を促進する機能を有することが報告されている[33]。他方、エクソソームに含まれるがん細胞特異的マイクロRNAなどを検出することで、がんの早期診断が可能となるなどバイオマーカーとしても注目されている[34]。中性SMase2を標的としたエクソソーム産生抑制を介したがん細胞制御には期待が寄せられる一方、エクソソームの産生・放出の分子メカニズムにはまだまだ不明な点も多い。エクソソームを含めた細胞外ベシクルにおけるセラミドの関与については第20章を参照していただきたい。

アルカリ性SMase（*NPP7/ENPP7*）は主に腸管粘膜で発現し、アルカリ環境で働く放出性SMaseである。アルカリ性SMase欠損マウスでは、アゾキシメタン（azoxymethane; AOM）とデキストラン硫酸ナトリウム（dextran sodium sulfate; DSS）による大腸炎誘導性大腸癌モデルにおける腫瘍の大きさと数が増加しており、アルカリ性SMaseによるセラミド産生が炎症性大腸癌の発生抑制に寄与していることが示唆されている[35]。

以上のことから、SMの加水分解を利用したSMaseによるセラミド産生制御はがん細胞死だけでなく、細胞周期抑制による増殖抑制機能も含めた腫瘍抑制機構を潜在的に有するがん治療戦略における有用な標的となり得る。

(5) SMS

セラミドとホスファチジルコリンを基質としてSMとジアシルグリセロールを産生する反応を触媒する酵素がSMSである[6]。ゴルジ体においてSMS1および一部SMS2によって合成されたSMは、形質膜を含む各細胞内小器官膜へ輸送されることで広く細胞膜へ分布している[6]。また、SMS2は形質膜にも局在しており、細胞外刺激に応じて膜セラミド/SMバランスを制御している。SMSによるSM合成経路の活性化は、膜ミクロドメインのSM増加を担うのみならずセラミド量の抑制にも働き、ヒト白血病細胞JurkatでFasリガンド（FasL）を用いて細胞死を誘導する際にはSMS活性の抑制からセラミドが増加してcaspase-9依存性のアポトーシスが誘導される[36]。FasLによる刺激では、SMSが活性化したcaspaseによる切断を受けて不活性化することでセラミドが増加する。慢性骨髄性白血病（chronic myeloid leukemia; CML）の原因遺伝子であるBCR-ABLともSMSが関与することが報告されている[37, 38]。CMLを含む数種類の白血病細胞株の中で、BCR-ABLが発現しているCML細胞K562のみで他の細胞株に比べSMS活性が高く、BCR-ABLの阻害剤であるイマチニブ処理によりSMS活性の低下が見られた[37]。また、SMS阻害剤D609やsiRNAによるSMS1ノックダウンによってBCR-ABL陽性細胞の増殖が抑制され[37]、BCR-ABLがSMS1の遺伝子発現と活性を促進することでCML細胞の増殖に関与することが示唆されている[38]。また、最近、著者らのグループでもAOM/DSS大腸癌モデルにおいて、SMS2欠損により大腸炎の進展および大腸癌の発生が抑制されることを報告した[39]。さらに、SMS2欠損マウスではリンパ腫肝臓転移モデルにおいて、肝臓への転移が抑制されていることも示されており（未発表、投稿中）、SMS2の抑制が炎症性発がんだけでなくがんの転移抑制にも関与し、今後のSMS2阻害剤の抗炎症、抗がん剤としての開発応用が期待される。

(6) GCS

ゴルジ体のセラミドはSM合成以外にもGlcCer合成の基質として利用され、この反応を担っているのがGCSである。GCSの発現は口腔癌患者の予後と相関していることが報告されている[40]。また、GCSの分子薬理学的阻害剤は、頭頸部癌細胞や肝がん細胞への化学療法薬の耐性獲得の抑制に効果がある[41, 42]。加えて、p53変異型ヒト卵巣癌細胞において、GCSの阻害によりp53のリン酸化促進を介したp53応答性アポトーシスが誘導され、フモニシンB1処理によるセラミド合成阻害が、GCS阻害によるp53応答性をキャンセルすることから、GCS抑制によるセラミド産生促進がp53応答性アポトーシス誘導に関与することが報告されている[43]。他方、GCSによって産生されるGlcCerはその後、ガングリオシドを含むスフィンゴ糖脂質の合成に利用され、これらのGCS活性亢進による糖脂質の増加は、乳癌幹細胞（$CD44^{+}ESA^{+}CD24^{+}$）の多能性維持に関与していることが報告されている[44]。さらに、CML患者由来の急性転化期（blast phase）CD34+CML前駆細胞においてもセラミドがスフィンゴ糖脂質合成のために利用され、結果としてアポトーシスを誘導するセラミド量が減少して細胞死誘導が抑制され、チロシニブやダサチニブなどの第2世代BCR-ABLチロシンキナーゼ阻害剤に対する抗がん剤耐性発現の要因となることが見出されている[45]。以上のことから、GCSがセラミド誘導性のがん細胞死抑制だけでなく抗がん剤耐性にも関与し、GCS阻害剤が既存の抗がん剤との併用で有用ながん治療薬開発の標的となることが示唆されている。

(7) セラミド輸送タンパク質（ceramide transporter; CERT）

小胞体で産生されたセラミドをゴルジ体へ輸送するタンパク質がCERTである[46]。セラミドの細胞内局在制御分子であるCERTの阻害もがん細胞の増殖抑制に効果的であると考えられる。CERTのノックダウンにより卵巣癌、大腸癌やHER2陽性乳癌細胞において、パクリタキセル誘導性の細胞死への感受性が増加することが報告されている[47]。パクリタキセルにより増加するセラミドが小胞体に蓄積し、通常の輸送経路により細胞内局在することができないために、小胞体ストレスやLamp2依存性のオートファジー誘導からの細胞死を促進していると示唆される。また、CERTの薬理学的阻害剤3-chloro-8β-hydroxycarapin-3,8-hemiacetal（CHC）はHeLa細胞にセラミド誘導性の細胞死を引き起こす[48]。

(8) セラミドリン酸化酵素（ceramide kinase; CERK）

CERKはセラミドをリン酸化してセラミド1-リン酸（ceramide-1-phosphate; Cer1P）を産生する酵素であり、Cer1Pは細胞質ホスホリパーゼA2αの活性化を介して、エイコサノイド産生と細胞遊走を促進する[49]。CERK-Cer1P経路の活性化により乳癌細胞の生存とHER2の抑制からの乳腺腫瘍再発を促進することがマウスモデルで示唆されている[50]。さらにCERK阻害剤NVP-231はセラミド誘導性の細胞周期停止とアポトーシスを誘導することで、乳癌と肺癌細胞を抑制することが報告されていることから[51]、CERKも抗がん剤開発においての標的となり得る。

(9) セラミド分解酵素（ceramidase; Cerase）

CeraseはセラミドをSphに加水分解する酵素であり、SMase同様至適pHの異なる、酸性Cerase、中性Cerase、アルカリ性Ceraseが見つかっている[52]。さまざまながん種、特に前立腺癌において酸性Ceraseの発現が亢進している[53, 54]。放射線照射によって酸性Ceraseが増加し、放射線治療の抵抗性と再発に関与することがマウスモデルで報告されているだけでなく、放射線治療後の再発前立腺癌患者の癌検体においても酸性Cerase発現が上昇していることが示されている[53]。酸性Ceraseは前立腺癌細胞において、Sph1P誘導性のAKTシグナル経路を介したPTENの核移行を促進すること[54]、また、先に述べたCerS6の発現誘導が酸性Ceraseの転写を活性化する正のフィードバック機構が大腸癌細胞で報告されており[55]、酸性Cerase発現上昇によりSph1Pの基質であるSph量の増加からSph1P産生が促進し、Sph1Pシグナリングを介してがん細胞の増殖および生存機能が促進する。

中性Ceraseはセラミドを分解しSphの産生か

らSphKを介したSph1P産生に関わり、抗腫瘍性のセラミドの産生を抑えることでがん細胞死を抑制している[56]。中性Ceraseは腸管組織で豊富に存在しており、中性Ceraseの阻害によるセラミド誘導性のアポトーシスとオートファジーの増加が大腸癌細胞および異種移植モデルで確認されている[57]。さらに、中性Cerase遺伝子（*Asha2*）欠損マウスではAOMにより誘導される大腸癌の発生が抑制されることが見出されている[57]。

アルカリ性Ceraseには3種類のアイソザイム（ACER1、ACER2、ACER3）が同定されているが、ACER1に関してはがんとの関与は分かっていない[58]。ACER2の活性化は、抗がん剤ドキソルビシン誘導性のDNA障害応答においてSphの蓄積と活性酸素種シグナリングを介したがん細胞死を促進する[59]。ACER3はオレイン酸やパウリン酸のようなC18および C20脂肪酸鎖の不飽和型を含むC18:1-およびC20:1-セラミドを選択的に分解する酵素である。*Acer3*ノックアウトマウスでは大腸炎および大腸炎関連大腸癌の発生が増加する。さらに、*Acer3*の欠損によってラクトシルセラミドやモノヘキソシルセラミドの蓄積による全身性炎症と自然免疫の過剰活性化が惹起される[60]。

(10) SPHK

SPHKはジアシルグリセロールキナーゼファミリーに属し、Sphをリン酸化することでSph1Pを産生するキナーゼであり、SPHK1とSPHK2の2種類のアイソザイムが存在する。SPHK1は主に細胞質に、SPHK2は核膜と細胞質にそれぞれ局在している。両酵素はがん促進性の脂質であるSph1Pを産生し、異なるシグナル伝達経路を介してさまざまながんで細胞生理機能制御に関与する。例えば、SPHK1は大腸癌を含む多くのがん組織で過剰発現しており[61]、*SphK1*欠損マウスではAOM誘導性の大腸癌の発生が抑制される[62]。臨床研究を利用したメタ解析からも、さまざまながん患者においてSPHK1の発現が高いと予後が悪く、生存率が低下することが示唆されている[63]。

SPHK1同様、SPHK2も非小細胞肺癌患者の腫瘍部分において非癌部に比べて発現が増加している。SPHK2高発現が抗がん剤ゲフィチニブへの抵抗性と関与しており、SPHK2低発現と比べると全生存期間（overall survival; OS）の低下も見られる[64]。また、細胞レベルでの研究では、大腸癌細胞においてSPHK2の過剰発現により、がん遺伝子であるMYCシグナルの活性化から細胞増殖が促進すること[65]、乳癌細胞においてはEGF誘導性のERK1を介したSPHK2の351番目のセリンと578番目のスレオニンのリン酸化が起こり、乳癌細胞の遊走が促進されることが報告されている[66]。しかし一方で、SPHK2はSph1P産生を介した細胞増殖・生存機能だけでなく、細胞周期停止やアポトーシス誘導といった真逆の機能を有することも報告されている[67-71]。これらのSPHK2の細胞周期停止やアポトーシス誘導効果を示した研究では、SPHK2の過剰発現系を利用しており、細胞内で過剰に産生されたSPHK2は核へ移行し、Sph1P誘導性のHDAC1およびHDAC2の阻害およびp21やc-fosの転写活性化を誘導し、エピジェネティックな制御因子として働くことで抗増殖効果を発揮する[72]。また、Neubauerらは、ヒトのがんにおけるSPHK2発現データベースから、多くのがん種ではSPHK2の発現レベルが正常組織に比べ2.5倍を越えていないことに着目し、マウス線維芽細胞へSPHK2の過剰発現を行い、極低、低、中、高レベル発現に分類し、それぞれの細胞での腫瘍性を免疫不全マウスへの移植で確認した[73]。興味深いことに、中・高発現では抗腫瘍性を示したが、極低および低レベルでは細胞増殖シグナルの活性化を伴った腫瘍の増大が見られた。中・高レベルのSPHK2発現ではこれまでの報告のように核内へのSPHK2の局在が見られるが、極低および低レベルのSPHK2発現では細胞質内へ留まり、Sph1Pを介した増殖シグナルの活性化により、がん細胞増殖が促進することが示唆された[73]。以上のことから、SPHK2は発現量の違いにより、細胞内局在を変えることで、増殖促進と増殖抑制の真逆の作用を示すことが示唆された。また、*SphK2*欠損マウスではAOM/DSS大腸癌モデルでも腫瘍産生が増進することからも[74]、SPHK2には腫瘍増進と腫瘍抑制の両面の作用があることは明白であり、SPHK2の発現量および局在を標的とした阻害が抗がん作用を発揮するには必須であり、今後のさらなる研究が必要である。

SPHK1とSPHK2はSph1Pの細胞内局在特異的

な産生およびシグナル伝達によって、がん細胞の生存に関して非常に重要な役割を担っており、SPHK阻害剤が抗がん剤治療開発の標的として非常に有効であることが示唆されている。

(11) Sph1Pリアーゼ (Sph1P lyase; SPL) とSph1Pホスファターゼ (Sph1P phosphatase; SPP)

SPLおよびSPPはSph1Pを代謝する酵素であり、SPLはSph1Pをホスホエタノールアミンとヘキサデセナールへと分解、SPPはSph1Pを脱リン酸化してSphへ戻す酵素である。両酵素とも抗腫瘍脂質であるセラミドの産生というより、腫瘍増進性脂質であるSph1Pの代謝に関わる。SPLは大腸癌組織においてタンパク質レベルで低下していること、また、SPLの発現抑制ではSph1Pの蓄積とSph1P受容体を介したシグナル伝達経路の活性化から、STAT3によるmi-181b-1の上昇を伴った大腸発癌を促進することが報告されている[75]。さらに、大腸癌細胞および異種移植モデルにおいては、SPLの過剰発現によって、Sph1Pシグナルの減少から、p53およびp38 MAPキナーゼ依存性のアポトーシスが誘導される[76]。一方、SPPの阻害によってもSph1Pの蓄積から胃癌細胞の遊走が促進することが報告されている[77]。また、SPPの高発現を示す胃癌患者では、Sph1Pの増殖性シグナル低下を特徴として、SPP発現が低値の胃癌患者よりもOSの改善が見られることが示唆された[77]。以上のことから、SPLやSPPの活性化によりSph1Pシグナルの低下を誘導することが新たな抗腫瘍治療戦略に応用できるかもしれない。

スフィンゴ脂質の代謝酵素の抑制は、スフィンゴ脂質量の制御を介してがん細胞シグナルを制御することが可能であるため、阻害剤の開発が現在も進められており数多くの報告がなされている(**表1**)。しかしながら、スフィンゴ脂質代謝酵素の多

表1 スフィンゴ脂質代謝酵素とがん

	代謝酵素	機能・活性	癌との関連	癌種	阻害剤	文献
【セラミド合成・腫瘍抑制】	SPT	De novo合成↑ deoxySLs↑	抗がん剤および放射線治療における副作用(末梢神経症状)	乳癌	Myriocin	9)
	CERS1	C18(ジヒドロ)セラミド合成↑	マイトファジー誘導	頭頸部癌、AML、マウス異種移植	Fumonisin B1	15-17)
	CERS6	C16(ジヒドロ)セラミド合成↑	Caspase依存性細胞死誘導、がん細胞での発現上昇、GVHDの抑制	肺癌、乳癌、白血病	Fumonisin B1	19-24, 100)
	DES	セラミド合成↑	細胞周期停止	神経膠芽腫	Fenretinide, ABC294640, C8-CPC	26)
	酸性SMase	セラミド合成↑	アポトーシス誘導(血小板由来はがん転移を促進)	リンパ芽球	三環系抗うつ薬	28-30)
	中性SMase	セラミド合成↑	細胞周期停止、エクソソーム放出	乳癌	GW4869	31, 32)
	SPL	Sph1P分解↑	セラミドの蓄積↑、細胞死誘導	大腸癌	THI	67, 68)
【セラミド分解・生存シグナル】	CERT	セラミド輸送	セラミド誘導性細胞死の抑制	乳癌	CHC	47, 48)
	CERK	Cer1P産生↑	細胞生存	乳癌	NVP-231	49-51)
	SMS	SM合成↑	細胞死抑制、抗がん剤耐性、炎症	白血病、CML、大腸癌	D609	36, 39)
	GCS	GlcCer合成↑	抗がん剤耐性	口腔癌、乳癌、マウス異種移植	PPMP, PDMP	40-44)
	酸性Cerase	セラミド分解↑	細胞死抑制、増殖促進	前立腺癌	LCL-521	52-55)
	SPHK1	Sph1P産生↑	細胞生存、転移↑	膀胱癌、肺癌、メラノーマ	PF543	61-63)
	SPHK2	核内Sph1P産生↑	HDAC阻害、テロメア安定性	乳癌、肺癌、マウス異種移植	ABC294640	120, 121)

C8-CPC, C8-cyclopropenylceramide ; CHC, 3-chloro-8β-hydroxycarapin-3,8-hemiacetal ; GVHD, 移植片対宿主病(graft versus host disease); HDAC, ヒストン脱アセチル化酵素 ; THI, 2-アセチル-4-テトラヒドロキシブチルイミダゾール(2-acetyl-4-(tetrahydroxybutyl)-imidazole)。

くは細胞膜に局在し、特に酵素活性ドメインは脂質と結合し反応を触媒するために膜内部に存在するため、自然とその阻害剤の可溶性は低くなってしまう。実験的には阻害効率の高い阻害剤でもその可溶性の問題で、臨床的に用いることができないものも多々存在している。そこで、分子構造予測やハイスループットな阻害剤スクリーニングにより、より効果的で可溶性の高い阻害剤が開発され、がん治療に繋がる臨床応用が期待される。

4 セラミド関連物質とがん治療

がん治療に用いる化学療法剤や放射線照射による細胞ストレス増強では、がん細胞においてセラミド産生が誘導されることで、細胞死誘導から腫瘍抑制効果が見られる。逆に産生されたセラミドがSph1Pまで代謝されると、先述した様に抗がん剤治療や放射線治療に対する抵抗性を示すと予想される。ここでは、既存のがん治療法がスフィンゴ脂質およびその代謝経路に与える変化と、スフィンゴ脂質や構造類縁体およびその代謝酵素阻害剤による新規癌治療法開発の現状について紹介する。

(1) 抗がん剤治療と放射線治療

1995年にBoseらによって、マウス白血病細胞p388およびヒト組織球性リンパ腫U937での抗がん剤ダウノルビシンが引き起こすアポトーシスにおいて、*de novo*でのセラミド合成を誘導することが見出された[78)]。再発性の頭頸部癌患者へゲムシタビンとダウノルビシンを併用投与する第二相臨床試験において、血清中C18-セラミドの上昇が抗腫瘍効果の改善に顕著に関連していることが報告された[79)]。抗がん剤の併用投与ではHNSCC細胞とその異種移植モデルにおいて、CerS1を介したC18-セラミド産生が促進した[80)]。また、CML細胞K562およびMEG-01へのチロシンキナーゼ阻害剤ニロチニブ処理では、CerSの活性化とSPHK1抑制によりセラミド増加とSph1P低下が同時に生じ、分子標的薬によるセラミド代謝を介した細胞死が見られた[81)]。放射線照射に関しては、線虫においてもミトコンドリアでのCerSによるセラミド合成増加がp53とcaspaseを介したアポトーシスを誘導することから[82)]、放射線照射によるセラミドを介した細胞死誘導機構は種を越えて細胞に維持され、がん細胞において放射線照射によってCerSだけでなくSMaseを介したSM加水分解などさまざまな経路によるセラミド産生を介したアポトーシス誘導が報告されている[83, 84)]。興味深いことに、高線量照射によって誘導されるマウス消化管障害（急性放射線性消化管症候群）に対しては、抗セラミド中和抗体の投与によるセラミドシグナルの抑制により腸管粘膜障害が緩和されることが報告されている[85)]。しかしながら、抗セラミド中和抗体ががん放射線治療において、小腸粘膜固有層の血管内皮細胞のアポトーシスを抑制しているのか、腸管幹細胞（crypt stem cells）の細胞増殖性に効果があるのかは不明である。以上のことから、抗がん剤治療や放射線治療においてがん細胞でのセラミド産生には腫瘍抑制効果における重要な役割があることは明白だが、放射線治療における有害事象である腸管幹細胞死などの腸管毒性の抑制にはセラミド産生の抑制が効果的かもしれない。

(2) 抗がん剤耐性

さまざまながん細胞においてGCSによるセラミドのGlcCerへの変換により、細胞死誘導セラミドが減少し、抗がん剤耐性を引き起こすことが報告されている[86)]。例えば、急性骨髄性白血病（acute myeloid leukemia; AML）やCMLにおいて、抗がん剤耐性を示す患者から得られた白血病芽球ではSMS活性とともにGCS活性が亢進し、セラミドが低値に抑えられていることが報告されている[87)]。また、ドキソルビシン投与により浸潤性乳管癌細胞において、転写因子Sp1のGCS遺伝子（*UGCG*）プロモーターへの結合が促進されることでGCSの転写レベルでの増加が起こる[88)]。同様に、大腸癌細胞とその異種移植モデル、また大腸癌患者から得られた癌組織の検証で、分子標的薬であるセツキシマブ（抗ヒトEGFP抗体）に対する薬剤耐性発現機構としてSPHK1の過剰発現が関与することが報告されている[89)]。興味深いことに、FTY720（フィンゴリモド）によってSph1P受容体1（S1PR1）を阻害することで、抗がん剤耐性大腸癌および腫瘍のセツキシマブへの感受性が回復した[89)]。加えて、SPHK1の過剰発現は、S1PR2を介したPP2Aの抑制からCML細胞のイマチニブ誘導性アポトーシスに対する抵抗性を増加させた[90]。さらに、miR-95によるSPP1の抑制が乳癌および前立腺癌のマウスモデルにおいて、Sph1P依存的な放射線抵抗性を示した[91]。これらのことから、GlcCerやSph1Pの合成方向へのスフィンゴ脂質代謝の活性化は抗腫瘍治療の妨げとなるため、GCSやSPHKの阻害が抗がん剤耐性克服への治療標的となるだけでなく、GlcCerやSph1Pがさまざまながんでの抗がん剤耐性強度の予測的バイオマーカーとしても利用できるかもしれない。

(3) 腫瘍免疫と免疫療法

Sph1Pの細胞メディエーターとして誘導される代表的な細胞機能は、Sph1P-S1PRシグナルを介して免疫細胞の遊走能を増強することで、リンパ球のリンパ組織から血中への移行を誘導することである[92]。また、細胞死を起こした細胞から放出されたSph1Pがマクロファージを動員し、エリスロポエチンシグナルを増強することでアポトーシス細胞の貪食のための"find-meシグナル"として機能する[93]。がん細胞と免疫細胞との相互関係において、Sph1PによるSTAT3の活性化とSTAT3誘導性のS1PR1シグナルの活性化が、STAT3活性化によるサイトカイン誘導の正のフィードバックループを引き起こし、腫瘍微小環境を介したがんの悪性化を促進する[94]。腸内細菌が放出した微細粒子を小腸粘膜上皮細胞が取り込むことでSph1P含有のエクソソーム様ナノ粒子の形成・放出が促進し、このナノ粒子がCCケモカイン20、プロスタグランジンE2およびMYD88シグナルの活性化を介してTh17ヘルパーT細胞の増殖を促進することで、AOM/DSS誘導性大腸癌の発生頻度が増加する[95]。また、多発性硬化症の脳病変におけるリン酸化プロテオミクスによって、S1PR1の351番目のセリンのリン酸化がTh17細胞を介した自己免疫性の神経炎症を増悪させることが示されている[96]。しかしながら、S1PR1のリン酸化によって活性化する炎症性免疫細胞が、がんおよび腫瘍の発生に関与するかは明らかとなっていない。

同様に、さまざまなスフィンゴ脂質が免疫細胞に作用して抗腫瘍効果を活性化することが報告されている。例えば、セラミドがリソソームのカテプシンBおよびDを活性化することで、細胞障害性T細胞（cytotoxic T cells; CTLs）を抑制する骨髄由来免疫抑制細胞（myeloid-derived suppressor cells; MDSC）において小胞体ストレスや過剰なオートファジーを誘導し、MDSCの機能を阻害することでCTLsの活性を高め、CMS4-met由来軟部組織肉腫の増殖が抑制されることをマウスモデルで認めた[97]。骨髄腫を発生しやすいゴーシェ病患者ではグルコセレブロシダーゼの欠損のためにGlcCerが蓄積し、単クローン性免疫グロブリンがリゾグルコシルセラミド（lyso-GlcCer）に反応し[98]、補体C5aとC5a受容体I型（C5aR1）を介した補体経路活性化により組織炎症が惹起される[99]。また、悪性造血器腫瘍での免疫治療法とされる同種造血幹細胞移植において、CerS6により産生されたC16-セラミドが同種抗原（alloantigen）へのT細胞応答を増強することが白血病マウスモデルで報告された[100]。この際に、CerS6の遺伝的欠損では、同種造血幹細胞移植によるドナー免疫細胞が宿主細胞を攻撃する移植片対宿主病（graft versus host disease; GVHD）が抑制される[100]。海洋性海綿動物由来のα-ガラクトシルセラミド（α GalCer）がCD1dを介して腫瘍抑制性のナチュラルキラー細胞を活性化することが、マウスやサルのモデルで見出されたが[101]、ヒトの臨床応用効果は不十分であり、さらなる研究が必須である。以上のことから、セラミドとSph1Pを介したシグナル伝達経路は腫瘍免疫の制御にも関与しており、セラミドシグナル増強もしくはSph1Pシグナル抑制が抗腫瘍免疫治療への発展に寄与できるかもしれない。

(4) 治療分子標的としてのスフィンゴ脂質

先に挙げたSph類縁体であるFTY720は、すでに再発多発性硬化症においてS1PRを標的とした活性化Tリンパ球抑制治療薬として用いられている[102, 103]。プロドラッグであるFTY720は、細胞内でSPHK2によってリン酸化されSph1Pの構造類縁体であるP-FTY720となる。P-FTY720はS1PR1のアンタゴニストとしても機能するが、S1PR1依存的[74]、非依存的[104]両方のメカニズムで大腸癌および肺癌細胞、またマウスモデルで腫瘍抑制効果を促進する。一方、P-FTY720ではなくFTY720自体が細胞レベルで、CML幹細胞の増殖と拡大を抑制し、イマチニブ抵抗性を解除する[105]。培養細胞レベルでは、FTY720ががん細胞死を誘導する濃度は、10-20 μMであるが、ヒト肺癌異種移植マウスでの腫瘍抑制には3-10 mg/kg体重/日で投与した場合、S1PR1を介したリンパ球の放出抑制とそれに伴う腫瘍のネクロトーシス（プログラム化ネクローシス）を引き起こした[98, 99]。興味深いことに、リピドミクスによる解析から、FTY720を投与したマウスにおける肺腫瘍組織では、主にプロドラッグであるFTY720が蓄積し抗腫瘍効果を示しており、血清には免疫抑制型のP-FTY720が含まれていた[106]。これらの報告から、FTY720はさまざまながんにおいて抗腫瘍治療に利用できる可能性が示唆されている。P-FTY720自体はCMLや肺癌の細胞死には関与しないが、SPHK2阻害剤（ABC294640など）との併用によりP-FTY720産生が抑制され、FTY720を介した抗腫瘍効果が発揮されるかもしれない[107]。

また、セラミドによる抗腫瘍効果を標的としてセラミド誘導物や類縁体が開発され、利用されつつある（**図2**および**表2**）。高可溶性のピリジニウムセラミドは選択的にがん細胞のミトコンドリアに蓄積し、致死性のマイトファジーを誘導して抗腫瘍効果を示すことが、頭頸部および前立腺癌細胞とそれらの異種移植マウスモデルで報告されている[108, 109]。また、我々のグループでも食餌性の植物由来GlcCer投与によって、HNSCCとその異種移植マウスモデルでセラミドの増加を介した血管新生の抑制を伴った抗腫瘍効果が見られている[110, 111]。さらにセラミドナノリポソームによる抗アポトーシス因子survivinの抑制を介して、ナチュラルキラー細胞性大顆粒リンパ球白血病の完全寛解が細胞レベルおよびラットモデルで示された[112]。現在、セラミドナノリポソームは進行性固形がん患者の第一相臨床試験が行われている[113]。また、セラミドナノリポソーム製剤については第37章で述べられているので参照いただきたい。

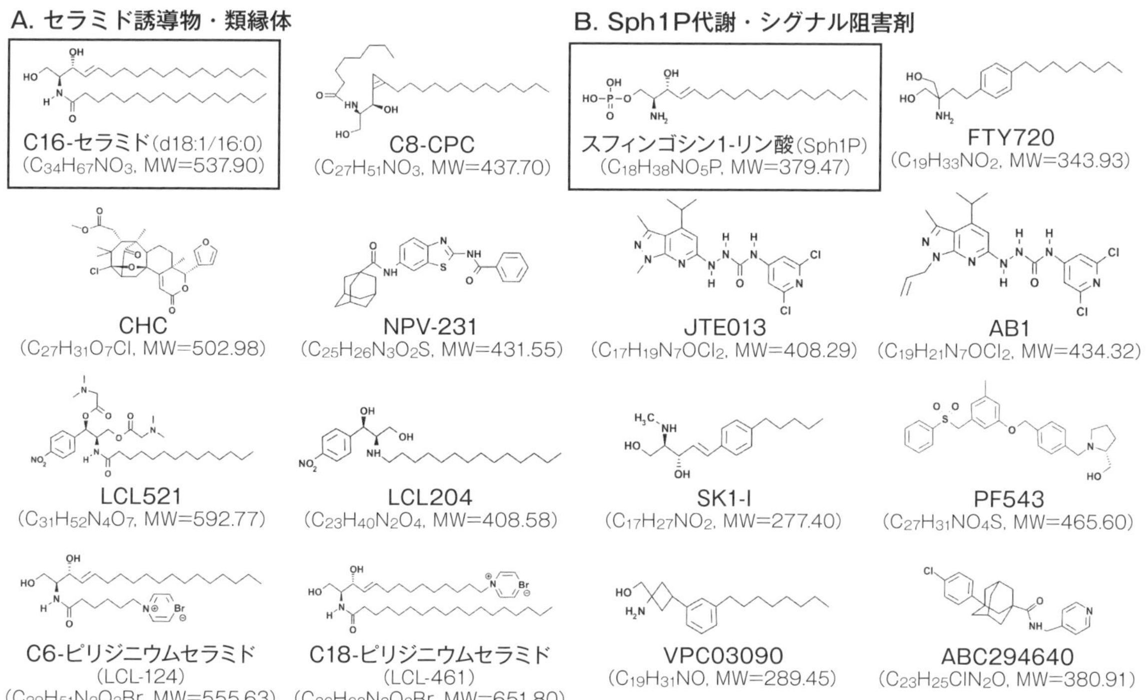

図2　スフィンゴ脂質類縁体および阻害剤の化学構造
セラミドやSph1Pの化学構造を元に、セラミド誘導物や類縁体、Sph1P受容体アンタゴニストやSPHK阻害剤が開発され、細胞および動物実験レベルでの抗がん作用から臨床応用につながりつつある（表2参照）。C8-CPC, C8-cyclopropenylceramide；CHC, 3-chloro-8β-hydroxycarapin-3,8-hemiacetal；MW, molecular weight。

(5) SPHK-Sph1P-S1PRシグナルを標的とした抗がん剤開発

これまで述べてきたように、Sph1Pの産生とそのシグナル伝達抑制は抗腫瘍治療法開発において有効な標的となりうる（図2および表2）。例えば、細胞レベルおよび異種移植マウスモデルでSph類縁体でありSPHK1の阻害剤であるSK1-Iは神経膠芽腫の増殖を抑制する[114]。同様に、SPHK1選択的阻害剤PF-543は3種抗がん剤耐性乳癌や大腸癌細胞の増殖を抑制することが報告されている[115]。さらに、S1PR1およびS1PR3のアンタゴニストVPC03090やS1PR2アンタゴニストAB1は前臨床評価試験では抗腫瘍効果を認め、将来的に臨床試験へ進むことが期待されている[116, 117]。抗Sph1P抗体ソネプシズマブ（sonepcizmab）は、抗VEGF抗体抵抗性の腎明細胞癌（renal clear cell carcinoma; RCC）患者への新規治療として第二相臨床試験に進んでいる[118, 119]。40人のRCC患者が他施設共同試験を受けており、平均21.7カ月のOSが報告されているが、プライマリーエンドポイントに当たる2カ月の無増悪生存は達成されていない。また、限られた数の患者（10%）で5.9カ月の平均判定期間中に重い細胞毒性も示さず部分奏功が見られたが、転移RCCにはソネプシズマブ単独では改善が見られなかった。バイオマーカーを調べると、ソネプシズマブ投与では、全身性にSph1Pの濃度が増加しており、転移誘導性のSph1Pシグナルはまだ活性化しているため、抗体の効果が限定されていると考えられる[119]。SPHK2阻害剤ABC294640は肺腫瘍ではテロメラーゼの不安定化、膵臓の腫瘍ではMYCとリボヌクレオシド二リン酸還元酵素の抑制と異なるメカニズムによって腫瘍増殖を抑制する[120, 121]。また、ABC294640にはオフターゲット効果があり、前立腺癌細胞と腫瘍においてDESを阻害してジヒドロセラミドの蓄積を誘導する[122]。それにもかかわらず、固形癌患者への投薬によりABC294640を評価する第一相臨床試験が成功しており、血清中のスフィンゴ脂質量においては、Sph1P量が投与後12時間で約50%程度まで減少し、C16-ジヒドロセラミドが投与後8時間および12時間で増加のピークを迎え、その後24時間で基線値へ戻った[123]。現在、さらにソラ

表2 スフィンゴ脂質代謝を標的とした抗がん剤

	名前	作用	臨床試験	文献
セラミド誘導物・類縁体	C8-CPC	DES阻害	前臨床	26)
	CHC	CERT阻害	前臨床	48)
	NPV-231	CERK阻害	前臨床	51)
	LCL521, LCL204	酸性Cerase阻害	前臨床	53-55)
	ピリジニウムセラミド（LCL-124, LCL-461）	マイトファジー誘導	前臨床	108,109)
	セラミドナノリポソーム	Survivin抑制	第一相	110)
Sph1P代謝・シグナル阻害剤	FTY720	S1PR1アンタゴニスト I2PP2A阻害	FDA承認（多発性硬化症）	102,103,105)
	JTE013	S1PR2アンタゴニスト	前臨床	129)
	AB1	S1PR2アンタゴニスト	前臨床	117)
	SK1-I	SPHK1阻害	前臨床	114)
	PF543	SPHK1阻害	前臨床	130-132)
	VPC03090	S1PR1; S1PR3アンタゴニスト	前臨床	116)
	Sphingomab（sonepcizumab）	Sph1P阻害	第二相	119)
	ABC294640	SPHK2; DES阻害	第一相b・第二相	121-128)

C8-CPC, C8-cyclopropenylceramide ; CHC, 3-chloro-8β-hydroxycarapin-3,8-hemiacetal ; FDA, 米国食品医薬品局（USA Food and Drug Administration）。

フェニブに抵抗性を示している肝細胞がん患者への投薬の第二相臨床試験が実施されつつある[124]。また、ABC294640によるSPHK2阻害効果は難治性多発性骨髄腫[125, 126]、びまん性大細胞型B細胞リンパ腫[127]、またはカポジ肉腫[128]を標的とした第一相または第二相臨床試験において調査中である。

以上より、現在臨床的に利用されている抗がん剤や放射線治療においてもセラミド代謝が関与しているだけでなく、細胞障害性免疫細胞を介した腫瘍免疫システムでもその活性化と抑制にSM/セラミド/Sph1Pバランス制御の関与が示唆されている。新規のスフィンゴ脂質類縁体や代謝酵素阻害剤が開発され、セラミドおよびSph誘導性の細胞死や細胞周期抑制効果、また、SphK-Sph1P-S1PRを標的としたSph1Pシグナル阻害による抗腫瘍効果が見られ一部、臨床試験にも進んでいる(図2および表2)。

5 おわりに

スフィンゴ脂質が細胞内メディエーターとしての機能を有することが発見されて約30年が経過し、遺伝子クローニングおよび遺伝子改変技術の進歩によりセラミドを中心とするスフィンゴ脂質代謝に関わる酵素とその機能が明らかとなり、さまざまな生体反応を起こすスフィンゴ脂質の制御機構が分子レベルで明らかとなってきた。その中で、がんの抑制、増悪、転移に関わるスフィンゴ脂質による細胞生理活性とその分子メカニズムも徐々に解明されつつある。興味深いことに、同じ代謝経路にあり、腫瘍抑制と腫瘍増進の全く異なる機能を持つスフィンゴ脂質が存在し、そのバランスによってがん細胞の運命が決定されている**(図3)**。抗がん剤や放射線治療のような古くから利用されているがん治療法においてもセラミドをはじめとする腫瘍抑制性のスフィンゴ脂質合成が活性化し、その一方で、がん細胞自身が腫瘍抑制性のスフィンゴ脂質を減らす方向へ代謝を動かし、さらに腫瘍増進性のスフィンゴ脂質として利用している。そのスフィンゴ脂質代謝酵素を標的とした分子構造解析や創薬スクリーニングによって新たな代謝酵素阻害剤が生み出され、抗がん剤として臨床応用にまで発展している。しかしながら、代謝酵素が合成するセラミドをはじめとしたスフィンゴ脂質は、単一の分子ではなく、さまざまな脂肪酸鎖を持った多様性に富む脂質であり、その一つ一つの脂質分子の合成や機能が明らかとなったわけではない。酵素の脂質特異性や細胞内局在特異性などが分かれば、単にセラミドを酵素の制御によって増加させるのではなく、より細胞死誘導性の高い脂肪酸鎖をもつセラミドやスフィンゴ脂質を増加させることが可能になるかもしれ

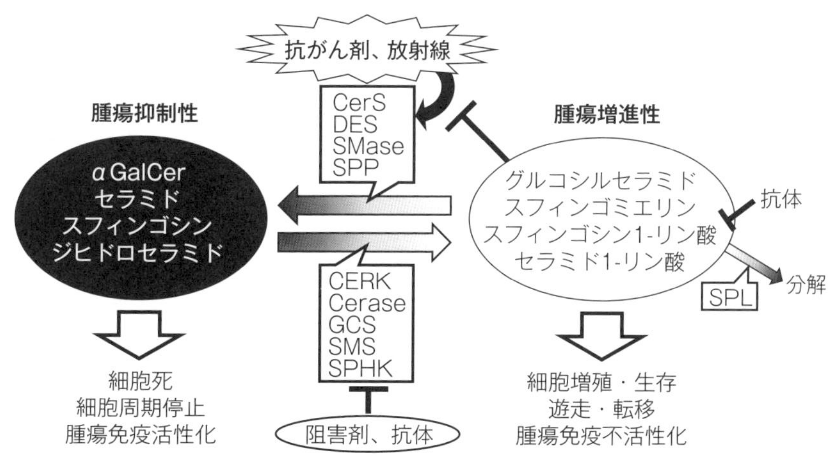

図3　セラミド関連物質によるがんの運命決定

スフィンゴ脂質にはセラミドを代表とするがん抑制性スフィンゴ脂質とSph1Pを中心とする腫瘍増進性のスフィンゴ脂質がある。抗がん剤や放射線、腫瘍増進性スフィンゴ脂質の合成酵素阻害剤により腫瘍抑制性のスフィンゴ脂質が増加し、細胞死や細胞周期抑制、また腫瘍免疫が活性化し、がん抑制に働く。その一方で、がん細胞ではセラミドから腫瘍増進性スフィンゴ脂質の合成酵素を活性化し、細胞増殖・生存、転移、腫瘍免疫抑制を起こし、がんを悪性化していく。

ない。代謝酵素をはじめとするセラミド関連物質はがん治療だけに留まらず、さまざまな病態にも応用可能な分子であり、臨床応用に繋がる可能性を秘めており、今後のますますの発展が期待される。最後に、スフィンゴ脂質は、グリセロ脂質やリン脂質との代謝変換はもちろん、タンパク質構成成分であるアミノ酸やエネルギー代謝に必須な糖との変換経路も存在するため、単純に脂質の恒常性維持だけにとどまらず、広く細胞代謝へも影響を及ぼす。これらのスフィンゴ脂質が持つ脂質代謝だけでない幅広い細胞および生体機能への意義を実験的に検証し明らかにして、新規がん治療法を研究・開発する時代へと移行しつつある。

【参考文献】

1) Hannun, Y.A., Obeid, L.M., Principles of bioactive lipid signaling: lessons from sphingolipids. *Nat Rev Mol Cell Biol* **9**, 139-150 (2008).
2) Hannun, Y.A., Obeid, L.M., Sphingolipids and their metabolism in physiology and disease. *Nat Rev Mol Cell Biol* **19**, 175-191 (2018).
3) Ogretmen, B., Hannun, Y.A., Biologically active sphingolipids in cancer pathogenesis and treatment. *Nat Rev Cancer* **4**, 604-616 (2004).
4) Ogretmen, B., Sphingolipid metabolism in cancer signaling and therapy. *Nat Rev Cancer* **33**, 33-50 (2018).
5) Cuvillier, O. *et al.* Suppression of ceramide-mediated programmed cell death by sphingosine-1-phosphate. *Nature* **381**, 800-803 (1996).
6) Taniguchi, M., Okazaki, T. The role of sphingomyelin and sphingomyelin synthases in cell death, proliferation and migration - from cell and animal models to human disorders. *Biochim Biophys Acta* **1841**, 692-703 (2014).
7) Han, G., *et al* . Identification of small subunits of mammalian serine palmitoyltransferase that confer distinct acyl-CoA substrate specificities. *Proc Natl Acad Sci USA* **106**, 8186-8191 (2009).
8) Bode, H., *et al.* HSAN1 mutations in serine palmitoyltransferase reveal a close structure-function-phenotype relationship. *Hum Mol Genet* **25**, 853-865 (2016).
9) Kramer, R. *et al.* Neurotoxin 1-deoxysphingolipids and paclitaxel-induced peripheral neuropathy. *FASEB J* **29**, 4461-4472 (2015).
10) Yaguchi, M. *et al.* Antitumor activity of a novel and orally available inhibitor of serine palmitoyltransferase. *Biochen Biophys Res Commun* **484**, 493-500 (2017)
11) Kojima, T. *et al.* Discovery of novel serine palmitoyltransferase inhibitors as cancer therapeutic agents. *Bioorg Med Chem* **26**, 2452-2465 (2018).
12) Venkataraman, K. *et al.* Upstream of growth and differentiation factor 1 (uog1), a mammalian homolog of the yeast longevity assurance gene 1 (LAG1), regulates N-stearoyl-sphinganine (C18-(dihydro) ceramide) synthesis in a fumonisin B1-independent manner in mammalian cells. *J Biol Chem* **277**, 35642-35649 (2002).
13) Laviad, E.L. *et al.* Modulation of ceramide synthase activity via dimerization. *J Biol Chem* **287**, 21025-21033 (2012).
14) Pewzner-Jung, Y. *et al.* When do Lasses (longevity assurance genes) become CerS (ceramide synthases)?: Insights into the regulation of ceramide synthesis. *J Biol Chem* **281**, 25001-25005 (2006).
15) Meyers-Needham, M. *et al.* Concerted functions of HDAC1 and microRNA-574-5p repress alternatively spliced ceramide synthase 1 expression in human cancer cells. *EMBO Mol Med* **4**, 78-92 (2012).
16) Koybal, S. *et al.* Defects in cell growth regulation by C18:0-ceramide and longevity assurance gene 1 in human head and neck squamous cell carcinomas. *J Biol Chem* **279**, 44311-44319 (2004).
17) Thomas, R.J. *et al.* HPV/E7 induces chemotherapy-mediated tumor suppression by ceramide-dependent mitophagy. *EMBO Mol Med* **9**, 1030-1051 (2017).
18) Park, W.J. *et al.* Development of pheochromocytoma in ceramide synthase 2 null mice. *Endocr Relat Cancer* **22**, 623-632 (2015).
19) Fekry, B. *et al.* CerS6 is a novel transcriptional target of p53 protein activated by non-genotoxic stress. *J Biol Chem* **291**, 16586-16596 (2016).
20) White-Gilbertson, S. *et al.* Ceramide synthase 6 modulates TRAIL sensitivity and nuclear translocation of active caspase-3 in colon cancer cells. *Oncogene* **28**, 1132-1141 (2009).
21) Lee, H. *et al.* Mitochondrial ceramide-rich macrodomains functionalize Bax upon irradiation. *PLoS ONE* **6**, e19783 (2011).
22) Jansen, S.A. *et al.* Bcl2L13 is a ceramide synthase inhibitor in glioblastoma. *Proc Natl Acad Sci USA* **111**, 5682-5687 (2014).
23) Senkal, C.E. *et al.* Antiapoptotic roles of ceramide-synthase-6-generated C16-ceramide via selective regulation of the ATF6/CHOP arm of ER-stress-response pathways. *FASEB J* **24**, 296-308 (2016).
24) Suzuki, M. *et al.* Targeting ceramide synthase 6-dependent metastasis-prone phenotype in lung cancer cells. *J Clin Invest* **126**, 254-265 (2016).
25) Jang, S.W. *et al.* Altered mRNA expression levels of the major components of sphingolipid metabolism, ceramide synthase and their clinical implication in colorectal cancer. *Oncol Rep Sep* **18**, 3489-3500 (2018).
26) Rahmaniyan, M. *et al.* Identification of dihydroceramide desaturase as a direst *in vitro* target for fenretinide. *J Biol Chem* **286**, 24754-24764 (2011).

27) Aiola, M.V. *et al.* Structure of human nSMase2 reveals an interdomain allosteric activation mechanism for ceramide generation. *Proc Natl Acad Sci USA* **114**, E5549-E5558 (2017).
28) Gorelik, A. *et al.* Crystal structure of mammalian acid sphingomyelinase. *Nat Commun* **7**, 12196 (2016).
29) Satana, P. *et al.* Acid sphingomyelinase-deficient human lymphoblasts and mice are defective in radiation-induced apoptosis. *Cell* **86**, 189-199 (1996).
30) Carpinteiro, A. *et al.* Regulation of hematogenous tumor metastasis by acid sphingomyelinase. *EMBO Mol Med* **7**, 714-734 (2015).
31) Shamseddine, A.A. *et al.* P53-dependent upregulation of neutral sphingomyelinase-2: role in doxorubicin-induced growth arrest. *Cell Death Dis* **6**, e1947 (2015).
32) Trajkovic, K. *et al.* Ceramide triggers budding of exosome vesicles into multivesicular endosomes. *Science* **319**, 1244-1247 (2008).
33) Ruivo, C.F. *et al.* The Biology of Cancer Exosomes: Insights and New Perspectives. *Cancer Res* **77**, 6480-6488 (2017).
34) Jalalian, S.H. *et al.* Exosomes, new biomarkers in early cancer detection. *Anal Biochem* **571**, 1-13 (2019).
35) Chen, Y. *et al.* Enhanced colonic tumorigenesis in alkaline sphingomyelinase (NPP7) knockout mice. *Mol Cancer Ther* **14**, 259-267 (2015).
36) Lafont, E. *et al.* Caspase-mediated inhibition of sphingomyelin synthesis is involved in FasL-triggered cell death. *Cell Death Differ* **17**, 642-654 (2010).
37) Burns, T.A. *et al.* Sphingomyelin synthase 1 activity is regulated by the BCR-ABL oncogene. *J Lipid Res* **54**, 794-805 (2013).
38) Moorthi, S. *et al.* Bcr-Abl regulation of sphingomyelin synthase 1 reveals a novel oncogenic-driven mechanism of protein up-regulation. *FASEB J* **32**, 4270-4283 (2018).
39) Ohnishi, T. *et al.* Sphingomyelin synthase 2 deficiency inhibits the induction of murine colitis-associated colon cancer. *FASEB J* **31**, 3816-3830 (2017).
40) Kim, J.W. *et al.* Prognostic value of glucosylceramide synthase and P-glycoprotein expression in oral cavity cancer. *Int J Clin Oncol* **21**, 883-889 (2016).
41) Roh, J.L. *et al.* Inhibition of glucosylceramide synthase sensitizes head and neck cancer to cisplatin. *Mol Cancer Ther* **14**, 1907-1915 (2015).
42) Stefanovic, M. *et al.* Targeting glucosylceramide synthase upregulation reverts sorafenib resistance in experimental hepatocellular carcinoma. *Oncotarget* **7**, 8253-8267 (2016).
43) Liu, Y.Y. *et al.* Suppression of glucosylceramide synthase restores p53-dependent apoptosis in mutant p53 cancer cells. *Cancer Res* **71**, 2276-2285 (2011).
44) Gupta, V. *et al.* Ceramide glycosylation by glucosylceramide synthase selectively maintains the properties of breast cancer stem cells. *J Biol Chem* **287**, 37195-37205 (2012).
45) Wang, J. *et al.* The sensitivity of chronic myeloid leukemia CD34 cells to Bcr-Abl tyrosine kinase inhibitors is modulated by ceramide levels. *Leuk Res* **47**, 32-40 (2016).
46) Hanada, K. *et al.* Molecular machinery for non-vesicular trafficking of ceramide. *Nature* **426**, 803-809 (2003).
47) Lee, A. *et al.* CERT depletion predicts chemotherapy benefit and mediates cytotoxic and polyploid-specific cancer cell death through autophagy induction. *J Pathol* **226**, 482-494 (2012).
48) Hullin-Matsuda, F. *et al.* Limonoid compounds inhibit sphingomyelin biosynthesis by preventing CERT protein-dependent extraction of ceramides from the endoplasmic reticulum. *J Biol Chem* **287**, 24397-244111 (2012).
49) Wijesinghe, D.S. *et al.* Ceramide kinase is required for a normal eicosanoid response and the subsequent orderly migration of fibroblasts. *J Lipid Res* **55**, 1298-1309 (2014).
50) Payne, A.W. *et al.* Ceramide kinase promotes tumor cell survival and mammary tumor recurrence. *Cancer Res* **74**, 6352-6363 (2014).
51) Pastukhov, O. *et al.* The ceramide kinase inhibitor NVP-231 inhibits breast and lung cancer cell proliferation by inducing M phase arrest and subsequent cell death. *Br J Pharmacol* **171**, 5829-5844 (2014).
52) Eliyahu, E. *et al.* Acid ceramidase is a novel factor required for early embryo survival. *FASEB J* **21**, 1403-1409 (2007).
53) Cheng, J.C. *et al.* Radiation-induced acid ceramidase confers prostate cancer resistance and tumor relapse. *J Clin Invest* 123, 4344-4358 (2013).
54) Beckham, T.H. *et al.* Acid ceramidase induces sphingosine kinase 1/S1P receptor 2-mediated activation of oncogenic Akt signaling. *Oncogenesis* **2**, e49 (2013).
55) Tirodkar, T.S. *et al.* Expression of ceramide synthase 6 transcriptionally activates acid ceramidase in a c-Jun N-terminal kinase (JNK)-dependent manner. *J Biol Chem* **290**, 13157-13167 (2015).
56) Airola, M.V. *et al.* Structural basis for ceramide recognition and hydrolysis by human neutral ceramidase. *Structure* **23**, 1482-1491 (2015).
57) Garcia-Barros, M. *et al.* Role of neutral ceramidase in colon cancer. *FASEB J* **30**, 4159-4171 (2016).
58) Liakath-Ali, K. *et al.* Alkaline ceramidase 1 is essential for mammalian skin homeostasis and regulating whole-body energy expenditure. *J Pathol* **239**, 374-383 (2016).
59) Mao, Z. *et al.* Alkaline ceramidase 2 (ACER2) and its product dihydrosphingosine mediate the

cytotoxicity of N-(4-hydrocyphenyl) retinamide in tumor cells. *J Biol Chem* **285**, 29078-29090 (2010).
60) Wang, K. *et al.* Alkaline ceramidase 3 deficiency aggravates colitis and colitis-associated tumorigenesis in mice by hyperactivating the innate immune system. *Cell Death Dis* **7**, e2124 (2016).
61) Wang, A. *et al.* Molecular basis of sphingosine kinase 1 substrate recognition and catalysis. *Structure* **21**, 798-809 (2013).
62) Kawamori, T. *et al.* Role of sphingosine kinase 1 in colon carcinogenesis. *FASEB J* **23**, 405-414 (2009).
63) Zhang, Y. *et al.* Sphingosine kinase 1 and cancer: a systematic review and meta-analysis. *PLoS ONE* **9**, e90362 (2014).
64) Wang, Q. *et al.* Prognostic significance of sphingosine kinase 2 expression in non-small cell lung cancer. *Tumour Biol* **35**, 363-368 (2014).
65) Zhang, L. *et al.* Sphingosine kinase 2 promotes colorectal cancer cell proliferation and invasion by enhancing MYC expression. *Tumour Biol* **37**, 8455-8460 (2016).
66) Hait, N.C. *et al.* Sphingosine kinase type 2 activation by ERK-mediated phosphorylation. *J Biol Chem* **282**, 12058-12065 (2007).
67) Igarashi, N. *et al.* Sphingosine kinase 2 is a nuclear protein and inhibits DNA synthesis. *J Biol Chem* **278**, 46832-46839 (2003).
68) Maceyka, M. *et al.* SphK1 and SphK2, sphingosine kinase isoenzymes with opposing functions in sphingolipid metabolism. *J Biol Chem* **280**, 37118-37129 (2005).
69) Okada, T. *et al.* Involvement of N-terminal-extended form of sphingosine kinase 2 in serum-dependent regulation of cell proliferation and apoptosis. *J Biol Chem* **280**, 36318-36325 (2005).
70) Liu, H. *et al.* Sphingosine kinase type 2 is a putative BH3-only protein that induces apoptosis. *J Biol Chem* **278**, 40330-40336 (2003).
71) Chipuk, J.E. *et al.* Sphingolipid metabolism cooperates with BAK and BAX to promote the mitochondrial pathway of apoptosis. *Cell* **148**, 988-1000 (2012).
72) Hait, N.C. *et al.* Regulation of histone acetylation in the nucleus by sphingosine-1-phosphate. Science **325**, 1254-1257 (2009).
73) Neubauer, H.A. *et al.* An oncogenic role for sphingosine kinase 2. *Oncotarget* **7**, 64886-64899 (2016).
74) Liang, J. *et al.* Sphingosine-1-phosphate links persistent STAT3 activation, chronic intestinal inflammation, and development of colitis-associated cancer. *Cancer Cell* **23**, 107-120 (2013).
75) Degagne, E. *et al.* Sphingosine-1-phosphate lyase downregulation promotes colon carcinogenesis through STAT3-activated microRNAs. *J Clin Invest* **124**, 5368-5384 (2014).
76) Oskouian, B. *et al.* Sphingosine-1-phosphate lyase potentiates apoptosis via p53- and p38-dependent pathways and is down-regulated in colon cancer. *Proc Natl Acad Sci USA* **103**, 17384-17389 (2006).
77) Gao, X.Y. *et al.* Inhibition of sphingosine-1-phosphate phosphatase 1 promotes cancer cells migration in gastric cancer: clinical implications. *Oncol Rep* **34**, 1977-1987 (2015).
78) Bose, R. *et al.* Ceramide synthase mediates daunorubicin-induced apoptosis: an alternative mechanism for generating death signals. *Cell* **82**, 405-414 (1995).
79) Saddoughi, S.A. *et al.* Results of a phase II trial of gemcitabine plus doxorubicin in patients with recurrent head and neck cancers: serum C18-ceramide as a novel biomarker for monitoring response. *Clin Cancer Res* **17**, 6097-6105 (2011).
80) Senkal, C.E. *et al.* Role of human longevity assurance gene 1 and C18-ceramide in chemotherapy-induced cell death in human head and neck squamous cell carcinomas. *Mol Cancer Ther* **6**, 712-722 (2007).
81) Camgoz, A. *et al.* Roles of ceramide synthase and ceramide clearance genes in nilotinib-induced cell death in chronic myeloid leukemia cells. *Leuk Lymphoma* **52**, 1574-1584 (2011).
82) Deng, X. *et al.* Ceramide biogenesis is required for radiation-induced apoptosis in the germ line of C. elegans. *Science* **322**, 110-115 (2008).
83) Hajj, C., Haimovits-Friedman, A. Sphingolipids' role in radiotherapy for prostate cancer. *Handb Exp Pharmacol* **216**, 115-130 (2013).
84) Aureli, M. *et al.* Exploring the link between ceramide and ionizing radiation. *Glycoconj J* **31**, 449-459 (2014).
85) Rotolo, J. *et al.* Anti-ceramide antibody prevents the radiation gastrointestinal syndrome in mice. *J Clin Invest* **122**, 1786-1790 (2012).
86) Liu, Y.Y. *et al.* A role for ceramide in driving cancer cell resistance to doxorubicin. *FASEB J* **22**, 2541-2551 (2008).
87) Itoh, M. *et al.* Possible role of ceramide as an indicator of chemoresistance: decrease of the ceramide content via activation of glucosylceramide synthase and sphingomyelin synthase in chemoresistant leukemia. *Clin Cancer Res* **9**, 415-423 (2003).
88) Zhang, X. *et al.* Doxorubicin influences the expression of glucosylceramide synthase in invasive ductal breast cancer. *PLoS ONE* **7**, e48492 (2012).
89) Rosa, R. *et al.* Sphingosine kinase 1 overexpression contributes to cetuximab resistance in human colorectal cancer models. *Clin Cancer Res* **19**, 138-147 (2013).
90) Salas, A. *et al.* Sphingosine kinase-1 and sphingosine 1-phosphate receptor 2 mediate Bcr-Abl1 stability and drug resistance by modulation of protein phosphatase 2A. *Blood* **117**, 5941-5952 (2011).

91) Huang, X. *et al.* miRNA-95 mediates radioresistance in tumors by targeting the sphingolipid phosphatase SGPP1. *Cancer Res* **73**, 6972-6986 (2013).
92) Fang, V. *et al.* Gradients of the signaling lipid S1P in lymph nodes position natural killer cells and regulate their interferon- γ -response. *Nat Immunol* **18**, 15-25 (2017).
93) Luo, B. *et al.* Erythropoietin signaling in macrophages promotes dying cell clearance and immune tolerance. *Immunity* **44**, 287-302 (2016).
94) Lee, H. *et al.* STAT3-induced S1PR1 expression is crucial for persistent STAT3 activation in tumors. *Nat Med* **16**, 1421-1428 (2010).
95) Deng, Z. *et al.* Enterobacteria-secreted particles induce production of exosome-like S1P-containing particles by intestinal epithelium to drive Th17-mediated tumorigenesis. *Nat Commun* **6**, 6956 (2015).
96) Garris, C.S. *et al.* Defective sphingosine 1-phosphate receptor 1 (S1PR1) phosphorylation exacerbates TH17-mediated autoimmune neuroinflammation. *Nat Immunol* **14**, 1166-1172 (2013).
97) Liu, F. *et al.* Ceramide activates lysosome cathepsin B and cathepsin D to attenuate autophagy and induces ER stress to suppress myeloid-derived suppressor cells. *Ongotarget* **7**, 83907-83925 (2016).
98) Nair, S. *et al.* Clonal immunoglobulin against lysolipids in the origin of myeloma. *N Engl J Med* **374**, 555-561 (2016).
99) Pandey, M.K. *et al.* Complement drives glucosylceramide accumulation and tissue inflammation in Gaucher disease. *Nature* **543**, 108-112 (2017).
100) Sofi, M.H. *et al.* Ceramide synthesis regulates T cell activation and GVHD development. *JCI Insight* **2**, e91701 (2017).
101) Le Nours, J. *et al.* Atypical natural killer-T cell receptor recognition of CD1d-lipid antigens. *Nat Commun* **7**, 10570 (2016).
102) Cohen, J. *et al.* Oral fingolimod or intramuscular interferon for relapsing multiple sclerosis. *N Engl J Med* **362**, 402-415 (2010).
103) Kappos, L. *et al.* A placebo-controlled trial of oral fingolimod in relapsing multiple sclerosis. *N Engl J Med* **362**, 387-401 (2010).
104) Brizuela, L. *et al.* Osteoblast-derived sphingosine 1-phosphate to induce proliferation and confer resistance to therapeutics to bone metastasis-derived prostate cancer cells. *Mol Oncol* **8**, 1181-1195 (2014).
105) Neviani, P. *et al.* PP2A-activating drugs selectively eradicate TKI-resistant chronic myeloid leukemic stem cells. *J Clin Invest* **123**, 4144-4157 (2013).
106) Saddoughi, S.A. *et al.* Sphingosine analogue drug FTY720 targets I2PP2A/SET and mediates lung tumour suppression via activation of PP2A-RIPK1-dependent necroptosis. *EMBO Mol Med* **5**, 105-121 (2013).
107) Beljanski, V. *et al.* Antitumor activity of sphingosine kinase 2 inhibitor ABC294640 and sofetinib in hepatocellular carcinoma xenografts. *Cancer Biol Ther* **11**, 524-534 (2011).
108) Senkal, C.E. *et al* . Potent antitumor activity of a novel cationic pyridinium-ceramide alone or in combination with gemcitabine against human head and neck squamous cell carcinomas *in vitro* and *in vivo*. *J Pharmacol Exp Ther* **317**, 1188-1199 (2006).
109) Beckham, T.H. *et al.* LCL124, a cationic analog of ceramide, selectively induced pancreatic cancer cell death by accumulating in mitochondria. *J Pharmacol Exp Ther* **344**, 167-178 (2013).
110) Fujiwara, K. *et al.* Inhibitory effects of dietary glucosylceramides on squamous cell carcinoma of the head and neck in NOD/SCID mice. *Int J Clin Oncol* **16**, 133-140 (2011).
111) Yazama, H. *et al.* Dietary glucosylceramides suppress tumor growth in a mouse xenograft model of head and neck squamous cell carcinoma by the inhibition of angiogenesis through an increase in ceramide. *Int J Clin Oncol* **20**, 438-446 (2015).
112) Liu, X. *et al.* Targeting of surviving by nanoliposomal ceramide induces complete remission in a rat model of NK-LGL leukemia. *Blood* **116**, 4192-4201 (2010).
113) US National Library of Medicine. ClinicalTrials.gov https://clinicaltrials.gov/ct2/show/NCT02834611 (2016).
114) Kapitonov, D. *et al.* Targeting sphingosine kinase 1 inhibits Akt signaling, induces apoptosis, and suppresses growth of human glioblastoma cells and xenografts. *Cancer Res* **69**, 6915-6923 (2009).
115) Ju, T. *et al.* Targeting colorectal cancer cells by a novel sphingosine kinase 1 inhibitor PF-543. *Biochem Biophys Res Commun* **470**, 728-734 (2016).
116) Kennedy, P.C. *et al.* Characterization of a sphingosine 1-phosphate receptor antagonist prodrug. *J Pharmacol Exp Ther* **338**, 879-889 (2011).
117) Li, M.H. *et al.* Antitumor activity of a novel sphingosine-1-phosphate 2 antagonist, AB1, in neuroblastoma. *J Pharmacol Exp Ther* **354**, 261-268 (2015).
118) Visentin, B. *et al.* Validation of an anti-sphongosine-1-phosphate antibody as a potential therapeutic in reducing growth, invasion, and angiogenesis in multiple tumor lineages. *Cancer Cell* **9**, 225-238 (2006).
119) Pal, S.K. *et al.* A phase 2 study of the sphingosine-1-phosphate antibody sonepcizumab in patients with metastatic renal cell carcinoma. *Cancer* **123**, 576-582 (2017).
120) Panneer Selvam, S. *et al.* Binding of the sphingolipid S1P to hTERT stabilizes telomerase at the nuclear periphery by allosterically mimicking protein phosphorylation. *Sci Signal* **8**, ra58 (2015).
121) Lewis, C.S. *et al.* Suppression of c-Myc and

RRM2 expression in pancreatic cancer cells by the sphingosine kinase-2 inhibitor ABC294640. *Oncotarget* **7**, 60181-60192(2016).

122) Venant, H. *et al.* The sphingosine kinase 2 inhibitor ABC194640 reduces the growth of prostate cancer cells and results in accumulation of dihydroceramides *in vitro* and *in vivo*. *Mol Cancer Ther* **14**, 2744-2752(2015).

123) Britten, C.D. *et al.* A phase I study of ABC294640, a first-in-class sphingosine kinase-2 inhibitor in patients with advanced solid tumors. *Clin Cancer Res* **23**, 4642-4650(2017).

124) US National Library of Medicine. ClinicalTrials.gov https://clinicaltrials.gov/ct2/show/NCT02939807(2016).

125) Venkata, J.K. *et al.* Inhibition of sphingosine kinase 2 downregulates the expression of c-Myc and Mcl-1 and induces apoptosis in multiple myeloma. *Blood* **124**, 1915-1925(2014).

126) US National Library of Medicine. ClinicalTrials.gov https://clinicaltrials.gov/ct2/show/NCT02757326(2016).

127) Qin, A. *et al.* Targeting sphingosine kinase induces apoptosis and tumor regression for KSHV-associated primary effusion lymphoma. *Mol Cancer Ther* **13**, 154-164(2014).

128) US National Library of Medicine. ClinicalTrials.gov https://clinicaltrials.gov/ct2/show/NCT02229981(2014).

129) Ponnusamy, S. *et al.* Communication between host organism and cancer cells is transduced by systemic sphingosine kinase 1/sphingosine 1-phosphate signaling to regulate tumour metastasis. *EMBO Mol Med* **4**, 761-775(2012).

130) Schnute, M.E. *et al.* Modulation of cellular S1P levels with a novel potent and specific inhibitor of sphingosine kinase 1. *Biochem J* **444**, 79-88(2012).

131) Wang, J. *et al.* Crystal structure of sphingosine kinase 1 with PF543. *ACS Med Chem Lett* **5**, 1329-1333(2014).

132) Ju, T. *et al.* Targeting colorectal cancer cells by a novel sphingosine kinase 1 inhibitor PF-543. *Biochem Biophys Res Commun* **470**, 728-734(2016).

セラミドと皮膚疾患

秋山　真志*

1 はじめに

哺乳類の先祖は、海中で生活していたが、陸上で生活するようになり、乾燥した外界に対する皮膚のバリア機能を獲得してきた。それが、皮膚表面の「角化」というメカニズムである。この皮膚のバリア機能にとって重要な「角化」とは皮膚の最表面の角層を形成することに他ならない。

角層の外界に対するバリア機能を担う構造には、(1) 角層細胞質内を満たすケラチン・フィラグリンとその分解産物、(2) インボルクリン、ロリクリン等の裏打ちタンパクが結合してできる、細胞膜の裏打ち構造、cornified cell envelope (CE)、(3) 角層細胞の細胞膜が主に超長鎖脂肪酸を持つω-ハイドロキシセラミド（ω-OHセラミド）で置き換わってできた脂質コート、corneocyte lipid envelope (CLE)、(4) セラミド、遊離脂肪酸、コレステロールを主要構成脂質とする角層細胞間脂質層の４つがある[1)]。これら４つの構造が、それぞれの正常な構成分子から正しく形成され、十分に機能することによって、皮膚のバリアは保たれている。これらのうち、CLEと角層細胞間脂質層は、表皮脂質により作られていて、CLEは主にセラミドEOS由来の、超長鎖脂肪酸を持つω-OHセラミドから成っている[2)]。EOSの生成、輸送の障害は魚鱗癬、魚鱗癬症候群等の角化異常症の病因となる[1)]。また、EOSの減少はアトピー性皮膚炎等における皮膚バリア機能障害、ドライ・スキンの増悪因子となる。最近、遺伝性角化異常症の病因・病態解明の進歩と併行して、これまで謎に包まれていた、EOSをはじめとする表皮脂質の生成過程とその果たす役割が明らかになりつつある[1, 3)]。それらの新知見は、角層バリア機能障害に起因する多くの皮膚疾患に対する、新規治療法開発の手がかりとして大いに期待されている。本稿ではセラミドと皮膚疾患の関連性を、最も重篤な遺伝性皮膚疾患の一つである先天性魚鱗癬を中心に概説する。

2 皮膚角層のバリア機能を担うセラミド

上述のように、角層のバリア機能を担う重要な構造には、(1) 角層細胞質内を満たすケラチン・フィラグリンとその分解産物、(2) インボルクリン、ロリクリン等の裏打ちタンパクが、主にトランスグルタミナーゼ１の働きで結合してできる、角層細胞の細胞膜の裏打ち構造、CE、(3) CEと角層細胞間脂質層の間に存在し、主に、超長鎖脂肪酸を持つω-ハイドロキシセラミドから成る角層細胞の脂質コート、CLE、(4) 主に、セラミド、遊離脂肪酸、コレステロールから成る角層細胞間脂質層の４つがある。

このバリアの４大要素のうちの二つ、CLEと角層細胞間脂質層の重要な構成要素が表皮脂質のセラミドである[1)]。角層細胞の細胞膜は角化の過程で超長鎖脂肪酸を持つω-OHセラミドと超長鎖のω-hydroxyfatty acids（ω-OHFA）より成る１層の脂質層に置き換わる。この主にセラミドから成る１層の脂質層がCLEである[2)]。角化した細胞の細胞膜の細胞質側にはinvolucrin, loricrin等の裏打ちタンパクの結合から成るCE（あるいは、marginal band）という厚く、頑丈な膜が形成される[4)]。このCEと角層細胞間脂質層の多重層状構

＊名古屋大学大学院 医学系研究科

造の間に介在する脂質層CLEは、内側では、CEと強固に結合し、さらに、CLEを形成するセラミドは、角層細胞間脂質層の土台、基盤（scaffold）として大変大きな役割を果している[1, 2]。CLEを構成するセラミドは、表皮細胞の持つ脂質や酵素の輸送顆粒である層板顆粒に由来すると考えられている[5]。

EOSの合成とCLEの形成への経路は、以下の非常に複雑で、厳密に制御された多くのステップから成っている[1, 3]（**図1、2**）。それらのステップとは、具体的には、Dihydrosphingosineの産生、脂肪酸の伸長、超長鎖脂肪酸のω-水酸化、超長鎖脂肪酸へのCoA付加、セラミド合成、セラミドのω-O-エステル化によるリノール酸の付加、層板顆粒によるセラミドの輸送、セラミドにエステル結合したリノール酸の酸化、EOSセラミドからのリノール酸の水解、ω-OHセラミドのCEへの結合、グルコシルセラミドの脱グルコシル化である。これらのステップのうち、どの部分に異常があっても、CLEの正常な形成は阻害され、皮膚のバリア障害を来すことになる。

他方、角層細胞間脂質層は、セラミド、遊離脂肪酸、コレステロールを主要構成脂質とするが、セラミドがモル比で約三分の一、また、重量比では約半分を占めている。このように、セラミドは、角層細胞間脂質層の成分としても、また、角層細胞間脂質層の形成の土台として重要な、CLEの成分としても、皮膚角層のバリア機能にとって、不可欠な重要な働きをしている。

3 皮膚のセラミドの異常は、魚鱗癬の病因となる

魚鱗癬はほぼ全身の皮膚に広範囲に鱗屑と過角化を認める一連の疾患群であり、鱗屑は病型によ

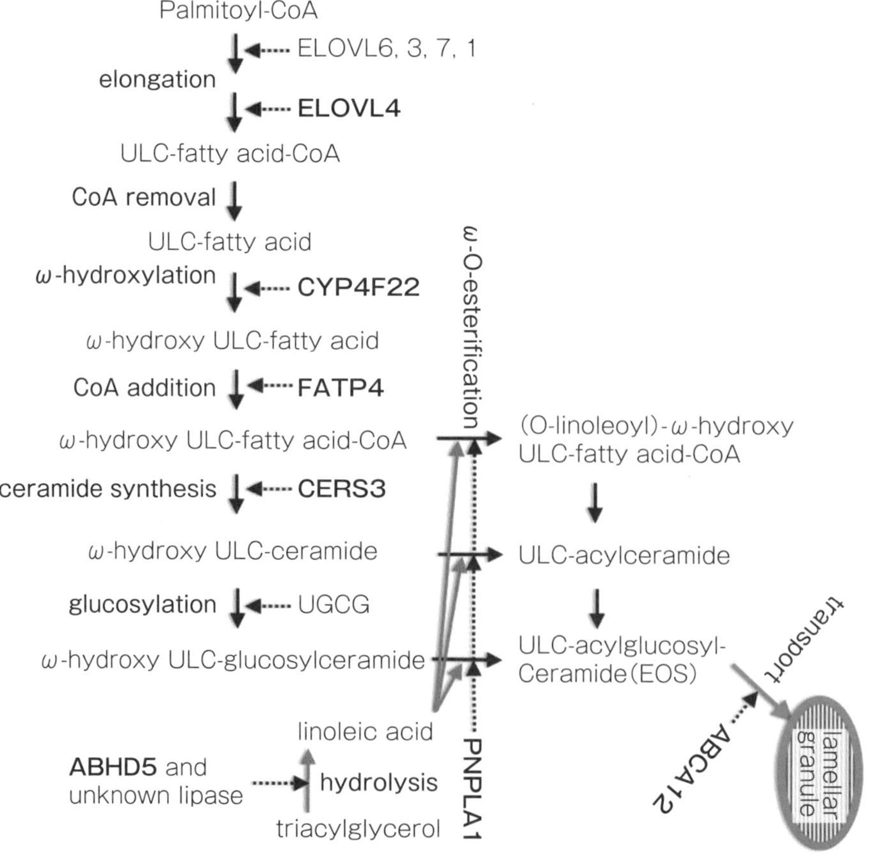

図1　表皮細胞におけるEOS形成経路

EOS形成過程で鍵となる酵素の働きを点線で示す。魚鱗癬・魚鱗癬症候群の病因分子である酵素、輸送タンパクを赤字で示す。緑の線は、エステル化のためのリノール酸の供給を示す。ULC, ultralong-chain（文献1から引用）

り、大小さまざまであり、色調も、白色から褐色、黒色調と、多彩である[6]。出生時、あるいは、新生児期より症状が認められるものが先天性魚鱗癬である。魚鱗癬の皮膚症状に加えて、他臓器症状が見られるものは、魚鱗癬症候群と呼ばれる。

これまでに蓄積された多くの研究データから、表皮脂質、特に、セラミドの合成、代謝、輸送の異常とその結果としてのCLEと角層細胞間脂質層の形成不全が、魚鱗癬の多くの病型の病因であることが明らかになって来た[1, 3]。魚鱗癬の病因分子の多くは、CLEの形成の重要なステップを担う分子である。EOSをはじめとする脂質の生成・輸送とCLE形成の過程に働く、多数の分子の遺伝子（*ABCA12, ALOX12B, ALOXE3, CYP4F22, CERS3, KDSR, ELOVL4, ABHD5, GBA, FATP4*等）の変異は、魚鱗癬・魚鱗癬症候群の病因となっている。以下に、EOS、CLE合成ステップと、そのステップに関与する分子を病因として有する魚鱗癬・魚鱗癬症候群の病態を具体的に述べる[1]（図1、2）。

(1) Dihydrosphingosineの産生
(3-ketodihydrosphingosine reductase (KDSR) は、血小板減少症を伴った角化異常症の病因分子である)

セラミド合成経路の主流はサルベージ経路であり、セラミドの大部分は、sphingomyelinaseによるsphingomyelinの水解物を利用して合成される。しかし、セラミド合成には、*de novo*の経路もあり、この経路では、serine palmitoyl transferaseによりL-serineと脂肪酸から3-ketodihydrosphingosine（3-KDS）が生成される。その後、3-KDSは、KDSRにより還元されて、dihydrosphingosine（DHS）となる[7]。このDHSがceramide syntheasesの基質となる。すなわち、KDSRの機能低下、機能喪失はセラミドの*de novo*生成の低下を来す。2017年に我々は、*KDSR*の遺伝子変異によって生じる、血小板減少症を伴う皮膚の角化異常症を報告した[8]。この疾患は、常染色体劣性遺伝性の疾患である。皮膚の角化は、道化師様魚鱗癬様の重篤な魚鱗癬を呈する場合と、びまん性の掌蹠角化症と肛囲、陰部の紅

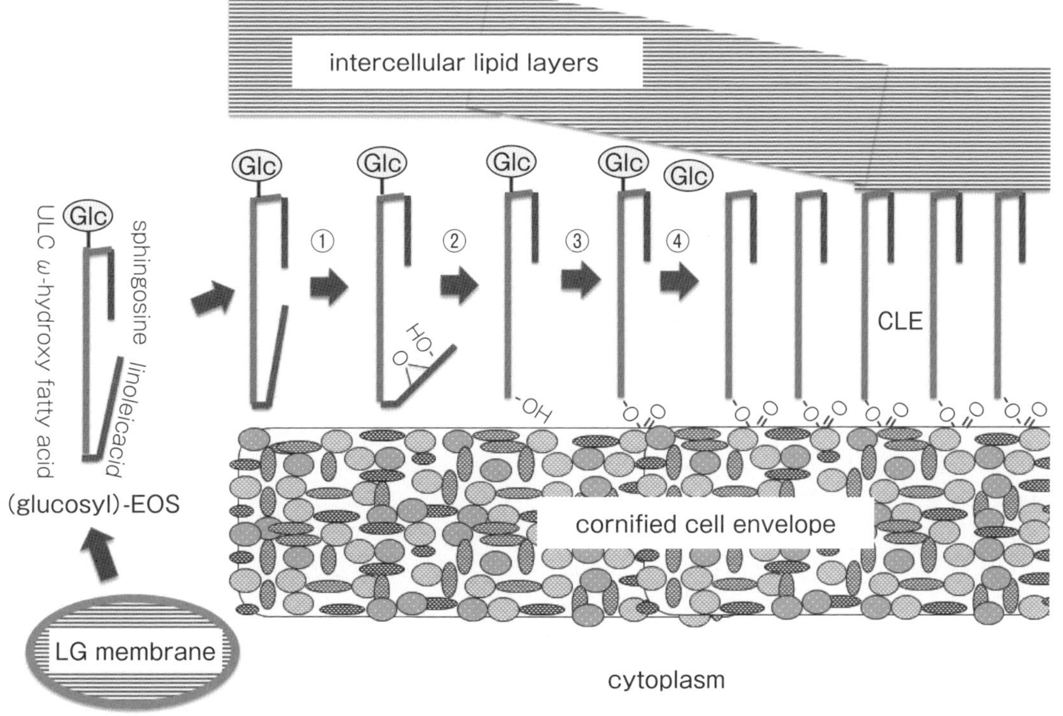

図2　表皮細胞の角化に際してのCLEの形成過程
①ULCアシルグルコシルセラミドのリノール酸の酸化；②酸化されたリノール酸の水解；③ULCグルコシルセラミドのCE外側へに結合；④グルコシルセラミドの脱グルコシル化。（文献1から一部改変、引用）

斑と過角化のみの場合がある。難治性の血小板減少症を伴うのが特徴である。

(2) EOS生成に参加する超長鎖脂肪酸の合成（脂肪酸の伸長）（ichthyosis, intellectual disability and spastic quadriplegiaの病因分子は、ELOVL4である）

EOSを形成する超長鎖脂肪酸は、脂肪酸伸長酵素であるELOVL6、3、7、1、4の働きで、順次伸長されて合成される[3]。これらの酵素のうち、ELOVL4の遺伝子変異は常染色体優性遺伝形式の遺伝性黄斑変性症であるStargardt病3型の病因である。すなわち、ELOVL4の遺伝子変異をヘテロで有する患者は、Stargardt病3型を発症するが、一般的には、それらの患者には眼症状以外は認められない。他方、ELOVL4の機能喪失変異を両方のアレルに有する患者が、極少数ではあるが報告されており、それらの患者は、常染色体劣性遺伝性の皮膚の魚鱗癬を発症する。この常染色体劣性魚鱗癬を呈する患者には、精神発達遅滞、痙性四肢麻痺を伴う例が認められる（ichthyosis, intellectual disability and spastic quadriplegia）[9]。これらのELOVL4の遺伝子変異を両方のアレルに有する魚鱗癬患者に神経症状を伴う例と認めない例がある理由に関しては、未だ症例数があまりに少ないため、解明されていない。

(3) 超長鎖脂肪酸のω-水酸化（CYP4F22は、葉状魚鱗癬の病因分子の一つである）

EOSを形成することになる超長鎖脂肪酸のω-水酸化も、EOS、そして、CLEの形成に重要なステップであり、CYP4F22によって、炭素数28以上の脂肪酸のω-水酸化が行われる[10]。

常染色体劣性遺伝性魚鱗癬のなかで、黒色調から暗い褐色調で、大きく、厚い葉状の鱗屑が全身広範囲に見られ、紅皮症が顕著でない病型が葉状魚鱗癬であるが、CYP4F22は、葉状魚鱗癬の病因分子の一つであり、CYP4F22の機能喪失変異をホモあるいは、複合ヘテロ接合性に有する患者は、葉状魚鱗癬を発症する[11]。

(4) 超長鎖脂肪酸へのCoA付加（fatty acid transport protein 4（FATP4）は、ichthyosis prematurity症候群の病因分子である）

ω-OH-ultralong-chain（ULC）fatty acidにCoAを付加する反応も、EOS合成の大事なステップであり、FATP4の働きで行われる[12]。FATP4をコードする遺伝子、*SLC27A4*の機能喪失変異をホモあるいは、複合ヘテロ接合性に有する患者は、症候型の常染色体劣性遺伝性の先天性魚鱗癬の一つ、ichthyosis prematurity症候群を発症する[13]。ichthyosis prematurity症候群の罹患児は早産で出生し、出生時、呼吸障害と乾酪状の鱗屑を認める。生後1カ月以降、魚鱗癬症状は自然に軽症となるので、本症は、多形性魚鱗癬（pleomorphic ichthyosis）と呼ばれる自然軽快を示す魚鱗癬病型の一つである。

(5) ULCセラミド合成（常染色体劣性先天性魚鱗癬の病因分子の一つ、CERS3皮膚における主なセラミド合成酵素は、CERS3とCERS4である）

上記のCoAが付加されたω-OH-ULC-fatty acidとsphingosineからCERS3の働きで、表皮上層において、ω-OH-ULC-セラミドが合成される[14]。従って、CERS3に機能喪失変異をホモあるいは、複合ヘテロ接合性に有する患者は出生時よりほぼ全身に過角化を示す、常染色体劣性先天性魚鱗癬を発症する[15, 16]。

(6) セラミドのω-O-エステル化によるリノール酸の付加（α/β-hydrolase domain-containing protein 5（ABHD5）はDorfman-Chanarin症候群の病因分子であり、PNPLA1は常染色体劣性先天性魚鱗癬の病因分子の一つである）

ω-OH-ULC-セラミドにリノール酸をエステル結合させるのは、EOSの合成の最終ステップである。ABHD5は、未知のトリグリセリド・リパーゼを活性化して、トリグリセリドからリノール酸を供給することに働くと考えられていた[17]。また、リノール酸は、PNPLA1の働きにより、ω-OH-ULC-セラミドにエステル結合する[18, 19]。

従って、*ABHD5*に機能喪失変異をホモあるいは、複合ヘテロ接合性に有する患者は、トリグリセリドからのリノール酸の供給が行われず、トリグリセリドが蓄積し、逆に、リノール酸の供給減少のため、最終的にEOSの合成低下とCLEの形成不全を来たし、Dorfman-Chanarin症候群を発症する[20]。Dorfman-Chanarin症候群は、先天性魚鱗癬と種々の組織に見られる細胞質内脂肪滴を特徴とする常染色体劣性遺伝性の疾患である。魚鱗癬以外の症状としては、肝障害、肝硬変、小耳症、難聴、精神発達遅滞、成長障害、白内障、斜視、眼振、筋力低下、運動失調等の多彩な症状が見られる。

また、*PNPLA1*に機能喪失変異をホモあるいは、複合ヘテロ接合性に有する患者は、ω-OH-ULC-セラミドにリノール酸をエステル結合させることが出来ず、やはり、EOSの合成低下とCLEの形成不全を来たし、出生時から、葉状魚鱗癬としての症状、ほぼ全身の過角化を呈する[21]。

(7) 層板顆粒によるセラミドの輸送（ABCA12は、常染色体劣性魚鱗癬（特に、道化師様魚鱗癬）の病因分子である）

層板顆粒は、セラミドをはじめとする脂質と、acid phosphatase、glucosidase、lipase、proteaseなどいろいろな水解酵素、そして、コルネオデスモシン等のタンパクを内包し、表皮細胞の角化の際に、細胞外に分泌する。最近は、層板顆粒の膜にあるEOSが、CLEを形成に参加することも示唆されている[22]。この層板顆粒内に、グルコシルセラミド等を輸送する脂質輸送タンパクがABCA12である[23]。この表皮細胞の脂質輸送の要であるABCA12の高度の機能喪失変異は、最も重篤な角化異常症である道化師様魚鱗癬（harlequin ichthyosis）の病因である。道化師様魚鱗癬では、出生時には、全身が厚い板状の角質に覆われ、眼瞼外反、口唇突出開口、耳介の変形を伴っている（**図3**）。出生後，皮膚が乾燥するにつれて皮膚表面の引きつれは亀裂を生じる。新生児期の死亡例も稀ではない。

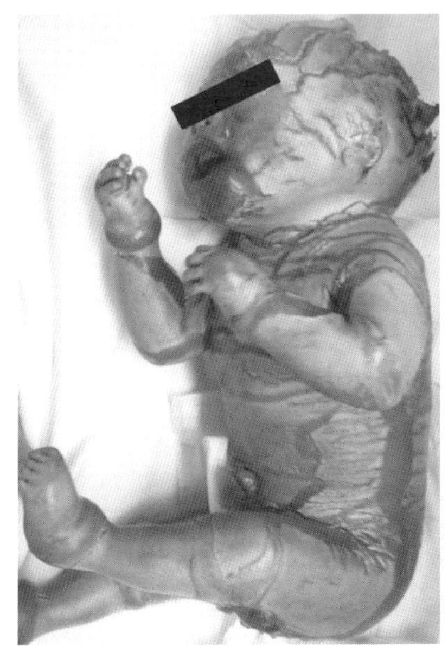

図3　*ABCA12*遺伝子変異によるセラミド等の脂質輸送障害によって発症する道化師様魚鱗癬の臨床像
出生時より、全身を板状の厚い過角化に被われる。（文献24より引用）

(8) セラミドにエステル結合したリノール酸の酸化（12R-LOX, eLOX3も、常染色体劣性先天性魚鱗癬の病因分子である）

層板顆粒によってEOSは、表皮細胞の細胞膜と細胞外へ運ばれるが、このEOSにエステル結合しているリノール酸が、表皮で働く２つのdioxygenases、12（R）-lipoxygenase（12R-LOX）とlipoxygenase-3（eLOX3）により酸化されるステップは、EOSからリノール酸を水解する前段階として重要である[25, 26]。これら、２つの酵素をコードする遺伝子、*ALOX12B*と*ALOXE3*の機能喪失変異は、葉状魚鱗癬と先天性魚鱗癬様紅皮症という２つのタイプの常染色体劣性遺伝性魚鱗癬の病因となる[27]。葉状魚鱗癬は、黒色調から暗い褐色調で、大きく、厚い葉状の鱗屑が全身広範囲に見られ、紅皮症が顕著でない病型であり、他方、先天性魚鱗癬様紅皮症は、白色調の薄く、小さい鱗屑を持ち、皮膚の潮紅、発赤が強いタイプの魚鱗癬である[6]。

その後は、酸化されたリノール酸は、未知のリパーゼによりEOSから水解され、ω-OH-ULC-グルコシルセラミドは、CEの表面に結合し、CLEを形成する[1]。

(9) グルコシルセラミドの脱グルコシル化（β-glucocerebrosidaseはゴーシェ病の病因分子である）

CEと結合したあとのω-OH-ULC-グルコシルセラミド、あるいは、CEと結合する前のω-OH-ULC-グルコシルセラミドを脱グルコシル化する酵素が、β-glucocerebrosidaseである。このβ-glucocerebrosidaseをコードする遺伝子*GBA*の高度の機能喪失変異は、ゴーシェ病２型（Gaucher disease type 2; acute neuronopathic Gaucher disease）の病因である[28]。ゴーシェ病

２型は、急速な神経症状の進行を示すゴーシェ病のタイプであり、２歳までに死に至る例が多い。常染色体劣性遺伝性の疾患で、皮膚には、出生時、あるいは、乳児期早期に先天性魚鱗癬の皮疹を認める[6]。

以上、EOSの合成とCLEの形成の各ステップの障害は、遺伝性の魚鱗癬・魚鱗癬症候群の発症に直結している。この事実は、EOS合成とCLE形成の一つ一つのステップが、皮膚の角化、角層形成、バリア機能にとって、大変重要な過程であることを示している[1]。

3 まとめと展望

セラミドを中心とする表皮脂質はバリア機能に重要な役割を果している。魚鱗癬はもとより、身近な疾患ではアトピー性皮膚炎の患者皮膚でも、角層のセラミドの減少が見られ、遺伝的なフィラグリンの減少、欠損とともに、アトピー性皮膚炎の発症、重症化に関連した皮膚バリア機能障害の一つの要因と考えられている。

上述のように、角化の過程において、脂質の合成に関わる酵素や、輸送に働くタンパクなどが緻密に制御され、最終的にバリア機能にとって重要な表皮脂質としてのセラミドが形成される。

表皮のセラミドの合成、代謝、輸送に関連した分子の異常により、重篤な皮膚バリア機能障害がおこり、魚鱗癬を発症するという事実は、表皮のセラミドが他の分子では代償できない、不可欠な役割を担っていることを示している。セラミドを含めた皮膚の脂質の合成、輸送のメカニズムのさらなる解明は、魚鱗癬等の難治性の皮膚疾患の新規治療法の開発へつながることが予想される。さらに、セラミドを中心とした表皮脂質の動態の理解は、魚鱗癬等の遺伝性角化異常症のみならず、アトピー性皮膚炎や種々のアレルギー性疾患等の、皮膚バリア機能障害を発症因子、増悪因子とする、身近で一般的な疾患の新しい治療・予防戦略への手がかりとなることが期待される。

【参考文献】

1) Akiyama M. Corneocyte lipid envelope (CLE), the key structure for skin barrier function and ichthyosis pathogenesis. *J Dermatol Sci* **88**, 3-9 (2017).
2) Elias PM, Gruber R, Crumrine D. *et al.* Formation and functions of the corneocyte lipid envelope (CLE). *Biochim Biophys Acta* **1841**, 314-318 (2014).
3) Kihara A. Synthesis and degradation pathways, functions, and pathology of ceramides and epidermal acylceramides. *Prog Lipid Res* **63**, 50-69 (2016).
4) Marekov LN, Steinert PM. Ceramides are bound to structural proteins of the human foreskin epidermal cornified cell envelope. *J Biol Chem* **273**, 17763-17770 (1998).
5) Elias PM, Fartasch M, Crumrine D. *et al*. Origin of the corneocyte lipid envelope (CLE): observations in harlequin ichthyosis and cultured human keratinocytes. *J Invest Dermatol* **115**, 765-769 (2000).
6) Oji V, Tadini G, Akiyama M. *et al.* Revised nomenclature and classification of inherited ichthyoses: results of the First Ichthyosis Consensus Conference in Sorèze 2009. *J Am Acad Dermatol* **63**, 607-641 (2010).
7) Kihara A, Igarashi Y. FVT-1 is a mammalian 3-ketodihydrosphingosine reductase with an active site that faces the cytosolic side of the endoplasmic reticulum membrane. *J Biol Chem* **279**, 49243-49250 (2004).
8) Takeichi T, Torrelo A, Lee JYW. *et al.* Biallelic mutations in KDSR disrupt ceramide synthesis and result in a spectrum of keratinization disorders associated with thrombocytopenia. *J Invest Dermatol* **137**, 2344-2353 (2017).
9) Aldahmesh MA, Mohamed JY, Alkuraya HS. *et al* l. Recessive mutations in ELOVL4 cause ichthyosis, intellectual disability, and spastic quadriplegia. *Am J Hum Genet* **89**, 745-750 (2011).
10) Ohno Y, Nakamichi S, Ohkuni A. *et al.* Essential role of the cytochrome P450 CYP4F22 in the production of acylceramide, the key lipid for skin permeability barrier formation. *Proc Natl Acad Sci USA* **112**, 7707-7712 (2015).
11) Lefèvre C, Bouadjar B, Ferrand V. *et al*. Mutations in a new cytochrome P450 gene in lamellar ichthyosis type 3. *Hum Mol Genet* **15**, 767-776 (2006).
12) Ohkuni A, Ohno Y, Kihara A. Identification of acyl-CoA synthetases involved in the mammalian sphingosine 1-phosphate metabolic pathway. *Biochem Biophys Res Commun* **442**, 195-201 (2013).
13) Klar J, Schweiger M, Zimmerman R. *et al.* Mutations in the fatty acid transport protein 4 gene cause the ichthyosis prematurity syndrome. *Am J Hum Genet* **85**, 248-253 (2009).
14) Mizutani Y, Kihara A, Chiba H. *et al.* 2-Hydroxy-ceramide synthesis by ceramide synthase family: enzymatic basis for the preference of FA chain length. *J Lipid Res* **49**, 2356-2364 (2008).
15) Radner FP, Marrakchi S, Kirchmeier P. *et al.* Mutations in CERS3 cause autosomal recessive congenital ichthyosis in humans. *PLoS Genet* **9**,

e1003536 (2013).
16) Eckl KM, Tidhar R, Thiele H. *et al.* Impaired epidermal ceramide synthesis causes autosomal recessive congenital ichthyosis and reveals the importance of ceramide acyl chain length. *J. Invest. Dermatol.* **133** (2013) 2202-2211.
17) Schweiger M, Lass A, Zimmermann R. *et al.* Neutral lipid storage disease: genetic disorders caused by mutations in adipose triglyceride lipase/PNPLA2 or CGI-58/ABHD5. *Am J Physiol Endocrinol Metab* **297**, E289-296 (2009).
18) Hirabayashi T, Anjo T, Kaneko A. *et al.* PNPLA1 has a crucial role in skin barrier function by directing acylceramide biosynthesis. *Nat Commun* **8**, 14609 (2017).
19) Ohno Y, Kamiyama N, Nakamichi S. *et al.* PNPLA1 is a transacylase essential for the generation of the skin barrier lipid ω-O-acylceramide. *Nat Commun* **8**, 14610 (2017).
20) Lefèvre C, Jobard F, Caux F. *et al.* Mutations in CGI-58, the gene encoding a new protein of the esterase/lipase/thioesterase subfamily, in Chanarin-Dorfman syndrome. *Am J Hum Genet* **69**, 1002-1012 (2001).
21) Grall A, Guaguere E, Planchais S. *et al.* PNPLA1 mutations cause autosomal recessive congenital ichthyosis in golden retriever dogs and humans. *Nat Genet* **44**, 140-147 (2012).
22) Elias PM, Gruber R, Crumrine D. *et al.* Formation and functions of the corneocyte lipid envelope (CLE). *Biochim Biophys Acta* **1841**, 314-318 (2014).
23) Akiyama M. The roles of ABCA12 in epidermal lipid barrier formation and keratinocyte differentiation. *Biochim Biophys Acta* **1841**, 435-440 (2014).
24) Akiyama M, Sugiyama-Nakagiri Y, Sakai K. *et al.* Mutations in ABCA12 in harlequin ichthyosis and functional rescue by corrective gene transfer. *J Clin Invest* **115**, 1777-1784 (2005).
25) Yu Z, Schneider C, Boeglin WE. *et al.* The lipoxygenase gene ALOXE3 implicated in skin differentiation encodes a hydroperoxide isomerase. *Proc Natl Acad Sci USA* **100**, 9162-9167 (2003).
26) Epp N, Fürstenberger G, Müller K. *et al.* 12R-lipoxygenase deficiency disrupts epidermal barrier function. *J Cell Biol* **177**, 173-182 (2007).
27) Jobard F, Lefèvre C, Karaduman A. *et al.* Lipoxygenase-3 (ALOXE3) and 12(R)-lipoxygenase (ALOX12B) are mutated in non-bullous congenital ichthyosiform erythroderma (NCIE) linked to chromosome 17p13.1. *Hum Mol Genet* **11**, 107-113 (2002).
28) Holleran WM, Ginns EI, Menon GK. *et al.* Consequences of beta-glucocerebrosidase deficiency in epidermis. Ultrastructure and permeability barrier alterations in Gaucher disease. *J Clin Invest* **93**, 1756-1764 (1994).

リポソーム化セラミド製剤の前臨床研究

北谷　和之*

1 はじめに

セラミドはアポトーシス、プログラム化ネクローシス、ネクローシス、オートファジー、炎症やストレス応答を制御する細胞内シグナル伝達分子である[1-3]。特に、がん細胞におけるセラミドの細胞障害性はがん治療に応用可能な特性である。実際にセラミドのリポソーム化製剤が開発され、その効果が前臨床研究および臨床研究ステージで検証されている[4]。本稿では、これらの創薬研究について紹介する。

2 リポソームの性状と活用

リポソームはリン脂質などの両親媒性物質からなり、中空構造をもった粒子（粒子径：数十－数百nm）である。中空部分には水溶性物質を、粒子の膜中には疎水性の物質を封入することができる。リポソーム素材は生体由来の脂質を主成分とするため生体適合性が高く、ドラッグデリバリーシステム（DDS）の観点からリポソームは薬物や生理活性分子の理想的な運搬体として考えられている[5]。さらにこのリポソームのカチオン化は核酸デリバリーを強化し、ポリエチレングリコール化は親水性および生物学的利用率を高めることができる。すでに抗がん剤（ドキソルビシン）や抗真菌薬（アムホテリシンB）を内包したリポソーム製剤が実臨床で使用されている。このようなリポソーム化製剤の開発の中で、リポソーム化セラミド製剤はがん治療薬候補として創出されている[4]（**図1**）。

3 リポソーム化セラミド製剤の性状、薬物動態および毒性試験

Mayer博士らおよびKester博士らのグループは、がん細胞に対してリポソーム化セラミドが細胞障害性を有することを示した[6,7]。また、短鎖C6-セラミドリポソームはより長鎖のC16-セラミドリポソームに比して強い細胞障害性を示した。これらを皮切りに、短鎖セラミドのリポソーム製剤の臨床応用に向けた道が開かれ、セラミドリポソーム製剤の抗腫瘍活性はこれまでに多くのがん種において検証されている（**表1**）。さらに、抗炎症活性も見出されている[8]。また、これらの分子薬理作用の解明から、新たなセラミド（製剤）の生物活性が見出されており、セラミド生物学を活用した新規治療戦略の構築も期待されている。

当初、単純なリポソーム化セラミドはがん細胞に対して細胞障害性を示したが、リポソームのセ

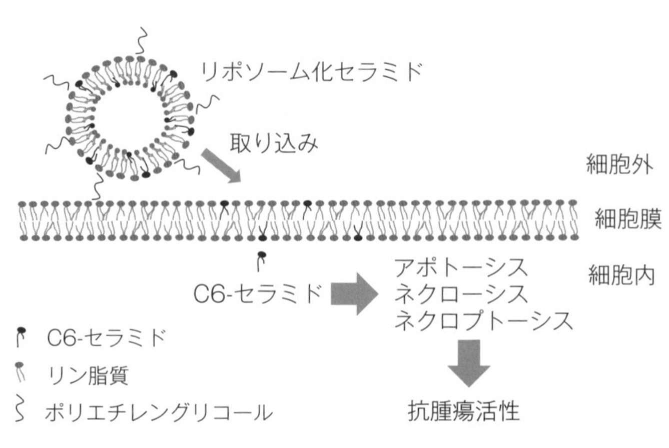

図1　リポソーム化セラミドと抗腫瘍活性

*摂南大学 薬学部 薬効薬理学

表1　リポソーム化セラミド製剤の抗腫瘍活性

セラミド製剤	セラミド種	がん種	モデル	作用機序・標的分子	参考文献
セラミドナノリポソーム	C6-セラミド	卵巣がん	細胞モデル	・ネクロプトーシス	3)
セラミドナノリポソーム	C6-セラミド	肝がん	動物モデル	・抗腫瘍免疫の活性化	10)
セラミドナノリポソーム	C6-セラミド	慢性リンパ性白血病	細胞・動物モデル	・ネクローシス ・STAT3依存性増殖の抑制	19, 20)
セラミドナノリポソーム	C6-セラミド	NK/T細胞リンパ腫	細胞・動物モデル	・アポトーシス	21, 22)
セラミドリポソーム	C6-およびC16-セラミド	乳がん	細胞モデル	・アポトーシス	7)
セラミドリポソーム	C6-セラミド	乳がん	細胞モデル	・アポトーシス	6)
セラミドリポソーム	C6-セラミド	卵巣がん	細胞モデル	・アポトーシス	23)
リポソーム化トランスフェリン抱合型セラミド製剤	C6-およびC13-セラミド	卵巣がん	細胞・動物モデル	・アポトーシス ・PI3K依存的ながん転移の抑制	14, 15)
EGFRターゲティングナノエマルジョン	C6-セラミド	卵巣がん	細胞・動物モデル	・白金製剤(myrisplatin)の細胞障害性増強	24, 25)

ラミド保持力つまり安定性は低かった[6)]。一方、Kester博士らはカチオン化およびポリエチレングリコール化C6-セラミドリポソーム（セラミドナノリポソーム）を創出した。粒子径約80nmを呈するセラミドナノリポソームはC6-セラミド、1,2-ジオレオイル-*sn*-グリセロ-3-ホスホコリン、1,2-ジオレオイル-*sn*-グリセロ-3-ホスホエタノールアミン、1,2-ジステアノイル-*sn*-グリセロ-3-ホスホエタノールアミン-PEGおよびC8-セラミド-PEGから構成されている。このリポソーム化セラミドは乳がん細胞に取り込まれアポトーシスを誘導することが示された[7)]。また、マウスモデルにおいても尾静脈投与されたセラミドナノリポソームは腫瘍組織に送達され抗腫瘍活性を示すことが確認された[9)]。さらに、マウスでの薬物動態を解析した結果、セラミドナノリポソームの血中濃度は一次速度過程に従い、さらに線形2コンパートメントモデル解析から血中半減期は11時間以上であることが明らかとなった。ラットやビーグル犬を用いた薬物動態においても、単回または反復静脈投与での血中消失半減期は17時間以上であった[4)]。これらの結果より、セラミドナノリポソームは生体内において安定であり、徐放性製剤として抗腫瘍活性を示す薬物であると考えられる。

また、セラミドナノリポソームのGLP（good laboratory practice）毒性試験では、バクテリアでの復帰突然変異毒性試験では遺伝毒性は見られず、ラットを用いた試験では中枢神経毒性や肺毒性は見られなかった[4)]。

4 リポソーム化セラミド製剤のネクロプトーシス誘導作用

セラミドナノリポソームはヒト卵巣がん細胞において強い細胞傷害性を示し、アポトーシスでなく、プログラム化ネクローシス（ネクロプトーシス）を誘導することが判明した[10)]。近年、アポトーシスに加え、複数のプログラム化された細胞死の仕組みが明らかにされている。その一つがネクロプトーシスであり、この細胞死に関わる研究が最も大きく進んでいる。これまでに receptor-interacting protein kinase（RIPK）1, RIPK3 や mixed lineage kinase-domain like（MLKL）などの分子がネクロプトーシスの制御分子として同定されてきた。着目すべき点は、セラミドナノリポソームの作用によりネクロプトーシス介在分子であるMLKLのオリゴマー化・活性化が亢進したことである。さらにMLKL発現を抑制することで、本製剤の細胞傷害性が有意に減弱した。一方、MLKLの活性化制御分子（RIPK1およびRIPK3）の発現を抑制しても、本製剤の細胞障害性は変化しなかった。これらの結果から、リポソーム化セラミド製剤はMLKL依存的なネクロプトーシスを誘導すると考えられる。このリポソーム化セラミド製剤によるMLKL活性化の詳細な機序は依然として不明であるが、セラミドがネクロプトーシスの脂質性制御分子として機能すると推察される。このようにリポソーム化セラミドの抗腫瘍活性を詳細に解析することで、新たなセラミドの生物学解明や医学応用への活路が見出されると期待される。

5 リポソーム化セラミド製剤による抗腫瘍免疫活性の増強作用

セラミドナノリポソームは肝がん細胞に直接的に障害性を示すのみならず、腫瘍関連マクロファージ（M2マクロファージ）の活動を抑えることで二次的に抗腫瘍免疫活性を増強することが判明した[10)]。がん細胞以外の免疫細胞がセラミド製剤の標的であることから、今後、セラミド製剤の免疫に与える作用を詳細に検討する必要がある。

6 リポソーム化セラミド製剤の抗炎症性作用

セラミドは細胞内シグナル伝達を制御することが知られており、これまでに複数の細胞内標的分子が同定されている。例えば、ceramide-activated protein phosphatases、ceramide-activated protein kinases、protein kinase Cζや cRafなどである[11)]。Ceramide-activated protein phosphatasesはPP1やPP2Aなどから構成されており、細胞の炎症性応答に対して抑制的に作用することが判明している[12, 13)]。すなわち、セラミドは生体内において抗炎症性脂質であると考えられる。

これまでに角膜感染症モデルにおいて、リポソーム化セラミド製剤の抗炎症性作用が報告されている[8)]。ヒト角膜上皮細胞を用いた黄色ブドウ球菌感染症モデルでは、セラミド製剤投与はToll-like receptor 2（TLR2）の活性化により惹起される炎症性キナーゼp38やJNKの活性化を抑えた。さらにケモカイン（CXCL1, CXCL5, CXCL8）の産生も有意に抑えた。また、好中球のケモカイン産生に対しても、リポソーム化セラミド製剤は抑制的な作用を示した。

動物モデルでは、角膜炎マウスモデルはリポポリサッカライドまたは不活化黄色ブドウ球菌を用いて作成され、この角膜炎に対するリポソーム化セラミド製剤の効果が試験された。その結果、リポソーム化セラミド製剤の結膜下または局所投与は、好中球の角膜実質への浸潤・角膜肥厚・角膜混濁を抑えた。これらの結果から、リポソーム化セラミド製剤は角膜炎の炎症性応答を抑える作用を有することが判明した。このセラミド製剤の抗炎症作用は、他の炎症性疾患に対しても炎症軽減作用を有する可能性を示すものである。

7 リポソーム化トランスフェリン抱合型セラミド製剤

セラミドリポソームのがん細胞障害性を増強するために、がん細胞ターゲティング能を付与した製剤が開発されている[14)]。その1つがリポソーム化トランスフェリン抱合型セラミド製剤である。がん細胞にはトランスフェリン受容体が高発現していることから、トランスフェリンは薬剤のがん細胞ターゲティングに用いられている。卵巣がんの細胞・動物モデルを用いた前臨床研究において、セラミドリポソームをトランスフェリン抱合化することで、抗腫瘍効果が増強された[14)]。さらに、リポソーム化トランスフェリン抱合型セラミド製剤は卵巣がんのホスファチジルイノシトール-3-キナーゼC2β依存的な細胞運動性および転移を抑える作用も有することが明らかとなっている[15)]。

8 リポソーム化セラミド製剤の臨床研究

Kester博士らは臨床応用可能なセラミドナノリポソームを開発し、これまでにがんの細胞・動物モデルを用いた前臨床研究を実施してきた[4)]。2017年、セラミドナノリポソームはアメリカ食品医薬品局（FDA）の承認を受け、多施設において肝臓がんを対象としたフェーズI臨床試験のステージへ突入した（Clinical trial #: NCT02834611,ClinicalTrials.gov）。

9 おわりに

1990年代にがん細胞に対するセラミドの細胞障害性作用[16]が見出されて以来、セラミド生物学の解明が進み、四半世紀をかけて、このセラミドの特性を利用したリポソーム化セラミド製剤（セラミドナノリポソーム）は新しいタイプのがん治療薬候補として創出されている。今後、セラミド生物学の学際的研究が新たなセラミド製剤の臨床応用の機会を生み出すと見込まれる。また、生体内にはセラミドの代謝・合成酵素、セラミド輸送タンパク質やセラミド活性化・相互作用タンパク質が同定されている[11, 17, 18]。このような知見を活用した新たな創薬も期待できる。

【参考文献】

1) Morad, S. A., *et al.* Tamoxifen magnifies therapeutic impact of ceramide in human colorectal cancer cells independent of p53. *Biochem Pharmacol* **85**, 1057-1065 (2013)
2) Hannun, Y. A., and Obeid, L. M. Sphingolipids and their metabolism in physiology and disease. *Nat Rev Mol Cell Biol* **19**, 175-191 (2018)
3) Zhang, X., *et al.* Ceramide Nanoliposomes as a MLKL-Dependent, Necroptosis-Inducing, Chemotherapeutic Reagent in Ovarian Cancer. *Mol Cancer Ther* **17**, 50-59 (2018)
4) Kester, M., *et al.* Preclinical development of a C6-ceramide NanoLiposome, a novel sphingolipid therapeutic. *Biol Chem* **396**, 737-747 (2015)
5) Torchilin, V. P. Multifunctional, stimuli-sensitive nanoparticulate systems for drug delivery. *Nat Rev Drug Discov* **13**, 813-827 (2014)
6) Shabbits, J. A., and Mayer, L. D. Intracellular delivery of ceramide lipids via liposomes enhances apoptosis *in vitro*. *Biochim Biophys Acta* **1612**, 98-106 (2014)
7) Stover, T., and Kester, M. Liposomal delivery enhances short-chain ceramide-induced apoptosis of breast cancer cells. *J Pharmacol Exp Ther* **307**, 468-475 (2003)
8) Sun, Y., *et al.* Inhibition of corneal inflammation by liposomal delivery of short-chain, C-6 ceramide. *J Leukoc Biol* **83**, 1512-1521 (2008)
9) Stover, T. C., *et al.* Systemic delivery of liposomal short-chain ceramide limits solid tumor growth in murine models of breast adenocarcinoma. *Clin Cancer Res* **11**, 3465-3474 (2005)
10) Li, G., *et al.* Nanoliposome C6-Ceramide Increases the Anti-tumor Immune Response and Slows Growth of Liver Tumors in Mice. *Gastroenterology* **154**, 1024-1036 e1029 (2018)
11) Snook, C. F., *et al.* Sphingolipid-binding proteins. *Biochim Biophys Acta* **1761**, 927-946 (2006)
12) Kitatani, K., *et al.* Protein kinase C-induced activation of a ceramide/protein phosphatase 1 pathway leading to dephosphorylation of p38 MAPK. *J Biol Chem* **281**, 36793-36802 (2006)
13) Kitatani, K., *et al.* Acid beta-glucosidase 1 counteracts p38delta-dependent induction of interleukin-6: possible role for ceramide as an anti-inflammatory lipid. *J Biol Chem* **284**, 12979-12988 (2009)
14) Koshkaryev, A., *et al.* Increased apoptosis in cancer cells *in vitro* and in vivo by ceramides in transferrin-modified liposomes. *Cancer Biol Ther* **13**, 50-60 (2012)
15) Kitatani, K., *et al.* Ceramide limits phosphatidylinositol-3-kinase C2beta-controlled cell motility in ovarian cancer: potential of ceramide as a metastasis-suppressor lipid. *Oncogene* **35**, 2801-2812 (2016)
16) Obeid, L. M., *et al.* Programmed cell death induced by ceramide. *Science* **259**, 1769-1771 (1993)
17) Tanida, I., *et al.* Consideration about negative controls for LC3 and expression vectors for four colored fluorescent protein-LC3 negative controls. *Autophagy* **4**, 131-134 (2008)
18) Yamaji, T., and Hanada, K. Sphingolipid metabolism and interorganellar transport: localization of sphingolipid enzymes and lipid transfer proteins. *Traffic* **16**, 101-122 (2015)
19) Doshi, U. A., *et al.* STAT3 mediates C6-ceramide-induced cell death in chronic lymphocytic leukemia. *Signal Transduct Target Ther* **2**, 17051 (2017)
20) Ryland, L. K., *et al.* C6-ceramide nanoliposomes target the Warburg effect in chronic lymphocytic leukemia. *PLoS One* **8**, e84648 (2013)
21) Watters, R. J., *et al.* Targeting glucosylceramide synthase synergizes with C6-ceramide nanoliposomes to induce apoptosis in natural killer cell leukemia. *Leuk Lymphoma* **54**, 1288-1296 (2013)
22) Liu, X., *et al.* Targeting of survivin by nanoliposomal ceramide induces complete remission in a rat model of NK-LGL leukemia. *Blood* **116**, 4192-4201 (2010)
23) van Vlerken, *et al.* Modulation of intracellular ceramide using polymeric nanoparticles to overcome multidrug resistance in cancer. *Cancer Res* **67**, 4843-4850 (2007)
24) Ganta, S., *et al.* EGFR Targeted Theranostic Nanoemulsion for Image-Guided Ovarian Cancer Therapy. *Pharm Res* **32**, 2753-2763 (2015)
25) Ganta, S., *et al.* Development of EGFR-targeted nanoemulsion for imaging and novel platinum therapy of ovarian cancer. *Pharm Res* **31**, 2490-2502 (2015)

用語解説・索引・執筆者紹介

用語解説

【欧字】

ABCA12（ATP-binding cassette transporter A 12）：ATP-binding cassette（ABC）transporter superfamilyに属する輸送蛋白の一つ。ABCA subfamilyは、脂質の輸送に働いていて、ABCA12は、表皮細胞の脂質輸送を行っている。セラミドの輸送に重要な働きをしている層板顆粒に局在している。

Blautia coccoides：腸内細菌のひとつで、腸内細菌全体の5～10%を占める。絶対嫌気性球菌。プロバイオティクスとして摂取すると抗不安効果や腸炎防止効果があることが報告されている。報告数自体多くはないが、感染症の報告もないことから善玉菌として考える研究者が多くなっている。

BMMC（bone marrow-derived mast cell）：マウスの骨髄由来マスト細胞である。マウスの骨髄細胞をIL-3存在下で約5 - 6週間培養すると90%以上の細胞が未熟な粘膜型マスト細胞（c-Kit$^+$ FcεRIα^+）となる。

***de novo*合成経路（*de novo* synthetic pathway）**：「*de novo*」はラテン語で「初めから・新たに」という意味であり、生物の代謝において、ある物質が原料となる別の物質から新たに合成される経路のこと。セラミドの*de novo*合成経路とは、L-セリンとパルミトイルCoAからの3-ケトジヒドロスフィンゴシン合成を起点として、ジヒドロスフィンゴシン、ジヒドロセラミドを経てセラミドが合成される経路のこと。

ESCRT（endosomal sorting complex required for transport）：生体膜の陥入と括り切りを引き起こすタンパク質複合体。エンドソームにおける内腔小胞の形成に必要な因子として同定されたが、近年、細胞分裂、核膜の再形成、細胞膜修復、ウイルス粒子の出芽など、同様の膜動態を伴うさまざまな膜現象に関与することが明らかにされてきた。

FFATモチーフ（two phenylalanines in an acidic tract-motif; FFAT motif）：FFATモチーフは酸性アミノ酸に富んだ領域中にEFFDAxEという配列を典型とする配列が存在するモチーフである*。典型配列から多少逸脱した配列でもVAPとの結合が残っていることがあり、そのような配列はFFAT-likeモチーフと呼ばれる。この短いペプチドがVAPと直接相互作用することが示されている。FFATモチーフとVAPとの相互作用はμMオーダーの結合定数を持ち、弱い相互作用に分類される*。(*Loewen, C. J. R., Roy, A *et al.* A conserved ER targeting motif in three families of lipid binding proteins and in Opi1p binds VAP. *EMBO J.* **22**, 2025-2035（2003））

FTY720（fingolimod）：FTY720は、冬虫夏草の一種である*Iasaria sinclairii*菌が産生するミリオシン（myriocin）をリード化合物として、化学修飾により創製された。現在、経口免疫抑制薬として多発性硬化症などの治療薬として使用される。FTY720は経口摂取後、主に脳に移行しSphK2によりリン酸化されS1P様構造となり、S1P$_2$受容体以外のS1P受容体に結合し活性化する。その後、S1P受容体は細胞内に取り込まれ長期間にわたりダウンレギュレーションを受ける。結果的にFTY720は受容体経由のS1Pシグナルを抑制し、リンパ球の再循環などを抑制し、免疫抑制効果を示す。

GPIアンカー型タンパク質（glycosylphosphatidylinositol anchored protein）：
Glycosylphosphatidylinositol（GPI）による修飾を受け、その疎水部をアンカーとして形質膜と結合しているタンパク質である。GPIは、オリゴ糖とイノシトールリン脂質からなる糖脂質であり、GPI付加シグナルを有するタンパク質のC末端に共有結合で付加される。リン脂質部分の２本の脂肪酸ともに飽和脂肪酸なので、典型的なラフトマーカーと考えられている。補体の制御タンパク質のCD59やCD55（DAF）、プリオン、アセチルコリンエステラーゼなど、全膜タンパク質の10％ほどが該当する。

INCI名（International Nomenclature of Cosmetic Ingredients）：INCI名は米国化粧品工業会（旧CTFA；Cosmetic Toiletry and Fragrance Association、現PCPC（Personal Care Products Council）により割り当てられる国際的に通用する化粧品原料表示名称で、消費者が化粧品を購入するときに成分チェックが可能となる。日本国内でも2001年より化粧品に配合された全ての成分の表示義務「全成分表示制度」が導入され、欧米諸国と同様に配合規制成分の緩和と情報開示義務という企業責任が課されており、国際表示名であるINCI名の重要性は高い。

I型およびII型膜貫通タンパク（type I and II transmembrane proteins）：I型膜貫通タンパクは膜貫通領域のN末端側が小胞体内腔（細胞外側）に、C末端側が細胞質に面したトポロジーを有している膜タンパクで、通常N末端のシグナルペプチドが切断されている。ガラクトシルセラミド合成酵素がこれに当てはまる。II型膜貫通タンパクは膜貫通領域のN末端側が細胞質に、C末端側が小胞体内腔に面している。ラクトシルセラミド合成酵素およびそれ以降の糖転移酵素はII型膜貫通タンパクである。

MLKL（mixed lineage kinase domain-like）：MLKLはプロテインキナーゼ様ドメインを有する偽キナーゼであり、ネクロプトーシスの実行分子である。このネクロプトーシスにおいて、MLKLはreceptor-interacting protein kinase 3（RIPK3）の基質となり、リン酸化される。その後、MLKL はオリゴマーを形成する。このオリゴマー化MLKLは形質膜においてカチオンを流入させて形質膜破壊を来す穴を形成する。

OPA誘導体化（OPA derivatization）：Sph1P、DHSph1Pなどの検出は、できるだけ高感度化するため、測定物質を蛍光検出する。このような蛍光検出系を用いた場合、測定物質の発蛍光物質への誘導体化が必要になる。o-オルトフタルアルデヒド（OPA）を用いた蛍光誘導体化をOPA誘導体化と言う。OPAは、2-メルカプトエタノール存在下で、対象物質に蛍光性イソインドール誘導体を与え、発蛍光物質へと変換する。この方法は、主にHPLC法によるアミノ酸分析で汎用されている。

S1P$_1$受容体シグナル（S1P$_1$ receptor signal）：S1P$_1$受容体は膜７回貫通型のGタンパク質連関型の受容体であり、抑制性Gタンパク質Gi/oと連関する。S1P$_1$受容体にS1Pが結合すると受容体の構造変化を引き起こし、その結果GRK2によりC末端がリン酸化を受け、βアレスチンがリン酸化受容体と結合することにより内部化（internalization）が起こる。この時、ERK活性化が起こり細胞増殖シグナルなどが伝えられる。一方で、受容体の構造変化はGiタンパク質の活性化（サブユニット解離）も引き起こし、アクチン重合などを介し細胞運動が亢進する。通常これらのシグナルは並行して進行するが、カルシウム結合試薬などを用いてラフトを破壊すると、Gタンパク質シグナルだけが選択的に阻害されることが知られる。また、HDL結合型S1Pはβアレスチン系シグナルに、アルブミン結合型S1PはGタンパク質系シグナルに優位に働くことは興味深い。

S1Pリアーゼ（S1P lyase）：長鎖塩基1-リン酸のC2- C3間を不可逆的に開裂し、長鎖アルデヒドとホスホエタノールアミンを産生する。ピリドキサールリン酸を補酵素とし、小胞体に局在する一回膜貫通タンパク質である。哺乳類では*SPGL1*遺伝子によってコードされている。*SPGL1*遺伝子の変異はCharcot-Marie-Tooth病もしくはステロイド抵抗性ネフローゼ症候群を引き起こす。

SDS-FRL（sodium dodecyl sufate-digested freeze-fracture replica labeling）：生体膜やオルガネ

ラ膜を割断後、金属性のレプリカ薄膜を作製し、そこに付着している膜を構成する分子を標識してTEMで観察する。その結果、脂質二重層の内外層を区別でき、各層における分子の2次元的な分布をナノメートルレベルで解析することが出来る免疫電子顕微鏡法の1つ。

Sjögren-Larsson症候群（Sjögren-Larsson syndrome）：ALDHである*ALDH3A2*遺伝子の変異が引き起こす皮膚神経疾患。皮膚での魚鱗癬、神経系での精神遅滞と痙性対麻痺を主症状とし、しばしば黄斑変性を伴う。ALDH3A2の主な基質は長鎖アルデヒドであり、*ALDH3A2*遺伝子変異によって蓄積した長鎖アルデヒドが症状を引き起こすと考えられている。長鎖塩基はスフィンゴシンキナーゼとS1Pリアーゼによって長鎖アルデヒドへと変換される。

SNARE（soluble NSF-attachment protein receptor）：小胞輸送など、多くの生体膜間の融合を媒介するタンパク質。Qa, Qb, Qc, Rに分類される4つのSNAREタンパク質が特異的な組み合わせで複合体を形成し、膜融合が引き起こされる。オートファジーにおいては、オートファゴソームとエンドソーム／リソソームの融合を媒介することが示された。オートファゴソームの形成に重要なSNAREタンパク質も報告されているが、具体的な関与機序は不明である。

STARTドメイン（steroidogenic acute regulatory protein-related lipid transfer domain）：ヒトにはSTARTドメインを持つタンパク質が15個存在するが、いずれもコレステロールやホスファチジルコリンを輸送するドメインとして知られている*。これまでの所、CERTのSTARTドメインはセラミドを選択的に輸送する唯一のドメインである。（*Alpy, F. Give lipids a START：the StAR-related lipid transfer（START）domain in mammals. *J. Cell Sci.* **118**, 2791-2801（2005).）

STED-FCS法（stimulated emission depletion-fluorescence correlation spectroscopy）：レーザー走査型顕微鏡では、レーザースポットの当たる領域は光の波長で決定され、これ以上小さくすることはできない。そこで、ドーナツ型の誘導放出用の別のレーザー光を励起レーザーの周辺に配置して、ドーナツの中心部だけから蛍光を検出するようにしたものがSTED顕微鏡法である。ドーナツの中心部からの蛍光の揺らぎを観測して、分子の運動や会合度を測定するのが、STED-FCS法である。

【ア行】

ω-*O*-アシルセラミド（ω-*O*-acylceramide）：*ω*-ヒドロキシ超長鎖セラミドの*ω*位水酸基に脂肪酸がエステル結合したセラミド分子種。エステル結合している脂肪酸のほとんどは、必須脂肪酸のリノール酸である。*ω*-*O*-アシルセラミドは角層ラメラ構造物の形成に必須であり、必須脂肪酸欠乏の場合、ラメラ構造物の形成異常が起き、物質透過バリア機能が低下する。必須脂肪酸欠乏の場合、オレイン酸が主要なエステル結合型脂肪酸となっている。

アポトーシス（apoptosis）：多細胞生物において、その形態を構成する細胞をプログラム化して細胞死させる方法。多細胞生物においてがん化した細胞は、常にアポトーシスによって除去されている。また、発生においても必要な時期と場所において細胞死が起こるが、これもアポトーシスによって制御されている。

甘酒（amazake）：麹の糖化酵素の作用により米のデンプンを糖化し甘さを与えた飲み物。『日本書紀』に甘酒の起源とされる天甜酒（あまのたむざけ）に関する記述があり、古くから作られていたと考えられる。室町時代までは神社でのみ飲む祭祀食だったが江戸時代から庶民が普段から飲む飲み物に変化した。

アラキドン酸（arachidonic acid）：不飽和脂肪酸の1つ。グリセロリン脂質のsn-2位にエステル結合しており、ホスホリパーゼA_2により切り出される。遊離したアラキドン酸はプロスタグランジン、トロンボキサン、ロイコトリエンなど、エイコサノイドに代謝される。

アルツハイマー病（Alzheimer's disease）：認知症において最も患者数の多い老年性の神経変性疾患。主な病理的特徴は、老人斑、神経原線維変化、神経変性で、脳内においてこの時系列で病理進行するが発症機序は不明である。アルツハイマー病患者脳では、セラミドや一部のスフィンゴ糖脂質の増加が観察され発症機構への関与が示唆されている。またスフィンゴ糖脂質は老人斑の構成成分であるＡβ重合体を形成誘導することも知られている。

イオンサプレッション（ion suppression）：イオン源において分析対象物質と同時にイオン化されるマトリックス成分が競合し、分析対象物質のイオン化を抑制すること。

1分子観察（single-molecule imaging）：形質膜に非常に少数の蛍光プローブ（細胞当たり数千分子以下）を導入し、レーザー光による照明下、輝点を高感度のカメラで観察する。試料が存在しているガラスベースディッシュのガラスと観察培地の界面でレーザー光を全反射させて、にじみ出てくるエバネッセント光により蛍光分子を励起する場合、ガラスから数百ナノメーター以内に存在するプローブのみ観察できる。一方で、レーザー光を全反射させず、斜めから照明する（斜光照明）方法でも１分子観察できる。従って、細胞の底面側の膜上の分子のみならず、上側の膜上の分子をも１分子観察することができる。

イメージング質量分析（imaging mass spectrometry; IMS）：質量分析装置（MS）を用いて組織切片や細胞などにおける特定の化合物の二次元空間分布を解析する手法。MSを用いて対象分子を質量で検出するという特性から、多様な分子を一斉に可視化することが可能である。試料をスライドガラス上に貼り付け、サンプルに対して一定の区切られた領域ごとにレーザーを当て、その領域のMSスペクトルを得ることを繰り返す。測定から得られた位置情報と質量スペクトル中の特定イオンの信号強度を色の濃淡で表し画像化することで、ターゲットとする化合物の二次元分布を可視化することができる。

エピジェネティク調節（epigenetic control）：エピジェネティク調節とは、DNAの配列変化によらない遺伝子発現調節を指す。主なメカニズムとして、DNAメチル化やヒストン修飾（メチル化やアセチル化など）がある。この調節は環境要因（食事や酸化ストレスなど）によって動的に変化するため、精神神経疾患など多因子が関与する疾患の病態解明に有用とされる。S1Pがヒストン脱アセチル化酵素に結合し、酵素活性を抑制することでヒストンのアセチル化が亢進し、特定の遺伝子発現が促進することが示された。この現象はS1Pによるエピジェネティク調節の例として興味深い。

エンドグリコセラミダーゼ（endoglycoceramidase; EGCase）：スフィンゴ糖脂質の糖鎖とセラミド間のグリコシド結合を加水分解し、オリゴ糖とセラミドを生じる酵素。放線菌など一部の原核生物とヒル、ミミズ、クラゲ、ヒドラなど一部の無脊椎動物に活性が見出されており、それらの遺伝子もクローニングされているが、脊椎動物には存在しない。放線菌より見つけられたEGCaseは現在３つの分子種Ⅰ，Ⅱ，Ⅲが知られている。糖脂質系列の基質特異性によりEGCaseIはガングリオ系列、ラクト系列、グロボ系列に反応するがグルコシルセラミド（GlcCer）には作用しないと考えられていた。最近、放線菌ベクターにより高発現して得られたEGCaseⅠを用いることによりGlcCerを加水分解できるので遊離セラミドの酵素調製にも用いられている。EGCaseにはセラミドグリカナーゼ（Ceramide glycanase; CGase）という別名もある。

エンドグリコセラミダーゼ関連タンパク質（EGCase-related proteins; EGCrPs）：EGCaseの真菌類ホモログとして見出された。現在までに、EGCrP1とEGCrP2の２分子種が知られている。EGCrP1

はGlcCerに特異的であり、EGCrP2の内在性基質はエルゴステリル-β-グルコシドである。両者ともEGCaseと異なり、オリゴ糖鎖がセラミドに結合した、例えばラクトシルセラミド、GM1のようなスフィンゴ糖脂質には全く作用しない。EGCrP1は*Cryptococcus neoformans*のグルコシルセラミドの品質管理に関わっている。

オートファゴソーム（autophagosome）：オートファジーによる分解対象を隔離し、リソソーム／液胞へ輸送する二重膜小胞。飢餓時には細胞質が非選択的にオートファゴソームに隔離されるが、変性タンパク質の凝集体や損傷ミトコンドリアなどは選択的にオートファゴソームに隔離される。オートファゴソームの形成にはAtgタンパク質が必要であり、他のオルガネラや小胞輸送経路もこれに関与する。脂質供給源や供給機構など、その形成機構には多くの謎が残されている。

オートファジー（autophagy）：真核生物の細胞が備える大規模な分解システム。分解対象はオートファゴソームに隔離され、リソソームあるいは液胞に輸送され、分解される。タンパク質やRNAなどの細胞質成分からオルガネラや細胞内に侵入した病原体まで、さまざまな細胞内分子、構造体を分解の対象とする。細胞・個体のさまざまな生理機能に密接に関与しており、その破綻が種々の疾患と関連することが示唆されている。

【カ行】

角化（keratinization）：皮膚表面を形成している表皮細胞は、終末分化（角化）して、角化細胞となる。角化細胞は、数層から10層に堆積して、皮膚最表面の角層を形成する。

角質細胞脂質エンベロープ（corneocyte lipid envelope; CLE）：表皮細胞の形質膜が角化の際に、主に、EOS由来のω-OH-超長鎖セラミドに置き換わってできる脂質の膜。角層細胞内のcornified cell envelope（CE）と、細胞外の角層細胞間脂質を結びつける、皮膚バリアにとって重要な働きをしている。

カテプシン（cathepsin）：主にリソソームに局在する酸性プロテアーゼの総称で、哺乳類だけでなく原生生物や植物にまで広く保存されている。現在までに15種類がクローニングされ、活性部位や基質特異性の違いで分類されている。セラミドによって活性化するカテプシンBはシステインプロテアーゼ、カテプシンDはアスパラギン酸プロテアーゼであり、定常状態ではリソソームでのタンパク質消化に寄与するが、アポトーシス刺激等に応じて、自身が切断されプロテアーゼ活性部位を含む放出型カテプシンとなりアポトーシスシグナルを活性化する。

ガングリオシド（ganglioside）：セラミドにシアル酸を含む糖鎖が結合した化合物で、細胞表層において認識、免疫等に関与する重要な化合物である。GM3は、ラクトースにシアル酸が１つ結合した糖鎖がセラミドに結合した化合物である。ガングリオシドの名称は、Gの後のM, D等は結合するシアル酸の数を示し、次の数字は中性糖骨格の構造を表わす。

奇数鎖脂肪酸（odd-numbered fatty acid）：炭素数が奇数である脂肪酸のことで、直鎖と分岐鎖に分けられる。直鎖の奇数鎖脂肪酸は主に2-OH脂肪酸のα酸化によって産生される。奇数鎖脂肪酸と偶数鎖脂肪酸に機能上の違いは特にないと思われる。奇数鎖脂肪酸のβ酸化では、複数のアセチルCoAと1分子のプロピオニルCoAを生じる。プロピオニルCoAはスクシニルCoAに代謝され、クエン酸回路に入る。

魚鱗癬と魚鱗癬症候群（ichthyosis and ichthyosis syndrome）：全身、あるいは、身体の広い範囲に角層の肥厚（過角化）と鱗屑を認める一連の疾患群である。多くは遺伝性であり、出生時からほぼ全身に過角化を認める重症型には、道化師様魚鱗癬、先天性魚鱗癬様紅皮症、葉状魚鱗癬がある。魚鱗癬の皮膚症状に加えて、他臓器症状を伴うものが魚鱗癬症候群である。

グリコシルイノシトールホスホセラミド（glycosylinositol phosphoceramide; GIPC）：セラミドにイノシトールリン酸が転移したイノシトールホスホセラミド（IPC）を基部とするスフィンゴ糖脂質で、脊椎動物ではみつかっていないが、植物や菌類、棘皮動物などに広く見出されている。イノシトールリン酸の次に付加される糖は生物種によって異なっており、酵母ではマンノースであるのに対し、植物ではグルクロン酸が付加され、さらに複数の糖が伸長されて多様な構造が形成される。動物性スフィンゴ脂質では最も多いのがスフィンゴミエリンであるが、植物性スフィンゴ脂質クラスの中では最も含有量が多く、もう１つの主要スフィンゴ糖脂質であるグルコシルセラミドの２倍程度に達し、全スフィンゴ脂質の40～70%程を占める。ただし、植物に含まれるグルコシルセラミドは、保湿性向上や美肌効果が期待される健康食品素材となっており、摂取や消化吸収が調べられているが、GIPCについてはほとんどわかっていない。

グルコシルセラミド（glucosylceramide）：セラミドの１位にグルコースがグリコシド結合したスフィンゴ糖脂質であり、自然界に広く分布している。植物やキノコに多く含まれており現在市販されている機能性食品の大部分はグルコシルセラミドを機能性関与成分としている。

グルコシルセラミドの品質管理（quality control of Glucosylceramide）：真菌類のグルコシルセラミド（GlcCer）の長鎖塩基は、哺乳類と異なり２つの二重結合とメチル基を有する（d19:2)。真菌類には、このタイプのGlcCerだけを持つ種と、多様な長鎖塩基（d18:0、d18:1、d18:2、d19:2）を持つ種が存在する。この違いは、EGCrP1遺伝子をゲノム上に持つかどうかに完全に依存している。EGCrP1はER上でd18:0、d18:1、d18:2を持つGlcCerを選択的に分解することにより、d19:2を持つGlcCerだけを生成する。この機構は、GlcCerの品質管理と呼称される。*C. neoformans*でEGCrP1を欠損させると、莢膜形成不全となりマウスへの殺傷性が著しく低下する。

経表皮水分蒸散量（trans epidermal water loss; TEWL）：皮膚の単位面積あたりから蒸散する単位時間あたりの水分量で皮膚バリア機能評価の指標として有用である。一般にバリア能が低い荒れ肌は健常肌と比較してTEWL値が高くなり、TEWL値を低下（正常化）させるスキンケア製剤はバリア修復能が高いと判断できる。

結合型セラミド（bound ceramide）：タンパク質が架橋して形成した角質細胞膜（角化不溶性膜）の細胞間隙側に共有結合しているω-ヒドロキシセラミド。ω-ヒドロキシセラミドのω位の水酸基がタンパク質のグルタミン残基に共有結合している。角層細胞間の脂質ラメラ構造物形成の足場となっていると考えられている。

光学活性ヒト型セラミド（optically active human-type ceramide）：立体構造を含めて生体（ヒト）とまったく同一の構造を有するセラミド。光学活性な*D-erythro*配置をもち、従来の合成法で製造されるラセミ体（光学異性体等量混合物）と区別される。なお、化粧品成分表示上はラセミ体と光学活性体との区別はされていないのが現状である。

麹菌（koji fungi）：蒸した米に生やして麹を作るために使う真菌。麹の主な目的は米に含まれるでんぷんの糖化である。日本の本州では少なくとも鎌倉時代から*Aspergillus oryzae*が、沖縄では琉球王朝成立以来*A. luchuensis*が使われてきたが、20世紀に入り九州での焼酎製造には*A. luchuensis*が使われるようになった。

極長鎖脂肪酸（very-long-chain fatty acid; VLCFA）：研究者間で必ずしも定義が統一されてはいないが、C21以上の脂肪酸のことを指すことが多い。極長鎖脂肪酸の中でもC26以上のものを超長鎖脂肪酸と呼ぶこともある。極長鎖脂肪酸は小胞体における脂肪酸伸長サイクルによって産生される。C22:0、C24:0、C24:1、C24:2極長鎖脂肪酸がスフィンゴ脂質中に多く見られる。

ゴーシェ病（Gaucher diseaseまたはGaucher's disease）：スフィンゴ糖脂質であるグルコセレブロシドをセラミドに分解するグルコセレブロシダーゼの遺伝子変異によって、グルコセレブロシドが蓄積してしまうライソゾーム病。先天性代謝異常症であり、常染色体劣性遺伝に分類される。グルコセレブロシドが蓄積した細胞を「ゴーシェ細胞」と呼び、肝臓や脾臓へのゴーシェ細胞の蓄積で臓器の腫脹、骨髄での蓄積による造血能低下や骨折、骨変形、また脳への蓄積で神経症状などを呈する。世界で確認されている患者数は約5,000人であり、日本国内では100人に満たない希少な難病である。

【サ行】

サイコシン（psychosine）：ガラクトシルスフィンゴシン。合成経路は明らかではないが、UDP-ガラクトースとスフィンゴシンから合成されるか、ガラクトシルセラミドの脂肪酸が外れることで生成すると考えられる。分解は、リソソーム酵素のガラクトシルセラミダーゼによる。ガラクトシルセラミダーゼの活性低下を伴う先天的代謝異常症はKrabbe病と呼ばれ、脳内にサイコシンの蓄積と、それに起因する脱ミエリンが主な病理である。

細胞外小胞（extracellular vesicle）：細胞の膜を由来とし細胞外放出される小胞。主なものに、形質膜から形成されるマイクロ小胞、エンドソーム膜由来のエクソソーム、アポトーシス細胞から放出されるアポトーシス小胞がある。エクソソームはLE/MVEが形質膜と融合することにより、内部の小胞（40～100 nm）が細胞外に放出されたものであり、ミクロ小胞は形質膜の一部がちぎれ、小胞（100～1,000nm）として放出されたものである。これらの小胞は積荷分子として、タンパク質、脂質、ヌクレオチド（mRNAやミクロRNA）などを担っており、遠隔細胞にこれらを供給するため細胞間情報伝達の手段として注目される。エクソソームやマイクロ小胞は、セラミドやその他のスフィンゴ脂質を多く含んでいる。また、これらの小胞は生体膜で覆われているため、血液脳関門を容易に通過出来ることから、薬剤等のデリバリー・ツールとして病気の治療にも利用可能であることから、臨床研究も盛んに行われている。

サルベージ経路（salvage pathway）：「サルベージ」とは「再利用」の意味で、分解経路の中間体を再利用する経路のこと。セラミドのサルベージ経路とは、スフィンゴ糖脂質やスフィンゴミエリンが細胞内の後期エンドソームやリソソームにおいてセラミドへ分解された後、セラミダーゼによってスフィンゴミエリンへとさらに変換される。このスフィンゴミエリンを原料としてセラミド合成酵素を介して再度セラミドが合成される経路のこと。

子嚢菌門（*Ascomycota*）：子嚢菌門は、菌界に属する分類群の１つであり、減数分裂によって生じる胞子を袋（子嚢）の中に作るのを特徴とする。微小な子嚢を形成しその中に減数分裂によって胞子を作るのを特徴とする。担子菌門 とともに真菌類中の大きな部分（70%程度）を占める。酵母（出芽酵母、分裂酵母）、カビ（アオカビ、コウジカビ、アカパンカビ）や、一部のキノコ（アミガサタケ、トリュフ）などが含まれる。

脂質結合毒素（lipid-binding toxin）：細菌や下等生物が分泌するタンパク質のうち、標的細胞の表面にある脂質に結合し、最終的に細胞の代謝異常や死滅を引き起こすもの。リン脂質を加水分解して形質膜を傷害するホスホリパーゼ、形質膜中に小孔を開けて細胞を破壊するライセニンなどの孔形成毒素、コレラ毒素など細胞質内の標的分子に作用する毒素の３種がある。毒素の受容体は、リン脂質、スフィンゴ脂質、糖脂質、コレステロールやその複合体など多岐に渡る。

脂肪酸α酸化（fatty acid α-oxidation）：カルボキシ基の隣（C2位）とさらに隣（C3位）の炭素の位置をそれぞれα位とβ位と呼ぶ。脂肪酸のβ酸化とは、β位の酸化を伴って炭素数2減少する一般的な脂肪酸の分解のことを指す。一方、脂肪酸α酸化では炭素数が1減少するため、偶数鎖の脂肪酸から奇数鎖の脂肪酸が産生される。食事由来のフィタン酸（植物に含まれるフィトールから派生）や2-OH脂肪酸の代謝で見られる反応である。

脂肪酸伸長サイクル（fatty acid elongation cycle）：脂肪酸伸長サイクルは小胞体膜上において縮合、還元、脱水、還元の4反応を1サイクルとし、脂肪酸の炭素数を2ずつ増加させる。第一段階の縮合反応が脂肪酸伸長サイクルの律速段階であり、基質はアシルCoAとマロニルCoAである。哺乳類にはこの反応を触媒する7つの縮合酵素（エロンガーゼ；ELOVL1-7）が存在する。

ストラメノパイルに特徴的な長鎖塩基（stramenopile-specific long-chain bases）：SRSスーパーファミリーに属する原生生物のうち、ストラメノパイルに分類される生物群（卵菌類、珪藻類、ラビリンチュラ類等が含まれる）は、二重結合3つとメチル基を持つ長鎖塩基（d19:3）を持つCPEやGlcCerを持つ。このような構造の長鎖塩基は、哺乳類、植物、真菌類では見出されていない。

スフィンゴシン-1-リン酸受容体依存的と非依存的情報伝達機構（sphingosine-1-phosphate receptor dependent and independent signaling mechanism）：スフィンゴシン-1-リン酸は、形質膜に発現するGタンパク質共役受容体のスフィンゴシン-1-リン酸受容体に結合し、その活性化を介する以外に、細胞内でTRAF2、HSP90、IRF1などのタンパク質と結合し、細胞機能に影響を与える。

スフィンゴシン類似物質（sphingosine-like compounds）：天然スフィンゴシンと類似した物理化学的性質や生理機能を示すが、化学構造（立体化学も含む）がスフィンゴシンと異なるものを意味する。

スフィンゴミエリナーゼ（sphingomyelinase; SMase）：スフィンゴミエリンのコリンリン酸とセラミド間のリン酸ジエステル結合を加水分解し、コリンリン酸とセラミドを生じる酵素。脊椎動物には酸性、中性、アルカリ性の三種類の酵素が見出されており、それらのcDNAもクローニングされている。細菌由来のSMaseは中性SMaseに分類される。

スフィンゴミエリン（sphingomyelin; SM）：セラミドの1位のヒドロキシル基とホスホコリンがホスホジエステル結合した構造をしている。線虫、および脊椎動物などの比較的限られた多細胞生物に存在するが、単細胞生物、ハエ、植物などにはみられない。神経細胞の軸索を膜状に覆う髄鞘の主要な構成成分としてよく知られている。生体膜の構成脂質の1つでもあり、最も多量に存在するスフィンゴ脂質である。膜上でコレステロールやスフィンゴ糖脂質などと共役して脂質マイクロドメインを形成し、形質膜の高次構造の維持や膜を介したシグナル伝達において重要な役割を果たしている。

スフィンゴミエリン合成酵素（sphingomyelin synthase; SMS）：ホスファチジルコリンのホスホコリンをセラミドに転移し、スフィンゴミエリンとジアシルグリセロールを産生する。線虫、および脊椎動物などの比較的限られた多細胞生物に存在する。現在のところ、哺乳類ではSM産生能を持つアイソフォームとしてはSMS1, SMS2の2つが同定されている。SMS1はゴルジ体、SMS2はゴルジ体および形質膜に局在し、ともに6回膜貫通タンパク質と予想されている。

スフィンゴ脂質（sphingolipids）：長鎖アミノアルコール（long-chain amino alcohol）の一種である

長鎖塩基（long-chain base；スフィンゴイド塩基（sphingoid base）ともいう）を骨格としてもつ一群の脂質。スフィンゴ脂質は全ての真核生物および一部の原核生物に存在すると考えられている。スフィンゴ脂質は細胞の生死や分化、遊走など生命現象に関わる重要な脂質である。長鎖塩基のアミノ基に脂肪酸がアミド結合した化合物はセラミドと呼ばれ、セラミドの１位に糖が結合するとスフィンゴ糖脂質、長鎖塩基やセラミドにリン酸またはリン酸と塩基が結合した化合物はスフィンゴリン脂質と呼ばれる。哺乳類細胞で最も多く存在するのはセラミドにリン酸コリンの結合したスフィンゴミエリンであり、形質膜に多く分布する。

スフィンゴ脂質セラミドN-デアシラーゼ（sphingolipid ceramide N-deacylase; SCDase）：スフィンゴ糖脂質やスフィンゴミエリンのセラミド部分のアミド結合を加水分解し、それらのリゾ体と脂肪酸を生じる酵素。遊離のセラミドに特異的に作用するセラミダーゼと異なり、遊離のセラミドに対する反応性は低い。SCDase様の活性は哺乳動物からも報告されているが、遺伝子がクローニングされているのは細菌由来の酵素のみである。

スフィンゴ糖脂質（glycosphingolipids; GSLs）：セラミドおよびその類似体の水酸基に糖鎖の結合した両親媒性脂質の総称。

セツキシマブ（cetuximab）：上皮成長因子受容体（EGFR）に対するIgG1に属するマウス・ヒトキメラ化モノクローナル抗体。2003年に商品名「アービタックス®」として米国ブリストル・マイヤーズスクイブ社より販売されている分子標的薬であり、日本では2008年に製造・販売が承認された。EGFRのリガンド結合部位に、リガンドであるEGFに比べ５倍の親和性で競合的に結合しEGFシグナルを阻害する。

セマフォリン3A（semaphorin 3A; Sema3A）：神経細胞の神経突起伸張を阻害して、神経突起伸長と誘因に反発する作用があるタンパク質で、表皮角化細胞より分泌される。NGFの神経突起伸長促進による痒み増大を抑制する働きがある。

セラミダーゼ（ceramidase; CERaseまたはCDase）：遊離セラミドのアミド結合を加水分解し、脂肪酸とスフィンゴシンを生じる酵素。スフィンゴ脂質セラミドN-デアシラーゼ（SCDase）と異なり、セラミドに極性基が付いたスフィンゴ糖脂質やスフィンゴミエリンは分解しない。一次構造により、酸性、中性、アルカリ性の三種類に分類されている。細菌由来のセラミダーゼは中性セラミダーゼに分類される。

セラミド（ceramide）：長鎖塩基のアミノ基にアシル基がアミド結合した化合物。狭義のセラミドはスフィンゴシン（sphingosine）のN-アシル化体に特化され、ジヒドロスフィンゴシン（dihydrosphingosine）やフィトスフィンゴシン（phytosphingosine）のN-アシル化体はそれぞれジヒドロセラミド（dihydroceramide）、フィトセラミド（phytoceramide）と区別して呼ばれる。

セラミド1-リン酸（ceramide 1-phosphate）：セラミドのC1位がリン酸化されたスフィンゴリン脂質。哺乳動物ではセラミドキナーゼがセラミドをリン酸化してセラミド1-リン酸を産生する。

セラミドアミノエチルホスホン酸（ceramide 2-aminoethylphosphonate; CAEPn）：スフィンゴリン脂質の一種。セラミドに2-アミノエチルホスホン酸が結合したC-P化合物であり、セラミドホスホエタノールアミンのホスホン酸類似体である。一般に植物や哺乳類などの脊椎動物にはほとんど含まれないが、巻き貝や二枚貝などの貝類をはじめ頭足類などの軟体動物に比較的多量に含まれる。2-アミノエチルホスホン酸部分には自然界ではあまり見られないC-P結合を持つ。

セラミドキナーゼ（ceramide kinase）：セラミドをリン酸化してセラミド1-リン酸を産生する酵素。

セラミドナノリポソーム（ceramide nanoliposomes）：がん治療薬として開発されたリポソーム化セラミド製剤（粒子径：約100 nM）であり、当製剤のフェーズI臨床試験が米国において実施されている。この製剤に含まれるセラミド分子種は短鎖C6セラミドである。また、生物学的な安定性を付与するためにリポソーム表面がポリエチレングリコールで修飾されている。

セラミドホスホエタノールアミン（ceramide phosphoethanolamine; CPEA または CPE）：別名、N-acyl-D-erythro-sphingosylphosphorylethanolamine。エタノールアミンがリン酸を介してセラミドに結合したスフィンゴリン脂質の一種であり、スフィンゴミエリンのアミノ基がメチル化されていない構造類似体である。トリパノソーマ等の原生生物、昆虫からヒトまで広く分布する。ヒトでは主にスフィンゴミエリン関連タンパク質（SMSr）の触媒作用により、ホスファチジルエタノールアミン（PE）のリン酸エタノールアミンがセラミドに転移する反応によって合成される。一方、ショウジョウバエにおいては、主としてCPE合成酵素（CPES）がCDP-エタノールアミンからリン酸エタノールアミンをセラミドに転移する反応によって生成される。マウスの精巣や脳には0.02%程度含まれるに過ぎないが、スフィンゴミエリンを持たない種類の無脊椎動物では主要なスフィンゴ脂質である。ショウジョウバエでは、被覆グリア細胞が作る抹梢神経線維束を取り囲む隔壁の形成に重要な役割を果たすことが示されている。

セラミドモノメチルアミノエチルホスホン酸（ceramide 2-（*N*-methylamino）ethylphosphonate; C-MM-AEPn）：スフィンゴリン脂質の一種。セラミドアミノエチルホスホン酸のアミノ基がメチル化されたC-P化合物である。ジメチル化されたものもある。軟体動物の巻き貝に多く見いだされている。

セラミド機能物質（ceramide-function substances）：皮膚角層セラミドの持つ保湿機能やバリア機能と同等、もしくは類似の性質を有した物質を意味する。

セラミド合成酵素（ceramide synthase）：長鎖塩基のアミノ基にアシルCoA由来のアシル基を転移させる酵素。スフィンゴ脂質の*de novo*合成においてはジヒドロスフィンゴシンからジヒドロセラミドへの変換がセラミドの生産よりも先に起こるので、前者の化学変換を明示したジヒドロスフィンゴシン*N*-アシル転移酵素（dihydrosphingosine *N*-acyltransferase）とも呼ばれていた。しかし、各種長鎖塩基を広義のセラミドへと変換する酵素群を示す意味もあり、現在ではセラミド合成酵素という呼び名にほぼ統一されており、ヒトゲノムにコードされる6つのセラミド合成酵素アイソフォームの遺伝子名全てにCERSの文字列が付随している。

セリンパルミトイル転移酵素（serine palmitoyltransferase; SPT）：スフィンゴ脂質合成の初発段階を担う酵素であり、セリンとパルミトイルCoAとを縮合してケトジヒドロスフィンゴシン（3-ketodihydrosphingosine; KDS）を生成する。真核細胞には普遍的に存在し、三つの異なるサブユニットから構成されている。一部の原核細胞にもSPTは存在し、同一サブユニットのダイマー構造である。

セレブロシド（cerebroside）：一般にガラクトシルセラミドのことを指す。グルコシルセラミドの場合、別名グルコセレブロシドと表す。

選択イオンモニタリング（selected ion monitoring; SIM）：SIR（selected ion recording；選択イオンレコーディング）とも呼ばれる。四重極型またはイオントラップ型質量分析装置を用いた分析法の一つで、特定質量をもつイオンを通過させるフィルターにおいて特定のイオンを選択し、検出する方法。

層板顆粒（lamellar granule）：皮膚表面の表皮細胞の持つ、唯一の分泌顆粒。透過電顕では顆粒状に見えるが、実際は、細胞内から細胞辺縁へ伸びるチューブ状の構造で、形質膜に連続し、細胞外へ開口する。セラミド等の皮膚表面の脂質バリアに重要な脂質を輸送する。

【タ行】

大腸腺腫（異常陰窩巣、Aberrant crypt foci; ACF）：ヒトの場合、大腸の粘膜層の一部が隆起して生じたものを大腸ポリープといい、大腸ポリープはその構造（組織）により腫瘍性のポリープとそれ以外（非腫瘍性）のものに分けられ、大腸がんになる可能性があるものは腫瘍性ポリープである「腺腫」という。大腸がん発症機構の一つのメカニズムとして、正常な粘膜から腺腫が生じ、それが悪性化してがんに変異する機構があり、腺腫発症を予防する、機能性成分の探索ならびに腺腫の早期発見切除が大腸がん発症のリスク軽減につながる。 動物実験でこれを再現する場合、1,2ジメチルヒドラジン（DMH）の投与もしくはアゾキシメタン（AOM）を投与することで可能である（マウスの場合、おおむね2カ月程度の投与（週1回腹腔投与（10-30mg/kg体重））。

多重反応モニタリング（multiple reaction monitoring; MRM）：SRM（selected reaction monitoring）法ともよばれる。三連四重極型質量分析装置を用いた分析法の一つ。特定質量をもつイオンを通過させるフィルター（Q1）において特定のイオン（プリカーサーイオン）を選択し、さらにガス衝突誘起開裂によって生じたイオン（プロダクトイオン）の中から特定のイオンを選択（Q3）、2つの質量フィルターを通過できるイオンを検出する方法。Q1とQ3の組み合わせをMRMトランジションと呼ぶ。

タンデム質量分析（tandem mass spectrometry）：質量分析のバリエーションのひとつで、エレクトロスプレーして高電圧下に分子を置き電離したイオンを四重極型質量分析計でm/zに応じて分離して回収し、不活性ガスと衝突させて断片化させ、四重極型質量分析計でm/zを測定することで構造に関する情報を得る。分子によって壊れやすい化学結合が決まっているので、壊れやすい化学結合を特定すれば既知の化学構造の分子だけではなくある程度は未知の化学構造の分子の構造決定もできる。

秩序液体相（liquid-ordered phase）：単成分系では、スフィンゴ脂質等の飽和脂肪酸鎖をもつ脂質は炭化水素鎖の配向が揃ったゲル相（固相）を示すが、不飽和脂肪酸鎖をもつ脂質は炭化水素鎖の配向が乱れた液晶相（無秩序液体相）を示す。ゲル相へのコレステロール添加により、炭化水素鎖の配向は揃っているが、膜の流動性は保持された相が生じる。この相を秩序液体相と呼び、生体膜におけるスフィンゴ脂質とコレステロールから構成される脂質ラフトの物性を示すものとして理解されている。

超解像顕微鏡（super-resolution microscopy）：光の回折限界により従来の光学顕微鏡の解像度は約250 nmに制限されるが、さまざまな技術により回折限界以下の解像度をもつ蛍光顕微鏡法。励起光の照射（structured illumination microscopy（SIM）、stimulated emission depletion microscopy（STED））と蛍光団と画像取得（photoactivated localization microscopy（PALM）、stochastic optical reconstruction microscopy（STORM））に特徴を持つものに大別される。PALM、STORMは10-20 nmの解像度を達成している。

腸管炎症（炎症性腸疾患、inflammatory bowel disease; IBD）：腸管炎症は、一般的な細菌等異物の摂取により生じる防御反応がほとんどであるが（特異的炎症性腸疾患、感染性腸炎、薬剤性腸炎等）、特に、原因がはっきりわからない非特異的炎症性腸疾患もあり、潰瘍性大腸炎やクローン病がその代表である。すなわち、上記の特異的炎症性腸疾患の場合、原因を取り除くことによって完治が可能であるが、潰瘍性大腸炎等の非特異的炎症性腸疾患の場合は、完治は現状難しく、生活習慣等との関与も指摘されており、発症を予防する、機能性成分の探索ならびに生活習慣の改善も重要と考えているが、その詳細はいまだ不明な点が多い。上記の解明のための動物モデル実験としては、トランスジェニックマウスを用いることも可能であるが、コスト等を考えると、デキストラン硫酸ナトリウム（DSSを含む水をマウスに飲水させることで腸炎を発症させる系がしばしば用いられる。DSSはムコ多糖の一種で、腸粘膜上皮障害を起こしその結果、DSSは粘膜下層に達し抗原提示細胞に貪食される。これにより活性化した抗原提示細胞がT細胞活性化を引き起こし、炎症性腸疾患と類似の症状を引き起こす。この実験を行うにあたり、数多くの論文を参照して、DSSの投与量を決定するが、導入するマウスや微妙な飼育環境の差異等により、DSSの投与量と発症度合いが異なるため、事前に投与量と発症度合いを決める予備実験が必須である。

長期増強効果（long-term potentiation; LTP）：シナプスを形成する神経細胞間でシナプス前細胞に高頻度の電気刺激を加えることにより、シナプスの伝導効率が長期間（数時間以上）にわたり増強する現象で記憶の実験モデルとしてよく使われる。海馬のCA1領域におけるLTPのメカニズムとしては、シナプス後細胞のNMDA受容体によるカルシウムの流入の結果、カルモデュリン依存性プロテインキナーゼやCキナーゼによるAMPA受容体のリン酸化が関与することが有名である。一方で、CA3領域におけるLTPのメカニズムは永らく不明であったが、最近S1Pシグナルによりシナプス前細胞からのグルタミン酸放出の頻度の増加が関係することが明らかにされた。

長鎖塩基（sphingoid baseまたはlong-chain base）：炭素数12を超える炭化水素鎖の末端（C1位）とC3位に水酸基、C2位にアミノ基を持つ長鎖アミノアルコール。哺乳類ではC4-C5にトランス二重結合を持つスフィンゴシンが主要な長鎖塩基である。長鎖塩基合成の初発段階は多くの生物でセリンとパルミトイルCoAとの縮合なので、長鎖塩基の炭素鎖長は18であるが、パルミチン酸以外の脂肪酸が使われた場合、炭素鎖長も変わる。また、セリンの代わりにアラニンあるいはグリシンが使われると末端の水酸基が欠けた1-デオキシ体の長鎖塩基となる。生物種により長鎖塩基の構造が異なり、二重結合数や炭素鎖長、分岐メチル基の有無に違いがある。

長鎖塩基の9-メチル基（9-methyl base of sphingoid bases）：長鎖塩基の9位に結合しているメチル基。S-adenosylmethionine-dependent methyltransferasesにより付加され、真菌にのみ特異的に存在し、脂質二重膜の流動性を上げる役割があると考えられている。

超低温超薄切片免疫電子顕微鏡法（cryogenic ultrathin section immunoelectron microscopy）：細胞などの試料を超低温で凍結することにより物理的に脂質の動きを止め、超低温を保ったまま超薄切片を作成後、免疫電子顕微鏡観察を行う方法で、脂質ラフトの大きさや構造を比較的保ったまま脂質ラフトの会合状態を可視化し、会合している分子群を同定することができる。

超臨界流体クロマトグラフィー（supercritical fluid chromatography; SFC）：主移動相に、超臨界もしくは亜臨界状態の二酸化炭素を用いるクロマトグラフィー。HPLCよりも高速分析が可能で分取生産性が高く、分離化合物の適用範囲が広い特徴を持つ。さらに産業上副産物として排出される二酸化炭素を再利用しており、環境にやさしい一面もある。このため、世界中で急速に拡がりを見せている分離分析手法である。

天然変性領域（intrinsically disordered regions）：タンパク質が単独で存在する時には特定の構造を取らずに変性状態にあった領域が、ターゲット分子と結合することによって折りたたまれて特定の構造を取るようになる。このような領域を天然変性領域と呼び、さまざまなタンパク質に見られる。天然変性領域はタンパク質の機能を制御する領域によく見られ、リン酸化によって折りたたみが誘発される例も知られている。

ドラッグデリバリーシステム（drug delivery system; DDS）：薬物の体内分布を量的・空間的・時間的に制御するシステムである。このシステムの１つがリポソーム化である。

【ナ行】

ネクロプトーシス（necroptosis）：細胞死はネクローシスとプログラム化細胞死（アポトーシス）に分類される。これまで、ネクローシスは物理的なストレスなどにより誘導される偶発的な細胞死と考えられてきた。しかしながら、近年、一部のネクローシスはプログラム的に実行されることが明らかにされた。そのプログラム化ネクローシスの１つがネクロプトーシスである。

【ハ行】

発酵食品関連菌のスフィンゴ糖脂質（glycosphingolipids contained in fermented foods）：発酵食品関連菌としては麹菌や酵母菌、乳酸菌などがあるが、このうちスフィンゴ糖脂質を持つのは麹菌だけである。麹菌のスフィンゴ糖脂質としてはN-2'-hydroxyoctadecanoyl-1-O-β-D-glucosyl-9-methyl-4,8-sphingadienineとN-2'-hydroxyoctadecanoyl-1-O-β-D-galactosyl-9-methyl-4,8-sphingadienineがある。

非結合型セラミド（unbound ceramide）：結合型セラミドの対語で、角層細胞間でコレステロール、脂肪酸および長鎖塩基などと共にラメラ構造物を形成する。

飛行時間型質量分析装置（time-of-flight mass spectrometer; TOF-MS）：イオンに一定の電圧をかけて加速し運動エネルギーを与えて飛行させ、分子の*m/z*によって検出器に到達する時間が異なるという原理を利用した質量分析装置の一つ。

α-ヒドロキシ脂肪酸（α-hydroxy fatty acid）：カルボキシ基の隣の炭素にヒドロキシ基が結合した脂肪酸。

ω-ヒドロキシ脂肪酸（ω-hydroxy fatty acid）：炭素鎖のメチル末端にヒドロキシ基が結合した脂肪酸。

α-ヒドロキシセラミド（α-hydroxyceramide）：脂肪酸のC2位が水酸化されたセラミドのことを指す。ガラクトシルセラミドの主要なセラミド骨格はこのα-ヒドロキシセラミドである。

フィトスフィンゴシン（phytosphingosine）：ジヒドロスフィンゴシン（スフィンガニン）の4位がヒドロキシ化されて生じる、トリヒドロキシ型長鎖塩基（t18:0）。植物や菌類における最も主要な長鎖塩基分子種であり、植物ではさらに８位に不飽和化を受けたt18:1を主成分とすることが多い。動物では、長鎖塩基の 4-不飽和化酵素のホモログであるデサチュラーゼ2がC-4ヒドロキシラーゼ活性を有するが、植物や菌類にはC-4ヒドロキシラーゼ活性のみを有する独自の酵素が存在しており、SBH/DSH（植物）およびSur2（菌類）と命名されている。これらは相同な遺伝子であるが、出芽酵母のsur2欠損変異株が正常に増殖できるのに対し、シロイヌナズナの*SBH1*と*SBH2*の二重欠損株は、致死的な表現型をもたらす。

不斉合成（asymmetric synthesis）：光学活性な化合物を作り分ける合成手法（光学異性体の一方のみを優位に生成させる合成手段）。光学異性体間、特にエナンチオマー（鏡像異性体）間での物理化学特性はほぼ等しいが生体への作用はまったく異なる場合が多く、不斉合成による光学活性体合成の重要性は医薬品業界を中心に必要不可欠な技術として貢献している。セラミドを例にとると、触媒的不斉水素化という技術により不斉要素を持たないアキラルな基質から２箇所の立体構造を同時に制御することを鍵反応として光学活性ヒト型セラミドの合成が達成されている。また、生体内ではL-セリンから立体選択的にセラミドが生合成されており、自然界で不斉合成が日常行われていることの重要性を再認識させられる。

不斉炭素と光学活性（asymmetric carbon and optical activity）：不斉炭素は共有結合で結ばれる４つの原子または原子団がすべて異なるものをいい、分子内に１つの不斉炭素を含むものは互いに鏡像関係の２種の立体異性体を生じる。n個の不斉炭素を持つ分子は2n個の異性体が存在する。不斉炭素を持ち非対称の分子は、平面偏光を回転させる（偏光面を右または左に回転させる）性質「光学活性」を有し、右旋性は（+）左旋性は（−）で表す。なお、ラセミ体は光学異性体の等量混合物であり、旋光性を示さない化合物のことである。

フーリエ変換イオンサイクロトロン共鳴型質量分析装置（Fourier transform ion cyclotron resonance mass spectrometer; FT-ICR-MS）：超電導磁石による強磁場中に導入されたイオンはローレンツ力を求心力として回転運動し、その回転速度は磁場の強度に比例し、質量に反比例する。フーリエ変換イオンサイクロトロン共鳴型質量分析装置では、高精度測定が可能な回転速度を測定し、フーリエ変換してマススペクトルを得る。

プリカーサーイオンスキャン（precursor ion scan）：三連四重極型質量分析装置を用いた分析法の一つである。Q1フィルターで全てのイオンを通過させ（スキャン）、衝突誘起開裂後、特定のフラグメント（プロダクトイオン）のみをQ3フィルターで通過させる。この手法により特定のフラグメントイオンを生成する前駆イオン（プリカーサーイオン）を同定でき、共通の部分構造を持つ化合物の一斉解析が可能である。

4-フルオロ-7-ニトロベンゾフラザン（4-fluoro-7-nitrobenzofurazan; NBD-F）：アミノ酸やアミン類のHPLCプレカラム誘導体化剤として用いられる蛍光試薬。温和な条件でアミノ基と速やかに反応し、安定性の高い誘導体を与える。NBD誘導体とすることで、植物LCBが含む不飽和結合の位置異性体やシス・トランス異性体の逆相分離が著しく改善すること、またネガティブモードでのMS/MS分析により、蛍光検出を大きく上回る極めて高感度な定量が可能である。従来のオルトフタルアルデヒド誘導体化に代わる新たなLCB分析手法である。

ブレッブ膜（membrane bleb）：薬剤処理により、形質膜直下の膜骨格アクチン線維の局在を偏らせると、アクチン線維を欠損した風船のように膨らんだ形質膜領域ができてくる。これをブレッブ膜というが、その脂質組成は形質膜と同じであると考えられている。温度を10℃付近まで低下させると、ラフト様ドメインと非ラフト様ドメインに分離する。それぞれのドメインにGiant Unilamellar Vesicle（GUV）のLiquid ordered（Lo）phase、Liquid disordered（Ld）phaseのマーカーが分配されることから、これらのドメインはLo-like phase、Ld-like phaseとも呼ばれている。

プロダクトイオンスキャン（product ion scan）：三連四重極型、イオントラップ型またはハイブリッド型（Q-TOFなど）の質量分析装置を用いた分析法の一つである。Q1で特定のイオンを通過またはトラップさせ、衝突誘起開裂によりフラグメントイオンを発生させる。Q3において特定のm/zの範囲を設定し、その範囲内のフラグメントイオンを検出する手法である。化合物の構造の確認や推定といった定性的な解析に用いられる。

分枝脂肪酸（branched fatty acid）：分枝鎖を有する脂肪酸で、特に、炭素鎖のメチル末端から数えて２番目の炭素にメチル基が結合した脂肪酸をiso-脂肪酸、３番目の炭素にメチル基が結合した脂肪酸をanteiso-脂肪酸と呼ぶ。

【マ行】
マイトファジー（mitophagy）：ミトコンドリアを選択的にオートファゴソームで隔離し、分解するタイプのオートファジー。状況に応じて"目印タンパク質"がミトコンドリアに局在化し、伸張中の隔離膜上のAtg8ファミリータンパク質と相互作用し、ミトコンドリアをオートファゴソームに取り込ませる。哺乳類では、赤血球の分化の過程でのミトコンドリアの除去や、機能不全に陥ったミトコンドリアの除去など、複数の生理的意義が報告されている。

マトリックス支援レーザー脱離イオン化法（matrix assisted laser desorption / ionization; MALDI）：試料とマトリックスと呼ばれるレーザー光を吸収する有機低分子化合物とを混ぜ結晶化し、パルスレーザーを照射することでマトリックスがレーザーを吸収し熱エネルギーに変換される。この時、マトリックスが急速に加熱され、試料とともに気化およびイオン化される。

免疫染色（Immunostaining）：形質膜成分の局在を調べるために、まず細胞をパラホルムアルデヒドやグルタルアルデヒドで固定後、膜分子の１次抗体で、続いて蛍光ラベル２次抗体で染色するのが一般的である。パラホルムアルデヒドやグルタルアルデヒドは、アミン基同士、水酸基同士、チオール基同士を架橋するが、脂質のほとんどは架橋することができない。そのため、細胞固定後、膜貫通型タンパク質はほぼ全て運動を停止するが、脂質プローブの80%の輝点は、運動を止めない。

メンブレンコンタクトサイト（membrane contact site; MCS）：電子顕微鏡を用いた解析から、細胞内のさまざまなオルガネラ、例えば、ミトコンドリア、形質膜、トランスゴルジ、リソソームなどのオルガネラ膜にERが近接して存在していることが知られていた。こうした領域は膜近接領域と呼ばれ、オルガネラ間の物質交換やシグナル伝達の場として、重要な役割を果たしていることが近年急速に明らかにされつつある。

【ヤ行】
遊離セラミド（free ceramide）：学術用語としてのセラミドは脂肪酸とスフィンゴシンがアミド結合した化合物の総称名である。近年、セラミドという表記が化粧品や健康食品業界の製品名となって一般に普及するようになり、その場合には、スフィンゴ糖脂質やスフィンゴミエリンなどのセラミド構造を含む化合物を指してセラミドと呼ばれることが多い。そこで、学術名の化合物との混乱を避けるために、長鎖塩基と脂肪酸がアミド結合した化合物を遊離セラミドと呼ぶ。

【ラ行】
ライセニン（lysenin）：シマミミズの体腔液から同定したタンパク質毒素。SMクラスターを選択的に認識する。本研究では、溶血活性を欠損させたアミノ酸欠損ライセニン（161-397番目のアミノ酸からなる）に蛍光タンパク質が融合したキメラタンパク質[34]を用いて形質膜表面のSMクラスター量をフローサイトメーターで定量した。

リピドミクス（lipidomics）：脂質分子（リピドーム）の変動を網羅的に解析すること。

リポ多糖（lipopolysaccharide; LPS）：脂質と多糖の複合体で、主にグラム陰性菌外膜に存在する内毒素の本体である。

索　引

執筆者紹介

◉**五十嵐　靖之**（P.173～178, 225～232）
Yasuyuki Igarashi
セラミド研究会会長、北海道大学名誉教授
北海道大学大学院 先端生命科学研究院
招へい客員教授

◉**花田　賢太郎**（P.2～21）
Kentaro Hanada
国立感染症研究所 細胞化学部 部長

◉**平林　義雄**（P.2～21）
Yoshio　Hirabayashi
理化学研究所 研究開拓本部 細胞情報研究室
客員主幹

◉**山地　俊之**（P.22～31）
Toshiyuki Yamaji
国立感染症研究所 細胞化学部 第二室 室長

◉**木原　章雄**（P.32～43）
Akio Kihara
北海道大学大学院 薬学研究院 生化学研究室
教授

◉**井ノ口　仁一**（P.44～50, 145～150）
Jin-ichi Inokuchi
東北医科薬科大学 分子生体膜研究所長
機能病態分子学教室 特任教授

◉**岩渕　和久**（P.44～50, 137～144）
Kazuhisa Iwabuchi
順天堂大学大学院 医療看護学研究科 教授

◉**橋爪　智恵子**（P.51～63）
Chieko Hashizume
金沢医科大学 医学部 消化器外科学 特定助教

◉**谷口　真**（P.51～63, 286～302）
Makoto Taniguchi
金沢医科大学 総合医学研究所

◉**岡崎　俊朗**（P.51～63, 286～302）
Toshiro Okazaki
金沢医科大学 医学部 血液免疫内科学／
総合医学研究所

◉**内田　良一**（P.64～72）
Yoshikazu Uchida
Department of Dermatology, University of California, Northern California Institute for Research and Education, San Francisco, USA

◉**石川　寿樹**（P.73～80）
Toshiki Ishikawa
埼玉大学大学院 理工学研究科 助教

◉**今井　博之**（P.73～80）
Hiroyuki Imai
甲南大学 理工学部 生物学科 教授

◉**糸乗　前**（P.81～90）
Saki Itonori
滋賀大学 教育学部 化学教室 教授

◉**谷　元洋**（P.91～98）
Motohiro Tani
九州大学大学院 理学研究院 化学部門
生体情報化学 准教授

◉**石橋　洋平**（P.91～98）
Yohei Ishibashi
九州大学大学院 農学研究院 生命機能科学部門
助教

執筆者紹介

◉**渡辺　昂**（P.91～98）
Takashi Watanabe
九州大学大学院 農学研究院 生命機能科学部門
特任助教

◉**伊東　信**（P.91～98, 179～185）
Makoto Ito
九州大学大学院 農学研究院 生命機能科学部門
海洋資源化学分野 特任教授（名誉教授）

◉**酒井　祥太**（P.99～105）
Shota Sakai
国立感染症研究所 細胞化学部 主任研究官

◉**大野　祐介**（P.99～105）
Yusuke Ohno
北海道大学大学院 薬学研究院 生化学研究室
助教

◉**向井　克之**（P.106～116, 216～224）
Katsuyuki Mukai
株式会社ダイセル 研究開発本部 上席技師
北海道大学大学院 先端生命科学研究院
客員教授

◉**永井　寛嗣**（P.106～116）
Kanji Nagai
株式会社ダイセル CPIカンパニー
ライフサイエンス開発センター 研究員

◉**大西　正男**（P.106～116）
Masao Ohnishi
元 藤女子大学 特任教授
（現 同大学大学院　非常勤講師）
帯広畜産大学 名誉教授

◉**伊沢　久未**（P.118～124）
Kumi Izawa
順天堂大学大学院 医学研究科
アトピー疾患研究センター 助教

◉**奥村　康**（P.118～124）
Ko Okumura
順天堂大学大学院 医学研究科
アトピー疾患研究センター センター長

◉**北浦　次郎**（P.118～124）
Jiro Kitaura
順天堂大学大学院 医学研究科
アトピー疾患研究センター 先任准教授

◉**中村　浩之**（P.125～129）
Hiroyuki　Nakamura
千葉大学大学院 薬学研究院 薬効薬理学研究室
准教授

◉**中村　俊一**（P.130～136）
Shun-ichi Nakamura
神戸大学大学院 医学研究科
生化学・分子生物学講座 生化学分野 教授

◉**中山　仁志**（P.137～144）
Hitoshi Nakayama
順天堂大学大学院 医療看護学研究科 准教授

◉**狩野　裕考**（P.145～150）
Hirotaka Kanoh
東北医科薬科大学 分子生体膜研究所
機能病態分子学教室 助教

◉**林　康広**（P.151～158）
Yasuhiro　Hayashi
帝京大学 薬学部 生物化学教室 助教

執筆者紹介

◉**熊谷　圭悟**（P.159～163）
Keigo Kumagai
国立感染症研究所 細胞化学部 主任研究官

◉**中戸川　仁**（P.164～172）
Hitoshi Nakatogawa
東京工業大学 生命理工学院 准教授

◉**湯山　耕平**（P.173～178）
Kohei Yuyama
北海道大学大学院 先端生命科学研究院
脂質機能性解明研究部門 特任准教授

◉**沖野　望**（P.179～185）
Nozomu Okino
九州大学大学院 農学研究院 生命機能科学部門
准教授

◉**冨重　斉生**（P.186～197）
Nario Tomishige
UMR7021 CNRS（Centre National de
la Recherche Scientifique）, Faculté de
Pharmacie, Université de Strasbourg

◉**村手　源英**（P.186～197）
Motohide Murate
UMR7021 CNRS（Centre National de
la Recherche Scientifique）, Faculté de
Pharmacie, Université de Strasbourg

◉**小林　俊秀**（P.186～197）
Toshihide Kobayashi
UMR7021 CNRS（Centre National de
la Recherche Scientifique）, Faculté de
Pharmacie, Université de Strasbourg

◉**鈴木　健一**（P.198～202）
Kenichi Suzuki
岐阜大学 研究推進・社会連携機構
生命の鎖統合研究センター 教授

◉**石田　賢哉**（P.204～215）
Kenya Ishida
高砂香料工業株式会社 研究開発本部 部長

◉**三上　大輔**（P.225～232）
Daisuke Mikami
北海道大学大学院 先端生命科学研究院
脂質機能性解明研究部門 博士研究員

◉**片山　靖**（P.233～239）
Yasushi Katayama
花王株式会社 スキンケア研究所

◉**菅井　由也**（P.233～239）
Yoshiya Sugai
花王株式会社 生物科学研究所

◉**松本　恵実**（P.240～245）
Emi Matsumoto
長良サイエンス株式会社 研究部 部長

◉**藤野　和孝**（P.240～245）
Kazutaka Fujino
長良サイエンス株式会社 研究部 課長

◉**中塚　進一**（P.240～245）
Shin - ichi Nakatsuka
長良サイエンス株式会社 代表取締役社長

◉**宮川　幸**（P.246～250）
Miyuki Miyagawa
佐賀大学 大学院生

執筆者紹介

◉**永留　真優**（P.246～250）
Mayu Nagatome
佐賀大学 大学院生

◉**山本　裕貴**（P.246～250）
Yuki Yamamoto
佐賀大学 大学院生

◉**北垣　浩志**（P.246～250）
Hiroshi Kitagaki
佐賀大学 教授

◉**杉本　正志**（P.251～257）
Masayuki Sugimoto
塩野義製薬株式会社 創薬疾患研究所

◉**臼杵　靖剛**（P.258～265）
Seigo Usuki
北海道大学大学院 先端生命科学研究院
脂質機能性解明研究部門 客員准教授

◉**木下　幹朗**（P.266～271）
Mikio Kinoshita
帯広畜産大学 生命・食料科学研究部門 教授

◉**山下　慎司**（P.266～271）
Shinji Yamashita
帯広畜産大学 生命・食料科学研究部門 助教

◉**蔵野　信**（P.274～277）
Makoto Kurano
東京大学大学院 医学系研究科
臨床病態検査医学分野 講師

◉**矢冨　裕**（P.274～277）
Yutaka Yatomi
東京大学大学院 医学系研究科
臨床病態検査医学分野 教授

◉**村井　勇太**（P.278～285）
Yuta Murai
北海道大学大学院 先端生命科学研究院
化学生物学研究室 助教

◉**門出　健次**（P.278～285）
Kenji Monde
北海道大学大学院 先端生命科学研究院
化学生物学研究室 教授

◉**秋山　真志**（P.303～309）
Masashi Akiyama
名古屋大学大学院 医学系研究科 皮膚科学分野
教授

◉**北谷　和之**（P.310～313）
Kazuyuki Kitatani
摂南大学 薬学部 薬効薬理学

《表紙解説》

A：【謎】1984年、ドイツの医師、J. L. W. Thudichumは、脳から未知の脂質を単離し、スフィンクスの謎に因んでスフィンゴ脂質と命名した。セラミドはスフィンゴ脂質の中心物質である。

B：【基礎から】セラミドは恒常的に合成され、その一つの経路が*de novo*合成経路である。この一連の合成は小胞体で起こり、セラミドは形質膜や細胞内小器官に輸送される。

C：【応用へ】セラミドは、各臓器・器官でさまざまな役割を果たしており、皮膚のみならず、がんへの作用、アミロイドβの蓄積抑制、腸内細菌叢への作用など新しい機能が明らかになりつつある。

セラミド研究の新展開
～基礎から応用へ～

編　　集　セラミド研究会

発 行 人　川 添 辰 幸

発 行 日　2019年6月1日

発 行 所　株式会社 食品化学新聞社

〒101-0051 東京都千代田区神田神保町3-2-8

昭文館ビル

電話 03-3238-7818　FAX 03-3238-7898

印刷・製本　株式会社 ダイメープリント

ISBN978-4-916143-35-8